物理学与生活
——日常现象的物理原理（第10版）

The Physics of Everyday Phenomena:
A Conceptual Introduction to Physics, Tenth Edition

〔美〕W. Thomas Griffith　　Juliet W. Brosing　　著

罗一雄　译

电子工业出版社
Publishing House of Electronics Industry
北京·BEIJING

内 容 简 介

本书适用于基础物理概念性课程。全书共分 21 章，内容包括力学、热力学、电学和磁学、光学、核物理学、近代物理学等，具体涉及运动的描述，落体运动和抛体运动，牛顿运动定律，圆周运动、行星和引力，能量和振动，动量和冲量，转动，流体的行为，温度和热量，热机和热力学第二定律，静电现象，电路，磁体和电磁学，波的形成，光和颜色，光和成像，原子的结构，原子核和核能，相对论，现代物理简介等。本书的特点是在介绍物理学概念的同时，引入可用这些概念来解释的日常现象，强调物理学的实用性及其与日常生活的关联性，而不要求读者具备高深的数学知识。全书以叙述性文体撰写，并且用预先设定的问题将读者引入有关物理思想的对话。全书所涉知识领域广阔，呈现知识的方式别有新意，解释物理现象深刻透彻。

本书适合那些有兴趣了解物理世界的本质并且希望解释日常物理现象的人们，也可作为高中学生、非理工专业大学预科学生的导论性物理学教材。

版权贸易合同登记号　图字：01-2022-0763

图书在版编目（CIP）数据

物理学与生活：日常现象的物理原理：第 10 版/（美）W. 托马斯·格瑞福斯（W. Thomas Griffith），（美）朱莉叶·W. 布罗斯（Juliet W. Brosing）著；罗一雄译. —北京：电子工业出版社，2022.6

书名原文：The physics of everyday phenomena: A Conceptual Introduction to Physics, Tenth Edition

ISBN 978-7-121-43388-7

Ⅰ. ①物…　Ⅱ. ①W…　②朱…　③罗…　Ⅲ. ①物理学—普及读物　Ⅳ. ①O4-49

中国版本图书馆 CIP 数据核字（2022）第 075314 号

责任编辑：谭海平
印　　刷：北京市大天乐投资管理有限公司
装　　订：北京市大天乐投资管理有限公司
出版发行：电子工业出版社
　　　　　北京市海淀区万寿路 173 信箱　　邮编：100036
开　　本：787×1092　1/16　　印张：30.25　　字数：854 千字
版　　次：2019 年 7 月第 1 版（原著第 8 版）
　　　　　2022 年 6 月第 2 版（原著第 10 版）
印　　次：2024 年 8 月第 7 次印刷
定　　价：129.00 元

凡所购买电子工业出版社图书有缺损问题，请向购买书店调换。若书店售缺，请与本社发行部联系，联系及邮购电话：（010）88254888，88258888。

质量投诉请发邮件至 zlts@phei.com.cn，盗版侵权举报请发邮件至 dbqq@phei.com.cn。

本书咨询联系方式：（010）88254552，tan02@phei.com.cn。

序　　言

渴望了解彩虹如何形成、溜冰者如何旋转、海洋为何潮起潮落等日常现象，是培养我们的科学素养的最佳动力之一。本书试图满足高中学生、非理工科专业大学预科学生的这种渴望。作为概念性基础物理课程的教材，本书以叙述性的语言编写，使用预设的问题引导学生进入关于物理思想的对话。这种风格使得本书适合于对探索物理本质和解释日常物理现象感兴趣的任何人。

本书的组织方式

本版各章节顺序的安排大体不变，只做了一些微小的变动。关于能量的一章（第 6 章）现在调整到了关于动量的一章（第 7 章）之前，因此在讨论碰撞时就可以使用能量的概念。波动在第 15 章讨论，安排在关于电学和磁学的内容之后、关于光学的内容（第 16 章和第 17 章）之前。关于流体的一章（第 9 章）安排在关于力学的各章之后、关于热力学的各章之前。前 17 章介绍经典物理学的主要思想。第 18 章讨论原子现象，第 19 章讨论原子核现象。

有些教师在授课时，喜欢将关于相对论的第 20 章放在关于力学的各章后面，或者放在关于近代物理学的各章前面。尽管相对论与日常现象的关联不紧密，但是在本书中包含它的原因是学生对此感兴趣。第 21 章介绍现代物理学中的几个热门话题，例如粒子物理学、宇宙学、半导体和超导，包含这些话题的目的是提升学生的学习兴趣。

我们不希望在短时间内教授或学习太多的内容。我们已尽力使本书保持合理的篇幅，同时覆盖物理学导论书籍所应包含的核心概念。要了解这些概念，就要有充分的讨论和思考时间，欲速则不达。如果你试图很快学完本书，那么掌握的内容将只是词语和定义；如果你能很好地理解所学的内容，那么"少即是多"。

概念性基础物理课程中的数学

对许多主修非理工专业的学生而言，物理学课程中关于数学的内容应越少越好。尽管有人曾经试图不用任何数学知识来讲授概念性基础物理课程，但是这种做法错失了帮助学生树立信心来使用和处理简单定量关系的机会。

显然，数学是表示物理学中定量关系的有效工具。然而，我们可以在概念性基础物理课程教材中对数学的使用加以限制，让其只从属于所要讨论的物理概念。本书第 1 版出版后，许多学生认为书中的数学公式太多，理解起来有困难。因此，我们在再版书中删除了大量的数学公式。由于多数学生认同这样的改动，因此在本书随后的各版本中保持了这一特性。

本书的一个显著特点是逻辑性强。书中的每一章都是在介绍基本概念之后，才给出相应的数学公式，并且用文字详细解释这些数学公式。为便于理解相关的概念，书中提供了许多简单的例题，这些例题仅要求学生掌握高中的代数知识。

本书的新内容

基于本书的优势以及各方的评价和反馈，我们对其进行了补充和修改。本版的重要变化是拓展了关于数字技术的内容。

自本书第 1 版出版以来，我们就一直秉承最初确定的写作原则，原则之一是将篇幅保持在适当的范围内。

本版修改和更新了本书中各章小结的内容，增加了一些新的概念性习题。附录中提供了所有编号为奇数的习题的答案。

日常现象专栏得到了学生的好评。本版更新了第 10 章和第 18 章中的日常现象专栏，并且在第 1 章中增加了一个新的日常现象专栏。除了这些具体的变化，我们还对许多地方的文字进行了修改，以便学生更好地理解一些比较困难的概念。

- 强调了能量的观念。本书针对的是概念性基础物理，因此我们努力使本书更好地服务于希望以能量观念为重点来讲授概念性物理课程的教师。
- 持续改进了图片和文本的清晰度。尽管本书的文本清晰度已得到许多评论者和学生的广泛好评，但它总可被进一步改进。评论者和学生指出了一些关于装帧和文字的改进之处。我们对图片和文本也做了很多细微的改变。

每章的序言

每章的开头都有一幅某种日常现象的图片，我们以它为主题引入有关的物理概念。对许多学生而言，物理学很抽象，但日常现象和具体的实例降低了这种抽象性。"本章概述"列出了学生阅读该章后可望学到的内容，介绍了要讨论的概念及它们之间的关系，可让学生在学习时保持专注性和条理性。"本章大纲"包含了该章正文中各节的标题，并且提出了一些问题，可以指导学生需要具备哪些知识来理解该章的重要概念。

各章的大纲和小结为介绍的概念给出了清晰的框架。学习物理学的困难之一是，学生有时无法将各个概念关联起来。前后一致的框架是帮助学生将各个概念融合起来的有用工具。

其他行文特征

- 每节结尾提供了加有底纹的概要，它们是对每章的更一般性小结的补充。
- 各小节的标题常写成疑问句，以激发学生的好奇心。
- 日常现象专栏将正文中讨论的物理概念与现实生活、社会问题和现代技术关联起来，强调了物理学的实用性及其与日常生活的关联。
- 例题出现在各章的正文中，认真理解它们可以帮助学生更好地学会物理学中的解题方法。
- "问题讨论"提供了有关能量和环境等没有标准答案的问题，可作为课堂讨论、书面作业或互联网论坛之用。
- 每章末尾的"小结"突出了该章的关键内容，并与每章序言中的重要概念相呼应。
- 章末提供关键术语表，便于学生复习。
- 章末提供"概念题""练习题""综合题""家庭实验与观察"，通过这些练习，学生可以更好地了解基本概念。
- 附录中提供了各章部分习题的答案。

目录

CONTENTS

第 1 章　物理学：一门基础科学

本章概述

本章的第一个目的是帮助你理解什么是物理学，以及它在更为广泛的科学体系中的位置；第二个目的是让你熟悉公制单位，了解使用简单的数学带来的好处。

本章大纲

1. **能源是什么**？当前关于全球变暖的争论是怎么回事？对全球变暖和气候变化的担心与能源有何关系？物理学为何被卷入这场争论？

2. **科学和科学方法**。什么是科学方法？科学解释与其他类型的解释有何区别？

3. **物理学的范畴**。什么是物理学？它与其他科学和技术有何关系？物理学有哪些主要的分支？

4. **测量和数学在物理学中的作用**。为什么测量非常重要？为什么数学在科学中有着非常广泛的应用？公制单位的优点是什么？

5. **物理学和日常现象**。物理学与日常经验和常识有什么关系？运用物理学理解日常经验的优点是什么？

想象一个秋日的下午，你正在一条乡间小路上骑自行车。短暂的阵雨过后，太阳出来了，随着雨云的移动，一道彩虹出现在东方（见图 1.1）。一片树叶飘落到地面，被松鼠抖松的一颗橡果掉下来，离你的脑袋只有几厘米远。阳光温暖地照在你的背上，你在这个世界里心旷神怡。

享受这一时刻并不需要多少物理学知识，但是你的好奇心可能会提出一些问题。为何午后的彩虹出现在东方，而不出现在同样下着雨的西方？是什么使得五颜六色的彩虹出现在天边？为何橡果比树叶下落得快？为何自行车行进时要比不动时更不易倒下？

激励科学家的东西类似于你对这些现象的好奇心。学习如何设计理论或模型，并且应用它们来理解、说明和预测这些现象，是会带来丰厚回报的智力游戏。构思一种解释并且使用简单的实验和观察（或观测）来验证它，是令人愉快的事情。如果科学教程过于将重点放在事实的堆砌上，那么常会错过这种乐趣。

图 1.1 午后的彩虹出现在东方。怎样解释这一现象（见日常现象专栏 17.1）？

本书可以提高你享受日常现象的能力，享受日常现象也是日常体验的一部分。学会给出自己的解释并进行简单的实验来验证，会给你带来喜悦。这里提出的问题属于物理学领域，但是探索和解释的精神贯穿于科学和人类活动的许多其他方面。科学研究的最大回报是理解以前不理解的东西所带来的乐趣和激动。无论我们谈论的是物理学家取得了重大科学突破，还是普通人了解了彩虹是如何形成的，都应如此。了解政治和政策争论问题背后的物理学原理也会带来好处。下一节介绍非常重要的能源和气候变化领域的问题，它们涉及比彩虹现象更为急迫的日常现象。

1.1 能源是什么？

假设你和一位朋友刚就全球变暖和能源问题发生了一场激烈的争论。朋友的政治立场与你不同，你认为朋友对全球变暖的看法不过是政治偏见，但是由于你对能源问题知之甚少，你实际上也无法驳倒朋友的观点。这时你应该怎么办？

所有人都会发现，我们会时不时地处于这种困境中。能源问题是有关全球变暖和气候变化这一政治争论的核心。懂得这些问题的基本知识对政治家、决策者和普通公民（他们讨论这些问题，并且就赞成或反对某一措施或候选人进行投票表决）来说都很重要。什么是能源？能源是怎么被消耗的？哪些能源是可再生的，哪些能源是不可再生的？为了能理解他人的争论和条理清楚地参与争论，你应该做些什么准备？

1.1.1 能源和全球变暖的争论

我们对能源的大量使用涉及化石燃料的燃烧。在这一过程中释放的碳在数千万年前就被封存在煤、石油和天然气中。因此，这种碳并不是正在进行的吸收和释放二氧化碳的过程的一部分。从地质年代的角度看，化石燃烧发生在非常短的时间尺度上，它只是漫长地质过程中的一次闪光（见图 1.2）。

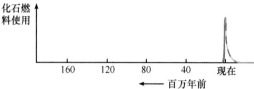

涉及碳的自然过程是什么？树木和其他绿色植物从大气中吸收二氧化碳，这对它们的生长来说是必不可少的。植物死亡后会腐烂，将一些二氧化碳释放到大气中。森林或灌木发生火灾时，向大气释放二氧化碳的速度更快。植物中的一小部分碳可能会被掩埋，最终经过数百万年的时间转化为化石燃料。燃烧木材时会释放二氧化碳，

图 1.2　从地质年代尺度看我们对化石燃料的使用。煤、石油和天然气是在 2 亿年前至 4000 万年前在地球上的各处生成的

但这对温室气体没有长期影响，因为释放的二氧化碳是植物不久前才从大气中吸收的。但是，木材燃烧确实会释放灰烬和其他污染物，它们会对环境产生不良的影响。

为建造城市、高速公路等而减少森林覆盖，也会影响大气中二氧化碳的平衡。但是，化石燃料的燃烧才是影响最大的，如果我们要改变温室气体增加的速度，化石燃料就是我们必须关注的重点。这就让我们卷入了熟悉的争论：我们如何生产能源？如何使用能源？我们可以做些什么来改变这些生产、使用能源的模式？

究竟什么是能量？虽然"能量"一词一直被我们随意使用，并且我们都自以为了解它的含义，但是我们发现，要为它给出一个大家都满意的定义并不容易。全球变暖争论中的许多误解，就来自对什么是能量的不恰当的理解。例如，氢究竟是一种能源还是只是一种输送能量的手段？二者的差别何在（见日常现象专栏 18.1）？许多关于氢经济的政治争论并未谈及这个基本问题。

本书将在讨论能量和振动的第 6 章中首次定义能量。在此之前，关于力学部分的几章提供了引入能量概念的基础。事实上，缺少一些力学知识则难以理解能量是怎样被定义的。第 6 章引入能量的概念后，在随后的各章中，能量概念都将出现并得到扩展。这些概念是整个物理学的核心。

1.1.2 物理学和能量

懂得能量的定义显然是讨论能源政策的一个良好起点。物理学阐述了能量的意义、能量转化的本质。怎样将一种形式的能量转化为另一种形式的能量？怎样才能高效地利用能源？能量概念对节能有什么意义？这些都是我们学习物理学时将要遇到的问题。

物理学中的许多其他议题在讨论能源问题时也起重要作用。例如，交通是人类社会使用能源的主要领域之一。小汽车、卡车、飞机、轮船和火车都是交通工具的组成部分，它们以各种不同的方式使用能源，通过本书引入能量概念之前的几章中讨论的力学概念，我们就可以理解它们的物理学原理。

要在短期内减少人类对化石燃料的使用，最佳选项之一是节能。采用节能方式与发展替代能源相比，人们可以更快地做出改变。汽油、柴油和取暖用燃油不断上升的价格，已经对人类的能源消耗方式产生了重大影响。严格地说，我们实际上并不消耗能量，只是将它变成可用程度较低的形式（见第 6 章和第 11 章）。针对交通工具的力学研究（见第 2～4 章）和针对发动机的热力学研究（见第 9～11 章），对节能有重要意义。

选择生产哪种形式的能量的问题都与物理学概念有关。例如，使用天然气是否比使用核能（见图 1.3）更好？核能多年来一直是人们争论的问题，并且受到政治风向变动的严重影响。什么是核

图 1.3　核电站是我们的救星还是行将消亡？

能？我们是为它的使用大开绿灯还是唯恐避之不及？天然气燃烧时，单位能量释放的二氧化碳要比烧煤或烧油时的少，是比较清洁的燃料。但是，它也会产生温室气体，而且其长期供应也成问题。

核能不烧碳基燃料，不会向大气中释放二氧化碳。因此，它今天重新受到了人们的重视，并且被人们视为一种能够降低碳排放的可行能源。但是，核能需要开采有限的铀矿资源，而采矿会导致严重的环境问题，如可能的事故和废料处理问题。然而，使用任何能源都会带来环境问题，因此我们在做出决策前必须综合考虑这些问题。

我们不会对刚才提出的这些问题给出明确的答案。我们要做的是讨论核电站、天然气电站和电力生产中使用的其他能源的基础物理。化石燃料电站将在第 11 章中讨论，核能将在第 19 章中讲述。在本书的许多地方也会讨论其他生产能源的方法，以及赞成和反对使用它们的一些依据。

了解这些内容后，你就能在和朋友的争论中获胜吗？也许还不能，但是你在争论时会有更强的说服力。此时，争论双方都将更好地理解实际问题。

气候变化和能源使用的政治争论是我们所处的这个时代的重要特征。这两个议题紧密相关，因为燃烧化石燃料来产生能量是将温室气体二氧化碳释放到大气中的主要原因。物理学是关于能量的科学，它与能量转换和能源使用决策关系密切。因此，学习物理就为理解这些争论中的某些基本问题奠定了基础。

1.2　科学和科学方法

科学家如何解释温度变化、彩虹等现象？科学解释与其他解释有何不同？我们能指望科学解释所有现象吗？懂得科学能做什么和不能做什么是很重要的。

哲学家花了无数的时间和文字来探讨知识的本质，尤其是科学知识的本质。许多问题仍然在演进，仍然在争辩之中。科学在 20 世纪迅速发展，对我们的生活产生了巨大的影响。医学、通信、交通和计算机技术的创新都是科学进步的结果。那么应该如何解释科学令人印象深刻的进步和稳步的发展呢？

1.2.1　科学和彩虹

下面考虑如何产生科学解释的一个具体例子。你会到哪里查找彩虹现象的成因？如果你骑自行车回来后，心里还想着这个问题，那么你可能会翻开物理书或者上网查找"彩虹"一词，并且阅读找到的解释。这时，你的表现像个科学家吗？

答案既是肯定的又是否定的。许多不熟悉某一现象成因的科学家也会这样做。当我们这样做时，会看教科书的作者是否权威，还会看之前找到彩虹成因的那些人是谁。诉诸权威是获得知识的一条路径，但是答案是否正确则取决于来源。你希望有人提出过同样的问题，并且有人提出和证实了一种解释。

假设你回到了 300 年前或者更早的时候，并且尝试采用同样的方法。一本书可能会说彩虹是天使的画作；另一本书可能推测彩虹是由光与雨滴的相互作用产生的，但是结论相当不确定。然而，这两本书在当时似乎都很权威。此时，你会相信哪本书？你会接受哪种解释？

如果你像科学家那样行事，那么可以从阅读其他科学家关于光的观点开始，然后用自己对彩虹的观察来验证这些观点。你会仔细记下彩虹出现的条件，太阳相对于你和彩虹的位置，以及阵雨的位置。彩虹的颜色顺序是什么？你在其他现象中观察到过这种顺序吗？

然后，你会利用目前关于光的观点和自己对光进入雨滴时发生的情况的推测来提出一种解释或假设。你可能会用水滴或玻璃珠来设计实验，进而验证自己的假设（见第 17 章关于彩虹形成的现代观点）。

如果你的解释与你的观察和实验是一致的，那么你可以发表论文或者告诉科学界的同事。他们可能会批评你的解释，提出修改意见，并且进行他们自己的实验来证实或反驳你的主张。如果其他人证实了你的解释，那么你的解释将获得支持，并且最终成为关于光现象的更广泛理论[①]的一部分。你和他人做的实验也可能导致发现新现象，新现象又需要进一步的解释和理论。

对于前面描述的这个过程，什么是关键的？一方面是仔细观察的重要性，另一方面是可验证性。一种能被接受的科学解释应该提出一些方法，通过观察或实验来验证它的预测。说彩虹是天使的画作或许富有诗意，但是它肯定不是普通人可以验证的，因此不是科学的解释。

这个过程的另一个重要部分是合作交流层面上的，也就是与同事交流你的理论和实验（见图 1.4）。将你的想法提交给同行，接受他们的批评（有时是直言不讳的）对科学的发展至关重要。进行实验和解释结果时，为了更加严谨，交流也很重要。如果有人发现了你的工作中的重大错误或遗漏，对你进行严厉批评，那么这将有力地激励你今后更加认真地工作。单独工作的人，不要指望在论证或理论中想到所有的可能性、可供替代的解释或者潜在的错误。科学的爆炸性发展很大程度上依赖于合作和交流。

图 1.4　1925 年，在巴黎法国国立工艺学院为听众演讲的法国物理学家、化学家玛丽·居里（1867—1937）。居里夫人 1903 年获诺贝尔物理学奖，1911 年获诺贝尔化学奖

1.2.2　什么是科学方法？

在前面的例子中，有什么东西可以被称为科学方法吗？如果有，那么是什么？前面描述的只是科学方法如何起作用的一个大致过程。虽然研究的问题可能千变万化，但是科学方法的步骤通常如表 1.1 所示。

表 1.1 中的步骤都涉及我们如何对彩虹进行解释的描述。仔细的观察可能会为彩虹出现的时间和地点提供经验规律。经验规律是从实验或观察中归纳出来的。经验规律的一个例子是，当我们看到彩虹时，太阳就在我们的背后。这是提出假设的重要线索。假设必须与这个规则相一致。反过来，这一假设提出了人工制造彩虹的方法，从而可以进行实验验证，最终形成更广泛的理论。

表 1.1
科学方法的步骤
1. 对自然现象的细心观察
2. 由观察和实验归纳出规则或经验法则的公式化表述
3. 提出假设以解释观察和经验法则，将假说提炼为理论
4. 用进一步的实验或观察验证假说或理论

这种对科学方法的概括大体不差，但是它忽略了合作交流的关键过程。很少有科学家参与由这些步骤概括的整个过程。例如，理论物理学家可能会将他们的所有时间花在步骤 3 中。虽然他们对实验结果有兴趣，但是他们自己可能从来不做任何实验工作。今天，很少有科学研究是完全通过观察完成的，正如步骤 1 展示的那样。大多数实验和观察都是为了验证一个假设或已有理论。虽然科学方法在这里被描述为一个逐步的过程，但是

[①] 科学中所用的"理论"一词的含义常被误解。事实上，理论要比一种简单假设的内容多得多。一个理论由一组基本原理构成，由这组基本原理可以得到许多预测。理论中所含的基本原理常被工作在该领域的科学家广泛接受。

实际上这些步骤经常同时发生，并且在各个步骤之间来回进行（见图1.5）。

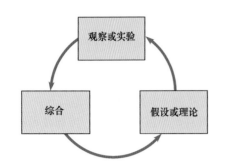

图 1.5 在验证假设或理论时，科学方法将多次回到观察或实验这一步。过程的每一步都包括与同行的交流

科学方法是一种验证和提炼思想的方法。注意，该方法仅适用于实验验证或其他现象的一致观察可行的时候。实验对于淘汰不成立的假设至关重要；如果没有实验，那么不同的理论为了获得认可，可能会无休止地竞争。例题1.1中说明了这些想法。

例题 1.1　占星术可信吗？

问题：占星家声称生活中的许多事件由行星相对于恒星的位置决定。这是一个可以验证的假设吗？

答案：是的，它是可以被验证的，只要占星家愿意对未来的事件做出可以由独立观察者证实的明确预言。然而，事实是占星家通常会小心地避免这样做，并且有意地对他们的预言含糊其词，以便此后能够随意地解释预言。这就使得我们不能进行公正的验证。因此，占星术不是一门科学！

1.2.3　应该如何呈现科学？

传统的科学课程侧重于呈现科学过程的结果，而非科学家如何得出这些结果的过程。这就是公众常把科学视为事实和既定理论集的原因。在某种程度上，这种说法也适用于本书，因为它描述了那些来自他人工作的理论，但是并未给出它们的发展过程的全景。建立在他人工作的基础之上，而又不需要重复他人错误的方法，是人类和科学进步的必要条件。

本书的目的是，让你参与到自己的问题的观察过程中，并且提出和验证自己对日常现象的解释。在家中进行实验或观察，对结果给出解释，并且与朋友辩论你的解释。你会感谢这样的意见交流的。交流合作是科学取得发展的重要条件。

不管是否意识到，我们在日常生活中也需要使用科学方法。日常现象专栏1.1中描述的咖啡壶故障案例，提供了将科学推理应用于普通故障排除的一个例子。

日常现象专栏 1.1　咖啡壶故障

现象与问题　这是周一的早晨，你像往常一样半梦半醒，感觉还未回到这个世界。当你想喝一杯新煮的咖啡来提提神时，却发现咖啡壶无法工作。下面哪一种方案最可能奏效？

1. 用你的手敲打咖啡壶。
2. 拼命寻找可能两年前就已扔掉的说明书。
3. 打电话给了解这些事情的朋友。
4. 运用科学的方法解决问题。

用方案1修理故障咖啡壶

分析　所有这些方案都有一些成功的机会。有时电子或机械设备会对"身体虐待"做出积极反应，这是有据可查的。接下来的两种方案都是诉诸权威，都能得到结果。然而，方案4可能是最有效的和最快的，除非方案1成功。

我们要如何运用表1.1中所列的科学方法来解决这个问题？第一步是冷静地观察故障的情况。假设咖啡壶拒绝加热。当开关打开后，听不到水温升高的声音。你会发现，不管打开或关闭开关多少次，都不会加热。这是科学方法的步骤2中要求的一种简单的概括。

我们现在对故障的原因提出一些假设，如步骤3所示。以下是一些备选假设：

a. 咖啡壶未接电源。

b. 外部断路器或保险丝跳闸。

c. 整个房子或小区都断电了。

d. 咖啡壶内的保险丝烧断了。

e. 咖啡壶内的电线松动了或烧穿了。

f. 咖啡壶的内部恒温器坏了。

尽管后三种假设比前三种假设更复杂（检查起来也更麻烦），但是，总体来说检查这些可能性并不需要很多的电路知识。前三种假设是最容易检查的，应该首先进行验证（科学方法中的步骤3）。一种简单的补救措施，如接上电源或接上断路器，就有可能让你接下来煮咖啡。如果整个房子停电了，那么其他电器（灯、钟等）也不能工作，这反过来也是房子停电的简单证明。在这种情况下，你可以做的事情可能很少，但是你至少已经发现了问题之所在。在这种情况下，敲打咖啡壶是没有用的。咖啡壶可能有也可能没有内部保险丝。如果保险丝烧断了，去五金店可能是必要的。

当你打开咖啡壶壶底或者接入电源线的面板时，电线松动或电线烧坏之类的问题就会变得很明显（在进行这样的检查之前，必须拔掉咖啡壶的插头）。如果发现问题是这些列出的假设之一，那么就确定了问题，但是修复可能需要更多的时间或专业知识。最后一种假设同样如此。

不管你发现了什么，这种系统的、平和的解决问题的方法可能比其他方法更有效，更令人满意。如果这样做，那么故障排除就是将科学方法小规模应用于普通问题的一个例子。如果我们以这种方式处理问题，那么我们就都是科学家。

科学过程始于并返回对自然现象的观察或实验。从观察提出经验法则后，这些概括就可被纳入更全面的假设。然后，通过更多的观察或控制实验来验证这个假设，进而形成一个理论。科学家的工作通常涉及其中的一项或多项活动，而我们在解决日常问题时也要用到科学方法。

1.2.4 问题讨论

我们知道气象学家已经达成一个强烈的共识，即全球变暖和气候变化是人类活动导致的。人类活动在大气中产生了不断增多的温室气体，特别是二氧化碳。科学家的强烈共识就意味着这种看法正确吗？为什么？

1.3 物理学的研究范畴

物理学在科学中处于什么位置？由于本书是关于物理学的，而不是关于生物学、化学、地质学或者其他一些科学的，因此我们有理由问这些学科之间的界线是什么。然而，我们不可能在这些学科之间做出明显的区分，也不可能给出一个能让每个人都满意的物理学定义。要了解什么是物理学，物理学是做什么的，最简单的方法是通过示例，也就是说，列出它的一些子领域并探究它们的内容。下面考虑一个并不完整的定义。

1.3.1 如何定义物理学？

物理学可被定义为研究物质的基本性质以及支配物质间的相互作用的科学，是最基础的科学。物理学的原理和理论可以用来解释原子或分子层面上涉及化学、生物学和其他科学的基本相互作用。例如，现代化学利用量子力学的物理理论来解释原子如何结合形成分子。量子力学最初是由物理学家在20世纪早期发展起来的，但是化学家和化学知识也发挥了重要作用。关于能量的概念最初出现在物理学中，现在已经广泛应用于化学、生物学和其他科学。

一般的科学领域通常分为生命科学和物理科学。生命科学包括生物学的各个子领域，以及涉及生命有机体的与健康有关的学科。物理科学研究生物和非生物系统中物质的行为。除了物理学，物理科学还包括化学、地质学、天文学、海洋学和气象学，物理学是它们的基础。

物理学也常被人们视为最量化的科学。物理学大量使用数学和数值测量来发展和验证理论。这就使它对学生来说似乎不那么容易理解，尽管物理学的模型和思想可能要比其他科学的模型和思想更简单、更清晰。如 1.4 节中将要讨论的那样，数学是简洁的语言，它可以让我们更简洁、更精确地表述问题。不过，读懂本书所需的定量计算并不多。

表 1.2
物理学的主要分支
力学：力和运动的研究
热力学：温度、热量和能量的研究
电学与磁学：电、磁和电流的研究
光学：光的研究
原子物理学：原子结构和行为的研究
核物理学：原子核的研究
粒子物理学：亚原子粒子（夸克等）的研究
凝聚态物理学：固态和液态物质性质的研究

1.3.2 物理学的主要分支有哪些？

物理学的主要分支如表 1.2 所示。力学讨论物体在力的作用下的运动（或静止平衡状态），是首个得到了理论全面解释的分支。牛顿的力学理论是在 17 世纪下半叶发展起来的，是首个广泛应用了数学的成熟物理学理论，是物理学各个后续理论的原型。

表 1.2 中的前四个分支在 20 世纪初就已发展成熟，但是此后持续取得了进展。有时，我们将这些分支（力学、热力学、电学与磁学、光学）归为一类，称之为经典物理学，而将原子物理学、核物理学、粒子物理学和凝聚态物理学归为另一类，称之为近代物理学。所有这些分支都是物理学近代实践的一部分，之所以做这一区分，是因为后四个分支都是在 20 世纪才出现的，而在 19 世纪与 20 世纪交替之际，它们都只以初步形式存在。除了表 1.2 中列出的分支，许多物理学家还工作在跨学科领域，如生物物理学、地球物理学或天体物理学领域。

本节中的照片（见图 1.6～图 1.9）展示了物理学各个子领域各具特色的研究活动或应用。激光的发明是光学领域得以迅速发展的极其重要的因素之一（见图 1.6）。红外摄像机的发展为研究建筑物的热流提供了工具，其中涉及热力学（见图 1.7）。消费类电子产品的快速发展，如笔记本电脑、智能手机和许多其他基本个人设备的普及，是凝聚态物理学得到发展才成为可能的。这些发展，以及光伏太阳能电池的发展（见图 1.8），都涉及半导体的应用。粒子物理学家使用粒子加速器来研究高能碰撞中亚原子粒子间的相互作用（见图 1.9）。

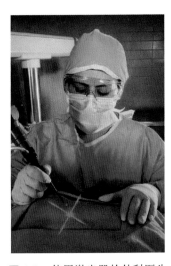

图 1.6　使用激光器的外科医生

科学技术的进步是相互依存的。物理学在工程师的教育和工作中起重要作用，无论他们是专攻电气、机械、核，还是专攻其他工程领域。事实上，拥有物理学学位的人在业界工作时通常都是工程师。物理学和工程学之间的界限，或者研究和开发之间的界限，常常是模糊的。物理学家通常致力于弄清对现象的基本理解，而工程师致力于将这种理解应用到实际工作或产品中，但是他们的努力又经常交叉在一起。

图 1.7　房屋热量散逸的红外照片

图 1.8　光伏太阳能电池

图 1.9　位于瑞士的欧洲粒子物理研究所的大型强子对撞机，是研究亚原子粒子在极高能量下相互作用的加速器

最后要说明的是，物理学很有趣。了解自行车是如何工作的，或者了解彩虹是如何形成的，对每个人来说都有吸引力。洞察宇宙运行秘密带来的兴奋感在任何层面都能体验到。从这个意义上说，我们都可以成为物理学家。

物理学是研究物质的基本特征及其相互作用的学科。物理学是最基础的科学；许多其他科学都是建立在物理学的基础之上的。物理学的主要子领域是力学、电学与磁学、光学、热力学、原子物理学、核物理学、粒子物理学和凝聚态物理学。物理学在工程和技术中有着重要的作用，但是物理学真正的乐趣在于理解宇宙是如何运行的。

1.4　测量和数学在物理学中的作用

如果进入大学图书馆，找到一期《物理评论》或者其他的主要物理期刊，并且随意地打开它，那么你很可能找到有许多数学符号或公式的一页。你可能无法理解这些数学符号或公式。事实上，对许多物理学家来说，如果不是文章涉及的特定子领域的专家，也可能难以理解这些数学符号或公式，因为他们不熟悉特定的数学符号和专用名词。

为什么物理学家在他们的工作中如此广泛地使用数学？数学知识对理解所讨论的思想必不可少吗？数学是一种简洁的语言，使用数学能够让我们更容易、更精确地表达物理思想，更容易找到物理量之间的关系。一旦熟悉这种语言，它的神秘感就会消失，用处就会变得更加明显。然而，本书以非常有限的方式使用数学，因为物理学中的大多数观念无须广泛地使用数学就可以讨论。

1.4.1　为什么测量这么重要？

我们如何验证物理学理论？如果没有严格的测量，那么模糊的预测和解释看起来可能都是合理的，在相互竞争的解释之间做出选择也许就不可能。另一方面，定量预测可以在现实中验证，解释或理论可以根据测量结果来决定是接受还是拒绝。例如，如果一种假设预测炮弹会落在离我们 100 米远的地方，而另一种假设在相同的条件下预测会落在离我们 200 米远的地方，那么发射大炮并测量实际距离就为这两种假设提供了有说服力的证据（见图 1.10）。精确测量作为一种验证的想法被人们接受后，物理学便开始迅速发展并走向成功。

日常生活中会出现各种各样的情况，在这些情况下，测量及表示各次测量之间关系的能力很重要。假设你在一个林场工作，你想给老板留下好印象。你刚刚在 2.4 英亩的土地上种植了 300 棵幼苗，这时老板问你在 4 英亩的第二块土地上需要种植多少幼苗。你不想因为幼苗数量太多而造成浪费，也不想因为幼苗数量太少而导致不够用。也许你可以在头脑中解决这个问题，但是这可能很难用语言向老板描述，而且可能会混淆问题。

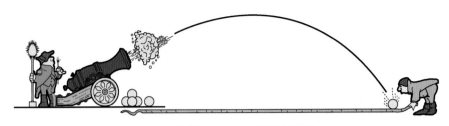

图 1.10 炮弹和卷尺：证据就在测量中

1.4.2 数学能提供什么帮助？

你可以组织好语言来减少混乱。你可以说，4 英亩的幼苗需求量与 2.4 英亩的幼苗需求量相关，就像 4 和 2.4 的比值一样。尽管如此，仍然需要花费不少口舌，并且老板可能不熟悉这样的比例陈述。为了让陈述更简短，你可以用符号 Q 表示 4 英亩的幼苗需求量，用符号 Q_0 表示 2.4 英亩的幼苗需求量，然后将它们表示为如下的数学方程：

$$\frac{Q}{Q_0} = \frac{4}{2.4}$$

使用符号只是一种简洁的表达方式，它与我们之前使用文字的表达方式一样。但是，这种简洁的表达方式还具有使得关系处理更容易的优点。例如，上面的数学方程两边同乘以 Q_0，就可以得到

$$Q = \left(\frac{4}{2.4}\right)Q_0$$

换句话说，4 英亩的幼苗需求量是 $\frac{4}{2.4}$ 乘以 2.4 英亩的幼苗需求量。相反，如果要求出 8 英亩的幼苗需求量，可以很容易求出是 $\frac{8}{2.4}Q_0$。如果对分数很熟悉，那么可以利用这一关系快速地求出适合任何面积的幼苗需求量。

通常情况下，你可使用比例来计算食品配方量。日常现象专栏 1.2 解决的挑战就是求两个甜糕的白糖量扩大到 5 个甜糕时的白糖量。

这个例子有两个要点。首先，测量是日常生活中既常用又重要的一部分。其次，在数学表述中使用符号来表示数量，与使用文字来表述相同的内容相比，涉及的数字问题要简洁一些。使用数学也可使得变换运算关系来得到简洁的结论更容易。这就是为什么物理学家（和许多其他人）认为数学表述非常有用的原因。

1.4.3 为什么使用公制单位？

测量单位是任何测量的基本组成部分。如果只说一个数字，就不能清楚地交流。例如，如果只说"增加 $1\frac{1}{3}$ 牛奶"，那么描述就是不完整的，此时必须指出所说的是杯、升（L）还是毫升（mL）。

升和毫升是体积的公制单位。杯、品脱、夸脱和加仑是旧的英制单位。大部分国家现在采用公制单位，它与美国今天仍在使用的英制单位相比有很多优点。公制单位的主要优点是，它在单位名称中使用标准前缀来代表 10 的幂次，因此能使系统内部的单位转换变得非常容易。例如，1 千米（km）就是 1000 米（m），1 厘米（cm）就是 $\frac{1}{100}$ 米。这样，我们就可很容易地记住这些单位间的转换（见表 1.3）。要将 30 厘米变为米，只需将小数点左移两位，得到 0.30 米。小数点左移两位相当于除以 100。

表 1.3 中给出了公制单位中的常用前缀。在公制单位中，容积的基本单位是升（L）。1 毫升（mL）是 1/1000 升，这个单位适用于食品、药剂处方量。1 毫升等于 1 立方厘米（cm³），因此在公制单位中，长度和容积之间有一个简单的关系。

本书采用公制单位，但是偶尔会用到英制单位，因为在美国和英国，人们熟悉它们。花时间

熟悉公制单位是值得的，因为熟悉世界上大多数国家使用的单位制，将会提升你参与国际贸易的能力。

使用数字来说明结果或预测可以使原本模糊的表述更精确。测量是科学和日常生活的重要组成部分。使用数学符号和数学表达方法是对测量结果的一种有效表述方式，也能更容易地处理数量之间的关系。计量单位是任何测量的重要组成部分，世界上大多数国家使用的公制单位与旧式的英制单位相比，有更多的优点。

表 1.3				
公制单位的常用前缀				
		含	义	
前缀	中文	数字表示	幂次表示	文字表示
tera	太	1000000000000	10^{12}	万亿
giga	吉	1000000000	10^{9}	十亿
mega	兆	1000000	10^{6}	百万
kilo	千	1000	10^{3}	千
centi	厘	$\frac{1}{100}$ 0.01	10^{-2}	百分之一
milli	毫	$\frac{1}{1000}$ 0.001	10^{-3}	千分之一
micro	微	$\frac{1}{1000000}$	$\frac{1}{10^{6}}$	百万分之一
nano	纳	$\frac{1}{1000000000}$	$\frac{1}{10^{9}}$	十亿分之一
pico	皮	$\frac{1}{1000000000000}$	$\frac{1}{10^{12}}$	万亿分之一

1.5　物理学和日常现象

研究物理学可以并且必定将我们引向一些令人震撼的领域，如物质的基本性质和宇宙结构。既然有这样令人着迷的研究领域，为什么还要花时间解释自行车直立的原因、手电筒的工作原理？为什么不直接深入讨论现实世界的本质呢？

1.5.1　为什么要研究日常现象？

我们对宇宙本质的理解基于一些抽象的概念，如质量、能量和电荷，这些概念是我们的感官无法直接理解的。我们可以学习一些与这些概念相关的词汇，也可以在不理解它们的含义的情况下阅读和讨论涉及它们的观点。但是，在没有奠定坚实基础的情况下就玩"高大上"的概念是危险的。

日常现象专栏 1.2　按比例调整原料用量

现象与问题　假设你根据一种很棒的香草味配方做了两个甜糕。然而，你的朋友要你带 5 个甜糕去参加俱乐部年会。如何增大原料用量，以便足以做出 5 个香草味甜糕呢？刚学到的比例知识对此有帮助吗？

附图 1　在甜糕上做最后的修饰

分析　根据我们对比例的理解，5 块甜糕需要的白糖量与 2 块甜糕需要的白糖量之比是 5:2。另一种方法是使用符号。设 Q_2 为 2 块甜糕需要的白糖量，Q_5 为 5 块甜糕需要的白糖量，那么关系式为

$$\frac{Q_5}{Q_2} = \frac{5}{2}$$

我们可以变形这个方程来求出所要的量 Q_5，方法是在方程的两边同时乘以 Q_2，

$$Q_2\left(\frac{Q_5}{Q_2}\right) = Q_2\left(\frac{5}{2}\right)$$

约去左侧分子中的 Q_2 和分母中的 Q_2，方程变成

$$Q_5 = Q_2\left(\frac{5}{2}\right)$$

现在，让我们看看甜糕的原料情况。2 个甜糕的原料如下：

- 16 杯精制细砂糖
- 1 杯软化黄油
- 1 杯全脂牛奶

- 1 汤匙香草精

将黄油、牛奶和香草精混合在一起，中速搅拌至顺滑。慢慢加入细砂糖，搅拌至顺滑和蓬松。要做 5 个甜糕，我们将每个数量乘以 $\frac{5}{2}$。牛奶的量为

$$1杯 \times \frac{5}{2} = \frac{5}{2}杯 = 2.5杯$$

我们可以对其他原料做同样的处理。5 块甜糕的原料如下：

- 40 杯精制细砂糖
- 2.5 杯软化黄油
- 2.5 杯全脂牛奶
- 2.5 汤匙香草精

附图 2　两个量杯，一个盛有足以做 2 个甜糕的牛奶，另一个盛有足以做 5 个甜糕的牛奶

知道如何使用比例来增加（或减少）原料后，就会在求所需的数量时更有信心。这种技能在日常生活的许多方面都很有用，例如在确定项目所需的油漆量或订购的披萨数量时就会变得不那么困难。事实上，你可能会发现自己就是朋友在要计算增加或减少多少杯咖啡时所能求助的那个人。

使用日常经验提出问题，介绍概念，并且体验提出物理解释的优势是，所处理的例子是具体的，也是你熟悉的。这些例子会激发你对各种现象成因的天然好奇心，反过来也会激发你去更好地理解基本概念。如果你能够清楚地描述和解释常见现象，那么你就会获得信心来处理更抽象的概念。通过熟悉的例子，这些概念就可以建立在更坚实的基础上，它们的意义也会变得更加真实。

例如，自行车车轮（或陀螺）在运动时保持直立、在静止时倒下的问题涉及角动量的概念，这将在第 8 章中讨论。角动量对我们理解微观领域的原子和原子核很有作用；而在宏观领域理解星系结构时，角动量也很有作用（见图 1.11）。然而，通过自行车车轮或陀螺首先讨论角动量，你更有可能理解它。

 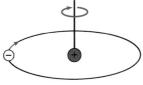 

图 1.11　自行车车轮、原子模型和星系都涉及角动量概念

解释落体（如引言中提到的橡果）运动的原理，涉及速度、加速度、力和质量的概念，这些概念将在第 2 章至第 4 章中讨论。类似于角动量，这些概念对我们理解原子和宇宙也很重要。理解彩虹的成因涉及光的行为，这将在第 17 章中讨论。光的行为在我们如何看待原子和宇宙时，也起重要作用。

我们的"常识"有时会误导我们对日常现象的理解。更新我们的常识，使之与公认的物理原理相一致，是我们在处理日常经验时面临的挑战之一。通过做一些简单的实验［可以在家中做（就像本书经常建议的那样），也可以在实验室中做，还可以在与物理课程相关的演示中做］，就可以积极参与建立自己的科学观念。

日常现象其实并不寻常，尽管这话听起来有点儿矛盾。明亮的彩虹是令人难以置信的景象。理解彩虹的成因不会减少我们的体验，相反，使用几个优雅的概念来解释这样美丽的景象让人更加兴奋。事实上，懂得这些原理的人会从彩虹中看到更多的东西，因为他们知道怎么看，朝哪里看，还知道为什么会这样。这种兴奋（其中一部分来自对自然行为的理解），是我们所有人都可以获得的。

研究日常现象可以使抽象的概念更容易理解。理解物质和宇宙的基本性质需要这些概念，但是，最好首先在熟悉的例子中遇到它们。能够解释常见现象，可以建立使用这些概念的信心，增强我们对周围发生的事情的欣赏能力。

小结

本章介绍了物理学和日常现象之间的联系，还介绍了什么是科学及科学方法，物理学的范围，以及数学和测量在物理学中的应用。重点包括：

1. **能源是什么**？我们使用的能源大部分是化石燃料燃烧产生的能量，它会释放二氧化碳，影响地球气候的诸多方面，包括全球变暖。能量的定义和能源科学都属于物理学范畴，因此了解相关的物理知识，对参与和能源相关的争论而言必不可少。

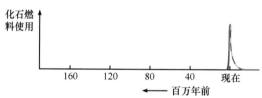

2. **科学和科学方法**。科学解释是通过对自然进行观察和归纳而发展起来的假设或理论，假设或理论然后通过进一步的实验或观察来验证。这个过程通常被称为科学方法，但是，实际上，实践可能会以各种方式偏离这个模型。

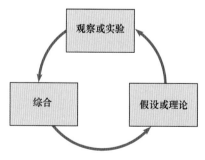

3. **物理学的研究领域**。物理学是自然科学中最基础的学科，因为物理学理论常为其他科学的解释提供支持。物理学的主要子领域包括力学、热力学、电学与磁学、光学、原子物理学、核物理学、粒子物理学和凝聚态物理学。

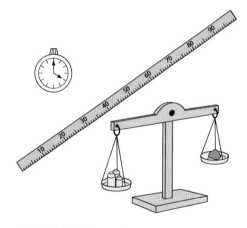

4. **测量和数学在物理学中的作用**。物理学的许多进步可以归因于定量模型的使用，这些模型产生的精确预测可以由物理测量来验证。数学是一种简洁的语言，用于描述和处理这些测量结果。物理学的基本概念通常使用少量的数学就可以加以描述和理解。

5. **物理学和日常现象**。如果把物理学的许多基本概念应用到日常现象中，概念就会变得更加清晰。理解和解释熟悉的现象，使得概念更加鲜活，增加了学习物理的乐趣。

关键术语

Fossil fuels　化石燃料

Greenhouse gases　温室气体

Hypothesis　假设

Theory　理论

Scientific method　科学方法

Empirical law　经验规律

Classical Physics　经典物理学
Modern Physics　现代物理学
Mechanics　力学
Thermodynamics　热力学
Electricity and Magnetism　电学与磁学
Optics　光学

Atomic Physics　原子物理学
Nuclear Physics　核物理学
Particle Physics　粒子物理学
Condensed-matter Physics　凝聚态物理学
Metric system　公制
Scientific notation　科学记数法

概念题

Q1 化石燃料是在植物死亡并被泥土掩埋后的几百年内产生的吗?

Q2 森林和其他绿色植物对大气中的二氧化碳含量有影响吗?

Q3 既然燃烧木材会向大气中释放二氧化碳,我们是否应该考虑使用化石燃料替代木材?

Q4 如果大气中的二氧化碳含量随时间增长,那么全球平均温度会升高吗?

Q5 几千年来一直发生化石燃料的燃烧吗?

Q6 使用核能会严重增加大气中二氧化碳的含量吗?

Q7 在真理、可验证性或诉诸权威三者中,哪个最能区分科学和宗教给出的解释?宗教解释与科学解释有何不同?

Q8 一个自称拥有超能力的人说运用其意念可以预测发牌机下次所发的纸牌是什么,这是可以验证的声明吗?解释原因。

Q9 历史学家有时会提出理论来解释在不同国家的历史中观察到的模式。这些理论能像物理理论那样被验证吗?

Q10 多年来,一些有经验的观察者提供了几份可信的报告,声称目击到了不明飞行物(UFO)。尽管如此,科学家还是回避了对不明飞行物的严肃研究,但是他们仍然在搜索来自外星智慧生命的信号。你能想到科学家未认真对待 UFO 的原因吗?在试图研究不明飞行物时,你会看到什么问题?

Q11 假设汽车无法起动,你猜测可能是电池电量不足。如何验证这一假设?

Q12 假设你的电话几天未响铃,但是朋友说你打过多次电话。提出两个假设来解释电话未响铃的原因,并且说明如何验证这些假设。

Q13 有位朋友声称他某天所穿的袜子的颜色(棕色或黑色)将预示股票市场的涨落,并且他能举出证明这一说法的几个例子。你应如何评估这一说法?

Q14 在生物学、化学和物理学三者中,哪个是更基础的科学?

Q15 根据表 1.2 中给出的简要描述,你认为物理学的哪个分支能解释彩虹?哪个分支能描述橡果的下落?

Q16 根据表 1.2 中的简要描述,你认为物理学的哪个分支能够解释冰块的融化?哪个分支能够解释飞机的飞行?

Q17 假设你知道速率的定义为 $s = d/t$,其中 s 表示速率,d 表示距离,t 表示时间。在不使用数学符号的情况下,陈述这一定义。

Q18 冲量定义为施加在物体上的平均力乘以该力作用的时间。令 I 表示冲量,F 表示平均力,t 表示时间,那么表示这一定义的正确方式是 $I = F/t$ 吗?

Q19 物体从静止状态开始以恒定加速度运动,运动距离等于加速度的一半乘以时间的平方。请你规定一套符号,并且用符号表示这一陈述。

Q20 公制单位与旧式的英制单位相比有什么主要优点?

Q21 在工业和商业领域继续使用英制单位而不转换为公制单位有优点吗?

Q22 公制单位和英制单位哪个在全球使用更广泛?

Q23 几百年前,人的手掌宽度通常是长度的通用单位。使用这种单位有何优缺点?

Q24 一幅藏宝图表明宝藏埋藏在一块岩石东边50 步、北边 120 步的位置。你知道挖掘宝藏的位置吗?

Q25 降序列出加仑、夸脱、升、毫升。

Q26 降序列出千米、英尺、英里、厘米、英寸。

E1 假设供 5 人食用的煎饼需要使用 310 克面粉。如果你想把份量减少到只供应两人食用，需要多少克面粉（见日常现象专栏 1.2）？

E2 假设制作 16 个蛋糕需要 240 克面粉。如果你想做 20 个蛋糕，那么需要用多少克面粉（见日常现象专栏 1.2）？

E3 据估计，8 个中等大小的披萨差不多可以满足 32 名学生物理俱乐部会议的需要。由于与数学俱乐部会议冲突，只有 20 名学生参加物理俱乐部会议，需要多少个披萨（见日常现象专栏 1.2）？

E4 有个孩子使用其手掌测量桌面的宽度，其手掌宽度为 8 厘米，测得桌面宽度为 16.5 个手掌宽度，桌面宽度为多少厘米？换算为米时，桌面宽度为多少米？

E5 某个女孩的脚长为 7 英寸，她用脚长丈量房间的长度，结果为 15 个脚长，房间的长度是多少英寸？是多少英尺？

E6 一本平装书的长度为 220 毫米，它是多少厘米？是多少米？

E7 一个货厢的质量为 8.30×10^6 毫克，其质量是多少克？是多少千克？

E8 一个水箱能容纳 5260 升水，它是多少千升？是多少毫升？

E9 1 英里约为 5280 英尺，1 英尺约为 0.305 米，1 英里约为多少米？1 英里约为多少千米？

E10 1 英里约为 5280 英尺，1 码等于 3 英尺，1 英里为多少码？

E11 正方形的面积等于长乘以宽。某地板的测量面积为 5.28 平方米，它是多少平方厘米？1 平方米等于多少平方厘米？

E12 温哥华市公路的限速为 70 千米/小时。你的行驶速度是 45 英里/小时，你超速了吗？

E13 汽油的价格是 1.27 美元/升，每加仑汽油的价格是多少？

E14 立方体的体积等于长乘以宽再乘以高。某个物体的体积是 1.44 立方米，这一体积是多少立方厘米？

E15 正方形的面积增大为原来的 16 倍时，其边长增大为原来的多少倍？

E16 立方体的边长增大为原来的 3 倍时，其体积增大为原来的多少倍？

SP1 占星家声称，了解一个人出生时几颗行星位置的构型和星座，能够预测这个人一生中的重要事件。在许多报纸上可找到此类算命天宫图。请在报纸上找到这些预测并回答如下问题：**a.** 占星家的预测能够验证吗？**b.** 选择针对自己的预测后，如何在下个月验证其准确性？**c.** 为何报纸上会刊登这些内容？它们的目的是什么？

SP2 美国烈性酒的常用包装容量是 1/5 加仑。自从美国希望在全球推销其酒精饮料且人们开始使用公制单位后，包装容量便开始采用 750 毫升。**a.** 1/5 加仑是多少升？**b.** 1/5 加仑是多少毫升？**c.** 750 毫升和 1/5 加仑中，哪个的容积大？

SP3 紧凑型荧光灯（CFL）的灯泡非常节能。一个 22 瓦（W）的节能灯泡和一个 100 瓦的白炽灯泡的亮度相同（注意，下面这些计算忽略 CFL 灯泡的使用寿命是白炽灯的 10 倍这一事实，因此这又会让你节约不少费用）。**a.** 如果让这个灯泡每天开 5 小时，一年 350 天，它共开了多少小时？**b.** 1 千瓦（kW）等于 1000 瓦。千瓦时（kWh）是一种常用的能量单位，用千瓦乘以使用时间（以小时为单位）就可以得到。使用 100 瓦灯泡 1 年将消耗多少千瓦时的电能（不要忘记单位转换）？**c.** 点亮 22 瓦灯泡 1 年消耗的电能是多少千瓦时？**d.** 假设电能的价格是 15 美分/千瓦时，100 瓦灯泡 1 年消耗的电能的费用是多少？**e.** 假设电能的单价相同，22 瓦灯泡 1 年消耗的电能的费用是多少？**f.** 使用 22 瓦灯泡 1 年能省多少费用？**g.** 使用 20 个 22 瓦灯泡替换 20 个 100 瓦灯泡，1 年可节省多少费用？

HE1 在家里或汽车上找到一些测量工具（尺子、量杯、速度计等），哪些工具上使用了英制和公制两种单位？对于使用英制和公制两种单位的工具，确定将英制单位转换为公制单位的因子。

HE2 找到 200 个硬币，每 3 个硬币排成 1 行，共排 3 行，将面积表示为宽度乘以长度。**a.** 每行每列的硬币数加倍后，面积为多少？与最初的面积相比大了多少？是其 2 倍还是其 4 倍？**b.** 再次加倍每行每列的硬币数，面积为多少？**c.** 有什么规律？如果从边为 2 个硬币的正方形开始，每次将每行每列的硬币数变为原来的 3 倍，面积如何增长？在这样做之前，你能算出答案吗？**d.** 你能写出这一规律吗？如果每条边的长度用 n 表示，面积如何随 n 增大？

第1单元　牛 顿 革 命

　　1687 年，艾萨克·牛顿在其出版的《自然哲学的数学原理》（简称《牛顿原理》）一书中提出了运动理论，其中包括三个运动定律和万有引力定律。这些定律共同解释了当时人们所知的大部分关于地球表面附近普通物体的运动（地面力学），以及行星围绕太阳的运动（天体力学）。在这一过程中，牛顿还发明了我们称之为微积分的数学方法。

　　在《牛顿原理》中描述的牛顿力学理论是令人难以置信的思想成就，它彻底改变了科学和哲学。不过，这场革命并不始于牛顿。真正的革命者是意大利科学家伽利略。伽利略拥护 100 前哥白尼提出的太阳中心说，且因此受到了教会的审判。伽利略还挑战了亚里士多德关于普通物体运动的传统观念。在这一过程中，他发展了许多地面力学的原理，这些原理后来被牛顿纳入了他的运动理论。

　　虽然牛顿的运动理论不能准确地描述高速物体（现在使用爱因斯坦的相对论来描述）和微观物体（现在使用量子力学来描述）的运动，但是它仍然在物理和工程领域中被广泛地使用，以解释运动和分析结构。在过去的 300 年里，牛顿运动理论对远超自然科学的许多思想领域产生了巨大影响，任何声称受过良好教育的人都应该了解它。

　　牛顿运动理论的中心是他的第二运动定律。这个定律指出，物体的加速度与作用在物体上的合力成正比，与物体的质量成反比。推动一个物体时，这个物体就会朝着作用力的方向加速。与直觉和亚里士多德的学说相反，是加速度而不是速度与所受的力成正比。为了理解这个观念，我们将认真地介绍加速度，它涉及物体运动的变化。

　　这里不打算首先就深入牛顿的理论，而是从研究伽利略对运动和自由落体的见解开始，以便为以后弄清牛顿的思想提供必要的基础。要看得远，我们就要站在巨人的肩膀上。

第2章 运动的描述

本章概述

本章主要定义和说明物理学中用来描述运动的术语，如本章开篇例子中描述的汽车的运动。速率、速度和加速度是后续章节中运动分析的关键概念。精确的描述是理解的第一步。没有它，我们的头脑中就会充斥模糊的观念，这样的概念和原理还不足以验证我们的解释。

本章各节的内容都建立在前一节的内容的基础上，因此在继续学习下一节之前，对已学习内容有较为清晰的理解非常重要。速率和速度以及速度和加速度之间的区别尤为重要。

本章大纲

1. **平均速率和瞬时速率**。如何描述物体运动的快慢？瞬时速率和平均速率有何不同？
2. **速度**。如何在运动描述中引入方向？速率和速度的区别是什么？
3. **加速度**。如何描述运动变化？速度和加速度之间的关系是什么？
4. **运动的图像表示**。如何用图像来描述运动？图像是怎样帮助我们更清楚地理解速率、速度和加速度的？
5. **匀加速运动**。当物体做匀加速运动时，会发生什么？当物体做匀加速运动时，速度和距离是如何随时间变化的？

假设你的汽车停在一个十字路口。横向车流过后，交通灯变成绿色，你起动汽车，最终加速到 56 千米/小时（km/h）。你一直保持这个速度，直到有只小狗跑到汽车的前面，你踩下刹车，将汽车的速度迅速降到 10 千米/小时（见图 2.1）。让过小狗后，你又将汽车加速到 56 千米/小时。过了一个街区，你遇到另一个黄灯，然后你将汽车的速度逐渐降为零。

图 2.1　当汽车因为小狗的出现而刹车时，速度会突然变化

我们都能联想到描述的这种情景。使用英里/小时（MPH）来测量速度与使用千米/小时（km/h）来测量速度相比，我们可能更熟悉，但是现在汽车的速度表两者都显示。使用术语“加速度”来描述速度的增加很常见。然而，在物理学中，这些概念具有更精确和更专门的含义，可以更有效地描述正在发生的事情。这些概念的含义有时不同于日常使用的含义。例如，加速度这个术语被物理学家用来描述速度的变化，即使速度可能在下降或者仅仅是运动方向在改变。

你在向弟弟或妹妹解释速率这个概念时，会如何定义速率？速度和速率是一样的吗？加速度呢？加速度是模糊的，还是有确切的含义？它和速度相同吗？清晰的定义对于清晰的解释至关重要。物理学家使用的语言不同于我们的日常语言，尽管使用的是相同的词汇。物理学家赋予这些概念的确切含义是什么？它们如何帮助我们理解运动？

2.1　平均速率和瞬时速率

由于驾车或乘车是我们日常生活中常见的活动，因此我们对速率的概念很熟悉。大多数人都有查看车速表的经历（可能不一定很仔细）。就像我们在本章开始时的例子中描述的那样，如果你

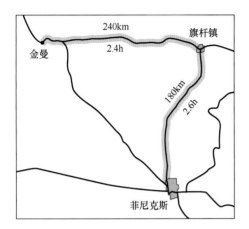

图 2.2　公路地图上画出了 420km 长的驾车路线，以及两段路程的长度和所用的时间

描述的是物体运动得有多快，那么你说的就是速率。

2.1.1　平均速率的定义

我们以 90 千米/小时的速率行驶意味着什么？这意味着如果我们以这个速率稳步前进，那么我们将在 1 小时内走完 90 千米的路程（或距离）。注意这一描述的结构：有一个数字"90"和一个单位"千米/小时"。数字和单位都是描述速率的重要部分。

术语"千米/小时"意味着千米除以小时得到速率。这正是我们计算一次旅行的平均速率的方法。例如，在图 2.2 所示的公路地图中，如果我们在 5 小时内走了 420 千米，那么平均速率便是 420 千米除以 5 小时，结果是 84 千米/小时。我们中的大多数人都熟悉这种计算。

也可以用文字来定义平均速率：

平均速率等于移动的距离除以所用的时间

或者

平均速率 = 移动的距离/所用的时间

我们还可以用数学符号来表示这一定义，即

$$s = d / t$$

式中，字母 s 表示速率，d 表示距离，t 表示时间。正如第 1 章中提到的那样，字母或数学符号是一种简洁的表达方式。你可以判断哪种表达平均速率定义的方式更有效。大多数人都觉得这种使用符号的表达方式更易记忆和使用。

前面定义的平均速率是路程与时间的比率。变化率总是表示为一个量除以另一个量。例如，关于流量的"加仑/分钟"、关于汇率的"比索/美元"等都是比率的例子。如果考虑关于时间的比率，那么被除的量是时间，这是平均速率的情况。后面我们考虑的许多其他量都涉及关于时间的比率。

2.1.2　速率的单位

单位是描述速率的重要部分。假设你说正以 70 的速率驾驶，但是没有说明单位。在美国，人们可能将其理解为 70MPH，因为这是最常用的单位。然而，在欧洲，人们可能将其理解为 70km/h。如果不说明单位，那么你无法与他人有效交流。

知道换算因子后，就可以很容易地从一种单位转换成另一种单位。例如，如果要把千米/小时转换成英里/小时，就需要知道英里和千米之间的关系。1 千米约为 1 英里的 6/10（更精确一些是 0.6214），90 千米/小时等于 55.9 英里/小时。这类换算过程包括乘以或除以适当的转换因子。

速率的单位总是距离除以时间。速率的基本公制单位是米/秒（m/s）。千米/小时和米/秒怎么转换呢？1km = 1000m，1h = 3600s，所以 1km/h = 1/3.6m/s，反过来有 1m/s = 3.6km/h。讨论普通物体的速率时，这两个单位的大小比较合适，非常方便。表 2.1 中显示了不同单位下的一些常见速率（近似值），可让你了解它们之间的关系。

测量一片草的平均生长速率时，大小合适的单位是什么？草地在施肥和灌溉后，青草一周内长高 3～6cm 并不

表 2.1
不同单位下的一些常见速率（近似值）
20MPH = 32km/h = 9m/s
40MPH = 64km/h = 18m/s
60MPH = 97km/h = 27m/s
80MPH = 130km/h = 36m/s
100MPH = 160km/h = 45m/s

罕见，割草机割草后，测量剪下的草叶的长度就可以看出这一点。以米/秒为单位来表示这个速率时，得到的数值非常小，无法从这个单位获得青草生长快慢的直观感受。厘米/周或毫米/日是这个速率的更好单位。

2.1.3 瞬时速率

如图 2.2 所示，当我们驾车在 5 小时内行驶 420km 时，平均速率是 84km/h。我们有可能全程都以 84km/h 的速率行驶吗？当然不能。上下坡时，超过速率较慢的车辆时，休息时，高速公路巡警出现在地平线上时，车辆速率都会相应地变化。如果想知道给定时刻的速率，就要去看车速表，它显示的是瞬时速率（见图 2.3）。

瞬时速率和平均速率有何不同？瞬时速率告诉我们某一特定时刻的速率，但是很少告诉我们行驶几英里需要多长时间，除非速率保持恒定。另一方面，平均速率允许我们计算一段旅程要花多长时间，但几乎没有告诉我们旅途中速率的变化情况。图 2.4 所示的图像可以更完整地描述汽车在一段旅程中的速率变化情况。图上的每一点都表示横轴所示时刻的瞬时速率。

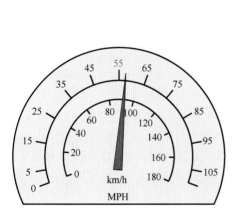

图 2.3　显示两个单位的车速表（MPH 和 km/h），用于测量瞬时速率

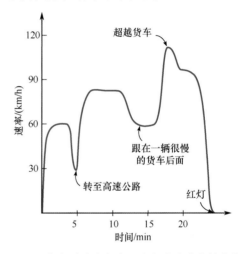

图 2.4　汽车瞬时速率在一段高速公路上的变化

我们对瞬时速率意味着什么都有一些直观的感觉，这些直观感觉来自我们读取车速表的体验。但是，当我们计算瞬时速率时，却提出了在定义平均速率时我们没有遇到过的一些问题。我们可以说瞬时速率是在某一瞬间行驶的路程，但是我们如何计算这个速率呢？我们应该使用什么时间间隔？时间上的瞬间是什么意思？

我们对这个问题的解决方案是简单地选择一个非常短的时间间隔，在此期间通过非常短的路程，但是速率不会急剧变化。例如，如果我们知道一个物体在 1s 内通过 20m 的距离，那么 20m 除以 1s 就得到 20m/s 的速率。假设这个速率在 1s 内没有大的改变，那么这个计算值将是对这一瞬时速率的很好的估计。如果速率变化很快，我们就要选择更短的时间间隔。原则上，我们可以选择尽可能小的时间间隔，但是在实践中，我们很难测量这么小的量。

基于这些想法，如果用文字来定义瞬时速率，那么它可以表述如下：

　　瞬时速率是物体某一瞬间通过一段路程的速率。它是通过计算在一个非常短的时间间隔内速率没有明显变化时的平均速率得出的。

瞬时速率与平均速率的概念密切相关，但是涉及的时间间隔很短。在讨论车流时，平均速率很关键，如日常现象专栏 2.1 所示。

将路程除以走完这段路程所需的时间，就会得到平均速率。因此，平均速率就是在一段路程里物体的运动快慢。瞬时速率是在给定的瞬间通过一段路程时物体的运动快慢，它可以通过考虑非常小的时间间隔来求得，或者通过读取车速表来得到。平均速率用于估计一趟旅程要花多长时间，但是高速公路巡警对瞬时速率更为关注。

2.1.4 问题讨论

地面上的交警用雷达枪测量你在某一时刻的车速，飞机上的交警测量你驾车行驶某段距离所用的时间。这两种测量有何差异？在作为开具超速罚单的依据时，哪种测量结果更公平？

日常现象专栏 2.1 交通流量的变化

现象与问题 珍妮弗每天都要驾车通过高速公路到城里上班。每天当她接近城市时，相同的交通流量似乎都出现在相同的位置。她一般以约 100km/h 的速率随着车流移动，然而车辆常常会因为一些情况而突然停止。车辆走走停停，进入一种波状模式，速率在 20km/h 到 50km/h 之间变化。除非发生事故，否则这种情况将一直持续到进城为止。

是什么导致了这种交通模式？为何在没有明显原因的情况下交通会停止？为何匝道交通灯似乎对这种情况有帮助？这样的问题在交通工程领域正越来越受到人们的重视。

分析 尽管对交通流量进行全面分析很复杂，但是经过一些简单的思考就可以解释珍妮弗观察到的许多现象。车辆密度是一个关键因素。在入口匝道增加车辆会增大车辆密度。当珍妮弗和其他通勤者以 100km/h 的速率在路上行驶时，他们需要保持几辆车长的距离。大多数司机无须考虑就会这样做，然而总有一些司机跟车或尾随前车太紧。当前车突然减速时，尾随前车太紧就有可能导致追尾事故。日常现象专栏 3.1 中将讨论反应时间与尾随前车行驶的问题。

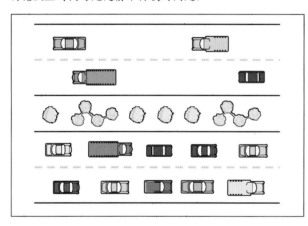

当入口匝道的车辆增加时，车辆密度增大，车辆之间的距离减小。当车辆之间的距离减小时，司机应该减速以保持安全的跟车距离。如果大家都这样做，那么交通的平均速率将逐渐下降，以适应更大的交通密度。然而，通常情况并非如此。

许多司机会试图将车辆的速率保持为 80～100km/h，即使车辆密度超过了建议的值。这就造成了不稳定的局面。在某个时刻，入口匝道附近的车辆密度通常会变得太大而无法维持这一速率。此时，平均速率突然下降，局部密度大幅增加。如附图所示，当车辆停止或缓慢移动时，它们之间的距离不足一辆车的长度。

附图　上面车道中的交通畅通无阻，车辆之间的间隔足以容许更大的速率。下面车道中的高密度车辆使得运动速率小得多

一旦有些车辆的平均速率小于 15km/h，速率为 80～100km/h 的车辆就会被堵在这些慢速行驶车辆的后面。因为这不是平稳的，一些车辆会因为完全停止而进一步减慢车流。另一方面，在堵塞车流的前面，由于后面的车流速率较慢，密度降低。这时，车辆又可以开始以与新密度一致的速率行驶，速率可能约为 50km/h。如果每辆车都以适当的速率行驶，那么车流就会畅通无阻，增大的密度也能够安全地容纳车辆。然而，更常见的情况是，一些过度焦虑的司机的车速超过了适当的速率，导致平均速率波动，使得车辆开始再次堆积。

注意，在上述讨论中，我们使用的平均速率有两种不同的含义：一是每辆车的瞬时速率增大或减小时的平均速率，二是涉及车辆的总体交通流的平均速率。当交通畅通时，不同车辆的平均速率可能不同。当交通陷入缓慢行驶的堵塞时，不同车辆的平均速率基本上是相同的，至少在给定的车道上是这样。

入口匝道处的交通灯允许车辆以适当的时间间隔一次进入一辆，有助于将新增车辆顺利地整合到现有车流中。这会减少由于密度的迅速增加而导致的速率的突然变化。然而，一旦密度超过一定的水平，交通减速就不可避免。从低密度、高速流动到高密度、低速流动的突然变化，类似于从气体到液体的相变（见第 10 章）。交通工程师利用这一类比来更好地理解这个过程。

如果我们能够自动控制和协调高速公路上所有车辆的速率，那么高速公路就可能会在平稳的流速下承载更大的交通量。因为车辆都是以同步方式移动的，速率可被调整以适应密度的变化，进而在高速率下保持更小的车辆间隔。也许有一天，更好的技术会实现这个梦想。

2.2 速度

速率和速度相同吗？它们在日常语言中经常互换使用，但是物理学家对这两个术语进行了重要的区分。这种区分与方向有关：物体朝哪个方向运动？这种区分对于理解牛顿的运动理论（见第 4 章）至关重要，所以它不只是一个突发奇想的问题，也不只是一个名称的问题。

2.2.1 速率和速度的区别

假设你正驾驶汽车沿弯道行驶（见图 2.5），并且保持 60km/h 的恒定速率。在这种情况下，速度也是恒定的吗？答案是否定的，因为速度包括运动的方向和运动的快慢。速度的方向随汽车沿弯道的运动而不断变化。

简单地说，前面定义的速率告诉我们物体运动的快慢，但是与运动的方向无关。速度还包含方向的概念。要确定速度，我们就必须给出它的大小和方向（东、西、南、北、上、下或其他某个方向）。如果你告诉我一个物体 1s 内移动了 15m，你就告诉了我它的速率。如果你告诉我它 1s 内西移了 15m，你就告诉了我它的速度。

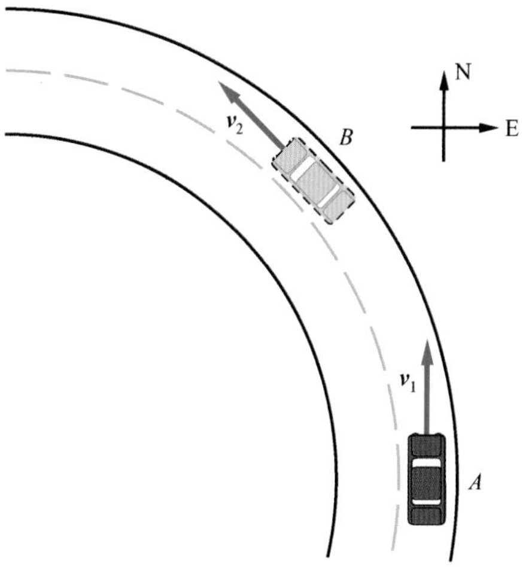

在图 2.5 中的 A 点，汽车正以 60km/h 的速率向正北方向行驶。在 B 点，由于弯道，汽车以 60km/h 的速率向西北方向行驶。它在 B 点的速度和在 A 点的速度不同（因为方向不同），但是在 A 点和 B 点的速率相同。物体的速率与方向无关。方向对车速表的读数没有影响。

图 2.5　汽车沿弯道运动时速度方向改变，因此即使速率不变，速度 v_2 与速度 v_1 也不相同

速度的变化是由作用在汽车上的力引起的，这将在第 4 章中进一步讨论。改变汽车速度的最重要的力是路面施加在汽车轮胎上的摩擦力。要改变速度的大小或方向，就需要一个力。如果没有合力作用在汽车上，汽车就会继续做匀速直线运动。这种情况有时发生在有冰或油的路面上，因为冰或油可以将摩擦力减小到几乎为零。

2.2.2 矢量

速度是一个大小和方向都很重要的量。我们称这类物理量为矢量。为了充分地描述这类物理量，我们需要说明其大小和方向。速度是一个矢量，它描述物体运动的快慢和方向。许多用于描述运动的量（在物理学中更常遇到）是矢量，包括速度、加速度、力和动量等。

如图 2.6 所示，假设你向墙壁扔了一个橡皮球，想想看会发

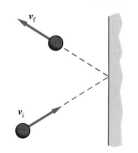

图 2.6　橡皮球从墙壁反弹后速度发生变化。墙壁对橡皮球施加的力产生了这种变化

生什么？橡皮球的速率在与墙壁碰撞后可能和橡皮球碰撞墙壁之前差不多。在这一过程中，速度明显改变了，因为橡皮球在碰撞墙壁后会朝不同的方向运动。橡皮球的运动发生了变化。墙壁要给橡皮球一个大的力来产生这一速度的变化。

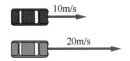

图 2.7 和图 2.6 中的速度矢量用箭头表示。这是描述矢量的自然选择，因为箭头的方向清楚地显示了矢量的方向，而箭头的长度与矢量的大小成比例。换句话说，速度越大，箭头就越长（见图 2.7）。本书中使用黑斜体来表示矢量，因此速度的符号是 *v*。

图 2.7　箭头的长度表示速度矢量的大小

2.2.3　怎样定义瞬时速度？

驾车旅行时，平均速率是最有用的量。在这种情况下，我们不关心运动的方向。瞬时速率是交警关注的量。然而，在考虑运动的物理理论时，瞬时速度是最有用的量。我们可以根据之前对瞬时速率的定义来定义瞬时速度：

> 瞬时速度是一个矢量，其大小等于给定时刻的瞬时速率，其方向与物体在该时刻的运动方向一致。

瞬时速度和瞬时速率密切相关，但是速度除了有大小，还有方向。瞬时速度的变化需要力的干预。我们在第 4 章中讨论牛顿力学理论时，将着重研究这些变化。我们也可以定义平均速度的概念，但是对我们的目的来说，这是一个不及瞬时速度或平均速率有用的量。

> 要定义物体的速度，就需要声明物体运动得有多快及其运动方向，因为速度是一个矢量。瞬时速度的大小等于瞬时速率，它指向物体运动的方向。2.3 节在讨论加速度时将考虑瞬时速度的变化。

2.3　加速度

加速度是一个我们较为熟悉的概念。我们用这个术语来描述汽车离开停车地点的加速，或者橄榄球比赛中跑位的加速。当汽车的速度迅速变化时，我们能感受到加速对人体的影响。当电梯突然下行时，我们的胃会稍微滞后一些（见图 2.8）。这些都涉及加速。你可以将胃想象成一个加速度探测器——过山车给了它一个真正的展示机会！

理解加速度对我们研究运动至关重要。加速度是指速度变化的快慢（注意这里说的是速度而不是速率），它在牛顿的运动理论中起核心作用。如何求加速度的值？类似于速度，我们从平均加速度的定义开始，然后将其扩展到瞬时加速度的概念是很方便的。

2.3.1　怎样定义平均加速度？

我们如何给出加速度的定量描述？假设你的汽车朝东在停车地点从完全静止开始，速度从 0 增加到 20m/s，如图 2.9 所示。速度的变化量可以用末速度减去初速度简单求得（20m/s – 0m/s = 20m/s）。然而，为了求它的变化率，我们还需要知道产生这一变化所需的时间。如果速度变化只需要 5s，那么这个速度变化率就会大于花 30s 时的速度变化率。

现在假设需要 5s 来产生这一速度变化量。速度变化率可以用速度变化量的大小除以产生这一变化所需的时间得到。因此，平均加速度的大小 *a* 可以用 20m/s 的速度变化量除以 5s 求得：

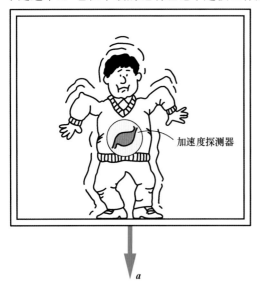

图 2.8　你的加速度探测器感觉到电梯的向下加速

$$a = \frac{20}{5} = 4\text{m/s/s}$$

图 2.9 汽车在 5s 内从静止加速到 20m/s,方向为正东方向

单位 m/s/s 通常写为 m/s^2,读作"米每秒平方"。但是,读作"米每秒每秒"更容易理解,意思是汽车的速度(单位是 m/s)以 4m/s 每秒的速度变化。也可以使用其他单位来表示加速度,但是它们都有相同的形式,即"路程/单位时间/单位时间"。例如,在讨论赛车的加速度时,有时会使用单位"英里/小时/秒"。

前面计算的量是汽车平均加速度的大小。平均加速度的计算方法是,将某一时间间隔内的速度变化量除以该时间间隔,忽略该时间间隔内可能发生的速度变化率的差异。它的定义可以用如下文字表述:

平均加速度等于速度变化量除以产生变化所用的时间。

也可用符号将其表述为

加速度 = 速度变化量/所用时间

或者

$$a = \Delta v/t$$

因为在这一定义中速度变化量非常重要,我们专门用希腊字母Δ来表示一个量的变化。ΔvΔv 就是速度的变化量的数学表示,它也可写为 $v_f - v_i$,其中 v_f 是末速度,v_i 是初速度。由于变化量的概念极为重要,因此后面会经常出现符号 Δ 。

变化量的概念极其重要。加速度不是速度除以时间,而是速度变化量除以时间。人们常把大的加速度和大的速度联系在一起,但是实际情况往往相反。例如,汽车刚刚起动时,加速度可能是最大的,但速度接近零。此时,速度的变化率最大。另一方面,速度不变时,汽车可以 100MPH 的速度行驶,但加速度为零。

2.3.2 怎样定义瞬时加速度?

瞬时加速度与平均加速度相似,但是有一个重要的不同点。正如瞬时速率或瞬时速度一样,我们现在关心的是某一时刻的变化率。前面说过,我们的胃会对瞬时加速度做出反应。瞬时加速度定义如下:

瞬时加速度是指某个时刻速度变化的快慢。它的计算方法是求很短的一段时间内加速度没有明显变化时的平均加速度。

如果加速度随时间变化,那么选择一个非常短的时间间隔可以保证在该时间间隔内计算得到的加速度不会与该时间间隔内任意时刻的瞬时加速度相差太多。这与求瞬时速率的方法是一样的。

2.3.3 加速度的方向

和速度一样,加速度也是一个矢量,它的方向很重要。加速度矢量的方向就是速度变化量 Δv 的方向。例如,如果一辆汽车沿直线运动,速度增大,那么速度变化量的方向就与速度本身的方向相同,如图 2.10 所示。将速度变化量 Δv 加到初速度 v_i 上就可以求得末速度 v_f。这三个矢量都指向前方。当我们在图上用箭头表示矢量时,就可以很容易地看到矢量相加的过程。

然而,如果速度减小,那么速度变化量 Δv 的方向便与两个速度矢量的方向相反,如图 2.11 所示。因为初速度 v_i 大于末速度 v_f,速度的变化量 Δv 必定指向相反的方向,以产生一个更短的末速度 v_f 的箭头。加速度的方向也与速度的方向相反,因为它的方向与速度变化量 Δv 的方向相同。

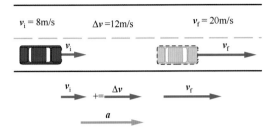

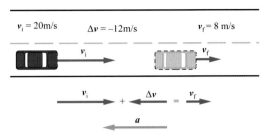

图 2.10　速度增大时，加速度与速度的方向相同

图 2.11　速度减小时的速度矢量和加速度矢量。这时 Δv 和 a 的方向都与速度的方向相反

在牛顿的运动理论中，产生这个加速度所需的力的方向也与速度的方向相反。它必须向后推汽车才能使汽车慢下来。一般来说，如果一个物体的速度减小，那么速度矢量和加速度矢量的方向相反，因此符号相反。如果一个物体的速度增大，那么速度和加速度的符号相同。

"加速度"一词描述了物体速度变化的快慢。这里的变化可以是增大（如最初的例子）、减小，也可以是方向的变化。尤其要注意该术语也适用于速度减小的情况。对于物理学家来说，这些不过是加速度的方向与速度的方向相反而已。如果一辆汽车直线行驶时刹车，那么其速度减小；如果速度取正值，那么加速度为负值。这种情况的说明见例题 2.1。

在例题 2.1 中，负号是计算结果的一个重要组成部分，因为它表明速度变化是负的，即速度越来越小。如果愿意，我们可以称它为减速度，但是它和负加速度的意思一样。总之，"加速度"一词涵盖了速度变化的所有情况。

例题 2.1　负加速度

在司机刹车后的 2.0s 内，汽车的速度从正东 20m/s 下降到正东 10m/s。汽车的加速度是多少？

$v_i = 20$m/s，正东；$v_f = 10$m/s，正东。

$t = 2.0$s；$a = ?$

$$a = \frac{\Delta v}{t} = \frac{v_f - v_i}{t} = \frac{10 - 20}{2.0} = \frac{-10}{2.0} = -5\text{m/s}^2$$

$a = 5.0$m/s^2，正西。

注意，当我们处理一个矢量的大小时，不使用黑斜体符号。然而，在只涉及直线运动的问题中，这个量的正负号可以指示方向。

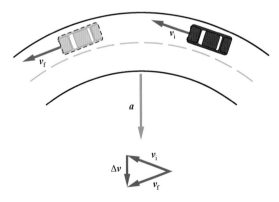

图 2.12　即使速率是常量，速度矢量方向的变化也涉及一个加速度

2.3.4　汽车速率不变时能做加速运动吗？

当一辆汽车以恒定速率转弯时会发生什么？加速吗？答案是肯定的，因为速度的方向正在变化。速度矢量的方向变化，速度也会变化，这意味着一定有一个加速度。

这种情况如图 2.12 所示。图中的箭头表示运动中的不同点的速度矢量的方向。将速度变化量 Δv 加到初速度 v_i 上，就能求得末速度矢量 v_f。表示速度变化量的矢量指向曲线的中心，因此加速度矢量也指向这一方向。变化量的大小由表示 Δv 的箭头的长度表示，由此我们可以求出加速度。

加速度涉及速度的变化，而不论变化的方式是什么。像图 2.12 这样的情况，将在第 5 章中介绍圆周运动时深入讨论。

加速度是速度的变化率，用速度的变化量除以产生这一变化所需的时间就可以得到加速度。速度的任何变化都涉及加速度，无论是速度的增大、减小，还是方向的改变。加速度是一个矢量，它的方向与速度变化的方向一致，但不一定与瞬时速度本身的方向一致。速度变化的概念至关重要。2.4 节中的图像表示将帮助你将速度和其他物理量的变化形象化。

2.4　运动的图像表示

人们常说图片胜过千言万语，图像也是如此。下面试着使用文字和数字精确地描述图 2.4 中的运动。使用文字来描述运动时，效率会差很多。本节介绍图像如何帮助我们理解速度和加速度。

2.4.1　图像能告诉我们什么？

如何绘制和使用图像来帮助我们描述运动？假设你正在观察一辆由电池驱动的玩具车沿米尺行驶的情况（见图 2.13）。玩具车移动得足够慢时，你可以记录玩具车的位置，同时使用数字手表记录经过不同位置的时间。在固定的时间间隔（如每隔 5s），你可以用米尺记录车头的位置，结果可能如表 2.2 所示。

如何使用图像表示这些数据？首先，我们在两条相互垂直的轴上创建均匀间隔的多个点，其中一条轴表示行驶距离（或位置），另一条轴表示时间。为了说明距离如何随时间变化，我们通常把时间放

图 2.13　沿米尺移动的玩具车。你可以记录它在不同时刻的位置

到横轴上，把距离放到纵轴上。如图 2.14 所示，该图用多个点描出了表 2.2 中的每个数据，并且画出了通过这些点的一条折线。为了确保你能够理解这个过程，请你从表 2.2 中选择不同的数据，并且找出它们在图中的位置。如果玩具车头在 25s 时的位置是 21cm，那么这个点会在哪里？

表 2.2	
不同时刻玩具车头的位置	
时间/s	位置/cm
0	0
5	4.1
10	7.9
15	12.1
20	16.0
25	16.0
30	16.0
35	18.0
40	20.1
45	21.9
50	24.0
55	22.1
60	20.0

图像以一目了然的视觉方式总结了表中所示的信息。图像中还包含了关于玩具车的速度和加速度的信息，尽管不是很明显。例如，我们能说出 20s 到 30s 之间玩具车的平均速度是多少吗？这段时间玩具车在运动吗？看一下这幅图像，我们就知道在这段时间内距离没有变化，所以玩具车没有移动。在这段时间内，速度是零，在距离-时间的关系曲线上用水平线表示。

运动过程中其他点的速度是多少？玩具车在 0s 到 20s 之间的运动要比 30s 到 50s 之间的运动快。曲线在 0s 到 20s 之间要比 30s 到 50s 之间上升得快。因此在同一时段内行驶的距离更长，所以玩具车的运动速度更快。因此，曲线的斜率越大，速度就越大。

事实上，图像中的距离-时间关系曲线在任意一点的斜率都等于玩具车的瞬时速度[①]。斜率表示任意时刻距离随时间变化的快慢。根据 2.1.3 节中给出的定义，

[①]　由于斜率的数学定义是纵坐标的变化量 Δd 除以横坐标的变化量 Δt，因此斜率 $\Delta d/\Delta t$ 等于瞬时速度，前提是 Δt 足够小。然而，不借助数学定义我们也能掌握斜率的概念。

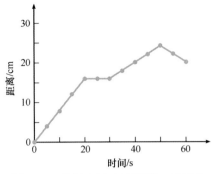

图 2.14 玩具车运动的距离－时间关系曲线。数据点取自表 2.1

距离随时间的变化率是瞬时速率。由于运动沿直线进行，因此我们可以用正负号来表示速度的方向。只有两种可能，即向前或向后。这样，我们就得到了瞬时速度，它包括运动的快慢（速率）和方向。

当玩具车向后行驶时，它与起点的距离减小。在 50s 到 60s 之间，曲线下降。我们称下倾曲线的斜率为负斜率，也就是说，在运动的这一部分，速度是负的。曲线陡峭向上表示瞬时速度大，斜率为零（水平线）表示速度为零，曲线下倾表示速度为负（反向）。看图像中曲线的斜率就能知道玩具车的速度。

2.4.2 速度图像和加速度图像

关于速度的分析，可以通过绘画出玩具车的速度－时间关系曲线来最好地总结（见图 2.15）。只要图 2.14 中的距离－时间关系曲线的斜率不变，速度就不变。图中任何直线段的斜率都是恒定的，因此速度只在图 2.14 中曲线的斜率变化时才发生变化。仔细比较图 2.15 和图 2.14 中的曲线，这些分析就会变得清晰。

从这些图像，我们对加速度能知道些什么？由于加速度是速度随时间的变化率，因此速度图像（见图 2.15）也提供关于加速度的信息。事实上，瞬时加速度等于速度－时间关系曲线的斜率。斜率大，表示速度的变化快，因此加速度大。水平线的斜率为零，加速度为零。根据这些数据，在大多数时间玩具车运动的加速度都是零。速度只在运动的几个极短时段发生变化。这些时段的加速度很大，其他时段的加速度都为零。

由于这些数据并不能说明实际发生的速度变化有多快，因此我们没有足够的信息来说明在几个不为零的极短时段中加速度有多大。我们需要更短的时间间隔（如每隔 0.1s）来测量距离或速度，才能清楚地了解这些变化有多快。如我们将在第 4 章中看到的那样，我们知道这些速度的变化不会立即发生，而需要一些时间。因此，我们只能画出加速度与时间的近似曲线，如图 2.16 所示。

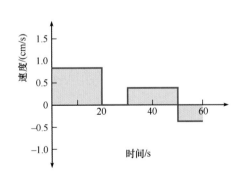

图 2.15 玩具车的瞬时速度-时间关系曲线。行驶距离变化最快时速度最大

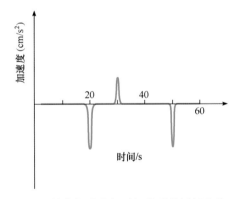

图 2.16 玩具车加速度与时间关系的近似曲线。仅当速度变化时，加速度才不为零

图 2.16 中的尖峰出现在速度发生变化的时候。在 20s 时刻，速度急剧下降，表现为向下的尖峰或负加速度。在 30s 时刻，速度迅速从零增大到一个恒定值，表现为向上的尖峰或正加速度。在 50s 时刻，出现另一个负加速度，即速度从一个正值变为一个负值。如果你能将自己放进玩具车里，那么你肯定能感觉到这些加速（日常现象专栏 2.2 中提供了使用图像来分析运动的另一个例子）。

2.4.3　能根据速度图像求行驶距离吗?

从图 2.15 所示的速度－时间关系曲线中还能得到什么信息? 假设你知道速度, 你会怎样求运动的距离? 对一个恒定的速度, 你可以简单地使用时间乘以速度得到距离, 即 $d = vt$。例如, 在运动的第一个 20s 内, 速度是 0.8cm/s, 因此距离是 0.8cm/s 乘以 20s, 结果是 16cm。这与我们前面确定速度的方法正好相反, 那时我们使用行驶距离除以时间得到速度。

这个距离在速度图像上如何表示呢? 如果记得求面积的公式, 那么你可能会看出距离 d 就是图 2.15 中阴影矩形的面积。矩形的面积等于高度乘以宽度, 正好是前面求距离时的乘法。速度 0.8cm/s 是图中这个矩形的高度, 而时间 20s 则是其宽度。

事实上, 即使图像上涉及的区域不是矩形, 我们也可以使用这种方法求出距离, 但是当曲线较复杂时, 这个过程困难一些。一般的规则是, 行驶距离等于速度－时间关系曲线下方的面积。当速度为负时(在图上的时间轴以下), 物体向后运动, 它从起点起算的距离是减小的。

即使不能精确地计算面积, 也可以通过研究速度图像得到大致的运动距离。大的面积代表大的距离。快速进行观察和比较就可以很好地了解正在发生的事情, 而不需要进行冗长的计算。这就是图像的美妙之处。

好的图像能够呈现带有丰富视觉内容的运动画面。路程-时间关系曲线不仅能够告诉我们物体在任何时刻的位置, 而且它的斜率能够告诉我们它的运动速度。速度－时间关系曲线中还包含了加速度和行驶距离的信息。制作和研究这样的图像可以为我们提供关于行驶距离、速度和加速度之间的更一般的关系。

日常现象专栏2.2　百米赛跑

情形与问题　一名世界级短跑运动员能够在不到 10s 的时间内跑完 100m。比赛开始时, 运动员在起跑线上蜷起身子, 等待发令员的枪声(见附图 1)。赛跑以运动员冲过终点结束, 他们的时间由秒表或自动计时器记录。

比赛开始和结束之间发生了什么? 在比赛过程中, 运动员的速度和加速度是如何变化的? 对于一名典型的运动员来说, 我们能否对速度-时间关系曲线做出合理的假设? 我们能够估计出一名优秀短跑运动员的最大速度吗? 什么因素会影响运动员的成绩?

分析　假设运动员在 10s 内跑完 100m。根据定义式 $s = d/t$ 可以算出运动员的平均速度为

$$s = 100\text{m}/10\text{s} = 10\text{m/s}$$

附图 1　运动员在起跑线上等候发令员的枪声

显然, 这不是运动员在整个比赛过程中的瞬时速度, 因为运动员在比赛开始时的速度为零, 需要一些时间来加速才能达到最大速度。

比赛的目标是尽可能快地达到最大速度, 并且在剩下的比赛中保持这一速度。成功取决于两个因素: 运动员能多快地加速到最大速度和最大速度的值。小个子运动员通常有更大的加速度, 但是最大速度较小; 大个子运动员有时需要更长的时间才能达到最大速度, 但是最大速度较大。

典型运动员至少要跑 10~20m 才能达到最大速度。如果平均速度是 10m/s, 那么运动员的最大速度一定比这个值大, 因为当运动员还在加速时, 瞬时速度要小于10m/s。这些分析很容易通过画出速度-时间关系曲线来可视化, 如附图 2 所示。由于运动员沿直线运动, 因此瞬时速度的大小等于瞬时速率。运动员在开始比赛的 2~3s 后达到最大速度。

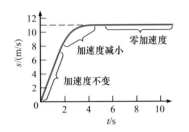

附图2 100米短跑运动员的速度—时间关系曲线

如果运动员的加速度在前 2s 内差不多是恒定的，那么运动员在加速期间的平均速度约为其最大值的一半。如果假设运动员在这段时间内的平均速度约为 5.5m/s（11m/s 的一半），那么剩下比赛的速度就必须约为 11.1m/s。这样，整个比赛的平均速度就为 10m/s。计算这些值的距离可得

$$d = 5.5×2 + 11.1×8 = 11 + 89 = 100m$$

上面对这些值的一些合理猜测，使得平均速度为 10m/s；然后，我们计算总距离来验证这些猜测。这表明优秀短跑运动员的最大速度必须约为 11m/s。请比较如下情形：一名能在 4 分钟内跑完 1500m 的长跑运动员的平均速度约为 6.3m/s。

运动员的策略应该是在起跑时很好地从起跑位置跃出，最初降低身体，保持前倾以减小空气阻力，最大限度地增大腿部的力量。为了在剩下的比赛中保持最快的速度，运动员需要有良好的耐力。无法全程保持耐力的运动员，需要更多的训练。对于例题中的运动员来说，他有稳定的最大速度，比赛全程的平均速度取决于他能多快地达到最大速度。这种很快加速的能力取决于其腿部的力量（可以通过举重练习和其他训练来提高）和先天的素质。

2.5 匀加速运动

如果你松开手中的石块，那么它会以恒定的加速度落向地面，我们将在第 3 章中讨论这种情况。加速度不变的加速运动是最简单的一种加速运动。当一个物体受到一个恒定的力的作用时，就会发生这样的运动，掉落的石块和许多其他情况都是这样的例子。

我们应该如何描述这样的运动？伽利略首先认识到了这个问题的重要性。他研究了从斜面上滚下的小球和自由落体运动。在 1638 年出版的《关于两种新科学的对话》一书中，伽利略得出了本节中介绍的图像和公式，它们是此后物理学专业学生一直要学习的内容。伽利略的工作为几十年后牛顿的许多思想奠定了基础。

2.5.1 匀加速运动中的速度怎样变化？

假设一辆汽车沿直线行驶，并且以恒定的加速度加速。图 2.17 中显示了这种情况下的加速度—时间关系曲线。这一图像很简单，但是它说明了匀加速运动的含义。匀加速运动是指在运动过程中加速度不发生变化的运动。

在同样的情况下，速度—时间关系曲线看起来要生动一些。由 2.4 节的讨论可知，速度-时间关系曲线的斜率等于加速度。对于不变的正加速度，速度图像应该有一个恒定的正斜率；速度以恒定的变化率增加。恒定的斜率对应一条直线，加速度为正时，直线上倾，如图 2.18 所示。作图时，我们假设初速度为零。

这幅图也可以使用一个公式来表示。t 时刻的速度等于初速度加上因汽车加速而得到的速度。速度变化量 Δv 等于加速度乘以时间，即 $\Delta v = at$，因为加速度被定义为 $\Delta v/t$。由这两点可以得到如下关系式：

$$v = v_0 + at$$

等号右侧第一项 v_0 是初速度（图 2.18 中假设为零），第二项 at 是由加速度引起的速度变化。

例题 2.2 的 a 问中给出了将上述分析方法应用于加速汽车的一个数值例子。汽车不能以恒定的加速度无限期地加速，因为速度很快就会达到令人难以置信的值。这不仅是危险的，而且由空气阻力和其他因素导致的物理限制也会阻止这种情况发生。

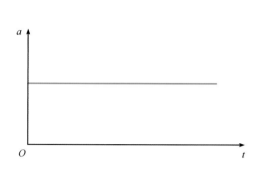

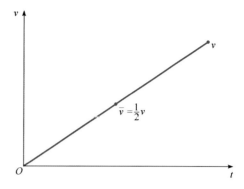

图 2.17 匀加速运动的加速度-时间关系曲线是一条水平直线，加速度不随时间变化

图 2.18 初速度为零的匀加速运动的速度-时间关系曲线。此时，平均速度等于末速度的一半

加速度为负时会怎样？速度减小而非增大，速度图像的斜线向下而非向上。因为加速度为负，所以求 v 的公式中的第二项与第一项相减，导致速度从初值开始减小。这样，速度将以恒定的变化率下降。

2.5.2　行驶距离如何随时间变化？

当速度以恒定的加速度增大时，对行驶距离有什么影响？随着汽车速度越来越快，行驶距离的增长也越来越快。伽利略说明了如何求这种情况下的距离。

我们使用速度乘以时间来求距离，但是在这种情况下，我们必须使用平均速度，因为速度是变化的。借助于图 2.18 中的关系曲线，可以看到平均速度应该是末速度的一半。如果初速度为零，末速度为 at，那么使用平均速度乘以时间可得

$$d = \frac{1}{2}at^2$$

时间 t 在上式中出现了两次，一次出现在求平均速度的时候，另一次出现在将平均速度乘以时间求距离的时候。

图 2.19 中的曲线说明了这种关系。随着速度的增大，距离曲线以越来越大的斜率上倾。这个公式和图像只在物体从静止开始运动时才有效，如图 2.18 所示。由于行驶距离等于速度-时间关系曲线下方的面积（见 2.4 节），这个距离的表达式也可视为图 2.18 中三角形的面积。三角形的面积等于底乘以高的二分之一，结果是一样的。

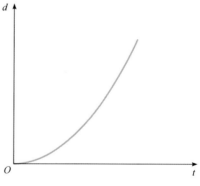

图 2.19 当汽车做匀加速运动时，行驶距离随时间增大得越来越快，因为速度在增大

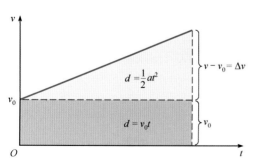

图 2.20 初速度不为零的物体的速度-时间关系曲线。曲线下方的面积由矩形的面积和三角形的面积组成

如果汽车在开始加速之前已在运动，那么速度图像可以按照图 2.20 所示的那样重画。速度曲线下方的总面积由两部分组成，一部分是三角形的面积，另一部分是矩形的面积，如图所示。行进的总距离是这两个区域的面积之和：

$$d = v_0 t + \frac{1}{2}at^2$$

式中的第一项是物体以恒定速度 v_0 运动时行驶的距离，第二项是物体因加速而增加的距离（图 2.20 中三角形的面积）。加速度为负时，意味着物体正在减速，此时第二项与第一项相减。

距离的这个更普遍的表达式看起来很复杂，理解它的诀窍是将它分解为两部分，如前所述。我们只是用两个代数项表示了对总距离的不同贡献。

例题 2.2　匀加速运动

一辆以初速度 10m/s 向正东方向行驶的汽车，以 4m/s 的恒定加速度加速了 6s。**a**. 这段时间末的速度是多少？**b**. 在这段时间内它走了多远？

a. $v_0 = 10\text{m/s}$；$a = 4\text{m/s}^2$；$t = 6\text{s}$；$v = ?$

$v = v_0 + at = 10 + 4 \times 6 = 10 + 24 = 34\text{m/s}$

$v = 34$ m/s，正东方向

b.

$$d = v_0 t + \frac{1}{2} a t^2$$

$$= 10 \times 6 + \frac{1}{2} \times 4 \times 6^2$$

$$= 60 + 2 \times 36$$

$$= 132\,\text{m}$$

加速度涉及速度的变化，而匀加速运动涉及恒定的速度变化率，因此它代表了我们所能想到的最简单的加速运动。匀加速运动对于理解第 3 章中讨论的自由落体运动和许多其他现象是必不可少的。这种运动可以用本节中介绍的图像或公式来表示。认真琢磨图像和公式以及它们之间的关系，可以强化对它们的理解。

小结

本章主要介绍了准确描述运动的一些关键概念。要理解加速度，就必须首先掌握速度的概念，而速度又是建立在速率概念之上的。速度与速率、速度与加速度之间的区别非常重要。

1. **平均速率和瞬时速率。** 平均速率定义为移动的距离除以所用的时间，度量的是完成一段路程的平均快慢程度。瞬时速率是指在某一瞬间完成一段路程的速率，它要求我们使用非常短的时间间隔进行计算。

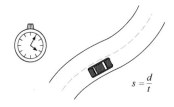

$$s = \frac{d}{t}$$

2. **速度。** 物体的瞬时速度是一个包含方向和大小的矢量。瞬时速度矢量的大小等于瞬时速率，方向是物体运动的方向。

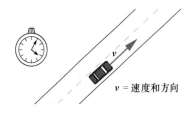

$v =$ 速度和方向

3. **加速度。** 加速度定义为速度的时间变化率，用速度变化量除以时间就可以得到。加速度也是一个矢量。它分为平均加速度和瞬时加速度两种。速度方向的变化和速度大小的变化一样重要，都涉及加速度。

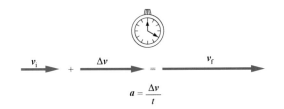

$$a = \frac{\Delta v}{t}$$

4. **运动的图像表示。** 路程、速率、速度和加速度与时间的关系曲线可以说明这些量之间的关系。瞬时速度等于路程-时间关系曲线的斜率。瞬时加速度等于速度—时间关系曲线的斜率。行驶距离等于速度—时间关系曲线下方的面积。

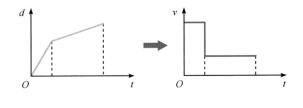

5. **匀加速运动。**当一个物体以恒定的速率加速时，其速度-时间关系曲线的斜率是恒定的，我们称其为匀加速运动。这是一种重要的特殊情况，图像可以帮助我们理解速度和路程如何随时间变化的两个公式。

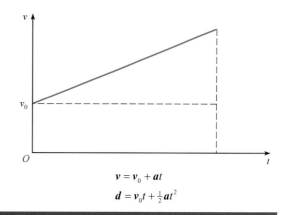

$$v = v_0 + at$$
$$d = v_0 t + \frac{1}{2} a t^2$$

关键术语

Speed　速率

Instantaneous velocity　瞬时速度

Average speed　平均速率

Instantaneous speed　瞬时速率

Velocity　速度

Magnitude　幅度、大小

Vector　矢量

Acceleration　加速度

Average acceleration　平均加速度

Instantaneous acceleration　瞬时加速度

Slope　斜率

Uniform acceleration　恒定加速度

概念题

Q1 假设人们在火星上发现了一种生物，它用步幅测量距离，用步数测量时间。**a.** 这种单位制中的速率单位是什么？**b.** 速度的单位是什么？**c.** 加速度的单位是什么？

Q2 假设我们选择英寸作为长度的基本单位，选择天作为时间的基本单位。**a.** 这种单位制中的速度和加速度的单位是什么？**b.** 这是表示汽车加速度的好单位吗？

Q3 什么单位适合用来表示指甲的生长速率？

Q4 乌龟和兔子在赛跑中跑同样的距离。兔子在短时间内跑得很快，但经常停下来，而乌龟稳步爬行，并且先于兔子完成比赛。**a.** 在比赛过程中，谁的平均速率更大？**b.** 在比赛过程中，谁的瞬时速率更大？

Q5 一名司机说，当她被警察拦下时，她的速度是80。这样说清楚吗？在英国和美国这有不同的解释吗？

Q6 汽车车速表测量的是平均速率还是瞬时速率？

Q7 汽车在几分钟内的平均速率在下面哪种情况下更接近这几分钟内任意时刻的瞬时速率？**a.** 在自由流动的低密度交通中行驶；**b.** 在高密度交通中行驶。

Q8 高速公路巡警有时使用雷达枪来识别可能的超速者，有时会让飞机上的同事记录汽车在高速公路上相隔一定距离的两个路标之间通过的时间。这些方法测量的是什么？是平均速度还是瞬时速度？你认为在什么情况下这些方法可能会不公平地惩罚司机？

Q9 车辆密度是与车辆的重量相关还是与车辆的数量相关？

Q10 在什么交通状况下，几辆汽车的平均速率接近各辆汽车的平均速率？

Q11 交通堵塞前端的车辆密度是高于还是低于后端的车辆密度？

Q12 冰球滑过无摩擦的冰面，并且在碰到墙面后以相同的速率弹回，在这一过程中冰球的速度会变化吗？

Q13 系在绳子上的小球在水平面上以恒定的速率做圆周运动。**a.** 小球的速度在这个过程中改变吗？**b.** 小球的加速度是零吗？

Q14 一个小球拴在一根绳子的一端，绳子的另一端系在刚性支架上，形成一个钟摆。如果我们将小球拉到一边，然后放开它，那么小球就会沿着由绳子长度决定的弧线来回摆动。**a.** 在这个过程中速度是常数吗？b. 在这个过程中速率可能不变吗？小球反向时，速率会发生什么变化？

Q15 在小球的下落过程中，小球的速度恒定吗？

Q16 司机刹车使得汽车的速度下降。根据加速度的定义，在这一过程中汽车做加速运动吗？

Q17 某个时刻两辆汽车以不同的速度行驶，其中一辆汽车的速度是另一辆汽车的 2 倍。根据这些信息，是否可以判断该时刻哪辆汽车的加速度更大？

Q18 静止汽车开始起动的瞬间，速度为零。在这一瞬间，汽车的加速度也是零吗？

Q19 汽车在高速公路上以恒定速率转弯，此时汽车的加速度为零吗？

Q20 一辆以 100MPH 的恒定速度向西行驶的赛车吓着了路上的一只乌龟，乌龟开始爬向路边。两者中的哪个在这一时刻的加速度更大？

Q21 题图是一个做直线运动的物体的速度-时间关系曲线。a. 任何时间间隔的速度都是常数吗？b. 在哪段时间间隔内物体的加速度最大？

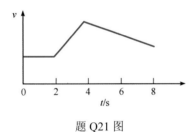

题 Q21 图

Q22 汽车沿直线运动，其位置（使用到起点的距离表示）随时间变化的曲线如题图所示。a. 在这一过程中汽车有过折返吗？b. 点 A 的瞬时速度是大于还是小于点 B 的瞬时速度？

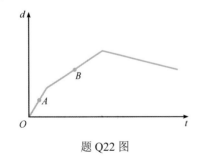

题 Q22 图

Q23 根据题 Q22 中给出的汽车行驶距离与时间的关系曲线，在图示的任何时刻速度都不变吗？

Q24 如题图所示，汽车沿一条直线行驶，其速度随时间变化。a. 在这一过程中汽车有过折返吗？b. 在图上标记的点 A、B 和 C 中，哪个点的加速度的绝对值最大？

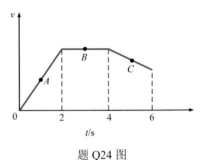

题 Q24 图

Q25 根据题 Q24 中的速度－时间关系曲线，在 0～2s、2～4s 和 4～6s 三个时段中，哪个时段汽车行驶的距离最长？

Q26 再看图 2.15 所示的玩具车的速度－时间关系曲线。a. 在这一运动过程的任何时刻，瞬时速度是否都大于整个过程的平均速度？b. 当玩具车的运动方向在 $t = 50s$ 反向时，玩具车是在加速吗？

Q27 假设汽车的加速度随时间增大，这时还能使用关系式 $v = v_0 + at$ 吗？

Q28 汽车从静止状态做匀加速运动时，如下的哪些量会随时间增大：加速度、速度、行驶距离？

Q29 一个物体的速度－时间关系曲线如题图所示，该物体的加速度恒定吗？

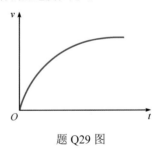

题 Q29 图

Q30 对于一辆做匀加速运动的汽车，其平均加速度是否等于瞬时加速度？

Q31 一辆汽车向前方行驶时，反向均匀加速了 10s。前 5s 行驶的距离是等于、大于还是小于后 5s 行驶的距离？

Q32 从静止状态开始运动的汽车均匀加速 5s，并且以恒定速度行驶了 5s，然后均匀减速了 5s。画出汽车的速度－时间关系曲线和加速度－时间关系曲线。

Q33 假设两名运动员比赛 100 米跑，其中一名运动员更快地达到最大速率。两名运动员加速到各自的最大速率后，保持匀速运动，并且在同一时刻通过终点。哪名运动员有更大的最大速率？

Q34 画图表示题 Q33 中两位运动员的速度－时间关系曲线（为便于比较，将两条曲线画在同一坐标系上）。

Q35 一名物理教师以逐步增大的速率走过房间前

面，然后突然反向并且以恒定的速率行走。画出与这一描述相符的速度－时间、加速度－时间关系曲线。

Q36 画出例题 2.2 的速度－时间关系曲线，并且根据曲线下方的面积求行驶距离。

Q37 回到例题 2.2，但现在假设加速度为-1m/s²，即汽车正在减速。使用相同的公式（和+10m/s 的相同初速度），求 6s 末的速度及 6s 内行驶的距离。画出速度－时间关系曲线，并且根据该曲线下方的面积求行驶距离。

练习题

E1 一名驾车旅行者在 7 小时内行驶了 413 英里的路程。这次旅行的平均速率是多少？

E2 一名步行者 30 分钟内行进了 2.4km，其平均速率是多少千米/小时？

E3 剪下的草叶的平均长度被发现为 5.2cm，此时距前一次刈割的时间已过了两个星期。这种草的平均生长速率是多少厘米/天？

E4 某司机以平均 68MPH 的速率行驶了 2.5 小时，她在这段时间里行驶的距离是多少？

E5 一名女子以 1.4m/s 的平均速率行进了 504m，她所用时间是多少？

E6 某司机以 70MPH 的平均速率行驶了 500 英里，其所花的时间是多少？

E7 一名远足者以 1.3m/s 的平均速率行进，他在 1.5 小时内行进的距离是多少千米？

E8 一辆汽车以 28m/s 的平均速率行驶。**a.** 其速率是多少千米/秒？**b.** 其速率是多少千米/小时？

E9 一辆汽车以 65MPH 的平均速率行驶，换算后是多少千米/小时？

E10 猎豹从静止状态开始沿直线奔跑，并且在 4s 内速率达到 31m/s，其平均加速度是多少？

E11 汽车在 4s 内速率从 28m/s 减小到 20m/s，在这一过程中，汽车的平均加速度是多少？

E12 汽车从静止开始起动，以 6.7m/s² 的加速度加速 4s。这段时间末的速度是多少？

E13 初速度为 27m/s 的汽车以 5.4m/s² 的恒定加速度减速 3s，3s 末汽车的速率是多少？

E14 一辆初速度为 16m/s 的汽车以 2.8m/s² 的恒定加速度加速了 3s。**a.** 这段时间末汽车的速度是多少？**b.** 在这个过程中，汽车行驶的距离

是多少？

E15 初速度为 1.1m/s 的运动员以恒定加速度 0.8m/s² 加速 2s。**a.** 这段时间末的速度是多少？**b.** 在这个过程中，运动员行进的距离是多少？

E16 一辆初速度为 32m/s 的汽车以-4m/s² 的加速度值做匀减速运动。**a.** 减速 5s 后它的速度是多少？**b.** 汽车在这一过程中的行驶距离是多少？

E17 一名运动员的初速度是 4.0m/s，并且以恒定加速度-1.6m/s² 减速 2s。**a.** 这段时间末的速度是多少？**b.** 在这个过程中，她行进的距离是多少？

E18 如果一名短跑运动员在 100 米跑的过程中，最高速度是 9m/s，并且全程速度不变，那么跑完全程需要多少时间？

E19 1950 年，400 米跑世界纪录保持者是牙买加人乔治•罗登。如果他的平均速度是 8.73m/s，那么他跑完全程要花多长时间？

E20 猎豹从静止开始，以 7.75m/s² 的恒定加速度加速 4s。**a.** 计算猎豹在 1s、2s、3s、4s 末的速度，并且用这些速度值和对应的时间，画出速度－时间关系曲线。**b.** 计算相同时间内猎豹行进的距离，并且用这些距离值对应的时间画出距离－时间关系曲线。

E21 赛车的速度是 90m/s。赛车手刹车导致赛车在 8s 内以 11m/s² 的恒定加速度做减速运动。**a.** 计算赛车在 2s、4s、6s 和 8s 末的速度，并且用这些值和对应的时间画出速度-时间关系曲线。**b.** 计算同一时间内赛车行驶的距离，并且用这些距离值和对应的时间画出距离－时间关系曲线。

SP1 铁路机车沿直线铁轨以 5m/s 的恒定速率行驶 70m 后,掉头向东以恒定速率4m/s行驶了32m。由于速率很小,因此减速和掉头的时间很短。**a.** 整个过程所需的时间是多少?**b.** 画出这个过程的速率-时间关系曲线。**c.** 使用负速度值表示反向运动,画出机车的速度-时间关系曲线,显示在掉头的很短时间内的减速和加速。**d.** 画出机车的加速度-时间关系曲线。

SP2 如题图所示,汽车的速度随时间增大。**a.** 0s 和 1s 之间的平均加速度是多少?**b.** 1s 和 4s 之间的平均加速度是多少?**c.** 0s 和 4s 之间的平均加速度是多少?**d.** c 问的结果等于 a 问和 b 问结果的平均值吗?请进行比较并解释原因。

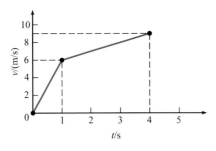

题 SP2 图

SP3 一辆汽车沿直线向西行驶,并且以恒定加速度加速 10s,速度从 0 增大到30m/s。然后以恒定速度运动 10s,在接下来的 5s 又以恒定加速度减速到 20m/s。它以这个末速度运动了 5s 后,在 4s 内迅速减速到停止。**a.** 画出整个运动的速度-时间关系曲线。在坐标轴上选择合适的单位标记速度和时间。**b.** 画出汽车的加速度-时间关系曲线。**c.** 在所描述的运动中,汽车行驶的距离是否一直在增加?

SP4 初速度为 10m/s 且沿直线行驶的汽车,以 3.0m/s² 的加速度加速到 34m/s。**a.** 汽车达到 34m/s 的速度需要多长时间?**b.** 在这个过程中,汽车行驶的距离是多少?**c.** 计算以 1s 为间隔的各段路程的值,将这些路程值与时间相结合,画出该运动的路程-时间关系曲线。

SP5 当汽车 A 起动时,汽车 B 刚好超过它。汽车 B 以 7m/s 的恒定速度行驶,而汽车 A 从静止开始以 4.2m/s² 的恒定加速度加速。**a.** 计算每辆汽车在 1s、2s、3s、4s 内的行驶距离。**b.** 大约在什么时候汽车 A 超过汽车 B?**c.** 你应怎样找到准确的时间?

HE1 你的步行速度有多快?用一根米尺或一根已知长度的绳子,画出一条 40m 或 50m 的直线,并且使用带秒针的手表或秒表记录时间。**a.** 正常步行速度是多少米/秒?**b.** 快速步行的速度是多少?**c.** 慢跑速度是多少?**d.** 在这段距离内的冲刺速度是多少?记录并且比较不同情况下的结果。你的冲刺速度是否是快速步行速度的两倍多?

HE2 测量头发和指甲生长速度是一个有趣的挑战。使用毫米刻度尺,估计指甲、趾甲、胡须、毛发的生长速度。在固定的时间间隔内测量修剪的或者刚刚长出的指甲/毛发的平均长度。**a.** 平均增长速度是多少?用什么单位来描述这个速度最合适?**b.** 速度是否恒定?对于不同的指甲/趾甲/毛发来说,速度看起来相同吗?

第 3 章　落体运动和抛体运动

本章概述

本章主要介绍物体在地球表面附近的重力加速度影响下是如何运动的。第2章中介绍的匀加速运动将在这章起重要作用。我们首先仔细考虑物体自由下落时的加速度，然后将这些概念扩展到竖直上抛物体或与地面成一定角度抛出的物体。

本章大纲

1. **重力加速度**。在地球引力的作用下，下落的物体是如何运动的？它的加速度如何测量？在什么情况下其加速度可以视为常数？

2. **追踪自由落体**。下落物体的速度和距离是如何随时间变化的？在知道重力加速度的情况下，如何快速地估计这些值？

3. **再进一步：上抛小球**。当一个小球被竖直上抛而非竖直下抛时会发生什么？为何小球运动到最高点附近时看起来像"悬停"一样？

4. **平抛运动**。决定水平发射物体的运动的因素是什么？在这种情况下，物体的速度和位置如何随时间变化？

5. **斜抛和打靶**。为了击中目标或者球门，我们以一定的发射角发射子弹或踢出足球。是什么因素决定了子弹或足球的轨迹？

认真观察过一片树叶或一个小球落到地面上吗？在你出生后的前几年，你可能会不断地扔东西并且看着它落下来，以此自娱自乐。随着年龄的增长，这种经历逐渐变得平常，以致人们通常不会停下来去思考它，也不会问为什么物体会落下来。然而，这个问题困扰了科学家和哲学家几个世纪。

要了解自然，首先必须仔细观察它。如果控制进行观察的条件，那么我们就是在做实验。你小时候对坠落物体的观察是一个简单的实验，我们希望在这里重新点燃你对实验的兴趣。科学的进步依赖于精心控制的实验，而你在理解自然方面的进步则依赖于通过实验积极验证思考。你可能会对自己的发现感到惊讶。

寻找一些紧实的小东西，如一支短铅笔、一块橡皮擦、一个曲别针或者一个小球。在一臂的距离内握住两个物体，同时释放，观察它们掉到地面上的情况（见图 3.1）。注意，要小心地从地板上方相同的高度释放它们，不要给物体任何向上或向下的推力。

应该如何描述这些落体的运动？它们在运动中加速了吗？它们是同时到达地面的吗？运动取决于物体的形状和组成吗？要探究最后一个问题，你可以拿一张纸，让它像橡皮擦或小球一样下落。首先，让摊开的纸自由下落；然后，试着将纸折起来或者揉成一团。观察到的结果有区别吗？

图 3.1 让不同重量的物体自由下落。它们会同时到达地面吗？

由这些简单的实验，我们可以得出关于落体运动的一些一般性结论。我们也可以尝试以不同的角度抛出物体来研究抛体的运动。我们将会发现，在所有这些情况下，都有一个恒定的、向下的重力加速度。当我们在地球表面移动或玩耍时，这个加速度几乎影响到我们所做的一切。

3.1 重力引起的加速度

如果你像引言中建议的那样释放几个物体，那么你就知道了其中一个问题的答案。下落的物体有加速度吗？想一下速度是否改变了。在释放一个物体之前，其速度是零，但是在释放该物体后，其速度不再是零，而是发生了变化。如果速度变化了，那么就有加速度。

但是，下落的时间太短，以至于仅仅观察下落的过程很难对加速度有更多的了解。下落看起来确实很快，因为速度增加得很快。物体是立即达到一个大速度，还是均匀地加速？为了回答这个问题，我们必须以某种方式放慢动作，以便眼睛和大脑跟得上正在发生的事情。

3.1.1 如何测量重力加速度？

放慢动作的方法有多种，其中一种是由意大利科学家伽利略（1564—1642）首先提出的，伽利略是第一个精确描述重力加速度的人。伽利略采用的方法是让物体沿一个稍微倾斜的平板滚动或者滑动，使得重力加速度只有一部分发挥作用，也就是沿平板运动方向的那一部分，因此获得了一个较小的加速度。其他方法（在伽利略的那个时代还没有出现），如延时摄影、超声波运动探测器或者录像等，也被人们用来确定不同时刻下落物体的位置。

如果手边恰好有一把带槽的米尺、一支铅笔和一个小球或者一个弹珠，那么你可以自己动手做一个斜面。将铅笔放在米尺的一端的下方，轻轻抬起米尺的这一端，让小球或者弹珠在重力作用下从米尺上滚下来（见图 3.2）。你能看到它在滚动过程中逐渐加速吗？它在斜面底部的移动速度是否明显快于它在中间位置的移动速度？

由于缺乏精确的计时设备，伽利略的工作受到了限制。他常用自己的心率作为计时器。尽管存在这样的限制，他仍然能够确定加速度是恒定的，并且利用斜面来估计它的值。我们要幸运得多，因为一些装置可以让我们更加直接地研究落体的运动。频闪仪就是这样一种设备，它会发出一种快速闪烁的光——每隔一段相同的时间就会发出闪光。图 3.3 是在物体下落时，用频闪仪拍摄的物体照片。灯光闪烁时，物体的位置就会被精确地定位。

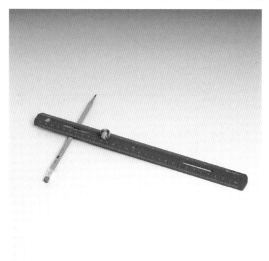

图 3.2 从米尺斜面上滚下来的弹珠。当弹珠滚下斜面时，它的速度会增加吗？

图 3.3 定时闪光的频闪仪拍摄的下落小球照片

如果仔细观察图 3.3，就会发现相邻时间间隔内经过的距离会有规律地增加。小球相邻位置之间的时间间隔都是相等的（如果频闪仪每隔 1/20s 闪一次，那么每隔 1/20s 就会看到小球的一个位置）。由于小球在等时间间隔内经过的距离增加，所以速度一定也增加。图 3.3 中显示小球的速度在竖直方向上均匀增加（对于该例，选择向下为正方向较为方便）。

计算每个时间间隔内的平均速度会使得这一点更清晰。如果我们知道闪光之间的时间间隔，就可以通过照片测量小球的各个位置，进而求出小球的各个位置之间的距离。表 3.1 中给出了通过这种方式得到的数据，它显示了 1/20s（0.05s）内小球的位置。

为了证明速度确实在增加，我们计算每个连续时间间隔内的平均速度。例如，在第二次闪光和第三次闪光之间，小球移动了 3.6cm 的距离，它是通过将 4.8cm 减去 1.2cm 得到的。将这个距离除以 0.05s 的时间间隔就得到平均速度的大小：

$$v = 3.6\text{cm}/0.05\text{s} = 72\text{cm/s}$$

类似地，我们可以验证表 3.1 中第三列所示的其他值。

由表 3.1 可以看出，速度值在稳步地增加。为了验证速度以恒定的加速度增加，我们可以画出速度-时间关系曲线（见图 3.4）。注意，每个速度数据点都被绘在计算它的两个时刻（或闪光）之间的中点，因为这些值代表了两次闪烁之间的短时间间隔内的平均速度。对于恒定加速度，任何时间间隔内的平均速度都等于该时间间隔内中点的瞬时速度。

表 3.1

小球下落的距离和平均速度

时间/s	距离/cm	平均速度/(cm/s)
0	0	
		24
0.05	1.2	
		72
0.1	4.8	
		124
0.15	11	
		174
0.2	19.7	
		218
0.25	30.6	
		268
0.3	44	
		320
0.35	60	
		368
0.4	78.4	
		416
0.45	99.2	
		464
0.5	122.4	

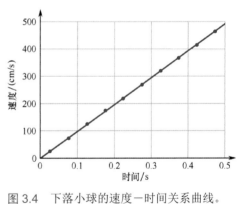

图 3.4　下落小球的速度－时间关系曲线。速度值来自表 3.1

你是否注意到图 3.4 中的那条线的斜率是恒定的？所有速度值都大致落在一条等斜率的直线上。加速度是速度－时间关系曲线的斜率，因此一定是一个常数。于是，速度随时间变化而均匀地增加。

为了求出加速度的值，我们首先选择直线上的两个速度值，然后计算速度的变化率。例如，最后一个速度值为 464cm/s，第二个速度值为 72cm/s，时间间隔为 8 次闪烁，即 0.40s。速度变化量 Δv 可由 464cm/s 减去 72cm/s 得到，即 392cm/s。为了求加速度，我们将这一速度变化量除以时间间隔（$a = \Delta v/t$）：

$$a = 392/0.4 = 980\text{cm/s}^2 = 9.8\text{m/s}^2$$

这个结果就是地球表面附近下落物体的重力加速度。在地球表面上，由于海拔和其他因素的影响，重力加速度的值在不同的地点实际上稍有不同。由于我们要频繁地使用这个加速度，因此

赋予它专门的符号 g，即

$$g = 9.8\text{m/s}^2$$

这个加速度被称为重力加速度，仅在地表附近时有效，因此不是一个基本常量。

3.1.2 伽利略和亚里士多德关于落体运动的观点有何不同？

本章开头的实验也可以说明重力加速度是恒定的。当你释放不同大小和重量的物体时，它们会同时落到地面上吗？除一张平展的纸外，无论所用物体的重量如何，当它们同时被释放时，都可能同时到达地面。这一发现表明，重力加速度与物体的重量无关。

伽利略使用类似的实验证明了这一点。他的实验与亚里士多德认为较重物体下落得更快的观点相矛盾。既然简单的实验都能证明亚里士多德的观点是错误的，它怎么能被人们接受这么长时间呢？原因是，一方面，实验不是亚里士多德及其追随者的思想的一部分，他们更看重纯粹的思想与逻辑。伽利略和他那个时代的其他科学家则利用实验来辅助思考，因此开辟了新的领域。

另一方面，亚里士多德的观点与人们的直觉更相符——重物确实要比一些较轻物体下落得快。例如，如果同时释放一块砖和一根羽毛或者一张展开的纸（见图 3.5），砖会先到达地面。纸或羽毛不会直线下落，而会像树叶那样飘落到地面上。这里发生了什么？

你可能会意识到，空气阻力对羽毛或纸的下落的影响要比对砖、钢球或曲别针下落的影响大得多。将纸揉成一团后，让它和砖或者其他重物一起下落，会发现这两个物体几乎同时落到地面上。我们生活在"空气海洋"的底部，空气阻力对树叶、羽毛或纸等物体的影响很大，既会使得表面积大的较轻物体的下落速度变慢，又会使得物体不规律地下落。

图 3.5 同时释放一块砖和一根羽毛，砖先落地

如果让一根羽毛和一块砖同时在真空中或者在像月球那样非常稀薄的大气中下落，那么它们确实会同时到达地面。然而，我们很少经历类似于月球的环境，因此惯常看到羽毛要比石块或者砖下落得慢。伽利略的见解是，只要空气阻力的影响非常小，所有物体的重力加速度就都是一样的，而不管它们的重量如何。亚里士多德在其观察中并没有分开空气阻力的影响和重力的影响。

> 地球表面附近物体的重力加速度是一个定值——9.8m/s²。使用频闪仪或者类似的技术设备，以非常小的恒定时间间隔记录落体的位置，可以测量它。重力加速度不随时间变化。与亚里士多德的观点相反，重力加速度的大小与物体的重量无关。

3.2　追踪自由落体

想象从六楼家中的窗户外面释放一个小球，如图 3.6 所示。球到达地面需要多长时间？到达地面时的速度有多大？落体经历的时间很短，这些问题的答案并不是一目了然的。

如果空气阻力对物体的影响很小，那么我们知道它会以 9.8m/s² 的恒定加速度向地面加速运动。下面我们快速估算这些值是如何随时间变化的，因为这不需要复杂的计算。

3.2.1 速度如何随时间变化？

在估算自由下落物体的速度和距离时，为方便计算，我们常常将重力加速度值 9.8m/s² 四舍五入为 10m/s²（选择竖直向下方向为正方向）。

自由下落的小球在 1s 末移动得有多快？加速度为 10m/s² 意味着速度每秒增加 10m/s。如果小

图 3.6　小球从六楼的窗户外下落到地面上

球原来的速度为零，那么它在 1s 末的速度增加到 10m/s，在 2s 末的速度增加到 20m/s，在 3s 末的速度增加到 30m/s。每过 1s，小球的速度便会增加 10m/s。

为了理解这些速度有多快，请回顾表 2.1，其中显示了不同单位下的常见速度。速度 30m/s 大致相当于 70MPH，所以在 3s 末小球运动得相当快。1s 后，它以 10m/s 的速度向下运动，也就是速度超过 20MPH。小球的加速度要比水平地面上高性能汽车的加速度大。

3.2.2　小球在不同时段下落多大的距离？

查看小球在这段时间内下落的距离，就会发现它的速度很快。当小球下落时，速度增加，所以它在各个连续的时间间隔内下落的距离越来越大，如图 3.3 所示。由于是匀加速运动，因此距离以越来越快的速度增加。

在运动的第一秒内，小球的速度从零增加到 10m/s。它在第一秒内的平均速度是 5m/s，运动的距离为 5m；这个值也可使用 2.5 节中的距离、加速度和时间的关系式求得。初速度为零时，对应的关系式为 $d=\frac{1}{2}at^2$。在 1s 末，小球下落的距离为

$$d=\frac{1}{2}\times10\times1^2=5\text{m}$$

由于普通高层建筑的层高不足 4m，因此小球在第一秒内会下落一层以上的高度。在下一秒内，小球的速度从 10m/s 增加到 20m/s，这段时间的平均速度为 15m/s。在这一秒内小球下落了 15m，加上第一秒内下落的 5m，共下落了 20m。2s 内下落的高度 20m 是 1s 内下落的高度 5m 的 4 倍［这是距离公式中时间取平方的结果。在式 $d=\frac{1}{2}at^2$ 中，若用 $t=2$s 代替 1s，则要将原来的结果乘以因子 4（$2^2=4$）就能得到距离 20m］。20m 约为五层楼的高度，从六楼下落的小球将在 2s 后接近地面。日常现象专栏 3.1 中讨论了如何使用这些想法来大致估计你的反应时间。

图 3.7 中给出了一个小球从六楼以半秒的时间间隔下落时的速度和高度。在半秒内，小球就下落了 1.25m。因此，物体从伸出的手臂落向地面时，大约在半秒内落地。这就使得使用秒表计时变得很困难（见例题 3.1）。

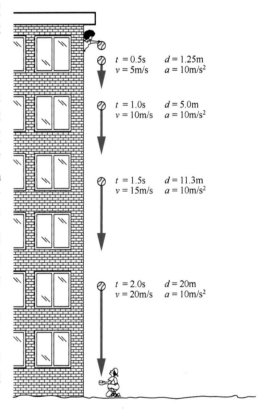

$t=0.5\text{s}$	$d=1.25\text{m}$
$v=5\text{m/s}$	$a=10\text{m/s}^2$
$t=1.0\text{s}$	$d=5.0\text{m}$
$v=10\text{m/s}$	$a=10\text{m/s}^2$
$t=1.5\text{s}$	$d=11.3\text{m}$
$v=15\text{m/s}$	$a=10\text{m/s}^2$
$t=2.0\text{s}$	$d=20\text{m}$
$v=20\text{m/s}$	$a=10\text{m/s}^2$

图 3.7　下落小球每隔半秒的速度和距离

例题 3.1　使用心率对下落物体计时

　　问题：假设伽利略的静息心率是 60 次/分钟。对于从 2～3m 高处下落的物体来说，他的心率是合适的计时器吗？

速度的变化量与所选的时间间隔成正比。速度每秒的变化量是 10m/s，因此半秒内速度的变化量是 5m/s。每隔半秒，小球的速度约增加 5m/s，如图 3.7 所示。随着速度的增加，代表速度矢量的箭头变长。如果画出这些速度值与时间的关系曲线，就得到一条斜率向上的简单直线，如图 3.4 所示（见 3.1.1 节）。

距离—时间关系曲线是什么样子？距离与时间的平方成正比地增大，即随着时间的流逝，距离增加得越来越快。距离—时间关系曲线不是一条直线，而是一条上弯的曲线，如图 3.8 所示，因为距离随时间的变化率本身也随时间增加。

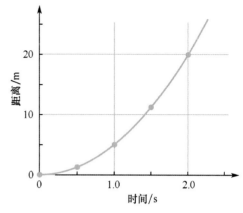

图 3.8　自由下落小球的距离—时间关系曲线

3.2.3　下抛小球

假设小球不是自由下落的，而是向下抛出的，它有一个不为零的初速度 v_0，那么这对结果有何影响？小球会以更大的速度更快地到达地面吗？答案是确实如此。

下面考虑这种情况下的速度。我们不难看出初速度对小球的影响。小球仍然以重力加速度加速，每秒的速度变化量仍然是 $\Delta v = 10$m/s，或者半秒的速度变化量仍然是 5m/s。如果初始度向下且大小是 20m/s，那么 0.5s 末的速度是 25m/s，1s 末的速度是 30m/s。如式 $v = v_0 + at$ 所示的那样，我们只是将速度的变化量加到了初速度上。

接着考虑这种情况下的距离。初速度不为零会使得距离增加得更快。2.5 节中介绍的匀加速物体经过的距离的完整表达式为

$$d = v_0 t + \tfrac{1}{2} g t^2$$

式中，右侧第一项是小球继续以初速度运动时下落的高度，它也随时间增加；右侧第二项与加速度有关，其值与图 3.7 和图 3.8 中所示的相同。

例题 3.2　竖直下抛的小球

以初速度 20m/s 竖直下抛一个球。设重力加速度为 10m/s²，求时间间隔为 1s 时，前两秒内的：**a.** 速度；**b.** 经过的距离。

a. $v_0 = 20$m/s，$a = 10$m/s²，$v = ?$

$v = v_0 + at$

$t = 1$s 时，$v = 20 + 10 \times 1 = 30$m/s。

同理，$t = 2$s 时有 $v = 40$m/s。

b. $d = ?$

$d = v_0 t + \tfrac{1}{2} a t^2$

$t = 1$s 时，$d = 20 \times 1 + \tfrac{1}{2} \times 10 \times 1^2 = 25$m。

同理，$t = 2$s 时有 $d = 60$m。

在例题 3.2 中，我们计算了下抛小球前两秒的速度和距离。注意，到 2s 末，小球运动的距离为 60m，远大于小球自由下落时运动的距离 20m。1s 后，小球已经下落 25m，这意味着从六楼的窗户扔出小球时，它已经接近地面。

记住，我们在得出这些结果时忽略了空气阻力对小球的影响。对于一个仅下落几米的紧实物体，空气阻力的影响非常小。然而，空气阻力的影响会随着速度的增加而增大，因此物体下落的

时间越长，空气阻力的影响就越大。第 4 章中将深入讨论空气阻力对高空跳伞的影响。

> 由于重力加速度，物体下落时的速度每秒大约增加 10m/s。下落的高度增加得越来越快，因为速度一直在增加。在短短几秒内，物体就会运动得非常快，并且会下落很长一段距离。

日常现象专栏 3.1　反应时间

现象与问题　你对你的反应时间有多快好奇过吗？日常生活中的许多活动都会受到我们的反应快慢的影响。驾车时，对交通状况的突然变化，我们需要多少时间来做出反应是极其重要的。玩电子游戏时，你得到的分数也是对不同刺激的反应时间的结果。

怎样测量反应时间呢？一种简单的方法可以完成这个任务。本章末尾的题 HE2 中描述了这样一个过程。你的伙伴突然松手，让米尺往下掉，你发现米尺运动后，就握手抓住它。测量你对米尺的运动做出反应的这段时间内米尺下落的距离，就可以算出你的反应时间。为何这样做可以得到你的反应时间？结果有什么意义？

分析　题 HE2 中使用的是匀加速运动时物体运动的距离与时间的关系式 $d = \frac{1}{2}at^2$。米尺是在做加速运动吗？当然是，因为它的速度在变化，从松手时的零初速度，越往下落速度越大。如果作用在物体上的力只有重力，那么我们说物体在做自由落体运动。当然，空气阻力会作用在米尺上，这将在第 4 章中讨论。然而，对于一个在空气中运动的物体，如一把下落的米尺，在运动的开始阶段，空气阻力实际上可以忽略。

忽略空气阻力后，米尺的加速运动就完全由重力引起，加速度 $a = g = 9.8\text{m/s}^2$。知道你抓住米尺之前米尺下落的距离后，由上面的距离—时间关系式就可求出米尺下落的时间 t，它就是你的反应时间。

精确测量反应时间有些困难。测量反应时间的人不应盯着让米尺下落的人，而应盯着米尺本身。让伙伴避免将要松开米尺的暗示很困难。为了体验这一过程，需要做一些练习。多做几次实验，并对结果取平均，会得到比单次实验结果精确得多的结果。

当你对下落的米尺有反应时，发生了哪些过程？显然，米尺下落的视觉信号必须首先传送给大脑，然后由大脑发出握住米尺的信号并传送给手指。这些过程涉及生物物理学和神经生物学。成年人的正常反应时间范围为 0.2～0.25s。你的反应时间在这一范围内吗？

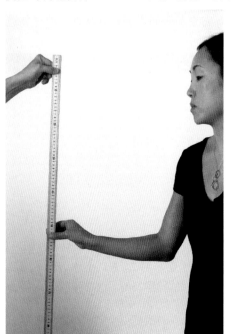

驾车时，你的反应时间是如何影响刹车距离的？驾车时的一条原则是，汽车每增加 16km/h 的速度，你和前车之间的距离至少要多出一个车身的长度（通常假设为 5m 左右）。这条原则不仅考虑了你的反应时间，而且考虑了你踩刹车后要多久汽车才能停下来。从大脑想到要停车，再到将信号从大脑传送到脚，在这段时间内汽车走了多远？

假设你的反应时间是 0.25s。下表给出了在你踩刹车之前，你在不同车速下行驶的距离（单位为米）。如果以 80km/h 的速度行驶，那么在踩刹车前要行驶大于一个车身长度的距离。即使车速只有 64km/h，在踩刹车前也得行驶几乎一个车身长度的距离。

MPH	km/h	0.25s 行驶的距离/m
10	16	1.1
20	32	2.2
30	48	3.4
40	64	4.5
50	81	5.6
60	97	6.7
70	113	7.8

上述内容表明，紧随前车行驶很危险。如果以 80km/h 的速度紧随前车行驶，那么在看到前车尾灯亮起时，你在刹车之前还将行驶 5.6m。由于前车已减速，如果刹车出现问题，那么很可能造成追尾事故。

知道如何使用这种简单方法测试反应时间后，还可了解不同条件是如何影响反应时间的。缺乏睡眠会影响你的反应时间吗？如果喝了大量咖啡，反应时间是变快了还是变慢了？反应时间在一天内会变化吗？你可以通过简单的科学实验来回答这些问题。也许你会找到最佳的方法来改进电子游戏的得分，或者找到最安全的驾车时间。

3.3　再进一步：竖直上抛

3.2 节中讨论了一个小球自由下落或竖直下抛的情况。在两种情况下，由于重力加速度，小球在下落时速度增加。如果竖直上抛小球，如图 3.9 所示，情况会如何变化？重力加速度如何影响小球的运动？上升的物体必定返回，但是在何时、多快地返回，则是日常应用中非常有趣的问题。

加速度和速度矢量的方向值得我们注意。重力加速度总是向下指向地心，因为产生这个加速度的重力的方向就是指向地心的。这意味着加速度和原来向上的速度方向相反。

3.3.1　小球的速度如何变化？

假设我们以 20m/s（约 47MPH）的初速度竖直上抛一个小球。我们中的很多人都能以约 45MPH 的速度抛球，它要比 90MPH 的快球速度慢得多，但是以很大的速度上抛小球要比水平抛球困难得多。

图 3.9　小球竖直上抛后回到地面。在运动的不同时刻，小球速度的大小和方向如何变化？

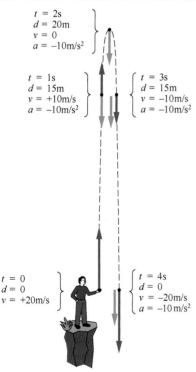

图 3.10　以初速度 +20m/s 竖直上抛小球。在运动的不同位置，变化的速度用蓝色箭头表示。竖直向下的恒定加速度用绿色箭头表示

一旦小球离手，主要作用在其上的力就是重力，它产生向下的加速度 9.8m/s² 或 10m/s²（选择向上为正时，这个加速度是负的，因为它是向下的）。速度每秒的变化量是 10m/s。然而，速度的变化方向是向下的，与初速度的方向相反。初速度减去而非加上速度变化量，便得到末速度。

一旦你注意到在观察竖直上抛的小球时，方向有多么重要，那么求出小球在不同时刻的速度就不难了。1s 后，小球的速度减少 10m/s，若其初速度为 +20m/s（这里选择正方向为竖直向上），则现在向上的速度就只是 +10m/s。2s 后，它又失去 10m/s 的速度，这时它的速度是零。当然，情况不止于此。在下一秒（从开始算起是第三秒），速度又失去 10m/s，这时它的速度向下，为 -10m/s。速度的符号表示它的方向。这些速度值可由关系式 $v = v_0 + at$ 求出，其中 $v_0 = 20$m/s，$a = -10$m/s²。

显然，如预计的那样，小球改变了方向。同理，由于向下的恒定加速度，速度每秒稳定地变化 -10m/s。4s 后，小球以速度 -20m/s 向下运动，并回到出发位置，如图 3.10 所示。运动中的最高点出现在小球被抛出后的 2s，

小球在这里的速度为零。速度为零时，小球既不向上运动，又不向下运动，因此这里是转折点。

物理测验中经常出现的一个有趣问题是，小球在运动最高点的加速度值是多少？如果小球在该点的速度是零，那么加速度是多少？许多人快速但错误的答案是，加速度在该点也是零。正确答案是，加速度仍然是-10m/s²，因为重力加速度是恒定不变的。小球的速度在那一瞬间仍然在变化，即从正变为负，但瞬时速度为零。加速度是速度的变化率，与速度的大小无关。

加速度为零意味着什么？意味着速度不会变化。由于物体在最高点的瞬时速度为零，因此它将保持为零。换句话说，它将不动，永远悬停在最高点。在被问到加速度的值时，我们应该想想速度是否变化。在最高点的那一时刻，小球的速度仍然在变化，即从正变为负，但瞬时速度为零。记住，加速度是速度的变化率，它与速度的大小无关。

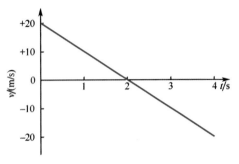

图 3.11　以初速度+20m/s 上抛小球时的速度-时间关系曲线。负速度值表示向下运动

对于前面讨论的运动，其速度－时间关系曲线是什么样的？如果我们取竖直向上的运动方向为正方向，初速度为+20m/s，并且速度以每秒-10m/s 的速率均匀地减小，那么曲线是一条下倾的直线，如图 3.11 所示。正速度值表示向上运动，速度的大小继续减小；负速度值表示向下运动，在向下运动的过程中，速度的大小继续增大。

3.3.2　小球能飞多高？

使用 3.2 节中的方法，可以计算小球在不同时刻的位置或者高度。计算这些高度时，要用到 2.5 节中推导的匀加速运动公式。例题 3.3 使用重力加速度-10m/s²，计算了初速度为+20m/s 的竖直上抛小球在 1s 时间间隔内运动的高度变化。

例题 3.3　竖直上抛小球

以初速度 20m/s 竖直上抛一个小球（选取竖直向上为正方向），求运动前 5s 内，以 1s 为时间间隔的小球高度，重力加速度为 10m/s²。

所用公式是 $d = v_0 t + \frac{1}{2} at^2$。

$t = 1s$ 时，$d = 20 \times 1 + \frac{1}{2} \times (-10) \times 1^2 = 15m$;

$t = 2s$ 时，$d = 20 \times 2 + \frac{1}{2} \times (-10) \times 2^2 = 20m$;

$t = 3s$ 时，$d = 20 \times 3 + \frac{1}{2} \times (-10) \times 3^2 = 15m$;

$t = 4s$ 时，$d = 20 \times 4s + \frac{1}{2} \times (-10) \times 4^2 = 0m$;

$t = 5s$ 时，$d = 20 \times 5 + \frac{1}{2} \times (-10) \times 5^2 = -25m$。

对于这些结果，应该注意些什么？首先，运动的最高点在起始点上方20m 的位置。当速度为零时，到达最高点，前面已经明确这发生在 2s 末。这一时间取决于小球最初被抛出的速度，即初速度。初速度越大，到达最高点的时间就越长。知道这一时间后，就可以用距离公式求出高度。

你还应注意到，仅过 1s，小球就达到了 15m 的高度。在下一秒的运动中，它只多运动了 5m，然后在下一秒又回到 15m 高的位置。小球在 15m 以上的高度花了整整 2s 时间，但它的最大高度只有 20m。小球在接近最高点的位置比在较低的位置运动得慢，这就是小球在接近最高点的位置看起来"悬停"的原因。

由于向下的重力加速度，上抛小球减速，在最高点速度减小为零。然后，小球从最高点下落，向下的加速度与其上升时受到的加速度相同。小球在到达最高点附近时飞得更慢，看起来像"悬停"在那里。如果经过的路程相同，那么小球在最高点附近所花的时间要比在其他位置所花的时间长。后面我们会看到，当以一定角度抛出小球时，也会出现这些特征，这将在 3.5 节中讨论。

3.4 平抛运动

假设不是竖直上抛或者竖直下抛一个小球，而是从离地面一定高度的位置水平抛出小球，这时会发生什么情况？小球会像漫画《走鹃》中迷惘的郊狼那样平直地飞出，直到失去所有水平速度，然后开始下落（见图 3.12）吗？小球真正的轨迹是什么样的？

漫画给了我们一种错觉。事实上，同时发生了两件不同的事情：①小球在重力作用下加速向下运动；②小球以近似恒定的水平速度横向运动。结合这两种运动，就可得到总轨迹或者路径。

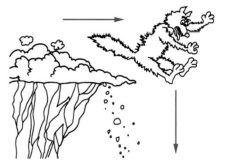

图 3.12　从悬崖上掉下的郊狼。这是所发生的事情的真实写照吗？

3.4.1 抛体的轨迹是什么样的？

我们可以做一个简单的实验将抛体的轨迹变成可视图像。取一个弹珠或小球，让它沿桌面滚动，并从桌面边缘滚出。小球从空中到地面的轨迹是怎样的？是否像图 3.12 中郊狼所走的轨迹？以不同的速度滚动小球，看看轨迹是如何变化的。做了这些观察后，试着画出轨迹。

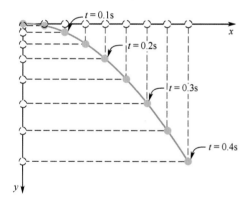

图 3.13　水平运动和竖直运动相结合得到平抛小球的轨迹。竖直和水平位置以相等的时间间隔显示

如何分析这个运动？关键在于首先分别考虑运动的水平分量和竖直分量，然后将它们结合起来，得到实际轨迹（见图 3.13）。

只要空气阻力小到可以忽略，水平运动的加速度就为零。这意味着小球一旦滚出桌面或离手，就会以恒定的水平速度运动。小球在相同的时间间隔内沿水平方向移动的距离相等，如图 3.13 中的上部所示（水平轴上所绘的虚线小球）。画图时，我们假设小球的初始水平速度为 2m/s。每 0.1s，小球的水平移动距离都是 0.2m。

在小球以恒定水平速度运动的同时，小球以恒定的重力加速度 g 向下加速。它的速度的竖直分量的增加与图 3.3 中下落的小球的竖直速度一样。这个分运动画在图 3.13 的左边（竖直轴上所绘的虚线小球）。在每个连续的时间间隔内，小球比前一时间间隔内下落的距离更大，因为竖直速度随时间增加。

结合水平和竖直运动，我们得到了图 3.13 所示的下弯轨迹。对于显示的每个时刻，我们画出了一条用于定位小球的竖直位置的水平虚线，以及一条用于定位小球的水平位置的竖直虚线。小球在任何时刻的位置就是这两条线的交点。如果做了本节第一段中建议的简单实验，那么就会熟悉这里得到的轨迹（实线）。

理解如何得到小球的轨迹后，就能很好地理解抛体运动。图中小球在每个位置的合速度方向都与该点的轨迹方向（切线）相同，因为这是小球运动的实际方向。这个合速度是速度的水平分量和竖直分量的矢量和（见图 3.14）。水平速度保持不变，因为在这个方向上没有加速度。向下（竖直方向）的速度越来越大。

小球的轨迹的实际形状取决于抛出小球或从桌面滚动小球时的水平初速度。如果水平初速度很小，小球在水平方向就不会运动得很远。小球的轨迹就像图 3.15 中具有最小初速度 v_1 的那条曲线一样。

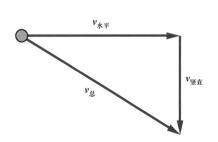

图 3.14　小球在任意一点的合速度是速度的竖直分量与水平分量的矢量和

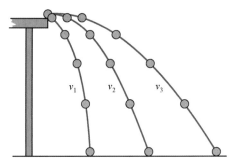

图 3.15　初速度不同的小球从桌面上滚下时的轨迹：$v_3 > v_2 > v_1$。相邻位置之间的时间间隔相等

图 3.15 所示的 3 条轨迹有 3 个不同的水平初速度。不出所料，当以较大的水平初速度抛出小球时，小球运动的水平距离更大。

3.4.2　飞行时间由什么决定？

如果图 3.15 中的 3 个小球同时离开桌面，哪个小球先落到地面上？小球落到地面上的时间取决于其水平速度吗？我们通常会想当然地认为飞得更远的小球需要更长的时间才能到达地面。

事实上，3 个小球应该同时落地，原因是它们都以相同的加速度 9.8m/s² 向下加速。这个向下的加速度不受小球水平运动速度的影响。图 3.15 中的 3 个小球到达地面所花的时间由桌面离地面的高度决定。竖直运动与水平速度无关。

这一事实常使人们感到惊讶，因为这与我们对所发生事情的直觉相矛盾。然而，这个事实可以使用两个相似的小球做一个简单的实验来验证（见图 3.16）。如果你水平抛出一个小球，同时从相同的高度让第二个小球自由下落，那么这两个小球应该在经过大致相同的时间后落地。实际上，它们可能无法真正做到同时落地，最可能的原因是很难将第一个小球完全水平地抛出，也很难做到同时抛出两个小球。在演示中常用一种特殊的弹簧枪来精确地做到这一点。

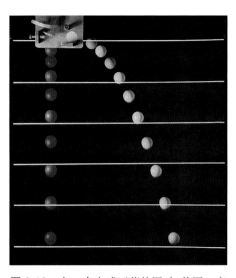

图 3.16　在一个小球下落的同时，从同一高度水平抛出另一个小球。哪个小球先到达地面？

如果知道小球下落的距离，就可以计算小球飞行的时间。如果还知道小球的水平初速度，就可以用来求小球运动的水平距离。例题 3.4 中给出了分析这类问题的方法。注意，小球飞行的水平距离由两个因素决定：飞行时间和初速度。

例题 3.4　平抛运动

一个小球以初速度 3m/s 从桌面上滚出。如果桌面到地面的高度是 1.25m，**a.** 小球落地需要多长时间？**b.** 小球水平运动了多长的距离？

a. 在图 3.7 中，我们发现小球半秒下落 1.25m 的距离，它可以直接由下面的公式求出。

$d_{竖直} = 1.25\text{m}$, $a = g = 10\text{m/s}^2$, $t = ?$

由 $d_{竖直} = \frac{1}{2}at^2$ 得

$t^2 = d/(\frac{1}{2}a) = 1.25/5 = 0.25\text{s}^2$

开方得 $t = 0.5$s。

b. 知道飞行时间 t 后，就可以算出飞行的水平距离：

$v_0 = 3$m/s，$t = 0.5$s，$d_{水平} = ?$

$d_{水平} = v_0 t = 3 \times 0.5 = 1.5$m。

首先将竖直运动和水平运动分开处理，然后将它们结合起来找出运动轨迹，是理解抛体运动的秘密。水平滑翔与垂直俯冲相结合，会形成优美的曲线。在竖直方向，平抛小球和任何落体的运动一样，都以重力加速度向下加速，但是，如果可以忽略空气的阻力，那么水平方向就没有加速度。平抛物体在向下加速的同时，以恒定水平速度运动。

3.5 斜抛和打靶

自从人类成为猎人或战士以来，就一直希望能够预测抛射体（如射出的箭）的落地位置。能够击中目标，如树上的鸟或海上的船，对生存有着重要的意义。从棒球场中心投出的棒球能够击中接球手的手套，也是很有用的技能。

3.5.1 步枪射出的子弹会下落吗？

假设你正在用步枪射击远处的一个小目标，步枪和目标离地面的高度相同（见图 3.17）。如果在水平方向上用步枪直接瞄准目标射击，子弹会击中目标的中心吗？如果熟悉 3.4 节中小球从桌面上滚出的情况，你就会得出结论：子弹将击中比目标中心略低的位置。为什么？原因是，子弹会在地球引力的作用下向下加速，并且在到达目标时稍微下落一些。

图 3.17 打靶者向远处的目标射击。子弹在飞向目标的过程中下落

由于飞行时间很短，子弹下落的高度不大，但是足以偏离目标的中心。如何补偿子弹下落导致的偏离？答案是瞄准高一些的位置。你可以反复试验来纠偏，也可以调整步枪瞄准器来纠偏，使瞄准点自动位于目标上方一些的位置。步枪瞄准器通常需要针对某些目标进行调整，远距离目标要瞄准得高一些，近距离目标要瞄准得低一些。

如果瞄准得高一些，子弹就不会向完全水平的方向射出。子弹在飞行的前一段轻微上升，在飞行的后一段下降并到达目标。发射炮弹或向远处的目标掷球时，同样如此。

用来演示抛体竖直运动和水平运动的独立装置常被称为"射猴"或"树上的猴子"。玩具枪直接瞄准悬挂在天花板上的玩具猴子（或者其他合适的目标）。电子触发器允许目标在弹丸发射的同时下落。目标以受重力加速度控制的速度直线下落。弹丸开始向目标的初始位置移动，同时也开始以受重力加速度控制的速度下落。

由于弹丸和目标在竖直方向下落的时间完全相同，并且具有相同的向下加速度，所以弹丸总会击中目标（见图 3.18）。重要的是，要认识到，弹丸击中目标时的位置低于目标下落前的位置，这两个位置之间的距离就是目标下落的竖直距离，因为重力加速度对

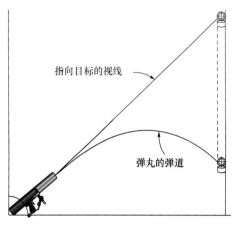

指向目标的视线

弹丸的弹道

图 3.18 弹丸发射与目标下落同时发生时，弹丸会击中目标吗？

弹丸和目标有着相同的影响。同样，重要的是，释放目标和发射弹丸是在同一时间进行的。如果目标是静止的，弹丸就必须瞄准目标上方一些，以补偿由于重力加速度导致的竖直下落。

3.5.2 橄榄球的飞行

将橄榄球抛向较远的目标时，必须斜向上与水平面成一个角度抛出，才不会太早地落到地面上。优秀的运动员经过练习后，能够自然而然地做到这一点。抛得越用力，就越不需要将橄榄球抛得太高，因为较大的初速度可使橄榄球更快地到达目标，使其下降的时间更少。

图 3.19 中显示了一个斜向上与水平面成 30°（发射角或抛射角）抛出的橄榄球的飞行情况。橄榄球的竖直位置画在图的左侧，类似于图 3.13 中的处理方法，是水平投影橄榄球后得到的。橄榄球的水平位置显示在图的底部。假设空气阻力很小，因此橄榄球在水平方向上以恒定的水平速度运动。结合这两个运动，就得到了橄榄球的总轨迹。

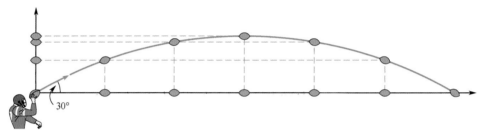

图 3.19　与水平面成 30°发射角抛出的橄榄球的飞行轨迹。橄榄球的竖直位置和水平位置以相同的时间间隔表示

当橄榄球上升时，由于重力加速度，速度的竖直分量减小。在最高点，速度的竖直分量是零，就像小球竖直上抛时的情况一样。在这个位置，橄榄球的速度方向完全是水平的。然后，橄榄球开始下落，在加速过程中获得向下的速度。然而，与小球竖直上抛时的情况不同，在整个飞行过程中，橄榄球的速度有一个恒定的水平分量。我们需要将这个水平运动添加到 3.3 节中描述的竖直上抛和下抛运动中。

投橄榄球时，可以改变两个量来帮助你击中目标。一个量是初速度的大小，它由你投球的力的大小决定；另一个量是发射角，它可以根据情况进行调整。一个以大初速度抛出的橄榄球的发射角不必很大，就会很快地到达目标。然而，因为它的速度快，边线球员不容易看清它，因此很难抓住它。

下面来验证这些想法。找到一页废纸并将其揉成结实的一团，当作小球。然后，将废纸篓放在椅子或桌子上，以不同的投球速度和发射角进行尝试，了解二者的不同组合是如何影响成功"投篮"的。投出又低又缓的轨迹与投出又高又陡的轨迹相比，应该需要更大的投掷速度。轨迹更平缓的"投篮"必须瞄得更准一些，因为当小球以更小的角度接近废纸篓时，篓筐的有效"开口"区域更小（见日常现象专栏 3.2）。

3.5.3 怎样才能达到最大的距离？

使用步枪发射子弹或者使用大炮发射炮弹时，弹丸初速度的大小通常由子弹/炮弹中的火药量决定。发射角是我们试图命中目标时唯一能够改变的量。图 3.20 中显示了炮弹在不同发射角和相同初速度大小下的 3 条可能的轨迹/弹道。我们由图中不同倾斜度的炮管来得到不同的发射角。

注意，如果空气阻力的影响可以忽略，那么最大的水平射程是使用一个 45°发射角实现的。在田径比赛中，投掷铅球时需要考虑同样的问题。发射角非常重要，要达到最远的水平射程，发射角就要接近 45°。由于空气阻力和铅球落地点低于抛出点等原因，投掷铅球时最有效的角度应略小于 45°。

想想不同发射角下初速度的水平和竖直分量会发生什么，就能知道为什么最大水平射程对应的发射角约为 45°（见图 3.21）。速度是一个矢量，按长度比例绘制矢量，并且在水平和竖直方向添加虚线，就可以求得速度的水平分量和竖直分量（见图 3.21）。

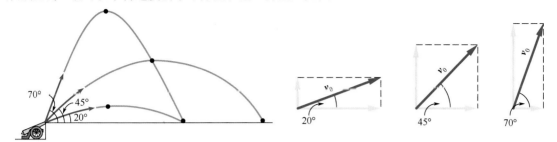

图 3.20　以相同发射初速度大小、不同发射角发射　图 3.21　在图 3.20 中的三种情况下，初速度的水平
　　　　　的炮弹轨迹　　　　　　　　　　　　　　　　　　　　分量、竖直分量的矢量分解图

对于最小的发射角 20°，我们可以看到速度的水平分量远大于竖直分量。由于向上的初速度很小，铅球不会飞得很高。它的飞行时间很短，与另外两种情况相比都会更早地落地。虽然铅球速度的水平分量较大，但是运动时间很短，所以很快到达地面，并且在落地之前运动的水平距离也不大。

70°的发射角产生的竖直分量远大于水平分量，此时铅球会飞得更高，在空中停留的时间也要比以 20°发射角发射时的长。然而，由于它的水平速度很小，它在水平方向上也不能运动得很远，此时的水平距离与以 20°发射角发射时的水平距离相同，但要花更长的时间。事实上，可以证明，任何一对互补的发射角（如 30°和 60°）都会产生相同的水平射程。20°和 70°互为补角，因为它们的和为 90°。直接竖直向上发射时，水平距离当然是零。

45°发射角将初速度分成大小相等的水平分量和竖直分量。因此，铅球在空中停留的时间要比低发射角发射时长一些，水平速度也要比高发射角发射时大一些。换句话说，由于速度的竖直分量和水平分量都较大，竖直运动使得铅球在空中停留的时间长到足以发挥水平速度的作用，这就产生了最大的水平距离。

已知发射角和初速度大小时，可以求出具体的飞行时间和水平距离。然而，需要先求出速度的水平分量和竖直分量，才能计算飞行时间和水平距离，因此问题要比前面讨论的复杂一些。前面的三个发射角下的距离分析，不需要计算就能理解。关键是要分开考虑竖直运动和水平运动，然后将它们结合起来。

对于以某个发射角发射的物体，其初速度可以分解为竖直分量和水平分量。竖直分量决定了物体的上升高度，以及它在空中停留的时间，而水平分量决定了这段时间内物体在水平方向上行进的距离。发射角和初速度相互制约，决定了物体在何处落地。在整个飞行过程中，向下的恒定重力加速度一直起作用，但是它只改变速度的竖直分量。

日常现象专栏 3.2　篮球投篮

现象与问题　当我们投篮时，会下意识地选择一条自己认为最有可能将球投进篮筐的轨迹。篮筐在投射点上方（扣篮和吊篮除外），但是篮球必须在下落过程中进入篮筐才能得分。

哪些因素决定了最佳轨迹？什么时候高弧线轨迹投篮是有效的？什么时候平缓轨迹投篮更有效（见附图 1）？罚球时的这些因素会与你被其他球员防守时的不同吗？我们对斜抛运动的理解如何帮助我们回答这些问题？

分析　篮球的直径和篮筐的直径限制了篮球干净利落地进入篮

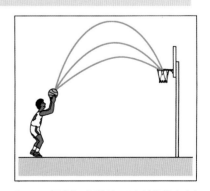

附图 1　罚球的不同轨迹。哪条轨迹的成功率最大？

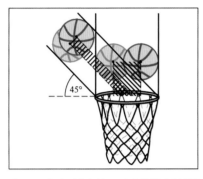

附图2 竖直下落和以45°飞来的篮球穿过篮筐的可能轨迹。直线下落的篮球穿过篮筐的轨迹范围更大

筐的角度。附图2显示了篮球竖直下落和篮球以45°角进入篮筐的轨迹范围。这两种情况下的阴影区域表明了篮球能够进入篮筐时，篮球中心能够偏离阴影中心线多少。如看到的那样，当篮球竖直下落时，有效的轨迹范围更大。篮球的直径稍大于篮筐直径的一半。

附图2说明了高抛投篮的优势。此时，让球进入篮筐的有效轨迹的范围较大。对常规的篮球和篮筐尺寸而言，入篮角度至少应为32°。随着角度的增大，有效轨迹的范围也增大。在较小的角度下，适当地旋转篮球有时会使其滚入篮筐，但是，角度越小，出现这种情况的可能性就越小。

高抛投篮的缺点不明显。离篮筐越远，对高抛投球的要求就越严格。如附图3所示，如果一个高抛球从30英尺外投出，那么它必须要比在更靠近篮筐并以相同角度投射时的篮球上升得更高。由于篮球在空中停留的时间较长，抛出速度或角度的微小变化都可能导致飞行距离的较大误差。这个距离取决于飞行时间和速度的水平分量。

靠近篮筐时，高抛投球更有效。这时，可以利用高抛投篮具有更大轨迹范围的优点，而不必担心水平距离的不确定性。在远离篮筐的位置，理想的投篮轨迹逐渐变得平缓，因此需要对投篮施加更准确的控制。然而，有时为了避免被盖帽，在球场上的任何位置采用高抛投篮都是必要的。

篮球的旋转、投篮的高度及其他因素都对投篮成功有重要影响。在彼得·布兰卡齐奥1981年4月发表于《美国物理》杂志的《篮球的物理原理》一文中，我们可以找到完整的分析。即使是一名有经验的运动员，良好地理解抛体运动也会提高运动水平。

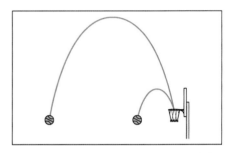

附图3 远距离高抛投篮与近距离、相同抛射角的投篮相比，篮球在空中停留的时间更长

小结

本章主要介绍了地球表面附近物体的重力加速度，探讨了重力加速度对落体和各种抛体的运动的影响。

1. **重力加速度**。为了求得重力加速度，我们使用了自由落体在不同时刻的下落位置的测量值。重力加速度的大小是 9.8m/s^2。当物体下落时，重力加速度不随时间变化。若不计空气阻力，对于不同的物体，不论它们的重量如何，重力加速度的值都是相同的。

2. **追踪自由落体**。自由下落物体的速度约以 10m/s/s 的速度增加。下落距离的增加与时间的平方成正比，即它以不断增加的速度增加。在第一秒末，自由落体的速度是10m/s，第一秒内下落的距离是5m。

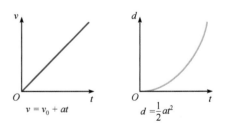

$$v = v_0 + at$$

$$d = \frac{1}{2}at^2$$

3. **再进一步：竖直上抛**。在上升阶段，物体的速度由于向下的重力加速度的影响而减小，在最高点，物体的速度为零，然后速度随物体的下落而增加。在运动过程中，物体在最高点附近的运动时间更长，因为它在那里运动得更慢。

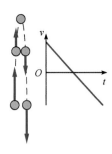

4. 平抛运动。 如果水平抛出一个物体，那么在水平方向上它会以恒定的初速度运动，与此同时，由于重力的作用，它会向下加速。这两种运动结合起来就产生了物体的曲线运动轨迹。

5. 斜抛和打靶。 与水平面成一定角度抛出的物体，其轨迹由两个可变因素决定：发射速度和发射角。要再次强调的是，水平运动和竖直运动结合在一起产生了整个抛体运动。

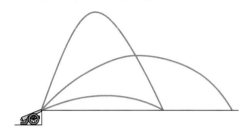

关键术语

Acceleration due to gravity　重力加速度	Trajectory　轨迹
Air resistance　空气阻力	Projectile motion　抛体运动
Free fall　自由落体	

概念题

Q1 一张纸在飘落到地板上的过程中，于任何时候都加速吗？

Q2 题图显示了一个小球从左向右移动时，每隔 0.10s 的位置（就像用频闪仪拍摄的照片，每 0.1s 闪一次）。小球在做加速运动吗？

题 Q2 图

Q3 题图显示了两个小球从左向右移动时，每隔 0.05s 的位置。这两个小球是都在做加速运动还是其中之一在做加速运动？

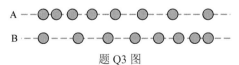

题 Q3 图

Q4 同时松开直径都为 1 英寸的一个铅球和一个铝球，它们将落到地面上。由于铅球的密度较大，因此质量要比铝球的质量大得多。其中一个球有更大的重力加速度吗？

Q5 有两张相同的纸，一张揉成团，另一张不揉成团，同时从地板上方相同的高度自由下落。你预期会有一张纸先到达地面吗？

Q6 有两张相同的纸，一张揉成团，另一张不揉成团，在大型真空管的顶部同时释放它们，你预期会有一张纸先到达底部吗？

Q7 亚里士多德声称重物体要比轻物体下落得更快。亚里士多德错了吗？在什么意义上可以说亚里士多德的观点是正确的？

Q8 一块石头从跳台落到下面的游泳池里。石头在最初的 0.1s 时间间隔内经过的距离是否与其落水前 0.1s 时间间隔经过的距离相同？

Q9 题图显示了某个下落物体的速度—时间关系曲线，该物体的加速度恒定吗？

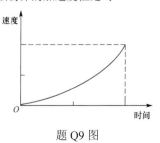

题 Q9 图

Q10 汽车在高速公路上匀速行驶时，为何要与前车保持一定的距离？

Q11 物体自由下落时，其上受到了哪些力的作用？

Q12 一个小球以较大的初速度向下抛出。**a**. 这个小球要比同一时间从同一高度自由下落的小球更快到达地面吗？**b**. 这个小球要比没有初速度下落的小球更快地加速吗？

Q13 一个竖直上抛的小球，最初向上运动的速度是逐渐减小的。在这一运动阶段，速度和加速度的方向是什么？加速度也减小吗？

Q14 竖直上抛一块石头后，其最大上升高度是20m。在上升过程中，石头到达最高点前 5m 的运动时间是否要比最初 5m 的运动时间长？

Q15 竖直上抛一个小球后，小球回到地面上。选择方向向上，画出小球的速度−时间关系曲线。速度在何处改变方向？

Q16 小球做竖直上抛运动后回到地面上。画出小球的速率−时间关系曲线。小球在什么位置改变运动方向？在图上指出这一点。比较所绘的速率−时间关系曲线与题 Q15 中所绘的速度−时间关系曲线。

Q17 竖直上抛一个小球，到达最高点时，其速度为零。它在该点的加速度也为零吗？

Q18 竖直上抛一个小球后，小球回到地面上。加速度在运动中改变方向吗？

Q19 小球沿斜面向上滚动，减速直到停止，然后向下滚动。加速度在这个过程中恒定吗？速度是常数吗？在这一运动中，是否存在加速度为零的某个位置？

Q20 一个小球沿桌面快速滚动，并且从桌面边缘滚出，落到地板上。在小球滚过桌面边缘的同一瞬间，另一个小球从同样的高度自由下落。是一个小球先到达地板，还是两个小球同时到达地板？

Q21 题 Q20 中的两个小球落地时速度的大小相同吗？哪个小球有较大的合速度？

Q22 物体在竖直方向上加速，速度的水平分量是恒定的，这种情况可能吗？如果可能，举例说明。

Q23 小球以较大的水平速度从桌面上滚出，当小球在空中运动时，速度改变方向吗？

Q24 小球以水平速度 5m/s 从桌面上滚出。速度是决定小球落地时间的重要因素吗？

Q25 专业射手用高速步枪直接瞄准附近目标的中心。假设步枪瞄准器已被精确地调整，以适应更远的目标，子弹是击中目标中心的上方还是击中目标中心的下方？

Q26 题图显示了棒球运动中，中场手将棒球投向本垒板的两条不同轨迹，哪条轨迹（更高者或更低者）会使棒球到达本垒板的时间更长？还是两条轨迹的用时一样长？

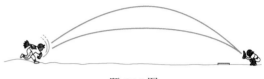

题 Q26 图

Q27 在题 Q26 图显示的两条轨迹中，最高点的棒球速度等于零吗？

Q28 假设题 Q26 图中显示的两条轨迹是由两名不同投手投出的，哪位投手的臂力更大？

Q29 一枚以 70°发射角发射的炮弹与一枚以 45°发射角发射的炮弹相比，在空中停留的时间更长。以 70°发射角发射的炮弹要比以 45°发射角发射的炮弹移动更长的水平距离吗？

Q30 以 20°发射角发射的炮弹要比以 45°发射角发射的炮弹的水平射程更远吗？

Q31 题图显示了一个放在椅子后面的废纸篓。跪着的女子以三个不同的方向抛掷小球。在这三个方向（A、B 和 C）中，哪个方向最有可能将小球投进废纸篓？

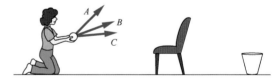

题 Q31 图

Q32 在题 Q31 的情形下，速度大小对于将小球成功投进废纸篓重要吗？

Q33 当篮球运动员罚球时，高弧线轨迹与平缓弧线轨迹相比有何优点？

Q34 远离罚球区时，高抛投篮的主要缺点是什么？

Q35 橄榄球四分卫在躲避猛冲边锋的同时，还要击中移动的目标。讨论扁弧线轨迹投掷与高弧线轨迹投掷的优缺点。

本章练习题中的重力加速度值取 $g = 10\text{m/s}^2$。

E1 一个钢球从跳台（初速度为零）上落下。**a.** 下落 0.7s 后钢球的速度是多少？**b.** 下落 1.4s 后钢球的速度是多少？

E2 一块石头从很高的悬崖上掉落。假设空气阻力可以忽略，石头在下落 6s 后的速度是多少？

E3 对于题 E1 中的钢球，**a.** 钢球下落 0.7s 后的下落距离是多少？**b.** 钢球下落 1.4s 后的下落距离是多少？

E4 设伽利略的心率是 75 次/分钟。**a.** 其心脏每秒跳动的次数是多少？**b.** 其心脏连续两次跳动的时间间隔是多少？**c.** 某物体在该时间间隔内从静止开始自由下落的距离是多少？**d.** 上述距离是多少英尺？

E5 小球以初速度 14m/s 竖直下抛，小球下落 3s 后的速度是多少？

E6 小球从大楼顶部自由下落，下落第一秒内和下落第六秒内的速度变化量是多少？

E7 小球以初速度 13m/s 竖直上抛，求如下情形下小球的速度大小和方向：**a.** 上抛 1s 后；**b.** 上抛 2s 后。

E8 题 E7 中的小球在如下情形时离地面多高？**a.** 上抛 1s 后；**b.** 上抛 2s 后。

E9 题 E7 中的小球何时到达最高点？

E10 假设某颗行星上的重力加速度为 4.0m/s^2。空间探索者在该行星表面上以初速度 17m/s 上抛一个小球。**a.** 上抛 3s 后小球的速度是多少？**b.** 小球到达最高点需要多长时间？

E11 子弹水平发射，初速度为 800m/s，需要击中距离步枪 200m 的目标。**a.** 子弹到达目标需要多长时间？**b.** 子弹在这段时间里下落的高度是多少？

E12 一个小球以水平速度 3m/s 从架子上滚下。如果小球需要 0.45s 才能到达地面，那么小球的落地点到架子的水平距离是多少？

E13 一个小球以水平速度 3m/s 滚出桌面。如果小球到达地面需要 0.45s，桌面离地面有多高？

E14 一个小球以水平速度 3m/s 滚出桌面。如果小球到达地面需要 0.4s，**a.** 小球落地前速度的竖直分量是多少？**b.** 小球落地前速度的水平分量是多少？

E15 小球从离地 3m 高的平台上滚下，离开平台时的水平速度是 5m/s。**a.** 小球落地需要多长时间？**b.** 小球在离平台底座多远的地方落地？

E16 以某个角度抛出的小球，其速度的竖直分量和水平分量都是 50m/s。**a.** 小球经过多长时间到达最高点？**b.** 在这段时间里，小球在水平方向移动的距离是多少？

本章综合题中的重力加速度值取 $g = 10\text{m/s}^2$。

SP1 以初速度 18m/s 竖直上抛一个小球。**a.** 小球在最高点的速度是多少？**b.** 小球到达最高点要多长时间？**c.** 最高点离抛出点有多高？**d.** 抛出 3s 后，小球相对于抛出点有多高？**e.** 小球被抛出 2s 后，是向上运动还是向下运动？

SP2 从大楼顶部同时释放两个小球。小球 A 做自由落体运动，小球 B 以初速度 15m/s 竖直下抛。**a.** 两个小球下落 1.3s 后的速度各是多少？**b.** 每个小球下落 1.3s 后，下落的高度是多少？**c.** 在释放后的任何时刻，两个小球的速度差变化吗？

SP3 从离地面 0.7m 高的桌面上滚下两个小球。小球 A 的水平速度是 4m/s，小球 B 的水平速度是 6m/s。**a.** 每个小球从桌面边缘滚出后，多长时间到达地面？**b.** 每个小球在落前前，水平移动了多远？**c.** 如果两个小球同时在桌面边缘后 1.5m 的位置开始滚动，它们会同时落地吗？

SP4 一门大炮以 35° 发射角发射炮弹。炮弹的初速度是 500m/s，由于炮弹是以一定角度发射的，因此初速度的竖直分量是 287m/s，水平分量是 410m/s。**a.** 炮弹会在空中飞行多长时间？利用总飞行时间是到达最高点时所需时间 2 倍的结论。**b.** 炮弹水平飞行了多远？**c.** 假设大炮的发射角是 55°，速度的竖直分量是 410m/s，水平分量是 287m/s，重复上面的计算。水平移动的距离与之前的结果相比如何？

SP5 好的投手能以 100MPH 的速度投掷棒球。投手丘距离本垒板约 60 英尺。**a.** 该速度相当于多少米/秒？**b.** 到本垒板的距离是多少？**c.** 棒球到达本垒板要多少时间？**d.** 如果棒球是水平抛出的，忽略自旋的影响，在这段时间内棒球下落的距离是多少？这解释了投手要站在投手丘上的原因。

SP6 一位被老虎追赶的考古学家将手举过头顶，以 8m/s 的速度逃跑（脚到指尖的距离是 1.85m）。跑到某个裂隙的一侧时，她水平跳出，试图抓住裂隙的对侧。**a.** 如果裂隙的宽度为 5.0m，她跳过这段距离需要多长时间？**b.** 在这段时间，她竖直下落了多少米？**c.** 到达裂隙对侧时，她的指尖在裂隙对侧边缘上方或下方多少米处？用+号表示边缘上方的距离，用−号表示边缘下方的距离。

家庭实验与观察

HE1 收集大量小物体，一次释放两个小物体，从相同的高度让它们自由下落。记录比弹珠或类似致密物体下落慢的物体。按下落时间，对这些下落较慢的物体排序。决定下落时间的重要因素是什么？

HE2 与同伴合作，可以通过抓住下落的米尺来估计你的反应时间。让同伴从靠近顶端的一点握住米尺，同时将你的拇指和其他手指分别放在米尺 50cm 刻度的两边，拇指和其他手指的距离约为 1 英寸。在没有给出任何提示的情况下，同伴释放米尺，当你看到米尺移动时，反应是合上拇指和其他手指来抓住米尺。记录米尺从同伴松开它到你抓住它这段时间的下落距离。**a.** 对每个同伴重复几次这个过程，然后计算不同同伴时的平均下落距离，填表汇总结果。**b.** 因为在你的反应时间 t 内，米尺下落的距离是 $d = \frac{1}{2}gt^2$，所以你的反应时间是 $t = \sqrt{2d/g}$。使用计算器按照每个同伴的平均下落距离 d（单位为米）计算他的反应时间。与你的同伴相比，你的平均反应时间如何？**c.** 正常的反应时间范围是 0.2～0.25s。你的反应时间接近这个范围吗？如果不接近，解释你的反应时间不同的原因。

HE3 试着用一只手让一个小球自由下落，同时用另一只手抛出第二个小球。首先，试着水平抛出第二个小球，让其初速度既没有向上的竖直分量，又没有向下的竖直分量（需要进行一些练习）。**a.** 小球能同时落地吗（找一位朋友来做这个判断）？**b.** 如果第二个小球被斜向上抛出，哪个小球先到达地面？**c.** 如果第二个小球斜向下抛出，哪个小球先到达地面？

HE4 在户外用最大的力气将一个小球竖直抛向空中。你可以自己数秒，或者让朋友拿着手表估计小球在空中的时间。根据这些信息，你能求出小球的初速度吗（小球到达最高点所需的时间是飞行总时间的一半）？

HE5 拿一个秒表去看一场橄榄球比赛，估测几个高抛球的腾空时间。注意每个高抛球水平移动的距离。最高的高抛球有最长的腾空时间吗？它们水平移动的距离最大吗？

HE6 使用橡皮筋和塑料尺或者其他合适的物件，设计和制造一个弹珠发射器。要求每次将橡皮筋向后拉相同的距离时，能以大约相同的速度发射弹珠（注意要远离易碎物品）。**a.** 仔细画出发射器，说明你的设计有哪些特色。**b.** 在水平地面上，以不同的发射角发射弹珠，测量弹珠离发射点的水平距离。哪个发射角产生的距离最大？**c.** 从桌面边缘以不同的发射角发射弹珠，哪个发射角产生的水平距离最大？

HE7 试着将一个小球或者一团纸扔到离抛出点几米远的废纸篓里。**a.** 对于上手投球和下手抛球，哪种姿势更有效（每种姿势先练习 5 次，然后尝试 10 次抛投，以便得到可靠的测试结果）？**b.** 在有障碍物的情况下，重复这个过程，如在废纸篓前面放一把靠背椅。

第 4 章　牛顿运动定律：运动的解释

本章概述

本章介绍牛顿的三大运动定律，以及如何将它们应用到我们熟悉的现象中。首先介绍它们的发展历史，然后认真讨论每条定律。在讨论过程中，力、质量和重量的概念起重要作用。最后，我们将牛顿的理论应用到熟悉的几个例子中。

本章大纲

1. **历史一瞥**。我们关于运动的观点和理论来自何处？亚里士多德、伽利略和牛顿起了什么作用？
2. **牛顿第一和第二运动定律**。力是如何影响物体的运动的？牛顿第一和第二运动定律告诉了我们什么，它们之间有什么联系？
3. **质量和重量**。如何定义质量？质量和重量的区别是什么？
4. **牛顿第三运动定律**。力来自何处？牛顿第三运动定律是如何帮助我们定义力的？如何应用第三运动定律？
5. **牛顿运动定律的应用**。如何在不同情况下应用牛顿运动定律？

大个子推你一下，你会朝他推的方向移动；一个小孩用细绳拉一辆玩具车时，玩具车会摇摇晃晃地向前移动；运动员踢足球时，足球会飞向目标。这些都是我们熟悉的例子，涉及能够使得运动变化的推拉形式的力。

下面举一个简单的例子。假设你正在木地板或瓷砖地板上推一个沙发（见图4.1）。沙发为什么会动？如果停止推它，它会继续运动吗？什么因素决定了沙发的速度？如果增大推力，沙发的速度会增加吗？到目前为止，我们介绍了一些有用的概念来描述运动，但是，我们还未详细讨论是什么导致了运动的变化。解释运动比描述运动更有挑战性。

关于沙发移动的原因，你应该有一些直觉。与沙发移动相关的当然是你对沙发施加的推力。但是，这个推力的大小与沙发的速度或者加速度有更直接的关系吗？从这个角度看，直觉对我们通常没什么帮助。

两千多年前，希腊哲学家亚里士多德（公元前384—公元前322）就试图给出这些问题的答案。我们中的许多人发现，他的解释与我们对沙发移动的直觉相吻合，但是在解释抛体的运动时不那么令人满意，因为推力不是持续的。亚里士多德的思想被人们广泛接受，直到17世纪才被艾萨克·牛顿提出的理论所取代。牛顿的运动理论已

图 4.1 推沙发。停止推沙发时，它还会移动吗？

被证明是对运动的一种更完整、更令人满意的解释，它能做出定量的预测，而这是亚里士多德的思想最缺乏的。

牛顿的三大运动定律是其理论的基础。这些定律的内容是什么？它们是如何解释运动的？牛顿的理想与亚里士多德的思想有何不同？为什么亚里士多德的思想与人们看待事情的常识总相吻合？深刻理解牛顿的运动定律，允许你分析和解释任何简单的运动。这种理解可为你在驾驶汽车、移动重物及许多其他日常活动中提供有力的帮助。

4.1 历史一瞥

是不是某个天才坐在苹果树下，因为突发的灵感而创造了一个全面的运动理论？不完全是。理论是如何发展及被接受的故事，涉及很多参与者，经历了很长一段时间。

下面关注几位关键人物的作用，他们的思想推动了人类认识的重大进步。我们将介绍这些理论是在何时及如何出现的，回顾这段历史可以帮助你理解将要讨论的物理概念。例如，知道某个理论是昨天才提出的，还是经过了很长时间的实验和验证，是很重要的。所有理论在被科学家接受和使用时，并不具有同等的份量。在关于运动成因的观点的形成过程中，亚里士多德、伽利略和牛顿是主要的参与者。

4.1.1 亚里士多德怎样看运动的成因？

在很长一段时间里，关于运动的成因和运动状态的变化等问题，一直困扰着哲学家和其他自然观察者。一千多年来，亚里士多德的观点占统治地位。亚里士多德是一位谨慎且机敏的自然哲学家。亚里士多德探讨了涉及范围极广的各种问题，他（及其学生）针对诸如逻辑学、形而上学、政治学、文学批评、修辞学、心理学、生物学和物理学等领域的各种问题撰写了大量的文章。

在他对运动的讨论中，亚里士多德对力的理解与我们现在讨论的很相似：力是作用在物体上的推或拉。他认为物体要运动，就要受到力的作用，而且物体的速度与力的大小成正比。重的物体要比轻的物体更快地落到地面上，因为有更大的力将物体拉向地球。只要将物体握在手中，就能感觉到这种力的大小。

亚里士多德还意识到了介质给物体运动带来的阻力。石头在空气中下落的速度要比在水中下落的速度快。和空气相比，水对物体的阻力更大，在齐腰深的水中行走时你就会体会到这个更大的阻力。因此，亚里士多德认为，物体的速度与作用于其上的力成正比，而与阻力成反比。但是，他从未定量地定义阻力的概念。他没有区分加速度和速度，他是通过说明走一段固定距离所需的时间来描述速度的。

亚里士多德是自然观察者而不是实验者。他没有做过可用实验来验证的定量预测。然而，即使没有这样的实证，一些伴生的问题仍然困扰着亚里士多德本人及后来的思想家。例如，对于抛出的小球或者石头，一旦小球离手，最初推动小球的力就不再起作用，那么是什么让小球不停地运动呢？

根据亚里士多德的思想，由于小球在离手后会持续运动一段时间，因此一个力是必要的。他认为，在小球离手后，保持运动的力是由周围的空气提供的，空气填充了小球之前位置的真空（见图 4.2），气流则从后面推动小球。这看起来合理吗？

随着罗马帝国的衰落，几个世纪以来，欧洲的思想家只知道亚里士多德著作的片段。亚里士多德的全集被阿拉伯学者保存下来，直到 12 世纪才得以在欧洲重现。和其他希腊思想家的著作一样，亚里士多德的著作在 12 世纪和 13 世纪被翻译成了拉丁文。

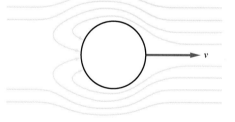

图 4.2　亚里士多德所绘的在抛体周围推动其运动的气流。这幅图看起来合理吗？

4.1.2 伽利略如何挑战亚里士多德的观点？

当意大利科学家伽利略·伽利莱（1564—1642）登场时，亚里士多德的思想体系已在欧洲的大学确立，包括伽利略曾经就学与教学的比萨大学和帕多瓦大学。事实上，大学教育是围绕亚里士多德定义的学科组织的，而且亚里士多德的许多自然哲学已被纳入罗马天主教会的教学。意大利神学家托马斯·阿奎那仔细地将亚里士多德的思想与教会的神学结合起来。

挑战亚里士多德就等于挑战教会的权威，会带来严重的后果。伽利略不是唯一质疑亚里士多德关于运动的思想的人；还有人注意到，与亚里士多德的思想相反，形状相似但重量差别很大的物体的下落速度几乎是一样的。尽管伽利略可能从未在比萨斜塔上让物体下落，但是他确实使用物体的下落进行了认真的实验，并且毫不犹豫地公布了他的结果。

伽利略与教会之间的主要问题源于他宣扬哥白尼的观点。哥白尼提出了一个以太阳为中心（日心说）的太阳系模型（见第 5 章），以反对当时占统治地位的亚里士多德和其他人的地球中心模型。伽利略在很多方面都是挑战亚里士多德的思想和传统思想的先锋，这就使得他与许多大学同事和教会机构的成员发生了冲突。他最终受到宗教法庭的审判（被判"异端罪"）而被软禁在家中，并且被迫收回自己的部分观点。

除了针对落体的研究，伽利略还提出了与亚里士多德的思想相矛盾的关于运动的新观点。伽利略认为，运动物体的自然趋势是继续运动，而不需要任何力来保持这种运动。伽利略的观点在推沙发的例子中成立吗？在他人工作的基础上，伽利略还给出了一种包括加速度在内的运动的数学描述。伽利略严格证明了做匀加速运动的物体的路程公式 $d = \frac{1}{2}at^2$。在生命的最后时刻，伽利略在其伟大著作《两种新科学的对话》中，公开了许多关于运动的思想和观点。

4.1.3　牛顿经典力学理论的成就

伽利略在意大利去世近一年后，艾萨克·牛顿（1642—1727，见图 4.3）在英国出生。在伽利略的工作的基础上，他提出了一种可以解释任何物体运动成因的理论——普通物体如小球或沙发的

运动，以及天体如月球和行星的运动。在希腊传统中，天体运动被认为是与地球运动完全不同的，因此需要不同的解释，而牛顿使用同一种理论解释了地球运动和天体运动。

牛顿的理论的核心观点是其三大运动定律（见 4.2 节和 4.4 节）和万有引力定律（见第 5 章）。牛顿的理论成功地解释了已知的各种运动，同时为物理学和天文学的许多新研究提供了框架，其中的一些研究又导致了对此前未观察到的现象的预测。例如，将牛顿的运动定律和万有引力定律应用于已知行星的不规则轨道的计算，预测并且证实了海王星的存在。预测得到证实是理论成功的标志之一。牛顿的理论作为力学的基础理论，已有两百多年历史，至今仍被广泛地应用于物理学和工程领域。

图 4.3　牛顿肖像

牛顿约在 1665 年构建了其理论的基本思想，那时他还是一个年轻人。为了躲避瘟疫，他回到了他家的乡下农场，在那里很少有人打扰他，因此他有充裕的时间进行严肃的思考。传说称，他看到苹果掉下时想到月球也会落向地球，因为这两种情况都涉及地心引力（见第 5 章）。顿悟和灵感无疑是这个过程的一部分。

尽管牛顿在 1665 年就完成了他的主要理论及其细节，但是直到 1687 年他才正式发表他的观点。延迟发表观点的原因之一是，他需要发明一些数学技术来计算万有引力对行星等物体的影响（人们普遍认为他是微积分的发明者之一）。牛顿于 1687 年发表的著作是《自然哲学的数学原理》，通常被人们称为《牛顿原理》。牛顿发明微积分并且将微积分应用于物理学，被人们视为一个重大的里程碑。

包括牛顿的理论在内的科学理论，不是凭空出现的，而是时代的产物，是当时的认知和思潮的产物，它们必定取代更早、更粗糙的理论。在牛顿所处的时代，公认的运动理论仍然是亚里士多德的思想，但是它受到了伽利略和其他人的抨击，因为它的缺点已被人们普遍认识到。牛顿为一场正在进行的思想革命提供了最后的"压顶石"。

尽管亚里士多德关于运动的观点在今天看来是不令人满意的，而且对进行定量预测毫无价值，但是，这些观点确实与未接受过物理教育的人们的直觉相符。因此，在学习力学时，我们经常说要用牛顿的理论来代替亚里士多德关于运动的思想。尽管我们关于运动的天真想法通常不像亚里士多德那样自成体系，但是你可能会发现需要修正你的一些常识性概念。

然而，牛顿的部分理论已被更复杂的理论取代，因为后者更准确地描述了运动。这些理论包括爱因斯坦的相对论和量子力学理论，二者都出现在 20 世纪早期。虽然这些理论的预测在非常快（相对论）和非常小（量子力学）的领域与牛顿的理论存在本质上的不同，但是对以远低于光速运动的普通物体来说，差别并不大。牛顿的理论是一个巨大的进步，至今仍被广泛地用于分析普通物体的运动。

> 亚里士多德关于运动的观点虽然不能给出定量的预测，但是几个世纪以来提供了被人们广泛接受的运动解释，并且与人们的直觉相符。伽利略对亚里士多德关于自由落体的观点及他关于保持物体运动需要一个力的一般假设提出了挑战。在伽利略的工作的基础上，牛顿形成了一套更全面的运动理论，取代了亚里士多德的思想。牛顿的理论仍然被广泛地用来解释普通物体的运动。

4.2 牛顿第一和第二运动定律

在地板上推沙发时，是什么导致了沙发移动或者停止？牛顿的前两个运动定律回答了这些问题，同时提供了力的部分定义。牛顿第一运动定律说明了没有力时会发生什么，牛顿第二运动定律则描述了对物体施加一个力的效果。

我们将第一运动定律和第二运动定律放在一起讨论，因为第一运动定律与更一般的第二运动定律密切相关。然而，为了强烈反驳亚里士多德关于运动的观点，牛顿觉得有必要单独阐述第一运动定律。从这一点来看，牛顿也是在追随伽利略的脚步，伽利略在此前几十年就提出了一个与牛顿第一运动定律相似的原理。

4.2.1 什么是牛顿第一运动定律？

牛顿第一运动定律表述为

> 一个物体将保持静止或匀速直线运动状态，除非它受到外力的作用而发生改变。

换句话说，除非有一个力作用在物体上，否则其速度不变。如果物体开始是静止的，那么它保持静止；如果物体开始是运动的，那么它继续以恒定的速度运动（见图 4.4）。实际上，牛顿在表述第一运动定律时，强化了伽利略关于运动的一个关键概念。

注意，在表述牛顿第一运动定律时，我们所用的术语是速度而不是速率。恒定的速度意味着速度的方向和大小都不变。当物体静止时，它的速度为零，在没有力作用的情况下，这个零速度值保持不变。如果没有力作用在物体上，那么物体的加速度为零，速度不变。

虽然这条定律看起来很简单，但是它与亚里士多德的思想（及我们的直觉）相矛盾。亚里士多德认为需要一个力来保持物体的运动。如果我们正在讨论移动一个重物，如本章序言中提到的沙发，那么他的观点是成立的。如果停止推沙发，沙发就不会移动。然而，如果考虑一个抛出的小球的运动，或者沙发在光滑地面上的运动，那么他的观点就有问题。这些物体在最初的推力作用下继续运动。牛顿（和伽利略）给出了一个强有力的断

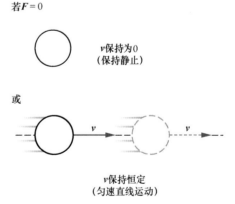

图 4.4　牛顿第一运动定律：没有力作用时，物体保持静止或者以恒定的速度运动

言：不需要任何力来维持物体的运动。

为什么亚里士多德的思想与牛顿和伽利略的思想如此不同，但在某些情况下又似乎非常合理？回答这个问题的关键是，存在阻力或者摩擦力。停止推沙发时，沙发不会移动很远，因为地板的摩擦力作用在沙发上，导致速度迅速下降为零。被抛出的小球即使没有落到地面上，最终也会停止运动，因为空气的阻力正在反推着它。很难找到没有力作用于物体的情况。亚里士多德承认空气阻尼和类似效应的存在，但是在其理论中未将它们当作力。

4.2.2 力和加速度有什么关系？

牛顿第二运动定律更全面地论述了力对物体运动的影响。使用加速度，可将这条定律表述为

> 物体的加速度与所受作用力的大小成正比，与物体的质量成反比。加速度的方向与所受作用力的方向相同。

用符号表示第二运动定律，可以让我们更容易理解它。选择力的合适单位后，可以将牛顿第二运动定律的比例关系表述为

$$a = F_合 / m$$

式中，a 是加速度，$F_合$ 是作用在物体上的合力，m 是物体的质量。因为加速度和物体所受的力成

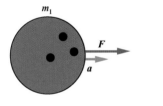

图 4.5 相同的力施加在两个物体上时，质量较小物体与质量较大物体相比，加速度更大

正比，如果将作用在物体上的力加倍，那么物体的加速度也会加倍。然而，相同的力作用在质量较大的物体上时，会产生较小的加速度（见图 4.5）。

注意，与所受的力直接相关的是加速度而不是速度。亚里士多德没有明确区分加速度和速度。我们中的很多人在非正式地考虑运动时，也没有区分它们。在牛顿的理论中，这种区分非常重要。

牛顿第二运动定律是牛顿运动理论的核心。根据这个定律，物体的加速度由两个量决定：作用在物体上的合力和物体的质量。事实上，力和质量的概念部分地由第二运动定律定义。作用在物体上的合力是物体加速的原因，力的大小由其产生的加速度的大小定义。4.4 节讨论的牛顿第三运动定律，则强调力是由一个物体与其他物体相互作用产生的，从而完成了力的全部定义。

根据牛顿第二运动定律，物体的质量决定了物体对其运动状态的变化有多大的抵抗作用。下面仍然使用伽利略创造的惯性一词来描述物体对运动状态变化的抵抗（见日常现象专栏 4.1）。此时，我们可以将质量定义为

> 质量是物体的惯性的度量，惯性则是物体抵抗改变其运动状态的属性。

质量的公制单位是千克（kg）。4.3 节中将详细讨论质量的测量及质量与重量的关系。

日常现象专栏 4.1　桌布戏法

现象与问题　当瑞奇还是孩子的时候，就见过魔术师的桌布戏法。桌面上铺着桌布，上面放着包括酒杯在内的全套餐具。魔术师在激昂的号角声中，突然将桌布从桌面上扯下，但是没有弄乱餐具。然而，当瑞奇在家里试着这样做时，却造成了灾难性的后果。

最近，瑞奇看到物理老师用一套更简单的餐具做了一个类似的魔术。学生们被告知这次演示与惯性有关。老师的这个魔术为什么能成功？惯性又是如何参与的？为何瑞奇还是孩子时在家中尝试做这个魔术没有成功？

分析　经常被用作物理演示的这个把戏，实际上是惯性效应的一种展示。由于摩擦力也起作用，因此选择

光滑材质的桌布很重要（在物理演示中，有时会用厚纸代替桌布）。要想成功地完成这个魔术，练习必不可少。

无论表演者是魔术师、老师还是学生，都必须非常迅速地拉动桌布或者厚纸，给其一个很大的初始加速度。在桌面的边缘，稍微向下拉桌布，有助于确保桌布没有向上的加速度分量，也有助于桌布在通过桌面的整个过程中保持加速度均匀不变。桌布加速时，对餐具产生摩擦力。如果慢慢拉，摩擦力就会伴随桌布拉动餐具。

惯性是物体（与其质量有关）抗拒其运动变化的属性。当物体静止时，除非施加一个力，否则它会保持静止。在这一过程中，确实有一个力作用在餐具上，即桌布施加的摩擦力。如果桌布被拉得足够快，摩擦力只在很短的时间内起作用，那么餐具的加速过程就会很短。餐具会被轻微加速，但远不及桌布的加速。

摩擦力的两个方面对于我们理解这个过程非常重要。一个方面是，静摩擦（两个接触面之间不相对滑动时）有一个最大值，它由接触面的性质及将两个表面挤压在一起的力决定。另一个方面是，一旦餐具开始滑动，就开始了所谓的滑动摩擦。滑动摩擦力通常要比静摩擦力小。

当手给桌布施加一个力，产生一个较小的加速度时，餐具和桌布之间的静摩擦力也会让餐具产生一个和桌布同大的加速度。增大手施加给桌布的力，桌布的加速度增大，静摩擦力也增大，直至达到最大静摩擦力。桌布的加速度超过餐具在最大静摩擦力下产生的加速度时，桌布开始在餐具下面滑动，摩擦力则从最大静摩擦力减小为滑动摩擦力。如果桌布表面比较光滑，那么摩擦力不足以让餐具产生接近桌布的加速度。在摩擦力作用的几分之一秒内，它不可能使餐具的速度增加很多，或者使餐具移得很远（见题 SP3）。当桌布不再与餐具接触时，桌面施加的摩擦力就会使餐具减速。

你可以使用铅笔、杯子或者类似的物体（最好是不易碎的物体）和一张光滑的便签来验证这些分析。

将纸放到光滑的桌面上，并让纸的末端伸出桌面边缘。如附图所示，用双手抓住纸的末端，从桌面边缘向下拉。注意，缓慢拉纸会使物体和纸一起移动，但快速拉纸会使物体基本上保持在原位（物体通常会沿拉力的方向轻微移动），如附图所示。

在准备好桌布和餐具之前，需要注意几点。类似于装满了酒的酒杯这种容易翻倒的物体，更难处理，因为其底部可能开始移动，而顶部（由于更大的惯性）还停留在原位，导致酒杯翻倒而溢出酒水。另外，桌布越大，就越难将它完全拉出桌面——手必须非常迅速地通过一个较大的距离。练习是关键，这是魔术师（和物理老师）表演成功的诀窍。

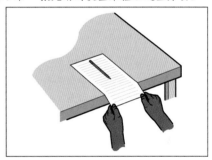

抓住纸的末端，沿桌面边缘稍向下拉。快速拉动会使铅笔基本上停留在原位

力的单位也可以由牛顿第二运动定律推出。如果在第二运动定律的两边同时乘以质量，解出 $F_合$，那么它可以表示为

$$F_合 = ma$$

因此，力的合适单位应是质量的单位和加速度的单位的乘积，在公制单位中，它是千克米每秒平方。这个常用单位的名称是牛顿（N）。因此，

$$1\ 牛顿\ = 1N = 1kg \cdot m/s^2$$

4.2.3　力是怎样相加合成的？

在牛顿第二运动定律的表述中，力是指作用在物体上的合力。力是一个矢量，它的方向非常重要。如果作用在物体上的力有多个（通常如此），就要把这些力作为矢量相加合成，合成时要考虑它们的方向。

这个合成的过程如图 4.6 和例题 4.1 所示。细绳以 10N 的力在桌面上拉动一个木块，木块还受

$f = 2N$　5kg　$F = 10N$

图 4.6　在桌面上拉动木块时涉及两个水平力的合力

一个 2N 的摩擦力（木块与桌面的相互作用力）的作用。木块所受的合力是多大？

合力是两个力的数值之和即 10 + 2 = 12N 吗？查看图 4.6 就会发现这是错误的，因为这两个力的方向相反。两个力的方向相反，合力是细绳施加给物体的力减去摩擦力，即 8N。因此，不能忽视所涉及的力的方向。

例题 4.1　求合力和加速度

如图 4.6 所示，一块砖的质量为 5kg，一根细绳系在砖的前端并且施加 10N 的拉力，使砖沿桌面水平运动。在运动过程中，砖还受桌面施加的摩擦力 2N 的作用。砖的加速度是多少？

$F = 10N$（向右），$f = 2N$（向左），$m = 5kg$

$F_合 = F - f = 10 - 2 = 8N$（向右）

$a = F_合/m = 8/5 = 1.6m/s^2$（向右）

力是矢量，在求合力时，必须考虑其方向，这是运用第二运动定律时的一个重要方面。求一维方向的力的合力并不困难。求二维或三维方向的力的合力时要困难一些。本章中只考虑一维方向的力的合力。

关于牛顿第一和第二运动定律，需要强调的是，第一运动定律包含于第二运动定律，但是对牛顿来说，将第一运动定律作为一个单独的定律来阐述，以便对抗长期以来人们对运动的错误看法是非常有必要的。我们只需根据第二运动定律，看看当作用在物体上的合力为零时会发生什么，就能明白这两个定律之间的关系。在这种情况下，加速度 $a = F_合/m$ 也必须是零。如果加速度是零，那么速度必定是恒定的。第一运动定律告诉我们，如果合力为零，那么物体以恒定的速度运动（或者保持静止）。因此，牛顿第一运动定律解决了第二运动定律的一种特殊情况，即作用在物体上的合力为零时的情况。

牛顿运动理论的核心是第二运动定律。这条定律表明，物体的加速度与作用在物体上的合力成正比，与物体的质量成反比。物体的质量是其惯性大小的度量，而惯性是物体抵抗运动变化的属性。当作用在物体上的合力为零时，牛顿第二运动定律就表现为牛顿第一运动定律。为了求出作用在物体上的合力，我们考虑了每个力的方向，并对它们按矢量求和。

4.3　质量和重量

重量到底是什么？你的重量和质量是一样的吗？或者，这两个词的意思有区别吗？显然，质量在牛顿第二运动定律中起重要作用。重量是我们熟悉的一个术语，在日常用语中常与质量互换使用。像区分速率和速度一样，物理学家同样区分质量和重量，因为这对牛顿的理论很重要。

4.3.1　如何比较质量的大小？

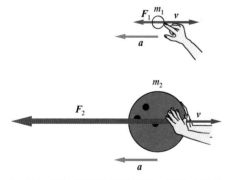

图 4.7　停住保龄球和乒乓球。要让大质量物体产生同样的加速度，需要更大的力

根据质量在牛顿第二运动定律中的作用，我们可以设计出比较质量大小的实验方法。质量被定义为物质的属性，它决定了一个物体对运动变化的抵抗强弱。质量越大，惯性就越大，或者说对状态改变的抵抗就越强，给定的力产生的加速度就越小。例如，想象让以相同速度运动的保龄球和乒乓球减速的情形（见图 4.7）。根据第二运动定律，所需的力与物体的质量成正比。由于质量不同，让保龄球减速与让乒乓球减速相比，需要更大的力。

实际上，我们是在用牛顿第二运动定律来定义质量。如果我们使用相同的力来加速不同质量的物体，那么可以使用不同的加速度来比较所涉及的质量。如果选择一个质量作为标准，那么任何其他质量都能通过比较相等的力产生的加速度来与标准质量进行比较。原则上，我们可以使用这种方法确定任何物体的质量。

4.3.2 如何定义重量？

在实际应用中，测量加速度很困难，因此上述方法不便于比较质量。比较质量更常用的方法是，在天平或杆秤上称物体的重量（见图 4.8）。我们实际上做的称重是，比较作用在所要测量物体上的重力和作用在标准砝码上的重力。作用在物体上的重力就是物体的重量。作为力，重量的单位（牛顿）和质量的单位（千克）不同。

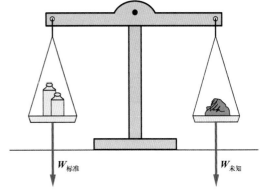

图 4.8　在天平上比较未知质量与标准质量

重量和质量有什么关系？由第 3 章中关于重力加速度的讨论可知，在地球表面附近，不同质量的物体自由下落时，具有相同的重力加速度（$g = 9.8\text{m/s}^2$）。这个加速度由地球施加给物体的重力引起，即由物体的重量引起。

根据第二运动定律，力（重量）等于质量乘以加速度，即

$$W = mg$$

式中，W 代表重量，它是一个矢量，其方向指向地心。

知道一个物体的质量后，就能算出它的重量。例如，如果某位女士的质量为 50kg，那么其重量就是 $W = mg = 50 \times 9.8 = 490\text{N}$。

虽然重量与物体的质量成正比，但是重量还取决于重力加速度 g 的值。因为在地球表面上，不同位置的 g 值稍有不同；另外，在月球上或者较小的行星上，g 值要小得多。因此，一个物体的重量显然还取决于该物体的位置。另一方面，物体的质量是与组成物体的物质的量有关的物体的属性，它与物体的位置无关。

月球上的重力加速度约为地球表面的 1/6。如果将前面提到的那位女士送到月球上，那么她的体重会下降到 82N，即其在地球上的重量的 1/6。如果月球之旅未让她消耗太多，那么这名女士的质量仍然是 50kg。物体的质量只在我们增加或减少其物质时才会改变。

4.3.3 为何重力加速度与质量无关？

重量和质量的区别可以帮助我们理解重力加速度与质量无关的原因。下面我们使用牛顿第二运动定律来思考下落物体的运动。与我们在定义重量时所用的方法相反，我们使用重力（重量）来求加速度。按照牛顿第二运动定律，重力加速度等于重力（$W = mg$）除以质量，即

$$a = \frac{mg}{m} = g$$

计算下落物体的加速度时，质量可从方程中消去。重力与质量成正比，但是，根据牛顿第二运动定律，加速度与质量成反比，于是两个效应相互抵消。这只适用于下落物体。在大多数情况下，合力与质量无关。

虽然根据牛顿第二运动定律可知力与加速度紧密相关，但是力和加速度是不同的。重物体与轻物体相比，受到的重力（重量）更大，但是两个物体的重力加速度相同（见图 4.9）。由于重力与质量成正比，所以不同质量的物体具有相同的加速度。

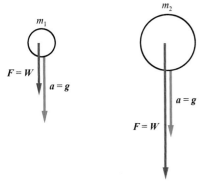

图 4.9　不同的重力（重量）作用在不同质量的下落物体上，由于加速度与质量成反比，因此各个物体的加速度相同

第 5 章中将讨论牛顿的万有引力定律，它是整个牛顿力学理论的关键部分之一。

> 重量和质量不同。重量是作用在物体上的重力，质量是与物体中物质的量有关的内在属性。在地球表面附近，重量等于质量乘以重力加速度（$W = mg$）。如果将物体放到 g 值不同的另一个星球上，重量就会改变。所有物体在地球表面附近的重力加速度都相同，因为重力与物体的质量成正比，而加速度等于重力除以质量。

4.4　牛顿第三运动定律

力来自何处？如果你推沙发，让它在地板上移动，沙发反过来会推你吗？如果答案是"是"，那么这个推力是如何影响你的运动的？这类问题对于我们所说的"力"意味着什么很重要。牛顿第三运动定律给出了一些答案。

牛顿第三运动定律是牛顿对力的定义的重要组成部分之一，是分析现实世界中运动或静止物体的基本工具，但是它常被人们误解。因此，我们有必要认真琢磨第三运动定律的表述并将其加以应用。

4.4.1　第三运动定律怎样帮助我们定义力？

如果你用手推一个大沙发或者任何大的物体，如房间的墙壁，你就会感到物体在向后推你的手。一个力作用在你的手上，并且压紧你的手时，你就会感觉到它。当你推一个物体时，这个物体会向后推你的手。于是，我们说你的手与物体是相互作用的。

牛顿第三运动定律的内容是，力由物体相互作用产生，相互作用的每个物体都对另一个物体施加一个力。它可以表述为

> 如果物体 A 对物体 B 施加一个力，那么物体 B 对物体 A 也施加一个力，这两个力的大小相等、方向相反。

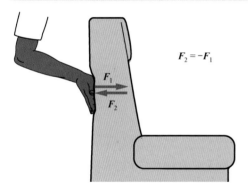

图 4.10　手将力 F_1 施加在沙发上时，沙发反过来对手施加一个与 F_1 大小相等但方向相反的力 F_2

第三运动定律有时也称作用/反作用原理：每个作用力都有一个大小相等、方向相反的反作用力。注意，这两个力总是作用于两个不同的物体，而不作用于同一个物体。牛顿对力的定义包含了物体之间相互作用的概念，而力代表了这种相互作用。

如果你用手在沙发上施加一个力 F_1，那么沙发会以一个大小相等、方向相反的力 F_2 向后推你的手（见图 4.10）。采用这种符号表述时，牛顿第三运动定律可以表示为

$$F_2 = -F_1$$

负号表示两个力的方向相反。力 F_2 作用在你的手上，它部分地影响你的运动，但是它与沙发的运动无关。在这两个力中，唯一影响沙发运动的力是 F_1，即你作用于沙发的推力。

至此，我们就完成了力的定义。牛顿第二运动定律告诉我们物体的运动如何受力的影响，而第三运动定律告诉我们力来自何处——来自与其他物体的相互作用。质量的合适定义也依赖于牛顿第二运动定律。通过测量质量和力导致的加速度，就能测量力的大小（$F = ma$）。第二和第三运动定律对于定义我们所说的"力"都是必要的。

4.4.2　如何用第三运动定律分析所受的力？

我们应该如何分析作用在物体上的力，进而分析物体的运动？首先，我们要确定与物体相互作用的其他物体。假设桌面放了一本书（见图 4.11）。哪些物体会与这本书相互作用？因为书与桌面直接接触并且相互挤压，因此书一定与桌面相互作用，但是它也通过万有引力与地球相互作用。

地球对书施加的向下的引力是书的重量 **W**，与书相互作用产生这个力的物体是地球本身。书和地球通过引力以大小相等、方向相反的力相互吸引，形成一对作用力与反作用力。地球用力 **W** 向下拉书，而书用力-**W** 向上拉地球。由于地球的质量巨大，这种向上的力对地球的影响非常微小。

作用在书上的第二个力是由桌面施加在书的向上的力。这个力通常被称为法向力，"法向"一词的意思是"垂直的"。法向力 **N** 总是垂直于接触面。书反过来对桌面施加一个大小相等、方向相反的向下的力-**N**。力 **N** 和-**N** 构成另一对作用力和反作用力（注：按照我国物理课程的习惯，后面称这两个力为"支持力"和"压力"），它们是由书和桌面因相互接触和挤压产生的。我们可将桌子想象为一个很大、很硬的弹簧，当我们将书放到其上时，它会被轻微地压缩（见图4.12）。

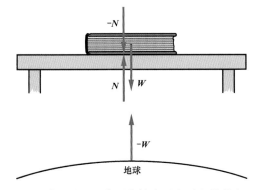

图 4.11 力 **N** 和 **W** 作用在静止于桌面上的书上。反作用力-**N** 和-**W** 作用在不同的物体上，分别是桌面和地球

图 4.12 未被压缩的弹簧和支撑书的同一弹簧。被压缩的弹簧对书施加一个向上的力

作用在书上的力有两个，即重力和桌面施加的支持力，它们刚好大小相等、方向相反，但是与第三运动定律无关。我们怎么知道它们一定相等呢？由于书的速度不变，它的加速度必然为零，根据牛顿第二运动定律，作用于书上的合力 **F**合必定为零，而合力为零的唯一情形是两个作用力 **W** 和 **N** 相互抵消。只有它们的大小相等、方向相反时，它们的矢量和才为零。

即使 **W** 和 **N** 的大小相等、方向相反，这两个力也不是一对作用力和反作用力。它们都作用于同一个物体（书），而第三运动定律处理的总是不同物体之间的相互作用。因此，**W** 和 **N** 的大小相等、方向相反是第二运动定律的结果，而不是第三运动定律的结果。如果它们相互不抵消，书就会加速离开桌面（第二和第三运动定律对于分析日常现象专栏4.2中的电梯例子也是至关重要的）。

日常现象专栏 4.2 乘坐电梯

现象与问题 我们都有乘坐电梯的经历。当电梯加速上升或者下降时，我们会有超重感或者失重感。电梯加速下行时的失重感通常更令人震撼，尤其是在加速不平稳时。

在这些情况下，我们真的比平时更重或者更轻吗？如果将体重计放到电梯中，当电梯加速时，它读出了你的真实重量吗（见附图1）？如何应用牛顿的运动定律来探索这些问题？

分析 使用牛顿运动定律分析任何情况的第一步都是隔离所研究的物体，并且仔细对所研究的物体进行受力分析。对于要隔离的物体，我们有不同的选择，其中的有些选择要比其他选择更有效。对于电梯这种情况，隔离站在体重计上

附图 1 在加速的电梯中，站在体重计上的人会在体重计上读出自己的真实体重吗？

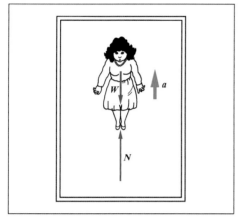

附图2　电梯向上加速时，人的受力分析图

的人更合理，因为她的重量是问题的焦点。附图2展示了人的受力情况，即那些作用在其身上的力的情况。

对于我们正在讨论的这个问题，只有另外两个物体与人相互作用，产生两个力。地球通过重力 W 向下拉人，体重计用一个支持力 N 向上推人的脚。这两个力的矢量和决定了人的加速度。如果电梯以加速度 a 向上加速，人一定也以这个加速度向上加速。合力也必须向上，这意味着支持力 N 大于重力 W。用正负号表示方向，选择竖直向上为正方向，根据牛顿第二运动定律有

$$F_合 = N - W = ma$$

体重计的读数是多少？根据牛顿第三运动定律，人对体重计施加了一个向下的压力，这个力与体重计对她的支持力 N 大小相等、方向相反。因为这是对体重计的向下压力，体重计的读数就应该是 N，即支持力的大小。人的真实体重并未改变，但其视重增加了一个等于 ma 的量（变形前面的第二运动定律的方程，得到 $N = W + ma$）。

当电梯加速向下时，会发生什么？这时作用在人身上的合力必定向下，支持力必定小于她的体重。此时，体重计的读数 N 将比人的真实体重少 ma。因此，这可能会让她露出笑脸而非怒容。

电梯的电缆断裂后，我们就有一个有趣的特例。人和电梯都将以重力加速度 g 向下加速。因为人所受的全部重力正是产生这个加速度所需要的力，所以作用在其脚上的支持力必定为零。体重计上的读数也是零，人此时显然是完全失重的。

我们对自身重量的感觉，部分地由脚所受到的压力和腿部肌肉的张力产生，这些力是保持我们的姿势所需要的力。当电梯下坠时，人会感到失重，即使其真实重量（作用在其身上的重力）并未改变。事实上，她会像在轨航天飞机上的宇航员一样在电梯中漂浮（航天飞机在轨道上做横向运动的同时，也在向地球坠落，这两个运动的合运动就是圆周运动）。然而，当电梯到达升降井的底部时，这个美好的场景就会戛然而止。

4.4.3　骡子能够加速马车吗？

想想那头倔强的骡子的故事吧。接受过短期物理教育的骡子向其主人争辩说，拉那辆与它绑在一起的马车没有任何意义。骡子辩称，根据牛顿第三运动定律，它越用力拉马车，马车对它的反作用力就越大（见图4.13），因此，最终结果是什么也不会发生。骡子是对的还是其论据存在谬误？

答案是存在谬误，这个谬误虽然简单，但是不明显。在骡子所说的两个力中，只有一个力对马车的运动有影响，即作用在马车上的力。这个力的反作用力作用在骡子身上，必须与作用在骡子身上的其他力结合考虑，才能确定骡子是如何运动的。如果骡子对马车施加的力大于作用在马车上的摩擦力，马车就会加速。请你试着向骡子解释这个谬误。

图4.13　骡子和马车。牛顿第三运动定律会帮骡子摆脱苦役吗？注意，有些力未在图中画出

4.4.4　什么力使汽车加速？

类似于骡子拉马车的情形，一个物体施加在其他物体的推力或者拉力的反作用力，在描述该物体本身的运动时，通常也是非常重要的。下面以汽车的加速为例加以说明。发动机无法推动汽车，因为它是汽车的一部分。发动机驱动汽车的后轴或者前轴，使轮胎转动。轮胎通过其与路面

之间的摩擦力 f 推路面（见图 4.14）。

按照牛顿第三运动定律，路面将以一个大小相等、方向相反的力 $-f$ 推轮胎，正是这个外力使得汽车加速。显然，在这种情况下，摩擦是有益的。如果没有摩擦，轮胎就会打滑，汽车就不会向前行驶。骡子拉马车的情况与此类似。地面施加在骡蹄上的摩擦力使骡子加速前进，这个摩擦力就是骡子对地面的作用力的反作用力。

图 4.14　汽车推路面，路面反过来又推汽车

下次走路的时候，请你想想如下问题：什么外力使你在出发时加速？对于这个力的产生，你起什么作用？摩擦起什么作用？如何在结冰或光滑的路面上行走？

要弄清楚作用在一个物体上的力，首先就要确定与其相互作用的其他物体。其中的一些力是显而易见的。任何与研究物体直接接触的物体都可能施加力。一些相互作用的力，如空气阻力或者重力，可能不那么明显，但稍加思考后仍然可以确定。第三运动定律是我们用来识别这些力的依据。

> 牛顿第三运动定律完成了对力的定义。第三运动定律指出，力来自不同物体之间的相互作用。如果物体 A 对物体 B 施加一个力，那么物体 B 对物体 A 施加一个大小相等、方向相反的力。我们使用牛顿第三运动定律来帮助确定作用在物体上的外力，进而应用牛顿第二运动定律。

4.5　牛顿运动定律的应用

前面介绍了牛顿的运动定律，并且用这些定律讨论了力和质量的定义。然而，要充分了解它们的作用，就要将它们应用到我们熟悉的一些例子，如推沙发或者抛球的例子。牛顿运动定律是如何帮助我们理解这些运动的？它们能对发生的事情提供令人满意的解释吗？

4.5.1　推沙发时涉及哪些力？

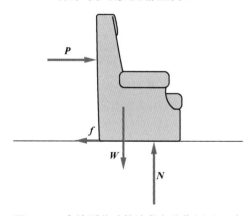

前面不时回到推沙发的例子，但是未分析沙发是如何移动的，以及它为什么移动。如 4.4 节中指出的那样，任何分析的第一步都是确定作用在研究物体上的力。如图 4.15 所示，4 个不同来源的力分别作用在沙发上（类似于图 4.15 的图形通常被称为受力图，它显示了作用在一个物体上的所有力，又见日常现象专栏 4.2）。

1. 重力（重量）W，来自与地球的相互作用。
2. 因地板受压，由地板施加的向上的支持力 N。
3. 手施加的推力 P。
4. 地板施加的摩擦力 f。

其中，支持力 N 和摩擦力 f 实际上都源于与同一个

图 4.15　在地面移动的沙发上共作用了 4 个力：重力 W、支持力 N、推力 P 和摩擦力 f

物体（地板）的相互作用。由于它们由不同的原因引起，并且相互垂直，因此通常将它们分开讨论。

作用在沙发上的两个竖直方向的力——重力 W 和支持力 N 相互抵消。这是因为如 4.4 节中桌面上的书一样，沙发在竖直方向上没有加速度。根据牛顿第二运动定律，竖直方向的各个力的和必定为零，这意味着重力 W 和支持力 N 大小相等、方向相反，它们对沙发的水平运动没有直接影响。

另外两个力，即手的推力 P 和摩擦力 f，不一定相互抵消。这两个力共同决定了沙发的水平加

速度。要使沙发加速，推力 **P** 就必须大于摩擦力 **f**。下面研究推沙发时最可能出现的情况。

你首先用手推一下沙发，这个力大于摩擦力。这将产生合力 **P−f**，其方向向前，使得沙发加速。

一旦将沙发加速到合适的速度，就减小推力 **P**，使其大小等于摩擦力。水平方向的合力变为零，按照牛顿第二运动定律，此时水平加速度也是零。如果保持这一推力不变，那么沙发会以恒定的速度滑过地板。

最后撤回手和推力 **P**，沙发在摩擦力 **f** 的作用下迅速减速为零。如果身边碰巧有一个沙发和光滑的地板，请试着做一次上述的推沙发"运动"，看看是否能感觉到所施加的力的差异。开始时，这个力应当是最大的。

保持沙发匀速运动所需的力的大小由摩擦力的大小决定，而摩擦力又受沙发重量和地板表面状况的影响。如果未认识到摩擦力的重要性，那么你可能会像亚里士多德那样，认为保持物体运动需要一个力。摩擦力几乎总是存在的，但是不会像直接施加的力那么明显。

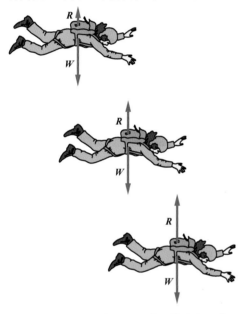

图 4.16　作用在跳伞运动员身上的空气阻力 **R** 随着速度的增加而增大

4.5.2　跳伞运动员不开伞时会持续加速吗？

第 3 章中考虑了空气阻力可以忽略时物体以恒定加速度下落的情况。那么像高空跳伞运动员这样下落很大高度的物体的情况是什么样的呢？它们会持续以这个加速度加速，获得越来越大的向下速度吗？任何有跳伞经验的人都知道这是不会发生的。为什么不会呢？

空气阻力可以忽略时，下落物体只受到重力的作用，因此会持续加速。在跳伞运动中，空气阻力是一个重要因素，随着跳伞运动员（或者任何物体）速度的增加，空气阻力的影响也会增大。跳伞运动员的初始加速度为 **g**，但是随着速度的增加，空气阻力变大，使得加速度减小（见图 4.16）。

对于较小的速度，空气阻力 **R** 很小，在两个力中，重力占优势。随着速度的增加，空气阻力变得越来越大，导致向下的合力（**W−R**）减小。因为合力产生跳伞运动员的加速度，所以加速度也减小。例题 4.2 中给出了一个类似的计算例子。最终，随着速度的继续增加，空气阻力达到与重力大小相等的值。这时，合力为零，跳伞运动员停止加速。我们说她达到了收尾速度，从这时起，她将以恒定的速度向下运动。这个收尾速度通常为 160～190km/h。

例题 4.2　空气阻力

当 8kg 的石块从很高的悬崖坠落时，受到空气阻力的作用，空气阻力随着石块速度的增加而增大。在某个时刻，假设石块受到 30N 的向上的空气阻力。**a**. 石块的重力是多少？这个力的方向是什么？**b**. 作用在石块上的合力是多少？这个力的方向是什么？**c**. 在这个时刻，石块的加速度的大小和方向是什么？

a. $m = 8\text{kg}$，$g = 9.8\text{m/s}^2$

$W = mg = 8 \times 9.8 = 78.4\text{N}$（竖直向下）

b. 石块受到两个力的作用：向上的空气阻力和向下的重力。合力是二者之差。由于重力更大，因此合力是向下的。假设竖直向上为正方向。

$F_{阻} = 30\text{N}$，竖直向上

$W = 78.4\text{N}$，竖直向下

$F_{合} = F_{阻} - W = 30 - 78.4 = -48.4\text{N}$

$F_合 = 48.4N$，竖直向下

c. $m = 8kg$，$F_合 = -48.4N$

$F_合 = ma$

$a = F_合/m = -48.4/8 = -6.05m/s^2$

$a = 6.05m/s^2$，竖直向下

摩擦力或者阻力在分析运动时起关键作用。亚里士多德没有跳伞的机会（我们中的很多人也没有跳伞的机会），因此这个例子不平常。然而，他确实观察到了羽毛或树叶等轻物体的收尾速度。这种物体的重量很小，相对于重量来说，物体的表面积很大，因此空气阻力的大小 R 很快就会与重量相等。

试着撕下一张纸的一角并观察它的下落。纸片看似达到了恒定的（收尾）速度吗？纸片一边下落，一边飘动，但是在它向下运动的大部分时间里，不会有多大的加速，此时你可以了解亚里士多德为什么会得出重物下落比轻物下落快的结论。将更重的物体丢到水中也能显示收尾速度。和空气相比，水会对低速物体施加更大的阻力。

4.5.3 小球扔出后会发生什么？

亚里士多德很难解释抛体的运动，如一个小球离开投掷者的手后的运动。下面从牛顿的角度重新考虑这个例子。我们需要一个力来保持小球运动吗？根据牛顿第一运动定律，答案是不需要。然而，小球在飞行过程中涉及 3 个力：投掷者最初的推力、向下的重力和空气阻力（见图 4.17）。

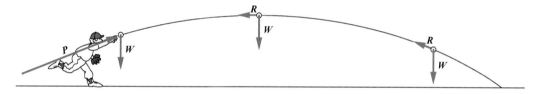

图 4.17　作用在被抛出小球上的 3 个力：最初的推力 P、重力 W 和空气阻力 R

为了突出牛顿的方法，我们将运动分解为两个不同的过程。第一个过程是投球的过程，即手与小球接触的过程。在这段时间里，手施加的力 P 控制小球的运动。要使小球加速，其他力（重力和空气阻力）的合力就必须小于力 P。因此，这些力（主要是 P）使小球加速到一个我们通常称为初速度的速度。初速度的大小和方向主要由力 P 的大小和方向及它作用在球上的时间长短决定。由于这个力通常随时间变化，因此全面分析投掷过程相当复杂。

然而，小球一旦离手，就会进入第二个过程，这时不再考虑 P。在这段时间内，重力 W 和空气阻力 R 使小球的速度发生变化，问题变成抛体运动（见 3.4 节）。重力使小球向下加速，空气阻力的作用方向与小球的速度的方向相反，使小球的速度减小。

与亚里士多德的观点相反，一旦小球被扔出，就不需要任何力来维持它的运动。事实上，如果一个物体被扔到太空中，由于太空中没有空气阻力且引力很小，它会以恒定的速度运动，就如牛顿第一运动定律所述的那样。因此，当你在宇宙飞船外的太空中工作时，要小心使用工具，不要让其"跑"了。

由于空气阻力或者所施加的推力随时间变化，因此我们要避免讨论这些情况下的数值例子。仅仅通过与其他物体的相互作用来确定所涉及的力及其成因，就可以正确地描述正在发生的事情。

4.5.4 如何分析连接体的运动？

对牛顿运动定律的验证最初来自一些简单的小实验，这些小实验在实验室中很容易完成。在物理实验室中，我们很容易装配出由两辆小车连接在一起的实验装置，并且可以通过细绳的拉力

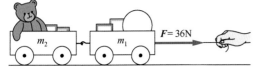

来加速它（见图 4.18）。为简单起见，假设这些小车都有很好的滚轮轴承，使得它们滚动时的摩擦力极小。还假设有一个天平来称小车及车内物品的总质量。

图 4.18　用细绳给相连的小车施力 **F**，使其加速施加一个稳定的力。

要测量细绳施加的力的大小，我们必须在细绳和小车之间插入一个小弹簧秤。在整个实验中，最棘手的问题是在小车加速的时候，如何给这个装置

如果知道小车的总质量，以及细绳施加的力的大小，我们就能根据牛顿第二运动定律预测系统的加速度值，详见例题 4.3。对于例题中给出的质量及 36N 的拉力，可以求得两辆小车的加速度为 2.0m/s²。这个加速度可以通过实验来验证，方法如下：测量小车行驶一段固定距离所需的时间，并使用第 2 章推导的恒定加速度下的路程公式计算加速度的实验值。

例题 4.3　连接体

两辆相连的小车在一根细绳施加的 36N 的拉力作用下，在地面上运动（见图 4.18）。前一辆小车的总质量为 10kg，后一辆小车的总质量为 8kg。设摩擦力可以忽略：**a.** 两辆小车的加速度是多少？**b.** 作用在每辆小车上的合力是多少？

a. 取两辆小车为一个系统：

$m_1 = 10\text{kg}$，$m_2 = 8\text{kg}$，$\boldsymbol{F} = 36\text{N}$，$a = ?$

根据 $\boldsymbol{F}_{合} = ma$ 有

$$a = \frac{\boldsymbol{F}_{合}}{m} = \frac{36}{10+8}$$

$$= \frac{36}{18} = 2.0\text{m/s}^2（前进方向）$$

b. 分别处理各辆小车。

小车 1：

$$\boldsymbol{F}_{合1} = m_1 a = 10 \times 2 = 20\text{N}（前进方向）$$

小车 2：

$$\boldsymbol{F}_{合2} = m_2 a = 8 \times 2 = 16\text{N}（前进方向）$$

在例题 4.3 中，我们首先将两辆小车作为一个系统来求加速度。然而，如何才能知道连接两辆小车的挂钩所施加的力的大小呢？在这种情况下，分开处理各辆小车的运动是有意义的。知道加速度后，就可以再次应用牛顿第二运动定律来求作用在每辆小车上的合力。该计算见例题 4.3 的第二部分，详细说明见图 4.19。

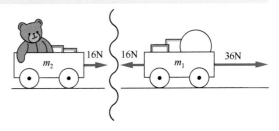

图 4.19　第三运动定律示例：小车间的相互作用

对于后一辆小车，需要 16N 的力才能产生 2m/s² 的加速度。根据牛顿第三运动定律，前一辆小车应该受到一个 16N 的向后的拉力。这个向后的拉力，与细绳对前一辆小车的 36N 的向前的力一起，产生了 36−16 = 20N 的合力，它正好是前一辆小车获得 2m/s² 加速度所需的外力。

从这个例子可以看出，牛顿运动定律表明，连接体不同部分的力和加速度是完全一致的，这是我们接受这些定律的必要条件。显然，另一个条件是任何预测都能被实验测量所证实。许多和这个例题相似的实验都证实了这样的预测。

在实验室中多次做这个实验，看看结果是否与牛顿运动定律的预测一致。然而，即使使用更精确的秒表和天平进行实验，结果也不可能与预测的完全一致。完全消除摩擦力的影响是不可能的，我们的测量值也不可能达到无限精度。实验艺术就是将这些不准确性降至最低，并且预测它

们是如何影响实验结果的。

牛顿运动定律为我们熟悉的任何运动提供了定性和定量解释。首先，我们通过观察、分析与其他物体的相互作用，确定了作用在物体上的力。根据力的大小和构成，求出力的矢量和，就可以算出物体的加速度。当力随时间变化时，加速度也会相应地变化，就像跳伞运动员从高空下落的情况那样。通过实验来验证牛顿运动定律所做的定量预测，牛顿运动定律不断地得到了验证。相比亚里士多德的观点，牛顿运动定律是解释运动的更加自洽的理论。

小结

1685 年，牛顿出版了《自然哲学的数学原理》，提出了其力学理论的基础——三个运动定律。从那时起，这些定律就一直是解释物体运动成因、预测物体在我们熟悉的许多情形下的运动的基础理论。

1. **历史一瞥**。牛顿的理论建立在伽利略的工作的基础之上，取代了亚里士多德建立的解释运动成因的非量化模型。与亚里士多德的思想相比，牛顿的理论具有更强的预测能力。虽然我们今天认识到了牛顿的理论的局限性，但是它仍然被广泛地用于解释普通物体的运动。

2. **牛顿第一和第二运动定律**。牛顿第二运动定律指出，物体的加速度与作用于该物体的合外力成正比，与物体的质量成反比。第一运动定律作为第二运动定律的一个特例，描述了合力为零时的情况。这时，物体的加速度为零，做速度不变的运动。

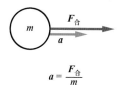

$$a = \frac{F_{合}}{m}$$

3. **质量和重量**。牛顿第二运动定律将物体的惯性质量定义为物体反抗运动变化的特性。物体的重量是作用在物体上的重力，它等于质量乘以重力加速度 g。物体的重量随 g 的变化而变化，但是质量是物体的固有属性，它与物体所含的物质的量有关。

$$W = mg$$

4. **牛顿第三运动定律**。牛顿第三运动定律阐述了力源于物体间的相互作用，因此完成了力的定义。物体 A 对物体 B 施加一个力时，物体 B 对物体 A 也施加一个大小相等、方向相反的力。

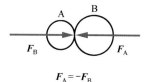

$$F_A = -F_B$$

5. **牛顿运动定律的应用**。使用牛顿运动定律分析某个物体的运动时，第一步是确定因与其他物体相互作用而施加在这个物体上的力。合力的大小和方向决定了物体运动的变化。

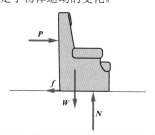

关键术语

Force　力

Newton's first law of motion　牛顿第一运动定律

Frictional forces　摩擦力

Newton's second law of motion　牛顿第二运动定律

Net force　合力

Mass　质量

Inertia　惯性

Newton (unit of force)　牛顿（力的单位）

Weight　重量

Newton's third law of motion　牛顿第三运动定律

Action/reaction principle　作用/反作用原理

Normal force　法向力

Reaction force　反作用力

Free-body diagram　受力图

Terminal velocity　收尾速度

Q1 伽利略针对运动的研究时间上要比亚里士多德和牛顿早吗？

Q2 为什么亚里士多德认为较重的物体要比较轻的物体下落得快？

Q3 亚里士多德认为，必须有力才能使物体维持运动。在他看来，小球在空中运动时的力是从哪里来的？

Q4 亚里士多德如何解释抛体的持续运动？你觉得这个解释合理吗？

Q5 伽利略提出了比牛顿更完整的运动理论吗？

Q6 两个相等的力作用在两个不同的物体上，其中一个物体的质量是另一个物体的 10 倍。质量更大的物体与质量更小的物体相比，是有更大的加速度、相等的加速度还是更小的加速度？

Q7 观察发现 3kg 物体的加速度是 6kg 物体的 2 倍。作用在 3kg 物体上的合力是作用在 6kg 物体上的合力的 2 倍吗？

Q8 如题图所示，两个大小相等的水平力作用在一个箱子上。箱子是否在水平方向上加速？

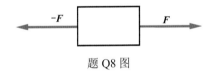

题 Q8 图

Q9 设作用在题 Q8 中物体上的两个力的大小相等、方向相反，物体是否在运动？

Q10 假设在外层空间中用步枪发射一颗子弹，作用在子弹上的重力和空气阻力可以忽略不计。子弹离开步枪后会减速吗？

Q11 两个大小相等的力按题图所示的方向作用在物体上。如果只有这些力，物体会加速吗？画图解释。

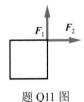

题 Q11 图

Q12 物体在桌面上水平移动时被观察到速度在减小。是否有非零的合力作用在该物体上？

Q13 汽车以恒定的速率绕弯道行驶。**a**. 在这个过程中，汽车的加速度是零吗？**b**. 汽车是否受到非零合力的作用？

Q14 牛顿第一运动定律能用第二运动定律解释吗？为何牛顿将第一运动定律作为一个独立的运动定律？

Q15 物体的质量和重量是一回事吗？

Q16 作用在铅球上的重力要比作用在同样大小的木球上的重力大得多。当两个球都自由下落时，铅球的加速度是否与木球的相同？用牛顿第二运动定律解释。

Q17 月球表面的重力加速度约为地球表面附近的 1/6。一块岩石从地球运到了月球上，在这个过程中，它的质量或重量发生变化吗？

Q18 质量是力吗？

Q19 一名站在椅子上的学生从相同的高度释放两个完全相同的罐子，一个罐子中装满了铅块，另一个罐子中装满了羽毛。**a**. 由于地球的万有引力，哪个罐子会受到更大的力的作用？**b**. 哪个罐子具有更大的下落加速度？

Q20 一名男孩坐在地板上不动。哪两个竖直的力作用在这名男孩身上？这两个力是牛顿第三运动定律定义的一对作用力和反作用力吗？

Q21 汽车的发动机是汽车的一部分，不能直接推动汽车来加速它。作用在汽车上的什么外力使得汽车在水平路面上加速？

Q22 在结冰的路面上停车很困难。在结冰的路面上加速也很困难吗？

Q23 如题图所示，小球用一根细绳挂在天花板上。**a**. 作用在小球上的力有哪些？共有几个？**b**. 作用在小球上的合力是多少？**c**. 对于 **a** 问中的每个力，按照牛顿第三运动定律，反作用力是什么？

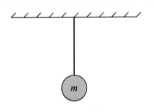

题 Q23 图

Q24 使用浴巾代替桌布时，桌布戏法（见日常现象专栏 4.1）还能表演吗？

Q25 当魔术师表演台布戏法时，桌布上的物体不会移动很大的距离。当桌布被拉离桌面的过程中，是否有一个水平的力作用在这些物体上？为什么物体不会移动很大的距离？

Q26 参加 100 米赛的短跑运动员开始时加速，然后试图在剩下的比赛中保持最大的速度。**a.** 是什么外力使得运动员在比赛开始时加速？仔细解释这种力是如何产生的。**b.** 一旦运动员达到最大速度，是否有必要继续后蹬跑道来保持速度？

Q27 一头骡子试图拉动一辆装满石头的马车。根据牛顿第三运动定律，由于马车对骡子的拉力大小与骡子对马车施加的力的大小相等，骡子是否有可能加速马车？

Q28 地板施加在沙发的支持力与沙发受到的重力大小相等、方向相反。这是牛顿第三运动定律的例证吗？

Q29 一辆电动玩具拖拉机在桌面上推动一本书。画出书和拖拉机各自所受的所有力。按照牛顿第三运动定律，你所画的这些力的反作用力是什么？

Q30 进入位于大楼顶层的电梯后，电梯开始加速下行，此时电梯对你的脚的支持力是大于、等于还是小于向下的重力？

Q31 当电梯因电缆断裂而快速下坠时，你会明显感到失重，此时作用于人体的重力为零吗？

Q32 两个物块的质量分别为 m_1 和 m_2，它们由一根细绳连接，放在一个无摩擦的定滑轮上，如题图所示。m_2 大于 m_1 时，两个物块做加速运动吗？

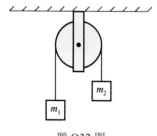

题 Q32 图

Q33 如题图所示，两个质量相同的木块由一根细线相连，并且由一根细绳拉着在一个无摩擦的平面上运动，细绳的拉力恒为 F。**a.** 两个木块匀速运动吗？**b.** 连线上的张力是大于、小于还是等于 F？

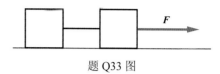

题 Q33 图

Q34 假设跳伞运动员身着光滑的外衣，可将空气阻力减小到一个很小的恒力，并且这个恒力不会随跳伞运动员的速度的增加而增大。跳伞运动员能在打开降落伞之前达到收尾速度吗？

Q35 跳伞运动员在从飞机到降落地面的整个过程中，都在做加速运动吗？

Q36 跳伞运动员到达重力和空气阻力相等的时刻后，速度会持续增加吗？

Q37 当跳伞运动员回到地面上后，其所受的重力发生改变吗？

Q38 如题图所示，由细线连接的 3 辆小车的质量 m_1、m_2 和 m_3 互不相同，如果力 F 施加在 m_1 上，如何比较它们的加速度？它们的加速度是相同还是不同？

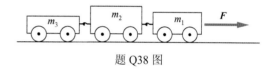

题 Q38 图

Q39 如题 Q38 图所示，由细线连接的 3 辆小车的质量 m_1、m_2 和 m_3 互不相同。如果力 F 施加在 m_1 上，如何比较每辆小车所受的合力？这些合力是相同还是不同？

练习题

本章练习题中的重力加速度值取 $g = 9.8\text{m/s}^2$。

E1 一个 42N 的力作用在一个 6kg 的物体上。物体加速度的大小是多少？

E2 一个质量为 4.5kg 的小球以 7.0m/s^2 的加速度加速。作用在这个小球上的合力的大小是多少？

E3 作用在木块上的 32N 的合力产生 4.0m/s^2 的加速度，木块的质量是多少？

E4 .一个水平方向的 70N 的力沿桌面水平拉动一个质量为 4kg 的木块，木块还受到 15N 的摩擦力，木块的加速度是多少？

E5 一块被拉动的桌布对桌布上质量为 0.4kg 的盘子施加了 3.6N 的摩擦力，盘子的加速度是多少？

E6 用力 *P* 在桌面上推一个质量为 5kg 的物块，物块的加速度为 6.0m/s²。**a.** 作用在物块上的合力是多少？**b.** 如果 *P* 的大小是 38N，作用在物块上的摩擦力的大小是多少？

E7 如题图所示，有两个方向相反的力，一个力的大小是 70N，另一个力的大小是 30N，它们作用在同一个箱子上。如果箱子的加速度是 5.0m/s²，箱子的质量是多少？

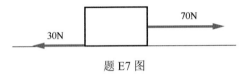

题 E7 图

E8 如题图所示，一个质量为 5kg 的物块受到 3 个水平力的作用。**a.** 作用在物块上的水平合力是多少？**b.** 物块的水平加速度是多少？

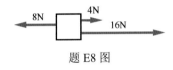

题 E8 图

E9 一个质量为 9kg 的雪橇在冰面上滑动，冰面施加的摩擦力为 3N，空气阻力为 0.6N。**a.** 作用在雪橇上的合力是多少？**b.** 雪橇加速度是多少？

E10 质量为 45kg 的物体的重量是多少？

E11 重量为 735N 的物体的质量是多少？

E12 珍妮弗的体重是 110 磅。**a.** 其重量是多少牛顿（1 磅为 4.45N）？**b.** 其质量是多少千克？

E13 本书的一位作者的体重为 660N。**a.** 其质量是多少千克？**b.** 其重量是多少磅？

E14 一名女子的重量是 160 磅，另一名女子的重量是 690N，哪名女子的质量更大？

E15 某时刻从悬崖顶部下落的 6kg 石块所受的空气阻力为 12N。**a.** 石块所受的重力是多大？**b.** 石块所受的力的合力是多大？**c.** 石块的加速度是多大？

E16 某时刻一块质量为 12kg 的石头从悬崖上掉落。石头的加速度的大小为 6.25m/s²。**a.** 求石头所受合力的大小和方向。**b.** 石头受到的重力是多大？**c.** 在这一瞬间，作用在石头上的空气阻力是多大？

E17 一本质量为 0.8kg 的书放在桌面上。用一只手向下推书，在书的顶部施加了一个向下的 12N 的力。**a.** 作用在书上的合力是多少？书做加速运动吗？**b.** 作用在书上的重力的大小是多少？**c.** 桌面对书本施加的竖直向上的支持力的大小是多少？这本书被加速了吗？

E18 细绳通过施加竖直向上的 32.6N 的力来提起一个质量为 2.8kg 的小球。**a.** 小球所受的重力是多少？**b.** 作用在小球上的合力是多少？**c.** 小球的加速度是多少？

E19 电梯中一名质量为 75kg 的女子正以 0.6m/s² 的加速度向上加速。**a.** 作用在女子身上的合力是多大？**b.** 作用在女子身上的重力是多大？**c.** 推动女子双脚的支持力是多大？

综合题

本章综合题中的重力加速度值取 *g* = 9.8m/s²。

SP1 一根细绳施加恒定的 28N 的水平力到一个质量为 8kg 的物块上，物块在水平桌面上运动。物块还受到 6N 的来自桌面的摩擦力。**a.** 物块的加速度是多少？**b.** 如果物块从静止开始运动，3s 后其速度是多少？**c.** 在这 3s 内物块会走多远？

SP2 一根细绳用 350N 的恒定水平力拉一个质量为 40kg 的箱子在地板上运动。在这个力和地板施加在箱子上的摩擦力的作用下，箱子的速度在 2s 内从 1m/s 增大到 9m/s。**a.** 箱子的加速度是多少？**b.** 作用在箱子上的合力是多少？**c.** 作用在箱子上的摩擦力的大小是多少？**d.** 细绳要给箱子施加多大的力才能让其匀速运动？

SP3 一个质量为 0.3kg 的盘子放在一块移动的桌布上，桌布对其施加大小为 0.18N 的摩擦力，作用时长为 0.2s。**a.** 盘子的加速度是多少？**b.** 假设盘子从静止开始运动，在这段时间的末尾，它能达到多大的速度？**c.** 盘子这段时间移动了多远（厘米）？

SP4 使用绳索通过一个定滑轮将一个质量为 60kg 的箱子从装货码头放到下方的地板上。绳索对箱子施加一个 500N 的恒定向上的力。**a.** 箱子会加速吗？**b.** 箱子加速度的大小和方向是什么？**c.** 如果码头的高度比地面高 1.4m，箱子到达地面需要多长时间? **d.** 箱子落地的速度有多快?

SP5 如题图所示,由水平细线连在一起的两个木块在 46N 的水平力的作用下沿桌面运动。3kg 的木块受一个 6N 的摩擦力作用,7kg 的木块受一个 8N 的摩擦力作用。**a.** 作用在由这两个物体组成的系统上的合力是多少?**b.** 这个系统的加速度是多少?**c.** 连接细线施加在 3kg 木块上的力是多少?注意,只考虑作用在木块上的力,木块的加速度与整个系统的加速度相同。**d.** 求作用在 7kg 木块上的合力,并且计算它的加速度。得到的值与 **b** 问中的值相比如何?

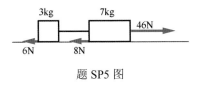

题 SP5 图

SP6 一名质量为 85kg 的人位于电梯中,电梯以 1.3m/s^2 的速度向下加速。**a.** 这个人的真实重量是多少牛顿?**b.** 要得到这样的加速度,作用在人身上的合力是多少?**c.** 电梯的地板施加在人的脚上的力是多少?**d.** 人的视重是多少牛顿?注意,人站在加速电梯中的体重计上,体重计上会显示这个视重。**e.** 电梯以 1.3m/s^2 的加速度向上加速时,从 **b** 问到 **d** 问的答案有什么变化?

SP7 一名跳伞运动员重 850N。设作用在跳伞运动员身上的空气阻力与其速度成正比地增大。例如,速度每增加 10m/s,空气阻力就增大 100N。**a.** 当跳伞运动员的速度是 30m/s 时,作用在其身上的合力是多少?**b.** 跳伞运动员在这一速度下的加速度是多少?**c.** 跳伞运动员的收尾速度是多少?**d.** 如果由于某种原因(如短暂的下沉气流),跳伞运动员的速度超过了收尾速度,其速度会怎样变化?

家庭实验与观察

HE1 收集各种各样的小物体,如硬币、铅笔、钥匙、瓶盖和冰块。试着在平滑的表面如桌面或地板上滑动这些物体,并且尽可能给它们相同的初速度。**a.** 物体离手后是否滑动相同的距离?有哪些明显的区别?它们与物体的大小、表面特性有何关系?哪些物体最能说明牛顿第一运动定律?**b.** 在减小物体和滑动表面之间的摩擦力方面,什么因素是重要的?如果你发现了一些普遍的原理,请通过其他物体来验证你的假设。

HE2 光滑的桌面上放有一本书,且书下放有一张纸。**a.** 试着对纸施加恒定的拉力,以平稳地加速书。让书更快地加速时,会发生什么?你能在不移动书时将纸从书下利落地拉出吗?用牛顿运动定律解释你的观察结果。**b.** 用一堆书重复这一实验并观察。增大书的质量会如何影响结果?**c.** 尝试用其他物体做这个实验。当纸被迅速拉动时,哪些物体运动的距离最小?

HE3 与重量相比,表面积大的落体要比小球或石头更易达到收尾速度。测试几个物体,如气球、纸片,植物的叶片、花朵和种子,或者你认为效果明显的任何物体。这些物体达到收尾速度了吗?每个物体在达到恒定速度之前,下落了多远?不同物体经过相同时间的下落后,速度有何不同?哪个物体能最清楚地显示收尾速度,即首先显示短暂的加速运动,然后显示匀速运动?

HE4 在宿舍或其他校园建筑中使用电梯时,观察电梯的加速效果。大多数电梯在起动时会短暂地加速,在停止时则会减速。高层建筑中的高速电梯最适合观察加速度的影响。**a.** 假设你有一个体重计,请看看电梯停止或起动时,你的视重和真实体重有何不同。你能根据这些信息估计出加速度吗?参阅每日现象专栏 4.2 和题 SP6。**b.** 试着平举手臂,并且在电梯加速时保持这一姿势。在电梯运动的不同情况下,这样做困难吗?解释你的观察。

第5章 圆周运动、行星和引力

本章概述

本章首先以绳拴小球的运动为例，介绍圆周运动过程中速度方向变化涉及的加速度（向心加速度），然后介绍不同情况下产生向心加速度的力。我们将讨论开普勒行星运动定律，并且用牛顿万有引力定律来解释行星的运动。我们还将说明万有引力与物体的重量和地球表面附近的重力加速度的关系。

本章大纲

1. **向心加速度**。如何描述改变物体速度方向的加速度？这个加速度与物体的速率有何关系？
2. **向心力**。在不同情况下，产生向心加速度涉及什么类型的力？是什么力让汽车转弯？
3. **行星运动**。行星是如何围绕太阳公转的？我们对行星运动的了解在历史上经历了哪些变化？什么是开普勒行星运动定律？
4. **牛顿万有引力定律**。牛顿认为万有引力的基本性质是什么？这个力如何解释行星运动？
5. **月球和其他卫星**。月球是如何绕地球运行的？人造卫星轨道与月球轨道及不同人造卫星的轨道有何不同？

你在报纸上的事故报道中读到过多少次"汽车未能通过弯道"这样的句子？要么是路面很滑，要么是司机开得太快，导致汽车无法通过最急的弯道。在任何情况下，事故都可归因于判断力差或者物理直觉差（见图5.1）。

当汽车转弯时，它的速度方向发生变化。速度的变化意味着存在加速度，根据牛顿第二运动定律，加速度需要力来产生。这种情况与绳拴小球的圆周运动及其他圆周运动有很多相似之处。

是什么力使汽车转弯的？所需的力和汽车的速率、弯道的缓急有何关系？还有其他原因吗？沿弯道行驶的汽车与绳拴小球的圆周运动、行星围绕太阳的公转有什么共同之处？

对行星围绕太阳和月球围绕地球的运动的探讨，在牛顿力学理论的发展起了重要的作用。牛顿万有引力定律是该理论的关键部分。万有引力

图 5.1　白色 SUV 未通过弯道，滑进了反向车道中。牛顿第一运动定律是怎样起作用的？

解释了物体在地球表面附近下落的行为，同时解释了行星围绕太阳沿曲线轨道运动的原因。无论是在物理学的历史上，还是在我们的日常经验中，圆周运动都是二维运动的一种非常重要的特殊情况。

5.1　向心加速度

假设我们将一个小球拴在细绳的一端，然后在水平面内旋转这个小球（见图5.2）。稍加练习，我们就可以让小球保持速率不变，但是小球的速度方向在不断地变化。速度的变化意味着存在加速度，这个加速度的性质是什么？

了解这种情况的关键是，仔细观察小球在做圆周运动时，其速度矢量的变化。当小球的运动路径的方向发生变化时，速度矢量如何相应地变化？

能否求出这个变化量的大小？它与小球的速率或圆周的半径有何关系？要定义向心加速度的概念，我们就需要回答这些问题。

5.1.1　什么是向心加速度？

我们需要做什么才能让小球改变运动的方向？如果试着像图5.2所示的那样旋转一个小球，那

么你会感觉到细绳的拉力。换句话说，你必须通过拉细绳来施加一个力，使得小球的速度方向发生变化。

这个力不存在时，会发生什么？根据牛顿第一运动定律，如果没有合力作用在物体上，物体就会做匀速直线运动。这是细绳断裂或者我们松开细绳时，小球将做的事情。小球将沿它在细绳断裂时的运动方向飞出（见图 5.3）。没有细绳的拉力，小球就会沿着直线运动。当然，小球也会下落，因为它受到了向下的重力的作用。

图 5.2　在水平面上转动一个小球时，小球在做加速运动吗？

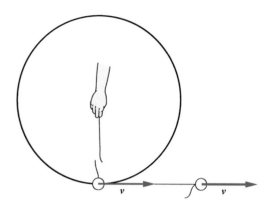

图 5.3　细绳断裂后，小球将沿它在细绳断裂时的运动方向直线飞出

按照牛顿第二运动定律，如果有一个合外力，那么必定产生一个加速度（$F_合 = ma$）。加速度可以由速率的变化引起，也可以由速度方向的变化引起，还可以由二者的变化引起。在我们讨论的绳拴小球情况下，细绳将小球拉向圆心，导致速度矢量的方向不断变化。力的方向及力产生的加速度，都是指向圆心的。我们称这个加速度为向心加速度：

　　向心加速度是与速度方向变化相联系的物体速度的变化率。向心加速度总垂直于速度矢量本身，并指向曲线的中心。

为了求向心加速度的大小，我们需要知道速度变化得有多快。你可能认为，这取决于小球的转动有多快，但是，它还取决于曲线路径的半径——圆的大小。

5.1.2　怎样求速度的变化量Δv？

图 5.4 是小球在水平圆周上运动时的俯视图，图中画出了圆周上间隔很短时间的两个位置的速度矢量。设小球围绕圆周逆时针方向运动，速度 v_2 比速度 v_1 落后一个较短的时间。这两个矢量的长度相同，表示小球的速率不变。

速度的变化量 Δv 是所给时间间隔的末速度和初速度之差。换句话说，速度变化量是一个矢量，将它加到初速度上就得到了末速度，即将 Δv 加到 v_1 上得到了 v_2。在图5.4中，圆周右边的矢量三角形显示了矢量加法。

注意，矢量 Δv 的方向不同于两个速度的方向。如果两个位置的时间间隔足够短，速度变化的方向就指向圆心，这就是小球的瞬时加速度的方向（加速度的方向总与速度的变化方向相同）。小球朝指向圆心

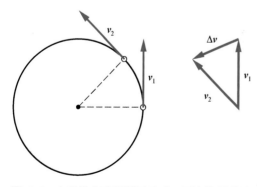

图 5.4　小球做水平圆周运动时，两个位置的速度矢量。将速度的变化量Δv加到 v_1 上，就得到了 v_2

的方向（即细绳上的拉力的方向）加速。这与第 4 章中介绍的牛顿第二运动定律一致。回顾第 4 章可知，加速度与作用在物体上的合力的方向相同。

5.1.3 如何计算向心加速度的大小？

向心加速度有多大？它和小球的速度、圆周的半径有什么关系？我们可以用图 5.4 中表示矢量和的三角形来探讨这些问题。需要考虑的影响有如下三种：

1. 小球的速率越大，速度矢量就越大，图 5.4 中的三角形变大，使得 Δv 变长。
2. 小球的速率越大，速度矢量的方向变化越快，因为小球会越快地到达图 5.4 中的第二个位置。
3. 圆周半径越小，小球运动的方向变化得越快，因此速度的变化率越大。如果都通过一段很短的等长圆弧，相比于一个大半径的"平缓"圆，在一个小半径的"急促"圆上，小球速度方向的变化更大。

前两种影响表明，速度的变化率随着小球速度的增加而增加。结合这两种影响可知，向心加速度与速率的平方成正比，这时我们要让速率本身相乘。第三种影响表明，速度的变化率与圆周的半径成反比，即半径越大，速度的变化率越小。总之，这些影响决定了向心加速度大小 a_c 的表达式：

$$a_c = v^2/r$$

上式表明，向心加速度的大小与速率的平方成正比，与圆周的半径 r 成反比。向心加速度矢量的方向指向圆周的中心，即速度变化量的方向（在极短的时间间隔里）。

小球在圆周上运动时，尽管速率保持不变，但是仍然是加速运动。改变速度矢量的方向就会改变速度，而这涉及加速度。我们通常不习惯这一点，因为我们在日常用语中只使用"加速"来描述速度的增加，而未考虑方向的变化。

5.1.4 什么力产生向心加速度？

根据牛顿第二运动定律，做圆周运动的物体是有加速度的，因此必须要有一个作用力来产生这个加速度。对绳拴小球来说，细绳作用在小球上的拉力提供了向心加速度。仔细观察就会发现，这一拉力同时具有水平分量和竖直分量，因为细绳并不完全和圆周在同一个水平面内。如图 5.5 所示，拉力的水平分量将小球拉向水平圆周的中心，产生向心加速度。

细绳上的拉力由拉力的水平分量和竖直分量决定。因为小球只在过圆周的水平面上运动，而在竖直方向不加速，竖直方向的合力应该是零，所以竖直分量等于小球的重量。在例题 5.1 中，小球的重量约为 0.50N（$W = mg$），于是拉力的竖直分量就是 0.50N。

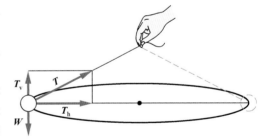

图 5.5 拉力的水平分量 T_h 是产生向心加速度的力。拉力的竖直分量 T_v 等于小球的重量

例题 5.1 中的小球的速率较小。即使是在这样的低速率下，拉力的水平分量也大于其竖直分量。当小球以更快的速率旋转时，向心加速度增加得更快，因为它与小球的速率的平方成正比。这时，拉力的水平分量要比竖直分量大得多，竖直分量仍然等于小球的重量（见图 5.6）。如果你试着用自己的绳拴小球观察这些结果，那么你会感觉到拉力随着速率的增加而增大。

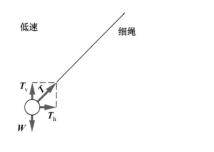

低速　　　　　　　　　细绳

T_v v T_h

W

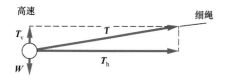

高速　　　　　　　　　细绳

T_v T T_h

W

图 5.6　速率越大，细绳越接近一个水平的平面，因为需要拉力有一个大的水平分量来提供所需的向心加速度

一个质量为 50g（0.050kg）的小球拴在一根细绳的末端，并且沿半径为 40cm（0.40m）的圆周运动。小球的速率是 2.5m/s 或者 1 圈/秒（见图 5.5）。**a.** 向心加速度是多少？**b.** 产生这个加速度所需的拉力的水平分量是多少？

a. $v = 2.5$m/s, $r = 0.40$m, $a_c = ?$

$a_c = v^2/r = 2.5^2/0.4 = 15.6$m/s^2

b. $m = 0.05$kg, $T_h = ?$

$F_合 = T_h = ma = 0.05 \times 15.6 = 0.78$N

拉力的水平分量的大小必须等于 0.78N。如正文中讨论的那样，拉力的竖直分量必须等于小球的重量（0.50N）。

向心加速度是速度矢量方向的变化率，其大小等于物体速率的平方除以路径的曲率半径（$a_c = v^2/r$），其方向指向曲线的中心。类似于任何加速度，必须有一个力作用在物体上来产生向心加速度。对于绳拴小球，这个力是细绳拉力的水平分量。

5.2　向心力

对于绳拴小球，细绳向内拉球，提供产生向心加速度的力。然而，对于一辆转弯的汽车来说，并没有任何拴着汽车的绳子。为了提供向心加速度，肯定有什么不同的力在起作用。乘坐摩天轮的人也会经历圆周运动。在这些情况下，产生向心加速度的是什么力呢？

我们通常称产生向心加速度的合力为向心力。这个术语有时会引起混淆，因为它似乎意味着卷入了某种特殊的力量。事实上，向心力是在各种具体情况下，作用在物体上产生向心加速度的任何力或者合力。几乎所有的力都可以扮演这个角色：拉力、推力、摩擦力、重力等。为了确定力和作用情况，我们需要具体分析每种情况。

5.2.1　什么力帮助汽车顺利通过弯道？

是什么力提供了汽车转弯时的向心加速度？这个问题的答案取决于弯道所在的路面是否倾斜。水平路面的弯道是最容易分析的一种情况。因此，在接下来的内容中，我们只处理路面水平时的情况。

对于水平路面，仅靠摩擦力本身就能产生所需的向心加速度。汽车保持直线运动的趋势会使得轮胎在转弯时，对路面产生向外的摩擦力。根据牛顿第三运动定律，路面会对轮胎产生相反方向的摩擦力（见图 5.7）。作用在轮胎上的摩擦力指向弯道的中心。如果没有这种力的作用，汽车就不能转弯。

摩擦力的大小取决于沿接触面产生摩擦力的运动状态。如果在力的方向上没有运动，那么我们称这时的摩擦力为静摩擦力。如果物体在滑动，如在湿滑或者结冰的表面上滑动，那么就涉及滑动摩擦力。通常，滑动摩擦力小于最大静摩擦力，因此汽车是否打滑就成为一个重要的因素。

图 5.7　通过水平弯道时，向心加速度由路面施加给轮胎的摩擦力产生

除非汽车已经开始打滑，否则为汽车转弯提供向心加速度的是静摩擦力。轮胎与路面接触的部分短暂地处于静止状态；轮胎不会在路面上滑动。如果轮胎沿摩擦力的方向没有运动，那么静摩擦力就会起作用。

那么需要多大的摩擦力呢？这个问题的答案取决于车速和弯道的半径。根据牛顿第二运动定律可知，所需的力的大小是$F_合 = ma_c$，其中$a_c = v^2/r$。联立这两个式子可知，摩擦力f一定等于mv^2/r，因为这种情况下摩擦力是唯一能产生向心加速度的力。汽车的速度是决定力的大小的关键因素，这就是我们经常在接近弯道时减速的原因。

质量乘以向心加速度大于最大静摩擦力时，就会有危险。因为向心力与速率的平方成正比，所以速度翻倍时，需要的摩擦力就是低速时的 4 倍。此外，由于我们无法控制摩擦力，要安全通过半径 r 较小的急弯，就要降低车速。驾驶汽车时，要做出明确的判断，就要同时考虑车速和半径。

所需向心力大于最大静摩擦力时，会发生什么？答案是，摩擦力无法产生必需的向心加速度，汽车开始打滑。一旦汽车开始打滑，起作用的就是滑动摩擦力，而不是静摩擦力。由于动摩擦力一般要小于最大静摩擦力，所以摩擦力减小，汽车打滑更严重。汽车就像细绳断裂的小球那样，按惯性沿一条直线运动。

摩擦力的最大值由路面和轮胎的状况决定。任何降低静摩擦力的因素都会引发问题。湿滑或结冰的路面通常是罪魁祸首。在路面结冰时，摩擦力可能会减小到零，这时转弯就需要非常慢的速度。没有什么比在结冰的路面上开车更能让你体会到摩擦力的价值，而这生动地诠释了牛顿第一运动定律（见日常现象专栏 5.1）。

日常现象专栏 5.1　安全带，安全气囊，事故动力学

现象与问题　在汽车事故中，严重或者致命伤害往往是乘客被甩出汽车导致的。自 20 世纪 60 年代以来，美国联邦法规就要求汽车必须配备安全带。而自从 1998 年以来，为了减少伤亡，汽车的前座也被要求安装安全气囊。尽管如此，我们还是经常在事故报道中看到有人被甩出汽车。

安全气囊和安全带有什么作用？如果你的汽车配备了安全气囊，就像现在的大多数汽车那样，你还需要系安全带吗？什么情况下安全气囊最有效？什么情况下安全带最重要？

分析　除了因高速碰撞而压碎车厢的情形，大多数伤亡都是由乘员在车内和车外的运动造成的。由于碰撞，汽车突然停止运动或者翻滚，而乘员会因遵循牛顿第一运动定律继续沿直线运动。

迎头相撞时，汽车停止，而乘员除非受到约束，否则会继续向前运动。在没有安全带或者安全气囊的情况下，前排的乘员都会撞到挡风玻璃或者方向盘，导致头部或者胸部严重受伤（见附图 1）。使用得当时，安全带可以防止这种情况发生，安全气囊也可以防止这些伤害。当乘员相对于汽车开始向前撞时，气囊迅速膨胀，作为乘员和车内其他物体之间的缓冲物。乘员减速更缓慢，受到的作用力更小，受到的伤更轻（根据第 7 章中讨论的冲量的概念可以更好地理解这个想法）。安全气囊的使用大大减少了与其他汽车或者固定物体迎头相撞时，头部和胸部严重受伤的情况。

附图 1　当汽车迎头相撞时，车内的气囊迅速膨胀，防止驾驶员向前撞上挡风玻璃或者方向盘

然而，迎头相撞并不是最常见的严重事故，单台汽车的翻车事故更常见。汽车还可能在十字路口相撞，对汽车的一侧造成冲击。在后一种情况下，被撞的汽车通常会"打转"。在这两种情况下，汽车翻滚，乘员则

会沿直线继续向前冲。在这些事故中，乘员很可能会被从车中甩出。

安全气囊在这些情况下有用吗？安全气囊在迎头相撞时是最有效的，但是对乘员的侧翻无法提供太多的保护（一些较新的汽车确实在前座侧门配备了安全气囊，可以对侧翻提供一些保护，但是后座通常不配备安全气囊）。在翻车事故中，汽车绕其长轴旋转。在第一次滚动的过程中，车门有时会打开，窗户玻璃有时会破碎，这就为汽车翻滚时继续向前冲的乘员提供了飞出车厢的"通道"。在某些情况下，乘员会被甩出汽车，然后被汽车碾过。

安全带可以起很大的作用。在翻车事故中，汽车迅速转动，因此必须有一个向心力作用在乘员身上，使乘员紧靠在座位上。如果没有这样的力，乘员就会被向外抛出，撞到汽车的侧壁。乘员试图支撑自己的行为通常完全不足以提供所需的向心力。另一方面，安全带可以提供必要的力，将乘客固定在适当的位置而不向前撞。

关于致命事故的统计资料是最有说服力的。在翻车事故中，系安全带的乘员一般都能生还，而不系安全带的乘员经常死亡或者严重受伤。死者通常会被从车中甩出，然而，即使他们留在车中，在车中甩来甩去造成的创伤也可能是致命的。统计数据表明，在翻车事故中，死亡的大多数人是被从汽车中甩出的乘员。牛顿第一运动定律在汽车事故中得到了生动的诠释。物体除非受到外力的作用，否则做匀速直线运动。安全气囊和安全带可以提供这种外力，但是安全带在翻车事故中为所有乘员提供了更好的保护（见附图 2）。

附图 2　汽车翻滚时，后座乘员会撞到汽车的侧壁（后视图）。安全带可以防止这种情况的发生

5.2.2　弯道路面倾斜时情况会怎样？

路面适当倾斜时，我们就不完全依赖于摩擦力来产生向心加速度。对于倾斜的路面，路面对汽车轮胎的支持力也会对转弯提供帮助（见图 5.8）。支持力 N 总是垂直于所涉及的物体表面，因此它指向图中所示的方向。作用在汽车上的合支持力（如图所示）是 4 个轮胎所受到的支持力之和。

汽车在竖直方向不加速，竖直方向的合力必定为零。支持力的竖直分量 N_v 的大小必须等于汽车的重量，才能使竖直分量的总和为零。这一要求决定了支持力有多大。另外，在产生向心加速度的合适方向上，只有支持力的水平分量 N_h。

倾角和汽车的重量不仅决定了支持力的

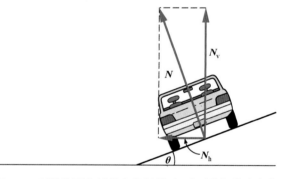

图 5.8　弯道路面内低外高地倾斜时，路面施加给汽车的支持力的水平分量 N_h，有助于产生向心加速度

大小，而且决定了其水平分量的大小。在合适的速度下，推动汽车轮胎的水平分量就是提供向心加速度所需的合力。速度越高，所需的倾角就越大，因为大倾角会使得支持力产生较大的水平分量。所幸的是，因为支持力和所需的向心力都与汽车的质量成正比，所以同一个倾角对不同质量的汽车都适用。

倾斜路面是为特定的速度设计的。由于通常存在摩擦力，速度在设计速度之上及之下的某个范围时，汽车可以通过。摩擦力和支持力共同产生相应的向心加速度。

如果路面结冰了，没有摩擦力，那么汽车仍然可以按照设计速度通过弯道。汽车速度超过设计速度时，会导致汽车飞离道路，就像在水平的路面上那样。速度过低时，会导致汽车沿结冰的斜坡下滑至弯道中心。

5.2.3 坐摩天轮时会遇到哪些力？

摩天轮的转动是我们中的很多人都经历过的圆周运动的另一个例子。摩天轮上的圆周运动是竖直的，而不像前述例子中的水平圆周运动。

图 5.9 显示了摩天轮旋转时，施加在位于摩天轮底部的游客身上的力。在这个位置，支持力竖直向上，重力竖直向下。由于游客的向心加速度是竖直向上的，指向圆心，所以作用在竖直方向的合力一定也是竖直向上的。换句话说，座椅对游客的支持力必须大于乘客的重量。

根据牛顿第二运动定律，合力必须等于质量乘以向心加速度。这时，向心力是向上的支持力和向下的游客的重量的差，即

$$F_合 = N - W = ma_c$$

由于支持力大于重力，游客在这个位置会感到更重（$N = W + ma_c$），情况类似于向上加速的电梯（见日常现象专栏 4.2）。

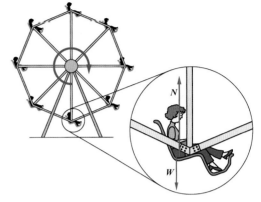

图 5.9　在摩天轮的底部，游客的重量和座椅施加的支持力共同为游客提供向心加速度

当游客沿摩天轮的两侧上下移动时，向心加速度由支持力的一个分量提供，或者由座位施加在游客身上的摩擦力提供，或者由游客左侧的座椅靠背对游客的推力提供，或者由游客右侧的安全带或者把手提供。

在摩天轮的顶部，向心加速度的方向为竖直方向，向心加速度由游客所受的重力和支持力（在旋转速度较大时，可能还有安全带提供的力）产生。同样，根据牛顿第二运动定律，合力必须等于游客的质量乘以向心加速度，向心加速度竖直向下。这就产生了如下关系：

$$F_合 = W - N = ma_c$$

速率变大时，向心加速度 $a_c = v^2/r$ 增大，支持力必须减小才能增大合力。通常，摩天轮的速率会调整到游客位于最高位置时，支持力很小。由于座位施加在游客身上的支持力很小，所以游客感到很轻，这是乘坐过程中最刺激的一段。

> 向心力是任何能使做曲线运动的物体产生向心加速度的力或者合力。汽车在水平路面的弯道上行驶时，向心力是由摩擦力提供的。路面倾斜时，路面对汽车轮胎的支持力也有所帮助。在摩天轮的最高点和最低点，游客的重量和座位施加在游客身上的支持力共同提供向心力。我们使用牛顿运动定律来判断物体的受力情况并且根据具体情况来应用定律。

5.3　行星运动

你是否观察过夜空中的金星或者火星？每个夜晚它们的位置为什么会变化？它们的位置是如何变化的？从科学史的角度来看，行星的运动是向心加速度最重要的例子。这些天体是我们日常体验的一部分，但是我们中的许多人并未意识到它们是如何运动的。太阳、其他恒星和行星是如何运动的？我们如何理解这些运动？

5.3.1　早期的天空模型是怎样的？

当身边的高楼大厦较少时，观察天空可能是我们的一种消遣方式。如果你曾经在星空下的睡袋中过夜，那么你可能会对那些明亮的物体感到惊奇。如果夜复一夜地观察星星，那么你可能会

像古人一样注意到了一些最亮的星体相对于其他星星的移动。

图 5.10　显示北方天空中星星运动的延时照片。北极星位于图片的中心，看起来没有移动。整个图片似乎正围绕北极星附近的一点旋转

这些流浪者就是行星。恒星在天空移动时，彼此之间的相对位置总是保持不变（见图 5.10）。北斗七星似乎从来未改变过形状，但是行星会围绕恒星以一种规律但奇特的方式旋转。它们的运动激发了古代天空观察者的好奇心。它们被人们追踪，并且融入到了人们的宗教和文化信仰中。

假设你是早期的一位哲学家，并且试图了解这些运动。你能提出什么样的天空模型？一些天体运动的特点看起来简单且有规律。例如，太阳在天空中每天从东向西移动，就像被地球中心伸出的一条无形绳索拴在末端一样。其他恒星也遵循类似的模式。将天体的运动画在一个巨大的球面上，并且让这个球面围绕地球旋转，就可以解释它们。这种以地球为中心的宇宙观似乎是自然且合理的。

月球也按照明显的圆形轨道围绕地球在天空中运动。与星星不同，月球不会每天晚上都出现在相同的位置。相反，它在约 30 天的周期中，会出现一系列位置和相位的规律性变化。我们中有多少人能够清楚地解释月相？月球的运动将在本章的最后一节中详细讨论。

早期的天体运动模型是由希腊哲学家提出的，该模型包括一系列以地球为中心的同心球面。柏拉图和那个时代的其他人认为，球和圆是反映天堂之美的理想形状。太阳、月球和当时已知的五大行星都有自己的球面。恒星在最外层的球面上。这些球面被认为是围绕地球旋转的，并且以这种方式来解释天体的位置。

不巧的是，行星的运动并不像是在一个连续旋转的球面上的运动。在恒星背景下，行星有时似乎相对于它们的正常运动方向后移。我们将这种现象称为逆行。对于火星来说，要追踪到它的逆行模式，需要几个月的时间（见图 5.11）。

为了解释这些行星的逆行，克劳迪亚斯·托勒密在公元 2 世纪设计了一个比早期希腊哲学家使用的模型更复杂的模型。托勒密的模型使用的是圆形轨道而不是球面，但是这个模型仍然以地球为中心。他提出了本轮的概念，即沿行星围绕地球旋转的基本轨道（均轮）运行的圆（见图 5.12）。本轮解释了逆行，也可以用来解释行星轨道的其他不规则现象。

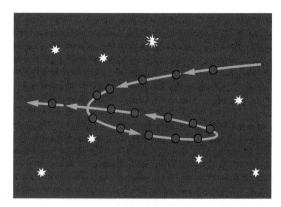

图 5.11　火星相对于恒星背景逆行的一个例子。这个过程需要几个月的时间

托勒密的模型准确地预测了在任何一年的特定时间可以找到行星的位置。然而，随着越来越精确的观测结果的出现，这个模型需要改进才能进一步提高预测精度。在某些情况下，这意味着增加一个又一个本轮，但是保留均轮的方案。托勒密的学说在中世纪是公认的天文学理论，它与亚里士多德的许多著作一起，纳入到了罗马天主教会的教义和新兴欧洲大学的讲义中。

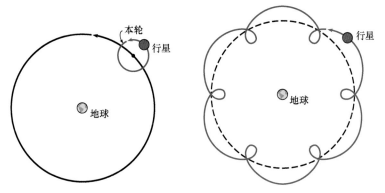

图 5.12　托勒密的本轮是沿行星圆形轨道滚动的圆。这个模型解释了行星的逆行

5.3.2　哥白尼与托勒密的模型有何区别？

托勒密的模型不是你在小学时学到的那个模型。托勒密的模型已被其他模型取代。16 世纪，波兰天文学家尼古拉·哥白尼（1473—1543）提出了日心说，这一学说后来得到了伽利略的倡导。哥白尼并不是第一个提出这样一个模型的人，但是早期的日心说并未被人们广泛接受。哥白尼花了多年的时间来研究其模型的细节，直到他去世一年后才公开发表他的学说。

伽利略是哥白尼的模型的早期倡导者，他比哥白尼本人更热心模型的推广。1610 年，听说望远镜的发明后，伽利略就自己制造了一台改进的望远镜，并将它瞄向天空。他发现月球上有山，木星有卫星，金星也有像月球一样的相变。他指出，与地心模型相比，哥白尼的模型能够更好地解释金星的相变。伽利略因他的发现而闻名于整个欧洲，但是最终与教会发生冲突，这在他所处的时代是很不幸的——曾经有人因为类似的原因被烧死在刑柱上。

哥白尼将太阳放在行星轨道的中心，并将地球降级为一颗行星。此外，哥白尼的模型要求地球围绕过其中心的轴自转，因此解释了太阳和其他天体（包括恒星）的日常运动。这个想法在当时是革命性的。为什么我们未被旋转产生的巨大气流吹走？也许地球表面附近的空气是被地球拖着走的。

哥白尼的观点的优势是，它不需要复杂的本轮来解释逆行，但是仍然用本轮来修正行星的轨道。由于地球和其他行星都围绕太阳公转，因此产生了逆行。在恒星背景下，火星和地球朝同一个方向运动，火星的位置似乎发生了变化（见图 5.13）。当地球以更快的速度经过火星时，火星就就落到了后面并且短暂地显示逆行。

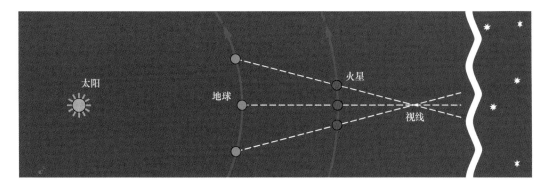

图 5.13　当地球经过运行较慢的火星时，遥远恒星背景下的火星看起来似乎在逆行（未按比例画出）

接受哥白尼模型就意味着放弃以地球为中心的宇宙观，转而认可一个在某些人看起来非常荒谬的命题：地球以一天为一个周期的频率自转。由于人们当时知道地球的近似半径（6400km），因

图 5.14 第谷的大型象限仪可以精确
测量行星和其他天体的位置

此旋转意味着，如果站在地球的赤道附近，那么我们将以约 1680km/h（或超过 1000MPH）的速度运动！当然，我们感觉不到这一运动。

因为哥白尼假设行星的轨道是圆形的，因此其模型的准确性不比托勒密的模型好。事实上，它需要一些修正（哥白尼也使用了本轮），以便让它与已知的天文数据相符。解决这两个模型竞争引发的争议，需要更精确的观测，丹麦天文学家第谷·布拉赫（1546—1601）完成了这项工作。

第谷是最后一位用肉眼观察天体的天文学家。他制造了一台可以准确观察行星和恒星位置的大型象限仪（见图 5.14），其测量精度达到 1/60 度，远高于以前的测量数据的精度。在没有望远镜的情况下，第谷花了几年时间，艰苦地收集了行星和其他天体的准确位置的数据。

5.3.3 开普勒行星运动定律

第谷去世后，其助手开普勒（1571—1630）开始负责分析第谷收集的数据。这是一项艰巨的任务，需要首先将数据转换成围绕太阳的坐标，然后进行数值试验和试错，进而找到有规律的行星轨道。当时，人们已经知道，这些轨道并不是完美的圆形。开普勒能够证明行星围绕太阳公转的轨道是椭圆形的，太阳位于其中的一个焦点上。

首先在两个固定点（焦点）之间系一条细线，然后在细线限定的路径上移动铅笔，可以画出一个椭圆（见图 5.15）。圆是两个焦点重合时的椭圆，是椭圆的一种特殊情况。大多数行星的轨道都非常接近于圆，但是第谷的数据非常精确，能够区分完美的圆与两个焦点非常接近时的椭圆。开普勒行星运动第一定律指出，行星的轨道是一个椭圆。

开普勒的另外两条行星运动定律是在对第谷的数据进行了数值试验和试错后提出的。开普勒第二定律指出，行星离太阳越近，就运动得越快，因此从太阳到行星画一条假想线时，无论它在轨道上的哪个位置，都会在相同的时间内扫过相同的面积（见图 5.16）。最早的两条定律发表于 1609 年。

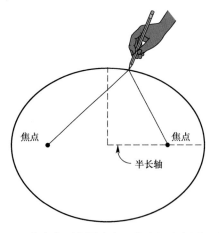

图 5.15 首先在两个固定点（焦点）之间系一条细线，然后在细线限定的路径上移动铅笔，可以画出一个椭圆

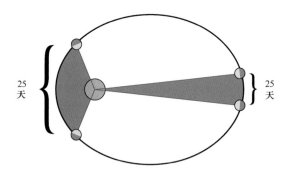

图 5.16 行星离太阳越近，运动得就越快，所以太阳与行星中心的连线在相同的时间内扫过的面积是相等的（开普勒第二定律）。换句话说，两个蓝色区域分别覆盖了相同的时间跨度和相同的面积（未按比例画出）

发表于1619年的开普勒第三定律,指出了轨道的平均半径和围绕太阳运行一周所需的时间(轨道周期)之间的关系。开普勒是在尝试许多其他可能的轨道周期 T 和轨道平均半径 r 的关系后,才发现第三定律的。他发现,对于所有已知的行星,轨道周期的平方和轨道半径的立方之比(T^2/r^3)是相同的(见例题 5.2)。行星的运动规律令人惊讶。开普勒在论文中公布了他的发现,该文中还认真思考了与行星相关的数字神秘主义与音乐的和谐。即使对于伽利略和其他赞赏开普勒工作的人来说,这些想法中的 些也相当奇异。

例题 5.2 应用开普勒第三定律

火星围绕太阳公转一周需要多长时间?火星到太阳的距离约为 1.5 个天文单位(AU)。AU 是地球到太阳的平均距离,地球的轨道半径 $r_地$ 为 1AU。

$r_地 = 1AU = $ 从太阳到地球的距离

$r_火 = 1.5AU = $ 从火星到太阳的距离

$T_地 = 1$ 地球年(yr)

$T_火 = ?$(地球年)

对于本题,开普勒第三定律表示为

$$\frac{r_火^3}{T_火^2} = \frac{r_地^3}{T_地^2}$$

因此,

$$T_火^2 = \frac{r_火^3 T_地^2}{r_地^3} = \frac{1.57^3 \times 1^2}{1^2} = 3.4(yr)^2$$

$$T_火 = 1.8 \, yr$$

开普勒定律增大了人们预测行星位置的准确性。但是,对于普通人来说,行星似乎只是在恒星之间"游荡"。和哥白尼模型一样,开普勒的模型也以太阳为中心,因此支持伽利略推翻托勒密地心模型的努力。然而,更重要的是,开普勒定律提出了一套需要解释的表述精确的新关系。牛顿将这些关系纳入到了一个宏大的理论中,既解释了天体的运动,又解释了地球表面附近普通物体的平凡运动。

开普勒行星运动定律

1. 行星都在围绕太阳的一个椭圆轨道上运动,太阳在椭圆的一个焦点上。
2. 太阳到任何一颗行星的虚拟直线,在相同的时间间隔内扫过的面积相同。
3. 如果 T 是行星在轨道上围绕太阳运动一周所需的时间(周期),r 是行星围绕太阳运动的轨道的平均半径,那么周期的平方与半径的立方之比(T^2/r^3)对所有已知行星来说是相同的。

许多早期描述行星运动的模型都是以地球为中心的。为解释行星的逆行,托勒密的模型中包含了本轮。哥白尼提出了日心说模型,更简单地解释了逆行。这个模型得到了伽利略的支持。伽利略是最早系统地使用望远镜的科学家之一,他的重大发现支持了日心说。开普勒改进了日心说模型,表明行星的轨道是椭圆形的,并且运动有着惊人的规律性。

5.4 牛顿万有引力定律

行星运动与向心加速度将我们带入下一个问题。如果行星在围绕太阳的曲线轨道上运动,那么必定存在什么力来产生向心加速度。你可能意识到它是引力,但是当牛顿开始他的工作时,引力的参与并不多。牛顿是如何将它们结合到一起的?

5.4.1 牛顿的突破是什么？

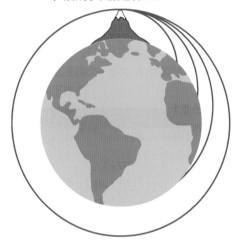

牛顿发现地球表面附近的抛体运动与月球的轨道运动有相似之处。为了形象地说明这一点，牛顿画了一幅与图 5.17 类似的著名插图。

虽然这个想法很简单，但是非常令人震撼。如牛顿所做的那样，下面让我们想象一颗炮弹从一座非常高的山上水平发射的情景。发射速度越大，炮弹落地时就离山脚越远。当发射速度非常大时，地球的曲率就成为一个需要考虑的重要因素。事实上，如果发射速度足够大，那么炮弹将永远不会回落到地球表面上。炮弹会继续下落，但是地球的表面也在下弯。于是，炮弹就进入一个围绕地球的圆形轨道。

牛顿的见解是，月球在引力的影响下，实际上是在下落，就像抛射体一样。当然，月球到地球的距离要远大于任何一座山的高度。伽利略描述的使地球表面附近物体加速的重力，也解释了月球的轨道。

图 5.17　牛顿想象从一座非常高的山上发射炮弹。如果以足够大的水平速度发射，炮弹会落向地球，但是地球表面也在下弯，所以炮弹不会落回地球

5.4.2　什么是牛顿万有引力定律？

根据伽利略的工作，牛顿知道在地球表面附近重力与物体的质量成正比（$F = ma$）。因此，质量应该包含在万有引力的更一般的表达式中。

万有引力会随距离变化吗？如果会，它是如何变化的？在牛顿的时代（甚至现在），一个力可以影响相隔很远的两个物体的观点是难以被人们接受的。如果存在这样一个力，我们就可以预期这个"超距作用力"随着距离的增大而减小。利用几何推理（见图 5.18），其他科学家推测，力可能与物体之间的距离 r 的平方成反比，但是他们无法证明这一点。

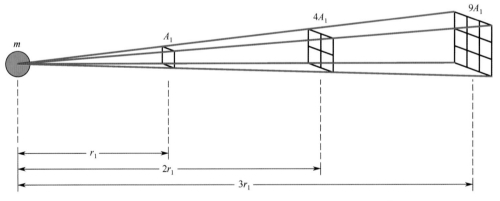

图 5.18　如果从一个质点向外画出射线，那么这些射线的截面积正比于 r^2。这是否意味着该质点作用在第二个质点上的力可能按 $1/r^2$ 的比例减小？

这时，开普勒行星运动定律和向心加速度的概念就开始起作用了。牛顿能够在数学上证明，开普勒的行星运动第一定律和第三定律能够从假设行星和太阳之间的引力与距离的平方成反比推出。证明还包括另一个假设：与距离的平方成反比的这个力就是牛顿第二运动定律要求的向心力。所有开普勒定律都与这个假设一致。

使用引力与两个相互作用的物体的质量成正比，与两个物体之间的距离的平方成反比，可以

解释开普勒定律，并且这一解释催生了牛顿万有引力定律。万有引力定律和牛顿的三大运动定律是其力学理论的基本内容。万有引力定律可以表述为

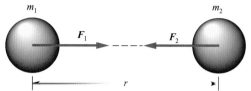

> 两个物体之间的引力与每个物体的质量成正比，与两个物体的中心之间的距离的平方成反比，即
>
> $$F = \frac{Gm_1m_2}{r^2}$$

式中，G 是一个常数。万有引力是吸引力，它沿两个物体的质心的连线指向受力的物体（见图 5.19）。所说的物体是质点或者完美的球体时，这一表述才完全成立。

图 5.19　万有引力是吸引力，它作用在两个物体的中心的连线上。万有引力遵循牛顿的第三运动定律（$F_2 = -F_1$）

　　在牛顿万有引力定律中，G 是万有引力常数，对任何两个物体来说，它的值都是相同的。牛顿实际上并不知道这个常数的值，因为他不知道地球、太阳和其他行星的质量。100 多年后，亨利·卡文迪许（1731—1810）在英国做的一个实验确定了这个常数的值。卡文迪许测量了两个大质量铅球在不同距离下的微弱引力。在公制单位中，G 的值是

$$G = 6.67 \times 10^{-11} \text{N·m}^2/\text{kg}^2$$

　　因为 G 是一个极小的数，所以用 10 的幂次表示它非常方便。–11 次幂意味着小数点左移 11 位。如果不使用 10 的幂次表示，那么这个数就表示为

$$G = 0.0000000000667 \text{N·m}^2/\text{kg}^2$$

　　由于这个常数非常小，因此两个普通大小的物体（如两个人）之间的引力非常小，通常不易察觉。要测量这么小的力，确实需要有独创的方法。

5.4.3　重量与万有引力定律有什么关系？

　　假设两个物体中的一个物体是行星或者质量非常大的其他物体。因为其中一个物体的质量很大，因此引力很大。下面具体考虑施加在一个站在地球表面某人身上的力。如图 5.20 所示，人与地球这两个物体的中心之间的距离，就是地球的半径 r_e。

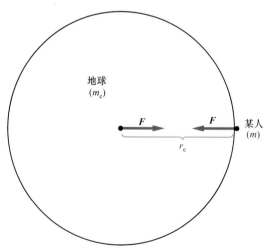

　　按照牛顿万有引力定律，作用在人身上的引力大小是 $F = Gmm_e/r_e^2$，其中 m 是人的质量，m_e 是地球的质量。因为这个引力就是人的重量，所以我们也可以将这个力表示为 $F = W = mg$。要使 F 的两个表达式相同，重力加速度 g 就必须与万有引力常数有如下关系：

$$g = Gm_e/r_e^2$$

　　因此，地球表面附近的重力加速度 g 不是一个普适的自然常数。由于行星半径和其他因素的变化，它在不同的行星上会有所不同，甚至在地球表面上的不同地点也有不同。常数 G 是一个普适的自然常数，如果知道行星的半径和质量，我们就可以用它算出行星表面上的重力加速度。

图 5.20　地心和地球表面附近一个人的中心之间的距离，等于地球的半径

　　因为我们知道地球表面附近的重力加速度，所以使用表达式 $F = mg$ 计算重量要比使用万有引力定律计算重量容易。例题 5.3 中使用两种方法进行了计算，计算结果是相同的：质量为 50kg 的人的重量约为 490N。地球的质量是 5.98×10^{24}kg，这是一个非常大的数值。卡文迪许在测量万有引力常量后，首次得到了这个数值。从某种意义上说，卡文迪许通过这一实验对地球进行了"称重"。

> **例题 5.3　引力，你的重量，地球的重量**
>
> 地球的质量是 5.98×10^{24}kg，平均半径是 6370km，求质量为 50kg 的某人站在地球表面上时的重力（重量）。**a**. 利用重力加速度；**b**. 利用牛顿万有引力定律。
>
> **a**. $m = 50$kg，$g = 9.8$m/s^2，$F = ?$
>
> $F = W = mg = 50 \times 9.8 = 490$N
>
> **b**. $m_e = 5.98 \times 10^{24}$kg，$r_e = 6.37 \times 10^6$m
>
> $F = W = Gmm_e/r_e^2$
>
> $= 6.67 \times 10^{-11} \times 50 \times 5.98 \times 10^{24}/(6.37 \times 10^6)^2$
>
> $= 490$N
>
> 大多数科学计算器都能直接处理以科学记数法表示的数。两数相乘时，幂次相加；两数相除时，幂次相减。

如果要知道一个质量为 50kg 的人在离地球几百千米外的太空舱中受到的重力，就要使用牛顿万有引力定律的一般表达式。同样，如果要知道这个人在月球表面上的重量，就要使用月球的质量和半径来代替地球的质量和半径。一个质量为 50kg 的人在月球表面上的重量仅为这个人在地球表面上的重量（490N）的 1/6。表达式 $F = mg$（$g = 9.8$m/s^2）仅在地球表面附近才有效。

我们可用月球较小的质量来解释月球较弱的引力和加速度。由于我们的肌肉适应了地球上的环境，因此我们在月球上的较小重量会使得一些惊人的跳跃成为可能。靠近月球表面的物体所受的引力较小，这也解释了月球基本上没有大气的原因——气体分子挣脱月球的引力要比挣脱地球的引力容易得多。

> 牛顿认识到，类似于地球表面附近的抛体运动，月球正在落向地球。他认为，用来解释抛体运动的引力也参与了行星围绕太阳及月球围绕地球的运动。牛顿万有引力定律说，两个物体之间的引力与二者的质量之积成正比，与二者之间的距离的平方成反比。使用这个定律和他的运动定律，牛顿就能解释开普勒行星运动定律和普通物体在地球表面附近的运动。

5.5　月球和其他卫星

人类自出现后，就对大自然感到好奇，对月球尤其如此。我们在 20 世纪实际上访问了月球，并且从月球表面带回了岩石样品。这些访问降低了人类对它的神秘感，但是并没有减弱我们对月球的浪漫情怀。

月球的圆缺变化及其位置变化有什么关系？开普勒行星运动定律对月球成立吗？地球的其他卫星的轨道与月球的轨道有何相似之处？

5.5.1　如何解释月相？

月球是牛顿及其前辈们唯一可以研究的地球的卫星。月球在牛顿的思考及其万有引力定律的发展过程中发挥了关键作用。然而，对月球及月相的观察可以追溯到比牛顿时代更久远的年代。月球出现在许多早期的宗教信仰和宗教仪式中。即使是在史前时代，人们也要小心地按照月相的变化行事。

我们应该如何解释月相？月球在晚上升起的时间是否与月相有关？月光来自月球对阳光的反射，因此，要了解月相，就必须考虑太阳、月球和观测者的相对位置（见图 5.21）。满月时，相对于太阳，月球在地球的另一侧，我们看到的月面被太阳完全照亮。满月从东方升起的时间和太阳从西方落下的时间差不多。这些事件是由地球自转决定的。

因为地球和月球之间的距离远小于地球和太阳之间的距离、月球和太阳之间的距离，所以地球和月球通常不会遮挡阳光。然而，当阳光被遮挡时，就会出现日蚀或月蚀。在月蚀期间，地球在月球上投下完整的阴影或部分阴影。由图 5.21 可以看出，月蚀只在满月时发生。当月球位于适当的位置，在地球上投下阴影时，发生日蚀。你认为这发生在月球的哪一相？月球围绕地球旋转的周期是27.3 天，除了满月，在其他时间，我们看不到月球全部被照亮的一面；我们看到的是新月或者半月，或者介于二者之间的形状（见图 5.22）。当月球和太阳位于地球的同一侧时，就会出现新月，这时月球基本上是不可见的。在新月出现前后的几天，我们可以看到熟悉的残月和蛾眉月。

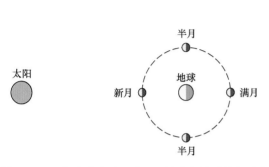

图 5.21 月相变化取决于太阳、地球和月球的相对位置（未按比例画出）

图 5.22 不同月相的照片。在不同月相下，月球在一天的什么时间升起、什么时间落下？

当月球位于满月和新月之间时，我们通常可以在白天看到它。当月球接近上弦月时，会在中午升起，在午夜落下（反之，当月球接近下弦月时，它在午夜升起，在中午落下）。在日落或日出的适当条件下，我们有时候能够看到新月被地球的光芒照亮的黑暗部分。

下次当你看到月球的时候，请想想它在天空的什么位置，什么时间升起、什么时间落下，以及这些与相位有什么关系。最好试着向朋友解释一下。你也可以成为天体运动的预言家。

5.5.2 月球围绕地球运动的轨道服从开普勒定律吗？

月球围绕地球运动的轨道要比其他行星的运动轨道复杂得多，因为地球和太阳这两个天体对月球产生了两个强大的作用力，而不只是一个作用力（见图 5.23）。地球到月球的距离要比到地球到太阳的距离近得多，但是太阳的质量要比地球的质量大得多，所以太阳的影响仍然相当可观。下面考虑地球对月球运动的影响。

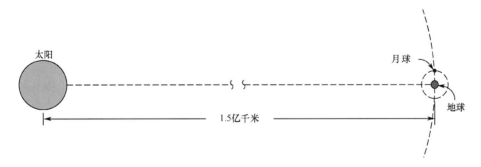

图 5.23 月球受到地球和太阳引力的共同作用（距离和大小未按比例画出）

在这种情况下，所用的物理学原理与行星围绕太阳公转时所用的相同。月球和地球之间的万有引力提供了向心加速度，它使得月球在大致呈圆形的轨道上运动。根据牛顿万有引力定律，作用在月球上的万有引力与 $1/r^2$ 成正比，其中 r 是月球中心到地球中心的距离。潮汐可以用引力对距离的这种依赖性来解释（见日常现象专栏 5.2）

日常现象专栏 5.2　潮汐的解释

现象与问题　住在海边的人都熟悉潮汐的变化规律。每天有两次涨潮和两次退潮。两次涨潮和两次退潮的实际周期约为 25 小时。有时高潮比其他时间的潮汐高，低潮要比其他时间的潮汐低——出现高潮或低潮的时间对应于满月或新月（见附图 1）。

涨潮和退潮发生的时间每天都会变化，因为它们的周期是 25 小时，但是，这种模式每月都会重复一次。如何解释这种现象？

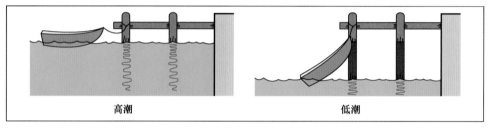

附图 1　高潮和低潮时码头的水位是不同的

分析　高潮与月相相关及以月为周期表明，月球对潮汐有影响。月球和太阳都对地球施加引力。由于太阳的质量大得多，所以它的引力更大，但是月球离地球更近，而且它与地球的距离变化可能更值得注意。引力取决于 $1/r^2$，所以它的大小随着距离 r 的变化而变化，如附图 2 所示。

由于水是流体（结冰时除外），因此水在较硬的地壳上移动。作用于水的主要的力是地球的万有引力，它使得水保持在地球表面上。然而，月球对水施加的引力也很重要，因为距离不同，月球对地球的单位质量的引力在地球最靠近月球的一侧是最大的，而在另一侧是最小的。

月球引力大小的差，导致地球两侧的水面隆起。靠近月球一侧的隆起是由水被一个更大的单位质量的引力拉向月球导致的，这个力要比施加在地球其他地方的单位质量的引力更大。这就产生了高潮。如附图 1 所示，海水将上涨到接近码头顶部的位置。

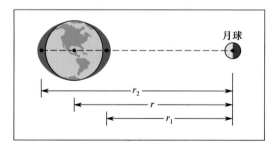

附图 2　由于引力和距离相关，月球对地球不同部分单位质量的引力（包括海水），从接近月球的一侧到背离月球的一侧，越来越小（未按比例画出，隆起被夸大）

在地球的另一侧，月球对地球上除水体外的其他部分的单位质量的引力，要大于对地球单位质量水体的引力。由于地球的非水体部分被轻微拉离水体，就产生了高潮。与水体和地球相互作用的力相比，月球的引力很小，但是足以产生潮汐。

在新月或满月期间，太阳和月球与地球位于同一条直线上，太阳对地球上的水体和其他部分也有这种力的差异，因此也会在地球的两侧使得水体隆起，并与月球造成的隆起相结合。在月球和太阳的共同作用下，高潮出现在满月或新月期间。

为什么潮汐的周期是 25 小时而不是 24 小时？高潮隆起沿月球和地球的连线出现在地球的两侧。地球以 24 小时的周期自转，但是在这段时间，月球也在转动。它围绕地球转动的周期是 27.3 天。因此，在一天内，月球约沿轨道运动了其周期的 1/27。这就使得月球再次与地球上的某点对齐的时间略长于 1 天。这个额外的时间约为 24 小时的 1/27，或者略少于 1 小时。

由牛顿提出的这个模型很好地解释了潮汐的主要特征。引力随距离的变化是解释这一现象的关键。

类似于行星围绕太阳运动的轨道，月球围绕地球运动的轨道也是一个椭圆，但是，在椭圆的一个焦点上的是地球而不是太阳。太阳还对月球施加一个力，它使得这个椭圆扭曲，即使得月球围绕地球运行的轨道在月球和地球共同围绕太阳运行的一个真正的椭圆轨道上振荡。计算这些振荡让数学家、物理学家忙活了多年。

开普勒关于行星运动的第一定律和第二定律对月球来说是近似成立的，前提是在表述中用地球代替太阳。开普勒第三定律显示了月球和行星之间的一些差异。当牛顿推导开普勒第三定律的比值表达式时，得到的是

$$\frac{T^2}{r^3} = \frac{4\pi^2}{Gm_s}$$

式中，m_s 是太阳的质量。对于月球，我们用地球的质量代替太阳的质量。于是，我们就得到了月球围绕地球运动的轨道的比值，它不同于行星围绕太阳运动的轨道的比值。

5.5.3 人造卫星的轨道

任何围绕地球运行的卫星的比值 T^2/r^3 一定与月球的相同。开普勒第三定律适用于地球的任何卫星，但要记住的是，行星轨道的比值与月球轨道的比值是不同的。对于地球的卫星，这个比值要么根据地球的质量算出，要么根据月球轨道的周期和平均距离算出。

对于地球的任何人造卫星，这个比值都是相同的。因为人造卫星到地球中心的距离要比月球到地球中心的距离小，所以为了保持比值 T^2/r^3 相同，人造卫星的轨道周期 T 要比月球的轨道周期短。对任何人造卫星而言，如果知道其轨道周期，就能算出它到地球的近似距离。例如，同步轨道卫星的周期是 24 小时，这使得它在地球自转的情况下，保持在地球表面同一点的上方。根据开普勒第三定律，我们可以求出这样一颗人造卫星（从地球中心算起）的距离 r 为 42000km，它约为地球半径 6370km 的 7 倍。由此可知，同步轨道卫星相当高，但是远不及月球高（月球到地球中心的距离约为 384400km）。

大多数人造卫星离地球更近。例如，苏联的第一颗人造卫星的周期约为 90 分钟或 1.5 小时，根据开普勒第三定律，它到地球中心的平均距离为 6640km，减去地球的半径 6370km 后，卫星到地球表面的距离就只有 270km。周期越短，卫星离地球就越近。由于离地球表面越近，大气阻力越大，维持卫星运转越困难，因此卫星轨道的周期不会比苏联的第一颗人造卫星的短太多。显然，轨道的半径不能小于地球的半径。

不同卫星的轨道设计是为了满足不同的需求。有些轨道接近圆形，有些则是扁椭圆形（见图 5.24）。轨道面可以穿过地球的两极（极轨道），或者位于两极与赤道之间（轨道面过地球中心），具体取决于卫星的任务。

今天，人造卫星已经很平常，但是在 1958 年苏联第一颗人造卫星发射升空之前，太空是空空如也的。人造卫星

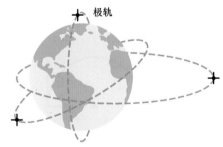

图 5.24　不同人造卫星的轨道可以有不同的旋转方向和椭圆形状

的用途很多，包括通信、监测、气象观测和各种军事应用。牛顿的理论解释了人造卫星运动的基本物理学原理。如果牛顿穿越到我们今天的世界，那么他可能会对这些发展感到惊讶，但是，对他来说，原理分析才是最有意思的。

> 月球围绕地球运动和行星围绕太阳运动的原理是相同的。万有引力提供了向心加速度，它使月球保持在一个近似呈椭圆形的轨道上。月球的光主要来自太阳，月球的盈亏可以用月球相对于太阳和地球的位置来解释。当太阳和月球位于地球的两侧时，出现满月。地球的其他卫星也遵循这些原则，但是，开普勒第三定律对地球的卫星（包括月球）的比值 T^2/r^3 与对行星的比值 T^2/r^3 是不同的。月球不再孤独，许多人造卫星加入其中，在较低的轨道上围绕地球运动。

5.5.4 问题讨论

有人认为，美国 1969 年的登月不过是一场精心设计的骗局。这种想法符合情理吗？你能用什么证据或论据来反驳这一想法？

小结

圆周运动的速度方向不断变化，因此圆周运动是一种加速运动。本章介绍了各种情况下产生向心加速度的力，包括绳拴小球的运动、汽车转弯、摩天轮的转动以及行星围绕太阳的运动。为行星运动提供向心加速度的力，就是由牛顿万有引力定律描述的万有引力。

1. **向心加速度**。向心加速度是改变速度矢量方向的加速度，它与物体速率的平方成正比，与圆周的半径成反比。

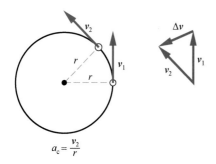

$$a_c = \frac{v^2}{r}$$

2. **向心力**。向心力是作用在物体上的产生向心加速度的任何力或者合力，包括摩擦力、支持力、拉力、重力等。合力与向心加速度的关系由牛顿第二运动定律确定。

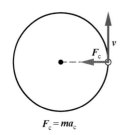

$$F_c = ma_c$$

3. **行星运动**。开普勒的行星运动三定律描述了行星围绕太阳的轨道。轨道是椭圆形的，太阳和行星的连线在相等的时间内扫过相同的面积（第一定律和第二定律）。第三定律指出了轨道周期和行星到太阳的距离之间的关系。

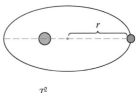

$$\frac{T^2}{r^3} = 常数$$

4. **牛顿万有引力定律**。牛顿万有引力定律指出，两个物体之间的引力与每个物体的质量成正比，与物体之间的距离的平方成反比。利用这个定律和他的运动定律，牛顿可以推出开普勒的行星运动定律。

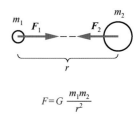

$$F = G \frac{m_1 m_2}{r^2}$$

5. **月球和其他卫星**。月球围绕地球运动的轨道也可以用开普勒定律描述，只需在周期半径关系式中用地球的质量代替太阳的质量即可。人造卫星的比值 T^2/r^3 与月球的相同。

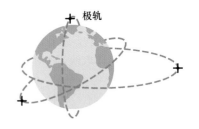

关键术语

Centripetal acceleration　向心加速度

Centripetal force　向心力

Static force of friction　静摩擦力

Kinetic force of friction　动摩擦力

Retrograde motion　逆行

Heliocentric　日心说

Ellipse 椭圆

Newton's law of universal gravitation
　牛顿万有引力定律

Universal gravitational constant 万有引力常数

Phases of the moon 月相

Eclipse （日、月）食

Synchronous orbit 同步轨道

概念题

Q1 假设一个小球在水平面上做圆周运动，其速率以恒定的变化率增加。速率的增加是由向心加速度引起的吗？

Q2 汽车以恒定的速率转弯。**a**. 汽车的速度在这个过程中改变吗？**b**. 汽车做加速运动吗？

Q3 两辆汽车以恒定的速率在同一个弯道上行驶，一辆汽车的速率是另一辆汽车的 2 倍。行驶很短的相同距离后，哪辆汽车的速度变化更大？

Q4 一辆汽车在两个弯道上以相同但不变的速率行驶了相同但很短的距离，其中一条弯道的半径是另一条弯道的 2 倍。汽车在哪条弯道上的速度变化更大？

Q5 向心加速度正比于速率的平方，而不只与速率成正比。为什么出现速率的平方？

Q6 绳拴小球按逆时针方向匀速旋转。在圆的 A 点，细绳断裂。在题图所示的曲线中，哪条曲线最准确地代表了小球在细绳断裂后的路径（俯视图）？

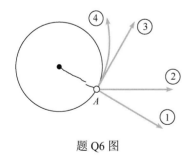

题 Q6 图

Q7 在题 Q6 中的细绳断裂之前，是否有一个合力作用在小球上？如果有，它的方向是什么？

Q8 当绳拴小球水平旋转时，细绳施加的力的竖直分量是否产生小球的向心加速度？

Q9 汽车以恒定的速率在水平路面上沿弯道行驶。**a**. 画图分析作用在汽车上的所有力。**b**. 作用在汽车上的合力的方向是什么？

Q10 题 Q9 中汽车能够通过弯道的速度有最大值吗？如果有，什么因素决定了这个最大速度？

Q11 如果弯道所在的路面是倾斜的，当路面结冰使得摩擦力为零时，汽车是否能够通过弯道？

Q12 绳拴小球以恒定的转速在竖直平面上做圆周运动，在圆周上的哪一点，细绳上的拉力最大？提示：将这种情况与 5.2 节中描述的摩天轮进行比较。

Q13 当乘坐摩天轮的人在最高点时，分析作用在其身上的力，并且清晰地标出每个力。在这一点，哪个力更大？合力的方向是什么？

Q14 两辆汽车迎头相撞时，安全带和安全气囊哪个能够提供更好的安全保护？

Q15 两辆汽车迎头相撞时，存在使得驾驶员向前冲，进而撞上挡风玻璃的力吗？

Q16 汽车装备安全气囊后，还需要系安全带吗？

Q17 哥白尼提出的日心说在什么方面要比托勒密的地心说更能解释行星的运动？

Q18 托勒密关于太阳系的观点，是否需要考虑地球的公转、自转或者其他方面？

Q19 太阳系的日心说模型（哥白尼的模型或者开普勒的模型）要求地球围绕地轴自转，因此在赤道附近会产生一个约为 1000MPH 的线速度。如果是这样，为何我们感觉不到这个惊人的速度？

Q20 开普勒与哥白尼的日心学有何不同？

Q21 考虑图 5.15 所示的椭圆绘制方法。如何对这种方法稍做变动，使得椭圆变成圆？

Q22 围绕太阳以椭圆轨道运行的行星在什么位置运动得最快？是在离太阳最远的位置还是在离太阳最近的位置？参考开普勒定律来解释。

Q23 太阳对地球施加的力要比地球对太阳施加的力大吗？

Q24 是否有一个合力作用在地球上？

Q25 三个质量相等的物体的位置如题图所示。作用在 m_2 上的合力的方向是什么？

题 Q25 图

Q26 两个物体之间的距离是 r，加倍这个距离后，两个物体之间的万有引力是原来的 2 倍、一半，还是其他值？

Q27 某位画家描绘的部分夜空包括星星和新月，如题图所示。这种夜空可能出现吗？

题 Q27 图

Q28 你预计新月在白天或者晚上的什么时候升起和落下？

Q29 在白天或者晚上的什么时间可以看到半月上升或下落？

Q30 我们通常能够看到新月吗？

Q31 在什么月相可看到日食？

Q32 同步卫星是指相对于地球表面静止不动的卫星，它总位于地球表面上同一位置的上方。为什么这样一颗卫星不会直接落到地球上？

Q33 开普勒第三定律适用于围绕地球运动的人造卫星吗？

Q34 既然地球每 24 小时就绕地轴自转一次，为何涨潮不在 24 小时内发生两次？

Q35 相对于海洋，当地球另一侧的月球对海水的引力最小时，为何出现的是高潮而不是低潮？

Q36 引力和两个物体之间的距离无关时，还会出现潮汐吗？

练习题

E1 一个小球以 4m/s 的恒定速率在半径为 0.8m 的圆周上运动。小球的向心加速度是多少？

E2 一辆汽车以 40m/s 的速率绕半径为 18m 的弯道行驶。汽车的向心加速度是多少？

E3 一个小球以 6m/s 的恒定速率做圆周运动，向心加速度为 20m/s^2。这个圆周的半径是多少？

E4 一辆汽车以 60MPH 的速率经过弯道所需的向心加速度要比一辆汽车以 20MPH 的速率经过同一个弯道所需的向心加速度大多少倍？

E5 质量为 0.35kg 的小球拴在细绳的末端做圆周运动，其向心加速度为 5m/s^2。要产生这个加速度，细绳施加在小球上的向心力是多大？

E6 质量为 1500kg 的汽车在半径为 45m 的圆周上以 18m/s（40MPH）的恒定速率运动。**a.** 汽车的向心加速度是多少？**b.** 产生这个向心加速度所需的力是多大？

E7 质量为 1300kg 的汽车以 20m/s（约 45MPH）的恒定速率行驶在路面倾斜的弯道上，弯道的半径是 35m。**a.** 汽车的向心加速度是多少？**b.** 没有摩擦力时，产生向心加速度所需的支持力的水平分量是多大？

E8 狂欢节上的摩天轮的半径为 8m，旋转时的速率为 4.5m/s。**a.** 游客的向心加速度是多少？**b.** 假设游客的质量是 75kg，产生这个向心加速度所需的合力是多大？

E9 地球围绕太阳公转的周期与地球围绕地轴自转的周期之比是多少？

E10 小乔站在地球表面上时，体重为 800N。如果他乘宇宙飞船飞行，到地球中心的距离增加了 2 倍，他的重量（地球的引力）是多少？

E11 两个物体被 9.6N 的引力吸引。如果这两个物体之间的距离是原来的 4 倍，引力是多少？

E12 两个质量为 700kg 的物体之间的距离为 0.45m。利用牛顿万有引力定律，求一个物体对另一个物体的引力的大小。

E13 两个物体之间的引力为 0.28N。如果这两个物体之间的距离减半，引力是多少？

E14 月球表面的重力加速度约为地球表面的重力加速度（9.8m/s^2）的 1/6。一名宇航员在地球表面上的重量是 270 磅，他在月球表面的重量是多少？

E15 木星表面的重力加速度是 25m/s^2。一名在地球表面上重 110 磅的人在木星表面上重多少？

E16 涨潮的间隔时间是 12 小时 25 分钟。假设涨潮发生在某天的 13 时 10 分。**a.** 第二天下午什么时候涨潮？**b.** 第二天什么时候退潮？

SP1 一个质量为 0.25kg 的小球拴在细绳的末端,并在水平面上旋转,半径为 0.45m,小球以 3.0m/s 的恒定速率运动。**a**. 小球的向心加速度是多少?**b**. 要产生这样的向心加速度,细绳拉力的水平分量是多大?**c**. 平衡小球重量所需的拉力的竖直分量是多大?**d**. 画矢量图来表示拉力的这两个分量,并根据所画的矢量图估计拉力的大小。

SP2 半径为 15m 的摩天轮每 12 秒旋转一次。**a**. 游客旋转一周经过的距离是圆的周长,即 $2\pi r$,求游客的速率。**b**. 向心加速度是多大?**c**. 对于一名质量为 50kg 的游客,要让他做这样的圆周运动,需要多大的向心力?在摩天轮的最高处,游客的重量是否足以提供这个向心力?**d**. 在摩天轮的最高处,座位施加在这名游客身上的支持力是多大?**e**. 当摩天轮转得更快,使得游客的重量不足以提供摩天轮在最高位置的向心力时,会发生什么?

SP3 一辆质量为 1100kg 的汽车以 25m/s 的恒定速率在半径为 50m 的弯道上行驶。弯道所在路面的倾角为 12°。**a**. 汽车的向心加速度是多大?**b**. 产生这个加速度所需的向心力是多大?**c**. 作用在汽车上的平衡汽车重量的支持力的竖直分量是多大?**d**. 在倾斜路面上画出汽车示意图(类似于图 5.8)并按比例画出支持力的竖直分量。利用这幅图,求垂直于路面的支持力的大小。**e**. 利用所画的示意图,估计支持力的水平分量的大小。这个分量足以提供向心力吗?

SP4 假设一名坐在座位上的乘客和汽车一起转弯,转弯半径为 2.8m。同时假设汽车在 0.9s 内完成了转弯。**a**. 已知圆的周长为 $2\pi r$,乘客的速率是多少?**b**. 向心加速度是多大?它和重力加速度相比如何?**c**. 当乘客的质量是 75kg 时,产生这个加速度所需的向心力是多大?它和乘客的重量相比如何?

SP5 太阳的质量为 1.99×10^{30}kg,地球的质量为 5.98×10^{24}kg,月球的质量为 7.36×10^{22}kg。月球与地球之间的平均距离为 3.82×10^8m,地球与太阳之间的平均距离为 1.50×10^{11}m。**a**. 利用牛顿万有引力定律,求太阳对地球施加的平均引力的大小。**b**. 求月球对地球施加的平均引力的大小。**c**. 太阳对地球的作用力与月球对地球的作用力之比是多少?月球对地球围绕太阳运动的轨道产生很大的影响吗?**d**. 将地球到太阳的距离作为月球到太阳的平均距离,求太阳对月球施加的平均引力。太阳对月球围绕地球运动的轨道产生很大影响吗?

SP6 月球围绕地球旋转的周期是 27.3 天,但是两次满月之间的平均间隔时间约为 29.3 天。这种差异是由地球围绕太阳公转造成的。**a**. 在月球围绕地球转动的一个周期内,地球完成了其围绕太阳公转的整个周期的几分之一?**b**. 画出满月时太阳、地球和月球的示意图,并画出 27.3 天后月球相对于地球的新位置。月球相对于地球的位置与 27.3 天前的位置相同时,这是满月吗?**c**. 月球还要走多远才能达到满月状态?请说明这正好表示了多出来的两天。

HE1 用一根长约 0.5m 的细绳拴一个小球。练习在水平和竖直方向旋转小球,并做如下观察:**a**. 若小球做水平圆周运动,细绳与水平面的夹角如何随小球的速率变化?**b**. 如果在圆周上的某点松开细绳,小球沿什么路径运动?**c**. 当你感觉到小球做不同速率的运动时,细绳上的拉力不同吗?拉力如何随速率变化?**d**. 若小球做竖直圆周运动,细绳的拉力在圆周上的不同点如何变化?

HE2 如题图所示,将一根细绳系在一个纸杯的边缘的两点上。将一个弹珠或其他小物体放到纸杯中。**a**. 牵着纸杯在水平面上旋转,弹珠会留在纸杯中吗?**b**. 牵着纸杯竖直旋转,弹珠会留在纸杯中吗?过最高点时,是什么原因使得弹珠留在纸杯中?**c**. 试着将纸杯放慢一些,弹珠还会留在纸杯中吗?**d**. 如果你足够勇敢,试着将弹珠换成水。在什么情况下,水会留在纸杯中?

题 HE2 图

HE3 有规律地选择白天和晚上的时间，连续观察月球的位置和相位（最好是在月球第一个四分之一周期，因为这时月球在下午和晚上是可见的）。**a.** 画出每一天月球的形状，画出的形状在同一天的不同时间变化吗？**b.** 你能设计出一种方法，精确地记录月球在连续几天的某个特定时间（如晚上 10 点）的位置变化吗？固定的观察点、一把米尺和一个量角器可能是有用的。描述你的方法。**c.** 在你选定的时间里，月球的位置每天发生多少变化？

HE4 请教老师或者查找资料，找出本月晚上可以观察的行星，最好选择金星、木星或者火星。**a.** 如果可能，用双筒望远镜对行星进行视觉定位和观察。这颗行星在外观上与附近的恒星有何不同？**b.** 画出这颗行星在几个晚上相对于附近的恒星的位置。这个位置是如何变化的？

第6章　能量和振动

本章概述

本章介绍能量是如何传输到系统中的。能量的传输涉及功，而功在物理学中有专门的含义。如果力对系统做功，系统的能量就增加。功是传输能量的一种方式。

首先给出功的定义，然后介绍如何在简单的情形下求功。在不同情形下，对系统所做的功将增加系统的动能或势能。最后介绍能量守恒定律及其应用。

本章大纲

1. **简单机械、功和功率**。什么是简单机械？功的概念能够帮助我们理解简单机械的原理吗？如何定义功？功与能量有何关系？

2. **动能**。动能是什么？做功如何改变物体的动能？

3. **势能**。势能是什么？做功如何改变物体的势能？

4. **能量守恒**。系统的总能量的含义是什么？总能量何时守恒？如何用能量守恒来解释摆的运动和其他现象？

5. **弹簧和简谐运动**。系在弹簧一端的物体的运动和摆的运动有何相似之处？什么是简谐运动？

图 6.1　摆动的钟摆。每次摆动后，它为何要回到近似的同一点？

你观察过拴在细绳末端的小球的来回摆动吗？项链的吊饰、公园里的秋千和落地式钟摆（见图 6.1），都显示了这种令人昏昏欲睡的单调运动。据说伽利略在教堂中聆听无聊的布道时，曾通过观察吊灯在吊绳末端的来回摆动而自得其乐。

让伽利略感兴趣的是，钟摆每次摆动后似乎总是回到相同的位置。在连续的摆动中，钟摆会比之前的位置略低一些，但是在完全停止摆动之前，其运动会持续很长一段时间。另一方面，钟摆的速度是不断变化的——从摆动端点的零到路径最低点的最大值。钟摆的速度为什么这样变化？为什么它总是回到起点？

显然有什么东西被存储起来了。被存储并且守恒的东西就是我们今天所说的能量。能量在牛顿的力学理论中并未发挥作用。直到 19 世纪，能量和能量转换才上升到我们今天所理解的物质世界的中心位置。

摆的运动和其他形式的摆动可以使用机械能守恒定律来解释。摆在最高点时的势能，在最低点时转换为动能，然后转换为势能。能量是什么？它是如何输入系统的？为何能量今天在物理和所有科学中扮演着核心角色？

能量是物质世界的基本"货币"。要明智地使用能量这一"货币"，就必须理解它，而这种理解则始于"功"的概念。

6.1　简单机械、功和功率

将一个小球拴在一根细绳的末端制成一个摆（见图 6.2），要如何做才能让它开始摆动？换句话说，应该如何将能量输入系统？一般来说，你可以从细绳悬点正下方的中心位置开始拉小球。要这样做，就要对小球施加一个力，使小球移动一段距离。

图 6.2　作用力对小球做功，使小球从悬点正下方的初始位置开始运动

对物理学家来说，施加一个力使得物体移动一段距离需要做功。对系统做功可以增加系统的能量，这些能量又可以用于摆的运动。然而，应该如何定义功呢？简单机械是如何证明这一思想的有效性的？

6.1.1　什么是简单机械？

功的早期应用是分析我们称之为简单机械的装置，如杠杆、滑轮系统或者斜面等。简单机械是指任何能够使作用力的效果倍增的机械装置。杠杆是简单机械的一个例子。在杠杆的一端施加一个较小的力，就可以对杠杆另一端的大石头施加一个较大的力（见图6.3）。

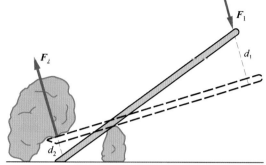

图 6.3　用杠杆撬动石头。小力 F_1 产生大力 F_2 撬起石头，但是，F_1 作用的距离要比 F_2 作用的距离长

我们要为这种作用力的倍增效应付出什么代价？付出的代价是，要将石头移动一小段距离，杠杆的另一端就必须移动更大的距离。一般来说，对于简单机械，如果我们在很长的距离上施加力，就可以得到一个较小的力。另一端输出的力可能很大，但是，它只在很短的距离内起作用。

图 6.4 所示的滑轮系统是另一种简单机械，它可以达到类似的效果。在这个系统中，绳子在系住重物的滑轮的两边上拉。系统处于平衡状态时，绳子上的拉力只有被拉物体的重量的一半，因为实际上有两根绳子拉着滑轮。但是，要将滑轮及其负载（重物）拉升到一定的高度，人就必须以 2 倍于重物移动的距离来移动绳子（滑轮两边的两段绳子都要收起，的长度必须与重物高度的增加相等）。

图 6.4　用一个简单的滑轮系统升起重物。绳中的拉力在较低滑轮的两侧都是向上的，因此拉力只有被拉物体重量的一半

使用图 6.4 所示的滑轮系统的最终结果是，我们可以施加一个仅等于被拉物体的重量的一半的力，将物体拉升到一定的高度。但是，我们拉动绳子的距离必须是物体升高距离的 2 倍。这样，对于人施加在绳子上的输入力和绳子施加在负载上的输出力来说，力与移动距离的乘积就是相等的。因此，力乘以距离这个量保持不变（假设摩擦损失小到可以忽略）。我们称力与距离的乘积为功。理想的简单机械满足

$$输出功 = 输入功$$

输出的力与输入的力的比值称为简单机械的机械效益。对于上述滑轮系统，机械效益是 2，即提升负载的输出力是人施加给滑轮的输入力的 2 倍。

6.1.2　怎样定义功？

针对简单机械的讨论表明，力与距离的乘积具有特殊的意义。假设你对一个很重的箱子施加一个恒定的水平力，使其在水泥地面上移动，如图 6.5 所示。你认为你做了功，移动了箱子，你让箱子移动得越远，你做的功就越多。

你做的功还取决于你推动箱子的力的大小。我们在定义功时的基本想法是，功既取决于作用力的大小，又取决于箱子移动的距离。如果力的方向和移动距离的方向相同，那么功就是施加的力乘以箱子在这个力的作用下移动的距离，或者

$$功 = 力 \times 距离$$
$$W = Fd$$

式中，W 是功，d 是移动的距离。功的单位就是力的单位乘以距离的单位，在公制单位中，它是牛·米（N·m）。我们称这个单位为焦耳（J），它是能量的基本公制单位（$1J = 1N·m$）。

图 6.5　在恒定水平力 **F** 的作用下，箱子在水泥地面上移动了距离 d

例题 6.1 中的 **a** 问告诉我们如何在简单的情况下求所做的功。50N 的水平力拉箱子移动了 4m，施加的力对箱子做了 20J 的功。在做功的过程中，施加力的人对箱子和水泥地面传递了 200J 的能量。人失去能量，箱子和水泥地面获得能量。

例题 6.1　要做多少功？

一个箱子在 50N 的拉力作用下于地面上移动了 4m。50N 的力对箱子做的功是多少？**a**. 绳子平行于地面。**b**. 绳子与地面成一定角度，使得 50N 的力的水平分量 F_h 为 30N（见图 6.6）。

a. $F = 50N$，$d = 4m$，$W = ?$

　　$W = Fd = 50 \times 4 = 200J$

b. $F_h = 30N$，$d = 4m$，$W = ?$

　　$W = F_h d = 30 \times 4 = 120J$

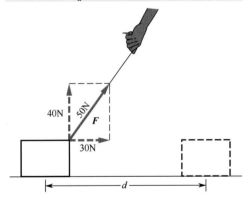

图 6.6　绳子用来在地面上拉箱子。只有与地面平行的那部分力才用于计算功

6.1.3　任何力都做功吗？

在例题 6.1 的 **a** 问中，作用在箱子上的力的方向与箱子运动的方向相同。作用在箱子上的其他力呢？它们都做功吗？例如，地面的支持力上推箱子，但是支持力对箱子的运动没有直接影响，因为它垂直于运动的方向。垂直于运动方向的力，如作用在箱子上的支持力或者重力，在箱子水平移动时不做功。

如果作用在物体上的力既不垂直也不平行于物体的运动方向，会怎么样？在这种情况下，我们不使用这个力的全部分量来计算功，而只使用力在运动方向上的那个分量。图 6.6 和例题 6.1 中的 **b** 问说明了这一点。

在图 6.6 中，用来拉箱子的绳子与地面成一定的角度，施加的力中有一部分是竖直向上的，而不与地面平行。箱子不沿力的方向移动。我们可将力想象为有两个分量，一个分量平行于地面，另一个分量垂直于地面。在计算功时，只使用力在运动方向上的分量，因为垂直于运动方向的分量不做功。

考虑方向后，我们就可以完成功的定义：

某个已知力所做的功，是这个力沿物体运动方向的分量与物体在这个力的作用下移动的距离的乘积。

6.1.4　功和功率有什么关系？

当汽车加速时，能量从发动机中的燃料传递到运动的汽车，所做的功被用来移动汽车，但是，我们通常更关心做功完成的快慢。做功的快慢取决于发动机的功率。做功的时间越短，功率越大。功率定义如下：

> 功率是指做功的快慢，它等于所做的功除以所花的时间，即
>
> 功率 = 功/时间
>
> $P = W/t$

在例题 6.1 的 **a** 问中，50N 的力将箱子在地面上移动了 4m，我们算出这种情形下所做的功为 200J。如果箱子运动了 10s，那么用 200J 除以 10s，就得到功率为 20J/s。1J/s 被称为 1 瓦特（W），这是功率的公制单位。在讨论电功率时，我们通常使用瓦特这个单位，但是瓦特通常也适用于涉及能量转换率的任何情况。

另一个用来描述汽车发动机的功率的单位是马力（hp）。1 马力等于 746 瓦特或 0.746 千瓦（kW）。也许有一天，我们会用千瓦而非马力来比较不同发动机的功率，但是目前我们还没有这样做。马力与马的关系很难说清，但是将蒸汽火车头与马相比很有意思。

> 功是对物体施加的力乘以物体移动的距离，前提是这个力作用在物体运动的方向上。在简单机械中，输出功不能大于输入功，即使输出力大于输入力。功率是指做功的快慢，做功越快，功率越大。对一个物体做功将增加这个物体或系统的能量，就像我们在最初的例子中将摆拉离平衡位置那样。

6.2 动能

假设例题 6.1 中用来移动箱子的力是作用在箱子运动方向上的唯一的力，这时箱子会出现什么情况？根据牛顿第二运动定律，箱子会加速，即它的速度会增加。对物体做功可以增加物体的能量。我们称与物体运动相关的能量为动能。

因为功涉及能量的转换，所以箱子获得的动能应该等于所做的功。应该如何定义动能，才能使得其定义与例题中的情形相符呢？功是我们的出发点。

6.2.1 如何定义动能？

假设你正推着箱子在地面上移动（见图 6.5）。如果将箱子放到轴承滚轮上，那么摩擦力就小到可以忽略，你施加的力将完全用来加速箱子。如果知道箱子的质量，就可以根据牛顿第二运动定律求出它的加速度。

当箱子的速度增加时，你必须移动得更快才能持续施加恒定的力。在相同的时间间隔内，箱子的移动距离将随着速度的增加而增大，你会发现自己做功更快了。对于恒定的加速度，移动的距离与末速度的平方成正比。因此，所做的功也与速度的平方成正比。

因为所做的功应该等于动能的增加，所以动能必须随着速度的平方增加。如果箱子从静止开始运动，那么确切的关系是

$$所做的功 = 动能的增加 = \frac{1}{2}mv^2$$

我们通常使用缩写 E_k 来表示动能。

> 动能是一个物体与其运动相关联的能量，它等于物体的质量与其速度平方之积的一半，即
>
> $$E_k = \frac{1}{2}mv^2$$

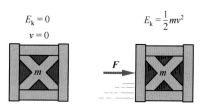

图 6.7 说明了这个过程。如果箱子开始时是静止的，那么其动能为零。在加速距离 d 后，最终的动能是 $\frac{1}{2}mv^2$，它等于对箱子所做的功。所做的功实际上等于动能的变化量。如果箱子在你开始推时已经在运动，那么它增加的动能等于你对它所做的功。

图 6.7 作用在物体上的合力所做的功增加物体的动能

为了强调这些概念，例题 6.2 中以两种不同的方法计算了箱子获得的能量。在第一种方法中，我们使用了功的定义。在第二种方法中，我们使用了动能的定义。我们发现，对箱子做 614J 的功，箱子的动能就增加 614J，这两个值相等并不是偶然的，而是由动能的定义保证的。

例题 6.2　功和动能

在无摩擦力的地面上，假设你用 96N 的力从静止开始推一个质量为 120kg 的箱子，力的作用时长为 4s，并且让箱子移动了 6.4m，箱子的末速度是 3.2m/s（见题 SP2）。**a.** 求力对箱子所做的功；**b.** 求箱子的最终动能。

a. $F = 96\text{N}$，$d = 6.4\text{m}$，$W = ?$

$W = Fd = 96 \times 6.4 = 614\text{J}$

b. $m = 120\text{kg}$，$v = 3.2\text{m/s}$，$E_k = ?$

$E_k = \frac{1}{2}mv^2 = \frac{1}{2} \times 120 \times 3.2^2 = 614\text{J}$

6.2.2　什么是负功？

既然对一个物体做功能够增加其动能，那么对物体做功能减少其动能吗？我们知道，力既可以让物体减速，又可以让物体加速。例如，假设我们踩下了一辆快速行驶汽车的刹车，汽车将滑行一段距离后停止。路面施加给汽车轮胎的摩擦力做功了吗？

当汽车滑行一段距离并停止的时候，它会失去动能。我们可将动能的减少视为动能的负变化。如果动能的变化是负的，那么对汽车所做的功也应该是负的。

注意，施加给汽车的摩擦力的方向与图 6.8 中汽车运动的方向相反。这时，我们说力对汽车所做的功是负功，它从系统（汽车）带走能量，而非增加系统的能量。当摩擦力为 f，汽车在减速过程中移动的距离为 d 时，所做的功就是 $W = -fd$。

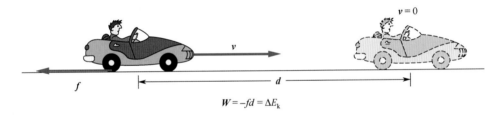

图 6.8　路面作用在汽车轮胎上的摩擦力做负功，导致汽车动能减小

6.2.3　汽车的停车距离

汽车的动能不与速度成正比，而与速度的平方成正比。速度加倍时，动能是原动能的 4 倍。要达到加倍的速度，所要做的功是达到原速度所需做的功的 4 倍。同样，如果我们要停车，就需要消耗 4 倍的能量。

一个实际的应用例子是以不同速度行驶的汽车的停车距离。使汽车停下来要做的功，等于汽车刹车前的动能。这些能量必须从系统中移出。由于动能与速度的平方成正比，因此所需做的功（及停车距离）随车速的增加而迅速增加。例如，以 60MPH 速度行驶的汽车的动能，是以 30MPH 速度行驶的汽车的 4 倍。速度加倍时，需要 4 倍的负功将能量移出系统。以 60MPH 速度行驶的汽车的停车距离，将是以 30MPH 速度行驶的汽车的 4 倍，因为所做的功与距离成正比（假设摩擦力恒定不变）。

然而，实际情况是，汽车所受的阻力（包括空气阻力和摩擦力）随车速的变化而变化。如果查看驾驶员训练手册中的停车距离，就会发现停车距离确实随车速的增加而迅速增加，但不完全与速度的平方成正比。但是，不管怎样，初始动能越大，将动能降为零所要做的负功就越大，停车距离也就越大。

动能是与物体的运动相关的能量，它等于物体的质量与其速率平方之积的一半。一个物体得到或者失去的动能，等于使得该物体加速或者减速的合力所做的功。

6.3 势能

假设我们要将一个箱子提升到比装卸码头更高的位置，如图 6.9 所示。这个提升过程会做功，但是，如果箱子最终只是放在码头上，就不会获得动能。箱子的能量增加了吗？力所做的功会导致什么变化？

拉弓或者压缩弹簧也是相类似的——做了功，未获得动能，但是系统的势能增加了。势能和动能有什么不同？

6.3.1 什么是重力势能？

要提升图 6.9 中的箱子，我们就需要对箱子施加一个向上的力。施加的力不是唯一作用在箱子上的力，因为地球的重力（箱子的重量）会下拉箱子。如果使用一个与重力大小相等、方向相反的力提升箱子，那么作用在箱子上的合力为零，箱子就不会加速。实际的情形通常是，我们在运动刚开始的时候让箱子加速，在运动快要结束的时候让箱子减速，而在运动的大部分时间里让其匀速运动。

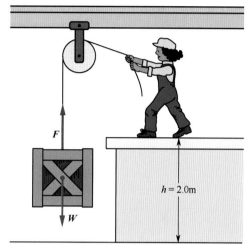

图 6.9　绳子和滑轮被用来将箱子提升到比装卸码头更高的位置，使箱子的重力势能增

提升箱子的力所做的功，增加箱子的重力势能。提升箱子的力与重力大小相等、方向相反，因此合力为零，没有加速度。提升箱子的力通过抵抗地球的重力，使物体移动而做功。如果松开绳子，箱子就会向下加速，获得动能。箱子得到了多少重力势能？提升箱子的力所做的功，等于力的大小乘以箱子移动的距离。施加的力等于箱子的重量 mg。如果箱子移动的高度为 h，那么所做的功就是 mg 乘以 h，即 mgh。重力势能等于提升箱子的力所做的功，即

$$E_p = mgh$$

这里用缩写 E_p 代表势能。高度 h 是箱子移动到某个参考面或者位置之上的距离。

例题 6.3　势能

一个质量为 100kg 的箱子被提升到地面之上 2m 高的码头，箱子获得的重力势能是多大？

$m = 100$kg, $h = 2$m, $g = 9.8$m/s^2, $E_p = ?$

$E_p = mgh = 100 \times 9.8 \times 2 = 980 \times 2 = 1960$J

在例题 6.3 中，我们选择箱子在地面上的原始位置作为参考高度。为避免势能出现负值，我们通常选择物体运动时的最低点作为参考面。但是，重要的是势能变化量，因此参考面的选择不影响问题的物理实质。

6.3.2 势能的实质是什么？

"势能"意味着存储以待后用的能量。当然，前述情形具有这个特点。箱子可以无限期地放在装卸码头的高处。如果将它推离码头，它就会在下降过程中迅速获得动能。反之，动能可以压缩下方的物体，如将桩基打入地下，或者进行其他有用的破坏（见图 6.10）。动能也有这个特点，因此存储能量不是势能的独有特点。

势能涉及受特定力作用的物体的位置变化。对于重力势能，这个力是地球的重力。物体离地

图 6.10 被提升物体的势能可以转换为动能，用于
其他目的

距离，因此在拉动木块时，这个与弹簧相对抗的力做功。大多数弹簧力与弹簧被拉伸的距离成正比。弹簧被拉伸得越长，力就越大。这种关系可以用一个公式来表示，公式中涉及一个称为劲度系数 k 的物理量，用来描述弹簧的刚度。例如，牵引弹簧劲度系数很大。弹簧力等于弹簧劲度系数乘以伸缩的距离，即

$$F = -kx$$

式中，x 是弹簧被拉伸或者被压缩的距离，它从未被拉伸或者未被压缩的原始位置开始测量。这个公式通常被称为胡克定律，以罗伯特·胡克（1635—1703）的名字命名。负号表示当木块被拉离平衡位置时，弹簧施加的力将木块拉回。因此，如果木块向右移动，弹簧力就左拉木块；如果弹簧被压缩，那么它就右推木块。

球越远，重力势能就越大。其他类型的势能涉及不同的力。

6.3.3 什么是弹性势能？

拉开一张弓或者拉长一根弹簧时，会发生什么？

在这些例子中，功是由一个与弹力相对抗的作用力完成的，而弹力是由被拉伸或者被压缩的弹性物体产生的。假设一根弹簧连在一个支柱上，如图 6.11 所示，弹簧的另一端连着一个木块或者类似的物体。如果将木块从弹簧未拉伸时的原始位置拉出，系统就得到弹性势能；如果松手，木块就会反弹回去。

要移动木块，必须施加一个力并且作用一段

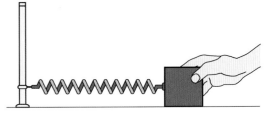

图 6.11 一个木块系在弹簧的一端，弹簧的另一端系在固定的支柱上。拉伸弹簧增加系统的弹性势能

如何求这样一个系统的势能的增加量？像以前一样，我们需要知道改变物体位置的力所做的功。我们想要物体在没有加速度的情况下运动，于是作用在物体上的合力就必须是零。施加的力必须不断地调整，使其始终与弹簧施加的力的大小相等、方向相反。这意味着，随着距离 x 的增加，施加的力必须相应地增加（见图 6.12）。

弹性势能的增加量等于拉伸弹簧需要的平均力所做的功。图 6.12 表明，平均力的大小是最终力 kx 的一半。所做的功是平均力 $\frac{1}{2}kx$ 乘以距离 x，所以

$$E_p = \frac{1}{2}kx^2$$

拉伸弹簧系统的势能等于劲度系数的一半乘以拉伸距离的平方。这个表达式同样适用于弹簧被压缩时的情形，这时，x 是弹簧从最初松弛的位置开始被压缩的距离。

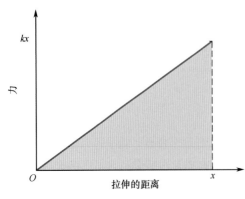

图 6.12 拉伸弹簧的力随拉伸距离的变化——从初值 0 变化到终值 kx。所做的功等于力-距离关系曲线下方阴影部分的面积

存储在弹簧中的势能可以转换为其他形式的能量，进而用于各种用途。弹簧被拉伸或者被压缩后，如果松开物体，物体就获得动能。拉弓、挤压橡皮

球或者拉伸橡皮筋，都是我们产生类似于弹簧的弹性势能的常见例子。

6.3.4 什么是保守力？

除了重力和弹簧力，其他不同的力做功也能够产生势能。然而，摩擦力做功并不增加系统的势能。相反，这时会释放热量，这些热量要么将能量移出系统，要么在原子水平上增加系统的内能。如第 11 章中讨论的那样，内能不能完全转换为有用的功。

像重力或者弹簧力这样做功，使得物体势能变化的力，被称为保守力。克服保守力做功，系统就获得势能，势能完全可以转换为其他形式的能量，进而加以利用。

> 与保守力（如重力或者弹簧力）相关联的势能，取决于物体的位置，而与物体的运动无关。计算物体克服保守力所做的功，可以求得势能。系统可以释放势能，将其转换为动能，或者对其他系统做功。

6.4 能量守恒

前面介绍了功、动能和势能的概念。它们是如何帮助我们解释像钟摆之类的系统中正在发生的事情的？

关键是能量守恒。总能量，即动能和势能的总和，是一个在许多情况下保持不变（守恒）的量。跟踪能量的转换，我们就可以描述摆的运动。然而，这能告诉我们系统的什么信息？

6.4.1 摆在摆动时的能量如何变化？

假设你有一个将小球系在绳子末端形成的摆，它最初静止不动地挂在刚性支架上。你将球拉到一边，然后放开它，它就开始摆动。系统的能量会发生什么变化？

第一步是，你的手对球做功。所做的功的作用是增加小球的势能，因为小球离地的高度随着小球被拉到一边而增加。所做的功将你拉动小球的能量，传递给由摆和地球组成的系统，成为这个系统的重力势能，即 $E_p = mgh$，h 是小球高于初始位置的高度（见图 6.13）。

释放小球后，小球开始摆动，势能开始转换为

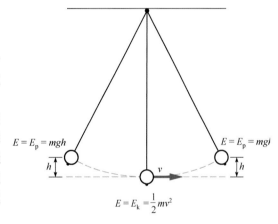

图 6.13　当小球摆动时，势能转换为动能，再转换为势能，如此不断往复

动能。在摆动的最低点（小球被挂起的初始位置），势能为零，动能达到最大值。小球不会停在最低点，而会持续运动到释放点对面的另一点。在这段摆动过程中，动能减小，势能增大，直到动能为零，势能等于释放前的初值。然后，小球又摆动回来，重复势能转换成动能再转换成势能的过程（见图 6.13）。

6.4.2 能量守恒是什么意思？

随着小球的摆动，势能不断转换为动能，然后转换为势能。系统的总机械能（势能与动能之和）保持不变，因为没有其他力对系统做功来增加或减少系统的能量。小球的摆动说明了能量守恒定律：

> 在只涉及保守力时，系统的总机械能（动能与势能之和）保持恒定。

功是关键。如果没有力做功来增加或减少系统的能量，总能量就不应该变化。该原理用关系式表示如下：

$$W = 0 \ \text{时}, \ E = E_p + E_k = \ \text{恒定}$$

式中，符号 E 表示总能量。关于这个非常重要的原理的更广泛的含义，见日常现象专栏 6.1。

下面我们使用能量守恒来描述摆的运动。值得注意的几点如下：

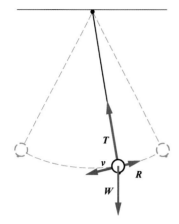

图 6.14 在作用在小球的三个力中，只有空气阻力对系统做功而改变它的总能量。拉力不做功，重力所做的功已包含在势能中

为什么不考虑重力对摆所做的功？答案是，在我们对能量守恒的描述中，包含了小球的重力势能，重力成了系统内的力。重力是一个保守力，重力所做的功已在势能中考虑。

还有什么力作用在小球上？细绳的拉力作用在与小球运动方向相垂直的方向上（见图 6.14）。这个力不做功，因为它在运动方向上没有分量。另一个需要我们关注的力是空气阻力。这个力对球做负功，慢慢地减少系统的总机械能。在这种情况下，系统的总能量不是完全恒定的。只有当空气阻力可以忽略时，它才是恒定的。然而，空气阻力效应通常很小，可以忽略不计。

6.4.3 为什么使用能量的概念？

使用能量守恒定律有什么好处？假设我们要直接应用牛顿运动定律来描述摆的运动。这时，我们需要处理的力随着摆的移动在方向和大小上不断变化，因此使用牛顿运动定律进行完整的描述是相当复杂的。

然而，使用能量的观点来考虑问题，要比使用牛顿定律更容易地预测系统的行为。例如，如果可以忽略阻力的作用，就可以预测小球在摆动的两端将达到相同的高度。在两侧的端点，也就是小球瞬时速度为零的位置，动能为零，在这些点，总能量等于势能。如果没有能量损失，那么在这两个端点的势能与释放点的势能相同，即它们的高度相同（$E_p = mgh$）。

在物理课堂上，老师有时会用保龄球作为摆来演示摆的运动，它戏剧性地说明了能量守恒定律。老师将保龄球悬挂在天花板下的钩子上，并且将保龄球拉到刚好靠近物理老师下巴的位置后松开它，让它在房间里摆动，当保龄球返回离其下巴几英寸的位置时，老师并不退缩（见图 6.15）。不退缩表明老师完全相信能量守恒定律！演示是否成功取决于松开保龄球时不能提供任何初速度。如果松开保龄球时推它一把，会发生什么？

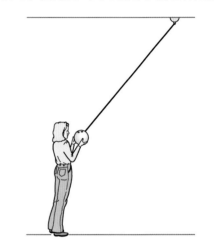

图 6.15 用绳子拴一个保龄球并悬挂在天花板上，释放保龄球后，它在房间里摆动，并在离人很近时刚好停止

我们也可以利用能量守恒定律来预测小球在任何时刻的速度。速度在两侧的端点为零，在摆动的最低点出现最大值。如果我们将最低点作为测量势能的参考位置，那么这里的势能为零，因为高度为零。在最低点，所有的初始势能都转换成了动能。知道了最低点的动能，就可以计算速度，如例题 6.4 所示。

例题 6.4 摆锤的摆动

一个质量为 0.50kg 的摆锤在摆动最低点右侧上方 12cm 的位置被释放。当摆锤通过最低点时，速度是多少？

$$m = 0.5 \text{ kg}, \quad h = 12 \text{ cm}, \quad v = ?$$

系统的初始能量为

$$E = E_p = mgh = 0.5 \times 9.8^2 \times 0.12 = 0.588 \text{J}$$

最低点的势能为零，所以

$$E = E_k = 0.588 \text{J}$$

$$\frac{1}{2}mv^2 = 0.588\text{J}$$

解得 $v = 1.53\text{m/s}$。

根据任意一点的总能量等于初始能量，可以求出摆在其他任何一点的速度。最低点上方的不同高度 h，对应于不同的势能值。剩余的能量一定是动能。系统只有这么多能量，它要么是势能，要么是动能，要么二者都有，但是势能和动能之和不能超过初始势能值。

6.4.4　能量分析为何像计账？

山上的雪橇或者过山车说明了能量守恒定律。能量守恒可以用来预测雪橇或者过山车的速度，而直接应用牛顿定律很难预测这一速度。下面的能量核算可让我们更好地了解这一点。日常现象专栏 6.2 中的撑杆跳高例子也可以这样分析。

考虑图 6.16 所示的雪橇。父母将雪橇拉到山顶，对雪橇和小孩做功，增加系统的势能。在山顶上，父母通过推雪橇来做更多的功，为系统提供一些初始动能。父母所做的总功就是输入到系统中的能量，它等于表 6.1 中的势能和动能之和。

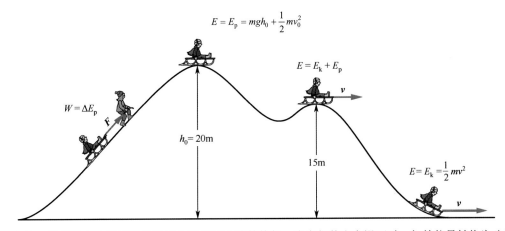

图 6.16　拉雪橇上山时所做的功增加雪橇和小孩的势能。当它们从山上滑下时，初始能量转换为动能

初始能量来自何处？它来自将小孩拉上山顶的父母的身体。拉小孩时，父母的肌肉组织被激活，释放体内存储的化学势能。化学势能来自食物，而食物又包含植物中存储的太阳能。如果父母的早餐吃得不好，或者已经爬上了山顶多次，那么他们可能没有足够的能量到达山顶。

如果在雪橇和小孩从山顶滑下的过程中，摩擦力和空气阻力可以忽略不计，那么能量守恒，运动过程中任何位置的总能量应该等于初始能量。更现实的假设是，当雪橇滑下山时，有一些摩擦（见图 6.17）。虽然很难精确地预测克服阻力所做的功，但是，如果我们知道总移动距离，并且对平均阻力的大小做一些假设，就可以估计克服阻力所做的功。在表 6.1 所示的能量核算中，我们假设雪橇到达山脚时克服阻力做了 2000J 的功。

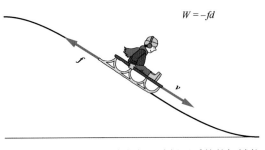

图 6.17　摩擦力做的功为负，消耗了系统的机械能

克服阻力所做的功消耗系统的能量，并且在账单上显示为支出。在山脚的能量结余是 8200J，而不是 10200J，这个结果和忽略阻力时得到的雪橇和小孩在山脚的速度值相比更小，也更实际。虽然不可能总是进行精确的计算，但是能量核算对可能发生的情况做了限制，帮助我们理解了系统（如山上的雪橇）的行为。

表 6.1

雪橇能量计账表

父母拉着总质量为 50kg 的雪橇和小孩到 20m 高的山顶，然后给雪橇一个推力，初速度为 4m/s。雪橇滑下山时，作用在雪橇上的阻力做了 2000J 的负功。

能量输入：

> 拉雪橇上山所做的功使得雪橇获得势能：

$$E_p = mgh = 50 \times 9.8 \times 20 = 9800J$$

> 在山顶上推雪橇所做的功使得雪橇获得动能：

$$E_k = \frac{1}{2}mv^2 = \frac{1}{2} \times 50 \times 4^2 = 400J$$

> 初始总能量：

$$9800 + 400 = 10200J$$

> 能量消耗。雪橇从山上滑下克服阻力所做的功：

$$W = -fd = -2000J$$

> 能量结余：

$$10200 - 2000 = 8200J$$

　　能量是物理世界的"货币"；对能量核算的理解涉及科学和经济学。对一个系统做功就是在存储能量。如果只有保守力做功，那么总能量守恒。系统运动的许多方面可由详细的能量核算预测。

6.4.5　问题讨论

　　在日常现象专栏 6.1 的照片中，骑车在上下班途中消耗能量吗？如果消耗，那么消耗的能量来自何处？如何才能说明骑车上下班更节能？

6.5　弹簧和简谐运动

　　既然能量守恒能够解释摆的运动，那么它能解释其他振动系统吗？许多系统中都有来回运动的弹簧或橡皮筋，其中势能被转换为动能，然后转换为势能，如此不断循环。这些系统有什么共同之处？原因是什么？

　　弹簧末端系上一个物块后，是最简单的振动系统之一。这样的系统和 6.4 节所述的单摆都是简谐运动的例子。

日常现象专栏 6.1　节能

　　现象与问题　马克听完老师关于能量守恒的物理讲座后，感到很困惑。一方面，他的老师指出，能量守恒定律的最普遍形式是，能量既不能被创造，又不能被消灭，它总是守恒的。

　　另一方面，马克一直在关注关于节能的新闻。如果能量总是守恒的，那么新闻评论员和环保人士一直谈论的节能有何意义？难道他们不懂物理吗？

　　分析　当人们在日常使用能源的背景下谈论节能时，"能量守恒"一词的含义与物理学中的能量守恒是不同的。理解这一区别，对于理解近年来成为热门话题的能源和环境问题至关重要。

　　本节介绍的能量守恒定律仅适用机械能，即一个机械系统的势能与动能之和。在第 10 章和第 11 章中，我们将会看到热能也是一种形式的能量，它必须包含在能量守恒定律的更一般的表述中。在第 20 章中，我们会发现，质量也要视为一种形式的能量。在这种最一般的情况下，能量总是守恒的。

　　然而，在我们的日常生活中，并不是所有形式的能量都有相同的价值。例如，石油是一种重要的能源。存储在石油中的能量是一种形式的势能，它涉及将分子中的原子结合在一起的电力。当我们使用石油时，就将这种势能转换为其他形式的能量，具体转换为何种形式，取决于其应用方式。

要释放这种势能，我们通常需要燃烧石油。燃烧产生热能，热能是一种形式的能量。在高温下，热能对运行各种类型的热机非常有用（见第11章）。汽车的汽油发动机是热机，就像驱动卡车和火车的柴油发动机及驱动飞机的喷气涡轮机一样。这些发动机将热能转换为汽车、火车、轮船或者飞机的动能。

然而，与交通工具相关的动能最终会发生什么变化呢？最终，由于发动机和轮胎的摩擦作用及空气阻力，动能会转换为较低温度的热能。这种能量并未消失——它使得环境升温。然而，这种形式的能量远不如存储在燃料中的那些势能有用。温度接近周围环境的热能，有时被称为低品位热能，其用途仅限于为家庭供暖等。

当我们在日常生活中谈论节能时，节约的是什么能量呢？答案是，明智地使用高价值的能量，防止将它们转换为利用率不高的能量。我们也在控制燃烧石油或者其他燃料（如天然气或煤）对环境造成的影响。然而，从物理学的观点看，能量本身在所有情况下都是守恒的。

如果选择步行、骑车或者驾驶节油汽车上班或者上学，而不驾驶大型汽车或者运动型多用途汽车（SUV），那么这种选择就是环保的。如附图所示，选择步行或者骑车，我们可以将从食物中获得的一些能量转换为低品位的热能，但与驾驶SUV或者大型汽车相比，转换掉的高价值能量要少得多。当然，步行或者骑车对环境的影响也要小得多。

本书后面几章中将介绍关于能源使用的许多方面。在第10章和第11章中讨论的热力学定律，对于我们理解能量问题特别重要。第11章中将讨论太阳能、地热能和其他发电方法。第13章中将讨论家庭电能的利用，第14章中将讨论发电，第19章中将讨论核能。

从物理学和经济学的角度合理地使用能源是问题的关键。要参与这些讨论，就应该了解什么是节能。能量既不能被创造，又不能被消灭，但是，将它从一种形式转换为另一种形式的方法，对能量利用和环境保护极为重要。

这些上班方式都节能吗？

日常现象专栏6.2　能量和撑杆跳高

现象与问题　洛佩兹参加了田径比赛。他擅长撑杆跳高，有时也参加短跑接力赛，因为他的跑步速度很快。教练知道洛佩兹正在上物理入门课，于是建议洛佩兹尝试了解一些关于撑杆跳高的物理学原理。什么因素决定了他可以越过的高度？如何优化这些因素？

教练知道在撑杆跳高比赛中考虑能量很重要。这时，涉及什么类型的能量转换？了解这些影响对洛佩兹提高运动成绩有帮助吗？

附图1　撑杆跳高运动员在上升过程中发生了什么样的能量转换？

分析　对洛佩兹来说，描述撑杆跳高运动中发生的能量转换并不困难：首先沿着一条小道跑到横杆和插斗前。在这个过程中，他以消耗肌肉中存储的化学能来加速并且增加动能。当他到达起跳位置时，将杆的一端插入地面上的一个凹槽（插斗）。这时，他的一些动能以弹性势能的形式存储在弯曲的撑杆中，就像弹簧一样。剩下的动能从他开始起跳到越过横杆的过程中，转换为重力势能（见附图1）。

撑杆达到最大弯曲度后，便开始伸直，这时弯杆中的弹性势能转换为重力势能。洛佩兹用手臂和上肢的肌肉对撑杆做一些功来提供额外的推力。在跳起的最高位置，他的动能应该接近零，只剩下最小的水平速度使其越过横杆。这时，如果动能太大，就说明他未将尽可能多的能量转换为重力势能。

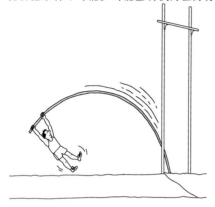

洛佩兹能从他的分析中学到些什么？首先应该是速度的重要性。他在跑向起跳点的过程中，获得的动能越多，就有越多的能量转换为重力势能（mgh），而这在很大程度上决定了他能够跳多高。成功的撑杆跳高运动员通常都是优秀的短跑运动员。

撑杆的特性和洛佩兹的抓握方式也是重要因素。如果撑杆太硬，或者他抓握撑杆时太靠近下端，就会经历剧烈的撞击，导致存储在撑杆中的势能很少，丢失一些初始动能。如果撑杆太软，或者抓握撑杆时太靠近上端，撑杆就无法很快地弹回，无法为其越过横杆提供足够的能量（见附图 2）。

最后，上肢的力量对越过横杆也很重要。良好的上肢训练可以提高撑杆跳高的成绩。时机和技巧也很关键，只有不断练习才能提高成绩。对他的教练来说，这可能是最重要的信息。

附图 2　撑杆的软硬度和撑杆跳高运动员抓握撑杆的位置，对成功越过横杆非常重要

6.5.1　系在弹簧末端的物块的振动

如图 6.18 所示，如果将一个物块系在弹簧的末端，那么当我们将它拉到平衡位置的一侧时会发生什么？平衡位置是弹簧既不被拉伸又不被压缩的位置。拉动物块时，我们克服弹簧的反向弹力做功，增加弹簧-物块系统的势能。在这种情况下，势能是弹性势能 $\frac{1}{2}kx^2$，而不是单摆情形下的重力势能。增加弹簧-物块系统的势能类似于拉弓。

松开物块后，势能转换为动能。像摆一样，物块反向运动时也会超出平衡位置，于是弹簧被压缩，再次获得势能。当动能完全转换为势能时，物块的瞬时速度为零，并且反向运动，如此不断往复（见图 6.18）。系统的能量不断地从势能转换为动能，然后从动能转换为势能。如果可以忽略摩擦效应，那么系统的总能量保持不变，物块来回振动。

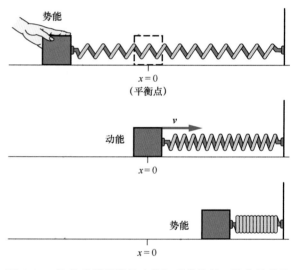

图 6.18　拉伸弹簧所做的功增加系统能量，这些能量随后在弹簧的势能和物块的动能之间来回转换

使用摄像机或者其他跟踪技术，可以测量、绘制随时间变化的摆的位置，或者系在弹簧上的物块的位置。如果绘制物块相对于时间的位置，那么得到的图像如图 6.19 所示。描述这些曲线的数学函数被称为谐函数（正弦函数或者余弦函数的统称），这种运动被称为简谐运动，它借用于音乐中对琴弦、簧片和气柱振动产生的声音的描述。

图 6.19 中过原点的水平直线是系在弹簧一端的物块的平衡位置。这条直线上方的点表示平衡点一侧的位置，下方的点表示平衡点另一侧的位置。

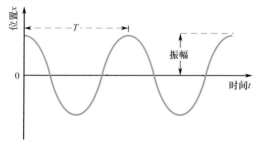

图 6.19　系在弹簧上的物块做往复运动，图中画出了物块的水平位置 x 和对应时间的关系曲线，它是一个谐函数

运动从释放点开始，在释放点，物块到平衡位置的距离最大。当物块向平衡位置（图中的 $x = 0$ 处）运动时，由曲线的斜率变大可以看出物块的速度增加（见 2.4 节）。当物块位于平衡位置时，位置变化最快，动能和速度最大。

到达平衡位置后，物块开始向另一侧运动而远离平衡位置。弹簧施加的力的方向与速度的方向相反，物块减速。当物块到达离释放点最远的位置时，速度和动能又为零，势能回到最大值（见例题 6.5）。在这一点，曲线的斜率为零，表明物块是瞬间静止的（速度为零）。物块做往复运动时，速度不断增大或者减小。

例题 6.5　系在弹簧上的物块的运动

质量为 500g 的物块系在弹簧末端，在无摩擦的水平面上做简谐运动，弹簧劲度系数为 800N/m，如图 6.18 所示。物块过平衡点时的速度是 12m/s。**a**. 物块过平衡点时的动能是多少？**b**. 物块在掉头前离平衡点有多远？

a. $m = 0.50\text{kg}$，$v = 12\text{m/s}$，$E_k = ?$

$$E_k = \frac{1}{2}mv^2 = \frac{1}{2} \times 0.5 \times 12^2 = 36\text{J}$$

b. $x = ?$

$$E = E_k + E_p = 36\text{J}$$

当 $v = 0$ 时，在掉头处有 $E_k = 0$，所以

$$E_p = \frac{1}{2}kx^2 = 36\text{J}$$

$$x^2 = 2 \times 36/k = 72/800 = 0.09\text{m}^2$$

$$x = 0.3\text{m} = 30\text{cm}$$

6.5.2　什么是周期和频率？

仔细查看图 6.19 后，我们发现曲线是有规律地重复的。周期 T 指的是重复时间，或者一次完整的振动所用的时间，其单位通常为秒。我们可以将周期视为曲线上两个相邻的最高点之间的时间，或者相邻的两个最低点之间的时间。慢振动系统的周期长，快振动系统的周期短。

如果弹簧-物块系统的振动周期是 0.5s，那么每秒会出现两次振动，这就是振动的频率。频率 f 是单位时间内的周期数量，是周期的倒数，即 $f = 1/T$。快速振动系统的周期很短，因此频率很高。频率的常用单位是赫兹（Hz），它定义为每秒一个周期。

是什么决定了弹簧-物块系统的频率？直觉上，我们认为软弹簧的振动频率较低，硬弹簧的振动频率较高。事实确实如此。系在弹簧一端的物块对频率也有影响。物块的质量越大，对运动变化的抵抗就越大，产生的频率就越低。

单摆的周期和频率主要取决于单摆的长度，即从支点到摆球中心的长度。要测量周期，通常需要测量几次完整摆动所需的时间，然后除以摆动的次数。

6.5.3　任何回复力都产生简谐运动吗？

当系在弹簧一端的物块移动到平衡位置的任意一侧时，弹簧就施加一个力，将物块拉回或者推回平衡位置。我们称这样的力为回复力。在弹簧-物块系统的情形下，回复力是弹簧施加的弹力。在任何振动中，一定有类似于此的回复力。

如 6.3 节中讨论的那样，弹簧力正比于物块到平衡位置的距离（$F = -kx$）。弹簧劲度系数 k 的单位是牛/米（N/m）。只要回复力对距离有这种简单的依赖关系，就会产生简谐运动。如果力以更复杂的方式随距离的变化而变化，那么我们可能得到的是振动而不是简谐运动，也不会产生谐函数曲线（见图 6.19）。

一般来说，建立弹簧-物块系统的最简方法是，将弹簧悬挂在竖直的支柱上，并且在弹簧的末端悬挂一个物块，如图 6.20 所示。这种装置避免了桌面对水平装置的摩擦力。在竖直装置中，当物体

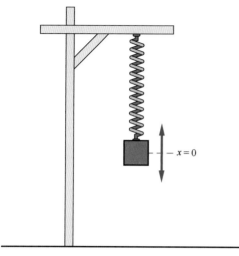

图 6.20 悬挂在弹簧上的物块上下振动的周期，与使用相同弹簧和物块的水平物块-弹簧系统的相同

被拉下并释放时，系统就会上下而非水平振动。两种力作用在了物体上，即向上的弹簧力和向下的重力。

在竖直装置中，重力是恒定的，它只将平衡点移到更低的一点。平衡点是合力为零的位置，这里向下的重力与向上的弹簧力平衡。回复力的变化仍然由弹簧引起，它仍然与到平衡点的距离成正比，就像水平情况时那样。这个系统还满足简谐运动的条件。然而，涉及的势能是重力势能和弹性势能之和。

重力是单摆的回复力。当小球被拉到平衡位置的一侧时，作用在小球上的重力将其拉回中心。小球偏离平衡位置的距离不大时，运动方向上的重力分量与位移成正比。因此，对于小振幅的摆动，单摆也表现为简谐运动。振幅是小球到平衡点的最大距离。

下面看看还有哪些振动系统。事实上，我们的身边有很多这样的例子——从有弹性的金属片到在某些凹陷中滚动的小球。在不同情况下，是什么力将它拉回平衡位置的？运动是简谐运动，还是更复杂的振动？涉及什么样的势能？诸如此类的振动分析是物理学的一个重要分支，在音乐、通信、结构分析和其他领域中起重要作用。

任何机械振动都涉及势能和动能的持续交换。没有摩擦力耗散系统的能量时，振动将无限期地持续下去。当回复力的变化量与到平衡位置的距离成正比时，就产生简谐运动。简谐运动使用简单曲线（谐函数）描述物体随时间变化的位置、速度和加速度。

小结

功的概念是本章的核心。能量通过对系统做功传输到系统中，做功增加系统的动能或势能。未对系统做功时，系统的总机械能保持不变。能量守恒定律可以解释系统的许多行为。

1. **简单机械、功和功率**。功定义为力乘以物体运动的距离，其中力的方向与运动方向相同。在简单机械中，输出功不超过输入功。功率指的是做功的快慢。

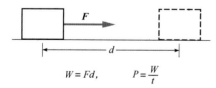

$$W = Fd, \qquad P = \frac{W}{t}$$

2. **动能**。作用于物体的合力所做的功加速物体，使物体获得动能。动能等于物体的质量的一半乘以速度的平方。负功消耗动能。

$$E_k = \frac{1}{2}mv^2$$

3. **势能**。如果在移动物体的过程中克服保守力做了功，那么物体的势能增加。本章探讨了重力势能和弹性势能。

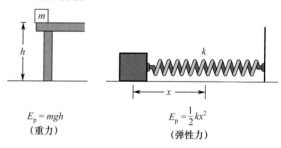

$$E_p = mgh \qquad\qquad E_p = \frac{1}{2}kx^2$$
（重力） （弹性力）

4. **能量守恒**。如果不对系统做功，那么系统的总机械能（动能与势能之和）保持不变。能量守恒定律可以解释许多涉及动能和势能相互转换的系统的行为。这种系统可以通过能量核算来分析。

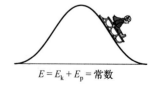

$$E = E_k + E_p = 常数$$

5. **弹簧和简谐运动。** 单摆的运动和物块-弹簧系统的运动都说明能量守恒，但是它们涉及的势能类型不同。它们也是简谐运动的例子，当回复力与物块到平衡位置的距离成正比时，就产生简谐运动。

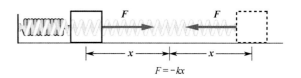

$$F = -kx$$

关键术语

Simple machine	简单机械	Spring constant	弹簧劲度系数
Mechanical advantage	机械利益	Elastic potential energy	弹性势能
Work	功	Conservative forces	保守力
Power	功率	Conservation of energy	能量守恒
Kinetic energy	动能	Simple harmonic motion	简谐运动
Negative work	负功	Period	周期
Potential energy	势能	Frequency	频率
Gravitational potential energy	重力势能	Restoring force	回复力
Elastic force	弹性力	Amplitude	振幅

概念题

Q1 假设使用相等的力使物块 A 和 B 在地面上移动。物块 A 的质量是物块 B 的 2 倍，物块 B 移动的距离是物块 A 的 2 倍。力对哪个物块做的功更大？

Q2 某人用力推了一块很重的石头，但是石头纹丝不动。这个人对石头做了功吗？

Q3 用一根细绳拉木块在地面上匀速运动。细绳与水平方向成一定的角度，如题图所示。**a**. 细绳施加的力对物块做功吗？**b**. 细绳施加的力是全部都做功还是部分做功？

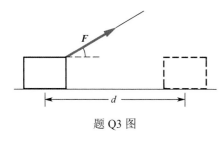

题 Q3 图

Q4 在题 Q3 中，如果有一个摩擦力的方向与物体运动的方向相反，这个摩擦力对物体做功吗？

Q5 在题 Q3 中，地面上推物体的支持力做功吗？

Q6 一根细绳的末端拴有一个小球，并且小球在一个圆周上旋转。细绳提供使得小球做匀速圆周运动所需的向心力。细绳施加在小球上的力对小球做功吗？

Q7 某人在木地板上滑动，滑动过程中其受到哪些力的作用？哪些力对人做功？

Q8 某人用滑轮装置上提一个箱子。她施加的力的大小是箱子重量的 1/4，绳子移动的距离是箱子被提起的高度的 4 倍。与绳子对箱子所做的功相比，她做的功是更大、相等还是更小？

Q9 如题图所示，杠杆被用来撬起石头。人对杠杆所做的功是大于、等于还是小于杠杆对石头所做的功？

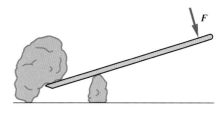

题 Q9 图

Q10 一个带有滚轮的箱子被推上一个斜面而装入卡车。所需的推力不到将箱子直接抬上卡车所需的力的一半。这时，斜面能充当一个简单机械吗？

Q11 一名男孩在溜冰场上推他的朋友。由于摩擦力很小，男孩施加在朋友背上的力是在水平方向上作用在朋友身上的唯一有效的力。朋友的动能变化是大于、等于还是小于男孩施加的力所做的功？

Q12 一名小孩用一根水平的细绳拉着物块在地面上运动。一个较小的摩擦力也作用在物块上，在物块上产生一个合力，但是这个合力小于细绳施加的力。细绳施加的力所做的功是否等于动能的变化量？

Q13 只有一个力作用在物体上时，它做的功一定导致物体的动能增加吗？

Q14 两个质量相同的静止小球被不同的力的合力加速，其中一个小球获得的速度是另一个小球的2倍。作用在快球上的合力所做的功，是作用在慢球上的合力所做的功的2倍吗？

Q15 一个箱子从地面上移动到了桌面上，由于移动过程非常缓慢，箱子的速度看起来为零。有力对箱子做功吗？如果有，系统吸收的能量转换成了什么能量？

Q16 当做功增加物体的势能而不增加动能时，作用在物体上的合力是否大于零？

Q17 如果系统中没有物体运动，系统是否有能量？

Q18 假设对一个大箱子做功，使其倾斜并保持平衡，如题图所示。箱子的势能在这个过程中增加吗？

题 Q18 图

Q19 以下情形中哪种情形的势能更大？是离地10英尺的小球，还是50英尺深井底上方20英尺处质量相同的小球？

Q20 当弓被后拉的时候，弓会对弦施加一个力，将弦拉回，进而将箭射出。分析这个系统的能量变化。

Q21 假设图6.15中的物理老师在释放保龄球时推了它一下。保龄球是回到原来的位置，还是会危及她的下巴？

Q22 把摆球从平衡（中心）位置拉出后释放。**a.** 在释放摆球之前，系统中输入了什么形式的能量？**b.** 释放摆球后，摆球在哪一点的动能最大？**b.** 在哪一点的势能最大？

Q23 对于题Q22中的摆，当摆球在最高点和最低点之间摆动时，总能量是动能还是势能？还是两种能量都有？

Q24 在摆球的运动过程中，总机械能守恒吗？它会永远摆动下去吗？

Q25 一辆跑车从静止迅速加速。**a.** 这时会发生什么能量转换？**b.** 这个过程的能量守恒吗？

Q26 某人驾驶一辆大型运动型多用途汽车（SUV）上班。**a.** 这时会发生什么能量转换？**b.** 机械能守恒吗？**c.** 系统能量守恒吗？

Q27 假设我们冷天烧一桶油来暖手。**a.** 从物理学的观点看，这个过程的能量守恒吗？**b.** 为何从经济或环境的角度看这是个坏主意？

Q28 一只鸟抓到一只蛤蜊，用嘴将其叼到高处，然后将其扔向下方的石头，以便砸开蛤蜊的外壳。描述在该过程中发生的能量转换。

Q29 撑杆中存储的弹性势能是撑杆跳高涉及的唯一一种势能吗？

Q30 如果一名撑杆跳高运动员比另一名跑得快，他在撑杆跳高中是否更有优势？

Q31 一个物块系在弹簧的一端，弹簧拴在墙上，这个物块-弹簧系统在无摩擦的水平面上自由振动。现在将物块拉开并释放。**a.** 在释放物块前，系统中增加了什么形式的能量？**b.** 释放物块后，运动的哪一点的势能最大？**c.** 哪一点的动能最大？

Q32 假设题Q31中的物块位于运动的端点和平衡位置的正中间。在这个位置，系统的能量是动能、势能还是这些能量的组合？

Q33 弹簧枪装入橡胶飞镖后，对着天花板上的目标射击。描述在这个过程中发生的能量转换。

Q34 假设一个物块竖直挂在弹簧的末端。下拉物块后释放它，使其振动。下拉物块时，系统的势能是增加还是减少？

Q35 雪橇在山顶上被推了一下。在这种情况下，雪橇是否能够越过高于起点的山峰？

Q36 摩擦力所做的功增加系统的总机械能吗？提示：以汽车的加速为例。

Q37 使用滑轮提升一个箱子，但是滑轮因生锈产生了摩擦力。这个系统的输出功是大于、等于还是小于输入功？

E1 水平方向 40N 的力将桌面上的小箱子拉动了 1.5m。40N 的力做了多少功？

E2 某人在地面上移动一张桌子 1.4m 要做 210J 的功。如果这个力作用于水平方向上，这个人对桌子施加的力是多大？

E3 80N 的力移动房间里的椅子做了 320J 的功。在这个过程中，椅子移动了多远？

E4 绳子施加的 180N 的水平力将地面上的箱子拉动了 2m。在这个过程中，箱子还受到一个与箱子运动方向相反的 70N 的摩擦力。**a**. 绳子的拉力所做的功是多少？**b**. 摩擦力所做的功是多少？**c**. 对箱子所做的总功是多少？

E5 130N 的力拉着箱子在地面上移动了 4m。力和水平面成一定的角度，使得力的竖直分量是 120N，水平分量是 50N，如题图所示。**a**. 力的水平分量所做的功是多少？**b**. 力的竖直分量所做的功是多少？**c**.130N 的力所做的总功是多少？

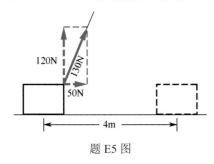

题 E5 图

E6 60N 的合力使质量为 4kg 的物体加速运动了 1.5m。**a**. 合力所做的功是多少？**b**. 物体的动能增加了多少？

E7 一个质量为 0.3kg 的小球的速度是 20m/s。**a**. 小球的动能是多少？**b**. 要做多少功才能让小球停止？

E8 质量为 7.0kg 的箱子被提升（无加速度）到了 1.5m 高的壁橱中。**a**. 箱子的势能增加了多少？**b**. 将箱子提升到该位置需要做多少功？

E9 在一辆越野车上，劲度系数 k 为 87.6kN/m 的钢板弹簧被压缩到离原始位置 6.2cm 远的位置。弹簧势能的增加量是多少（单位是 kJ）？

E10 将弹簧从原长拉伸 0.30m 要做 180J 的功。**a**. 弹簧的势能增加了多少？**b**. 弹簧劲度系数 k 的值是多少？

E11 竖直或者水平移动一个质量为 5kg 的石块。**a**. 将石块无加速地举到 1.8m 的高度时，重力势能增加了多少？**b**. 将同一个石块从静止水平加速到 6m/s 时，增加的动能是多少？**c**. 哪种情况下需要做更多的功？

E12 在摆动的最低点，质量为 0.15kg 的摆球的速度为 3m/s。**a**. 摆球在最低点的动能是多少？**b**. 摆球在最高点的动能是多少？**c**. 摆球在最高点的势能是多少？将最低点作为零势能参考面，忽略阻力。**d**. 忽略阻力，摆球能够到达最低点上方多高的位置？

E13 质量为 0.40kg 物块系在弹簧的一端，在水平方向拉动物块，使系统的势能从零增加到 150J。忽略摩擦力，释放物块后，物块运动到弹性势能减小到 60J 的位置。这时，系统的动能是多少？

E14 雪橇和人的总质量为 70kg，停在 9m 高的山顶上，现在推动雪橇，为其提供 1200J 的初始动能。**a**. 选取山脚的水平面作为势能参考面，雪橇和人在山顶的势能是多少？**b**. 推动雪橇后，雪橇和人在山顶的总机械能是多少？**c**. 如果摩擦力可以忽略，雪橇和人在山脚下的动能是多少？

E15 运动的过山车在 A 点的势能是 400000J，动能是 130000J。在轨道的最低点，势能是零。从 A 点开始到最低点，克服摩擦力做了 60000J 的功，过山车在最低点的动能是多少？

E16 一辆质量为 900kg 的过山车在离地面 22m 高的 A 点从静止开始运动。B 点离地面的高度是 8m。取地面作为零势能参考面。**a**. 过山车的初始势能是多少？**b**. 过山车在 B 点的势能是多少？**c**. 如果初始动能为零，并且在 A 点和 B 点之间克服摩擦所做的功为 30000J，过山车在 B 点的动能是多少？

E17 质量为 300g 的物块放在无摩擦的桌面上，其一端系有一根水平弹簧，弹簧劲度系数为 500N/m。弹簧被拉长了 46cm。**a**. 系统的初始能量是多少？**b**. 当物块回到平衡位置时，系统的动能是多少？

E18 系在弹簧末端的物块完成一次完整的振动需要 0.40s，振动频率是多少？

E19 摆的摆动频率是 16Hz，其振动周期是多少？

综合题

SP1 在实验桌上运动的木块（质量为 0.38kg）上作用了两个水平力，其中一个 6N 的力拉动木块，另一个 2N 的摩擦力的方向与木块的运动方向相反。木块在桌面上运动了 1.7m。**a.** 6N 的力所做的功是多少？**b.** 作用在木块上的合力所做的功是多少？**c.** 应该使用这两个值中的哪个来计算木块动能的增量？**d.** 6N 的力对系统所做的功对系统的能量有何影响？如何核算能量？**e.** 如果木块从静止开始运动了 1.7m，木块的动能和速度各是多少？

SP2 如例题 6.2 所示，质量为 120kg 的箱子受 96N 的合力作用加速，加速时间为 4s。**a.** 根据牛顿第二运动定律，箱子的加速度是多少？**b.** 如果箱子从静止开始，在 4s 内移动的距离是多少（见 2.5 节）？**c.** 96N 的合力所做的功是多少？**d.** 箱子在 4s 末的速度是多少？**e.** 根据 **d** 问的结果，此时箱子的动能是多少？这个值与 **c** 问中计算的功相比如何？

SP3 弹弓由 Y 形框架和系在 Y 形框架上的橡皮筋组成，橡皮筋的中心有一个用来装小石头或者其他弹丸的小兜。橡皮筋的特性类似于弹簧。假设对于某个弹弓，橡皮筋的劲度系数为 700N/m。在松开前，将橡皮筋拉开了约 30cm。**a.** 在松开前，系统的势能是多少？**b.** 松开小石头后，其获得的最大动能是多少？**c.** 如果小石头的质量是 40g，松开它后，它的最大速度是多少？**d.** 小石头会达到 **b** 问和 **c** 问中动能和速度的最大值吗？橡皮筋获得了动能吗？

SP4 假设一个质量为 300g 的物块在无摩擦水平面上的弹簧末端振动。弹簧既可被拉伸，又可被压缩，且劲度系数为 400N/m。在释放前，弹簧相对于平衡（未拉伸）位置被拉伸了 12cm。**a.** 弹簧的初始势能是多少？**b.** 物块振动时达到的最大速度是多少？在什么位置达到最大速度？**c.** 当物块到平衡位置的距离为 6cm 时，物块的势能、动能和速度分别是多少？**d.** 在 **c** 问中计算的速度值与在 **b** 问中计算的速度值相比如何？这些值的比值是多少？这很有趣，因为即使是在平衡位置和最大位移的正中间，速度也更接近于最大值，详见 **b** 问。

SP5 如题图所示，总质量为 50kg 的雪橇和骑手停在山顶。山顶要比雪橇路径的最低点高 42m。

第二个小山顶在最低点上方的 28m 高处。假设雪橇在这两个山顶之间运动时，克服摩擦力做了约 3600J 的功。**a.** 如果在运动开始时未向雪橇提供动能，雪橇能到达第二个小山顶吗？**b.** 假设克服摩擦力做了同样的功，并且最初未推雪橇，为了使雪橇到达第二个小山顶，第二个小山顶的最大高度是多少？

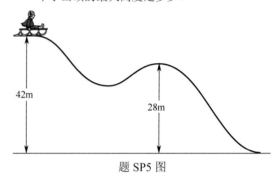

题 SP5 图

SP6 假设你想比较用滚轮将一个箱子推上斜坡所做的功和将箱子直接提到相同高度所做的功。**a.** 将一个重量为 178N 的箱子举到离地面 0.8m 的桌子上需要做多少功？**b.** 假设你还有一个长度为 1.6m 的斜面，它与水平面所成的角度为 30°，如题图所示。箱子的重量是地球对箱子的吸引力，即它是一个竖直向下的力。如果将箱子推上斜坡，就会克服箱子的重力沿斜坡的分量（89N）做功，如题图所示。假设没有摩擦力，将箱子推上斜坡需要多少功？**c.** 哪种情况（是推上斜坡还是直接举起）需要更多的功？**d.** 哪种情况需要更大的力？**e.** 哪种情况移动的距离更大？**f.** 在每种情况下，箱子的重力势能的变化量是多少？**g.** 使用斜坡有何好处（如果有的话）？

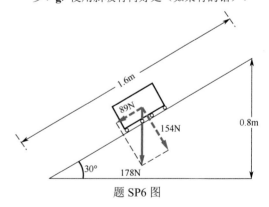

题 SP6 图

120 物理学与生活——日常现象的物理原理（第 10 版）

家庭实验与观察

HE1 使用胶带或者订书钉将一个小球拴在一根细线的一端，然后将细线的另一端固定在刚性支架上（使用铅笔牢牢地粘在桌子的一端），就可以制作一个简单的单摆。**a.** 振动频率可以通过给振动计时来测量。方法是用手表测量 10 次或者更多次完整振动所需的时间。周期 T（一次完整振动所需的时间）等于总时间除以完整振动的次数，频率 f 等于 $1/T$。**b.** 如果改变摆的长度，频率如何变化？请至少尝试三个不同的长度。

HE2 将长条形硬纸板弯成 V 形凹槽，可制成用于观察弹珠或小钢球振动的斜坡。如题图所示，首尾相接地放置两个这样的斜坡，让弹珠在其中振动。**a.** 你能测量这个系统的振动频率吗？振动频率是否取决于弹珠开始滚动时的斜坡高度？**b.** 在第二个斜坡上弹珠能够滚到多高的位置？在这个系统中，每个周期损失的能量要比钟摆的多吗？

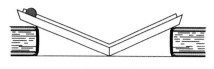

题 HE2 图

HE3 使用小球下落后反弹的高度，可以测量其与地面或者其他表面碰撞后损失的能量。当小球运动时，少部分能量会因空气阻力而损失，但是大部分能量会在碰撞中损失。**a.** 使用你能够找到的不同小球来测试其弹跳的高度，实验时要确保从相同的高度释放小球。哪个小球失去的能量最多？哪个小球失去的能量最少？**b.** 你能解释为什么许多小球的弹跳高度要比弹珠的高吗？实验用球的什么特性能够提供最好的弹跳性能？**c.** 对于一个多次弹跳的小球，周期（两次反弹间隔的时间）是否在每次弹跳时变化？弹跳的小球做简谐运动吗？

第 7 章　动量和冲量

本章概述

本章探讨动量和冲量，并且研究在分析诸如橄榄球比赛中前锋和后卫间的碰撞等事件时如何使用这些概念。本章介绍动量守恒定律，并且解释它的适用条件。一些例子将阐明如何使用这些概念，特别是动量守恒定律。动量是所有这些话题的核心，是理解生活中许多突然变化的有力工具。

本章大纲

1. **动量和冲量**。如何使用动量和冲量的概念描述快速变化的运动？这些概念和牛顿第二运动定律的关系是什么？

2. **动量守恒**。动量守恒定律是什么？它何时有效？它和牛顿运动定律的关系是什么？

3. **反冲**。如何使用动量解释步枪或者霰弹枪的反冲？这与发射火箭有何相似之处？

4. **弹性碰撞和非弹性碰撞**。如何使用动量守恒分析碰撞？弹性碰撞和非弹性碰撞有何区别？

5. **成角度的碰撞**。如何将动量的概念扩展到二维情形？台球的碰撞和汽车的碰撞有何相似之处？

无论是在体育界还是在更为广泛的领域，都有很多真实的动量变化例子值得我们考虑。下面以橄榄球场上一名前锋与对方的一名后卫的碰撞为例加以说明（见图7.1）。如果他们迎头相遇，那么前锋的速度就会急剧下降，而且两名运动员可能会继续沿前锋原来的速度方向短暂地运动。如果后卫在碰撞前运动，那么他的速度也会突然变化。其中肯定存在巨大的力产生这样的速度变化，但是，这些力的作用只发生在瞬间。如何使用牛顿运动定律来分析这样的事件？

图7.1　前锋与后卫的碰撞。两名运动员碰撞后如何运动？

在关于任何碰撞的讨论中，都会涉及动量、冲量和动量守恒。我们可以根据前锋和后卫的总动量来预测碰撞后的情况。动量是如何定义的？动量守恒和牛顿运动定律有何关系？动量守恒在预测碰撞结果时能够发挥多大的作用？我们将在研究各种碰撞时回答这些问题。

7.1　动量和冲量

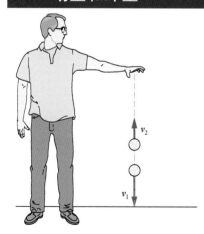

图7.2　从地面上弹起的网球。在网球撞击地面时，网球的速度方向迅速变化

假设一个棒球正飞向接球手的手套，但是其飞行被球棒的撞击突然打断。在很短的时间内，棒球的速度改变了方向，并且在与原飞行方向相反的方向上加速。当球拍击中网球或者壁球从墙壁或者地板反弹时，也会发生类似的变化。在日常生活中，我们经常看到短暂相撞导致物体速度迅速变化的情况。

造成运动速度如此迅速变化的力可能很大，但是它们的作用时间很短，因此很难测量。这种力不仅作用时间短，而且在碰撞过程中会迅速变化。

7.1.1　网球弹跳时会发生什么？

下面来看一个简单的例子：一个从你的手中自由下落的网球。网球最初因重力作用向下加速。与地面接触后，网球的速度方向迅速变化，并且向上返回你的手中（见图7.2）。在与网球接触的短暂时间内，地面必须对网球施加一个很大的力，它提供改变网球速度方向所需的向上的加速度。

如果使用高速摄像机捕捉网球与地面接触时的动作，就会看到变形的网球（见图 7.3）。网球像弹簧一样，首先被压缩，然后膨胀复原，并且向上弹起。用手挤压网球的简单测试表明，使网球变形需要一个很大的力。

图 7.3　网球与地面相撞时的高速摄影照片。网球像弹簧一样被压缩

因此，其中必定存在一个在很短的时间内起作用的很大的力，它产生一个很大的加速度，使网球的速度方向迅速从向下转变为向上。网球的速度大小迅速下降到零，然后反向迅速增加。所有这些都发生在很短的时间内，甚至我们眨眼就会错过。

7.1.2　怎样分析快速变化的运动？

前面用力和加速度描述了网球与地面的碰撞。我们还可以使用牛顿第二运动定律来预测速度实际上是如何变化的。但是，这种方法的问题是，相互作用的时间非常短，而且力本身在这么短的时间内也发生变化，因此很难准确地描述碰撞。在短暂的相互作用过程中，分析运动的整体变化效果可能要更好。

第 4 章介绍牛顿第二运动定律时使用了表达式 $\boldsymbol{F}_{合} = m\boldsymbol{a}$，其中，加速度 $\boldsymbol{a}$ 是速度变化的速率，它等于速度的变化量 $\Delta\boldsymbol{v}$ 除以产生这一变化所需的时间间隔 Δt。时间间隔很重要，因为对于给定的速度变化，所需的时间越短，产生这种变化所需的加速度和力就越大。于是，我们将牛顿第二运动定律重新表述为

$$\boldsymbol{F}_{合} = m(\Delta\boldsymbol{v}/\Delta t)$$

这里用速度变化量来表示加速度。方程两边同时乘以时间间隔 Δt，就可以将第二运动定律写成

$$\boldsymbol{F}_{合}\Delta t = m\Delta\boldsymbol{v}$$

虽然这仍然是牛顿第二运动定律，但是它为我们提供了理解运动的新视角，因此更便于描述运动的整体变化。

7.1.3　什么是冲量和动量？

冲量是前面改写的牛顿第二运动定律方程式左边的物理量，即 $\boldsymbol{F}_{合}\Delta t$，冲量是作用在物体上的力乘以力作用的时间。如果力在这段时间内发生变化，我们就要使用力在这段时间内的平均值，这是很常见的一种情形。

冲量等于平均力乘以其作用的时间间隔，即

$$冲量 = \boldsymbol{F}\Delta t$$

由于力是矢量，因此冲量也是平均力方向上的矢量。

力如何改变物体的运动，取决于力的大小和力作用的时长。力越大，效果越明显；力的作用时间越长，效果也越明显。将这两个因素相乘得到的冲量，显示了力的总体效果。

在前面改写的牛顿第二运动定律方程式的右边，$m\Delta\boldsymbol{v}$ 是物体的质量乘以速度变化量，它是由

力的冲量产生的。牛顿称这个乘积为运动量的变化量。我们今天称这个乘积为物体的动量变化量。其中，动量定义为

动量是一个物体的质量与其速度的乘积，或者 $p = mv$。

符号 p 常用来表示动量。如果物体的质量是常数，那么动量的变化量是质量乘以速度的变化量，或者 $\Delta p = m\Delta v$。

到目前为止，我们处理的都是直线运动，因此不加"线性" 一词，而只将其称为动量。8.4 节中将介绍角动量，那时将认真区分角动量和线动量。

和速度一样，动量也是矢量，其方向和速度矢量的方向相同。两个不同质量和速度的物体在相同方向上运动时，可能具有相同的动量。例如，质量为 7kg 的保龄球以速度 2m/s 运动时，动量是 14kg·m/s；质量为 0.07kg 的网球以速度 200m/s 运动时，动量是 14kg·m/s，与保龄球的动量相同（见图 7.4）。

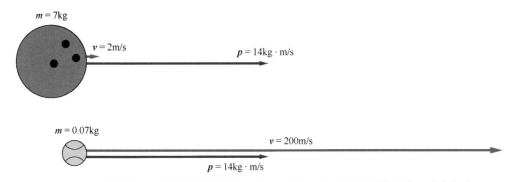

图 7.4 具有相同动量的保龄球和网球。这时，质量小得多的网球的速度一定大得多

利用冲量和动量的定义，我们可以将牛顿第二运动定律重新表述为

$$\text{冲量} = \text{动量变化量} = \Delta p$$

牛顿第二运动定律的这种表述有时被称为动量定理：

作用在物体上的冲量导致物体的动量变化，变化量的大小和方向与冲量的相同。

这个定理不是新的物理理论，而是牛顿第二运动定律的另一种表述，它在研究碰撞时特别有用。

7.1.4 如何应用动量定理？

动量定理几乎适用于任何碰撞。使用球杆击打高尔夫球就是一个很好的例子（见图 7.5）。球杆施加在高尔夫球的冲量使得高尔夫球的动量发生变化，详见例题 7.1。注意，按照动量定理，冲量的单位（力乘以时间或者 N·s）必定等于动量的单位（质量乘以速度或者 kg·m/s）。

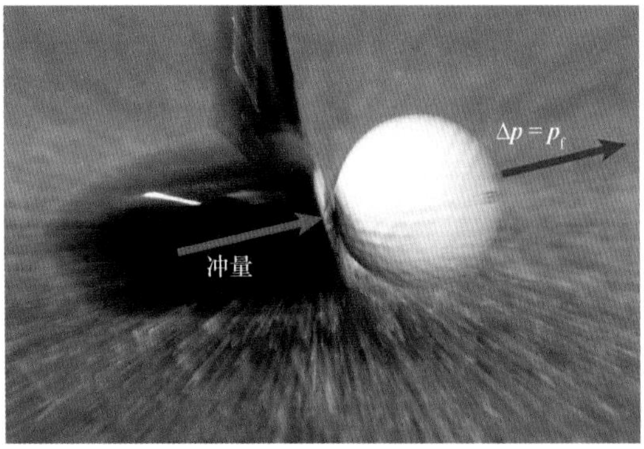

前面讨论的网球在撞击地面时，动量会变化吗？即使网球在与地面的碰撞过程中未损失任何能量，并且以碰撞地面前的相同速率和动能反弹，动量也会因为方向的变化而变化。当网球瞬间停

图 7.5 球杆给高尔夫球施加一个冲量。如果高尔夫球的初动量为零，那么末动量等于作用力的冲量

止时，动量减小为零，随着网球反向获得动量，动量再次发生变化（见图 7.6）。总动量变化量要比网球只停止而不反弹时的变化量大。

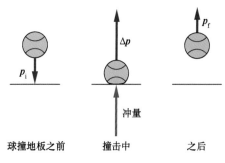

当网球以同样的速率反弹时,动量的总变化量是网球落地前的动量的 2 倍。网球的末动量是 mv,其中 v 的方向是竖直向上的,初动量是 $-mv$,因为初速度的方向是竖直向上的。从末动量中减去初动量,得到的就是动量的变化量,即 $mv - (-mv) = 2mv$。产生这种动量变化量所需的冲量,是仅让网球停止所需的冲量的 2 倍。

图 7.6 地面施加给网球的冲量使得网球的动量发生变化

许多实践活动涉及冲量和动量的变化。为什么接球时手向后移会有帮助?手向后移会延长时间间隔 Δt,减小手必须施加给球的平均力,因为冲量是时间间隔与力的乘积($F\Delta t$)。如果时间间隔更长,那么力可以更小,但是,仍然会产生相同的冲量和动量变化量。这样,手就不会那么疼!类似地,汽车中的安全气囊就是通过延长碰撞时间来减少碰撞对乘客的伤害的。另一个涉及冲量和动量变化量的实践活动,请参阅日常现象专栏 7.1。

日常现象专栏 7.1 扔鸡蛋游戏

现象与问题 你参加过扔鸡蛋比赛吗?你和同伴能将生鸡蛋扔多远并抓住它?最成功的技巧是当鸡蛋落到手上时,后移你的手。为什么这种技巧降低了打破鸡蛋的概率?这与动量和冲量有何关系?你的物理知识如何降低你"洗鸡蛋浴"的概率?这些原理同样适用于用手接水球。

分析 你向伙伴扔鸡蛋或者水球时,你会向它施加一个力,为它提供动量。当伙伴抓住它并让它停下来时,它的动量将发生变化。前面说过,动量的变化量等于冲量,冲量又等于手施加在物体上的力乘以力的作用时间。因此,按照动量定理,动量的变化量等于手施加在鸡蛋上的力乘以该力作用的时间,即 $\Delta p = F\Delta t$。

不同于击打高尔夫球或者棒球,这里的想法不是增加动量的变化量,而是使鸡蛋受到的力最小而不打破它。决定是否打破鸡蛋的是力的大小。用手接鸡蛋时,手施加的力越大,就越有可能打破鸡蛋。

鸡蛋离手后,在从抛掷者到接蛋者的过程中,有一个确定的动量,也就是说,我们认为这个动量是不变的。因此,要将这个动量减小到零,所需的冲量也要求是不变的。由于 $F\Delta t$ 固定不变,要想减小作用在鸡蛋上的力,就必须延长接蛋的时间。我们说力和时间成反比,即其中的一个增大,另一个就按比例减小。F 正比于 $1/\Delta t$(即 F 正比于 Δt 的倒数)。

反比例情况经常出现在日常生活中,但是它不总是被我们察觉或理解。例如,假设你有 2 美元购买糖果。如果购买每颗 10 美分的糖果,那么可以购买 20 颗。相反,如果购买每颗 25 美分的糖果,那么只能购买 8 颗。糖果越贵,能够购买的糖果数量就越少,我们之中的大多数人应该都能接受这一点。

在这个例子中,你的费用是固定的,它等于购买糖果的总费用,即每颗糖果的价格乘以糖果数量。因此,你可以购买的糖果数量与每块糖果的价格成反比:一个增加,另一个必然相应地减少。

如前面指出的那样,在接鸡蛋的过程中,冲量是固定的,因此力与时间成反比。增大其中的一个(如让鸡蛋停下来的时间)时,另一个(所加的力)就减小。于是你的目标就是使停止鸡蛋的时间尽可能地长。

如何才能做到这一点呢?当鸡蛋到达你的手中时,你可以向后移动手,增加抓住它的时间。这个过程应该尽可能平稳,以便与手不向后移时相比,速度(和动量)下降到零要缓慢得多。使用这种技巧,施加在鸡蛋上的平均力要比鸡蛋突然停止时的力小得多。所幸的是,这个力会小到不会打破鸡蛋!

这个原理的应用很多。汽车中的安全气囊通过增加头部停止的时间来减小碰撞过程中对头部施加的力；体育馆的地板有非常好的弹性，可以减小运动员在跳跃和着地时膝盖所受的力；玻璃酒杯掉到地毯上会弄脏地毯，但是打碎玻璃的可能性要比掉到水泥地面上时小得多。在所有这些例子中，力减小了，因为让物体停下来所需的时间增加了。你可能无法用秒表测量时间的减少，因为涉及的时间非常短，但是你可以在结果中看到时间增加的证据。

当你下次去野餐时，带一些生鸡蛋或者水球，与朋友和家人一起应用动量定理。对于水球，好的抛接技巧会让你保持干燥，但是有时弄湿衣服更有趣。

例题 7.1　高尔夫球的动量和冲量

球杆对质量为 0.1kg 的高尔夫球施加平均力 500N，但是球杆与高尔夫球接触的时间只有 0.01s。**a.** 球杆施加的冲量是多少？**b.** 高尔夫球的速度变化量是多少？

a. $F = 500N$，$\Delta t = 0.01s$，冲量 $=$ ？

冲量 $= F\Delta t = 500 \times 0.01 = 5 N\cdot s$

b. $m = 0.1kg$，$\Delta v =$ ？

冲量 $= \Delta p = m\Delta v$

$\Delta v = \Delta p/m = 5/0.1 = 50 m/s$

本节应用牛顿第二运动定律的另一种形式。事实上，在动量定理的两边同时除以时间间隔 Δt，就会得到牛顿第二运动定律的另一种形式，这种形式最接近牛顿对第二运动定律的原始表述，即 $F_{合} = \Delta p/\Delta t$。换句话说，第二运动定律的这种形式指出，作用在物体上的合力等于物体动量的变化率。与我们熟悉的 $F_{合} = ma$ 相比，这种形式涵盖的情况更广。

　　动量和冲量在涉及碰撞这样的事件时最有用。在这些事件中，巨大的力短暂地作用在物体上，使得物体的运动产生惊人的变化。动量定理表明，动量的变化量等于冲量。这是表述牛顿第二运动定律的另一种方式。冲量，即平均力与时间间隔的乘积，可以让我们预测物体动量的变化量。大冲量产生大的动量变化量。

7.2　动量守恒定律

冲量和动量如何帮助我们解释引言中提到的后卫和前锋的碰撞？7.1 节中介绍的情形确实存在。后卫对前锋施加了巨大但短暂的力（见图 7.7），两名运动员的动量在碰撞中快速变化。

动量守恒定律是理解这种碰撞的钥匙。当我们将牛顿第三运动定律应用于冲量和动量的变化量时，就导致了动量守恒定律。动量守恒表明，我们不需要详细了解冲击力就能够预测碰撞的许多细节。

7.2.1　动量在什么条件下守恒？

下面详细分析前锋和后卫的迎面碰撞。为便于说明，假设前锋被后卫拦截（见图 7.7）时，两名运动员在空中相遇，碰撞后他们一起移动。当他们碰撞时，会发生什么？

在碰撞过程中，后卫对前锋施加了很大的力，根据牛顿第三运动定律，前锋对后卫施加的力大小相等、方向相反。因为两个力作用的时间间隔 Δt 相等，因此两个力的冲量 $F\Delta t$ 也必定大小相等、方向相反。根据动量定理（牛顿第二运动定律），两名运动员的动量变化量 Δp 也必定大小相等、方向相反。

如果两名运动员的动量变化量大小相等、方向相反，那么

图 7.7　两名运动员相撞。作用在两名运动员身上的冲量大小相等、方向相反

二者的总动量变化量就是零。下面考虑整个系统。我们将系统的总动量定义为两名运动员的动量

的矢量和。系统的动量没有变化，因为两名运动员的动量变化量相互抵消了，系统的总动量守恒。

得出这个结论时，我们忽略了其他物体作用在两名运动员身上的外力，并且假设唯一重要的力是他们的相互作用力。他们之间的相互作用力是由二者组成的系统的内力。因此，动量守恒定律可以表述为

> 当作用在系统上的合外力为零时，系统的总动量守恒。

根据牛顿第三运动定律，系统内物体之间的相互作用力是内力，它们对总动量的作用相互抵消。系统的不同部分可以交换动量，但是不影响系统的总动量。系统与系统外的某个物体相互作用时，系统会受到一个合外力的作用，这时整个系统加速，系统的动量会变化。

7.2.2 动量守恒和碰撞

利用动量守恒定律，我们能得到关于碰撞（如两名橄榄球运动员之间的碰撞）结果的什么信息？如果知道物体的质量和初速度，就能够知道碰撞后物体运动的速率和方向。我们根本不需要知道碰撞过程本身涉及的力的细节。

例题 7.2 使用实际数据处理了前锋和后卫之间的迎面碰撞。前锋的质量为 100kg，速度为 5m/s；后卫的速度为 -4m/s，方向与前锋的运动方向相反（见图 7.8）。注意，负号表示方向，这里选择前锋的运动方向为正方向。

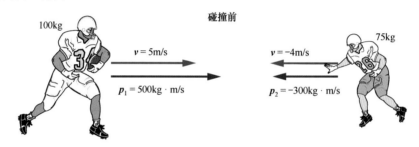

图 7.8　碰撞前两名运动员各自的速度矢量和动量矢量

例题 7.2　迎面碰撞

一名质量为 100kg 的前锋以 5m/s 的速度冲向前场，与一名质量为 75kg 的后卫迎面碰撞。后卫的速度大小为 4m/s，方向与前锋的速度方向相反。后卫紧紧抓住前锋，在碰撞后一起运动。**a**. 每名运动员的初动量是多少？**b**. 系统的总动量是多少？**c**. 碰撞后，两名运动员的速度各是多少？

  a. 前锋：

    $m = 100$kg，$v = 5$m/s，$p = ?$

    $p = mv = 100 \times 5 = 500$kg·m/s

  后卫：

    $m = 75$kg，$v = -4$m/s

    $p = mv = 75 \times (-4) = -300$kg·m/s

  b. $p_总 = ?$

    $p_总 = p_i + p_f = 500 - 300 = 200$kg·m/s

  c. $v = ?$（碰后两名运动员的速度）

    $m = 100 + 75 = 175$kg

    $p = mv$

    $v = p_总 / m = 200/175 = 1.14$m/s

在例题 7.2 中，将前锋的初动量与后卫的初动量相加，考虑运动方向的不同后，可以得到系统碰撞前的总动量。如果两名运动员的脚刚好在碰撞前离开地面（脚与地面之间没有摩擦力），

那么在碰撞过程中，动量应该守恒。碰撞后两名运动员在一起运动时的总动量与碰撞前的总动量相同（见图7.9）。

碰撞后的正动量值表明，两名运动员的运动方向与前锋的原运动方向一致。前锋的初动量大于后卫的初动量，这两个值相加后，前锋的运动方向占优。在两名运动员落地之前，后卫会短暂地后退。

根据牛顿第三运动定律，当系统内不同部分的动量变化量相互抵消时，就导致了系统的动量守恒。也就是说，如果没有外力作用在系统上，系统的总动量就是守恒的。这个定律适用于各种情况，包括碰撞、爆炸等，这类物理过程涉及的物体之间的相互作用短暂且剧烈。

图 7.9　碰撞后两名运动员的速度矢量和动量矢量

7.3　反冲

为什么霰弹枪开火时枪托会撞击你的肩膀，有时还会带来令人痛苦的后果？当太空中除了火箭本身而没有其他东西可以推动时，火箭为何能在真空中加速？这些都是反冲现象的例子，是日常生活中常见的现象。动量守恒是理解反冲的钥匙。

7.3.1　什么是反冲？

假设两名滑冰者面对面地站着并且用手互相推动（见图7.10），同时假设他们的冰鞋与冰面之间的摩擦力小到可以忽略。向上的支持力和向下的重力相互抵消，因为他们在竖直方向上没有加速度。作用在由两名滑冰者组成的系统上的合外力实际上是零，因此动量守恒定律适用于这种情形。

在这种情况下，应该如何应用动量守恒定律？由于在推开之前两名滑冰者都是静止的，因此系统的初总动量为零。如果动量守恒，那么两名滑冰者分开后，系统的总动量也是零。当至少有一名滑冰者运动时，总动量怎么可能为零呢？两名滑冰者必定以大小相等、方向相反的动量运动，即 $p_2 = -p_1$。第二名滑冰者的动量 p_2 必须与第一名滑冰者的动量 p_1 相反。将两名滑冰者的动量相加，求系统的总动量时，两名滑冰者的动量相互抵消，于是得到总动量为零。

分开后，两名滑冰者以大小相等的动量向相反的方向运动（见图7.11），但是他们的速度大小不等。因为动量等于质量乘以速度（$p = mv$），所以质量较小的滑冰者必定拥有更大的速度，才能

图 7.10　两名不同质量的滑冰者互相推动。哪名滑冰者会得到较大的速度？

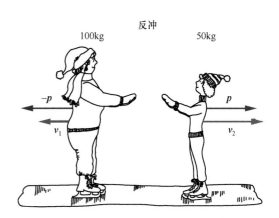

图 7.11　两名滑冰者互相推动后的速度矢量和动量矢量示意图

与质量较大的滑冰者具有相同大小的动量。假设质量较小滑冰者的质量仅为质量较大滑冰者的质量的一半。质量较小滑冰者在分开后的速度大小应该是质量较大滑冰者的 2 倍。

滑冰者演示了反冲的基本原理。两个物体之间的短暂推力使得物体向相反的方向运动。质量较小的物体获得较大的速度，使得两个物体的动量的大小相等。推开后，系统的总动量等于零，即推开前系统的总动量值（假设两个物体最初都是静止的）。系统的总动量守恒。

7.3.2 霰弹枪的反冲

如果开枪时未让枪托紧靠肩膀，那么你可能会受到枪托的重重撞击。这是怎么回事？霰弹枪中火药的爆炸使得弹丸迅速向目标方向运动。当枪身可以自由移动时，就会以与弹丸大小相等、方向相反的动量反冲（见图 7.12）。

图 7.12　霰弹枪开火后，枪身和弹丸的动量大小相等、方向相反

尽管弹丸的质量要比枪身的质量小得多，但是，弹丸的速度很快，所以弹丸的动量很大。如果作用在系统上的外力可以忽略不计，那么枪身反冲时的动量与弹丸的动量大小相等。由于枪身的质量较大，枪托的速度将小于弹丸的速度，但是枪托的速度仍然很大，当枪托撞击你的肩膀时，你就能体会到反冲。

作为射手的你如何避免肩膀受伤？诀窍是让枪托紧靠你的肩膀（见例题 7.3），使你自己变成这个系统的一部分。系统质量的增加会导致较小的反冲速度，即使你恰好站在冰面上，双脚和冰面之间的摩擦力可以忽略不计。更重要的是，霰弹枪相对于你的肩膀没有运动。

例题 7.3　霰弹枪射击时动量守恒吗？

问题： 霰弹枪紧靠肩膀时，系统动量守恒吗？

答案： 具体取决于如何定义系统。如果将系统定义为霰弹枪和子弹，那么射手的肩膀就会对系统施加一个大的外力。因为动量守恒的条件是作用在系统上的合外力为零，因此这个系统的动量不守恒。

如果我们将射手和地球也包含到系统中，那么动量就守恒，因为所有的力都在该系统的内部。然而，我们是无法察觉地球的动量变化的。

7.3.3 火箭是如何工作的？

火箭的发射是反冲的另一个例子。从火箭尾部喷出的废气具有质量和速度，因此也具有动量。如果忽略外力，那么火箭在前进方向获得的动量将与反向排出的废气的动量大小相等（见图 7.13）。这时，动量是守恒的，就像其他反冲的例子一样。火箭与废气相互推动，因此牛顿第三运动定律适用于这种情形。

图 7.13　火箭点火后出现短促的爆炸，火箭获得的动量与废气的动量大小相等、方向相反

火箭和前面滑冰者与霰弹枪例子的区别是，火箭发射通常是一个连续的过程。火箭的动量是通过连续的喷射而逐渐增加的，而不是一次短促的喷射就获得的。火箭的质量也会随着燃料消耗和火箭发动机排放废气变化。末速度的计算要比滑冰者情形下困难得多。然而，对于一次火箭短促的喷射，同样的分析方法也是适用的。

反冲在外太空中也发挥作用：两个物体只需相互推动，就像滑冰者和霰弹枪一样。火箭发动机可以用于太空旅行，它与飞机上使用的螺旋桨发动机或者喷气发动机不同。飞机的发动机依赖于大气，大气既是燃料燃烧过程中氧气的来源，又是推动发动机前进的动力。一方面，发动机的螺旋桨推动大气,根据牛顿第三运动定律,大气也推动螺旋桨。这种相互作用使得飞机加速。另一方面,火箭是自成体系的,也就是说,它对喷射产生的废气施加一个力,根据牛顿第三运动定律,废气对火箭施加一个反作用力。

> 在反冲过程中,物体相互推动,并且向相反的方向运动。外力可以忽略不计时,动量守恒。相互作用之前和相互作用之后的总动量为零(假设两个物体最初都是静止的)。在相互作用之后,两个物体以大小相等、方向相反的动量矢量相互分离,并且两个物体的动量相互抵消,不影响系统的总动量。反冲是动量守恒所适用的多种短暂相互作用中的一种。

7.4 弹性碰撞和非弹性碰撞

如橄榄球运动员的例子那样,碰撞是应用动量守恒定律最有效的领域之一。碰撞涉及短时间内的巨大相互作用力,相互作用力使得碰撞物体的运动产生剧烈变化。相互作用力很大,相比之下,任何作用在系统上的外力通常都会小到可以忽略不计,因此动量是守恒的。

不同类型的碰撞产生不同的结果。有时,物体会粘在一起,有时,物体会相互弹开。这些情况有何区别?当应用于碰撞时,术语弹性、非弹性和完全非弹性有什么含义?能量和动量守恒吗?火车车厢、弹跳小球和台球有助于说明这种区别。

7.4.1 什么是完全非弹性碰撞?

最容易分析的碰撞类型是两个物体迎面碰撞后粘在一起的碰撞,如前面讨论的两名橄榄球运动员的碰撞。碰撞后,他们抱在一起,就像一个物体那样运动,因此我们只需要求出末速度。

碰撞后物体粘在一起的碰撞被称为完全非弹性碰撞。这些物体完全不反弹。如果知道碰撞前系统的总动量,并且忽略外力,那么就能够很容易地算出碰撞后粘在一起的物体的末动量和末速度。

火车车厢的连接是这类碰撞的另一个例子。例题 7.4 使用动量守恒定律,根据系统碰撞前已知的动量信息,预测了相连后火车车厢的末动量和末速度。这个过程与 7.2 节中预测橄榄球运动员末速度的过程非常相似。在两种情况下,几个独立的物体碰撞后粘在一起,像一个物体那样运动。

例题 7.4　火车车厢的连接

如图所示,4 节质量均为 20000kg 的火车车厢静止在轨道上。质量相同的车厢 5 以 9m/s 的速度(向右)撞向它们。**a.** 系统的初始动量是多少?**b.** 5 节车厢连接到一起后的速度是多少?

a. $m_5 = 20000kg$,$v_5 = 9m/s$,$p_i = ?$

$p_i = m_5 v_5 = 20000×9 = 180000kg·m/s$(碰撞前)

b. $m_总 = 100000kg$,$p_f = p_i$,$v_f = ?$

$v_f = p_f / m_总 = 180000/100000 = 1.8m/s$(碰撞后)

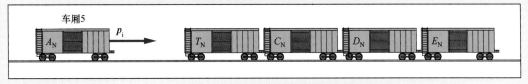

1 节运动的车厢撞向另外 4 节静止的车厢。连接到一起后,它们的速度是多少?

在例题 7.4 中,碰撞后,连接到一起的车厢的总质量是车厢 5 的 5 倍,因此动量如果守恒,那么所有车厢的末速度必定是车厢 5 的初速度的 1/5。系统碰撞后的动量等于系统碰撞前的动量,只是速度出现了变化。我们计算的"末速度"是指碰撞后的瞬时速度。当车厢在碰撞后继续运动时,摩擦力会使得它们逐渐减速,直到停止。

7.4.2 碰撞过程中能量守恒吗？

车厢碰撞后的动能是否等于例题 7.4 中车厢 5 的初动能？使用第 6 章中介绍的公式 $E_k = \frac{1}{2}mv^2$，我们可以算出碰撞前后的动能。车厢 5 的初动能是 810kJ；碰撞后，5 节车厢同时运动的动能仅为 162kJ（请核算这些值）。任何完全非弹性碰撞都会损失一部分初动能。

如果我们在车厢 5 前面放一根大弹簧，让它与其他 4 节车厢碰撞后弹开而不连在一起，就会发现碰撞会保留更多的动能。当物体反弹时，碰撞要么是弹性的，要么是非弹性的，而不是完全非弹性的。这种区别基于是否损失能量。弹性碰撞是指没有能量损失的碰撞。非弹性碰撞是指能量有损失，但是物体不粘在一起的碰撞。对于完全非弹性碰撞，物体粘在一起，损失的能量最多。

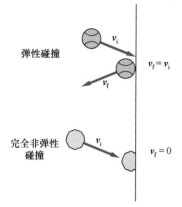

大多数碰撞都会损失一些动能，因为碰撞不是完全弹性的。热量产生、物体变形、声波产生，都涉及将物体的动能转换为其他形式的能量。即使是物体反弹，我们也不能假设碰撞就是弹性的。更有可能的是，碰撞部分是非弹性的，这意味着会损失一些初动能。

一个小球从地板或者墙壁反弹回来时，如果其速度不减小，那么就是弹性碰撞的一个例子。速度的大小不变化（只有方向变化），动能就不减少，没有能量损失。当然，更可能的情况是，这样的碰撞会损失一些能量，碰撞后小球的速度要比之前的速度小一些。

图 7.14 小球和墙壁的弹性碰撞和完全非弹性碰撞。在完全非弹性碰撞中，小球粘在墙壁上

小球与墙壁碰撞的另一种极端情况是完全非弹性碰撞，此时小球粘在墙壁上。在这种情况下，小球碰撞后的速度是零，动能也是零，它损失了所有的动能（见图 7.14）。

7.4.3 台球碰撞时会发生什么？

当台球相互碰撞时，能量损失很少。你可以将击打台球视为做物理实验，这时你对弹性碰撞的直觉会在击打过程中得到改善！这种碰撞基本上可被视为弹性碰撞，即动量和动能都守恒。

当碰撞的物体（如台球）互相反弹时，我们就要处理两个末速度而非一个末速度。从物体的已知初动量信息，我们可以很容易地算出碰撞前后系统的总动量。然而，我们需要更多的信息来求出碰撞后各个物体的速度，因为由一个总动量值无法求出两个未知的末速度（这就是我们容易分析物体粘在一起的完全非弹性碰撞的原因）。在弹性碰撞中，能量守恒提供了额外的信息。

对台球来说，最简单的情况是白色的主球与另一个在被撞前静止的台球的迎面碰撞（见图 7.15 中的 11 号台球）。这时会发生什么？如果在碰撞过程中旋转是次要因素，那么主球在碰撞后会完全停止，而 11 号台球将以与主球碰撞前的相同速度向前运动。如果 11 号台球获得的速度与主球在碰撞前的速度相同，那么它的动量 mv 也与主球的初动量相同，因为两个台球的质量相同。这样，碰撞过程中的动量就是守恒的。

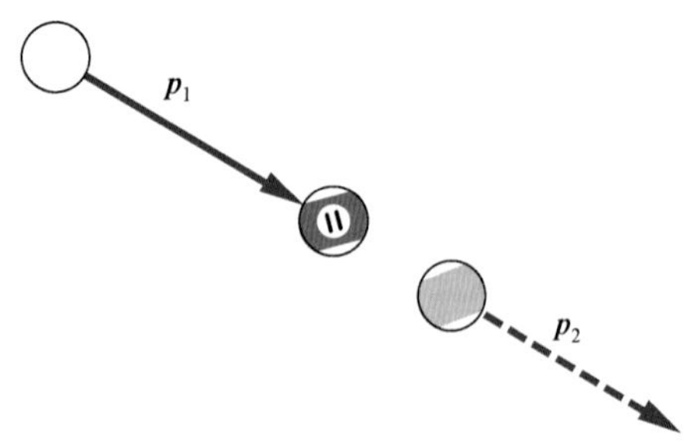

主球碰撞前的动能是 $\frac{1}{2}mv^2$。碰撞后，主球的速度和动能都是零，因为 11 号台球的质量和主球的质量相同，速度也与主球碰撞前的速度相同，所以 11 号台球的动能是 $\frac{1}{2}mv^2$。因此，这个碰撞的动能是守恒的。一般来说，当两个台球的质量相等时，发生一动一静的弹性碰撞，唯一能够使得动量和动能都守恒的方式就

图 7.15 白色主球和静止的 11 号台球的迎面碰撞。主球停止，11 号台球向前运动

是动球停止，而静止的台球以与动球碰撞前的相同动量和动能向前运动。任何台球选手都熟悉这种情形。

牛顿摆中也会出现相同的现象。牛顿摆通常是放在壁炉架或者桌面上的装饰物（见图7.16）。一排钢球用丝线挂在金属或者木质框架上。拉开并释放一个钢球后，这个入射钢球与其他钢球碰撞，使得另一端的一个钢球以与入射钢球碰撞前相同的速度弹出。这时，动量和动能都是守恒的。

如果拉开并释放一侧的两个钢球，那么另一侧的两个钢球会在碰撞后弹出。同样，这时动量和动能也都是守恒的。你可以试着拉开并释放其他数量的钢球组合，这既有趣又容易上瘾。

图 7.16　牛顿摆是弹性碰撞的一个近似例子

硬球（如台球或者牛顿摆中的钢球）之间的碰撞，一般可以视为弹性碰撞。然而，大多数涉及日常物体的碰撞都是非弹性碰撞。碰撞过程中会失去一些动能。然而，只要我们关心的是碰撞前后瞬间的动量和速度，动量就是守恒的。

> 动量守恒定律是理解碰撞现象的主要工具。在碰撞发生的短暂时间里，如果碰撞的内力占支配地位，并且可以忽略各种外力，那么这种情况下动量守恒定律是适用的。如果碰撞是弹性碰撞，那么动能也是守恒的，台球或者其他硬球的碰撞基本上属于这种情况。我们熟悉的大多数物体的碰撞是非弹性碰撞，这类碰撞会损失一些能量。最大比例的能量损失发生在物体粘在一起的完全非弹性碰撞中。

7.5　成角度碰撞

当台球或者汽车以一定的角度碰撞而非迎面碰撞时，会发生什么？当运动不局限于直线运动时，就会出现动量守恒的一些有趣应用。如果物体可以在二维平面上自由运动，那么动量是矢量就会变得更加明显。台球桌上的台球碰撞、十字路口的汽车碰撞、橄榄球运动员的冲撞，都是有趣的常见例子。

7.5.1　二维完全非弹性碰撞

两名方向垂直运动的橄榄球运动员碰撞后，抱在一起共同运动，如图7.17所示。碰撞后，他们共同运动的方向是什么？如何在二维情况下应用动量守恒定律？在图7.17中，我们假设两名运动员的质量和初速度与7.2节的例子中的相同，但是我们不再讨论发生迎面碰撞的情形。后卫的动量方向现在是球场横向，而前锋的动量方向是球场纵向。

因为动量是矢量，我们需要将前锋和后卫的动量矢量相加，才能得到碰撞前系统的总动量。首先，我们按比例画出两名运动员的动量矢量，这很容易。然后，我们可以使用图解法将矢量相加。如图7.18所示，系统碰撞前的总动量是两个动量矢量相加形成的直角三角形的斜边。

如果在碰撞过程中动量守恒，那么碰撞后双方的总动量等于碰撞前的总动量。由于两名运动员碰撞后一起运动，因此他们向总动量矢量的方向运动，如图7.18所示。由于

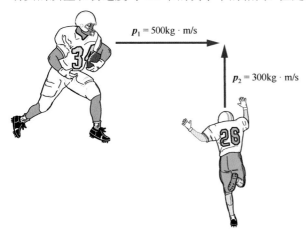

$p_1 = 500\text{kg} \cdot \text{m/s}$

$p_2 = 300\text{kg} \cdot \text{m/s}$

图 7.17　前锋和后卫彼此成直角相撞

碰撞，两名运动员的运动方向都发生了变化。在碰撞前，前锋的较大动量决定了最终的运动方向

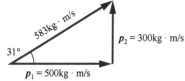

图 7.18　两名橄榄球运动员碰撞前的总动量是他们各自的动量矢量之和

更多地指向球场纵向而非横向，但是两个方向的运动都有。如果将自己想象为参与者之一，那么这个结果非常直观。

两名运动员碰撞后的最终运动方向取决于碰撞前的动量值。如果后卫比我们最初设想的质量更大或者速度更快，他就会有更大的动量，他的冲撞会给前锋的运动方向带来更大的变化。另一方面，如果后卫的质量很小，并且运动缓慢，那么他对前锋运动的方向影响很小。调整动量 p_2 的长度，即图 7.18 中后卫的动量，可以说明这些变化。

日常现象专栏7.2　汽车事故调查

现象与问题　琼斯警官正在调查主街和第 19 大道交叉路口发生的一起汽车相撞事故。司机 A 在第 19 大道向东行驶时，被沿主街向北行驶的司机 B 从侧面撞到。两辆汽车撞到一起后，又一起撞到了十字路口东北角的灯柱（见附图 1）。

两名司机都声称是在交通信号灯变绿后才起动汽车并与闯红灯的对方相撞的，没有其他目击者。哪名司机说的是真话？

分析　琼斯警官在大学期间修过物理课程，并且接受过事故调查技术的训练，她做了如下观察。

1. 司机 B 的汽车前灯上的玻璃碎片与其他碎片清楚地显示了撞击地点。琼斯警官在事故报告单上的草图指出了这一点。

2. 相撞后两辆汽车共同移动的方向很明显（她用一条从碰撞点到停止点的箭头来表示这一方向）。

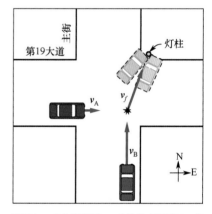

附图 1　在主街和第 19 大道的交叉路口，汽车相撞

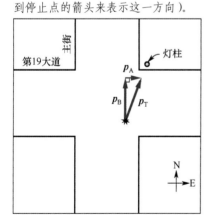

附图 2　琼斯警官的事故报告包含了由动量守恒定律得出的一幅矢量图

3. 两辆汽车的质量基本上相同（两辆汽车都是小型车，款式和尺寸差不多）。

4. 动量守恒定律适合于判断碰撞后的动量矢量的方向。

画出矢量图并且注意到最后的动量矢量方向后，琼斯警官认为司机 B 在撒谎。为什么？末动量矢量必须等于碰撞前两辆汽车的初动量矢量之和。由于碰撞前两辆汽车的运动方向垂直，因此两个初动量矢量是直角三角形的两条直角边，而直角三角形的斜边是系统的总动量。附图 2 中清楚地表明，司机 B 的汽车的动量肯定要比司机 A 的汽车的动量大得多。

由于两名司机都声称其汽车是在交通信号灯变绿后才完全静止状态起动的，所以碰撞前速度较大的司机未说实话。司机 B 的速度更大大概是闯红灯的原因。于是，琼斯警官传唤了司机 B。

日常现象专栏 7.2 中描述了类似的情况。两辆相互垂直运动的汽车在交叉路口相撞后，粘在一起。根据最终的行驶方向，调查人员可以得出关于两辆汽车的初速度的结论。动量守恒在事故分析中非常重要。

7.5.2 二维弹性碰撞

台球碰撞后，并不粘在一起，而是彼此弹开，这时我们必须考虑两个不同方向的末速度。尽管许多真实的碰撞都是这样的，但是分析它们要比分析完全非弹性碰撞的例子复杂得多。预测末速度需要更多的信息。但是，如果我们知道碰撞是弹性的，那么动能守恒可以提供额外的信息。

台球桌上的物理实验再次为我们提供了一个有趣的例子（这对任何台球选手来说都有实用价值）。假设主球以某个角度（偏离碰撞前两个台球中心的连线）撞击静止的 11 号台球，如图 7.19 所示。两个台球碰撞后会发生什么？动量守恒和动能守恒的共同作用导致了台球选手都熟悉的独特结果。

因为主球是碰撞前唯一运动的台球，所以系统的初动量是主球的动量，它的方向是图 7.19 和图 7.20 中 p_i 的箭头方向。两个台球之间的相互作用力（和冲量）过两球中心连线的碰撞点。11 号台球沿这条连线运动，因为主球对它的作用力将它推向了那个方向。

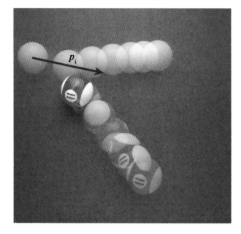

图 7.19 主球瞄准一个台球球心偏左一些的位置，产生成角度碰撞

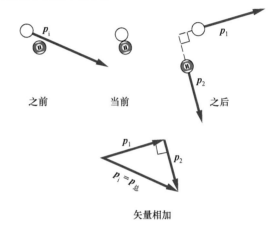

图 7.20 两个台球的初动量矢量相加，得出碰撞后系统的总（初）动量。碰撞后两个台球的路径近似垂直

碰撞后，系统的总动量方向必须为初动量的方向，因为动量在碰撞过程中是守恒的。动量守恒也会限制主球碰撞后的动量大小与方向（见图 7.20）。碰撞后，两个台球的动量矢量相加，得到系统的总动量 $p_{总}$，它的大小与方向必须与系统的初动量相同。

因为碰撞是弹性碰撞，所以主球的初动能 $\frac{1}{2}mv^2$ 必定等于碰撞后两个台球的动能之和。由于两个台球的质量相等，因此碰撞过程中的动能守恒表达为

$$v^2 = v_1^2 + v_2^2$$

式中，v 是主球碰撞前的速率，v_1 和 v_2 是两个台球碰撞后的速率。速度矢量形成一个三角形，就像图 7.20 中动量矢量形成的三角形。如果表示速度的这两条边的平方和等于三角形的第三条边的平方，那么根据勾股定理可知，这个三角形一定是直角三角形。如果速度矢量形成一个直角三角形，那么动量矢量同样如此，因为它们的质量相同，并且与对应的速度矢量的方向相同。

动量守恒要求动量矢量相加形成一个三角形，但是，动能守恒又规定它是一个直角三角形。主球与 11 号台球碰撞后，与 11 号台球的运动方向呈直角（90°）运动。击打台球时，如果你正在计划下一次击球，那么这是一个非常重要的结论。动量守恒和动能守恒决定了击球的方式。

如果你身边刚好有台球桌，那么可以试着以不同的碰撞角度来验证这些结论（弹珠或钢球是合适的替代品）。碰撞后，你可能得不到完美的直角，因为碰撞不是完全弹性的，台球的旋转有时也是重要的影响因素。两个末速度之间的夹角，通常与直角相差几度。

动量守恒要求动量的方向和大小都保持不变。当以某个角度碰撞时，这个要求限制了最终运动的方向与速度。如果碰撞是弹性碰撞，就像台球碰撞那样，那么对能量守恒就加了另一个限制。如果知道动量的方向与大小，就会感知最后的结果。当人们、台球、汽车、亚原子粒子甚至天体碰撞时，这些守恒定律可以预测将要发生的事情。

7.5.3 问题讨论

关于汽车事故统计数据提供了令人信服的证据，即使用安全带减少了汽车事故中重伤和死亡的人数。另一方面，也有一些场合，在发生事故时不使用安全带的人员被甩出汽车实际上增大了存活的机会，比如汽车燃烧时。那么，应该允许个人选择是否使用安全带而不负什么法律责任吗？

小结

为了描述物体之间的相互作用，本章使用冲量和动量重新表述了牛顿第二运动定律。遵循牛顿第二和第三运动定律的动量守恒定律，在处理作用时间短暂但相互作用力巨大的碰撞问题时，起核心作用。

1. **动量和冲量**。牛顿第二运动定律可以使用动量和冲量重新表述如下：作用在物体上的合冲量等于物体的动量变化量。冲量的定义是作用在物体上的平均力乘以该力作用的时间。动量的定义是物体的质量乘以物体的速度。

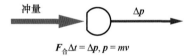

$$F_合 \Delta t = \Delta p, \quad p = mv$$

2. **动量守恒**。牛顿第二和第三运动定律共同产生了动量守恒定律：如果作用在系统上的合外力为零，那么系统的总动量不变。

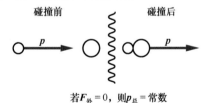

若 $F_外 = 0$，则 $p_总 =$ 常数

3. **反冲**。最初静止的两个物体之间发生爆炸或者相互推动时，动量守恒指出，如果系统未受到合外力的作用，那么系统的末总动量为零。两个物体的末动量大小相等、方向相反。

$$p_2 = -p_1$$

4. **弹性碰撞和非弹性碰撞**。完全非弹性碰撞是指碰撞后物体粘在一起的碰撞。忽略外力时，系统的总动量守恒。弹性碰撞是指总动能也守恒的碰撞。

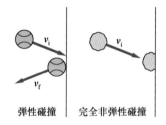

弹性碰撞 | 完全非弹性碰撞

5. **成角度的碰撞**。动量守恒并不局限于一维运动。当物体成角度碰撞时，将各个物体的动量矢量相加，可以得到碰撞前后系统的总动量。

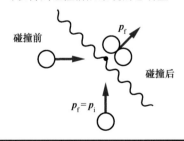

$$p_f = p_i$$

关键术语

Impulse　冲量

Linear momentum　线动量

Impulse-momentum principle　冲量-动量原理

Conservation of momentum　动量守恒

Recoil　反冲

Perfectly inelastic collision　完全非弹性碰撞

Elastic collision　弹性碰撞

Partially inelastic collision　部分非弹性碰撞

Q1 力作用在物体上的时长是否影响所产生的冲量的大小？

Q2 两个力产生大小相等的冲量，但是第二个力的作用时长是第一个力的 2 倍。哪个力更大？

Q3 棒球可能有与保龄球一样大的动量吗？

Q4 冲量和力是一回事吗？

Q5 冲量和动量是一回事吗？

Q6 一个小球从墙壁反弹的速率与其反弹前的速率相同。**a**. 小球的动量有变化吗？**b**. 在小球和墙壁碰撞的过程中，是否有一个冲量作用在小球上？

Q7 使用球棒击打棒球时，运动员做球棒的跟随动作来保持球棒和棒球之间的长时间接触，这有什么好处？

Q8 在减少碰撞导致的伤害方面，加衬垫的汽车仪表盘与刚性汽车仪表盘相比有何优势？请使用动量和冲量的观点解释。

Q9 安全气囊在减少碰撞伤害方面的作用是什么？请使用冲量和动量的观点解释。

Q10 安全气囊在碰撞过程中膨胀得太快、太紧（气压太大），在低速碰撞过程中有时会弊大于利。请使用冲量和动量的观点加以解释。

Q11 假设你徒手接棒球或者垒球。如果在接球过程中后移手臂，球对手施加的力会减小吗？

Q12 假设你在接鸡蛋时手是向前移动的。与手向后退缩接鸡蛋相比，哪种方式更不可能打破鸡蛋？

Q13 卡车和自行车以相同的速度并排行驶。二者要停下来，哪个需要更大的冲量？

Q14 动量守恒定律是总成立，还是在必要的特殊条件下才成立？

Q15 小球在重力作用下沿固定斜面向下加速。在这个过程中，小球的动量守恒吗？

Q16 两个物体在动量守恒的条件下碰撞。每个物体的动量在碰撞过程中守恒吗？

Q17 证明动量守恒定律时，涉及牛顿的哪些运动定律？

Q18 一辆小汽车和一辆大卡车迎面碰撞。在碰撞过程中，**a**. 哪辆车受到的冲击力更大？**b**. 哪辆车受到的冲量更大？**c**. 哪辆车的动量变化量更大？**d**. 哪辆车的加速度更大？

Q19 一名前锋与一名质量较小的后卫离地迎面碰撞。如果两名运动员碰撞后一起运动，前锋是否可能向后运动？

Q20 两名最初静止的滑冰者互相推动而分开。分开后，系统的总动量是多少？

Q21 两把霰弹枪除了一把枪的质量是另一把枪的 2 倍，其他各方面（包括弹丸的大小）都相同。哪把枪射击时的反冲速度更大？

Q22 装在大船上的大炮射击时，动量守恒吗？请详细定义要考虑的系统。

Q23 在真空中，除了火箭本身，没有任何东西可以推动它。火箭有可能在真空中加速吗？

Q24 假设你站在光滑的地面上，没有任何牵引力让你在地面上移动。所幸的是，你带了一袋橘子。请说明你如何让自己动起来。

Q25 假设外太空的一名宇航员发现连接自己与航天飞机的绳索断了，正在慢慢地飘离航天飞机。还假设她的工具腰带中有几把扳手，她怎么才能回到航天飞机上？

Q26 假设在风平浪静的某天，水手决定带一台由电池驱动的风扇为船帆提供推力，如题图所示。**a**. 风扇和船帆处的空气动量变化方向是什么？**b**. 由于动量的变化，作用在风扇和船帆上的力的方向是什么？**c**. 水手是应收起船帆还是应升起船帆？

题 Q26 图

Q27 滑板运动员从侧面跳到移动的滑板上。在这个过程中，滑板是减速还是加速？请用动量守恒定律解释。

Q28 一节运动的车厢与另一节静止的车厢相撞。如果忽略作用在系统上的外力，系统碰撞后的速度是等于、大于还是小于运动车厢碰撞前的速度？

Q29 题 Q28 中的碰撞是弹性的、非弹性的还是完全非弹性的？

Q30 如果在碰撞过程中动量守恒，是否确实表明碰撞是弹性的？

Q31 一个小球从墙壁反弹，反弹的速度小于其碰撞墙壁前的速度。碰撞是否是弹性碰撞？

Q32 一个小球从与地球刚性连接的墙壁反弹。**a.** 在这个过程中，小球的动量守恒吗？**b.** 整个系统的动量守恒吗？说明你是如何定义系统的。

Q33 主球与质量相等的处于静止状态的 8 号台球碰撞。主球停下后，8 号台球以等于主球初速度的速度向前运动。碰撞是否是弹性碰撞？

Q34 两块黏土在空中以相反的方向碰撞并粘在一起。在碰撞前，它们的动量矢量如题图所示。画出碰撞后粘在一起的黏土块的动量矢量，使得长度和方向与问题的情形一致。

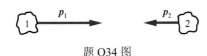

题 Q34 图

Q35 两块质量相同的黏土以相同的速率运动，它们的运动方向相互垂直。碰撞后，两块黏土粘在一起。碰撞后，它们的速度矢量的方向是否是图中所示的方向？

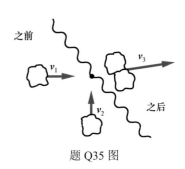

题 Q35 图

Q36 两辆质量相等、运动方向垂直的汽车在交叉路口相撞。碰撞后的运动方向如附图所示。哪辆汽车在碰撞前的速度更快？

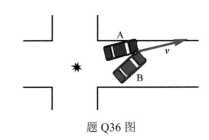

题 Q36 图

Q37 一辆小汽车和一辆卡车以相同的速率行驶，运动方向相互垂直，碰撞后一起运动。卡车的质量约为小汽车的质量的 2 倍。画出它们碰撞瞬间的动量方向。

Q38 主球撞击最初处于静止状态的一个台球，画出碰撞前后每个台球的动量的大小与方向（分迎面碰撞和成角度碰撞两种情况）。

练习题

E1 大小为 4800N 的平均力作用在一个高尔夫球上，作用时长为 0.003s。**a.** 作用在高尔夫球上的冲量是多少？**b.** 高尔夫球的动量变化量是多少？

E2 一辆质量为 1300kg 的汽车以 27m/s 的速度行驶，它的动量是多少？

E3 保龄球的质量是 7kg，速度是 1.5m/s。棒球的质量是 0.142kg，速度是 40m/s。哪个球的动量更大？

E4 128N 的力作用在一个小球的时长为 0.45s。如果小球最初是静止的，**a.** 力对小球的冲量是多少？**b.** 小球的末动量是多少？

E5 一个速度为 40m/s、质量为 0.14kg 的小球被接球者抓住后停了下来。接球者的手施加在小球上的冲量是多少？

E6 一个小球的动量变化量是 64kg·m/s。**a.** 作用在小球上的冲量是多少？**b.** 如果作用时长是 0.15s，作用在小球上的平均力是多大？

E7 质量为 75kg 的乘客坐在速度为 23m/s 的汽车的前排。发生事故时，安全气囊让他在 0.3s 内停了下来。**a.** 作用在乘客身上的冲量是多少？**b.** 在这个过程中，作用在乘客身上的平均力是多大？

E8 一个运动小球的初动量是 1.7kg·m/s，与墙壁相撞后反弹回来的动量是-1.7kg·m/s，方向相反。**a.** 小球的动量变化量是多少？**b.** 产生这一变化的冲量是多少？

E9 一个运动小球的初动量是 5.1kg·m/s，与墙壁相撞后反弹回来的动量是-4.3kg·m/s，方向相反。**a**. 小球的动量变化量是多少？**b**. 产生这一变化的冲量是多少？

E10 一名质量为 108kg、速度为 3.2m/s（正西方向运动）的前锋，与质量为 79kg、速度为 5.6m/s（向正东方向运动）的后卫相撞。**a**. 两名运动员的初动量各是多少？**b**. 系统碰撞前的初总动量是多少？**c**. 如果他们抱在一起，并且可以忽略外力，它们碰撞后的瞬间向哪个方向运动？

E11 一名质量为 70kg 的滑冰者推开另一名质量为 30kg 的滑冰者。两名滑冰者最初都处于静止状态。**a**. 分开后系统的总动量是多少？**b**. 如果质量大的滑冰者以 2.8m/s 的速度滑走，那么质量小的滑冰者的速度是多少？

E12 质量为 3.4kg 的步枪发射的子弹的质量为 7.8g。发射后，子弹以 860m/s 的初速度射出。**a**. 发射后子弹的动量是多少？**b**. 如果忽略作用在步枪上的外力，步枪的反冲速度是多少？

E13 静止在太空中的火箭，其引擎在很短的时间内以平均速度 450m/s 从尾部喷出质量为 60kg 的废气。火箭的动量变化量是多少？

E14 一节质量为 13000kg、速度为 3.5m/s 的火车车厢与另一节质量为 20000kg 的静止车厢发生碰撞后连在一起。**a**. 第一节车厢的初始动量是多少？**b**. 如果可以忽略外力，两节车厢碰撞后的

末速度是多少？

E15 对于例题 7.4 中的火车车厢，**a**. 车厢 5 碰撞前的动能是多少？**b**. 碰撞后 5 节车厢的总动能是多少？**c**. 这次碰撞的能量守恒吗？

E16 一辆速度为 12m/s（向正东方向运动）、质量为 4150kg 卡车与一辆速度为 40m/s（向正西方向运动）、质量为 900kg 汽车相撞，两辆车相撞后一起运动。**a**. 碰撞前每辆车的动量是多少？**b**. 两辆车相撞后，总动量的大小和方向是什么？

E17 对于题 E16 中的两辆车，**a**. 按比例画出两辆车碰撞前的动量矢量。**b**. 在图上将两个矢量相加。

E18 质量为 3000kg、速度为 10m/s 的卡车与质量为 1600kg、速度为 25m/s 的汽车在相互垂直的方向上运动时，发生了碰撞事故。**a**. 以适当的比例和方向画出碰撞前每辆车的动量矢量。**b**. 利用矢量相加图解法，将动量矢量相加得到系统碰撞前的总动量。

E19 参考例题 7.2 和图 7.17 与图 7.18。假设一名前锋的质量为 100kg，初速度为 5.0m/s（向正东方向运动）；一名后卫的质量为 75kg，初速度为 4.0m/s（向正北方向运动）。他们相撞后一起运动的末动量为 583kg·m/s，如图 7.18 所示。**a**. 两名运动员碰撞后一起运动的速度是多大？**b**. 这一速率与例题 7.2 中计算得到的末速率相比如何？

综合题

SP1 以速度 40m/s 投掷的棒球被球棒击打后，棒球以速度 65m/s 直线返回投手。棒球与球棒接触的时长为 0.005s，棒球的质量为 142g。**a**. 在这个过程中，棒球的动量变化量是多少？**b**. 动量变化量是否大于末动量？**c**. 产生这一动量变化量所需的冲量是多少？**d**. 作用在棒球上产生该冲量的平均力是多大？

SP2 一颗子弹射入冰面上的木块。子弹的初速度为 800m/s，质量为 0.007kg。木块的质量为 1.3kg，最初处于静止状态。子弹击中木块后嵌在木头中。**a**. 假设动量守恒，求木块和子弹碰撞后的速度。**b**. 在这个过程中，作用在木块上的冲量是多少？**c**. 子弹的动量变化量是否等于木块的动量变化量？

SP3 考虑相同质量的小球以相同初速度抛向墙壁的两种情况：第一种情况，小球粘在墙壁上而不反弹；第二种情况，小球以与初速度相同的速率反弹。**a**. 在这两种情况下，哪种情况的动量变化量更大？**b**. 假设动量变化发生的时长在两种情况下基本相同，哪种情况涉及更大的平均力？**c**. 在碰撞过程中，动量守恒吗？

SP4 一辆以速度 22m/s 行驶的汽车撞上了坚固的水泥墙，司机的质量为 80kg。**a**. 当司机停下来时，他的动量变化量是多少？**b**. 需要多大的冲量才能产生这一动量变化量？**c**. 在下面两种情况下，这个力的作用效果和大小有何不同？在第一种情况下，驾驶员系了安全带；在第二种情况下，驾驶员未系安全带，使其停下来的

原因是挡风玻璃和方向盘的作用。使得驾驶员停下来的力的作用时长会变化吗？

SP5 一辆质量为1600kg的汽车以30m/s的速度向正东方向行驶，另一辆质量为 4800kg 的卡车以15m/s 的速度向正西方向行驶。两辆车相撞后粘在一起运动。**a.** 系统碰撞前的总动量是多少？**b.** 碰撞后两辆车的速度各是多少？**c.** 碰撞前系统的总动能是多少？**d.** 碰撞后的总动能是多少？**e.** 碰撞是否是弹性碰撞？

家庭实验与观察

HE1 取两个大小相同的弹珠（或者钢球），练习将弹珠射向另一个弹珠，并做如下观察：**a.** 如果第一个弹珠与最初静止的第二个弹珠发生迎面碰撞，第一个弹珠在碰撞后会完全停止吗？**b.** 如果第一个弹珠与第二个弹珠发生成角度碰撞，两个弹珠碰撞后路径的角度是否是直角？**c.** 如果使用不同大小与质量的弹珠，**a** 问和 **b** 问的结果与相同质量弹珠的结果有何不同？

HE2 假设你身边恰好有一张台球桌，请在台球桌上尝试观察题 HE1 中的 **a** 问和 **b** 问。如果主球旋转，对碰撞有什么影响？

HE3 如果你身边有一个篮球和一个网球，请试着从高处将它们下落到坚硬的地板上，首先各自下落它们，然后将网球放在篮球上面，让二者一同下落。**a.** 比较不同情况下每个球反弹的高度。二者同时下落的情况会让你感到惊讶。**b.** 你能用冲量和牛顿第三运动定律解释这些结果吗？考虑篮球和地面之间的力，以及网球和篮球一起下落时它们之间的力。

HE4 将一个纸箱放在光滑的瓷砖或者木地板上。练习以不同的速度滚动篮球或者足球，并且让篮球与纸箱碰撞。观察纸箱和球碰撞后的运动。**a.** 碰撞结果如何随球的不同速度（慢、中、快）变化？**b.** 如果将书放在箱子中，增加箱子的质量，**a** 问的碰撞结果有何变化？**c.** 你能用动量守恒解释你的结果吗？

第8章 转　　动

本章概述

本章首先以旋转木马为例，利用直线运动和转动之间的类比，考虑描述转动所需要的概念。然后介绍转动的成因，它涉及如何将牛顿第二运动定律应用到转动的情形。随后，陆续介绍力矩、转动惯量和角动量的概念。本章的目标是清楚地描述转动及其成因。学习本章后，你应该能够预测许多常见旋转体（如滑冰运动员和跳水运动员）发生的事情。体育界存在很多转动的例子。

本章大纲

1. **什么是转动？** 我们如何描述转动？什么是角速度和角加速度，它们与用来描述直线运动的类似概念有何关系？

2. **力矩和平衡。** 什么决定简单物体（如平衡木）的转动是否发生变化？力矩是什么？它是如何导致转动变化的？

3. **转动惯量和牛顿第二运动定律。** 如何使用牛顿第二运动定律解释旋转体的运动？如何描述转动的惯性（物体对转动变化的抵抗）？

4. **角动量守恒。** 什么是角动量？什么情况下角动量守恒？旋转的滑冰运动员或者跳水运动员是如何改变转速的？

5. **骑自行车和其他技艺。** 自行车为何行进时能够保持直立，而静止时不能？能将角速度和角动量视为矢量吗？

图 8.1 公园的旋转木马是转动的一个例子。我们应该如何描述和解释这个运动？

在作者住所隔壁的公园里，有一个可以被孩子们推动的旋转木马（见图 8.1），它由装在轴承上的圆形钢制平台组成，转起来几乎没有摩擦力，即使是孩子也能让它转动。一旦转起来，它就会持续旋转很长的时间。除了秋千、滑梯和安装在大弹簧上的小动物，旋转木马也是公园中非常受欢迎的活动。

旋转木马的运动与我们讨论过的运动既有相似之处，又有不同之处。孩子们坐在旋转木马上时，体验的是圆周运动，因此第 5 章在讨论圆周运动时的一些思路可以发挥作用。旋转木马本身呢？它肯定在运动，但是它又一直待在原地。我们应该如何描述它的运动？

类似于旋转木马的转动很常见：自转的地球、旋转的滑冰运动员、转动的陀螺和车轮都表现出了这种运动。因为牛顿的运动理论是普遍有效的，所以它应该能够像解释直线运动（物体沿直线从一点移动到另一点）那样，解释转动。是什么引起了转动？牛顿第二运动定律能用来解释这种运动吗？

我们发现，在物体的直线运动和转动之间有一个非常有用的类比，充分利用这个类比，就能够很好地回答刚才的问题。利用转动和直线运动的相似性，可以提高我们的学习效率。

8.1 什么是转动？

一个孩子开始转动木马，她站在木马（见图 8.1）的旁边，抓着木马边缘的一根木条。她开始推动木马，一边走一边加速，直到最后跑起来，这时木马旋转得很快。

我们应该如何描述旋转木马或者滑冰运动员的转动？我们用什么量来描述它们的旋转快慢或者旋转路程？

8.1.1　什么是角位移和角速度？

如何测量旋转木马的旋转速度（转速）？如果你站在旁边观察孩子从你的身边经过，就可以使用手表计算孩子在给定时间里转过的圈数（转数）。转数除以时间（单位为分钟），就得到平均转速（每分钟的转数），这是描述发动机、摩天轮和其他旋转体的转速的常用单位。

如果我们说旋转木马以速度 15 转/分钟（rev/min）旋转，就描述了物体旋转的快慢。这个转速类似于我们描述物体直线运动时的速率或者速度。我们通常使用"角速度"一词来描述旋转的快慢。转/分钟只是用来度量这个量的单位之一。

测量旋转木马的角速度时，我们使用转数或者圈数来描述转过的"路程"。当物体旋转的转数不是整数时，我们可以使用分数来表示它；当然，也可以使用角度来表示它。因为一次完整的转动是 360°，转数乘以 360°/rev 就得到角度。

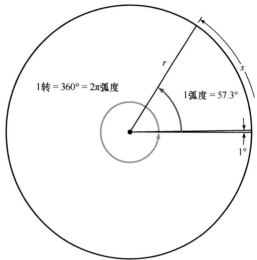

度量物体转动了多少的量是一个角度，我们通常称其为角位移。它可以用转、度或者弧度①来度量。常用来描述角位移的三个单位如图 8.2 所示。角位移类似于直线运动物体行进的距离。如果将运动方向考虑在内，那么我们有时称直线运动物体行进的距离为线位移。

描述转动物理量的符号主要来自希腊字母。使用希腊字母的目的是避免与普通英文字母代表的其他量相混淆。我们常用希腊字母 θ 表示角度（角位移），用希腊字母 ω 表示角速度。

图 8.2　转、度和弧度是描述旋转木马角位移的不同单位

前面为描述旋转木马运动引入的量，可以小结如下：

> 角位移 θ 表示旋转体转过的角度。

和

> 角速度 ω 表示角位移的变化率。它的计算方式是角位移除以发生这一位移所花的时间，即 $\omega = \Delta\theta/t$。

在描述转动的快慢时，我们常用"转"或者"弧度"来度量角位移，而很少使用"度"。例题 8.1 中显示了 rev/min、rad/min 和 rad/s 之间的换算。

例题 8.1　单位换算

某个物体的角速度为 33rev/min。**a.** 这个角速度是多少 rad/min？**b.** 这个角速度是多少 rad/s？

a. $\omega = 33\text{rev/min}$

　　　$1\text{rev} = 2\pi \text{ rad}$

　　　$\omega = 33 \times 2\pi = 207.3\text{rad/min}$

b. $\omega = 207.3\text{rad/min}$

　　　$1\text{min} = 60\text{s}$

　　　$\omega = 207.3 \times 1/60 = 3.5\text{rad/s}$

---

① 弧度（rad）的定义是，某点在圆周上运动时经过的弧长除以圆周的半径。因此，在图 8.2 中，若旋转木马上的点沿圆弧运动一段距离 s，则对应的弧度便是 s/r，其中 r 是圆的半径。因为我们使用一段距离除以另一段距离，所以弧度本身没有量纲。此外，由于弧长 s 正比于半径 r，因此半径的大小无关紧要。对于给定的角度，s 与 r 的比值相同。按照弧度的定义可知，$1\text{rev} = 360° = 2\pi \text{ rad}$，$1\text{rad} = 57.3°$。

8.1.2 什么是角加速度？

在前面针对孩子推动旋转木马的描述中，木马的角速度在孩子从走到跑的过程中增加。这涉及角速度的变化，于是引出了角加速度的概念。希腊字母 α 用于表示角速度，它是希腊字母表中的第一个字母，与用来表示线加速度的英文字母 a 相对应。

角加速度的定义与线加速度的定义类似（见第 2 章）：

> 角加速度是指角速度的变化率，它是将角速度的变化量除以发生这一变化量所需的时间得到的，即
>
> $$\alpha = \Delta\omega/t$$

角加速度的单位是 rev/s^2 或者 rad/s^2。

实际上，根据角速度和角加速度的这些定义，我们求得的是它们的平均值。就像在直线运动中对瞬时速度和瞬时加速度的定义那样（见 2.2 节和 2.3 节），要得到它们的瞬时值，时间间隔 t 必须非常小，这时得到的才是某个时刻的位移或者速度的变化率。

如果能够记住直线运动和转动之间的类比，就能够更好地记住角位移、角速度和角加速度的定义。这个类比的小结如图 8.3 所示。在一维运动中，距离 d 表示位置变化或者线性位移，它对应于角位移 θ。同理，直线运动的平均速度和平均加速度的定义，对应了平均角速度和平均角加速度的定义，如图 8.3 所示。

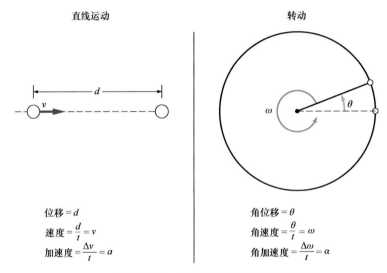

图 8.3　描述直线运动与转动的物理量非常相似

8.1.3 什么是匀角加速转动？

表 8.1	
匀加速直线运动和匀角加速转动方程	
匀加速直线运动	匀角加速转动
$v = v_0 + at$	$\omega = \omega_0 + \alpha t$
$d = v_0 t + \frac{1}{2}at^2$	$\theta = \omega_0 t + \frac{1}{2}\alpha t^2$

第 2 章中介绍了匀加速运动的特殊情形，这种情形具有许多重要的应用。比较线性量和转动量，我们便可以使用转动量代替直线运动方程中的线性量，写出类似的匀角加速度转动方程。表 8.1 中给出了对应于匀加速直线运动方程的转动方程，其中，v_0 表示初线速度，ω_0 表示初角速度。例题 8.2 是匀角加速转动方程的应用。

例题 8.2　旋转木马

假设旋转木马从静止开始以恒定角加速度 $0.005\,rev/s^2$ 转动。**a.** 1 分钟后，木马的角速度是多少？**b.** 木马在这段时间转了多少圈？

a. $\alpha = 0.005\,rev/s^2$，$\omega_0 = 0$，$t = 60s$

$$\omega = \omega_0 + \alpha t = 0 + 0.005 \times 60 = 0.30 \text{rev/s}$$

b. $\theta = ?$

因为 $\omega_0 = 0$，所以

$$\theta = \frac{1}{2}\alpha t^2 = \frac{1}{2} \times 0.005 \times 60^2 = 9\text{rev}$$

例题 8.2 中的旋转木马从静止开始转动，推它的人非常努力，在 1 分钟内转了 9 圈。这种加速转动不太可能持续 1 分钟以上。在这段时间里，达到的角速度略小于三分之一圈/秒，对旋转木马来说，这已是一个很大的角速度。

8.1.4 线速度和角速度有什么关系？

当例题 8.2 中的旋转木马以 0.30rev/s 的角速度旋转时，骑乘者的速度是多少？这个问题的答案取决于骑乘者的位置。他坐在旋转木马边缘时要比坐在中心时移动得更快。这个问题涉及骑乘者的线速度和旋转木马的角速度之间的关系。

图 8.4 所示为旋转木马上的两个不同半径的圆，它们代表不同位置的骑乘者。远离中心的骑乘者与靠近中心的骑乘者相比，转一圈的路程更长，因为他的圆半径更大。因此，外侧骑乘者以比内侧骑乘者更大的线速度运动。

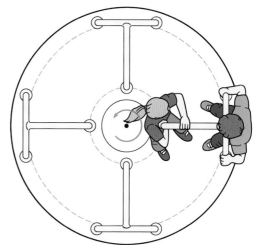

骑乘者离中心越远，他一圈走过的距离越长，移动得就越快。圆的周长与圆的半径 r（骑乘者到圆心的距离）成正比。如果使用弧度/秒（rad/s）表示角速度，那么线速度与角速度的关系为

$$v = r\omega$$

到木马中心距离为 r 的骑乘者的线速度 v，等于 r 乘以木马的角速度 ω（要让这个简单的关系式成立，角速度的单位必须是弧度/秒，而不是转/秒或者度/秒）。

图 8.4 转一圈后，外侧骑乘者要比内侧骑乘者通过的路程长

旋转木马或者其他旋转体的角速度会影响旋转体上任意一个点的运动速度——线速度。线速度还取决于到转轴的距离。坐在旋转木马边缘的孩子要比胆怯地坐在靠近中心的孩子的线速度大，也更刺激。

角位移、角速度和角加速度是我们用来描述旋转体的运动的物理量。它们描述了物体旋转的角度（角位移）、旋转的快慢（角速度）和转速变化的快慢（角加速度）。这些定义类似于用来描述直线运动的那些量。它们告诉了我们物体如何旋转，但是未告诉我们物体为何旋转。下面考虑旋转的原因。

8.2 力矩和平衡

首先，木马旋转的原因是什么？为了让木马开始转动，孩子必须推它，这就涉及施加的一个力。施力的方向和施力点对旋转效果也很重要。如果孩子直接对着中心推，那么什么也不会发生。如何运用一个力来产生最好的转动效果呢？

不平衡的力矩会使得物体的转动发生变化。力矩是什么？它和力有什么关系？观察一个简单的天平就可以帮助我们得到一些思路。

8.2.1 天平什么时候平衡？

考虑由支点或者轴支撑的轻梁组成的天平，如图 8.5 所示。假设在放重物之前，轻梁是平衡的，如果在离支点相同距离的位置放相同的重物，那么我们预计轻梁仍然是平衡的。结果正是这样。这里，平衡的含义是，原来静止的轻梁不绕支点旋转。

假设我们要在轻梁上平衡不同的重物。要平衡比小物体重 1 倍的大物体，就要将两个物体放到与支点等距的位置吗？直觉告诉我们，要使系统平衡，需要将小物体放得比大物体离支点远一些，但是直觉可能不会告诉你这个距离是多大（见图 8.6）。简单天平的反复试验表明，小物体到支点的距离必须是大物体到支点的距离的 2 倍。

图 8.5　两个等重物体等距地放在天平支点的两侧

图 8.6　一个简易的天平。在到支点距离不同的两点上，放有两个不等重的物体。是什么决定系统是否平衡？

使用一把米尺作为梁，使用一支铅笔作为支点，使用硬币作为砝码，你也可以自己做这个实验。实验表明，物体的重量及物体到支点的距离都很重要。物体到支点的距离越远，就越能有效地平衡支点另一侧的大物体。重量乘以到支点的距离，决定了力的转动效果。如果支点两侧物体的重量与距离的乘积相同，那么梁就不会从静止状态开始转动。

8.2.2　什么是力矩？

我们称力与力到支点的距离的乘积为力矩。对天平来说，物体重量产生的力矩描述了重量使天平产生旋转的趋势。更一般地，有

关于给定轴或者支点的力矩 τ，等于施加的力 F 和力臂 l 的乘积，即

$$\tau = Fl$$

其中，力臂是从转轴到力的作用线的垂直距离。

符号 τ 是希腊字母，通常用来表示力矩。长度 l 是从支点到力的作用线的距离，必须在垂直于力的作用线的方向上测量它。我们称这个距离为力的杠杆臂或者力臂。力矩的大小直接取决于力的大小和力臂的长度。如果天平支点两边的重量产生的力矩大小相等，天平就会平衡。如果天平原来静止，它就不旋转。

大多数人都有使用扳手拧螺母的经历。我们在扳手的末端施加力，力的方向垂直于手柄（见图 8.7）。手柄就是杠杆，其长度决定了力臂的长度。长手柄比短手柄更有效，因为产生的力矩更大。

顾名思义，"力臂"一词源自我们移动物体时使用的杠杆。例如，用长棍撬动一块大石头就涉及杠杆。在杠杆的末端施加垂直于杠杆的力最有效。这时，力臂 l 就是从支点到杠杆末端的距离。如果力作用在其他方向，如图 8.8 所示，力臂就比力垂直于杠杆时的短。画出从支点到力的作用线的垂线，就可以找到力臂，如图 8.8 所示。

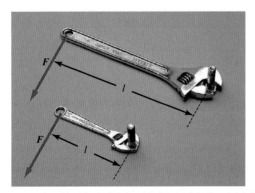

图 8.7　长手柄扳手要比短手柄扳手更省力，因为长手柄扳手的力臂较长

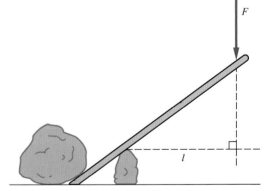

图 8.8　当施加的力与长棍不垂直时，从支点画出到力的作用线的垂线，可以找到力臂

8.2.3　多个力矩如何相加？

与力矩相关的旋转方向也很重要。有些力矩产生绕某个轴的顺时针方向的旋转，有些力矩则产生绕某个轴的逆时针方向的旋转。例如，图 8.6 中支点右侧物体产生的力矩会使天平绕支点顺时针方向旋转。这与支点左侧物体产生的同大力矩相反，左侧物体产生的这个力矩产生逆时针方向的旋转。当系统平衡时，这两个力矩相互抵消。

由于力矩存在相反的作用效果，因此我们使用相反的符号来表示产生反向旋转的力矩。例如，如果产生逆时针方向旋转的力矩是正的，产生顺时针方向旋转的力矩就是负的。确定力矩的符号后，它与其他力矩就是相加的关系或者相减的关系。

在简单平衡的情况下，当天平平衡时，合力矩为零，因为两个力矩的大小相等、符号相反。平衡的条件是，作用在系统上的合力矩为零——要么没有力矩作用，要么正力矩的和等于负力矩的和的绝对值，正负力矩相加等于零，即相互抵消。

例题 8.3　一个系统的平衡

假设有一个重量为 3N 的物体，我们希望它与另一个重量为 5N 的物体在长杆上平衡，并且两个物体未放到长杆上时，长杆是平衡的。5N 的物体放在支点右侧 20cm 处。**a.** 5N 物体产生的力矩是多少？**b.** 3N 物体离支点多远才能够使系统保持平衡？

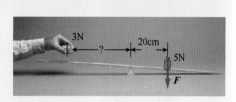

a. $F = 5\text{N}$，$l = 20\text{cm} = 0.2\text{m}$，$\tau = ?$

$\tau = -Fl = -5 \times 0.2 = -1\text{N·m}$

b. $F = 3\text{N}$，$\tau = Fl$，$l = ?$

$l = \tau/F = 1/3 = 0.33\text{m}$

要让系统平衡，3N 物体应该放在长杆的什么地方？

例题 8.3 中求出了 3N 重物必须放在离支点多远的位置，才能平衡 5N 重物，使得合力矩为零。力矩的单位是力乘以距离，公制单位是牛顿·米（N·m）[①]。

8.2.4　什么是重心？

物体自身的重量通常是物体是否转动的重要因素。例如，图 8.9 中的孩子在木板不倾翻时能走多远？这时，木板的重量很重要，而且重心的概念也很有用。

重心是指物体本身的重量对物体不产生合力矩的点。如果我们在物体的重心挂起物体，那么对悬挂点或者支撑点来说就没有合力矩，物体是平衡的。我们可以找到棒状物在手指或者其他合适支点上的平衡点，来确定棒状物的重心。对于更复杂的二维（平面）物体，可以采用如下方法找到物体的重心：

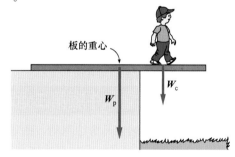

图 8.9　图中的孩子在木板倾翻前能够走多远？求解这一距离时，我们可将木板的全部重量集中到重心位置

首先在物体上的不同两点挂起物体，然后从两个悬挂点分别画一条竖直向下的直线，两条直线的交点就是物体的重心，如图 8.10 所示。

对木板来说（见图 8.9），重心位于木板的几何中心，前提是木板的密度是均匀的，形状是对称的。支点是支撑木板的平台的边缘，是计算力矩时要考虑的点。只要木板的重量产生的逆时针方向的力矩大于孩子的重量产生的顺时针方向的力矩，木板就不会倾翻。木板的重量可视为集中

[①]　当我们使用牛顿·米作为能量的单位时，1 牛顿·米等于 1 焦耳；然而，当我们使用牛顿·米作为力矩的单位时，我们称它为牛顿·米而非焦耳。

于木板的重心位置。

当孩子对边缘（转轴）的力矩和木板本身重量产生的力矩大小相等时，木板接近于倾翻，因此决定了孩子在木板倾翻前能够走多远。只要木板对平台边缘的力矩大于孩子的力矩，孩子就是安全的。平台可以防止木板逆时针方向旋转。

重心的位置在任何平衡问题中都很重要。如果重心位于支点的下方，就像图 8.11 中的平衡玩具那样，那么当受到干扰时，玩具会自动恢复平衡。重心返回到支点下方的位置，玩具的重量在这里不产生力矩。因为在这个位置，小丑和其手中的平衡杆的总重量的力臂为零。

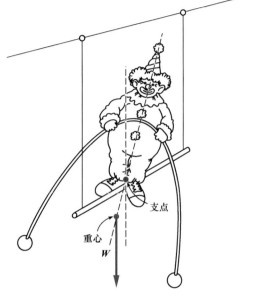

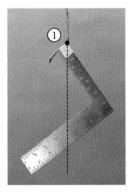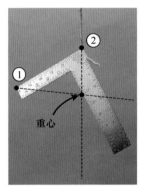

图 8.10　确定二维物体的重心。重心不一定在物体上

图 8.11　小丑自动回到直立位置，因为重心位于支点的下方

同样，你的重心的位置在你做各种运动时都很重要。例如，让你的背和脚跟靠墙，试着弯腰用手指触碰脚趾。为何这个看似简单的把戏大多数人无法做到？相对于由双脚确定的支点，你的重心在哪里？重心和力矩在这里起作用了。

> 力矩决定物体的旋转状态。力矩的定义是力乘以力臂（力臂是指从转轴到力的作用线的垂直距离）。如果顺时针方向的力矩等于逆时针方向的力矩，那么系统平衡。如果一个力矩比另一个力矩大，那么力矩不平衡，系统的旋转状态就发生变化。

8.3　转动惯量和牛顿第二运动定律

当孩子在旋转木马旁边跑动，推着木马旋转时，孩子施加的力就产生了一个对轮轴的力矩。根据 8.2 节的讨论可知，作用在物体上的合力矩决定了物体是否开始旋转。知道了力矩，我们就能够预测转速吗？

在直线运动中，根据牛顿第二运动定律，合力和质量决定物体的加速度。牛顿第二运动定律如何适用于转动？在这种情况下，力矩决定了旋转的加速度，转动惯量则取代了质量。

8.3.1　什么是转动惯量？

下面回到旋转木马的例子。推进系统（精力充沛的孩子或者疲惫的父母）在旋转木马的边缘，对其施加一个力。相对于转轴的力矩等于这个力乘以力臂（旋转木马的半径，见图 8.12）。如果转轴上的摩擦力矩小到可以忽略，那么由孩子产生的力矩是唯一作用在系统上的力矩，它产生旋转木马的角加速度。

如何求这个角加速度？要求作用在物体上的力产生的直线运动的加速度，我们就要使用牛顿第二运动定律，即 $F_合 = ma$。类似地，我们可以由牛顿第二运动定律推出一个类似的表达式来处理转动问题。我们用力矩取代力，用角加速度取代线加速度。然而，我们应该用什么量取代旋转木马的质量呢？

在直线运动中，质量指的是惯性或者对运动变化的抵抗。对于转动，我们需要一个新概念——转动惯量，也称惯性矩。转动惯量指的是物体对其转动变化的抵抗。转动惯量与物体的质量相关，但是也取决于质量相对于转轴的分布。

为了了解某个概念，物理学家常用的一种技巧是，考虑最简单的情况。对于转动，最简单的情况是在一个非常轻的杆的末端有一个小球（可视为质点），如图 8.13 所示。如果在垂直于杆的方向上对这个小球施加一个力，那么杆和小球将开始绕杆另一端的固定轴旋转。

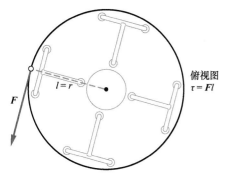

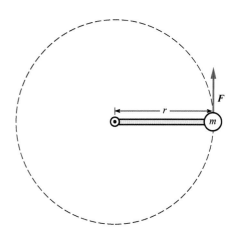

图 8.13　在一根非常轻的杆的末端有一个小球，施加力 **F** 使之运动。使用牛顿第二运动定律求加速度

图 8.12　孩子在旋转木马边缘施加力，产生一个相对于转动轴的力矩

杆和小球现在有角加速度，而小球本身必定有一个线加速度。然而，像旋转木马的骑乘者那样，因为对于某个给定的角速度，离轴越远的位置的运动速度越快（$v = r\omega$）。要产生相同的角速度，杆越长，小球离轴越远，就需要越大的线加速度，因此使得系统转动越困难。

这时，如果我们应用牛顿第二运动定律，就会发现对转动变化的抵抗，取决于小球到转轴的距离的平方。由于对转动变化的抵抗还取决于质量的大小，因此可视为质点的小球的转动惯量为

$$\text{转动惯量 = 质量} \times \text{到转轴的距离的平方}$$

$$I = mr^2$$

式中，I 是转动惯量的常用符号，r 是小球 m 到转轴的距离。像旋转木马这样的物体的总转动惯量，可以通过将它在离轴不同距离的不同部分的贡献相加得到。

8.3.2　适用于转动的牛顿第二运动定律

通过类比牛顿第二运动定律（$\boldsymbol{F}_合 = m\boldsymbol{a}$），我们可以将适用于转动的第二运动定律表述如下：

作用在一个物体上的关于某个轴的合力矩，等于物体绕轴的转动惯量乘以物体的角加速度，或者 $\tau_合 = I\alpha$。

换句话说，产生的角加速度等于力矩除以转动惯量，即 $\alpha = \tau_合/I$。力矩越大，角加速度越大；转动惯量越大，角加速度越小。转动惯量决定了改变物体的角速度的难易程度。

为了感受这些想法，我们考虑一个简单的物体，如一根指挥棒。指挥棒的两端各有一个套头（见图 8.14）。指挥棒本身很轻时，指挥棒的大部分转动惯量来自两端的套头的质量。如果手握指

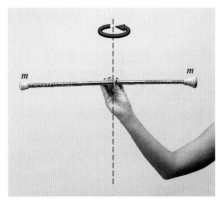

图 8.14　指挥棒的转动惯量很大程度上取决于两端的套头的质量

挥棒的中心位置，那么手可以施加一个力矩，产生一个角加速度，让指挥棒旋转。

假设我们可以让这些套头沿着指挥棒滑动。如果将套头移向指挥棒的中心，使得套头到中心的距离是原距离的一半，转动惯量会发生什么变化？转动惯量减小为初值的1/4（忽略指挥棒的质量）。转动惯量取决于质量到轴的距离的平方。距离加倍，转动惯量变为原来的 4 倍。距离减半，转动惯量变为原来的 1/4。

当套头位于端点时，指挥棒旋转的难度是套头在中间位置时的 4 倍。换句话说，当套头位于端点时，产生角加速度所需的力矩，是在中间位置时所需力矩的 4 倍。如果你有一根质量可以调节的指挥棒，就可以感觉到使它旋转所需要的力矩的不同。使用一根铅笔和一些黏土就能做出一根质量可调的指挥棒，请试一试！

8.3.3　如何求旋转木马的转动惯量？

求旋转木马这样的物体的转动惯量，要比只使用质量乘以半径的平方困难得多。旋转木马的质量不都在外部边缘——有些质量更靠近轴，但是对转动惯量的贡献较小。我们可以做如下假设：首先将旋转木马分解为多块，求出每块的转动惯量，然后将每块的转动惯量相加，得到总转动惯量。

图 8.15 中显示了几个简单形状的物体的转动惯量公式，它们说明了我们讨论的思路。例如，实心圆盘的转动惯量要比质量和半径相同的圆环的转动惯量小，因为平均来说，圆盘的质量更靠近转轴。转轴的位置也很重要。杆绕过一端的转轴转动的惯量，要比绕过中间的转轴转动的惯量大。当转轴在杆的末端时，有更多的质量在离转轴更远的地方。

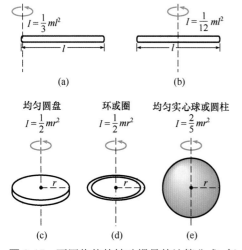

图 8.15　不同物体的转动惯量的计算公式，每个物体的质量都按体积均匀分布。字母 m 表示物体的总质量

旋转木马的构造更像一个实心圆盘。孩子坐在旋转木马上也会影响转动惯量。如果几个孩子都坐在旋转木马的边缘，那么他们的转动惯性很难让旋转木马转动。如果孩子们聚集在木马中心，那么他们贡献的额外转动惯量就较小。如果你推累了，那么让孩子们坐在中间会让你省力一些。

例题 8.4　转动木马

一个简单旋转木马的转动惯量是 800kg·m²，半径上 2m。一名质量为 40kg 的孩子坐在木马边缘。**a.** 孩子和木马关于转轴的总转动惯量是多少？**b.** 要让木马产生角加速度 0.05rad/s²，需要多大的力矩？

a. $I_{木马} = 800 \text{kg·m}^2$，$m_{孩子} = 40 \text{kg}$，$r = 2 \text{m}$

　　$I_{孩子} = mr^2 = 40 \times 2^2 = 160 \text{kg·m}^2$

总转动惯量：

　　$I_{总} = I_{木马} + I_{孩子} = 800 + 160 = 960 \text{kg·m}^2$

b. $\alpha = 0.05 \text{rad/s}^2$，$\tau_{合} = ?$

　　$\tau_{合} = I\alpha = 960 \times 0.05 = 48 \text{N·m}$

例题 8.4 中给出了一些物理量的数值。坐在木马上的孩子受到了一个推力，并且以角加速度 0.05rad/s² 加速转动。需要一个大小为 48N·m 的力矩来产生这个角加速度。在边缘施加的 24N 力的力臂是 2m，于是产生了需要的力矩 48N·m，如果孩子不是太小，这个力对孩子来说就是合理的。

转动惯量是物体对转动变化的抵抗。它既取决于物体的质量，又取决于质量关于转轴的分布。牛顿第二运动定律的转动形式 $\tau_合 = I\alpha$ 表明了力矩、转动惯量和角加速度之间的定量关系。力矩取代了力，转动惯量取代了质量，角加速度取代了线加速度。

8.4 角动量守恒

你见过滑冰运动员的旋转吗？当她开始旋转时，会伸出手臂和一条腿，然后会收拢它们。当她收拢手臂和腿时，角速度增加；当她再次伸出手臂和腿，角速度下降（见图8.16）。

角动量或者旋转动量的概念在这种情况下是有用的。角动量守恒定律解释了许多现象，如滑冰运动员的转动、跳水运动员或者体操运动员的翻转，以及行星的公转。如何使用直线运动和转动的类比来理解这些概念呢？

图 8.16 滑冰运动员收拢手臂和大腿时转速增加

8.4.1 什么是角动量？

如果要你提出角（旋转）动量的概念，你会如何做？线动量等于质量（惯性）乘以物体的线速度（$p = mv$）。质量或者速度的增加都会增加动量。因为动量可以度量运动的多少和快慢，因此牛顿将其称为运动量。

线动量对应的转动物理量是什么？在比较转动和直线运动时，转动惯量代替质量，角速度代替线速度。通过类比，我们可以将角动量定义为

> 角动量是转动惯量和角速度的乘积，即
>
> $$L = I\omega$$

式中，L 是角动量的符号。术语"角动量"要比旋转动量常见，但是二者都可以使用。

和线动量一样，角动量也是两个量的乘积：一个量是转动惯量，另一个量是角速度。转得慢的保龄球可能与转得快的棒球有相同的角动量，因为保龄球有较大的转动惯量。由于地球巨大的转动惯量，即使自转角速度很小，地球绕轴转动的角动量仍然很大。

8.4.2 角动量何时守恒？

前面用直线运动和转动的类比引入了角动量的概念。我们能够使用类比来表述角动量守恒定律吗？在第7章中，我们知道，当系统未受合外力作用时，线动量是守恒的。角动量什么条件下守恒呢？

由于力矩在转动中起力的作用，因此我们可以将角动量守恒定律表述为

> 如果作用在一个系统上的合力矩为零，那么系统的总角动量守恒。

力矩代替了力，角动量代替了普通动量或者线性动量。表 8.2 中列出了直线运动和转动的对应概念。

表 8.2

直线运动和转动的对应概念

概　念	直线运动	转　动
惯性	m	I
牛顿第二运动定律	$F_合 = ma$	$\tau_合 = I\alpha$
动量	$p = mv$	$L = I\omega$
动量守恒	若 $F_合 = 0$，则 p 恒定	若 $\tau_合 = 0$，则 L 恒定
动能	$E_k = \frac{1}{2}mv^2$	$E_k = \frac{1}{2}I\omega^2$

8.4.3 滑冰运动员角速度的变化

角动量守恒是理解滑冰运动员收臂后增加角速度的关键。作用在滑冰运动员身上的关于转轴的外部力矩很小，因此符合角动量守恒的条件。为什么她的角速度会增加？

当滑冰运动员伸出手臂和一条腿时，它们要占总转动惯量的较大一部分——它们要比身体其他部

分到转轴的平均距离大得多。转动惯量取决于身体各部分的质量到转轴的距离的平方（$I = mr^2$）。这个距离的影响巨大，尽管手臂和一条腿只是整个滑冰运动员的质量的一小部分。当滑冰运动员将手臂和腿收向身体时，它们对转动惯量的贡献减少，因此，她的总转动惯量减少。

角动量守恒要求滑冰运动员的角动量保持不变。角动量是转动惯量和角速度的乘积，即 $\boldsymbol{L} = I\omega$，如果 I 减少，ω 就要增加，只有这样，角动量才能保持恒定。她可以通过再次伸出手臂和一条腿来降低转速，而她在旋转结束时也是这样做的。这增加了她的转动惯量，降低了她的转速：符合角动量守恒的要求。这些思路体现在例题 8.5 中。

例题 8.5　花样滑冰的物理学原理

一名滑冰运动员的手臂伸出时，转动惯量为 $1.2\mathrm{kg \cdot m^2}$，手臂收拢时，转动惯量为 $0.5\mathrm{kg \cdot m^2}$。如果她伸出双臂旋转时的初转速为 1rev/s，那么当她的双臂收拢时，转速是多少？

$$I_1 = 1.2\mathrm{kg \cdot m^2}, \quad I_2 = 0.5\mathrm{kg \cdot m^2}, \quad \omega_1 = 1\mathrm{rev/s}, \quad \omega_2 = ?$$

因为角动量守恒，有

$$L_f = L_i, \quad I_1\omega_1 = I_2\omega_2$$

两边同时除以 I_2，有

$$\omega_2 = (I_1/I_2)\omega_1 = 1.2/0.5 \times 1 = 2.4\mathrm{rev/s}$$

这种现象可以利用旋转平台或者转椅来探索。旋转平台或者转椅要有良好的轴承，使得摩擦力矩较小（见图 8.17）。在这些演示中，我们经常让学生手握重物，增加手臂收拢时转动惯量的变化。因此，可以做到让角速度惊人地增长。

跳水运动员收腿呈抱膝姿势旋转时，也能达到相同的效果。在这种情况下，跳水运动员首先伸展身体，缓慢地绕过身体重心的轴线旋转（见图 8.18）。当她收拢身体时，转动惯量减小，角速度增加。当下落快要完成时，她又伸展身体，增加转动惯量，减小角速度（跳水运动员的重力对过重心的转轴的力矩为零）。

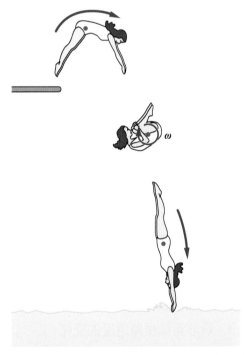

图 8.17　手执重物坐在转椅上的学生收拢双手时，转速大大增加

图 8.18　跳水运动员采用收腿抱膝的姿势来减小绕过重心的转轴的转动惯量，增加角速度

通过改变转动惯量来改变转动速度的例子很多。改变物体的转动惯量，要比改变物体的质量容易得多。只需改变质量各部分到转轴的距离，就可以改变物体的转动惯量。角动量守恒简洁地解释了这些现象。

8.4.4　从角动量守恒看开普勒第二定律

角动量守恒定律在行星围绕太阳公转的轨道上也起作用。例如，它可以解释开普勒行星运动第二定律（见 5.3 节）。开普勒第二定律表明，从太阳到行星的连线，在相等的时间内扫过的面积相等。行星在椭圆轨道上运行时，离太阳越近，运行速度越快。

对于过太阳中心的转轴来说，作用在行星上的引力不产生力矩，因为它的作用线过太阳的中心（见图 8.19）。这个力的力臂为零，产生的力矩也为零，因此角动量守恒。

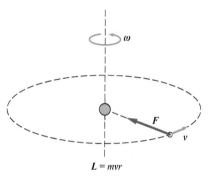

当行星靠近太阳时，它绕太阳的转动惯量减小。要保持角动量不变，必须增加行星绕太阳运动的角速度（以及它的线动量[①]），才能保持乘积 $L = I\omega$ 不变。这一要求使得太阳和行星的连线在相等的时间内扫过的面积相等。当距离变小时，行星的速度必须变大，以保持扫过的面积不变。

图 8.19　对于过太阳中心的轴，作用在行星上的引力不产生力矩，因为这个力的力臂是零

使用线系小球做一个简单的实验，可以观察到相似的效果。如果旋转时将细线绕在手指上，那么旋转半径会越来越小，而小球围绕手指运动的角速度越来越大，因为半径减小时，转动惯量减小，角动量相应地增大。角动量是守恒的。

日常现象专栏 8.1 中给出了角动量守恒的一个例子，其中，角动量在溜溜球运动的某些点是守恒的。在其他点，角动量在力矩的影响下出现变化。

> 类似于线动量，角动量是转动惯量和角速度的乘积。当作用在系统上的合外力矩为零时，角动量守恒。这时，转动惯量的减小导致角速度的增加，这一点可从滑冰运动员的旋转看出。翻转的跳水运动员、系在细绳末端的旋转小球、围绕太阳公转的行星，都是这种效应的例子。

日常现象专栏 8.1　溜溜球，溜起来！

附图 1　"溜"回手中的溜溜球。技术足够好时，还可让它在细绳末端"睡觉"

现象与问题　一位物理老师发现有位学生经常带着溜溜球上课，并且玩得很"溜"。老师要求这名学生用力矩和角动量的原理来解释溜溜球的行为。

老师特别要求学生解释溜溜球有时自动回"溜"，有时停在细绳末端"睡觉"或者继续旋转的原因（见附图 1）。这两种情况有何不同？

分析　学生仔细观察了溜溜球的结构和细绳的连接方式。他发现，细绳不是紧紧系在溜溜球的轴上的，而是在轴上打了一个松散的圈。当溜溜球位于细绳末端时，细绳在轴上滑动。另一方面，当细绳缠绕在轴上时，则不太可能打滑。

[①] 对绕某个轴旋转的实心物体来说，角动量简化为 $L = mvr$，其中 mv 是线动量，r 是从转轴到这一时刻物体运动路径的垂直距离。r 减小，必须增大 v 才能保持角动量不变。

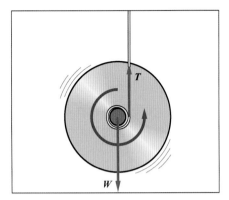

附图 2　溜溜球下落时的受力图。溜溜球的重量和
　　　　细绳上的拉力是主要的力

细绳的一端绕在溜溜球的轴上，另一端扣在学生的中指上。溜溜球从手中松开或者甩出时，细绳逐渐展开，溜溜球获得角速度和角动量。学生推断，一定有一个力矩在做功，于是画了溜溜球的受力图，如附图 2 所示。两个力作用在溜溜球上，重力向下作用，细绳的拉力向上作用。

由于溜溜球向下加速，重力必须大于拉力才能产生向下的合力。重力对过溜溜球重心的轴没有力矩，因为它的作用线过重心，力臂为零。细绳拉力的作用线偏离中心，产生一个力矩，使溜溜球绕过重心的水平轴逆时针方向旋转，如附图 2 所示。

细绳上的拉力产生的力矩产生角加速度，溜溜球下落时获得角速度和角动量。当溜溜球到达细绳末端时，角动量很大，没有外部力矩改变角动量，它将守恒。这就是溜溜球在绳底部"睡觉"的情况：细绳滑动时，唯一起作用的力矩是轴上的摩擦力力矩，轴光滑时，这个力矩很小。

溜溜球是如何回到学生手中的呢？溜溜球玩家在溜溜球到达底部的那一刻，会轻轻拉动绳子。这一拉动为溜溜球提供了一个短暂的冲量和向上的加速度。因为溜溜球已在旋转，所以它会继续向同一方向旋转，并且细绳绕溜溜球的轴回绕。细绳上拉力的作用线现在位于轴的另一边，它的力矩导致角速度和角动量下降。当溜溜球滑回学生手中时，旋转应会停止。

当溜溜球上升时，作用在溜溜球上的合力仍然是向下的，溜溜球的线速度随着角速度的减小而减小。合力向上作用的唯一一时刻是拉动细绳向上传递冲量时。这种情况类似于小球在地板上弹跳——除了与地板接触的时间非常短，合力都是向下的。我们通过细绳影响冲量方向、大小和时机的能力，使溜溜球"睡觉"或者返回学生的手中。这就是"溜球的艺术"。

8.5　骑自行车和其他技艺

你思考过自行车运动时保持直立、不运动时迅速倒下的原因吗？角动量当然涉及，但是在解释时还需要一些其他的知识。角动量的方向是一个重要的考虑因素。角动量为什么有方向？这个方向在解释自行车的行为、陀螺的转动和其他现象时，是如何被涉及的？

8.5.1　角动量是矢量吗？

线动量是矢量，动量 p 的方向和物体速度 v 的方向一致。由于角动量与角速度相关，因此问题就归结为角速度是否有方向。我们如何定义角速度的方向？

如图 8.20 所示，木马（或圆盘）逆时针方向旋转时，如何用箭头表示这个方向？术语"逆时针"表示从某个视角看时的旋转方向，但是它未定义唯一的方向。为了完成描述，我们还要指定转轴和视角或者透视点。一个物体从上面看时是逆时针方向旋转的，从下面看时却是顺时针方向旋转的。同样，我们可以画出转轴和围绕转轴的弯箭头，然而，使用简单的直线箭头指定方向要更好。

这个问题的解决方法是，将图 8.20 中从上往下看时逆时针方向旋转的角速度矢量方向，规定为沿转轴向上的方向。矢量是应沿转轴向上还是应沿转轴向下，可以通过"右手定则"来确定。右手紧握，4 根手指按旋转方向包围转轴，拇指的指向就是角速度矢量的方向。如果旋转木马从上往下看时顺时针

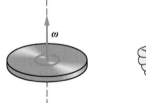

图 8.20　从上往下看时逆时针方向旋转的角速度矢量的方向，定义为沿转轴向上，由右手的拇指方向表示，此时其他 4 根手指弯向旋转方向

方向旋转（而非逆时针方向旋转），那么拇指指向下方，这就是角速度矢量的方向。

因为 $L = I\omega$，角动量矢量的方向与角速度的方向相同。角动量守恒要求角动量矢量的方向和大小都保持不变。

8.5.2　角动量和自行车

大多数人都有骑自行车的经验。自行车运动时，车轮有角动量。施加在踏板上的力矩通过链条作用于后轮，产生角加速度。如果自行车沿直线运动，那么两个车轮的角动量矢量的方向相同，都是水平的（见图 8.21）。

要使自行车翻倒，就必须改变角动量矢量的方向，因此需要一个力矩。这个力矩通常来自骑车人和自行车的重力，这个重力过二者的合重心。当自行车完全直立时，这个力竖直向下作用，过自行车翻倒时的转轴。转轴是轮胎与路面接触的线。围绕该轴的力矩将为零，因为力的作用线过转轴，力臂是零。初角动量的方向和大小是守恒的。

自行车不完全直立时，重力就有一个以轮胎与道路的接触线为转轴的重力矩。当自行车开始倾倒时，获得围绕转轴运动的角速度和角动量。根据右手定则，这个角动量矢量的方向沿转轴指向前方或者后方。从后面看时，自行车左倾，与这个力矩相关的角动量的变化量 ΔL 直接指向后方，如图 8.22 所示。

如果自行车是静止的，那么导致自行车翻倒的是全部重力力矩。然而，当自行车运动时，重力力矩产生的

图 8.21　当自行车直立行驶时，每个轮子的角速度矢量方向都是水平的

角动量变化量 ΔL 加到了旋转轮胎已有的角动量（L_1）上。如图 8.22 所示，这使得总角动量矢量（L_2）的方向发生变化。这种方向变化可以通过简单地转动自行车的车轮来适应与消化，而不让自行车翻倒。将自行车转至即将翻倒的方向，可以补偿重力力矩的影响。初始角动量越大，所需的补偿转动越小。车轮的角动量是使自行车稳定的主要因素。

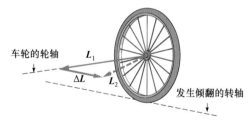

图 8.22　自行车左倾导致的角动量变化量（ΔL）直接指向后方，平行于轮胎与道路的接触线。这一变化导致角动量矢量（和轮子）左转

这个结果虽然令人惊讶，但是骑过自行车的所有人都会用到它。当自行车缓慢运动时，急速摆动车轮并且不断地变换重心的位置，可以防止自行车倒下。自行车的速度较快时，较小的调整便已足够。通过小小的偏转，我们就可以利用重力力矩来改变角动量的方向，帮助自行车绕过弯道。同样，如果在桌面上滚动一枚硬币，那么当它翻倒时，你会看到它发生了偏转——轨迹沿硬币倾斜的方向弯曲。

你也可以让自行车的后轮直立，并让朋友转动前轮来观察力矩改变角动量方向的效果。你会发现，当车轮快速旋转时，改变它的方向要比车轮缓慢旋转或者不旋转时困难。你还会发现，车轮似乎有自己的想法。当你试图倾斜车轮时，它倾向于向垂直于倾斜方向的方向转动。

安装在手持式车轴上的自行车车轮，对我们感受施加在车轴上的力矩的效果更有效。这是一种常见的演示装置，但是填充车轮的通常是钢索而不是空气。在给定的旋转速率下，钢索为车轮提供更大的转动惯量和角动量。当车轮在竖直平面上旋转时，握住两边的车轴，然后试着倾斜车

轮，就能体会到骑自行车时会发生什么。这也表明了改变快速旋转车轮的角动量的方向有多么困难。日常现象专栏8.2中讨论了力矩是如何对自行车的齿轮系统起作用的。

8.5.3　转椅和陀螺

手持式自行车车轮可以很好地演示其他角动量矢量。学生坐在转动的转椅上，握住竖直方向的车轴，这时，角动量守恒将产生惊人的结果。在刚开始转动车轮时，最好固定转椅，使转椅不会转动。然后，让学生将车轮翻过来（见图 8.23），反转车轮角动量的方向。

你能想象接下来会发生什么吗？为了保持总角动量不变，必须保持总角动量矢量的方向为初始方向。唯一能做到这一点的方法是，学生所坐转椅开始按照车轮的最初旋转方向转动。翻过来后，如果车轮绕轮轴转动的角动量矢量加上学生（含转椅和车轮）绕椅轴转动的角动量矢量，等于车轮的初角动量矢量（见图8.24），即学生（含转椅、车轮）获得的角动量正好是车轮的初角动量的2倍，那么角动量就守恒（翻过来后，车轮实际上参与两个运动：一个是绕轮轴的"自转"，另一个是与学生一起绕椅轴的"公转"。图8.24中的 $-L_w$ 表示前一个分运动的角动量，学生动量 L_s 中所包含的车轮角动量就是后一个分运动的角动量，见题SP4）。学生可以通过将轮轴翻回原方向来停止转椅的旋转。

轮子翻转前　　　　　　**轮子翻转后**

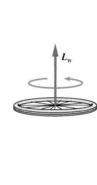

图 8.23　学生坐在转椅上握住转动的车轮。车轮翻过来后，会发生什么？

图 8.24　学生、转椅和车轮关于椅轴的角动量 L_s 加上车轮关于轮轴的角动量（$-L_w$），等于车轮的初角动量 L_w

角动量的方向及其守恒在许多情况下都很重要。例如，直升机旋翼的角动量在设计直升机时是一个极其重要的因素，而陀螺的运动让人着迷。如果你有一个陀螺，那么可以观察陀螺减速时角动量矢量的方向会发生什么。当陀螺开始摇摆时，角动量矢量方向改变，使得陀螺的转轴绕一条竖直线旋转（进动）。这让你想起了自行车车轮的情况吗？

和线动量一样，角动量也是矢量。它的方向与角速度矢量的方向相同，角速度矢量的方向可用右手定则确定。角动量守恒要求角动量矢量的大小和方向都是恒定的（假设没有外部力矩）。使用这些概念可以解释许多有趣的现象，包括运动自行车的稳定性、旋转陀螺的运动、原子和星系的运动等。

日常现象专栏 8.2　自行车变速装置

现象与问题　大多数现代自行车都配备了换挡功能。上坡时，换低速挡，踩起踏板来更轻松。在平地上骑行或者下坡时，换高速挡，以便每踩一次踏板都能走更远的距离。

这些链轮是如何工作的？换挡时，施加在后轮上的力矩是如何变化的？有许多不同链轮的好处是什么？在简单机械的概念中，加入一个旋转力矩的概念，可以帮助我们理解链轮是如何工作的。类似的想法也适用于汽车变速器。

附图1 在21挡变速自行车的后轮链轮传动系统上，有7个不同的链轮。踏板链轮中的两个较小链轮位于最大链轮的后面

分析 附图1显示了21挡变速自行车的踏板驱动链轮和后轮链轮传动系统。后轮轮毂上有7个不同大小的链轮。踏板和踏杆上还有3个不同的链轮，图中只能看到两个链轮。滑轮和杠杆机构（称为变速器）让我们将链条从一个链轮移到另一个链轮上，并且由安装到车把上的杠杆控制，而杠杆通过钢索与变速器相连。

骑自行车时，我们通过踏板给踏板链轮施加力矩。脚垂直踩踏板时，力臂是踏杆的长度。如附图2所示，踏板在前面时，得到的力矩最大。踏杆转动时，最大力矩的位置从左脚到右脚交替出现。

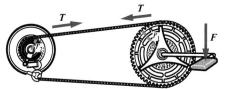

附图2 施加在踏板上的力在踏板链轮上产生力矩。这个力矩在链条上产生张力，由于后轮链轮的半径较小，这个张力对其施加的力矩较小

如果施加在踏板链条上的力矩大于链条张力施加的反向力矩，踏板链轮就会加速旋转。反之，这个张力通过后轮链轮在后轮上产生力矩。传递给后轮的这个力矩的大小取决于几个链轮中的哪个与链条相连。较大的链轮半径产生较大的力矩，因为力臂更长（力臂等于啮合链轮的半径）。和汽车一样，后轮通过摩擦力推动路面，根据牛顿第三运动定律，地面施加在后轮的摩擦力推动自行车前行。

简单机械的概念是如何涉及的？假设链条与后轮链轮传动系统上最小的链轮啮合。链条施加在后轮上的力矩因为力臂小而相对较小。然而，每转一圈踏板链轮，后轮链轮就转几圈（后轮也转几圈）。例如，如果踏板链轮的半径是后轮链轮的5倍，那么踏板每转一圈，后轮链轮就转5圈（链轮的周长 $2\pi r$ 与半径成正比，周长决定了每转一圈时链条所走的距离）。

在这种情况下，小输出力矩使后轮转动一个大角度，大输入力矩使踏板链轮转动一个小角度。与线性功（力乘以移动的距离）类似，旋转功定义为力矩乘以链轮转动的角度（$\tau\theta$）。对于任何简单的机器，如果忽略轮轴上的摩擦力矩，输出功就等于输入功。

刚才描述的情况，代表的是高速挡还是低速挡？因为每转一圈踏板，后轮就转几圈，所以代表的是高速挡。对于低速挡，我们需要将链条移到后轮上较大的链轮上（或者踏板驱动轮上的较小链轮上）。这会向后轮传递一个更大的力矩，代价是踏板转一圈，后轮只转一个小角度，自行车只移动一小段距离。上坡时，需要更大的力矩来克服重力。

对于21挡变速自行车，踏板的链轮有3种尺寸，后轮上有7个不同大小的链轮，于是，两个链轮之间就有 3×7 = 21 种不同的组合和半径比。拥有这么多选择的优点是，我们可以调整齿轮系统的机械效益，以适应遇到的骑行条件，进而调整施加在踏板上的力的大小，实现所需的力矩。如果这个力太大，那么我们很快就会疲劳。然而，当力很小时，我们可能无法最大限度地利用轻松的骑行条件。我们可以使用更高速的挡位走得更快。

小结

本章介绍了物体的转动及其成因，利用线性运动和转动的类比，引出了许多概念。重点内容小结如下：

1. **什么是转动？** 角位移使用角度来描述。角速度是角度随时间的变化率。角加速度是角速度随时间的变化率。

$$\omega = \frac{\theta}{t} \qquad \alpha = \frac{\Delta\omega}{t}$$

2. **力矩和平衡。**力矩是物体转动发生变化的原因。它被定义为力乘以力臂，力臂是力的作用线到转轴的垂直距离。如果作用在物体上的合力矩为零，那么物体不改变其转动状态。

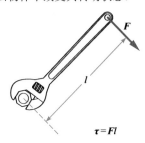

$$\tau = Fl$$

3. **转动惯量和牛顿第二运动定律。**牛顿第二运动定律应用于旋转情形时，力矩取代力，角加速度取代线加速度，转动惯量取代质量。转动惯量取决于旋转体关于转轴的质量分布。

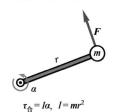

$$\tau_{合} = I\alpha, \quad I = mr^2$$

4. **角动量守恒。**与线动量类似，角动量被定义为转动惯量乘以角速度。当无合外部力矩作用于系统时，角动量守恒。

$$L = I\omega$$
若 $\tau_{外} = 0$，则 L 为常数

5. **骑自行车和其他技艺。**角速度和角动量矢量的方向由右手定则确定。这些矢量解释了运动自行车的稳定性和其他现象。没有外部力矩时，角动量的方向和大小守恒。

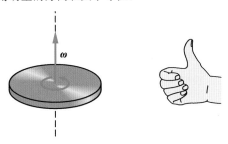

关键术语

Rotational velocity　转动速度/转速

Rotational displacement　角位移

Radian　弧度

Linear displacement　线位移

Rotational acceleration　转动加速度

Fulcrum　支点

Torque　力矩

Lever arm　力臂

Center of gravity　重心

Rotational inertia　惯性矩

Moment of inertia　转动惯量

Angular momentum　角动量

Conservation of angular momentum　角动量守恒

概念题

Q1 下列单位中，哪些单位不适合描述转速？
rad/min^2，rev/s，rev/h，m/s。

Q2 下列单位中，哪些单位不适合描述角加速度？
rad/s，rev/s^2，rev/m^2，°/s^2。

Q3 一枚硬币沿斜面滚下，边滚边加速。硬币有角加速度吗？

Q4 物体的角速度逐渐减小，物体有角加速度吗？

Q5 坐在木马中心附近的孩子的角速度，是否与坐在木马边缘附近的孩子的角速度相同？

Q6 坐在木马中心附近的孩子线速度，是否与坐在木马边缘附近的孩子的线速度相同？

Q7 一个物体具有恒定的角加速度，其角速度也恒定吗？

Q8 一个小球滚下斜面，边滚边加速。小球是否同时具有线加速度和角加速度？这个小球转一圈有多远？小球的线速度和角速度相关吗？

Q9 与施加在扳手手柄末端的力相比，施加在手柄中部附近的相同大小的力（均垂直于手柄），会产生更大的力矩吗？

Q10 题图中作用在杆上的两个力中，哪一个力产生一个关于垂直于图中平面，在杆的末端的轴的力矩？

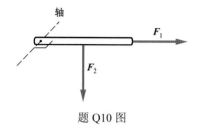

题 Q10 图

Q11 题图中的两个力大小相等。哪个方向的力在车轮上产生更大的力矩？

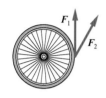

题 Q11 图

Q12 一个简易天平放到一个支点上，并且处于静止状态。在其横梁上能否平衡两个不同重量的物体？

Q13 作用在物体上的合力是零，但是合力矩不为零，这可能吗？提示：各个力可能不在同一条线上。

Q14 假设你想用一根钢管作为杠杆来撬动一块大石头。支点是离你的手近有效，还是离大石头近有效？

Q15 一支铅笔在一个支点上保持平衡，支点离铅笔一端的距离等于铅笔全长的 2/3。这支铅笔的重心在它的中心吗？

Q16 将一个质量沿其长度均匀分布的实心木板放到平台上，木板的一端伸出平台边缘。在木板倾翻之前，我们能把它推多远？

Q17 一根均匀金属条被弯成 L 状，这根金属条的重心是否在金属条上？

Q18 物体以恒定的角速度旋转。是否有一个合力矩作用在物体上？

Q19 高箱子的重心要比矮箱子的重心高。如果推两个箱子的顶部，哪个箱子更容易翻倒？请用受力图来说明。你选何处作为转轴？

Q20 两个物体的总质量相同。但是，与物理 B 相比，物体 A 的质量集中在靠近转轴的地方。你更容易让哪个物体旋转？

Q21 两个质量相同的物体是否可能有不同的转动惯量？

Q22 你能在不改变总质量的情况下，改变你关于过你的重心的轴的转动惯量吗？

Q23 实心球和空心球由不同材料制成，有相同的质量和相同的半径。在这两个球中，哪个球绕过其中心的轴的转动惯量大？

Q24 角动量总守恒吗？

Q25 金属棒首先绕过其中心的轴旋转，然后绕过其一端的轴旋转。如果两种情况下的角速度相同，角动量相同吗？

Q26 孩子在自由旋转的木马上从中心附近移动到边缘。木马的角速度是增加、减小还是不变？

Q27 孩子跳到一个自由旋转的木马上，径直向内移动。这对旋转木马的角速度有什么影响？

Q28 滑冰运动员能否改变其角速度而不涉及任何外部力矩？

Q29 假设你在旋转一个系在细线上的小球。如果你将细线绕在手指上，小球的转速度会随细线变短而改变吗？

Q30 自行车转弯时，车轮角动量矢量的方向改变吗？

Q31 溜溜球上升到达细线末端时，角动量矢量的方向变化吗？

Q32 如果细绳紧紧地系在轴上，溜溜球还能"睡觉"吗？

Q33 从上往下看时，滑冰运动员正绕竖直轴逆时针方向旋转。她的角动量的方向是什么？

Q34 竖直立在橡皮上的一支铅笔保持平衡。现在因受到扰动，向右侧翻倒。a. 它倒下时，角动量矢量的方向是什么？b. 它的角动量在倒下过程中守恒吗？

Q35 陀螺不旋转时很快就会倒下，旋转时会保持直立状态一段时间。解释为什么会这样。

Q36 更换变速自行车后轮的挡位时，施加在后轮上的力矩变化吗？

Q37 踏板在什么位置时，可以对自行车踏板施加最大的力矩？

Q38 链条移向自行车后轮的大链轮时，是换高速挡还是换低速挡？

E1 假设旋转木马的转速是 8rev/min。**a.** 用 rev/s 表示这个转速。**b.** 用 rad/s 表示这个转速。

E2 唱片的转速是 33 转/分钟。**a.** 用 rev/s 表示这个转速。**b.** 在 5s 时间里唱片转了多少圈？

E3 假设一个圆盘在 5s 时间里转了 8 圈。**a.** 它在这段时间里的角位移是多少弧度？**b.** 它的平均角速度是多少（rad/s）？

E4 自行车车轮以 1.3rev/s^2 的恒定角加速度加速。**a.** 如果它从静止开始，5s 后它的角速度是多少？**b.** 这段时间里它转了多少圈？

E5 旋转木马的角速度在 6s 内以恒定的变化率从 0.3rad/s 增加到 2.1rad/s。旋转木马的角加速度是多少？

E6 在 15s 时间里，圆盘的转速从 14rev/s 下降到 3rev/s。圆盘的角加速度是多少？

E7 旋转木马从静止开始以不变的角加速度 0.4rev/s^2 加速。**a.** 6s 后的转速是多少？**b.** 在这段时间里共转了多少圈？

E8 60N 的力加到长度为 24cm 的扳手手柄末端。力的作用方向与手柄垂直，如题图所示。**a.** 扳手施加在螺母上的力矩是多少？**b.** 力施加在手柄的中点时，力矩是多少？

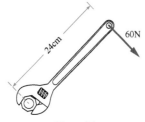

题 E8 图

E9 一个重量为 40N 的物体放在离简易天平支点 8cm 远的地方。为了平衡系统，在另一侧离支点多远的地方应放置一个重量为 25N 物体？

E10 一个重量为 8N 的物体放在一个简易天平的横梁上，位于支点一侧的 12cm 处。在离支点 5cm 处的另一侧，应放重量为多少的物体，才能使系统平衡？

E11 如题图所示，大小分别为 90N 和 40N 的两个力作用在半径为 1.3m 的旋转木马边缘。**a.** 90N 的力对轴的力矩是多少？**b.** 40N 的力对轴的力矩是多少？**c.** 作用在木马上的合力矩是多少？

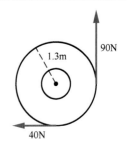

题 E11 图

E12 合力矩 93.5N·m 作用在转动惯量为 11.0kg·m^2 的圆盘上，圆盘的角加速度是多少？

E13 一个车轮的转动惯量是 8.3kg·m^2，它以角加速度 4.0rad/s² 加速转动。产生这个角加速度需要多大的合力矩？

E14 力矩 76N·m 作用在一个绕轴旋转的车轮上，使车轮逆时针方向旋转。作用在车轴上的还有一个大小为 14N·m 的摩擦力矩。**a.** 轮轴的合力矩是多少？**b.** 测得车轮在这些力矩的作用下，以 6rad/s² 的角加速度加速，车轮的转动惯量是多少？

E15 两个质量为 0.3kg 的物体放在长为 1.4m 的刚性细棒两端，如题图所示。这个系统关于过细棒中心的轴的转动惯量是多少？

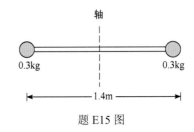

题 E15 图

E16 一个质量为 0.75kg 的物块放在一根刚性轻杆的末端，轻杆的长度为 60cm。轻杆以 12rad/s 的角速度绕其一端的轴旋转。**a.** 系统的转动惯量是多少？**b.** 系统的角动量是多少？

E17 一个质量为 7kg、半径为 0.4m 的均匀圆盘以 15rad/s 的角速度旋转。**a.** 圆盘的转动惯量是多少？**b.** 圆盘的角动量是多少？

E18 一名学生两手握着重物坐在转动的转椅上。当他伸开手臂时，系统的总转动惯量是 5.6kg·m^2，收回双臂后，总转动惯量减少到 1.4kg·m^2，此时他的角速度是 48rev/min。假设没有外部力矩，当他伸出手臂时，系统的转速是多少？

SP1 公园中的旋转木马的半径是 1.5m,转动惯量是 800kg·m²。一名孩子在旋转木马的边缘施加 92N 的恒定力来推动木马,力与木马的边缘平行。作用在旋转木马上的摩擦力矩为 14N·m。**a.** 作用在旋转木马上的合力矩是多少? **b.** 旋转木马的角加速度是多少? **c.** 按照这个角加速度,如果木马从静止开始,16s 后的转速是多少? **d.** 如果孩子在 16s 后停止推动,旋转木马的角加速度是多少? 旋转木马要多久才能停止转动?

SP2 如题图所示,一块长为 3m、重量为 130N 的木板放在码头上,木板伸出码头的长度为 1m。木板的密度均匀,重心在木板的中心。一名重 180N 的男孩站在木板上,慢慢地从码头边缘向外走。**a.** 码头边缘的转动点到木板中心的距离是多少? **b.** 木板重量关于码头边缘转动点的力矩是多少? 假设木板的全部重量都作用在重心上。**c.** 男孩从码头边缘向外移动多远时,木板将处于倾翻的临界点?

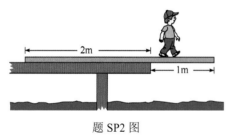

题 SP2 图

SP3 在公园里,几名总质量为 90kg 的孩子正在骑旋转木马,木马的转动惯量为 1100kg·m²,半径为 2.4m。最初,因为孩子们都在边缘附近,他们到旋转木马轴心的平均距离是 2.2m。**a.** 孩子们关于旋转木马轴的转动惯量是多少? 孩子们和旋转木马的总转动惯量是多少? **b.** 现在,孩子们向旋转木马的中心移动,他们到转轴的平均距离为 0.8m。系统现在的转动惯量是多少? **c.** 如果旋转木马的初角速度为 1.3rad/s,假设可以忽略摩擦力矩,孩子们移向中心后的角速度是多少? 利用角动量守恒。**d.** 旋转木马在这个过程中是否加速转动? 如果加速,加速力矩来自何处?

SP4 一名学生坐在一把最初处于静止状态的可以自由旋转的转椅上,并且手持一个自行车车轮。如题图所示,车轮绕竖轴的转速为 8rev/s。车轮绕中心的转动惯量为 2.5kg·m²,学生、车轮和转椅绕转椅转轴的转动惯量为 6kg·m²。**a.** 系统的初角动量的大小和方向是什么? **b.** 如果学生翻转车轮轴,从而翻转了车轮的角动量方向,那么翻转后,学生和转椅绕轴运动的角速度是多少? **c.** 加速学生和转椅的力矩来自何处?

题 SP4 图

HE1 如果附近的公园里有旋转木马,请花点儿时间与朋友一起观察本章讨论的一些现象。特别提出以下建议:**a.** 旋转木马的典型转速是多少? 你应怎样测量它? **b.** 在你停止推动木马后,旋转木马需要多长时间才能停下来? 你能根据这个信息算出摩擦力矩吗? 你还需要什么信息? **c.** 如果你或你的朋友在旋转木马上,当你从旋转木马的轴向内或向外运动时,转速发生什么变化? 你对此怎么解释?

HE2 使用米尺作为梁,使用铅笔作为支点,做一个简易的天平(六角形截面的铅笔或者钢笔要比圆形截面的铅笔更易使用)。**a.** 这把米尺能够准确地在中点平衡吗? 对于米尺,这意味着什么? **b.** 以五分硬币为标准,1 便士、1 角和 2 角 5 分硬币的重量与五分币的重量之比是多少? 描述得到这些比率的过程。**c.** 要使一边的两枚五分币与另一边的一枚五分币保持平衡,两枚五分币离支点的距离正好是一枚五分币离支点的距离的 1/2 吗？如何解释这种差异？

HE3 剪出一块圆形的硬纸板，在中间戳一个洞后，将一支表面粗糙的短铅笔插入洞中作为转轴，做成一个简易的陀螺。圆头短木钉要比铅笔好用。**a**. 做这样一个陀螺并测试它。为了保证铅笔的最佳稳定性，圆纸板该放在铅笔上方多远的位置？**b**. 当陀螺慢下来时，其转轴会发生什么情况？陀螺角动量矢量的方向如何，它是如何改变的？**c**. 如果将两枚硬币粘在纸板边缘的两端，陀螺的稳定性会发生什么变化？

HE4 在光滑桌面或者其他类似的表面上，让五分硬币或者其他硬币绕其边缘旋转。描述接下来的

运动，特别注意角动量矢量的方向。

HE5 使用装在手持式车轴上的自行车车轮，研究角动量矢量及其变化。特别注意观察：**a**. 使用双手握住轮轴两边的把手，使车轮在竖直平面上旋转。然后，左倾车轮来模拟摔倒。车轮转向什么方向？描述发生的情况。**b**. 使用双手握住轮轴两边的把手，使车轮竖直方向。不旋转车轮，将车轮从竖直方向转至水平方向。现在，请重复这个操作，但先请人使得车轮在竖直平面上旋转。当车轮旋转时，将车轮从竖直方向转到水平方向是更难还是更容易？这与骑自行车的情况有什么关系？

第 2 单元　流体的行为和热学

随着全球石油供应趋紧，能源问题变得越来越重要。尽管牛顿的力学理论是在 17 世纪提出的，但是奠定我们理解能量利用基础的物理学直到 19 世纪才取得重大进展，其中一些进展，特别是流体力学和热力学领域的一些进展，是受到工业革命的刺激而取得的。如果没有发明用来运行工厂、驱动火车和轮船的蒸汽机，这场革命就不可能发生。

理解流体的行为，特别是气体的行为，对我们理解包括蒸汽机在内的各种发动机至关重要。热力学之所以重要，原因是它描述了在热机和其他系统中发生的能量转换。流体力学和热力学是培养设计这些系统的机械工程师的中心内容。

热力学领域的发展历史奇怪且曲折。法国科学家、工程师萨迪·卡诺（1796—1832）在 1820 年左右提出了热机理论，但卡诺的理论提出的问题比回答的问题还多。卡诺对我们现在所说的热力学第二定律有些了解，但他未能深刻理解热力学第一定律。热力学第一定律涉及能量守恒，但是这个概念仅在约 30 年后即 1850 年才有自己的意义。全面的热学理论只有对能量有了深刻理解才能真正到来，并且这一理解只有结合热力学第一和第二定律后才能做到。

热力学第一定律和第二定律是在 19 世纪 50 年代由许多科学家共同努力完成的，其中最著名的科学家是鲁道夫·克劳修斯（1822—1888）和威廉·汤普森（后来的开尔文勋爵）。另一位重要的科学家是詹姆斯·普雷斯科特·焦耳（1818—1889），他测量了机械功的热效应，这是热力学第一定律的关键内容。总体而言，热力学第一和第二定律限制了以热形式存在的能量所能达到的效果。

热力学定律在任何有关能源使用的讨论中都起重要的作用。能源仍然是一个关键问题——人类对化石燃料的严重依赖不能无限期地持续下去。对全球变暖（与温室效应有关）和其他与能源使用相关的环境问题的关注，已成为热门的政治话题。理解这些问题背后的科学，对于经济学家、政治家、环保主义者和普通公民都很重要。第 9 章、第 10 章和第 11 章阐述了这些观点。

第 9 章　流体的行为

本章概述

本章首先探讨压强，然后研究大气压及流体中的压强是如何随深度变化的。这些内容是我们探索漂浮物体的行为及流体运动的基础。流体运动由伯努利原理描述，它有助于我们解释弧线球转弯和其他现象的成因。

本章大纲

1. **压强和帕斯卡定律**。压强是什么？它是怎样在系统中传递的？液压千斤顶或者液压机的工作原理是什么？

2. **大气压和气体的行为**。如何测量大气压？它为何会变化？为何气体比液体更易被压缩？波义耳定律是什么？

3. **阿基米德定律**。阿基米德定律是什么？它与压强差有何关系？为何钢船上浮而钢块下沉？

4. **运动的流体**。在流体中我们能够观察到什么特征？什么是黏度？如果改变管道或者流体（如水流）的宽度，流体的速度发生变化吗？

5. **伯努利原理**。伯努利原理的内容是什么？它和能量守恒有何关系？如何使用伯努利原理解释弧线球的运动与其他现象？

对许多人来说，船有一种特殊的魅力。当你还是个孩子的时候，就可能已经让小树枝在河流中漂浮。木棍或者玩具船随着水流前进，有时快速移动，有时被漩涡缠住或者搁浅在岸边。这表明，你观察到了流体的一些特性。

你可能还注意到有些东西会浮起来，有些东西则不会浮起来。例如，石块很快就会下沉到河底。随着年龄的增长，你可能会问如下问题：为什么钢船会漂浮，而金属掉入水中后会很快下沉（见图 9.1）？物体是否漂浮与其形状有关吗？能用混凝土造船吗？

有些东西既可以漂浮在空中，又可以漂浮在水中。充满氦气的气球会拖着绳子上飘，但是充满空气的气球会下落到地板上。是什么造成了这种差异？

图 9.1　钢船可以漂浮在水面上，但是金属会很快沉入水中。应该如何解释呢？

在水或者空中漂浮（下沉）的物体的行为，是流体行为的一个方面。水和空气都是流体，但是水是液体，空气是气体。它们都容易流动，并且呈容器的形状，而不像固体那样有自己的形状。虽然液体的密度通常要比气体的大得多，但是许多适用于液体的原理也适用于气体，因此统称它们为流体是合理的。

压强是描述流体行为的核心。本章深入探讨压强。阿基米德定律涉及压强，它解释了物体是如何漂浮的，但是压强在我们考虑的其他现象中也很重要，包括流体的运动。

9.1　压强和帕斯卡定律

图 9.2　小个子女孩的高跟鞋陷入松软的地面，但是大个子男孩的鞋不会陷入松软的地面

穿高跟鞋时的小个子女孩会陷入松软的地面，而穿 40 码鞋的大个子男孩会毫无困难地走过同样的地面（见图 9.2）。为什么会这样？男孩比女孩重得多，因此必定会对地面施加更大的力。然而，女孩的高跟鞋会在地面上留下更深的脚印。

显然，体重本身不是唯一的决定性因素。更重要的决定性因素是力在鞋与地面的接触区域内的分布方式。女孩的高跟鞋与地面的接触面积小，而男孩的鞋与地面的接触面积要大得多。由于人受到重力的作用，因此他/她的脚对地面施加作用力，但是男孩对地面的作用力分布在更大的面积上。

9.1.1　如何定义压强？

当你在柔软的地面上站立或者行走时，会发生什么？如果未在竖直方向加速，那么你的重量必定与地面施加在脚上的支持力平衡。根据牛顿第三运动定律，你对地面施加了一个向下的压力，这个力的大小等于你的重量。

决定地面是否"屈服"，进而让鞋子陷入地面的是，鞋子施加在地面上的压强。总压力不如单位面积上的力那么重要：

平均压强是垂直作用在一个面上的力与这个面的面积之比，即 $P = F/A$。

压强的单位是牛顿/平方米（N/m^2）——力的公制单位除以面积的公制单位。我们也称这个单位为帕斯卡（$1Pa = 1N/m^2$）。

一方面，高跟鞋的鞋跟面积可能只有 $1cm^2$ 或者 $2cm^2$。走路时，当一只脚离开地面时，重力的作用线从着地的那只脚的脚跟转移到脚趾上。也就是说，有时你的整个重量都由脚跟支撑。你可以走几步来试试是否是这样的。女孩的体重除以其小鞋跟的面积，得到的是她对地面的很大的压强。

另一方面，男孩的鞋跟面积可能高达 $100cm^2$。因为男孩的鞋跟面积可能是女孩的 100 倍，虽然他的重量可能是女孩的 2～3 倍，但是他对地面施加的压强远小于女孩对地面施加的压强（$P = F/A$）。男孩的更小压强在地面上留下的脚印更浅。

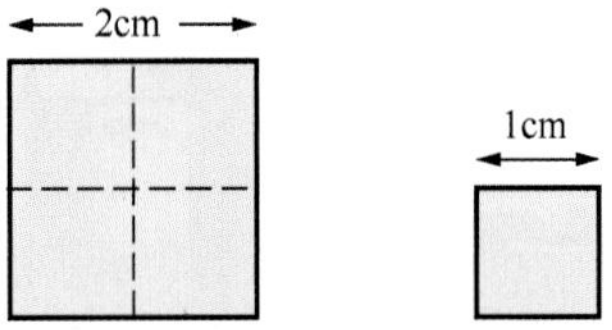

力作用的面积是压强的关键因素。表面的面积要比表面的线性尺寸增长得更快。例如，边长为 1cm 的正方形的面积是 $1cm^2$，边长为 2cm 的正方形的面积是 $4cm^2$（2cm×2cm），后者是小正方形的面积的 4 倍（见图 9.3）。圆的面积等于 π 乘以圆的半径的平方（$A = \pi r^2$）。半径为 10cm 的圆的面积是半径为 1cm 的圆的面积的 100 倍。

图 9.3　边长为 2cm 的正方形的面积是边长为 1cm 的正方形的面积的 4 倍

9.1.2　什么是帕斯卡定律？

当压强施加在液体上时，液体内部会发生什么？压强有方向吗？它能将力传递到容器内壁或者底部吗？这些问题引出了流体压强的另一个重要特征。

如图 9.4 所示，当我们向气缸的活塞施加一个向下的力时，活塞对流体施加一个力。根据牛顿第三运动定律，流体对活塞施加一个反向的力。气缸内的流体受到挤压，体积减小，即它被压缩。类似于被压缩的弹簧，被压缩的流体外推气缸的内壁、底部和活塞。

尽管流体的行为类似于弹簧，但是它是一种不同寻常的弹簧。流体被压缩后，会均匀地向各个方向外推。如图 9.4 所示，压强的任何增加都会均匀地在流体中传递。如果忽略流体本身的重量引起的压强变化，那么上推活塞的压强等于外推气缸内壁的压强和下推气缸底部的压强。

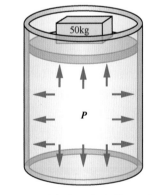

图 9.4　施加在活塞上的压强均匀地传递到整个流体，使气缸单位面积的内壁和底部具有相等的向外推的力

流体均匀传递压强的能力是帕斯卡定律的核心，也是液压千斤顶和其他液压装置运行的基础。布莱斯·帕斯卡（1623—1662）是法国科学家和哲学家，他在流体静力学和概率论领域做出了重大的贡献。帕斯卡定律通常表述为

封闭的静止流体的压强的任何变化，都会均匀地传递到流体中的所有点。

9.1.3　液压千斤顶是如何工作的？

液压系统是帕斯卡定律的常见应用。这种系统取决于压强的均匀传递，以及压强、力和面积之间的关系，而这些关系源于压强的定义。液压系统的基本原理如图 9.5 所示。

由于左侧活塞的面积很小，施加在活塞上的力会使流体中的压强大幅度增加。压强的增加通过流体传递到右侧面积大得多的活塞。因为压强是单位面积上的力，因此由其引起的作用在更大面积活塞上的力，正比于活塞的面积（$F = PA$）。将同样的压强施加在面积大得多的第二个活塞上，将对第二个活塞产生一个大得多的力。

我们可以建立这样一个系统：第二个活塞的面积是第一个活塞的 100 倍以上，对第二个活塞产生的力，是输入力的 100 倍以上。液压系统的机械效益，即输出力与输入力之比，通常要比杠杆或者其他简单机械的大（见 6.1 节）。

施加在液压千斤顶输入活塞上的小力可以被放大，产生足以举起一辆汽车的大力（见图 9.6）。例题 9.1 中体现了这个原理。

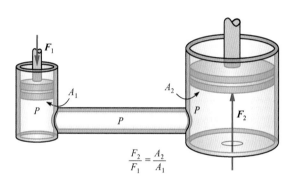

图 9.5　将小力 F_1 施加在小面积活塞上，会在大面积活塞上产生一个大力 F_2，进而举起重物

图 9.6　液压千斤顶很容易举起一辆小汽车

例题 9.1　液压千斤顶

10N 的力作用在液压千斤顶的面积为 2cm^2 的圆柱形活塞上，千斤顶的输出活塞面积为 100cm^2。**a.** 液体内的压强是多少？**b.** 液体作用在输出活塞上的力是多少？

a. $F = 10\text{N}$，$A_1 = 2\text{cm}^2 = 0.0002\text{m}^2$，$P = ?$

$P = F_1/A_1 = 10/0.0002 = 50000\text{N/m}^2 = 50\text{kPa}$

b. $A_2 = 100\text{cm}^2 = 0.01\text{m}^2$，$P = 50\text{kPa}$，$F_2 = ?$

$F_2 = PA_2 = 50000 \times 0.01\text{m}^2 = 500\text{N}$

千斤顶的机械效益是 500N 除以 10N，即 50。输出力是输入力的 50 倍。

如第 6 章所述，要获得更大的输出力，我们是需要付出代价的。在抬升汽车时，大活塞所做的功不能大于千斤顶手柄的输入功。功等于力乘以距离（$W = Fd$），大的输出力意味着大活塞移动更小的距离。能量守恒定律要求，当输出力大于输入力的 50 倍时，输入活塞位移必须大于输出活塞位移的 50 倍。

对于手动式液压千斤顶，必须移动小活塞多次，让千斤顶的腔室在每个冲程后补充液体。小活塞移动的总距离是每次移动的距离的和。当你每次提起手柄吸入液体时，大活塞就向上移动几英寸。类似的过程也发生在大型液压千斤顶中。

液压系统和流体还用在汽车的制动系统和许多其他的系统中。作为液压系统中的液体，油要比水有效，因为油没有腐蚀性，还可以起润滑作用，确保系统平稳地运行。如帕斯卡定律描述的那样，液压系统充分利用了流体传递压强变化的能力。液压系统还利用了不同面积活塞产生的倍增效应。液压系统是应用压强概念的一个优秀例子。

> 压强是力与力所作用的面积之比。施加在小面积上的力产生的压强，要比施加在大面积上的相同的力产生的压强大得多。根据帕斯卡定律，压强的变化通过流体均匀地传递，同时压强向各个方向外推。这些概念解释了液压千斤顶和其他液压系统的原理。

9.2 大气压和气体的行为

我们生活在地球表面，即"空气海洋"的底部。除了雾或者霾，空气通常是看不见的，并且我们很少考虑它。我们是如何知道它的存在的呢？它有什么可以度量的影响？

事实上，当我们在大风天骑车或者散步时，我们是能够感受到空气的存在的。滑雪者、自行车手和汽车设计师都认识到了减小空气对人体和汽车的阻力的必要性。登山者呼吸困难的部分原因是接近山顶的大气变得非常稀薄。怎样测量大气压？大气压是如何随天气或者海拔变化的？

9.2.1 怎样测量气压？

首次测量大气压是在 17 世纪。当时，伽利略发现他设计的水泵只能将水抽到 32 英尺的高处，但是他从来没有充分解释过原因。为了回答这个问题，他的学生托里拆利（1608—1647）发明了气压计。

表 9.1	
几种常见物质的密度	
物　质	密度（g/cm^3）
水	1
冰	0.92
铝	2.7
铁/钢	7.8
汞	13.6
金	19.3

托里拆利对真空感兴趣。他认为，伽利略设计的水泵产生了部分真空，在水泵的入口，空气的压力向下推压水，使得水上升。在考虑如何验证这个假设的时候，他突然想到可以使用比水的密度大得多的液体。汞（水银）是合理的选择，因为它在室温下呈液态，密度约为水的 13 倍。因此，当体积相同时，汞的质量（和重量）是水的 13 倍。表 9.1 中列出了几种常见物质的密度。

> 密度是物体的质量与其体积之比。密度的公制单位是 kg/m^3 或 g/cm^3。

在早期实验中，托里拆利使用了一根长约 1m 的玻璃管，玻璃管的一端密封，另一端开口。向玻璃管中注满汞后，他用手指封住开口并将玻璃倒过来立在敞开的容器中（见图 9.7）。汞从玻璃管中流向容器，直到达到平衡。平衡时，玻璃管中的汞柱高度约为 760mm。通过敞开的容器，汞柱下表面的气压显然足以支撑 760mm 高的汞柱。

托里拆利的实验表明，汞柱上方玻璃管顶部的空间是真空。汞柱不下降的原因是，汞柱顶部的压强为零，汞柱底部的压强等于大气压。今天，我们常用毫米汞柱或者英寸汞柱（美国的常用单位）作为大气压的单位。这些单位和单位帕斯卡有什么关系？

如果知道汞的密度，我们就可以给出这些单位之间的关系，进而得到由大气支撑的汞柱的重量。重量除以玻璃管的截面积，就是单位面积上的力或者压强。根据这一推理，我们求得 760mm 高度的汞柱产生的压强为 1.01×10^5Pa，并且称这个压强为标准大气压。海平面上的大气压约为 100kPa。

在空气海洋的底部，人体表面每平方英寸受到的空气压力为 14.7 磅。你为何未注意到这一点？原因是，气体渗入人体后，往外推——内部的压强和外部的压强基本上相等（见日常现象专栏 9.1）。

为了说明大气压的影响，奥托·冯·格里克（1602—1686）做了一个著名的实验。格里克设计了两个材质为青铜且边缘能够平滑地吻合的半球，并且用自己发明的原始真空泵抽出了由两个半球组成的球体中的空气。如图 9.8 所示，两组 8 匹马无法拉开两个半球。打开阀门让空气进入球体后，很容易地分开了两个半球（注：在我国的物理教材中，这个实验被称为马德堡半球实验。

这个实验在德国马德堡市进行，格里克时任马德堡市市长）。

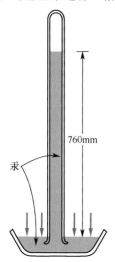

图9.7 托里拆利颠倒装满汞的玻璃管后，将它立在敞开的容器中。作用在容器中的汞上的大气压可以支撑760mm高的汞柱

图9.8 两组8匹马无法拉开格里克的真空球。是什么力将两个半球推在一起？

9.2.2 大气压如何变化？

既然我们生活在空气海洋的底部，那么就会猜想气压将随海拔的升高而下降。我们感受到的压强来自上方空气的重量。从地面上爬到高处时，高处的大气减少，压强同样减小。

在托里拆利发明汞气压计后不久，有着同样猜想的布莱斯·帕斯卡测量了不同海拔的大气压。在成年后的大部分时间里，由于身体很差，帕斯卡让其姐夫带着类似托里拆利的气压计去了法国中部的一座大山。帕斯卡的姐夫发现，由大气支撑的汞柱高度在1460m高的山顶要比山脚低7cm。

帕斯卡还让其姐夫携带一个充气不足的气球到达山顶。如帕斯卡预料的那样，登山者上升时，气球膨胀，表明外部大气压下降了（见图9.9）。帕斯卡甚至还认为克莱蒙特城内的压强从最低点到教堂顶部会下降，虽然下降幅度不大，但是可以测量。

图9.9 实验者爬到山顶后，气球膨胀

利用新发明的气压计，帕斯卡观察发现气压的变化与天气的变化有关。风雨天的汞柱高度要低于晴天的汞柱高度。从那时起，这种气压变化就被人们用来表示天气的变化。气压下降表明很快就会出现风雨天。为了使海拔的变化不掩盖天气的变化，气压计的读数通常要相对于海平面的读数进行校正。

9.2.3 空气柱的重量

我们能够像计算汞柱底部的压强那样，计算大气压随海拔的变化吗？答案是能，但是我们需要知道上方的空气柱的重量。尽管汞和空气都是流体，但是汞柱和空气柱的行为有着明显的不同（密度差异除外）。

一方面，像大多数液体那样，汞也不易被压缩。换句话说，增大给定量的汞上的压强，基本上不会改变汞的体积。汞的密度（单位体积的质量）在汞柱的底部和顶部是相同的。另一方面，类似于空气的气体易被压缩。压强改变，体积改变，密度也改变。因此，我们无法使用某个不变的密度值来计算空气柱的重量，因为空气柱的密度随着高度的增加而减小（见图9.10）。

气体和液体之间的主要区别是，它们的原子或者分子的结构不同。除非是在非常高的压力下，否则气体的原子间的距离或者分子间的距离就要比原子本身大，如图9.11所示。另一方面，液体中的原子排列得非常紧密，就像固体中的原子那样，它们不易被压缩。

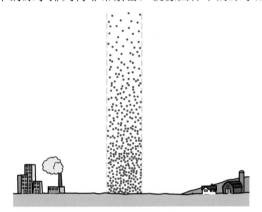
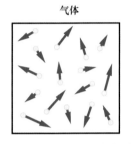

图9.10 空气柱的密度随着高度的增加而减小，因为气压降低后空气膨胀

图9.11 液体中的原子彼此紧密地挤在一起，气体中原子间的距离要大得多

气体就像弹簧一样，易被压缩。气压降低时，气体膨胀，就像帕斯卡的气球中的气体那样。与对液体体积或压强的影响相比，温度的变化对气体体积或压强的影响可能要大得多。然而，当温度保持不变时，体积会随压强的变化而变化。

9.2.4 气体体积如何随压强变化？

英国人罗伯特·波义耳（1627—1691）和法国人埃德姆·马里奥特（1620—1684）研究了伴随压强变化的气体体积和密度的变化。波义耳的研究结果于1660年首次被报道，但是在欧洲大陆未引起人们的注意。1676年，马里奥特在欧洲大陆发表了类似的研究结果。两人都对空气的弹性或者可压缩性感兴趣。

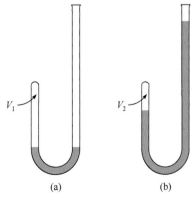

图9.12 在波义耳的实验中，将汞注入弯玻璃管的开口端，减小封闭端的空气体积

波义耳和马里奥特都使用了一端封闭而另一端开口的弯玻璃管（见图9.12）。在波义耳的实验中，玻璃管中只注入了部分汞，有些空气被"关"在玻璃管的封闭端。最初，他允许空气来回流动，直至两边的汞柱高度相同，让玻璃管封闭端的气压等于大气压。

波义耳向玻璃管的开口端再注入一些汞后，"关"在封闭端的空气体积减小。当他加入的汞使得封闭端的气压增至大气压的2倍时，封闭端的空气柱高度减小了一半。换句话说，压强增大1倍，导致空气体积减小1半。波义耳发现气体的体积与压强成反比。

我们可以使用符号来表示波义耳定律：

$$PV = 常数$$

式中，P是气体的压强，V是气体的体积。压强增大，体积相

应地减小，但是压强与体积的乘积保持不变。我们常将波义耳定律（在欧洲也称马里奥特定律）写为

$$P_1 V_1 = P_2 V_2$$

式中，P_1 和 V_1 是初压强和初体积，P_2 和 V_2 是末压强和末体积（见例题 9.2）。要使波义耳定律成立，必须保持定量气体的温度不变，发生变化的只能是压强和体积。

高度升高，气压减小，定量空气的体积增大。由于密度是质量与体积之比，因此空气的密度必然随着体积的增加而减小。这样，在计算空气柱的重量时，就要考虑密度的变化，而这比计算汞柱的重量复杂得多。气体的密度还取决于温度，而温度通常随着高度上升而下降，于是问题变得更为复杂。

例题 9.2　气体的体积如何随压强变化？

你可能已经发现液体中的气泡上升时会变大。戴水肺的潜水员释放气泡，气泡在水中上升时，体积增大。40m 是经验丰富的潜水员的最大下潜深度，这个深度的压强约为 4.9atm（标准大气压）。假设潜水员在 40m 深处呼出了一个体积约为 2.5cm³ 的气泡，在压强为 1.0atm 的水面上，气泡的体积是多少？假设水温不随深度变化。

$P_1 = 4.9$atm，$P_2 = 1$atm，$V_1 = 2.5$cm³，$V_2 = ?$

$P_1 V_1 = P_2 V_2 = $ 常数

$V_2 = (P_1 / P_2) V_1 = 4.9 / 1 \times 2.5 = 12.25$cm³

日常现象专栏 9.1　测量血压

现象和问题　当你去医院就医时，护士总会在医生给你看病前为你量血压。护士首先将一个血压袖带（见附图 1）绑在你的上臂上，然后泵入空气，使上臂产生紧绷感。再后，护士用听诊器听你的血流情况并记录一些数字（如 125 / 80），这时会慢慢释放空气。

这两个数字有什么含义？什么是血压？如何测量血压？为何这些读数与体重、体温和病史一样，是评估人体是否健康的重要因素？

分析　血液在人体复杂的动脉和静脉系统中流动。我们知道，血液由心脏驱动，心脏基本上是一个泵。准确地说，心脏是一个双泵。心脏的一半将血液泵入肺部，肺部的血细胞吸收氧气，排出二氧化碳。心脏的另一半将血液泵入人体的其他部分，输送氧气和营养物质。动脉将血液从心脏输送到与肌肉和器官中其他细胞接触的毛细血管中。静脉从毛细血管中收集血液并将其输回心脏。

附图 1　看病前量血压是标准程序。怎样量血压？

我们测量的血压，是与心脏高度相同的上臂主动脉的血压。当空气泵入绑在上臂上的血压计袖带时，压缩动脉，使血液停止流动。护士将听诊器（一种听声装置）放在手臂上靠近这条动脉的较低位置，并在血压袖带中的空气释放时，注意听血液重新开始流动的声音。

心脏是一个脉动的泵，心肌被充分压缩时，泵送血液的能力最强。因此，血压会在高低两个值之间变动。在血压测量中，高的读数被称为收缩压，它是在心脏活动循环的高峰时刻，血液刚流过被压缩动脉而开始喷出时的读数。低的读数被称为舒张压，它是在循环的低点仍有血液流动时的读数。在这两点，通过听诊器会听到不同的声音。

所记录的压强，实际上是这两种情况下血压计袖带中的空气的压强。这是一种计示压强，即它是被测压强和大气压的差，记录单位是毫米汞柱，它是记录大气压的常用单位。因此，读数 125 表示血压计袖带中的空气压强是大气压以上的 125 毫米汞柱。汞压强计一端开口时（见附图 2），可以直接测量这个压强差。

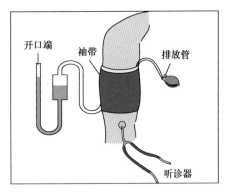

附图2　一端开口的血压计可以用来测量血压计袖带的计示压强。听诊器用来听血液重新开始流动的声音

高血压可能是导致许多健康问题的症状，具体地说，它是心脏病发作和中风的警告信号。当动脉因内部的斑块沉积而变得狭窄时，心脏必须更努力地向全身泵血，时间长了就会削弱心肌。另一种危险是，脑血管可能破裂，导致中风，或者血凝块脱落，阻塞心脏或者大脑中的小动脉。无论如何，高血压都是潜在健康问题的重要指标。

低血压也可能是一些潜在健康问题的征兆。到达脑部的血液不足时，会导致晕眩。你猛地起身时，有时会感到头晕目眩，原因是你的头部变高，心脏需要调整较短的时间才能适应新情况。长颈鹿的血压约为人类血压的 3 倍（使用计示压强），你认为原因是什么？

我们生活在空气海洋的底部，我们可以使用气压计来测量大气压强。最早的气压计是在一端封闭的玻璃管内的汞柱。由大气压支撑的汞柱的高度是对压强的量度。大气压随着高度的增加而减小，因为它由上面的空气柱的重量决定。然而，测量空气柱的重量要比测量汞柱的重量困难，因为空气是可被压缩的，而且空气的密度随着海拔的升高而下降。波义耳定律描述了定量气体的体积是如何随压强变化的：压强和体积变化成反比（温度不变）。

9.3 阿基米德定律

为什么有些东西会上浮，而有些东西会下沉？上浮由物体的重量决定吗？大型远洋客轮可以上浮，但是小石子很快就会下沉。显然，是上浮还是下沉与物体的总重量无关。物体的密度是关键。密度大于其浸入液体的物体下沉，密度小于其浸入液体的物体上浮。物体是下沉还是上浮的问题的完整答案可以在阿基米德定律中找到。阿基米德定律描述了施加在完全或者部分浸没在液体中的任何物体的浮力。

9.3.1　什么是阿基米德定律？

木块会上浮，而形状和大小相同的金属块会下沉。尽管大小相同，但是金属块要比木块重，这说明金属块的密度比木块的大。密度是质量与体积之比（或者单位体积的质量）。体积相同时，金属块的质量比木块的质量大。由于重量等于质量乘以重力加速度 g，因此体积相同时，金属块的重量更大。

如果将金属块和木块与水进行比较，就会发现金属块的密度大于水的密度，木块的密度小于水的密度。物体相对于流体的平均密度，决定了物体在流体中是下沉还是上浮。

当我们下推漂浮在水中的木头时，可以清楚地感觉到水在上推木头。事实上，将一个大木块或者充满空气的橡胶内胎浸入水中是很困难的，它们会不断地跳出水面。我们称这些向上的、将物体推回水面的力为浮力。当木块最初只有一部分浸入水中时，如果向下推它，使其浸没得更深一些，让更多的部分浸入水中，浮力就会变大。

传说阿基米德坐在公共澡堂里观察漂浮的物体时，突然意识到是什么决定了浮力的大小。将一个物体浸入水中时，其体积取代了水原来所占的空间，换句话说，物体排开了水。越向下推物体，物体排开的水就越多，向上的浮力就越大。阿基米德定律表述如下：

作用在全部或部分浸没在流体中的物体上的浮力，等于被该物体排开的流体的重量。

在木块漂浮于水面的情形下，木块只有部分体积被水浸没，如图9.13所示。根据阿基米德定律，这部分木块可以排开足够的水，产生与整个木块重量相等的浮力。

9.3.2 浮力的来源是什么？

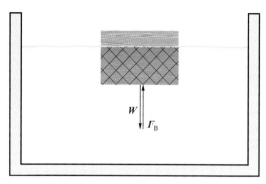

图9.13　漂浮木块排开的水的体积，由木块上的斜网部分表示。作用在木块上的浮力等于该部分排开的水的重量

阿基米德定律描述的浮力的来源，是流体深度的增加导致的压强的增加。当我们游到泳池最深区域的底部时，就会感觉到压力在耳朵中积聚。泳池底部附近的压强要比水面附近的压强大，这与地表附近的大气压大于高海拔位置的大气压的原因相同。上方水体的重量决定了我们所能感受到的压力。

根据帕斯卡定律，泳池表面的大气压均匀地传递到了整个水体中。要得到某个深度的总压强，就要将水体重量产生的额外压强加到大气压中。在许多情况下，高出大气压的附加压强才是令人感兴趣的。由于人体内部的压强等于大气压，所以耳膜敏感的是除大气压外的额外压强，而不是总压强。

要算出某个深度下液体的附加压强，就要求出该深度上方水体的重量。这个问题类似于 9.2 节中讨论的求汞柱底部压强的问题。假设泳池中有一个水柱（见图9.14），这个水柱的重量取决于水柱的体积和水柱的密度。水柱的体积与其高度 h 成正比，因此水柱的重量也与高度成正比。附加压强的增加与水面下的深度 h 成正比[①]。

装满水的罐头盒显示了压强随深度的变化。如果在罐头盒上不同高度的位置打孔，那么从罐头盒底部附近的孔流出的水的水平速度，要比从顶部附近的孔流出的水的水平速度大得多（见图9.15）。由于罐头盒被"淹没"在大气中，超出大气压的附加压强的作用最明显。较大的附加压强为流出的水提供较大的加速力。

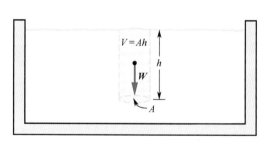

图9.14　水柱的重量正比于其体积，体积 V 等于面积 A 乘以高度 h

图9.15　从罐头盒底部附近的孔喷出的水的水平速度，要大于从顶部附近的孔喷出的水的水平速度

压强随深度增加这一事实是如何解释浮力的？假设有一个长方形物体（如铁块）浸在水中。如图9.16所示，如果我们使用一根细绳悬挂铁块，那么水的压力将从四面八方作用在铁块上。然而，由于压强随着深度的增加而增加，铁块底部的压强大于顶部的压强。更大的压强产生更大的压力（$F = PA$），于是从底部向上推的力就要比从上部向下压的力大。这两个力的差就是浮力。浮力与物体的高度和横截面积成正比，因此与物体的体积成正比。被物体排开的流体的体积直接与被排开流体的重量有关，于是我们就得出了上面的阿基米德定律。

---

① 重量 $W = mg = V\rho g$，$V = Ah$，因此压强的增量 $\Delta P = W/A = \rho g A h/A = \rho g h$。密度符号 ρ 是一个希腊字母。

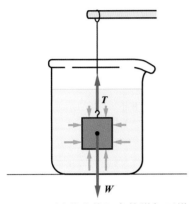

图 9.16 压强随着深度的增加而增加，作用在铁块底部的压强要大于作用在顶部的压强

9.3.3 决定物体浮沉的三种情况

如果没有细绳和其他力对部分或全部浸没在流体中的物体的推拉，只有物体的重量和浮力作用在物体上，那么重量和浮力将决定物体的状态。重量与物体的密度和体积成正比，浮力则取决于流体的密度和被物体排开的流体的体积。物体的运动状态由上推浮力和下拉重量的大小支配，只有三种可能：

1. 物体的密度大于流体的密度。物体的平均密度大于流体的密度时，物体的重量大于被完全浸入物体排开的流体的重量，因为体积相同。由于向下作用的重量大于向上作用的浮力，作用在物体上的合力向下，物体下沉（除非受到另一个力的支撑，比如系住木块的细绳施加的力）。

2. 物体的密度小于流体的密度。物体的密度小于流体的密度时，若物体完全浸入流体，则浮力大于物体的重量。作用在物体上的合力是向上的，物体上浮。当物体到达流体表面，并且恰好有足够的部分浸没在流体中时，被物体浸没部分排开的流体的重量（浮力）等于物体的重量。合力是零，物体处于平衡状态，没有加速度。

3. 物体的密度等于流体的密度。这时，物体的重量等于物体浸入流体时排开的流体的重量。当物体完全浸入流体时，它处于悬浮状态。这时，若轻微地改变物体的平均密度，物体就会在流体中上升或下沉，就像鱼或者潜艇那样。潜艇的平均密度可以通过进水或者放水来增大或减小。

9.3.4 为何钢船能浮在水面上？

钢的密度远大于水的密度，大型钢船的重量巨大，为什么它会浮起来？答案是，钢船不完全由钢材制成。船上还有充满空气和其他材料的开放空间。实心钢会很快下沉，如果钢船的平均密度小于其排开的水的密度，那么钢船肯定会浮起来。由于空气和其他材料的存在，钢船的平均密度要比钢的密度小得多。

根据阿基米德定律，作用在船上的浮力必定等于船身排开的水的重量。为了使船处于平衡状态（合力为零），浮力必须等于船的重量。货物装上船后，船的总重量增加，浮力也要如此。船身排开的水量必定增加，因此船身下沉得更多。船能够装载的货物重量通常有一个上限［表示为排水量（吨）］。满载油轮要比空载油轮的吃水深度大很多（见图 9.17）。

图 9.17 满载的油轮要比空载的油轮吃水深

例题 9.3　漂浮的物体

漂浮在水面上的船排开的水的体积为 4.0m³。水的密度为 1000kg/m³。**a.** 船排开的水的质量是多少？**b.** 船排开的水的重量是多少？**c.** 向上作用在船上的浮力是多少？**d.** 船的重量是多少？

    a. $V = 4.0\text{m}^3$，　$\rho = 1000\text{kg/m}^3$，　$m = ?$

        $\rho = m/V$

        $m = \rho V = 1000 \times 4.0 = 4000\text{kg}$

    b. $m = 4000\text{kg}$，　$g = 9.8\text{m/s}^2$

$W= mg = 4000×9.8 = 39200N$

c. 浮力 ＝ 所排开水的重量 ＝ 39200N

d. 船浮起时，浮力等于船的重量 ＝ 39200N

设计船时，其他重要的考虑因素是船体的形状和装货方式。如果船的重心太高，或者所装的货物不均匀，船就有倾覆的危险。波浪和风的作用会增大这种危险，因此在设计时必须考虑安全系数。水进入船后，船的总重量和平均密度增加。当船的平均密度大于水的平均密度时，船就下沉。

9.3.5　气球何时上浮？

浮力也会作用在浸没在气体（如空气）中的物体上。气球中充满密度小于空气的气体时，气球的平均密度小于空气的密度，气球就会上升。氦气和氢气是两种密度小于空气的常见气体，但是氦气更常用于气球，尽管它的密度要比氢气的大一些。氢气会与空气中的氧气反应，发生爆炸，因此使用氢气很危险。

气球的平均密度由制作气球的材料的密度和填充气球的气体的密度决定。使用理想的材料制作气球时，气球可被拉伸得薄而不失弹性。制作气球的材料还应保证不易漏气。使用聚酯薄膜（通常涂有铝）制成的气球的透气性，通常要比普通乳胶气球的透气性差得多。

热气球利用了任何气体受热都膨胀的事实。气体的体积增大时，密度减小。只要气球内部的空气比气球周围的空气热，就存在向上的浮力。热气球的优点是，通过打开或者关闭燃气加热器，可以随时调节热气球内的空气的密度，进而控制热气球的上升或下降。

除了船和气球，浮力和阿基米德定律也可用于其他情形。我们可以使用阿基米德定律来求物体的密度，或者求物体所浸入流体的密度。事实上，这是阿基米德的最初应用。据说阿基米德用浮力定律确定了国王王冠的密度，进而确定了它是否是由纯金制作的（国王怀疑金匠存在欺诈行为）。黄金的密度要比廉价替代金属的密度大。

> 阿基米德定律说，作用在一个物体上的浮力，等于这个物体排开的流体的重量。如果物体的平均密度大于其排开的流体的密度，那么物体的重量大于浮力，物体下沉。由于压力随着深度的增加而增大，因此流体对物体底部的压力大于对物体顶部的压力，于是产生了浮力。阿基米德定律可以用来理解船舶、气球以及漂浮在浴缸或溪流中的物体的行为。

9.4　运动的流体

如果回到本章导言中提到的河边，我们还能够看到些什么？当木棍或者玩具船顺流而下时，我们可能发现在河道中的不同位置，水速是不同的。河道宽的地方，水速慢；河道窄的地方，水速快。此外，河道中央的水速通常要大于河岸位置的水速。当然，我们还可以观察到漩涡和湍流等。

这些都是流体流动时的特征。流动的速度受流体截面宽度和流体黏度的影响，黏度是流体内部摩擦效应的度量。流体的有些特征很容易理解，但是，另一些特征（特别是湍流的特征）目前仍然是科学家的研究热点。

9.4.1　为什么流速会变化？

水流最明显的特征之一是，在水流变细的地方，流速增大。木棍或者玩具船在水流较宽的位置移动得慢，而在经过狭窄的地点时，速度要快得多。

没有支流向主河道注水，并且没有明显的蒸发或者渗漏时，河道中的水流是稳定的。在给定的时段内，进入河流上游某处的水量与离开河流下游某处的水量是相同的，即水流是连续的。水流不连续时，会在河道中的某些位置聚集，或者在某些位置消失。

如何描述水在小溪或管道中的流速呢？我们可以使用体积流量，它等于体积除以时间，单位是加仑/分钟，在公制单位中，单位是升/秒或者立方米/秒。如图 9.18 所示，流经管道且长度为 L 的水体的体积，等于长度 L 乘以管道的横截面积 A，即 LA。这个体积运动的速度决定了流量。

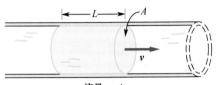

流量 = vA

图 9.18 管道中水的流量由体积除以时间定义，它等于水速乘以横截面积

管道中水的流量是多少？为了求流量，我们可以使用水的体积除以时间间隔 t，得到 LA/t。因为 L/t 是水的速度 v，于是有

$$流量 = vA$$

上式适用于任何流体，与我们的直觉也相符：速度越大，流量就越大；管道或者流体（如水流）的横截面积越大，流量就越大。

如何使用流量解释流速的变化？如果管道中的流体连续，那么管道中任何一点的流量都是相同的，也就是说，每分钟流过每个点的加仑数是相同的。横截面积 A 减小，速度 v 就增大，以保持流量 vA 不变；横截面积增大，速度 v 就减小，以保持相同的流量。

例题 9.4　流体的速度变化

查看图 9.24 所示的圆形管道。假设宽处的半径为 6cm，窄处的半径为 4.5cm。流体在宽处的速度是 2m/s，流体在窄处的速度是多少？

$r_1 = 6.0\text{cm}$，$r_2 = 4.5$，$v_1 = 2\text{m/s}$，$v_2 = ?$

由 $A = \pi r^2$ 得

$A_1 = \pi \times 6.0^2 = 113.1\text{cm}^2$，$A_2 = \pi \times 4.5^2 = 63.6\text{cm}^2$

由 $A_1 v_1 = A_2 v_2$ 得

$v_2 = (A_1/A_2)v_1 = 113.1/63.6 \times 2 = 3.56\text{m/s}$

以上原理也适用于溪流。较窄水流的横截面积通常小于较宽水流的横截面积。狭窄位置的水流通常较深，但是不足以使横截面积与较宽位置的一样大。横截面积减小时，为保持不变的流量，流体的速度必定增大。

9.4.2　黏度如何影响流体的流动？

前面没有考虑流体的速度在横截面上的变化。我们说过，水的速度在河流中央是最大的。原因是在流体本身的各层之间，以及在流体与管壁或者河岸之间，存在摩擦或黏滞效应。

如果假设流体由多层组成，就会了解河流中央流速最大的原因。图 9.19 中显示了槽内的多层流体。因为槽底不动，它对底层流体施加摩擦力，使得底层流体的移动速度比相邻的上层流体的速度慢。于是，底层流体对

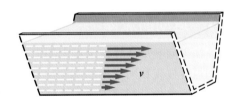

图 9.19　由于流体各层之间存在摩擦力或黏滞力，槽中每层流体的流速，都要比相邻的上一层流体的流速慢

相邻的上层流体产生摩擦力，而这一层要比相邻的更上一层流体的速度慢，以此类推。

流体的黏度是流体的一种性质，它决定流体各层之间的摩擦力的大小——黏度越大，摩擦力就越大。摩擦力的大小还取决于流体各层之间接触的面积和流速在各层之间的变化快慢。这些因素相同时，类似于蜂蜜的高黏度流体的各层之间的摩擦力，就要比水这样的低黏度流体的大。

在管壁或槽壁附近，通常会出现薄薄一层完全不动的流体。流速随到管壁距离的增大而增加。流速与这个距离的精确变化关系，取决于流体的黏度和流体在管道中的总流量。对于低黏度流体，在到管壁的很短距离内，就会过渡到最大速度。对于高黏度流体，要在到管壁的较大距离内，才过渡到最大速度，并且速度在整个管道或槽中可能是变化的（见图 9.20）。

不同流体的黏度相差很大。蜂蜜、稠油和糖浆的黏度都要比水和酒精的大。大多数液体的黏度要比气体的高得多。温度变化时，流体的黏度也会变化。温度升高通常会使得黏度降低。例如，加热糖浆可以降低其黏度，使其更容易流动。

9.4.3 层流和湍流

关于流体，令人着迷的问题之一是为什么流体在某些条件下是平流或者层流，而在另一些条件下是湍流。在河流或小溪中，我们可以看到两种流动模式。它们有何不同？什么决定流体的流动模式？

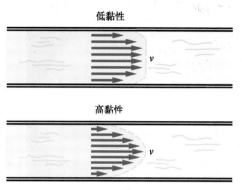

图 9.20 低黏度流体的速度从管壁向内迅速增大。高黏度流体的这种速度变化是渐进的

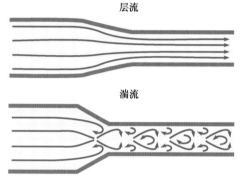

图 9.21 层流中的流线大致彼此平行，湍流中的流线要复杂得多

在流动是平流或层流的位置，不存在漩涡或者其他类似的扰动。这时，流动可以用流线来描述，流线表示任意一点的流动方向。层流的流线大致平行，如图 9.21 所示。不同层的速度可能不同，但一层会平稳地过渡到另一层。

当溪流变窄，流体的速度增加时，简单的层流模式就会消失。流线中出现绳状扭曲，甚至出现旋涡和涡流：层流变成湍流。在大多数应用中，我们是不需要湍流的，因为它会极大地增加流体通过管道或其他表面的阻力。但是，它会让漂流变得更加刺激。

流体的密度和管道或流体的横截面宽度不变时，从层流到湍流的过渡可以用两个量来预测，即流体的平均速度和黏度。如我们预料的那样，更大的速度更有可能产生湍流，较高的黏度会抑制湍流。较大的流体密度也有利于产生湍流。通过实验，科学家已经能够使用这些量来精确地预测从层流向湍流过渡的速度。

在许多常见的现象中，我们可以观察到从层流到湍流的过渡。水流越窄，流速越高，通常产生湍流。这种过渡也可以从水龙头的水流中看到。小流速通常产生层流，流速增大时，平流变成湍流。靠近水柱顶部的水流可能是平流，但是在水柱底部的水流可能是湍流，因为水会因重力作用而加速。空闲时，你可以到水槽边试试。

在蜡烛或香的烟雾中，我们也可以看到这种现象。在蜡烛和香的附近，向上流动的烟雾通常是层流。由于浮力的作用，随着烟雾向上加速，烟雾柱变宽，流动变成湍流（见图 9.22）。这时的旋涡和涡流很像你在小溪中看到的。

图 9.22 烟雾先是层流，随着速度的增加和烟雾柱的增大，它变成湍流

产生湍流的条件已经很清楚，但是现在科学家还无法解释流动这样发展的原因。在不同的情形下，由湍流的混乱行为可以识别一些令人惊讶的模式。最近，混沌研究方面的理论进展，让我们更好地了解了这些模式的成因。

针对湍流中混乱但有规律的行为的研究，为了解全球气候模式（包括飓风和其他现象）提供了新思路。大气流动模式最引人注目的例子，可能是旅行者号飞越木星时发回的照片。从照片

图 9.23 木星大气中的巨大旋涡，其中包含大红斑（左下）

中可以看到木星大气流动时的旋涡，包括著名的大红斑——一个巨大的、稳定的大气涡流（见图 9.23）。

> 流体的流量等于流体的速度乘以流体的横截面积。流动的连续性表明，流速在流体经过较小横截面时必定增加。由于黏度的影响，流体的速度还会在横截面上的不同位置变化：流体的速度在中心位置最大，在靠近河岸或者管壁的位置最小。随着漩涡的出现，层流过渡为湍流。

9.5 伯努利原理

你知道旋转的球是曲线前进的吗？这种现象与其他许多有趣的现象，都可以用丹尼尔·伯努利（1700—1782）于 1738 年发表的关于流体动力学的一篇论文来解释。那时，能量这一概念还未得到充分发展，伯努利原理实际上是能量守恒的结果。

9.5.1 什么是伯努利原理？

如果对液体做功，增加它的能量，会发生什么？这种能量增加可能会表现为流体的动能增加，进而导致流体的速度增加。还可能表现为流体的势能增加，如流体被挤压（弹性势能）或者被提升（重力势能）。伯努利考虑了所有可能性。伯努利原理是将能量守恒应用于流体的必然结果。

伯努利原理最有趣的例子涉及动能的变化。例如，不可压缩的流体在水平管道或河道中流动时，如果对其做功，就会增加它的动能（流体可被压缩时，所做的部分功被用来挤压流体）。为了使流体加速并增加其动能，必须有一个合力对流体做功，这个力与流体中从一点到另一点的压强差有关。

如果存在压强差，流体就从压强高的区域加速流向压强低的区域，因为从高到低是作用在流体上的力的方向。我们预测在压强较低的区域，流体的速度较大。当不可压缩流体在水平管道或河道中流动时[①]，考虑功和能量，就得到了伯努利原理的如下表述：

> 流体的压强与单位体积的动能之和保持不变，即
> $$P + \frac{1}{2}\rho v^2 = 常数$$

式中，P 是压强，ρ 是流体的密度，v 是流体的速度。$\frac{1}{2}\rho v^2$ 是单位体积流体的动能（动能除以体积），因为密度等于质量除以体积。

伯努利原理的完整表述应该包含重力势能的影响，并且考虑流体高度的变化。然而，使用原理的上述简单形式也可以研究许多有趣的现象。在应用伯努利原理时，关键往往是较低压强与较高流速的联系。

9.5.2 管道和软管中的压强如何变化？

如图 9.24 所示，我们考虑中间变窄的管道。管道中流动的水的压强，是在管道的窄处更大，还是在管道的宽处更大？直觉会让你认为管道窄处的压强更大，然而，事实并非如此。

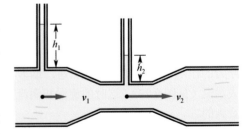

图 9.24 竖直开口的管子可以作为压强表。水柱的高度与管道中水的压强成正比。水的速度越小，水的压强就越大

---

① 河道不水平时，必须包含附加项 ρgh 来计及势能的变化。

我们知道，由于要稳定地流动，水的速度在管道的窄处（横截面积较小）要比管道的宽处大。伯努利原理告诉了我们什么？它说，要保持 $P+\frac{1}{2}\rho v^2$ 不变，在流速小的地方，流体的压强必须大。换句话说，如果速度增加，压强就一定降低。

在管道的不同位置，插上开口的管子（见图 9.24）可以作为简单的压强表。要使这些开口管子中的水上升，管道中水的压强就必须大于大气压。水上升的高度取决于管道中水的压强有多大。在这些开口的管子中，水位在管道的宽处要比窄处的高，说明管道宽处的压强更大。

这个结果与我们的直觉不符，因为我们往往错误地将高压强与高速度联系在一起。另一个类似的例子是软管上的喷嘴。喷嘴位置的水流横截面积小，流体的速度大。根据伯努利原理，水的压强在喷嘴收缩位置比软管后面更小，这也与我们的直觉不符。

将手放到喷嘴前，当水流撞击手时，你会感到有一个力作用在手上。这个力来自水撞击手时，水的速度和动量的变化。根据牛顿第二运动定律，需要力来产生这一动量的变化，而根据牛顿第三运动定律，手对水施加的力等于水对手施加的力。这种力与软管中流体的压强没有直接关系——实际上，在软管中更远的位置，压强更大，而那里的水流速度不大。

9.5.3　气流和伯努利原理

正前所述，伯努利原理只适用于密度不变的流体（不可压缩流体），但是，我们经常要用它来研究空气和其他可被压缩气体的运动。即使是可被压缩的流体，较大的流速通常也与较小的流体压强有关。

一个简单的演示就会让你相信伯努利原理。将半张纸（或面巾纸）放到嘴边，如图 9.25 所示。纸张应该柔软地垂在下巴前方。如果向纸张的上方吹气，纸就会上扬，吹得足够用力时，纸张甚至能够达到水平位置。这是怎么回事？

图 9.25　在一张纸张的上方吹气可使纸张上扬，这验证了伯努利原理

从纸张的上方吹气，会使得空气从上方流过的速度比在下方快。下方的空气基本上是静止的。这个较大的速度使得气压降低。由于气压在纸张下方比上方大，纸张下方向上的力大于上方向下的力，因此纸张上扬。与直觉相反，在两张纸之间吹气时，会让它们靠得更近而非离得更远，原因与前面的相同，你可以试一下。

伯努利原理常被用来解释飞机机翼的升力。机翼的形状和倾斜情况会使得流经机翼顶部的空气与流经底部的空气相比，有更大的速度，进而使得机翼底部与顶部相比，承受的压强更大。虽然这种简单的解释可能是吸引人的，但是也会误导人，因为这种解释无法产生准确的预测。机翼产生升力的原因，实际上是非常复杂的。在风洞的帮助下，科学家对升力进行了彻底的探索和分析。

9.5.4　广告中的小球为何会悬浮在空中？

利用伯努利原理的另一个例子，经常出现在吹风机的广告中。小球可以悬浮在真空除尘器产生的上升气柱中。当空气上升时，气流中心的速度最大，气流的速度随着到中心的距离的增大，逐渐下降到零。像前面的例子中那样，按照伯努利原理，中心的压强最小，速度最大。

从气柱中心到空气速度较慢的区域，气压逐渐增加。小球远离气柱中心后，作用在小球外侧的压强与力，要比作用在小球靠近气柱中心一侧的大，于是小球回到中心。上推小球底部的力保持小球悬浮而不下落，气柱中心的低气压则使得小球保持在靠近中心的位置。使用一个小球和吹风机，你也可以产生同样的效果（见图 9.26）。

日常现象专栏 9.2 中讨论的弧线球的运动，是应用伯努利原理的另一个例子。在所有这些现象

图 9.26 小球悬浮在吹风机产生的上升气柱中。气柱中心的流速最快，气压最低

中，如伯努利原理预测的那样，我们发现流体压强的减小与流体速度的增加相联系，我们的直觉却不是这样。例如，我们可能认为在两张纸之间吹气会分开它们，但是简单的实验显示了相反的效果。深入了解这类奇妙的现象，也是学习物理为我们带来的乐趣。

> 伯努利原理是根据能量守恒推导出来的，它说单位体积流体的动能与压强，在不同的位置是不变的，前提是流体不可压缩，并且高度不变化。流速越大，压强就越低。这一效应解释了许多涉及管道、软管和飞机机翼的现象，以及在纸张上方吹气使得纸张上扬的现象。

日常现象专栏 9.2　弧线球

现象与问题　棒球运动员可能会被弧线球弄懵。有些人很难接受快速移动的弧线球到达本垒板时可以偏转 1 英尺的说法。多年来，许多人坚持认为，这条弧线只是一种错觉（见附图 1）。弧线球的轨迹真的是曲线吗？如果是这样，我们该如何解释？

分析　掷弧线球其实没有什么秘密。右撇子投手投出一个逆时针方向旋转的弧线球（从上往下看），使它偏离右撇子击球手。投球最有效的方式是，让它最初看起来像是飞向本垒板的，但是在本垒板上方下弯而远离击球手。

伯努利原理可以解释棒球的路径偏转。因为旋转的

附图 1　击球手被弧线球弄懵。棒球的轨迹真的是曲线吗？

棒球的表面很粗糙，它拖曳着一层空气，在棒球附近产生一个空气旋涡。棒球也在向本垒板的运动，进而产生额外的气流，它流过棒球的方向与棒球的速度方向相反。如附图 2 所示，棒球旋转产生的空气旋涡使得空气在棒球背对右撇子击球手的一侧比靠近击球手的一侧运动得更快。

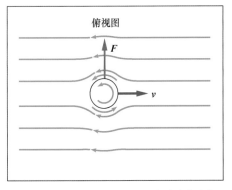

附图 2　棒球旋转形成的旋涡使得气流在棒球的一侧比另一侧运动得更快。如伯努利原理所预测的那样，这就产生了一个偏转力

根据伯努利原理，气流速度越快，气压就越低：棒球背对击球手一侧的气压要比靠近击球手一侧的低。这种气压差在棒球上产生一个偏转力，将棒球推离右撇子击球手。

虽然伯努利原理很好地解释了偏转力的方向和棒球的偏转，但是它不能用来进行定量预测。空气是一种可被压缩的流体，普通形式的伯努利原理只适用于不可压缩的流体，如水或者其他液体。只有使用更精确的方法来处理气流对棒球的影响，才能预测棒球路径的曲率。

理论计算和实验测量都表明棒球上存在一个偏转力，棒球的路径确实是曲线，曲率的大小取决于棒球的旋转速率和棒球表面的粗糙度，就如我们按照伯努利原理所做的预测那样。有些投手会将砂纸藏在手套中，以便将棒球的表面磨得粗糙一些，这已为人们所知。关于棒球接缝的方向是否也有影响的争论仍在继续。投球手对棒球的控制是一个重要的因素，这涉及他能让棒球怎样旋转。然而，实验证据表明，一旦掷出棒球，接缝的方向对偏转力的大小的影响就很小。

罗伯特·瓦茨和里卡多·费雷尔在 1987 年 1 月出版的《美国物理学杂志》上发表了一篇文章，对有关

的理论和实验数据进行了详细讨论。旋转棒球的弧线运动在其他运动中也很重要，如高尔夫球和足球。好的运动员需要能够识别和利用这些弧线的效果。

小结

流体包括液体和气体。流体压强是理解流休行为的关键。本章重点讨论了压强对静止流体和运动流体的行为的影响。

1. **压强和帕斯卡定律**。压强的定义是施加在流体上的力或者由流体产生的力与面积的比值。根据帕斯卡定律，压强通过流体向各个方向均匀传递，这解释了液压系统的操作。

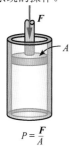

$$P = \frac{F}{A}$$

2. **大气压和气体的行为**。我们可以通过测量由大气压支撑的汞柱的高度来测量大气压。大气压随高度的增加而减小。根据波义耳定律，空气密度也会随着海拔的变化而变化，因为较低的气压导致较大的体积。

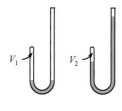

$$P_1 V_1 = P_2 V_2$$

3. **阿基米德定律**。在流体中，压强随着深度的增加，对浸没在流体中的物体产生浮力。阿基米德定律指出，浮力等于被物体排开的流体的重量。如果浮力小于物体的重量，它就下沉到流体中；否则，它将浮起。

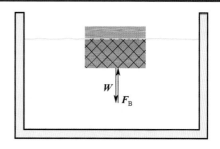

4. **运动的流体**。流体的流量等于速度乘以横截面积，即 vA。对于稳定的流体，面积减小，速度增加。高黏度的流体与低黏度的流体相比，具有更大的流动阻力。随着流速的增加，流体从层流变为湍流。

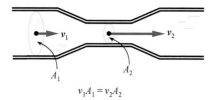

$$v_1 A_1 = v_2 A_2$$

5. **伯努利原理**。能量守恒要求单位质量流体的动能随着压强的降低而增加。这是伯努利原理在高度变化不重要时的简化结果。较大的流体速度与较小的压强有关。这些原理可以用来解释弧线球的轨迹和其他现象。

$$P + \frac{1}{2}\rho v^2 = 常数$$

关键术语

Pressure　压强
Pascal's principle　帕斯卡定律
Atmospheric pressure　大气压
Density　密度

Boyle's law　波义耳定律
Buoyant force　浮力
Archimedes' principle　阿基米德定律
Viscosity　黏度

概念题

Q1 100 磅的女孩对地面施加的压强比 250 磅的男孩更大吗？

Q2 如果用磅来测量力，用英尺来测量长度，那么这个系统中压强的单位是什么？

Q3 对两个装有空气的气缸施加同样的力。一个有面积大的活塞，另一个有面积小的活塞。哪个气缸的压强更大？

Q4 装满水的泳池的混凝土底部有一枚 1 美分的硬币和一枚 25 美分的硬币。由于施加在硬币上的水的压强，哪个硬币受到的向下的力更大？

Q5 为什么自行车轮胎要充气到比汽车轮胎有更大的压强，即使汽车轮胎要承载更大的重量？

Q6 液压系统中的液体推动两个活塞，一个面积大，另一个面积小。**a.** 哪个活塞受到液体更大的压力？**b.** 当较小的活塞移动时，较大的活塞是移动相同的距离、更大的距离还是更小的距离？

Q7 如果液压泵的输出活塞施加的力大于输入活塞施加的力，输出活塞上的压强是否也大于输入活塞上的压强？

Q8 汞气压表被用来测量大气压时，汞柱上方的管子的封闭端通常是否含有空气？

Q9 我们能用水代替汞来制造气压计吗？使用水有什么好处和坏处？

Q10 血压计的读数是 130/75。**a.** 这些数字的单位是什么？**b.** 它们是总压强还是计示压强？

Q11 狗和长颈鹿的血压哪个更高？

Q12 你带着一个汞气压计去爬山，爬上山顶后，气压计玻璃管内的汞柱是上升还是下降？

Q13 如果在山顶给一个密封的气球充气，当你下山后，气球是膨胀还是收缩？

Q14 乘汽车翻越山口，在上坡和下坡时，耳朵会经常"嗡嗡"地响。如何解释这种现象呢？

Q15 装有空气的密封皮下注射器的柱塞被缓慢地抽出，注射器内的气压是增大还是减小？

Q16 氢气被密封在一个气球中，气球不漏气。如果突然来了风暴，你认为气球是膨胀还是收缩？假设温度没有变化。

Q17 实心金属球有可能浮在汞上吗？

Q18 一个长方形金属块由一根细绳悬挂在盛有水的烧杯中，金属块完全被水浸没。在金属块底部的水的压强是等于、大于还是小于金属块顶部的水的压强？

Q19 混凝土做的船能浮起来吗？

Q20 一个木块漂浮在水池中。**a.** 作用在木块上的浮力是大于、小于还是等于木块的重量？**b.** 被木块排开的水的体积是大于、小于还是等于木块的体积？

Q21 一只鸟落到漂浮在泳池里的划艇上，泳池里的水位是上升、下降还是保持不变？

Q22 有些物体是否会漂浮在咸水中，但是会沉入淡水中？

Q23 一只划艇漂浮在泳池里。锚被抛入水中后，泳池的水位是上升、下降还是保持不变？

Q24 某个物体的密度比水的小，在水下放开它时，它是完全浸没在水中、部分浸没在水中还是完全浮出水面？

Q25 稳定的水流在狭窄的管子里流至管子变宽的地方，水的速度是增大、减小还是保持不变？

Q26 为什么从水龙头流出的水往往会随着水流的下降而变窄？

Q27 在相同的条件下，高黏度流体是否比低黏度流体流动得更快？

Q28 如果水流的速度减小，水流是否可能从层流变为湍流？

Q29 为什么烟柱在香烟附近常常是层流，而在离香烟较远的地方是湍流？

Q30 如果在两张相距几英寸的纸张之间吹气，这两张纸张是靠得更近还是离得更远？

Q31 阵风斜吹微开的外摆门时，是砰地关上门还是摇摆着打开门？

Q32 吹风机可以用来制造气流。气流中心的气压是大于、小于还是等于离气流中心一段距离处的气压？

Q33 从右撇子击球手的角度来看，上升的快球是顺时针方向旋转的还是逆时针方向旋转的？

Q34 弧线球的路径真是曲线吗？

E1 60N 的力向下压装有气体的封闭气缸的活动活塞。活塞的面积是 0.4m²。气体中的压强是多少？

E2 一名150磅的女子将其所有体重集中在一只高跟鞋的后跟上。鞋跟的面积是 0.25 平方英寸。脚后跟对地面施加的压强是多少磅/平方英寸？

E3 一个 270 磅的人用一只 180 平方英寸的表演鞋支撑其所有体重。施加在雪地上的压强是多少磅/平方英寸？

E4 装有活动活塞的气缸内的气体压强为 520Pa（520N/m²），活塞的面积是 0.3m²。气体作用在活塞上的力是多大？

E5 在液压系统中，540N 的力作用在面积为 0.002m² 的活塞上。输出活塞的面积为 0.3m²。**a**. 液压油中的压强是多少？**b**. 液压油施加在输出活塞上的力是多大？

E6 某液压系统中输出活塞的面积是输入活塞的 70 倍。如果较大的活塞支撑 6160N 的负载，必须向输入活塞施加多大的力？

E7 竖直管道中的水柱的横截面积是 0.32m²，重量是 680N。从管道顶部到底部的水柱的压强（单位是 Pa）是多少？

E8 在温度保持不变的情况下，装有活动活塞的气缸内的气体压强从 8kPa 增加到 40kPa。气缸内气体的初始体积为 0.75m³。压强增加后气体的最终体积是多少？

E9 在温度保持不变的情况下，外拉装有气体的气缸的活塞，使体积从 0.2m³ 增加到 0.5m³。如果气体的初始压强是 90kPa，最终压强是多少？

E10 质量为 0.52kg 的木块漂浮在水中。作用在木块上的浮力是多大？

E11 密度均匀的木块浮在水面上，恰好有 1/4 的体积位于水面下。水的密度是 1000kg/m³。木块的密度是多少？

E12 船的排水量为 8.3m³（水的密度是 1000kg/m³）。**a**. 被船排开的水的质量是多少？**b**. 作用在船上的浮力是多少？

E13 体积为 0.3m³ 的石块完全浸没在密度为 1000kg/m³ 的水中，作用在石块上的浮力是多少？

E14 以 3.5m/s 的速度移动的水流到达某点时，水流的横截面积减小到原面积的 1/2。水流在这个狭窄位置的速度是多少？

E15 水以 1.5m/s 的速度从水龙头流出。下落一段距离后，由于重力的作用，速度增加到 4.5m/s。用水流原来的横截面积乘以多少就能得到较低位置的横截面积？

E16 横截面积为 8m² 的飞机机翼的升力为 90000N。机翼顶部和底部的平均气压差是多少？

综合题

SP1 某液压千斤顶的输入活塞的直径为 3cm，输出活塞的直径为 24cm。千斤顶被用来举起一辆质量为 1700kg 的汽车。**a**. 输入和输出活塞的面积是多少平方厘米（$A = \pi r^2$）？**b**. 输出活塞的面积与输入活塞的面积之比是多少？**c**. 汽车的重量用牛顿表示时是多少（$W = mg$）？**d**. 在输入活塞上必须施加多大的力才能举起汽车？

SP2 水的密度是 1000kg/m³。泳池最深处的深度约为 2.4m。**a**. 横截面积是 0.6m² 的 2.4m 深的水柱的体积是多少？**b**. 水柱的质量是多少？**c**. 水柱的重量用牛顿表示时是多少？**d**. 泳池底部的水柱施加的额外压强（超出大气压的部分）是多少？**e**. 这个值和大气压相比如何？

SP3 将密度为 8960kg/m³ 的铜块悬挂在装有水的烧杯中，使其完全浸入水中，但是与底部还有一段距离。铜块是一个边长为 4cm 的立方体。**a**. 铜块的体积是多少立方米？**b**. 铜块的质量是多少？**c**. 铜块的重量是多少？**d**. 作用在铜块上的浮力是多少？**e**. 细绳需要多大的拉力才能将铜块固定在原位？

SP4 平底木箱长 2.8m、宽 1.3m、高 1m。这个箱子可以作为小船，载着 5 人漂浮在泳池上。船和人的总质量是 1600kg。**a**. 船和人的总重量是多少牛顿？**b**. 保持船和人浮在水面所需的浮力是多少？**c**. 要排开多大体积的水来支撑船和人（水的密度是 1000kg/m³）？**d**. 船的多少部分在水下？

SP5 圆形截面的管道的直径为 9cm。在某个位置，它的直径缩小到 5.2cm。管道输送稳定的水流，水流完全充满管道，并且在宽处以 1.6m/s 的速度流动。**a**. 管道宽、窄处的横截面积分别是多少？**b**. 管道窄处的水的速度是多少？**c**. 管道窄处的压强是大于、小于还是等于管道宽处的压强？

家庭实验与观察

HE1 在空塑料牛奶罐上不同高度的位置打 3 个相似的小孔。塞上小孔后，向牛奶罐注满水。**a**. 将牛奶罐放到水槽边，拔下孔塞，让水流出。哪个小孔流出的水的初速度最大？**b**. 哪个小孔流出的水的水平射程最大？什么因素决定了水的水平射程？**c**. 观察水流入水槽的形状。水流是否随着水的下落变窄？如果是这样，如何解释？

HE2 用黏土造一只小船。**a**. 当黏土被揉成球时，它会下沉吗？这会说明黏土密度的什么特性？**b**. 平底船在装载钢垫圈或者其他货物方面比独木舟更有效吗？它们各自的问题是什么？

HE3 如果你手边有台吹风机，试着让它形成竖直的气流来支撑一个乒乓球。**a**. 你能将乒乓球固定在原处吗？乒乓球偏离中心多远的地方后仍能返回中心？**b**. 网球或小气球可行吗？每种情况的不同之处是什么？

HE4 使用回形针和钢笔或铅笔作为撑杆，将两张纸悬挂在相距几英寸的地方。**a**. 在两张纸之间向下吹气，观察效果。增大间距影响结果吗？**b**. 以不同的速度吹气对结果有什么影响？

第 10 章 温度和热量

本章概述

在本章的前两节中，我们首先探讨温度和热量的概念，以及这两个概念之间的关系。然后，我们介绍热力学第一定律，它可帮助我们解释钻头工作时变热的原因及许多气体的行为。最后，我们讨论热量在不同物体之间传递的方式。

本章大纲

1. **温度及其测量。** 什么是温度？怎样测量温度？如何定义温标的零度？

2. **热量和比热容。** 热量是什么？热量和温度有何不同？加热物体总会改变物体的温度吗？热量是如何参与相变的？

3. **焦耳实验和热力学第一定律。** 除了加热，还有改变物体的温度的其他方式吗？热力学第一定律的内容是什么？

4. **气体行为和热力学第一定律。** 如何用热力学第一定律解释气体的行为？什么是理想气体？

5. **热流。** 热量在不同物体之间传递的方式是什么？如何使用这些方式供暖或制冷？

图 10.1　在金属块上钻孔会让钻头变热，为什么？

在一块木头或者金属上钻洞时，你是否触碰过钻头（见图 10.1）？很有可能的是，你的手触碰钻头后，又很快移开了，因为钻头可能很热，尤其是你一直在金属上钻孔的时候。一直使用自行车或汽车的刹车时，或者让一个表面在另一个表面上摩擦时，会出现同样的发热现象。

我们也可使用沸水或者火焰喷灯让钻头变热。在任何情况下，当钻头变热时，我们都说它的温度升高了。温度是什么？如何比较不同的温度？如果是通过钻孔来加热，而不是与热水接触来加热，钻头的最终状态有何不同？

诸如此类的问题都属于热力学领域，热力学是指研究热及其对物质的影响的学科。热力学的本质是关于能量的，但是与第 6 章中讨论的机械能相比，它的背景更广泛。本章介绍的热力学第一定律将能量守恒定律扩展到了热能的情形。

热量和温度的区别是什么？日常用语通常会混淆二者。直到约 19 世纪中期，热力学定律得到发展后，人们才认识到了它们之间的区别。然而，热量、温度及它们之间的区别，对于理解物体变热/变冷的原因，以及有些物体会更久地保持冷/热状态的原因，是至关重要的。冷却热饮料的方式，对于理解全球气候模式也有启示。

10.1　温度及其测量

假设你小时候身体有点儿不舒服，想找个借口逃课。你说你可能发烧了，你的母亲将手放在你的额头上，也认为你有点儿发烧。为了证实这一点，她测量了你的体温（见图 10.2），并且告诉你体温是 101.3 度。

这告诉了你什么？答案是，单位很重要。然而，我们通常不会明确地说出单位。实际上，测量结果显示你的体温是 101.3 华氏度，它高于正常体温 98.6 华

图 10.2　测量体温。体温计告诉了我们什么？

氏度，因此你确实发烧了（对应的摄氏度是 38.5，口腔测得的正常体温约为 37.0 摄氏度）。于是，你就有理由在床上度过一天的时间。温度计提供了对物体冷/热的定量测量，是比较当前温度与正常体温的基础。对老板或老师来说，这种定量测量通常要比你感觉到自己发烧的含糊说法可信。

10.1.1　怎样测量温度？

测量温度或者读温度计上的数字很平常。除了比较不同物体的冷热，数字还有什么基本含义？下面来问几个基本的问题：热物体和冷物体有何不同？温度是什么？

我们能够感觉到冷和热，但是用语言表达这种感觉比较困难。在继续阅读下文之前，你是如何定义热的？我们的感官甚至会误导我们。我们触摸很热的东西时感到的疼痛，很难与触摸很冷的东西时感到的疼痛区分开来。虽然金属块和木块的温度相同，但是摸起来感觉金属块要比木块冷。温度的测量是一种比较，而比较性词汇"更热"和"更冷"要比"热"和"冷"本身有意义。

仔细观察使用温度计时发生的情况是有帮助的。传统的体温计是一根密封的玻璃管，其中的一部分装有液体，所装的液体通常是汞（今天，这些温度计基本上已被数字温度计取代）。玻璃管的内径很小，但是底部的内径较大，因此容纳了大部分的汞（见图 10.3）。通常，我们要将温度计放在舌头下面，等上几分钟，直到温度计的温度与口腔内部的温度相同。最初，汞在细管中上升。当玻璃管中的汞的高度不变时，我们就可以认为玻璃管的温度已与口腔的温度相同。

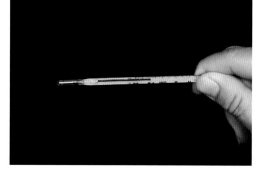

图 10.3　传统体温计将汞装在一根玻璃管中，玻璃管底部有一个容积更大的玻璃泡

为什么汞会上升？大多数物质都随着温度的升高而膨胀，汞和许多其他液体膨胀的速度要比玻璃的快。当汞膨胀时，底部的汞肯定要有一个去处。实际上，它在窄管道中上升。我们利用汞的热胀冷缩性质来给出温度的指示：沿着玻璃管做标记，就会创建一个温标。原理上，随温度变化的任何物理特性都可以用来制作温度计，包括电阻的变化、金属的受热膨胀甚至颜色的变化。

在整个过程中，我们假设两个物体接触的时间足够长，物体的物理性质（如体积）不再发生变化，于是两个物体的温度是相同的。当我们使用体温计测量体温时，需要等到汞柱停止上升时，再读取体温计的读数。这个过程通过规定什么情况下两个或两个以上的物体具有相同的温度，给出了温度的部分定义。当这些物体的物理性质不再改变时，我们就说它们处于热平衡状态。两个或两个以上的处于热平衡状态的物体，具有相同的温度。这一假设有时被称为**热力学第零定律**，因为它是温度定义和温度测量过程的基础。

10.1.2　温标是如何演进的？

温度计上的数字是什么意思？当第一个粗糙的温度计被制造出来时，以刻度划分的数字是很随意的。只有使用相同的温度计时，才能比较温度。要比较在德国用一个温度计测量的温度与在英国用另一个温度计测量的温度，就需要一个标准温标。

首个被人们广泛使用的温标是由加布里埃尔·华伦海特（1686—1736）于 18 世纪初设计的。安德斯·摄尔西斯（1701—1744）于 1743 年发明了另一种被人们广泛使用的温标。这两种温标都用水的凝固点和沸点来确定标度。现代摄氏温标使用的是水的三相点，即冰、水和水蒸气都处于平衡状态的点。这一点与正常大气压下的冰点略有不同。华氏度计将水的冰点设为 32 度，沸点设为 212 度。这两个点在摄氏温标上分别设为 0 度和 100 度（见图 10.4）。

如图 10.4 所示，摄氏温标的度大于华氏温标的度。从水的冰点到沸点之间的温度范围，仅跨

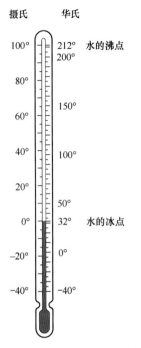

摄氏   华氏

100° — 212° 水的沸点
        200°
80° —
        150°
60° —
        100°
40° —
20° —
        50°
0° —   32° 水的冰点
        0°
−20° —
−40° — −40°

图 10.4 华氏温标和摄氏温标使用不同的数值表示水的冰点和沸点。摄氏度比华氏度大

越了 100 摄氏度，而跨越同样的温度范围需要 180 华氏度（212℉ – 32℉）。因此，要表示同样的温度范围，华氏和摄氏两种温标所需的度数之比是 180/100，即 9/5。反之，1 华氏度是 1 摄氏度的 5/9，所以要表示相同的温度范围，就需要更大范围的华氏度。

科学领域和世界上的大部分地区都使用摄氏温标。华氏度在美国更常见，因此有时需要将一种温标转换为另一种温标。由于零点和度的大小不同，因此在转换过程中要考虑这两个因素。例如，普通室温是 72℉（华氏度），比水的冰点 32℉ 高 40℉。由于在相同的温度范围内只需要 5/9 的摄氏度，因此这一温度应该是 5/9×40℃，即高于水的冰点的 22℃（摄氏度）。在摄氏温标中，水的冰点是 0℃，所以 72℉ 等于 22℃。

下面回顾上面的内容。首先，我们将这个温度减去 32，得到这个温度超出水的冰点的华氏度，然后乘以系数 5/9，即 1℉ 与 1℃ 的大小之比。我们知道，摄氏度比华氏度大，因此跨越这个温度范围需要的摄氏度更少。于是，我们就可以将这一转换表示为

$$T_C = \frac{5}{9}(T_F - 32)$$

同理，将摄氏度转换为华氏度时，可得

$$T_F = \frac{9}{5}T_C + 32$$

将摄氏度乘以 9/5，就可以得到高于冰点的华氏度。然后，将这个值加上 32℉ 的冰点。使用这一关系式可以确认水的沸点（T_C = 100℃）为 212℉。正常体温（98.6℉）相当于 37℃。38℃ 的体温足以让你不去上学或工作。

10.1.3 存在热力学零度吗？

这两种温标的零点有什么特殊意义吗？虽然摄氏温标上的零点是水的冰点，华氏零度是饱和盐溶液中盐冰混合物的温度，但是仅此而已，它们没有特殊的意义。事实上，在明尼苏达州和阿拉斯加州等地的冬天，气温在这两种温标上常常低于零度。

在华氏温标和摄氏温标中，刻度的零点都是随意选择的，但是存在一个具有根本意义的热力学零度。热力学零度是在这两个温标被提出 100 年后才被提出的。

温度测量中采用热力学零度的第一条线索，来自研究温度变化时气体压强和体积的变化。如果我们在升高气体温度的同时保持体积不变，那么气体压强就会升高。气体压强是另一个随温度变化的物理量，就像汞温度计中汞的体积一样（关于压强的讨论见第 9 章）。由于等容气体的压强随着温度升高而升高，因此我们可以使用这一特性作为测量温度的手段（见图 10.5）。

如图 10.5 所示，浸在水中的玻璃瓶内的气体

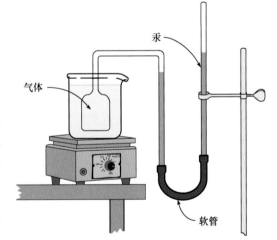

图 10.5 等容气体温度计允许压强随温度变化而体积保持不变。两个汞柱的高度差与压强成正比

的压强,随着水温的升高而增大。增大的压强可以通过测量两个汞柱的高度差得到。用软管连接两个汞柱,使得右边的汞柱可以上下运动,以保持玻璃瓶和连通管内的气体体积不变。这是等容气体温度计的基本特征。

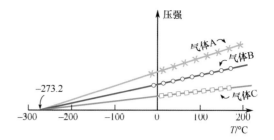

如果我们画出气体压强与摄氏度的关系曲线,就会得到如图 10.6 所示的图像。如果温度和压强都不太高,那么图中就会显示一个显著的特征。对于不同类型的气体或者不同质量的气体来说,这些关系曲线都是直线,将这些直线向后延伸到零压强,它们就都与温度轴交于同一点。无论使用的气体是什么(氧气、氮气、氢气等),无论气体的质量是多少,结果都会如此。

图 10.6　等容气体的压强与温度的关系曲线。这些直线向后延伸时,无论气体的类型或者数量如何,与温度轴都相交于同一点

所有直线都交温度轴于−273.2℃。负压强没有意义,因此这个交点表明温度不能低于−273.2℃。记住,大多数气体在达到这一点前,就会凝结成液体,然后凝固。

我们将温度−273.2℃称为热力学零度。开氏温标或热力学温标将这一点作为零点,且使用与摄氏温标相同的温度间隔。要将摄氏度转换为开氏度(热力学温度简称为开氏度或开,单位为K),只需将摄氏度加上 273.2,即

$$T_K = T_C + 273.2$$

室温 22℃的热力学温度约为 295K。目前使用的热力学温标与最初通过观察气体的行为提出的热力学温标基本相同。

当我们将物质冷却到接近热力学零度时,所有的分子运动就会停止。热力学零度是一个我们可以接近但永远无法达到的温度,它表示的是一个极值。说任何东西比热力学零度更冷没有意义。

> 测量温度的依据是随温度变化的物理特性,如流体的体积或者气体的压强。华氏温标和摄氏温标具有不同的零点和不同大小的度数。开氏温标或者热力学温标从热力学零度开始,它使用与摄氏度相同的间隔。

10.2　热量和比热容

早上,你就要迟到了,但是咖啡太热而无法下嘴。如何才能将它快速冷却?你可以用嘴吹它,但是这不是快速冷却咖啡的有效方法。向咖啡中加入一些冷牛奶,温度很快就会下降(见图10.7)。

当不同温度的物体或者流体相互接触时,会发生什么?答案是,较冷物体的温度升高,较热物体的温度降低,最终两个物体达到相同的某个中间温度。这时,一定有某种东西从较热物体流向了较冷物体,或者从较冷物体流向了较热物体。但是,这种东西是什么?

10.2.1　什么是比热容?

早期解释咖啡冷却这种现象的尝试涉及这样一种观点,即一种被称为卡路里的无形流体从较热物体流向了较冷物体。卡路里的转移量决定了温度的变化量。人们认为,质量相同的不同物质存储了不同数量的卡路里,因此有助于解释一些观察结果。虽然卡路里模型成功地解释了许多涉及温度变化的简单现象,但是它也存在一些问题,详见 10.3 节中的讨论。

图 10.7　将冷牛奶加入热咖啡中,可以快速地降低咖啡的温度

下面我们用热量一词来表示两个温度不同的物体接触时,从一个物体流向另一个物体的能量。

如 10.3 节中所述，热量流动是在物体之间传递能量的一种形式。

热交换的想法使得人们理解了各种各样的现象。如果在室温下将一个质量为 100g 的钢珠放入咖啡中，就会发现它的冷却效果不如加入 100g 室温的牛奶或者水。钢的比热容要比牛奶或水的低（牛奶和咖啡基本上都是水）。100g 的钢珠改变某个温度所需要的热量，要比相同质量的水改变相同温度所需要的热量少。

某种物质的比热容是指将该物质的单位质量改变单位温度所需的热量（如将 1g 物质改变 1℃），它是物质的一种属性。

表 10.1	
一些常见物质的比热容	
物　质	比热容，cal/(g·℃)
水	1.0
冰	0.49
水蒸气	0.48
酒精	0.58
玻璃	0.20
花岗岩	0.19
钢	0.11
铝	0.215
铅	0.0305

物质的比热容是指提高其温度所需的相对热量。每种物质的比热容的值都是通过实验确定的。例如，水的比热容是 1cal/(g·℃)，即 1g 水温度升高 1℃ 需要 1cal 热量。cal 是常用的热量单位，它定义为 1g 水温度升高 1℃ 所需要的热量。同样，如果从 1g 水中释放 1cal 热量，水的温度就降低 1℃。水的比热容恰好很大，因此我们将水作为测量其他物质的比热容的参照物。表 10.1 中列出了一些常见物质的比热容。

钢的比热容约为 0.11cal/(g·℃)，远小于水的比热容。向热水中倒入 100g 室温下的钢珠，冷却热水的效果远远不如向热水中倒入 100g 室温下的水。与水相比，钢珠的温度变化 1℃ 时，从热水中吸收的热量要少（见图 10.8）。

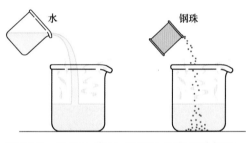

图 10.8　与 100g 室温（20℃）下的钢珠相比，100g 室温下的水能够更有效地冷却烧杯中的热水

将冷钢珠放入热水后，热量从水流向钢珠。根据比热容的定义，我们可以得到钢珠变化某个温度时所吸收的热量的公式。由于比热容是单位质量的物质变化单位温度所释放/吸收的热量，所以需要的总热量是

$$Q = mc\Delta T$$

式中，Q 是热量的标准符号，m 是质量，c 是比热容的符号，ΔT 是温度的变化量。因为水的比热容 c 比钢的大很多，所以将 100g 水加热到给定温度所需的热量，要比将 100g 钢珠加热到相同温度所需的热量多。由于热量来自热咖啡，因此与钢珠相比，水能够更加有效地冷却咖啡。

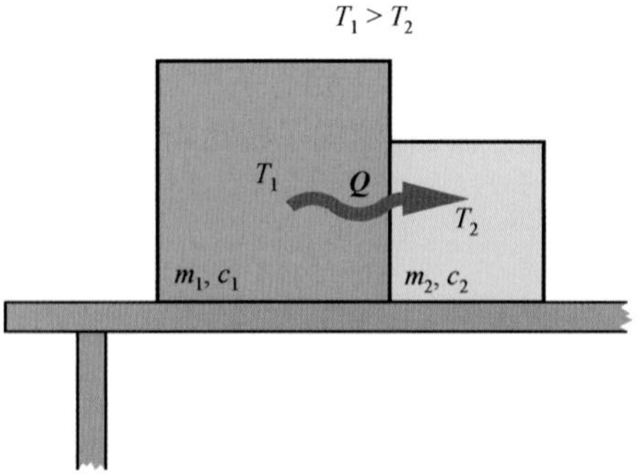

水的比热容很大，这是它能够对海岸或者湖岸附近的温度起缓和作用的部分原因。水体的体积越大，改变其温度所需的热量就越多。因此，在海岸或者湖岸，夜晚的温度要比内陆地区的温度高一些，白天的温度则要低一些。

10.2.2　热量和温度有何区别？

当温度不同的两个物体相互接触时，热量会从高温物体流向低温物体（见图 10.9）。加热会使物体的温度升高，放热会使物体的温度降低，因此，热量和温度是不同的。产生给定的温度变化时，吸收或者放出的热量，取决于两个物体的质量和比热容。

$T_1 > T_2$

T_1　Q

T_2

m_1, c_1　m_2, c_2

图 10.9　温度不同的两个物体相互接触时，热量从较热物体流向较冷物体。产生的温度变化取决于两个物体的质量和比热容

温度是告诉我们热量流向的物理量。如果两个物体的温度相同，那么热量不流动。如果两个物体的温度不同，那么热量从高温物体流向低温物体。热量的传递取决于两个物体之间的温差，以及它们的质量和比热容。

热量和温度密切相关。然而，在解释加热和冷却时，它们扮演的角色是不同的。

热量是指物体之间存在温差时，从一个物体流向另一个物体的能量。

温度是指示热量是否流动以及热量流向的物理量。温度相同的物体处于热平衡状态时，热量不在物体之间流动。

10.2.3 熔化和凝固过程如何涉及热量？

不改变温度时，物体会吸收或者放出热量吗？当物质经历相的变化（相变）或者状态的变化时，确实会吸收或者放出热量。冰的融化和水的沸腾是我们最熟悉的相变例子。当我们用冰冷却饮料时，或者煮开水泡茶或咖啡时，物质就会发生相变。这时发生了什么？

冰、液态水和水蒸气是水的不同相态。当水的温度冷却到 0℃ 时，如果继续散热，水就会结冰。同样，将冰加热到0℃时，继续加热就会融化（见图 10.10）。加热时，冰和水的温度保持在0℃，同时发生融化。冰虽然吸收热量，但是温度不变。显然，吸收或者放出热量导致的变化，不仅仅是温度的变化。

详细测量表明，融化 1g 冰约需要 80cal 热量。我们将比值 80cal/g 称为水的熔化潜热，常用符号 L_f 表示。潜热在不改变水的温度的情况下，改变水的相态。同样，要将 1g 温度为 100℃ 的水变成水蒸气，约需要 540cal 热量。我们将比值 540cal/g 称为水的汽化潜热 L_v。注意，这些比值只对水有效。不同物质的熔化潜热和汽化潜热是不同的。日常现象专栏 10.1 中介绍了这些现象的有趣应用。

图 10.10　加热 0℃ 的冰水混合物不改变其温度

当我们采用加冰的方式冷却一杯水时，会发生什么？最初，冰和水的温度不同，冰的温度在 0℃ 以下，水的温度在 0℃ 以上。热量从水流向冰，直到冰的温度为 0℃。这时，热量继续从水流向冰，冰开始融化。冰足够多时，热量的流动会持续进行，直到水的温度也达到 0℃。例题 10.1 中说明了这种情况。

如果玻璃的隔热效果良好，热量就不会透过玻璃从温暖的周围环境进入系统，水和冰都达到 0℃ 后，冰水混合物的温度将保持为 0℃，冰不再融化。然而，玻璃的隔热效果不好，热量仍然会从温暖的周围环境透过玻璃进入系统，所以冰会继续缓慢地融化。冰全部融化后，水就开始升温，随着热量从周围的空气中缓慢地流入，水的温度最终达到室温。

充分搅拌的冰水混合物一旦达到热平衡状态，温度就会停留在 0℃。少部分热量可能从周围环境流入/流出混合物，少量冰可能融化/冻结，但是温度不变。这就是 0℃ 作为不同温标的一个参考点的原因，它是一个稳定且可复制的温度。

例题 10.1　冰融化为水

冰的比热容是 0.5cal/(g·℃)，需要加多少热量给质量为 200g、初始温度为-10℃的冰，才能：**a**. 使冰升温到熔点；**b**. 使冰完全融化。

a. 升温到熔点所需的热量：

$m = 200g$，$c = 0.5cal/(g·℃)$，$T = -10℃$，$Q = ?$

$Q = mc\Delta T = 200×0.5×10 = 1000cal$

b. 冰完全融化所需的热量：

$L_f = 80\text{cal/g}, \ Q = ?$

$Q = mL_f = 200×80 = 16000\text{cal}$

整个过程需要的热量：

$1000 + 16000 = 17000\text{cal}$ 或者 17kcal

我们使用沸水烹饪食物，利用的是水在100℃时沸腾的特性——可以在不改变这一温度的情况下，继续加热食物。炉火加热使得液态水变成水蒸气，但是水的温度保持在100℃。由于温度恒定，因此煮鸡蛋或土豆所需的时间也恒定，所需的具体时间取决于鸡蛋或土豆的大小。

然而，厨师应该意识到海拔对沸点的影响。在丹佛和阿尔伯克基这样的城市中，由于海拔高出海平面约1英里，因此气压较低，使得水的沸点约为96℃。在这些地方煮鸡蛋或土豆所需的时间，要比在接近海平面的高度长一些（海平面的沸点是100℃）。如果不调整烹饪时间，煮好的鸡蛋或土豆就是夹生的。

与汽化潜热有关的另一种现象是汗液（出汗）具有冷却作用。这种冷却是由蒸发引起的，蒸发是指皮肤上的汗液从液体变成水蒸气。来自人体的热量提供蒸发汗液所需的热量，进而降低体温。当空气的湿度较高时，人们觉得不舒服的原因之一是，空气中几乎饱和的水蒸气阻止了人体汗液的蒸发。

温度的变化是由不同物体之间的能量（如热量）流动引起的。产生给定温度变化所需的热量，取决于物体的质量、比热容及温度变化。温度是告诉我们热量什么时候朝什么方向流动的物理量：热量从较热物体流向较冷物体。物质发生相变时，例如从冰变化到水、从水变化到水蒸气，或者从水蒸气变化到水，吸收或放出热量，但是温度不变。单位质量产生相变所需的热量被称为潜热。

日常现象专栏 10.1　暖手包

现象与问题　商店中出售各种规格与用途的暖手包，附图是一种简单的暖手包。这种暖手包不带电池，没有明显的能量来源，但是能够在冬天发热，温暖冰冷的双手。

它的工作原理很有意思，乍看之下让人感到惊奇。暖手包是一个透明的塑料袋，塑料袋中装有液体和一个小金属盘。手搓小金属盘，金属盘处的液体就会凝结，并且迅速蔓延到整个暖手包。在这个过程中，暖手包发热，提供温暖双手的热量。暖手包里发生了什么？

分析　商店中销售的暖手包的原理不一，但是附图所示的是可以多次使用的暖手包，其中包含的通常是化合物醋酸钠，醋酸钠是一种醋酸盐，其更常用的名称是醋（见第18章中关于化合物和化学反应的讨论）。准确地说，暖手包中包含的是超饱和醋酸钠溶液。

醋酸钠的熔点是54℃～58℃，比室温高得多。然而，暖手包中的醋酸钠即使是在低于室温的温度下，也会保持为液态而不凝结。为什么？因为醋酸钠溶液很容易处于过冷状态，这里的过冷是指溶液不会冻结，除非存在冻结物质的晶种。不存在晶种时，即使冷却到凝固点以下，物质也不会凝结，这时我们就说它处于过冷状态。对于包括水在内的许多物质来说，这是一种常见的情况——水通常可以过冷到冰点0℃之下5℃～10℃。醋酸钠溶液可以过冷到远低于室温。

暖手包是如何释放热量的？手搓暖手包中的金属盘会导致局部压缩，在金属盘周边产生晶种。凝固的醋酸钠晶种开始在金属盘上生长，由于液体是过冷的，因此晶种生长得非常迅速。液体凝固时，释放熔化潜热，使得暖手包变暖，为双手提供热量。这看起来非常神奇，但是，实际释放热量的是凝结过程。

要让暖手包再次工作，就要使用微波炉或者热水锅将暖手包加热到醋酸钠的熔点以上，熔化其中的晶种，熔化过程吸收熔化潜热。凝结的物质完全熔化后，如果让暖手包冷却，液体就会再次变得过冷，做好再次发热的准备。实际上，以上过程是一种存储热能的机制。

存储热能的能力在许多应用中很重要。例如，我们常用太阳能为房屋供暖，但是我们最需要热能的时段通常是无阳光照射的晚上或者凌晨。白天收集的热能可以存储在房屋结构的石头或者混凝土中，或者房屋下面的水罐中。然而，使用醋酸钠或者类似的化合物以相变方式来存储热量，可以让我们以更加紧凑的方式存储更多的热能。

在太阳能发电厂，热量存储至关重要（见 11.4 节）。来自太阳的能量在一天内变化很大，晚上则没有来自太阳的能量，因此，我们需要拉平送到发电机组的能量。目前，人们正在考虑使用相变材料来实现这一目的。醋酸钠只是许多可以用来存储热能的材料之一。对于太阳能发电厂需要的高温，其他相变材料可能更合适。

10.3　焦耳实验和热力学第一定律

某个物体的温度是否可以在不与温度更高的其他物体相接触的情况下升高？当物体因摩擦变热时，发生了什么？这些问题是 19 世纪上半叶科学界争论的一个话题。答案由詹姆斯·普雷斯科特·焦耳（1818—1889）所做的实验得出。随后，大约在 18 世纪中叶，出现了热力学第一定律的表述。

第一个强有力地提出这些问题的人，是出生在美国的科学家和冒险家本杰明·汤普森（1753—1814）。汤普森发现自己在美国的独立战争中站到了将要失败的一方，于是移居欧洲，作为武器顾问为巴伐利亚国王服务。在巴伐利亚，他的头衔是拉姆福德伯爵。根据他监督炮筒镗孔的经历，拉姆福德知道，炮筒和钻头在钻孔过程中会变得炽热（见图 10.11），将此时的炮筒与水接触，甚至会使得水沸腾。

使得温度升高的热量的来源是什么？这时，没有更热的物体可以将热量传递给它们。马用来转动钻头，它们的身体虽然暖和，但是温度肯定低于水的沸点。这时，马对钻机做机械功，这个机械功产生热量吗？

图 10.11　拉姆福德的炮筒镗孔装置。使钻头和炮筒温度升高的热量来自哪里？

10.3.1　焦耳实验说明了什么？

拉姆福德的演示是在 1798 年做的，19 世纪早期的许多科学家讨论了这个演示。然而，直到 19 世纪 40 年代焦耳做了一系列著名的实验后，对拉姆福德的演示的定量研究才得以展开。焦耳发现，采用不同方法对一个系统做机械功时，对提升系统的温度有着一贯的、可以预测的影响。

在最引人注目的一次实验中，焦耳通过在装有水的绝热烧杯中转动一个简单的桨轮，测量了温度的升高（见图 10.12）。由重物和滑轮组成的系统转动桨轮，将能量从重物转移到水中。随着重物的下降，重力势能减少，桨轮克服水的黏滞力做功，所做的功等于重物减少的重力势能。

实验时，焦耳用放到水中的温度计来测量水温的升高。发现，他发现，要使 1g 水升高 1℃，需要做功 4.19J［焦耳（J）作为能量单位是在焦耳之后很久才出现的，当时他以更陈旧的能量单位来陈述他的结果。单位焦耳的定义见第 6 章］。因为我们可以加 1cal 热量将 1g 水提高 1℃，所以焦耳的实验表明 4.19J 的功等于 1cal 热量。

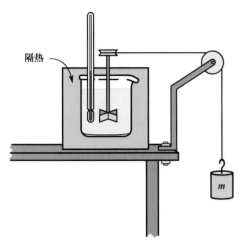

隔热

图 10.12 示意图中下落的重物转动绝缘烧杯中的桨轮。焦耳使用这个装置测量了对系统做机械功导致的温度升高

焦耳在实验中使用了几种做功的方法和几种系统，得到的结果总相同：4.19 J 功与 1 cal 热量产生相同的温度升高效果。因此，无法由系统的最终状态来判断系统温度的升高是由加热导致的，还是由做机械功导致的。

10.3.2 热力学第一定律

当焦耳进行升温实验时，已有多人提出热的传递是系统中原子和分子之间的动能传递。焦耳的实验结果支持了这一观点，并且直接导致了热力学第一定律表述的出现。热力学第一定律的基本思想是，做功和传热都代表系统中的能量传递。

能量以功或热的形式进入系统时，系统的内能相应地增加。内能的变化量，等于向系统传递的热量与对系统所做的功之和。温度的升高是内能增加的一种表现方式。热力学第一定律总结了这些思想：

系统增加的内能，等于系统吸收的热量减去系统对外所做的功。

我们常用符号形式将热力学第一定律表述为

$$\Delta U = Q - W$$

式中，U 为系统的内能，Q 为系统吸收的热量，W 为系统对外所做的功（见图 10.13）。这一表述中的负号是根据习惯选择系统对外做的功为正、对系统做的功为负的直接结果。对系统做功增加系统的能量，但是系统对外做功减少系统的能量，进而减少内能。这种符号约定对于讨论热机（第 11 章的主要内容）非常方便。

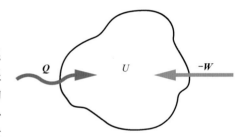

图 10.13 通过热传递或者对系统做功来增加系统的内能 U

表面上看，热力学第一定律似乎是能量守恒定律。事实确实如此，热力学第一定律表面上的简单掩盖了它的重要内涵。首先，热流是能量的传递，焦耳的实验强化了这一观点。在 1850 年以前，能量的概念仅限于机械能。事实上，那时机械能刚在力学中出现，在牛顿最初的理论中并未发挥重要作用。热力学第一定律将能量的概念扩展到了新的领域。

10.3.3 什么是内能？

热力学第一定律还引入了系统内能的概念。内能的增加可以通过多种方式表现出来：一是温度的升高，如焦耳的桨轮实验。温度的升高与组成系统的原子或分子的平均动能的增加有关。二是相变，如熔化或汽化。相变时，原子和分子的平均势能随着原子和分子之间距离的增大而增加。在这种情况下，温度不变，但是内能仍会增加。

因此，内能的增加表现为组成系统的原子或分子的动能或势能（或二者）的增加：

系统的内能是组成系统的原子和分子的动能与势能之和。

内能是由系统的状态决定的系统特性。一方面，如果知道系统所处的相态，即温度、压强和物质的量已知，那么可以唯一地确定内能的值。另一方面，传递给系统多少热量或者对系统做多少功，不由系统状态唯一地确定。焦耳的实验表明，无论是传热还是做功，都能将能量传递给烧杯中的水，产生相同的温度升高效果。

我们研究的系统可以是任何东西：一杯水、一台蒸汽机或者一头大象。但是，最好选择具有明确边界的系统，即清晰地定义了起点和终点的系统。系统的选择过程类似于在力学中应用牛顿第二运动定律隔离物体的过程。在力学中，力是所选物体与其他物体的相互作用。在热力学中，传热或做功是一个系统与其他系统或环境的相互作用。

例题 10.2 中应用了热力学第一定律。系统是一个装有水和冰的烧杯（见图 10.14）。系统的内能通过电热板加热系统和搅拌冰水混合物做功来增加。注意，搅拌所做的功是一个负值，因为它表示对系统做的功。内能的增加导致了冰的融化。

例题 10.2　热力学第一定律的应用

电热板将 400cal 热量传递给装有冰水混合物的烧杯。通过搅拌冰水混合物，还对这个系统做了 500J 的功。a. 冰水混合物的内能增加了多少？b. 这个过程融化了多少冰？

a. 首先把热量的单位转换为焦耳：

$Q = 400\text{cal}$，$W = -500\text{J}$，$\Delta U = ?$

$Q = 400 \times 4.19 = 1680\text{J}$

$\Delta U = Q - W = 1680 - (-500\text{J}) = 2180\text{J}$

b. $L_f = 80\text{cal/g} = 335\text{J/g}$，$m = ?$

$\Delta U = mL_f$

$m = \Delta U / L_f = 2180/335 = 6.5\text{g}$

因为内能的单位是焦耳，所以要乘以换算因子 4.19J/cal，将熔化潜热的单位转换为单位 J/g。

图 10.14　烧杯中的冰可以用两种方法融化：使用电热板加热及搅拌冰水混合物做功

10.3.4　计算食物的热量

最后要注意的是能量的单位。我们通过吸收化学反应中释放势能的物质（食物）来给我们的身体增加热能。我们通常使用一种被称为大卡的单位来衡量这种热量。这个单位实际上是千卡，即 1000 卡路里。当计算食物的卡路里时，使用如下单位：

$$1 \text{大卡（Cal）} = 1 \text{千卡（kcal）}$$
$$= 1000 \text{卡（cal）}$$

注意字母的大小写。在缩写中，大写字母 C 表示这个单位比普通的卡大。

不同种类食物的热量值，指的是这些食物在消化和代谢过程中释放的能量。这些能量能够以各种形式存储在人体内，包括脂肪细胞。人体不断地将存储在肌肉中的能量转换成其他形式的能量。例如，当我们做功时，就会将机械能传递给其他系统，同时通过身体散发的热量使环境变暖。当我们计算食物的热量时，实际上计算的是能量摄入。如果一个人的能量输出少于能量摄入，人就会变胖。

焦耳发现，对一个系统做 4.19J 功与系统吸收 1cal 热量，系统的温度升高相同。这一发现使得科学家相信热流是能量传递的一种形式，并导致了热力学第一定律的诞生。热力学第一定律指出，系统内能的变化量等于向系统传递的热量与功之和。内能是组成系统的原子的动能与势能之和。这些思想扩展了能量守恒的内涵。

10.4　气体的行为和第一定律

如果压缩气缸中的空气，会发生什么？热气球的工作原理是什么？气体在这些情况和其他情况下的行为，可以使用热力学第一定律和气体的性质进行研究。地球的大气是另一个运用热力学定律的有趣系统。

10.4.1　压缩气体时发生了什么？

如图 10.15 所示，假设带有活塞的圆筒内充满了某种气体，如果一个外力内推活塞，活塞就对

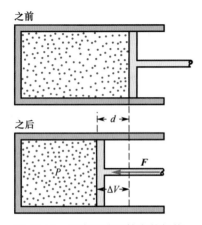

图 10.15　活塞压缩圆筒中的气体。所做的功是 $W = Fd = P\Delta V$（等压变化）

圆筒内的气体做功。这对气体的压强或温度会产生什么影响？

根据热力学第一定律，我们知道对系统做功会增加系统的能量。做功本身会增加气体的内能，但是内能的变化还取决于流入或流出气体的热量。知道对气体做了多少功只能提供部分信息。

根据功的定义（见 6.1 节），我们知道气体所做的功等于气体对活塞施加的力乘以活塞移动的距离。因为压强是单位面积上的力，因此气体施加在活塞上的力等于气体的压强乘以活塞的面积（$F = PA$）。如果在不加速的情况下移动活塞，即作用在活塞上的合力是零，那么作用在活塞上的外力等于气体作用在活塞上的力。

如果是等压过程，那么结合上面的思路可知气体所做的功为 $W = Fd = (PA)d$。活塞的运动使得气体的体积发生变化，体积的变化量等于活塞的面积乘以活塞移动的距离，即 $\Delta V = Ad$

（见图 10.15）。因此，对于等压过程，由于气体体积变化，所以气体所做的功是 $W = P\Delta V$。对于非等压过程，我们可以假设 d 很小（即 P 基本上不变），此时的讨论与等压过程的相同。

气体被压缩时，气体的体积减小，体积的变化量 ΔV 是负数，这表明功也是负的。按照我们的符号约定，气体做负功表示外界对系统（气体）做了功。由热力学第一定律即 $\Delta U = Q - W$ 可知，气体做负功增加系统的内能，因为负负得正。在压缩过程中，我们对气体做功，这个功起增加气体内能的作用。气体膨胀时，气体对环境做正功，起减少气体内能的作用。

在没有热流穿过容器边界的情况下，压缩气体会使得气体的内能随着气体体积的减小而增加。这对气体有什么影响？内能的变化是如何影响气体的？

10.4.2　内能与温度有什么关系？

许多涉及气体的自然过程是绝热的，这意味着在这个过程中，没有热量流入或流出气体。例如，假设我们压缩钢瓶内的气体，并且压缩过程快得没有足够的时间来传递大量的热量。在这种情况下，内能的增加等于对气体所做的功。气体会发生什么变化？

一般来说，内能是系统中原子和分子的动能与势能之和。在气体中，内能几乎完全是动能，因为分子之间（平均而言）相距很远，它们之间相互作用的势能可以忽略不计。理想气体是指原子间作用力（及相关势能）小到可以忽略的一种气体。在许多情况下，理想气体是对实际气体的较好近似。

理想气体的内能完全是动能，因此增加其内能就是增加气体分子的动能。热力学温度直接关系到系统分子的平均动能。理想气体的内能增加时，温度成正比地升高。理想气体的内能是热力学温度的函数，如图 10.16 所示。

因此，在绝热压缩过程中，气体的温度升高。根据热力学第一定律，气体的内能增加量等于对气体所做的功。如果知道气体的比热容和质量，就可以由能量的增加量算出温度的增加量。

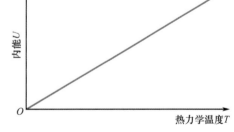

图 10.16　理想气体的内能与热力学温度的关系曲线。内能的增加量正比于热力学温度

反之亦然。如果让气体绝热膨胀，推动活塞，对外界做功，那么气体的内能降低。气体的温度在绝热膨胀过程中降低——这是冰箱的工作原理。压缩气体绝热膨胀时，气体的温度降低。冷却后的气体在冰箱的吸热管内循环，带走冰箱内物品的热量。

10.4.3　如何保持气体的温度不变？

在压缩或膨胀过程中，气体的温度能够保持恒定吗？在等温过程中，温度不变。由于理想气体的温度与内能成正比，温度不变时，内能必定为常数。理想气体在等温过程中，内能的变化量 ΔU 是零。

当 ΔU 为零时，热力学第一定律（$\Delta U = Q - W$）要求 $W = Q$。换句话说，如果系统吸收了热量 Q，那么气体要对外界做等量的功 W，才能使其温度和内能保持恒定。气体吸收热量而温度不变是可能的，前提是气体膨胀对周围环境做等量的功（这不是绝热过程，因为有热量流入系统）。

反之亦然。根据热力学第一定律，如果在保持温度恒定的情况下压缩气体，热量就会从气体中释放。内能和温度保持恒定时，以做功形式进入气体的能量，必然等于以热量形式离开气体的能量。等温压缩和膨胀是热机中的重要过程，详见第 11 章中的讨论。

10.4.4　热气球中的气体

加热热气球中的气体时（见图 10.17），保持不变的是气体的压强，而不是气体的温度。气球内气体的压强不能明显大于周围的大气压。压强保持恒定的过程被称为等压过程。气体被加热时，内能增加，温度升高。然而，气体在这个过程中还会膨胀，因此会损失一些内能。

气体会在等压加热过程中膨胀，这是 19 世纪初人们发现的理想气体的另一个特性。一系列实验表明，理想气体的压强、体积、热力学温度之间满足关系式 $PV = NkT$，其中 N 是气体中的分子数，k 是一个基本常数，被称为玻尔兹曼常数，因为奥地利物理学家玻尔兹曼（1844—1906）提出了气体行为的统计理论。这个关系式被称为理想气体的状态方程。例题 10.3 中使用了这个状态方程。

状态方程中使用的温度 T 必须是热力学温度。回顾可知，热力学温度的概念最初出现在关于气体行为的研究中（见 10.1 节）。状态方程综合考虑了波义耳定律（见 9.2 节）和 10.1 节中讨论的温度对压强的影响。状态方程表明，温度升高，当压强和分子数保持不变时，气体的体积必定增大。换句话说，气体膨胀。同样，气体在恒压下膨胀时，温度必定升高。

图 10.17　吊篮上方的丙烷燃烧器加热热气球内的空气。加热后的空气膨胀，密度小于周围的空气

> **例题 10.3　运用理想气体定律**
>
> 假设理想气体混合物的压强保持不变，体积从 4L 减小到 1L。如果初温度是 600K，末温度是多少？
>
> 本题可以使用理想气体定律 $PV = NkT$ 解答。因为气体不会从容器中逸出，所以气体的分子数 N 保持不变，玻尔兹曼常数也不变。根据理想气体定律 $PV = NkT$，可以写出 $V/T = Nk/P =$ 常数。
>
> $V_i = 4L$，$V_f = 1L$，$T_i = 600K$，$T_f = ?$
>
> 由 $V_i/T_i = V_f/T_f$ 有
> $$T_f/T_i = V_f/V_i = 1/4$$
> 所以 $T_f = 1/4\,T_i = 150K$。

注意，即使不知道气体分子数（N）或玻尔兹曼常数 k（可以查阅），也可以使用理想气体定律来探讨压强、温度和体积之间的相互变化。

对于等压膨胀，热力学第一定律表明气体吸收的热量必须大于气体在膨胀过程中所做的功。在等压膨胀中，气体的温度必定升高，内能 U 随着温度的升高而增加。$\Delta U = Q - W$，因为内能增加，Q 必须大于 W（功是正功，因为气体膨胀）。然后，使用热力学第一定律和理想气体的状态方程，就可以算出系统产生给定体积膨胀所要吸收的热量。

气球内的气体膨胀时，同样数量的分子会占据更大的体积，因此气体的密度降低。换句话说，气球上升是因为气球内气体的密度小于气球外空气的密度。作用在气球上的浮力由阿基米德定律描述（见9.3节）。

在大气中，同样的现象会以更大的规模发生。与冷气团相比，暖气团上升，原因与热气球上升的原因相同。在温暖的夏季，地面附近被加热的空气膨胀，密度降低，于是在大气中上升。上升的空气携带水汽，为高空中云的形成提供水分。上升的暖空气也产生气流，这对飞机来说是个问题。然而，对悬挂式滑翔机的爱好者和翱翔的鹰来说，上升的暖气流是真正的福音。

气体的行为和热力学第一定律，对我们了解天气现象非常重要。潜热涉及水的蒸发和凝固，以及雪或雨夹雪中冰晶的形成。所有这些过程的能量来源都是太阳：地球的地表水和大气层是由太阳驱动的一个巨型发动机。

热力学第一定律解释了许多涉及气体的过程。气体的热力学温度与气体的内能直接相关：理想气体的内能是气体分子的动能。气体吸收的热量和所做的功，决定了气体的温度，绝热、等温和等压过程产生不同的结果。热力学第一定律与状态方程可以用来预测热机中的气体行为，以及热气球和大气中的气团行为。

10.5　热流

在世界上的许多地区，冬天需要为住宅和建筑物供暖。人们主要通过燃烧木材以及煤炭、石油和天然气等化石燃料来取暖，也采用电加热的方式来取暖。由于人们要为所用的燃料付费，因此会千方百计地阻止热量的逃逸。热量是如何从住宅或者其他发热物体逃逸的？逃逸的方式是什么？如何认识这些逃逸方式来降低热量损失？

热传递的三种基本方式是传导、对流和辐射，它们对房屋的热量损失（或获得）都很重要。了解这些方式可以帮助我们节省取暖所用的燃料，同时提升舒适度。

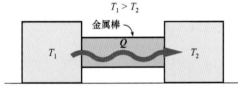

$T_1 > T_2$

金属棒

T_1　Q　T_2

图 10.18　在热传导过程中，当材料之间出现温度差时，能量就会在材料之间流动

10.5.1　热传导产生的热流

在热传导过程中，当不同温度的物体相互接触时，热量通过物体流动（见图 10.18）。热量直接从较热物体流向较冷物体，流速取决于物体之间的温度差及物体的导热系数/导热性。有些物体的导热系数要比其他物体的大很多。例如，金属要比木材或塑料的导热系数大很多。

假设你一只手拿着一个金属块，另一只手拿着一个木块（见图 10.19）。它们都处于室温状态下，但身体通常要比室温高 10℃～15℃，因此热会从手流向物块。然而，感觉上金属块比木块冷。两种材料的初始温度相同，因此差别是导热系数而不是温度。金属块比木块更容易传热，所以热量从手传入金属要比传入木头快。由于接触金属块比接触木块更易使手冷却，所以金属块感觉上更冷。

热流是一种能量流，它是原子和电子动能的实际转移。因为手的温度更高，所以手中的原子的平均

图 10.19　在室温下手握金属块和木块时，感觉到金属块更冷

动能大于物块中的原子的平均动能。当原子相互碰撞时，动能转移，物块中的原子的平均动能以手中的原子动能的损失为代价增加。金属中的自由电子在这个过程中起重要作用：金属是热和电荷的良导体。

讨论家庭保温隔热时，我们常用热阻或 R 值来比较不同材料的隔热效果。导热系数越大，R 值就越低，因为好的导热体是不好的隔热体。实际上，R 值与材料的厚度和导热系数都相关。材料的隔热效果随材料厚度的增加而增加，因此 R 值随材料厚度的增加而增加。

静止空气是良好的隔热物质。带有无数气穴的材料（如岩棉或玻璃纤维）是优良的隔热材料，它们的 R 值很高，低热传导率由这些材料中的气穴造成，而不由材料本身造成。使用这样的材料装修住宅的墙壁、天花板和地板时，会降低墙壁、天花板和地板的传热能力，进而降低房屋的热量损失。

10.5.2　什么是对流？

如果首先加热一定体积的空气，然后用吹风机或自然通风的方式使空气流动，那么我们就是在通过对流来传递热量。给房子供暖时，我们常用管道将空气、水或水蒸气从中央炉输送到不同的房间。对流通过含有热能的流体的运动来传递热量。

因此，对流是房屋供暖的主要方式。暖空气的密度比冷空气的小，所以暖空气从散热器或基板加热器上升到天花板。这样，暖空气就在房间内形成气流，使能量分布在房间周围。暖空气沿着包含热源的墙壁上升，冷空气沿着对面的墙壁下沉（见图 10.20）。这被称为自然对流，使用风扇时就是在强制空气对流。

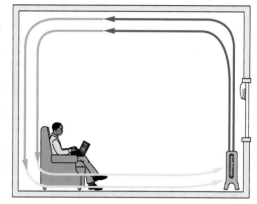

对流还涉及建筑物的热量损失。当暖空气从建筑物中逃逸，或者冷空气从外面渗入时，我们就说由于渗透而失去了热量，这是对流的一种形式。我们可以用挡风雨条封住门窗、裂缝或小洞来防止渗透。然而，完全消除渗透是不可取的。房屋中的空气流通是保持空气新鲜和无气味的必要条件。

图 10.20　对流情形下的热能通过加热的流体传递。在房间里，当加热的空气从散热器或导管流出时，发生对流

10.5.3　什么是辐射？辐射如何传递能量？

辐射涉及电磁波带来的能量流动。第 15 章和第 16 章中将讨论波动和电磁波。参与热传递的电磁波主要是电磁波谱的红外部分。红外线的波长要比无线电波的短，但是比可见光的长（见图 16.5）。

传导需要介质来传播，对流需要介质来携带，但是辐射可以在真空中进行。例如，暖瓶内胆夹层中的真空（见图 10.21）可以有效地阻止热的传导和对流，但是不能阻止辐射。在暖瓶内胆的壁上镀银，可以最大限度地降低辐射。镀银还会反射电磁波，进而减少流入或流出暖瓶的能量。

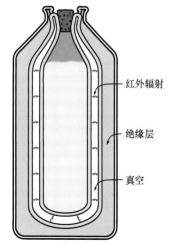

红外辐射

绝缘层

真空

图 10.21　辐射是携带热能穿过暖瓶内胆夹层真空的唯一方式。在内胆壁上镀银可以减少辐射

建筑物中使用背面贴有箔的隔热材料的原理同样如此。热流之所以能够穿过墙壁内的封闭空间，部分原因是辐射，部分原因是空气的传导。使用隔热材料可以减少辐射的热流。同时，贴箔隔热片的 R 值可能与没有贴箔的隔热片的 R 值相同，因此也可以有效地减少热传导。

从屋顶、路面到黑暗且寒冷的夜空，能量损失也与辐射有关。柏油路面和普通黑色路面，都是电磁波的良好辐射体。路面向天空辐射能量，使得路面的冷却速度快于周围的空气。即使空气的温度在冰点以上，柏油路面也可能降至冰点以下，造成路面结冰。

吸收电磁辐射的良好材料同时也是反射电磁波的良好材料：黑色材料夏天吸收更多的太阳能，冬天失去更多的热量。黑色屋顶看起来可能不错，但不是最好的节能色。浅色能够更加有效地让房间冬暖夏凉。

了解传热的基本机制对房屋设计是有用的。传导、对流和辐射对于理解热量如何流入和流出房子，以及如何在房子里循环，都很重要。即使使用双层玻璃窗，大窗户也会导致很大的热量损失。然而，如果窗户位于房子的南侧，那么这种热量损失可能会被太阳辐射获得的热量部分地抵消。热传递方式对于理解如何充分利用太阳能也很重要，详见日常现象专栏 10.2。

> 热量通过三种不同的方式传递：传导、对流和辐射。在传导中，能量通过介质传递：有些介质的导热性要比其他介质的好。对流通过含有热能的流体的流动来传递热量。辐射是以电磁波形式进行的能量流动。这三个过程在热力学第一定律的任何应用中都很重要，因为热量是系统内能变化的一种方式。

日常现象专栏 10.2　太阳能集热器和温室效应

现象与问题　平板太阳能集热器常用于收集太阳能来加热水或房屋。平板集热器由金属板组成，金属板表面上固定有金属管。金属板和金属管都被涂成黑色，二者共同固定在下方的框架中，上面则是玻璃板或透明塑料板。平板集热器是如何工作的？涉及什么热流过程？太阳能集热器与备受争议的温室效应有什么关系？

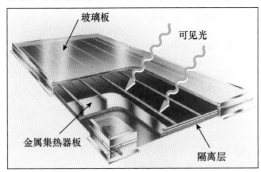

附图 1　平板太阳能集热器的表面是黑色的，金属板的下方隔热，集热器上方盖有玻璃板或透明塑料板

分析　平板集热器接收来自太阳的以电磁波辐射形式传输的能量，这种能量是唯一能够在真空中出现的热流形式。太阳发射的电磁波能量主要集中在电磁波谱的可见光部分，即人眼敏感的波长部分。这些电磁波很容易穿过集热器的透明盖板。

平板集热器的黑色表面吸收大部分入射光，而反射少部分入射光。吸收的能量提高集热器的内能和温度（见附图 1）。流经集热器金属管的水通过传导加热。要产生热流，集热器的温度就要高于水的温度。集热器下方的隔热材料减少了流向周围环境的热量。

由于金属板被加热，因此会以红外电磁波的形式向外辐射热量。玻璃板或透明塑料板对红外辐射不透明，因此这些电磁波不能通过玻璃板或透明塑料板。玻璃板还可以减少对流的热量损失，因为它可以防止空气直接流向金属板。温室的玻璃外壳也起同样的作用。除了减少对流损失，玻璃还允许可见光进入，同时阻止更长波长的电磁辐射造成的热量损失。这是一个能量陷阱。

这种单向辐射只让可见光波段的光进入，而不让红外波段的辐射逃逸。这就是温室效应。这是夏天关上车窗后，汽车变热的原因。

就全球变暖而言，地球就像是一个巨大的温室。大气中的二氧化碳和其他一些气体可以让太阳的可见光入射，但是不会让地球上温暖植物和其他物体发出的红外线出射。任何碳基燃料，包括煤炭、石油、天然气和木材，燃烧时都会排放二氧化碳。除了木材，这些燃料被称为化石燃料（见附图 2）。

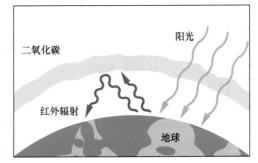

附图 2　大气中的二氧化碳和其他气体的作用，类似于太阳能集热器的玻璃板或透明塑料板。可见光通过，红外辐射不通过

在过去约 100 年的时间里，人类对化石燃料的大量使用缓慢地增大了大气中的二氧化碳含量。这种增长反过来又缓慢地提高了地球的平均气温。尽管模拟地球平均气温的变化极其复杂，涉及洋流和许多其他因素，但是研究结果似乎表明，燃烧化石燃料是全球变暖的主要原因之一。从地质学的观点来看，全球变暖发生在很短的时段内，而化石燃料的形成需要数百万年的时间（见图 1.2）。

影响全球变暖的另一个主要因素是植被。植被在生长过程中会从空气中吸收二氧化碳，在死亡或燃烧过程中，部分会释放二氧化碳，部分则被埋在地层中。火灾、修建房屋和道路挤占森林和其他植被的空间，都会降低植被的积极作用。

减排温室气体的有效方案是减少对化石燃料的使用。节省能源对减少温室气体也有帮助，但是这些努力不可能一蹴而就。开发新能源在减排温室气体方面有着重要的作用。新能源不需要化石燃料，包括核能、风能、太阳能和海浪能等可再生能源（见日常现象专栏 15.1）。

小结

本章的重点是在热力学第一定律中起重要作用的热量。热力学第一定律解释了物体的温度变化和理想气体的行为。热量和温度间的区别很重要。

1. **温度及其测量**。设计温标是为了提供统一的方法来描述物体的冷热程度。当物体的温度相同时，物体之间没有热量流动，物体的物理性质保持不变。热力学零度由针对气体行为的研究产生。

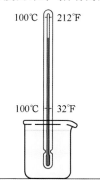

2. **热量和比热容**。因物体温度不同而在物体之间流动的能量，被称为热量。单位质量的物质温度变化 1℃ 所需的热量，被称为比热容。潜热是指单位质量的物质在温度不变时，改变物质相态所需的热量。

$$T_1 > T_2$$

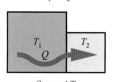

$$Q = mc\Delta T$$

3. **焦耳实验和热力学第一定律**。热力学第一定律说，物质或系统的内能可以通过吸收热量或对系统做功来增加。内能增加时，组成系统的原子和分子的势能与动能也增加，它可能表现为温度的升高、相变或其他性质的变化。

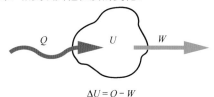

$$\Delta U = Q - W$$

4. **气体行为和热力学第一定律**。理想气体的内能等于气体分子的动能，它与气体的热力学温度成正比。气体所做的功与其体积变化量成正比（等压），因此热力学第一定律可以用来预测做功或加热时，温度或压强的变化量。

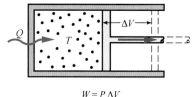

$$W = P\Delta V$$
$$PV = NkT$$

5. **热流**。热量在不同系统之间的流动方式有三种。传导是指热量通过介质的直接流动，对流是指携带热量的流体的流动，辐射是指电磁波产生的热流。

$$T_1 > T_2$$

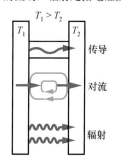

Latent heat　潜热

First law of thermodynamics　热力学第一定律

Internal energy　内能

Adiabatic　绝热的

Ideal gas　理想气体

Isothermal　等温的

Isobaric　等压的

Equation of state　状态方程

Conduction　传导

Thermal conductivity　导热性/导热系数

Convection　对流

Radiation　辐射

Greenhouse effect　温室效应

概念题

Q1 温度为 0℃的物体与温度为 0℉的物体相比，是更热、更冷还是一样热？

Q2 变化 10℉和变化 10℃相比，哪个变化范围更大？

Q3 当温度升高时，恒压气体的体积按可预测的方式增加。这样的系统可以用作温度计吗？

Q4 我们有时会将手放在他人额头上来确认其是否发烧。这种方式可行吗？在这个过程中我们做了哪些假设？

Q5 温度有可能低于 0℃吗？

Q6 温度有可能低于 0K（开氏温标）吗？

Q7 温度为 273.2K 的物体与温度为 0℃的物体相比，是更热、更冷还是温度相同？

Q8 两个不同温度的物体相互接触，并与周围环境绝热。两个物体的温度变化吗？

Q9 题 Q8 中讨论的物体的最终温度是否高于两个物体的初始温度？

Q10 两个质量相同但材质不同的物体，初始温度相同。向每个物体传递等量的热量后，两个物体的最终温度一定相等吗？

Q11 有两个城市，一个位于大湖旁，另一个位于沙漠中，白天的高温相同。哪个城市在太阳落山后气温迅速降低？

Q12 能否加热一个物体而不改变其温度？

Q13 如果我们加热温度为 100℃的水，会发生什么？温度会变化吗？

Q14 若温度为 0℃的水继续放热，会发生什么？温度会变化吗？

Q15 液体过冷意味着什么？

Q16 暖手包中的液体冻结时，会变得更冷吗？

Q17 相变材料可用于太阳能发电厂吗？

Q18 玻璃杯与周围的环境绝热，是否能通过搅拌水的方式来改变杯中水的温度？

Q19 使用锤子将一块软金属敲成新形状。如果金属与周围环境绝热，其温度会因敲击而变化吗？

Q20 1J 和 1cal 哪个代表更大的能量？

Q21 假设系统的内能增加导致系统的温度升高。是否能够根据系统的最终状态，判断内能的变化是由对系统做功引起的还是由吸热引起的？

Q22 系统的内能是否可能大于组成系统的分子与原子的动能？

Q23 焦耳根据实验指出瀑布底部的水温高于顶部的水温，为什么？

Q24 在绝热条件下压缩理想气体。在压缩过程中，气体的温度是升高、降低还是保持不变？

Q25 是否可以降低气体温度而不从气体中带走任何热量？

Q26 理想气体加热时膨胀，其温度保持恒定吗？

Q27 加热体积不变的理想气体时，其温度可能保持恒定吗？

Q28 加热热气球时，气球内的空气膨胀。增加的空气体积会使得热气球下降吗？

Q29 加热冰，冰融化但温度不变。水在结冰时膨胀，因此冰融化为水后的体积小于冰的初始体积。冰水系统的内能在这个过程中变化吗？

Q30 木块和金属块在桌面上放了很长时间。金属块摸起来比木块冷，这是否意味着金属块的温度实际上低于木块的温度？

Q31 热量有时会通过门窗周围的裂缝逸出房间，这种逸出涉及什么传热机制？

Q32 当路面上方的空气温度高于 0℃时，路面上的水是否可能结冰？

Q33 热流通过玻璃窗时涉及什么传热机制?

Q34 热量有可能在真空中流动吗?

Q35 在太阳和地球之间的寒冷真空中,我们是如何获得热量的?

Q36 玻璃和二氧化碳气体共有什么特性使得它们都

能有效地产生温室效应?

Q37 从平板太阳能集热器传出有用的热能涉及什么传热机制?

Q38 太阳能发电厂是否会像燃煤发电厂一样加剧温室效应?

练习题

E1 某个物体的温度是 22℃。**a.** 它是多少华氏度? **b.** 它是多少开氏度?

E2 某个冬日的温度是 20℉,它是多少摄氏度?

E3 某个夏日的温度是 110℉。**a.** 它是多少摄氏度? **b.** 它是多少开氏度?

E4 烧杯中水的温度是 300.2K。**a.** 它是多少摄氏度? **b.** 它是多少华氏度?

E5 夏天温度从早晨的 18℃ 变为午后的 30℃。**a.** 从早晨到午后,摄氏度的变化是多少? **b.** 早晨的初始温度是多少华氏度? **c.** 午后的温度是多少华氏度? **d.** 从早晨到午后,华氏度的变化是多少? **e.** 注意,我们不能直接使用摄氏度和华氏度之间的转换关系式,将摄氏度的变化量ΔT_C换算为华氏度的变化量ΔT_F,为什么?

E6 将 90g 水的温度从 12℃ 提高到 88℃ 需要多少热量?

E7 将 300g 铝块的温度从 160℃ 降至 40℃ 要释放多少热量? 铝的比热容是 0.215cal/(g·℃)。

E8 要加多少热量才能使 0℃ 的 120g 冰完全融化?

E9 如果为 18℃ 的 75g 水提供 900cal 热量,那么水的最终温度是多少?

E10 要给初始温度为 22℃ 的 60g 水加多少热量才能:**a.** 将其加热到沸点? **b.** 将 100℃ 的水完全转化为水蒸气?

E11 系统吸收 300cal 热量相当于给系统增加了多少焦耳的能量?

E12 假设给初始温度为18℃的90g水做了1400J的功。**a.** 这是多少卡能量? **b.** 水的最终温度是多少?

E13 气体对周围环境做了 825J 的功,同时吸收了 1200J 的热量。**a.** 不考虑增加的热量,气体对环境做 825J 功是增加还是减少气体的内能? **b.** 不考虑气体所做的功,气体中加入 1200J 热量是增加还是减少气体的内能? **c.** 既考虑增加的热量,又考虑气体所做的功,气体的内能是增加还是减少? 变化量是多少?

E14 理想气体的体积从 0.4m³ 增加到 2.5m³,同时保持恒压 3600Pa(1Pa = 1N/m²)。在膨胀过程中,气体做了多少功?

E15 如果题 E14 的初始温度是 480K,最终温度是多少?

E16 假设对理想气体做了 2200J 的功,但是气体的内能只增加了 1500J。流入或流出系统的热量的数值和方向是什么?

E17 气体中增加了 400cal 的热量;同时,气体膨胀,对周围环境做了 400J 的功。**a.** 400cal 相当多少焦耳? **b.** 气体的内能变化量是多少焦耳? **c.** 气体内能的变化量是多少卡? **d.** 气体的最终温度是升高还是降低?

E18 搅拌绝缘烧杯内的 75g 水做了 1800J 的功。**a.** 这个过程增加或减少的热量 Q 是多少? **b.** 系统的内能变化量是多少? **c.** 水的温度变化了多少?

综合题

SP1 加热温度为 24℃ 的物体,使温度升至 83℃。**a.** 物体的温度变化量是多少华氏度? **b.** 物体的温度变化量是多少开氏度? **c.** 用 cal/(g·℃) 表示的比热容数值与用 cal/(g·K) 表示的比热容数值有何不同?

SP2 某学生制作了一个温度计,并设计了自己的温标。在这个温标中,水的冰点是 0°S(S 代表学

生),水的沸点是 75°S。她用温度计测得的某杯水的温度是 18°S。**a.** 它是多少摄氏度? **b.** 它是多少华氏度? **c.** 它是多少开氏度? **d.** 1°S 与 1℃ 相比,温度范围是大还是小?

SP3 140g 冰的初始温度是−22℃,冰的比热容是 0.5cal/(g·℃),水的比热容是 1cal/(g·℃),水的熔化潜热是 80cal/g。**a.** 需要多少热量才能使冰

的温度上升到 0℃？**b**. 冰的温度达到 0℃后，将这些冰完全融化需要多少热量？**c**. 将冰融化后的水加热到 27℃，需要多少热量？**d**. 要将温度为-22℃的 140g 冰变成 27℃的水，需要吸收多少热量？**e**. 检查 **a**、**b**、**c** 问的答案，哪问最耗能量：是将冰加热到熔点、将冰融化，还是将冷水加热到最终温度？**f**. 融化冰所需的热量，加上将 140g 水的温度上升 49℃所需的热量，是否就是总热量？

SP4 将 170g 某金属（初始温度为 125℃）放入装有 84g 水的绝热烧杯（温度为 16℃）。烧杯中金属和水的最终温度是 39℃。假设烧杯的比热容可以忽略不计。**a**. 金属向水传递了多少热量？**b**. 金属的温度变化和质量如题所述，金属的比热容是多少？**c**. 如果水和金属的最终温度是 53℃而不是 39℃，那么放入绝热烧杯的这种金属（最初是 125℃）的质量是多少？

SP5 搅拌烧杯中的 600g 水做了 2300J 的功，并且电热板为水增加了 400cal 热量。**a**. 水的内能变化量是多少焦耳？**b**. 水的内能变化量是多少卡？**c**. 水的温度变化量是多少？**d**. 所做的功是 200J、所加的热量是 1200cal 时，重做以上三问。

SP6 设理想气体的压强保持为 1800Pa（1Pa = $1N/m^2$），温度从 220K 升至 1100K。**a**. 如果气体的初始体积是 $0.17m^3$，最终体积是多少？**b**. 这个过程的体积变化量 ΔV 是多少？**c**. 气体膨胀对外做了多少功？**d**. 如果气体的初始体积是 $0.24m^3$，且发生的温度变化相同，所做的功是否与第一种情况下的相同？请通过重做前三问进行说明。**e**. 在两种情况下，气体的量相同吗？

家庭实验与观察

HE1 我们在家中通常可以找到室内温度计、室外温度计、医用温度计或者烹饪温度计。**a**. 它们使用了什么温标？**b**. 不同温度计的温度范围是多少？**c**. 不同温度计能够读出的最小温度变化量是多少？**d**. 不同温度计是用什么变化的物理量来表示温度变化量的？

HE2 取两个泡沫塑料杯，倒入等量的冷水（不要太满），然后加入等量的冰，得到水冰混合物。**a**. 用非金属搅拌器搅拌一个塑料杯中的水冰混合物，直到融化所有的冰。记录融化冰块所需的时间。**b**. 将第二个塑料杯放到一边，每隔 10 分钟观察它一次，直到所有的冰融化，记录冰融化的时间。**c**. 两个时间相比如何？融化每个塑料杯中的冰的能量来自何处？

HE3 向泡沫塑料杯中倒入热水（或咖啡）。取一些不同材质的物品，如金属汤匙、木铅笔、塑料笔或玻璃棒。将不同物品的一端放入水中，并做如下观察：**a**. 必须握住物品离水面多近的地方，才能让它触摸起来有明显的热度？**b**. 根据观察，你认为哪种材料是最好的导热体？哪种材料最糟糕？你能根据材料的传热性能对它们排序吗？

HE4 对住宅大厅或其他类似的居住空间进行能源调查。**a**. 房间的热源是什么？热量是如何流入房间的？涉及什么形式的热传递？**b**. 房间中的热量是如何逃逸的？涉及什么形式的热传递？**c**. 怎样做才能减少热量损失，或者提高房间的能量使用效率？

第 11 章　热机和热力学第二定律

本章概述

本章首先讨论热机,接着探讨热力学第二定律,热力学第二定律是理解热机的效率的核心。然后,我们利用热力学第一和第二定律思考当今全球经济中的能源利用。这些问题对我们的环境质量和经济健康都具有重要意义。热力学定律对于明智地选择能源政策至关重要。

本章大纲

1. **热机**。什么是热机?关于热机的工作原理,热力学第一定律告诉了我们什么?
2. **热力学第二定律**。如果能够制造一台理想的热机,那么它是怎样工作的?理想热机的概念与热力学第二定律有何关系?热力学第二定律的内容与含义是什么?
3. **冰箱、热泵和熵**。冰箱、热泵是做什么的?熵是什么?熵与热能使用的限制有何关系?
4. **热电厂和能源**。我们如何才能高效地发电?在我们使用能源(如化石燃料和太阳能)时,热力学第二定律的启示是什么?
5. **永动机和能量诈骗**。按照热力学定律,能够制造永动机吗?如何判断发明者宣称的发明?

很多人一生中的许多时间都在开车或者乘车。我们会谈论每加仑汽油能跑多少英里,或者讨论不同类型的发动机的优点。我们经常开车去加油站购买无铅汽油,且我们通常清楚这种燃料在不同加油站的价格(见图 11.1)。

图 11.1 发动机如何使用燃料驱动汽车?

然而,有多少人真正了解发动机内部发生的事情?当驾驶员转动点火开关、踩下油门时,发动机就会起动,消耗燃料,并在驾驶员的操控下驱动汽车,而驾驶员不需要详细了解发动机的运行原理。无知者无畏,有些人也许要到出问题时才觉得有必要了解发动机的运行原理。汽车发动机是做什么的?它是怎样工作的?

大多数现代汽车中的内燃机都是热机。蒸汽机是第一种实用的热机。人们总是试图更好地理解蒸汽机的工作原理,并在这一努力中发展了热力学。制造更高效的发动机是人们的主要目标。虽然蒸汽机通常是外燃式发动机,即燃料是在发动机外部而非内部燃烧的,但是蒸汽机和汽车发动机的基本工作原理是相同的。

热机是如何工作的?什么因素决定了热机的效率?如何使热机的效率最大?要回答这些问题,就要了解热力学第二定律。热机将引导我们了解热力学第二定律及熵的概念。

11.1 热机

汽车中的内燃机是做什么的?前面说蒸汽机和汽油发动机都是热机,这是什么意思?我们知道,燃料在发动机中燃烧时,释放热量,并以某种方式做功来驱动汽车。由此,我们是否能够建立一个模型来描述所有热机的基本特征?

11.1.1 热机是干什么的?

下面简述汽车的汽油发动机是做什么的:汽油形式的燃料与空气混合后,进入发动机中的一个被称为气缸的圆柱形腔室。火花塞产生的火花点燃油气混合物,油气混合物剧烈燃烧(见图 11.2),释放热量,使得气缸中的气体膨胀,对活塞做功。

通过机械连接,对活塞做的功首先传输到驱动轴,然后传输到车轮。车轮后推路面,根据牛顿第三运动定律，路面对轮胎施加一个力，这个力通过做功来驱动汽车。

在油气混合物燃烧释放的所有热量中，只有一部分被转换为驱动汽车的功。从汽车排气管排出的废气是热的，因此有一些热量被释放到了周围环境中。存在未利用的热量是热机运行时的一般特征。

这个一般的描述展示了所有热机的共同特征：热量被输入发动机，其中一些热量被转换为机械功，另一些热量则以低于输入温度的温度被释放到了周围环境中。图 11.3 简要地展示了这一思想。图中的圆代表热机，上面的方框表示高温热源，下面的方框表示废热被释放到的低温环境。

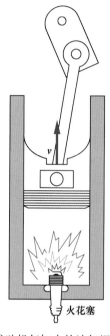

图 11.2　汽车发动机气缸内的油气混合物燃烧，释放热量使得活塞移动，将部分热量转换为功

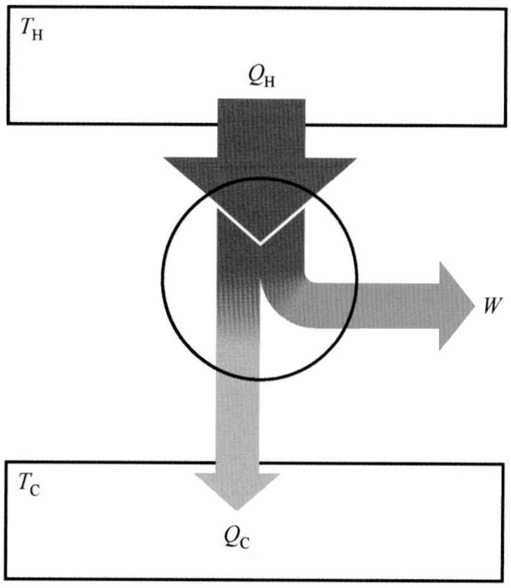

图 11.3　热机示意图。热机在高温 T_H 下吸收热量，部分热量被转换为功，剩余的热量在低温 T_C 下释放到低温环境

11.1.2　热机的效率

对于给定的热量输入，发动机能做多少有用的机械功？这时，了解发动机的效率是很重要的。效率被定义为发动机所做的净功与完成这个净功所需供给的热量之比，即

$$e = W/Q_H$$

式中，e 是效率，W 是热机所做的净功，Q_H 是热机从高温热源获得的热量。功 W 是正的，因为它是热机对环境做的功（本节及后续章节中分别使用下标 H 和 C 代表高温和低温）。

在例题 11.1 中，一台热机从高温热源吸收 1200J 的热量，在每次循环中做 400J 的功，实现的效率为 1/3。我们通常用小数或百分数来表示效率，例题中的效率为 0.33 或者 33%。33%高于大多数汽车发动机的效率，但是低于许多发电厂的燃煤/燃油汽轮机的效率。

例题 11.1　热机效率

　一台热机在每次循环时，都从高温热源吸收 1200J 热量，并且对外做功 400J。a. 热机的效率是多少？b. 每次循环向环境释放多少热量？

　　a. $Q_H = 1200J$，$W = 400J$，$e = ?$

　　　$e = W/Q_H = 400/1200 = 33\%$

b. $Q_C = ?$

由 $W = Q_H - Q_C$ 得

$Q_C = Q_H - W = 1200 - 400 = 800J$

计算效率时，我们使用了一次完整循环的热量值和功值。发动机通常是循环运行的，即发动机不断地重复同样的过程。因为热和功交换发生在循环的不同环节，因此有必要使用一个或几个完整周期的平均值来计算效率。

11.1.3 热力学第一定律告诉了我们什么？

热力学第一定律限制了热机的功能。由于发动机在每次循环结束时都返回到初始状态，因此它在循环结束时的内能与初值相同。在一次完整的循环中，发动机内能的变化量是零。

热力学第一定律指出，内能的变化量是净热量和发动机所做的净功之差（$\Delta U = Q - W$）。因为在一个完整的周期中，内能的变化量 ΔU 是零，因此发动机在每次循环中，流入或者流出的净热量 Q 必定等于发动机在每次循环中所做的功 W。这时，能量是守恒的。

净热量是来自高温热源 Q_H 的热量与释放到低温环境/热源 Q_C 的热量之差。根据热力学第一定律可知，所做的功等于净热量，即

$$W = Q_H - |Q_C|$$

因为所做的功等于净热量。注意上式中使用的是 Q_C 的绝对值。Q_C 流出发动机，因此常被视为负数。

在例题 11.1 中，800J 热量被释放到了周围环境中。图 11.4 中箭头的宽度对应于例题中的热量值和功值。从上方的宽箭头开始，每次循环吸收 1200J 热量，其中 400J 热量（总量的 1/3）用于做功，800J 热量（总量的 2/3）被释放到了低温环境中。表示释放热量的箭头的宽度，是表示功的箭头的宽度的 2 倍，两个箭头的总宽度等于初始热量输入箭头的宽度。

汽车发动机、内燃机、喷气发动机和发电厂的蒸汽涡轮机都是热机。例如，我们可以在壶嘴上方放一个风车来模拟简易汽轮机，如图 11.5 所示。输入的热量是由炉子或者电热板为壶提供的。这些热量的一部分在转动风车时转换为功，其余的热量被释放到房间中，对风车没有任何作用，但是确实会使得房间稍微变暖一些。

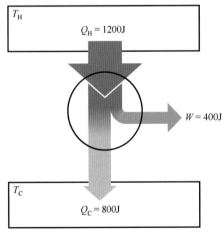

图 11.4　箭头宽度表示例题 11.1 中有关能量的大小　图 11.5　简易汽轮机。壶嘴喷出的蒸汽转动风车。使用这样一台热机做功可以提升小重物

如果在风车的轴上系一根细绳，那么对风车所做的功就可以举起小重物。这种风车汽轮机的功率和效率都不高。设计高功率（做功的速率）和高效率（输入热量转换为功的比例）的发动机，

是过去 200 年来科学家和机械工程师的目标。日常现象专栏 11.1 中讨论了这方面的最新进展。了解影响热机效率的因素是这一探索的重要部分。

> 热机从高温热源吸收热量，将其中的一部分热量转换为功，将剩余热量释放到低温热源/环境中。汽车发动机、喷气发动机、火箭发动机和蒸汽涡轮机都是热机。效率是发动机所做的功与从高温热源吸收的热量之比。由于在一次完整的循环中内能变化量是零，因此热力学第一定律要求在一次循环中所做的功等于流入和流出热机的净热量。

日常现象专栏 11.1　混合动力汽车

现象与问题　汽车制造商多年来一直致力于开发更好的发动机和驱动系统，目标是在不增加成本的情况下提高效率、降低废气排放。美国联邦和州的环境法规是鼓励这些努力的。

电动汽车（见附图 1）是解决方案之一。虽然电动机基本上不排放尾气，但是存在续航里程有限、蓄电池过重、充电成本高、充电时间长等问题。最近，有些制造商推出了包含电动机和汽油发动机的混合动力系统。这种混合系统是如何一起工作的？它们的优缺点是什么？

在市区，当汽车从停止或低速开始加速时，使用电动机驱动汽车，避免低速下汽油发动机因效率不高而产生大量废气。这时，不必安装大型汽油发动机就能得到较好的加速性能，甚至可以关闭汽油发动机。

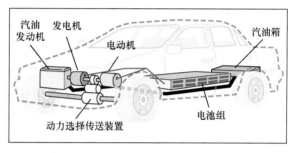

附图 1　汽油发动机和电动机都能驱动汽车,汽油箱和电池组代表不同的储能方式

在高速公路上行驶时，如果需要更快的速度，可以使用汽油发动机与电动机共同提供驱动力。当不需要汽油发动机全功率驱动汽车时，就被用来驱动发电机产生电能，为电池充电（关于电动机和发电机的讨论见第 14 章）。当汽车下坡或者刹车时，反向运行电动机也可以产生电能。采用这种方法，就可以重新获得能量并将能量存储到电池中，否则会丢失低品位热量。附图 2 所示的流程图显示了混合动力汽车的不同能流方向。

混合动力系统的优点如下。

1. 因为我们需要最大功率来加速汽车时未使用汽油发动机（使用的是电动机），所以汽车可以使用一台小型汽油发动机。发动机越小，燃油经济性就越好。

2. 混合动力汽车的电池由汽油发动机充电，并在制动过程中回收能量，因此不需要像全电动汽车的电池那样在夜间用高价电充电。此外，对于混合动力汽车，不需要像全电动汽车那样为了加大续航里程而配备大电池组。

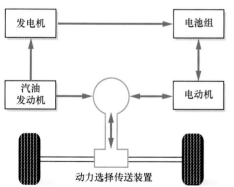

附图 2　混合动力汽车中的能流图。刹车时，能量从车轮经电动机流向电池组

3. 汽油发动机主要用于高速公路行驶及带动发电机，因此能够以最经济的速度运行，进而降低尾气排放。汽油发动机在低速行驶和全力加速时，尾气排放量最大。

混合动力系统的缺点是，同时拥有汽油发动机和相对较大的电动机的成本较高，同时需要复杂的传动系统来控制两种动力（标准汽油发动机汽车需要使用电动机作为起动器，混合动力汽车所用的电动机必须具有更大的功率和尺寸）。混合动力汽车还有最终需要更换的昂贵电池组。

因此，混合动力汽车的成本就要比类似大小和特点的标准汽油汽车的高。尽管如此，混合动力汽车还是很快得到了许多人的认可。严格的环境保护法律法规将使得混合动力汽车成为更有吸引力的选择。

11.2　热力学第二定律

由于典型汽车发动机的效率低于 30%，因此我们似乎是在浪费能源。我们能够达到的最佳效率是什么？什么因素决定效率？不论是对今天的汽车工程师或者现代发电厂的设计师来说，还是对早期的蒸汽机设计师来说，这些问题都很重要。

11.2.1　什么是卡诺热机？

最早对这些问题感兴趣的科学家之一是年轻的法国工程师萨迪·卡诺（1796—1832）。卡诺的父亲也是一名工程师，卡诺受父亲的启发，研究并写过关于水轮机设计的论文，水轮机是当时机械动力的重要来源。

水轮机的工作原理为卡诺建立理想热机模型奠定了基础。卡诺的父亲发现，首先将水引到最高点，然后将水释放到最低点，可以最大限度地提高水轮机的效率。卡诺推断，热机的最大效率出现在某个高温下吸收所有输入热量、某个低温下释放所有未用热量的情形下。这就要求我们在热源温度和环境温度的限定范围内，最大限度地提高温差的有效性。

卡诺对理想热机强加了另一个限制：所有过程必须在没有不适当的湍流或偏离平衡的情况下进行。这个限制也与其父亲关于水轮机的想法相吻合。在理想热机中，发动机的工作流体（蒸汽或其他可以使用的东西）应该在循环的所有点上大致平衡。这种情况意味着发动机完全可逆——在循环过程中的任何时刻，发动机都可以反转并且反向运行，因为它总是接近平衡的。这就是卡诺的理想状态：真正的热机可能会大大偏离这些条件。

可逆过程要求系统在过程的每一刻都处于平衡状态，但是这完全是理想化的。大多数现实过程从某种程度上说都不可逆。例如，汽车发动机气缸中的油气混合物燃烧是高度不可逆的——系统在燃烧时完全不处于平衡状态。在锅中煎鸡蛋也是不可逆过程的一个例子，在这种情况下，我们不可能让鸡蛋回到煎熟前的状态或者回到蛋壳中。

当卡诺于 1824 年发表关于理想热机的论文时，人们还不了解热能的含义，也不了解热力学第一定律。卡诺设想热量在发动机中流动，就像水流过水轮一样。直到约 1850 年热力学第一定律发展得相对成熟时，卡诺思想的影响才变得明显。显然，热量不是简单地流过发动机的，有一部分热量被转换成了机器所做的机械功。

11.2.2　卡诺循环包含哪些过程？

卡诺为理想热机设计的循环如图 11.6 所示。假设有一种气体或其他流体封闭在一个带有可移动活塞的气缸中。在循环的过程 1（能量输入）中，热量以高温 T_H 进入气缸。在这个过程中，气体或流体等温膨胀（温度不变），对活塞做功。在过程 2 中，液体继续膨胀，但是不允许热量在气缸和外界之间流动。这种膨胀是绝热膨胀（没有热流）。

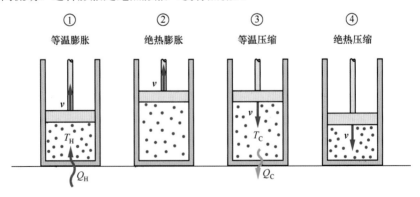

图 11.6　卡诺循环

过程 3 是等温压缩过程——活塞对流体做功，压缩流体。这是排气过程，因为热量 Q_C 在压缩过程中以低温 T_C 流出流体。最后一个过程是过程 4，它通过额外的绝热压缩使得流体恢复到初始状态。这四个过程必须缓慢地进行，以便流体始终处于近似平衡状态。整个过程是可逆的，这是卡诺热机的一个重要特征。

在过程 1 和过程 2 中，当流体膨胀时，对活塞做正功，所做的功通过机械连杆传输，用于其他用途。在过程 3 和过程 4 中，流体被压缩，这时需要外力对发动机做功。然而，热机在过程 3 和过程 4 中所做的功，要比在过程 1 和过程 2 中所做的功少，因此热机对外界做净功。

11.2.3 卡诺热机的效率是多少？

热力学第一定律可让我们计算卡诺循环的效率，前提是工作流体是理想气体。整个计算过程包括：计算每个过程对气体所做的功或者气体所做的功，以及在过程 1 和过程 3 中吸收与释放的热量。利用 11.1 节中效率的定义，可得

$$e_c = \frac{T_H - T_C}{T_H}$$

式中，e_c 为卡诺效率，T_H 和 T_C 是系统吸收和释放热量时的热力学温度（单位为 K）。效率公式的这一形式只适用于卡诺热机。

例题 11.2　卡诺效率

汽轮机在 400℃时吸收蒸汽，在 120℃时将蒸汽释放到冷凝器中。**a**. 这台热机的卡诺效率是多少？**b**. 假定这个卡诺效率能够实现（实际上做不到）。如果汽轮机在每次循环中吸收 500kJ 热量，汽轮机在每次循环中最多能做多少功？**c**. 好的汽轮机效率高达 37%。如果汽轮机在每次循环中吸收 500kJ 热量，汽轮机在每次循环中最多能做多少功？

a. $T_H = 400℃ = 673K$，$T_C = 120℃ = 393K$

$$e_c = \frac{T_H - T_C}{T_H} = (673 - 393)/673 = 41.6\%$$

b. $Q_H = 500kJ$，$W = ?$
由 $e = W/Q_H$ 得

$$W = eQ_H = 0.416 \times 500 = 208kJ$$

c. $Q_H = 500kJ$，$e = 0.37$，$W = ?$
由 $e = W/Q_H$ 得

$$W = eQ_H = 0.37 \times 500 = 185kJ$$

例题 11.2 说明了这些思想。在例题给定的温度下，卡诺效率约为 42%。根据卡诺的观点，这可能是任何发动机在这两个温度之间工作的最大效率。在同样两个高温、低温热源下工作的任何真正的热机效率都较低，因为真正的热机不可能以卡诺热机所要求的完全可逆的方式工作。

11.2.4 热力学第二定律

热力学温标由英国的开尔文勋爵于 19 世纪 50 年代提出。开尔文知道焦耳的实验，并且参与了热力学第一定律的提炼、表述。因此，他能够站在更高的高度上重新审视卡诺关于热机的观点。

通过结合卡诺的思想与热量是能量传递的新认识，开尔文提出了一个一般性的原理，这个原理（我们现在称为热力学第二定律）通常表述如下：

在一次连续的循环中，没有热机能够从单一温度下的热源吸收热量，并且将热量完全转换为功。

换句话说，任何热机的效率都不可能是 1 或者 100%。

利用热力学第二定律还可以证明，在两个给定温度之间工作的热机的效率，不会比在相同的两个温度之间工作的卡诺热机的高。包含卡诺循环可逆性的这个证明，证明了卡诺热机是目前所

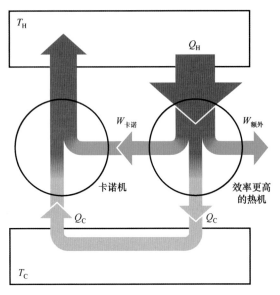

图 11.7　热机的效率如果比在相同的两个高温、低温热源下工作的卡诺热机的高，它就违反了热力学第二定律

能得到的最好的热机。事实上，如果一台热机的效率大于卡诺效率，那么它就违反了热力学第二定律，其证明如图 11.7 所示。

证明过程如下。在相同输入热量 Q_H 的情况下，一台效率大于卡诺热机的热机，要比卡诺热机做更多的功，其中的一些功使得卡诺热机反向运转，进而让第一台热机释放的热量返回到高温热源。要使发动机反向运转，我们就要在不改变热量和功的情况下改变箭头的方向。

额外功（图 11.7 中的 $W_{额外}$）可以在外部使用，并且没有热量到达低温热源。两台并排工作的发动机从高温热源中吸收少量热量，并将这些热量完全转换为功。这违反了热力学第二定律。因此，热机的效率不可能比卡诺热机的高。

因此，卡诺效率是在两个温度之间运行的任何热机的最大可能效率。由于证明过程遵循热力学第二定律，因此有时也称卡诺效率为第二定律效率。

热力学第二定律无法证明，它是自然法则，我们不可违反。这个定律为热能所能达到的效果预设了一个极限。时间证明，这种说法是准确的。热力学第二定律与我们所知的热传递、热机、冰箱和许多其他现象是一致的。

卡诺提出了完全可逆的理想热机的概念。卡诺热机在单一温度的高温热源吸收所有热量，在单一温度的低温热源释放未用的热量；它的效率取决于两个热源的温度。正如开尔文勋爵所说的热力学第二定律那样，没有一台连续运行的发动机能够在单一温度的热源中吸收热量，并且将热量完全转换为功。根据热力学第二定律，可以证明，在高温和低温分别相同的情况下，不存在效率比卡诺热机更高的热机。

11.3　冰箱、热泵和熵

对青少年来说，汽车和冰箱可能是最重要的两项发明。汽车上的汽油发动机是热机。冰箱是什么？11.2 节中在讨论反向运行的热机时，说过功被用于将热量从低温热源泵送到高温热源。这就是冰箱的功能吗？热机和冰箱之间有关系吗？

11.3.1　冰箱和热泵是干什么的？

我们都熟悉冰箱，但是我们中的大多数人不知道它是如何工作的。冰箱通过将热量从较冷的内部泵送到较暖的房间来让食物保持低温（见图 11.8）。在这个过程中，电动机或者燃气发动机要做必要的功。冰箱还能让房间变暖；当冰箱运行时，将手靠近冰箱背面的热交换管就能感觉到。

图 11.9 中显示了热机反向运行的示意图：与热机的示意图一样，只是显示能流的箭头方向相反。对冰箱做功，从低温热源带走热量 Q_C，大部分热量 Q_H 被释放到了高温热源中。通过外界做功，将热量从低温热源传递给高温热源的装置被称为热泵或者冰箱。

热力学第一定律要求，对于完整的循环，高温热源释放的热量必须等于以热和功的形式输入发动机的能量。如前所述，冰箱在每次循环结束时恢复到初始状态——冰箱的内能不变。高温热源释放的热量要比低温热源吸收的热量多（见图 11.9）。例如，若 200J 功被用来从低温热源提取 300J 热量，则 500J 热量被传递到高温热源。

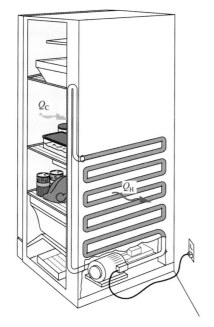

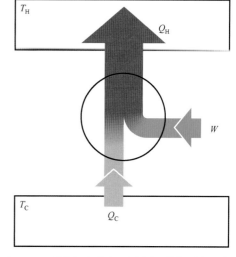

图 11.8　冰箱将热量从低温的内部泵送到高温的房间。向房间释放热量的热交换管通常位于冰箱背面

图 11.9　反向运行热机示意图。热机反向运行时变成热泵或者冰箱

　　冰箱是热泵，但是"热泵"常指将热量从寒冷的室外泵送到温暖的室内，进而为建筑物供暖的装置（见图 11.10）。电动机做功，使得热泵运转。加热建筑物的热量大于对热泵做的功，因为 Q_H 是功 W 和从室外空气中吸收的热量 Q_C 之和。相比于电炉将电能直接转换为热量，我们可以从热泵获得更多的热量。

　　两组热交换管用于热泵的热交换——一组位于室外（见图 11.11），从外部空气中吸收热量；另一组将热量释放到室内的空气中。许多热泵可以在两个方向输送热量，夏天可以作为制冷空调使用（大多数空调是热泵，它将热量从室内输送到温度较高的室外）。在冬季气候温和、室内和室外温度相差不大的地区，热泵是最有效的供暖方式。

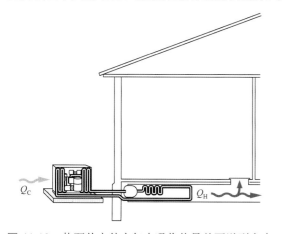

图 11.10　热泵从室外空气中吸收热量并泵送到室内

图 11.11　空气热泵的外部热交换管通常位于房子或建筑物的后面

　　热泵可以向建筑物内部输送大量的热量，这一热量通常是做功所消耗电能的 2～3 倍。同样，这未违反热力学第一定律，因为额外的能量是由外部空气提供的。对热泵所做的功使得我们可以

按照反自然趋势的方向移动热能，就像水泵将水移到高处一样。

11.3.2 热力学第二定律的克劳修斯表述

热量通常从较热的物体流向较冷的物体。这种自然趋势是热力学第二定律的另一种表述的基础。以提出者鲁道夫·克劳修斯（1822—1888）的名字命名的这种表述如下：

> 热量不会从较冷的物体流向较热的物体，除非涉及其他过程。

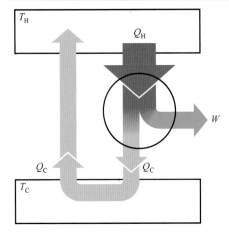

图 11.12 如果热量自发地从低温热源流向高温热源，就违反了热力学第二定律的开尔文表述

对热泵来说，其他过程指的是做功来反向泵送热量。

虽然热力学第二定律的克劳修斯表述看起来与开尔文表述非常不同，但是它们都是对同一个自然基本规律的表达。它们都对热能的作用设限，且不同表述中的限制是等效的。克劳修斯表述的证明，类似于卡诺热机在相同的两个温度下运行时效率最高的证明。

图 11.12 中给出了这一证明。如果热量从低温热源流向高温热源而不需要做功，那么图 11.12 右侧热机释放的热量就能够回流到高温热源。有些热量可以从高温热源中提取，完全转换为功。热量不会进入低温热源。这一结果违反了热力学第二定律的开尔文表述，该表述认为，从单一温度的热源中获得热量并且将其完全转换为功是不可能的。

违反热力学第二定律的克劳修斯表述就违反了开尔文表述。类似的论证表明，违反开尔文表述就违反了克劳修斯表述。这两种说法以不同的方式表达了同一个自然基本规律。

11.3.3 什么是熵？

热量中的什么东西导致了热力学第二定律的两种表述？热力学第二定律的两种表述都描述了不违反热力学第一定律（能量守恒）的过程，但是这些过程显然是不可能的。有些事情无法使用热量来实现。

假设高温热源中有一定的热量（热源可能是装有热水的容器）。我们可以想象按两种不同的方式从热源中移走热量。首先，我们可以简单地让热量通过良好的导热体进入低温环境，如图 11.13(a)所示。

其次，我们可以利用这些热量来运行热机，做一些有用功［见图 11.13(b)］。如果我们使用的是卡诺热机，那么这个过程是完全可逆的，我们就从可以利用的热量中得到了最大的功。第一个过程（热量通过导热体流向低温热源）

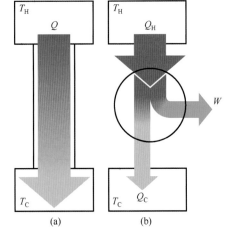

图 11.13 热量可以直接流过导热体或者用于运行热机，从高温热源中移走

是不可逆的。当热量流动时，系统不处于平衡状态，能量未被转换为有用的功。在这个不可逆的过程中，热量失去了做有用功的能力。

熵是描述这种损失程度的量。随着熵的增加，热量越发失去做功的能力。熵有时被定义为系统无序程度的量度。当系统的无序性或者随机性增加时，系统的熵就增加。从这个意义上说，由两个不同温度下的两个热源组成的系统，要比在一个中间温度下的单热源系统有序。

如果用高温热源的热量运行一台完全可逆的卡诺热机，系统和环境的熵不会增加。我们从可用的热能中得到最大的有用功。在孤立系统中（宇宙同样如此），熵在可逆过程中保持不变，但是在不可逆过程（过程中各点不满足平衡的条件）中熵增加。一个系统的熵只在其与另一个系统相互作用时才可能减少，在这种情况下，相互作用的另一个系统的熵在该过程中增加（例如，在生物有机体的生长和发育过程中会发生这种情况）。宇宙的熵永远不会减少。这是热力学第二定律的又一种表述：

> 宇宙或孤立系统的熵只能增加或者保持不变，而不会减少。

热能的随机性导致了热力学第二定律针对它的限制。如果热量可以从较冷物体流向较热物体，那么宇宙的熵就会减少，但是热力学第二定律的克劳修斯表述说这不可能发生。同样，如果一个温度下的热量完全转换为功，那么宇宙的熵就会减少，而这违反了热力学第二定律的开尔文表述。

理想气体的热能由分子的动能组成。然而，这些分子的速度是随机的，如图 11.14 所示。只有部分分子按照我们的"期望"方向运动，进而推动活塞做功。如果分子都同向运动，我们就可以将它们的动能完全转换为功。这是一个低熵（更有组织性）的条件，它不代表气体中热能的正常条件。热能的紊乱是在热力学第二定律的三种表述中包含限制的原因。

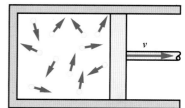

类似于内能，我们也可以计算给定系统的任何状态熵。无序性或者随机性的概念是问题的核心。办公室或者学生宿舍的状况按照自然趋势，会越来越混乱。熵增加的自然趋势只能通过功的形式输入能量来扭转，使系统变得有序。

图 11.14　气体分子运动方向的随机性使得我们无法完全将它们的动能转换为有用的机械功

> 热泵或者冰箱是反向运行的热机：外界做功，将热量从较冷的热源泵送到较热的热源。热力学第二定律的克劳修斯表述与开尔文表述等价，它说热量通常从较热的物体流向较冷的物体，如果没有其他过程，热量就不能反向流动。热力学第二定律对热能的使用的限制来自热能的无序性。熵是对系统无序程度的度量。宇宙的熵不会减少。

11.4　热电厂和能源

我们几乎都使用电能，但是大多数人不会去想电能来自何处。对温室效应（见日常现象专栏 10.2）和其他环境问题的关注，使得如何发电的问题重新回到了公众的视野。你所在的地区的电能是如何生产的？主要的发电方式不是水力发电，就是火力发电。

在讨论能源的利用时，热力学有着极其重要的作用。什么是利用能源（如煤炭、石油、天然气、核能、太阳能或者地热能）最有效的方式？在这些问题上，热力学定律和热机的效率起什么作用？

11.4.1　热电厂是如何工作的？

在美国，最常见的发电厂是燃烧煤、石油、天然气等化石燃料的热电厂。这种发电厂的核心是一台热机。燃料燃烧时释放热量，导致工作流体（通常是水和蒸汽）升温。热蒸汽推动涡轮机（见图 11.15），带动与发电机相连的轴转动。然后，电能通过输电线输送给消费者（如家庭、办公室和工厂）。

蒸汽涡轮机是热机，其效率天生受到热力学第二定律的限制，即不能超过由卡诺效率给出的最大值。真正热机的效率总是小于这个极值的，因为它没有达到卡诺热机的理想条件。任何真正发动机工作的过程都是不可逆的。然而，蒸汽涡轮机通常要比汽车发动机更接近理想状态。在汽车发动机中，油气混合物的快速燃烧是高度不可逆的过程。

由于最大可能的效率是由高低温热源之间的温差和最高温度决定的，因此将蒸汽加热到材料允许的最高温度是有利的。锅炉和涡轮机所用的材料决定了可以容忍的温度上限。如果材料开始软化或熔化，设备性能就会严重退化。大多数蒸汽涡轮机的最高温度限制在约 600℃，远低于钢的熔点。实际上，大多数涡轮机的工作温度都低于这个极值，典型温度是 550℃。

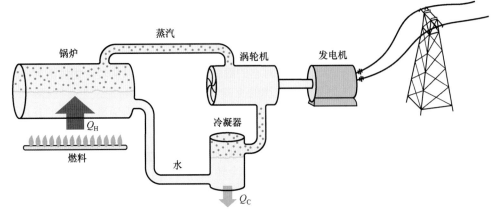

图 11.15　热电厂示意图。高温蒸汽推动涡轮机，带动与发电机相连的轴转动

如果汽轮机在输入温度 600℃（873K）和接近水的沸点（100℃或 373K，低于这个温度蒸汽就会凝结成水）的排气温度之间运行，这时可以计算这台汽轮机的最大可能效率：

$$e_c = \frac{T_H - T_C}{T_H}$$

图 11.16　热电厂的冷却塔将热量通过冷却水排到大气中

两个温度的差是 500K。用它除以输入温度 873K，得到卡诺效率为 0.57 或 57%。这是理想效率。现代燃煤/燃油发电厂的实际效率通常为 40%～50%。

我们最多可将燃烧煤炭或者石油释放的热能的一半转换为机械能或者电能，其余的气体必须释放到环境中，因为这些气体的温度过低，无法运行热机，除室内保暖外别无用处。涡轮机的排气端必须冷却以达到最大的效率，而冷却水要么返回到某个水体中，要么流过冷却塔，将热量散发到大气中（见图 11.16）。这是我们在讨论发电厂的环境影响时经常提到的废热。如果废热被排到河流中，河水的温度就会上升，进而对鱼类和其他野生动物造成影响。

11.4.2　化石燃料的替代物

第 19 章讨论的核电站也会产生热量来驱动涡轮机。然而，由于辐射对材料的影响，以与化石燃料发电厂一样高的温度下运行核电站的涡轮机是不可行的。核电站的热效率要低一些，一般为 30%～40%。

当产生同等数量的能量时，核电站释放到周围环境的热量要比化石燃料发电厂的多一些。另一方面，核电站不会向大气中释放二氧化碳和其他废气，也不会造成温室效应。核废料的加工和处理以及对核事故的关切仍然是重大问题。

热能也可以从其他来源获得，如地热能，地热能来自地球内部。温泉和间歇泉表明地球表面附近存在热水，可以用于发电，但是水温通常比 200℃高不了多少（在地球内部的高压下）。在可以从间歇泉获得蒸汽的地方，可以运行低温蒸汽涡轮机，如冰岛的地热能发电厂（见图 11.17）。

水温低于200℃时，汽轮机的效率不高。某些沸点比水低的液体更适合运行热机。近年来，人们对异丁烷作为可能的低温热机工作液进行了研究。不过，这些低温热机的效率都很低。例如，当水温是150℃（423K），冷却水的温度是20℃（293K）时，卡诺效率为31%。在实际应用中，效率更低，因此地热能发电厂的效率普遍只有20%～25%。

温暖的洋流是热量的另一个来源。人们已开发出了利用海洋表层暖水和从深处抽取的冷水之间的温差来发电的海洋发电厂原型。例题11.3中给出了一种可能的场景。虽然效率很低（图中情形下的效率是6.7%），但是太阳能加热水的成本也很低。采用这种方式发电经济上是可行的。

图 11.17　冰岛地热能发电厂使用地热能驱动蒸汽涡轮机

例题 11.3　海洋发电的效率

如正文中所述，发电厂可以利用海洋表层暖水和从深处抽取的冷水之间的温差来发电。热带地区的典型海面温度是25℃，深水温度是5℃。在这种温差下，热机的效率是多少？

$T_H = 25℃ = 298K$，$T_C = 5℃ = 278K$，$e = ?$

$$e = \frac{T_H - T_C}{T_H} = \frac{298 - 278}{298} = 0.067(6.7\%)$$

图 11.18　西班牙塞维尔附近的一家太阳能发电厂。它利用很大的反射镜阵列将阳光聚焦到塔顶的锅炉上

当成本有竞争力时，太阳能会是一种发展潜力巨大的能源。太阳能加热所能达到的温度，取决于所用太阳能集热系统的类型。普通平板太阳能集热器只能达到50℃～100℃，但是使用镜子或者透镜集中阳光的聚光收集器，可以达到更高的温度。图11.18中显示了西班牙塞维尔附近的一家太阳能发电厂，它使用反射镜阵列将阳光聚焦到塔顶的锅炉上。达到的水温与化石燃料发电厂的水温相当，因此可以使用类似的蒸汽涡轮机。

风能和波浪能是化石燃料的其他两种替代能源，但是它们不涉及热机。从某种意义上说，它们都是太阳能被转换后的形式。阳光以不同强度照射地球上的不同地区，导致的温差和气压差形成风，而风是波浪的主要成因。由于空气有质量（见第9章），因此运动时有动能。这个动能的一部分可被风力涡轮机转换为机械能或者电能。人类使用风车在农庄抽水或者应用于其他方面已有很长的历史。海浪中的动能也能被人们驾驭，后面在日常现象专栏15.1中会讲到这一点。

近年来，太阳能和风能发电已变得非常有竞争力。风力涡轮机已经出现在风力稳定的许多地方，如山脊、平原和海滩。今天，太阳能由安装在建筑物顶部的光伏板阵列产生。光伏板阵列是将太阳能直接转换为电能的半导体器件。然而，风能和太阳能都是间歇性的，因此必须要有蓄电池或者其他的稳定电源。

11.4.3　高品位热量和低品位热量

温度决定了热量中有多少比例可以用来做有用功。热力学第二定律和相关的卡诺效率定义了这个极值。这些因素对国家的能源政策和人们的日常能源使用有何影响？

显然，500℃左右或更高温度下的热能比较低温度下的热能，更有利于热机的运行以及产生机械功或者电能。这种温度下的热能有时被称为高品位热量，因为它有做功的较大潜力。即使是这样，也只有50%或更少的热能可以转换为有用功。

温度较低时的热量可以做功，但是效率相当较低。温度约为100℃或更低的热能常被称为低品位热量。低品位热量更适合于家庭或建筑物供暖（空间供暖）。空间或水加热是平板太阳能集热器收集热能的最佳途径。地热能资源同样如此，但是它们到需要热能的建筑物的距离要近。在美国俄勒冈州的克拉马斯瀑布及世界上其他一些条件有利的地方，地热能被人们用于空间供暖。

许多低品位热量（如发电厂释放的低温热能）都被浪费了，原因很简单，因为将它们输送到可能需要空间供暖的地方经济上不划算。例如，核电站通常不会建在人口稠密的地区。低品位热量还有其他可能的用途，如农业或者水产养殖，但是我们在开发这些用途方面做得还不够。

电能的主要优点是可以很容易地通过输电线输送到远离发电站的用户那里。电能也可以很容易地通过电动机转换为机械功。不像热机，电动机的效率高达90%甚至更高。当然，最初产生电能的效率可能要低得多。

需要的时候，电能也可以转换回热能。在太平洋西北部地区，电能被用于空间加热。由于哥伦比亚河及其支流拥有丰沛的水力资源，那里的电能相对便宜。这些资源的开发得到了美国联邦政府的资助。

能源在美国和世界上其他地方都相对便宜。经济的持续发展和化石燃料的枯竭将逐渐改变这种情况。随着资源短缺现象的出现，最佳利用能源的问题将变得至关重要。明智的决定将取决于知情的、科学素养高的公民的参与。

热电厂使用热机（蒸汽涡轮机）发电。这些热机的效率受到卡诺效率的限制，具体取决于输入温度和输出温度。化石燃料发电厂能够达到的最佳效率约为50%。其他能源所能达到的温度决定了使用这些能源的最佳方式。较低温度的低品位热量更适合于空间加热和类似用途，而不是发电。热力学定律限制了发电的方式和效率。

11.4.4 问题讨论

环保主义者一直反对在某些沙漠地区建造大型太阳能发电厂，原因是这样做会破坏脆弱的沙漠生态系统。另一方面，沙漠中的地点常是很有吸引力的选址，因为其地价低且天上的云层干扰少。为降低对化石燃料的依赖，我们应将对环境的担忧放到一旁吗？

11.5 永动机和能量骗局

永动机的想法一直吸引着发明者。发明一种不需要燃料就能运行的发动机，或者利用像水这样的丰富资源来运行的发动机，就像寻找黄金一样诱人。如果这种发动机能够被开发出来并且申请专利，那么发明者会比发现黄金更富有。

这样的发动机可能吗？热力学定律对此施加了一些限制。由于热力学定律与物理学家所知道的关于能量和发动机的一切都是一致的，因此任何违反热力学定律的主张都会受到质疑。我们可以通过考察、分析永动机来看它是否违反了热力学第一或第二定律。

11.5.1 第一类永动机

违反热力学第一定律的发动机或机器被称为第一类永动机。由于热力学第一定律涉及能量守恒，所以第一类永动机输出的功或热量要比它输入的功或热量多。如我们知道的那样，如果机器或发动机在连续循环中运行，那么内能必须返回到初值，即发动机的能量输出必须等于能量输入。

在图11.19中，输出的功和热量之和大于输入的热量（用箭头的宽度表示）。这只在发动机内部有一些能源的情况下才会发生，比如电池。如果确实是这样，那么电池中的能量就会逐渐耗尽，发动机的内能就会减少，因此发动机不能无限期地运转。

物理学家认为这种发动机不可能实现，因此拒绝接受这类"发明"，但是这并不能阻止"发明者"提出这种发动机的"设计"。有时，我们会在报纸和其他大众媒体上看到这样的报道：发动机只需 1 加仑水或极少量汽油就可以无限期地运行。考虑到油价有时高企，这种说法是非常有吸引力的，往往能够吸引投资者的目光。根据所学的物理学知识，你可以问发明者如下一些简单的问题：能量来自何处？这台机器输出的能量为何大于输入的能量？保管好你的钱包，因为这看起来是个糟糕的投资。

11.5.2　第二类永动机

违反热力学第二定律而不违反热力学第一定律的热机通常要微妙一些，因为它们的发明者学会了如何回答前一节的问题。这些发明者有能量来源——也许他们计划从大气或海洋中移走热量。这些主张必须根据热力学第二定律加以评判。如果违反热力学第二定律，那么发明者提出的就是第二类永动机（见图 11.20）。

热力学第二定律指出，不可能从单一温度的热源吸收热量，然后将它完全转换为功。必须要有一个低温热源，并且必须有一些热量释放到低温热源中。另外，即使我们有一个低温热源，如果两个热源之间的温差不大，那么任何发动机在两个热源之间运行的效率都会很低。任何声称效率大于卡诺效率的说法都违反了热力学第二定律。

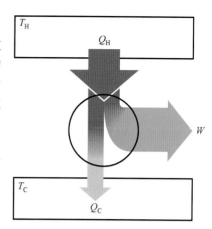

图 11.19　第一类永动机。输出的能量超过输入的能量，因此它违反了热力学第一定律

热力学定律既可用于评估发明者的主张是否正确，又可以指导我们建造更好的发动机，以便更有效地利用能源。发明者能够并且必定能够开发出更好的发动机，进而发家致富。但是，也存在许多涉及品位相对较低的能源等特殊情况。工程师和科学家仍然在为发动机开发特殊的材料并创新设计，这些发动机运行的温度可能要比今天化石燃料发电厂的温度更高。这些努力并不违反热力学定律。

许多物理学院或者物理系都会收到来自发明者的咨询，发明者希望能够帮助他们改进能源的生产与使用方案。发明者通常非常真诚，有时依据也非常充分，因此他们的想法有时也是有价值的，但是他们的大多数想法都是对热力学定律的误解（见日常现象专栏 11.2）。遗憾的是，即使发明者明显违反了热力学定律，我们也很难说服他们。

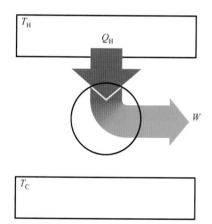

图 11.20　第二类永动机。热量从单一温度的热源中提取，并且完全转换为功，因此这违反了热力学第二定律

有些情形明显是骗局。最初意图良好的发明者有时发现，即使发明失败，他们的想法也会吸引投资者。有些发明者甚至会设法筹集几百万美元来设计和测试原型发动机。不知何故，发动机要么制造不出来，要么测试不过关，导致需要更多的费用来继续研发工作。与此同时，发明者却生活得很好，他们发现推广自己的发明要比实际建造和测试它们更有利可图。

因此，投资者务必要小心谨慎，因为我们不知道所有违反热力学定律的情况。违反这些定律的企图一再失败，使得我们更加相信这些定律是有效的。这些定律无法被我们证明，但是它们可以准确地分析实验结果，这就让物理学家有信心使用它们来验证一些事情的可能性。

因为所做的功大于输入的能量，第一种永动机违反了热力学第一定律。第二类永动机违反了热力学第二定律，它要么声称可将热量完全转换为功，要么声称效率大于卡诺效率。物理学家认为这两种永动机都是不可能实现的，但是发明者一直在尝试，投资者也一直在这类尝试上浪费金钱。热力学定律限定了我们所能做的事情，但是也能够指导我们尝试制造更好的发动机。

日常现象专栏 11.2　用池塘发电

现象与问题　当地的一名农夫曾向作者咨询农场发电的可行性。这名农夫有个池塘，他认为这个池塘可以用来驱动水轮，而水轮可以驱动发电机。当他咨询作者时，他带来了一幅类似于附图的草图。

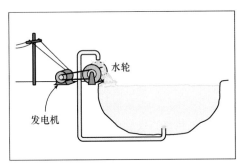

农夫用池塘发电的草图。这违反了哪条热力学定律？

草图显示，池塘底部有一根排水管。农夫知道水会快速流入排水管。他的计划是使用排水管将水引到池塘的一侧，然后让水在池塘上方推动水轮，进而让发电机转动。水离开水轮后回到池塘，假设不考虑因蒸发或者渗漏导致的水的损耗。

你会给农夫什么建议？这个计划行得通吗？它代表的是一台永动机吗？如果是永动机，是哪类永动机？

分析　大致浏览一下草图，我们就会发现，在未以热量和功的形式输入任何能量的情况下，发电机就可以转动。因为池塘会返回到其初始状态（具有相同的内能），因此这一想法违反了热力学第一定律（或能量守恒定律）。因此，农夫计划建造的是一台第一类永动机。

如果详细地观察草图，就会发现水确实会在流向排水管的时候获得动能。动能的增加是以池塘水位下降导致势能减小为代价的。引水向上时，水流会在动能减小的情况下重新获得势能，即水流会减速。如果没有摩擦力造成的损失，水速应该在到达池塘的原始水面高度时达到零。

打开阀门后，随着水的灌入，竖直管道中的水位最初可能会超过原始的水面高度，但是不会一直超过原始的水面高度。最终，竖直管道中的水位将变得与池塘的水位相同，水不再流动。因此，这个想法行不通。

尽管作者详细地向农夫解释了这些内容，而且农夫是位受过良好教育的聪明人，但是农夫仍然不相信他的想法行不通，因为他不相信理论证明。因此，作者建议他在建设池塘发电厂之前，首先建设一个小规模的模型。模型或原型是验证设想的好方法，有时要比理论证明更有说服力。后来农夫是否尝试或者实现了他的设想，作者并不知道。

小结

试图制造更好的蒸汽机导致了人们针对热机的更一般的分析，最终得出了热力学第二定律。热力学第二定律解释了热机和冰箱的工作原理，以及熵的概念。理解热力学定律对于做出明智的能源选择和决策至关重要。

1. **热机**。热机是从高温热源吸收热量并将其中一部分热量转换为有用机械功的装置。在这个过程中，一些热量总是在较低的温度下释放到周围环境中。热机的效率定义为输出的功除以输入的热量。

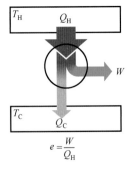

$$e = \frac{W}{Q_H}$$

2. **热力学第二定律**。热力学第二定律的开尔文表述说，热机不可能在连续循环中从单一温度的热源中吸收热量，并将热量完全转换为功。在两个给定温度之间工作的任何热机的最大效率是卡诺效率，它总小于 1 或 100%。

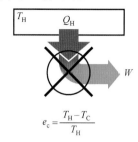

$$e_c = \frac{T_H - T_C}{T_H}$$

3. **冰箱、热泵和熵**。热泵或冰箱是反向运行的热机，

它利用功将热量从低温物体转移到高温物体。热力学第二定律的克劳修斯表述说，热量不会自发地从较冷物体流向较热物体。熵是对系统无序程度的度量。不可逆过程总是增加宇宙的熵。

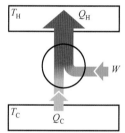

4. **热电厂和能源**。利用煤、石油、天然气、核燃料、地热能或太阳能发电的发电厂，发电效率不会大于卡诺效率，需要较高的输入温度。

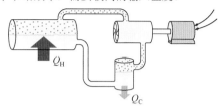

5. **永动机和能量骗局**。任何违反热力学第一定律的装置都是第一类永动机。违反热力学第二定律而不违反热力学第一定律的装置是第二类永动机。它们都不可能成功。

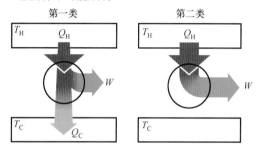

关键术语

Heat engine　热机

Efficiency　效率

Reversible　可逆的

Carnot engine　卡诺热机

Carnot efficiency　卡诺效率

Second law of thermodynamics　热力学第二定律

Heat pump　热泵

Entropy　熵

Thermal power plant　热电厂

High-grade heat　高品位热量

Low-grade heat　低品位热量

Perpetual-motion machine of the first kind
　第一类永动机

Perpetual-motion machine of the second kind
　第二类永动机

概念题

Q1 以下发动机中的哪些是热机？**a.** 汽车发动机；**b.** 电动机；**c.** 汽轮机。为什么要将这些发动机归类为热机或者不归类为热机？

Q2 简单机械如杠杆、滑轮系统或者液压千斤顶是热机吗？

Q3 对热机应用热力学第一定律时，为何要假设热机的内能变化量为零？

Q4 热机在一次循环中释放给低温热源的总热量是否大于从高温热源吸收的热量？

Q5 从热力学第一定律的角度看，热机的效率是否可能大于 1？

Q6 混合动力汽车的两台发动机（电动机和汽油发动机）中的哪台主要在市区行驶时使用？

Q7 为何带有小型汽油发动机的混合动力汽车能够产生较好的加速性能？

Q8 哪个热力学定律要求热机输出的功等于热机吸收和释放热量之差？

Q9 热机能够像题图所示的方式运行吗？用热力学

定律解释。

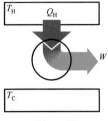

题 Q9 图

Q10 热机能够按照题图所示的方式运行吗？使用热力学定律解释。

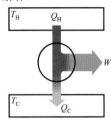

题 Q10 图

Q11 热机能够按照题图所示的方式运行吗？使用热力学定律解释。

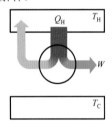

题 Q11 图

Q12 热机的效率有可能等于 1 吗？

Q13 卡诺热机能以不可逆的方式运行吗？

Q14 燃油汽车发动机以不可逆的方式运行吗？

Q15 在以下热机中，哪个热机的效率更高？在 400℃ 和 300℃ 之间运行的卡诺热机；在 400K 和 300K 之间运行的热机。

Q16 为了提高卡诺热机的效率，是将高温热源的温度提高 50℃ 更有效，还是将低温热源的温度降低 50℃ 更有效？

Q17 热泵与热机相同吗？

Q18 热泵与冰箱本质上相同吗？

Q19 使用热泵为建筑物供暖时，热量来自何处？

Q20 在封闭的房间里让冰箱的门开着，是否可让房间降温？

Q21 将热量从温度较低的地方转移到温度较高的地方可能吗？

Q22 热泵能够按照题图所示的方式运行吗？使用热力学定律解释。

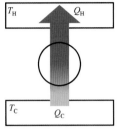

题 Q22 图

Q23 热泵能够按照题图所示的方式运行吗？使用热力学定律解释。

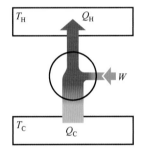

题 Q23 图

Q24 热泵能够按照题图所示的方式运行吗？使用热力学定律解释。

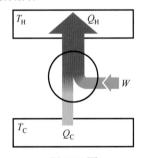

题 Q24 图

Q25 按花色排列的一副牌与洗好后的一副牌相比，哪副牌的熵更大？

Q26 一杯热咖啡冷却时可使得周围环境变暖。在这个过程中，宇宙的熵增加吗？

Q27 当物质冻结时，分子变得更有序，熵减少。这是否违反热力学第二定律关于熵的表述？

Q28 燃煤发电厂和地热能发电厂相比，哪个发电厂的热效率更高？

Q29 核电厂的哪些方面与燃煤发电厂的相似？

Q30 高品位热量和低品位热量的区别是什么？

Q31 电动机将电能转换为机械功的效率要比汽油机的高得多。为何使用电能驱动交通工具有时行不通？电能来自何处？

Q32 从平板太阳能集热器获得的热量最好是用于热机运行还是用于空间加热？

Q33 汽车发动机是永动机吗？

Q34 一名工程师提议建造一个发电厂，从温暖的海洋表层水中提取热量，将其中一些热量转换为功，将剩下的热量释放到更深的冷水中。这是永动机？如果是，是什么类型的永动机？

Q35 一位工程师提出了一种装置，它可以从大气中提取热量，将其中的一部分热量转换为功，并将剩余的热量以与输入热量相同的温度释放到大气中。这是永动机吗？如果是，是什么类型的永动机？

Q36 在日常现象专栏 11.2 中，从池塘底部排出的水最初获得动能。当竖直水管中的水位到达池塘的初始水位时，有多少动能转换成了势能？

Q37 在日常现象专栏 11.2 中，农夫提出的池塘发电系统违反热力学第一定律吗？

练习题

E1 在一次循环中，热机从高温热源吸收热量 1200J，向低温热源释放热量 756J，做功 444J。它的效率是多少？

E2 效率为 28% 的热机在每次循环中做功 700J。在每次循环中，高温热源必须提供多少热量？

E3 在一次循环中，热机从高温热源吸收热量 800J，向低温热源释放热量 472J。**a.** 在每次循环中热机做多少功？**b.** 热机的效率是多少？

E4 效率为 35% 的热机在每次循环中，从高温热源中吸收热量 1100J。**a.** 热机在每次循环中做多少功？**b.** 多少热量被释放到了低温热源中？

E5 在一次循环中，热机做功 700J 并向低温热源释放热量 1100J。**a.** 热机从高温热源吸收了多少热量？**b.** 热机的效率是多少？

E6 卡诺热机在温度为 780K 时吸收热量，并且将热量释放到温度为 360K 的热源。它的效率是多少？

E7 卡诺热机从 500℃ 的热源吸收热量，并将热量释放到 180℃ 的低温热源。它的效率是多少？

E8 卡诺热机的工作温度在 800℃ 到 560℃ 之间，每次循环做功 147J。**a.** 热机的效率是多少？**b.** 在每次循环中，热机从高温热源吸收多少热量？

E9 热泵在每次循环中从低温热源吸收热量 450J，并在每次循环中使用 200J 的功将热量转移到高温热源中。在每次循环中，有多少热量被释放到了高温热源？

E10 在每次循环中，冰箱从内部带走 24J 的热量并向室内释放 56J 的热量。运行这台冰箱时，每次循环需要做多少功？

E11 典型电冰箱的额定功率是 500W，它是从冰箱中转移热量时电流做功的功率。若冰箱以速度 800W 向房间释放热量，那么它从冰箱内部带走热量的功率是多少瓦？

E12 典型核电站在 720℃ 的温度下从反应堆向涡轮机输送热量。如果涡轮机在 310℃ 的温度下释放热量，涡轮机的最大可能效率是多少？

E13 海洋热能发电厂从温度为 21℃ 的温暖表层水中吸收热量，并将温度为 10℃ 的热量释放到从海洋深处抽取的冷水中。这个发电厂有可能以 8% 的效率运行吗？验算你的答案。

E14 某工程师设计了一台使用平板太阳能集热器的热机。集热器在 75℃ 时传递热量，发动机在 32℃ 时向周围环境释放热量。这台发动机的最大可能效率是多少？

综合题

SP1 假设一台典型汽车发动机的工作效率为 19%。1 加仑汽油燃烧时释放出约 120MJ 的热量 [1 兆焦耳（MJ）为 100 万焦耳]。**a.** 在 1 加仑汽油产生的能量中，有多少可用于做有用功，移动汽车并运行汽车上的组件？**b.** 在 1 加仑汽油产生的热量中，有多少热量通过散热器以废气形式释放到周围环境中？**c.** 当汽车恒速行驶时，发动机输出的功是如何使用的？**d.** 发动机的效率是在天热时高还是在天冷时高？

SP2 设某台卡诺热机的工作温度从 510℃ 到 240℃，

它在每次完整的循环中产生 70J 功。**a.** 这台发动机的效率是多少？**b.** 在每次循环中，它从 510℃ 的热源吸收多少热量？**c.** 在每次循环中，有多少热量被释放到了 240℃ 的热源？**d.** 发动机在每次循环中的内能变化量是多少？

SP3 卡诺热机作为热泵时是反向运行的。某台卡诺热机将热量从 7℃ 的低温热源传递到 22℃ 的高温热源。**a.** 卡诺热机在这两个温度之间运行时的效率是多少？**b.** 如果卡诺热泵每次循环时都向高温热源释放 250J 热量，那么每次循环需要做多少功？**c.** 每次循环从 7℃ 热源提取了多少热量？**d.** 冰箱或热泵的性能用"制冷系数"表示。制冷系数定义为 $K = Q_C/W$。这台卡诺热泵的制冷系数是多少？**e.** 对于为家庭供暖的热泵来说，本例中的温度是否适合？

SP4 在 11.3 节中，我们证明违反了热力学第二定律的克劳修斯表述就违反了开尔文表述。证明反过来也成立，即违反了开尔文表述就违反了克劳修斯表述。

SP5 假设某燃油发电厂的理论发电量是 125MW（兆瓦）。涡轮机的工作温度在 380℃ 和 740℃ 之间，效率是理想卡诺效率的 80%。**a.** 在这些温度下，理想卡诺效率是多少？**b.** 实际燃油涡轮机的效率是多少？**c.** 发电厂在 1 小时内生产的电能是多少千瓦时（kW·h）？千瓦时是能量单位，它等于 1kW 的功率乘以 1h。**d.** 每小时必须从石油中提取多少千瓦时的热量？**e.** 如果一桶油产生 1700kW·h 的热量，发电厂每小时要使用多少桶油？

家庭实验与观察

HE1 如果你的宿舍或者家里有一台冰箱，那么研究一下冰箱的构造，回答如下问题：**a.** 什么能源（汽油或电）提供必要的功来转移热量？你能在冰箱中发现冰箱的额定功率吗？**b.** 用来将热量释放到房间里的热交换管位于何处？**c.** 使用温度计测量冷藏室、冷冻室、外部热交换管附近的温度，以及离冰箱一段距离的房间温度。

HE2 找一家当地销售混合动力汽车的经销商。收集描述混合动力汽车及其他普通汽车的说明书（也可在互联网上找到这些资料）。**a.** 比较混合动力汽车和普通汽车的汽油发动机的大小、功率和汽油里程数。**b.** 混合动力汽车和普通汽车的电池的电压与电流参数是多少？**c.** 购买混合动力汽车和普通汽车的利弊是什么？

HE3 你所在地区使用什么类型的能源发电？发电厂使用热机吗？如果使用，热量的来源是什么？发电厂是否使用冷却塔或其他冷却结构将废热释放到大气中？

第3单元　电学和磁学

在物理学中，电磁学对人类生活方式产生的影响最大。使用电力和电子设备已经成为我们的第二天性，但是，这在200多年前是很难想象的。发明与设计电视机、微波炉、电脑、手机，以及其他成千上万种电气设备，都需要了解电和磁的基本原理。

尽管人们很早就知道了磁铁和静电的效应，但是关于电和磁的基本知识主要来自19世纪。18世纪和19世纪之交的一项重要发明，为这些发展打开了大门。1800年，意大利科学家亚历山德罗·伏打（1745—1827）发明了电池。伏打的发明源于意大利内科医生伽伐尼（1737—1798）的工作，后者发现了被其称为动物电的效应。伽伐尼发现，他可以用金属手术刀刺探青蛙的腿，从而产生电流效应。

伏打发现没有青蛙时也存在电效应。使用合适化学溶液分隔的两种不同金属，足以产生伽伐尼观察到的许多电效应。沃尔特的伏打电池由浸染化学溶液的纸交替分隔铜板和锌板组成，能够产生持续的电流。这个新装置使得许多新的实验和探索成为可能，这不奇怪，历史上这样的事情很多。

电池的发明导致汉斯·克里斯蒂安·奥斯特（1777—1851）于1820年发现了电流的磁效应。奥斯特的发现在电和磁之间建立了正式的联系，也导致了现代术语"电磁"的出现。在19世纪二三十年代，电磁学是物理学家研究的热点领域，安培、法拉第、欧姆和韦伯等人取得了革命性进展。1865年，苏格兰物理学家詹姆斯·克拉克·麦克斯韦（1831—1879）发表了一篇关于电场和磁场的综合理论，其中汇集了其他许多科学家的成果。麦克斯韦提出了电场和磁场的概念，这些理论被证明是极具生命力的。

电磁学现在仍是一个活跃的研究领域，其影响在无线电、电视、计算机、通信和其他领域都很重要。尽管电磁学很重要，但电、磁的不可见性使得电磁学对许多人来说显得抽象而神秘。然而，这些基本概念并不难，可以通过仔细研究熟悉的现象来理解。

第 12 章　静电现象

本章概述

本章主要介绍和解释静电力，以及电场和电势的概念。介绍和解释一些简单的实验，可以使得这些概念更清晰。做实验能够更好地理解电荷、导体与绝缘体之间的区别以及许多其他的概念。

本章大纲

1. **电荷的作用**。什么是电荷？它与静电力有何关系？物体是怎样得到电荷的？

2. **导体和绝缘体**。绝缘体与导体有何区别？如何验证这一区别？感应如何使物体带电？为何带电物体会吸引碎纸片或者塑料碎片？

3. **静电力：库仑定律**。库仑定律是怎样描述静电力的？静电力和电荷量与电荷间的距离有何关系？静电力与重力有何异同？

4. **电场**。电场的定义是什么？它有什么作用？如何使用电场线来帮助我们可视化静电效应？

5. **电势**。电势的定义是什么？它与势能有何关系？电压是什么？电场和电势有何关系？

我们中的大多数人都有过如下经历：在干燥的冬天用梳子梳头发时，会听到噼啪声，房间里光线足够暗时，甚至能够看到火花。取决于头发的长短和松散度，甚至有几缕头发是直立的，如图 12.1 所示。这种现象很有趣，也很烦人。我们常要打湿梳子才能让头发变得服帖一些。

这是什么情况？似乎存在某种力使得头发之间相互排斥。你可能认为这种力是静电力，或者至少你可能认为静电是让头发不服帖的原因。然而，命名一种现象与解释一种现象是不同的。为什么在这些条件下会产生静电？问题中的力是什么？

梳头发引起的电火花只是静电现象的例子之一，也是我们的日常经历。为什么从包装袋上撕下一块塑料后，它会粘到手上？为什么当走过铺着地毯的地板、触碰电灯开关时，会出现轻微的电击？这种现象既包括静电吸

图 12.1 　在干燥的冬天梳头发时，头发似乎有自己的想法。是什么导致了头发相互排斥？

附，又包括雷暴产生的摄人心魄的闪电。对我们中的许多人来说，它们既熟悉又神秘。

尽管我们熟悉静电，但是，令人惊讶的是，我们中的很多人并不知道什么是静电。人们常因恐惧触电、静电太抽象而对静电望而却步。事实未必如此。许多现象都可以使用大家了解的知识和原理来解释。

12.1　电荷的作用

梳头发的例子和引言中提到的其他现象有何共同点？梳子梳过头发、鞋子擦过地毯、塑料从盒子上剥落，都涉及不同材料的相互摩擦。也许，摩擦就是这些现象的成因。

如何验证这一想法？方法之一是收集不同的材料，按照不同的方式组合它们进行摩擦，看是否能够产生火花或其他可以观察到的效果。这样的实验可以帮助我们确定哪种材料组合能够最有效地产生放电现象。当然，我们还需要采用统一的方法来衡量这些效果。

12.1.1　木髓球实验告诉了我们什么？

展示静电效应的一种常用方法是，使用不同的毛皮或织物摩擦塑料棒或玻璃棒。例如，如果用一块毛皮摩擦一根塑料棒，毛皮上的毛就会竖起并且相互排斥。就像梳头发时出现的电火花一样，这些现象在冬季干燥的空气中最明显。在这些演示中，常用的另一个装置是小支架，支架上

用细线吊挂了两个木髓球（见图 12.2）。木髓球非常轻，会被静电力强烈影响。

在干燥的天气里，当用毛皮摩擦过的塑料棒靠近木髓球时，会发生许多有趣的事情。最初，就像铁块被磁铁吸引那样，木髓球被塑料棒吸引。接触或粘在塑料棒上几秒后，木髓球会被塑料棒弹开。这时，塑料棒和木髓球相互排斥。吊挂木髓球的细线现在与竖直方向成一个角度，如图 12.3所示。

图 12.2　吊挂在小支架上的两个木髓球被带电塑料　图 12.3　两个木髓球一旦离开塑料棒，就会相互排斥，表明它们之间存在斥力
　　　　　棒吸引

如何解释发生的现象？两个木髓球与塑料棒接触后，它们之间必定作用有一个斥力。我们可以想象木髓球接收了来自塑料棒的什么东西（称为电荷），这种东西产生了我们观察到的力。这个东西或电荷，不管是什么，都是通过毛皮摩擦塑料棒产生的。一个静止电荷作用在另一个静止电荷上的力，被称为静电力。

使用合成织物（如尼龙）摩擦玻璃棒时，可以观察到详细变化。玻璃棒靠近因塑料棒而带上电的木髓球时，木髓球会被玻璃棒吸引。如果让木髓球接触玻璃棒，它们就会重复我们此前观察到的靠近塑料棒的过程。最初，它们会被吸引并短暂地粘在玻璃棒上。然后，它们会被玻璃棒弹开，木髓球之间、木髓球和玻璃棒之间都相互排斥。这时，如果让塑料棒靠近，木髓球就会被塑料棒吸引。

这些观察结果使得情况有些复杂。显然，至少存在两种电荷：一种电荷是用毛皮摩擦塑料棒产生的，另一种电荷是用尼龙摩擦玻璃棒产生的。还有更多种类的电荷吗？采用不同材料进行的进一步实验表明，这两类电荷就是我们解释静电效应所需的全部电荷。其他带电物体会对这两种电荷产生引力或斥力，它们带的电荷可以归入这两类电荷之一。

12.1.2　什么是验电器？

简单的验电器由面对面地挂在金属钩上的两片金属箔（见图 12.4）组成。以前用的是金箔，但是现在用的主要是镀铝聚酯薄膜（简称铝箔）。铝箔由钩子连到设备顶部的金属球上，并由玻璃容器保护，以避免受到气流等的干扰。

不带电的铝箔竖直下垂。使用带电塑料棒接触设备顶部的金属球时，两片铝箔会立刻分开。即使拿走塑料棒，两片铝箔也会分开，因为铝箔现在已带电。

如果现在让任何带电物体移到金属球附近，验电器就会显示物体上的电荷类型，并大致判断有多少电荷。如果让与玻璃棒带有相同电荷的物体靠近金属球，铝箔就会分得更开；如果让带与玻璃棒相反电荷的物体靠近金属球，铝箔就会靠得更近。电荷越大，这种效果越明显。

金属球和金属柱

铝箔

图 12.4　简单的验电器由两片挂在玻璃罩内的金属钩上的金属箔组成

虽然没有木髓球被弹开时那么好看，但是验电器在检测电荷类型和强度方面有一些优势。第一，铝箔不会像木髓球那样到处跳动并缠在一起。第二，验电器上的金属球为测试其他物体提供了一个固定点。第三，当带电物体靠近金属球时，铝箔分开或靠近的距离能够大致表明电荷的多少。

验电器能够提供带电过程的详细信息。当我们使用毛皮摩擦塑料棒使塑料棒带电时，毛皮也带电荷，但是电荷的类型相反。使用塑料棒让验电器带电后，可以让毛皮靠近验电器上的金属球来进行验证。当毛皮靠近金属球时，铝箔会相互靠近。当塑料棒靠近金属时，铝箔会相互远离。类似的实验表明，玻璃棒与尼龙织物摩擦时，也会产生相反的电荷。例题 12.1 是摩擦起电的另一个例子。

例题 12.1　地毯与火花

问题：在干燥的天气里，当我们拖步走过地毯去触碰电灯开关时，会出现火花。为什么？

答案：拖步走过地毯的过程是两种不同材料之间摩擦的过程。鞋底的材料通常是橡胶，地毯的材料通常是合成纤维。摩擦过程分离电荷，类似于前面描述的塑料棒与织物之间的摩擦过程。因为人体是良导体，鞋底得到的电荷会流向人体的其他部分。

触碰电灯开关时，人体释放得到的电荷产生火花。这是因为布线的开关是接地的。接地的意思是，开关外部通过导线和其他导体连接到地球，这时可将地球视为一个存储电荷的大容器。人体上多余的电荷将通过开关释放到地球中。

12.1.3　富兰克林的单流体模型

18 世纪中期，人们知道两种电荷在带电物体之间产生静电力。这些力要么相互吸引，要么相互排斥，我们可以按照如下的简单规则来判断：

同种电荷　　　　　　　异种电荷

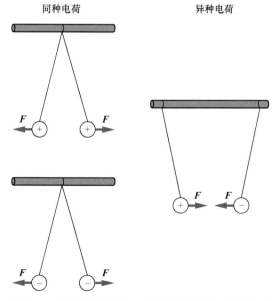

图 12.5　同种电荷相斥，异种电荷相吸。正号和负号由富兰克林在单流体模型中引入

同种电荷相互排斥，异种电荷相互吸引。

然而，人们对如何称呼这两类电荷有不同的看法。类似于"用毛皮摩擦橡胶棒所带的电荷"与"用丝绸摩擦玻璃棒所带的电荷"的称呼非常笨拙。我们现在使用的正电荷和负电荷名称，由美国政治家和科学家本杰明·富兰克林（1706—1790）于 1750 年左右引入。18 世纪 40 年代，富兰克林进行了一系列关于静电的实验。

富兰克林认为，人们所知的静电事实上是起电过程中从一种物体转移到另一种物体的流体。流体过剩获得正电荷（+），流体缺少获得负电荷（−）（见图 12.5）。由于流体本身是看不见的，无法用其他方法检测，因此无法区分电荷。富兰克林简单干脆地指出，玻璃棒与丝绸（当时还没有合成纤维织物）摩擦产生的电荷是正电荷。

除了简化两种电荷的名称，富兰克林的模型

还描述了起电过程中可能发生的情况。在他的模型中，每个物体都带有一定量的无形流体，这时物体是电中性的，物体相互摩擦时，会将一部分流体从一个物体转移到另一个物体，因而两个物体带上相反的电荷。在摩擦过程中，一个物体获得过量的流体，另一个物体则失去等量的这种流体。富兰克林的模型比早前提出的两种物质对应两种电荷的理论更简单。

富兰克林的模型与人们关于摩擦起电过程的现代观点惊人地接近。今天，我们知道，物体摩擦时，电子会在物体之间转移。电子是带负电荷的小粒子，存在于所有原子中，因此存在于所有材料中。带负电荷的物体的电子过剩，带正电荷的物体的电子不足。材料的原子或化学性质决定了物体摩擦时电子的流向。

> 不同的材料相互摩擦时，会使得电荷从一种材料移至另一种材料。这样的电荷会在物体之间产生吸引或排斥的静电力。同种电荷相互排斥，异种电荷相互吸引。验电器能够确定受验电荷的正负（验电器首先要带已知类型的电荷），大致判断受验电荷的数量。按照富兰克林的划分，存在两种电荷——正电荷和负电荷。在富兰克林的模型中，正电荷和负电荷最初是某种无形液体的过剩或不足，现在我们知道，带负电荷的电子在摩擦过程中会转移，使得一个物体的电子过剩，另一个物体的电子不足。

12.2 导体和绝缘体

12.1 节中描述的实验为我们提供了关于静电力的一些基本信息。然而，当我们了解不同的静电现象时，材料的不同性质也很重要。例如，为什么木髓球最初未带电时会被塑料棒吸引？为什么验电器的箔片是用金属做的？要回答这些问题，就要了解绝缘体和导体的区别。

12.2.1 绝缘体与导体有何不同？

假设你用带电塑料棒或玻璃棒接触验电器。验电器的金属箔相互排斥。如果用手指触摸验电器顶部的金属球，会发生什么？验电器的金属箔会立刻下垂。用手指触碰金属球时，验电器就会放电（见图 12.6）。

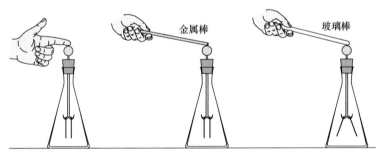

图 12.6　用手指或金属棒触碰带电验电器顶部的金属球，验电器放电。用不带电的玻璃棒触碰带电验电器的金属球，不产生任何现象

假设你再次为验电器充上电。然后，用不带电的塑料棒或玻璃棒触碰验电器上面的金属球。验电器的金属箔不受影响。然而，如果手持金属棒触碰金属球，金属箔会立刻下垂。这时，验电器放电。

如何解释这些观察结果？显然，金属棒和手指都允许电荷从验电器的金属箔流向人体。人体是一个巨大的电中性接收器，即人体可以非常容易地吸收验电器上的电荷，而不怎么改变人体的电中性。另一方面，塑料棒或玻璃棒不允许电荷从验电器流向人体。

金属棒和人体都是导体，电荷可以轻易地在它们中流动。塑料和玻璃是绝缘体，电荷无法在它们中流动。使用带电验电器进行类似的实验，可以测试其他材料的导电性。实验发现，所有金属都是良导体，玻璃、塑料和大多数非金属是良绝缘体。表 12.1 中列举了一些常见的导体、绝缘体和半导体。

良导体和良绝缘体的电荷传输能力差别很大。电荷在几英里长的铜线上流动，要比在几英寸长的陶瓷材料上流动容易得多。陶瓷材料被人们用作输电线路的绝缘体。

在第 18 章中，我们将会看到，这些差异可以由原子的结构来解释。金属是良导体，金属的稳定电子层（电子被紧紧束缚的层）外有 1～3 个约束松散的电子，它们能够自由地在金属内运动，因此金属更易导电。

半导体是介于良导体和良绝缘体之间的材料。硅可能是最常见的例子。在验电器的放电过程中，木棒表现得像"半导体"。在木棒中加入适量的水后，可以使得验电器缓慢地放电。

表12.1		
一些常见的导体、绝缘体和半导体		
导 体	绝缘体	半导体
铜	玻璃	硅
银	塑料	锗
铁	陶瓷	
金	纸	
食盐溶液	油	

虽然半导体远远不如良导体或良绝缘体常见，但是它们对现代技术的发展非常重要。在这些材料中掺入少量其他物质，可以控制其导电性，因此推动了诸如晶体管和集成电路等的发展。整个计算机革命都依赖于这些材料，其中主要的是硅。第 21 章中将给出详细分析。

12.2.2 导体的感应起电

我们能够在不触碰另一个带电物体的情况下让一个物体带电吗？事实证明，我们可以。这个过程被称为感应起电，它涉及金属的导电性。

假设我们用毛皮为塑料棒充电，然后让塑料棒靠近绝缘柱上的金属球，如图 12.7 所示。金属球中的自由电子会被带负电荷的塑料棒排斥，在金属球内自由移动，最后在远离塑料棒的一面产生负电荷（电子过剩），在靠近塑料棒的一面产生正电荷（电子不足）。金属球的总电荷仍然是零。

为了通过感应为金属球充电，现在用手指触碰金属球，同时仍然让塑料棒靠近但不触碰球。负电荷从金属球流向人体，因为它仍然被塑料棒上的负电荷排斥。如果现在移开手指，然后移开塑料棒（注意顺序），那么金属球上就会留下净正电荷（见图 12.8）。验证这一事实很容易——让金属球靠近预充了负电荷的验电器。当金属球靠近时，金属箔相互靠近，表明这个金属球上有正电荷。

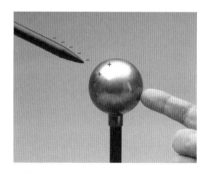

图 12.7　带负电荷的塑料棒靠近绝缘柱上的金属球时，金属球表面上的电荷分离

图 12.8　使用手指触碰金属球的另一面，引走负电荷，使金属球带净正电荷

在这个实验中，正确的操作步骤对实验是否能够成功非常重要。手指触碰金属球并移开后，带电塑料棒必须保持在适当的位置。只有移开手指后，才能移开带电塑料棒。金属球的电荷和塑料棒上的电荷相反。使用带正电荷的玻璃棒时，情况同样如此，只是金属球最终带负电荷。

感应起电过程说明了电荷在良导体（如金属球）上的迁移性。这个过程不适用于玻璃球。在一些产生静电荷的机器和其他装置中，感应起电是一个重要的过程。它也解释了一些与雷电有关的现象（见日常现象专栏 12.2）。

12.2.3 为何绝缘体会被带电物体吸引？

在前面使用木髓球做的实验中，我们发现木髓球在带电前，会被带电塑料棒吸引（见图 12.2）。如何解释这种现象？当绝缘体靠近带电物体时，会发生什么？

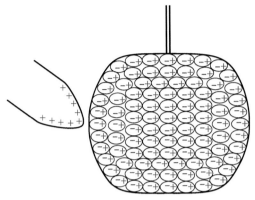

图 12.9　木髓球原子中的负电荷被带正电荷的玻璃棒吸引，正电荷则被其排斥。这将在原子中产生电荷的极化

与金属球中的电荷不同，木髓球或其他绝缘材料中的电子不能自由地在材料中迁移。相反，它们会被束缚在材料的原子或分子上。然而，在原子或分子内部，电荷有一定的自由运动。原子或分子内的电荷分布是可以改变的。

无须深入研究原子结构的细节，我们就可以大致了解当绝缘材料靠近带电物体时，原子中的电荷会发生什么。基本思想如图 12.9 所示，图中放大了木髓球夸大了原子。在每个原子的内部，电荷分布出现了微小的变化：原子中的负电荷被带正电荷的玻璃棒吸引，正电荷被玻璃棒排斥。

现在，每个原子都变成一个电偶极子。其中，负电荷中心或平均位置，与正电荷中心有了微小的距离。原子现在有了正极和负极，这时我们说材料已被极化。总体而言，这些原子偶极子在木髓球靠近带正电的玻璃棒的一面产生少量的负电荷，在另一面产生少量的正电荷。注意，绝缘材料内部相邻的正电荷和负电荷相互抵消。

在带电玻璃棒的作用下，木髓球本身变成一个大电偶极子。由于带负电荷的表面要比带正电荷的表面更靠近玻璃棒，因此它受到的静电力更强，因此木髓球被带正电荷的玻璃棒吸引。这时，木髓球的总电荷仍然是零。然而，一旦木髓球触碰带正电荷的玻璃棒，琉璃棒上的一些电荷就会转移到木髓球上，让它和玻璃棒一样带正电荷。就像前面观察到的那样，玻璃棒会排斥木髓球。

极化能力是绝缘材料的重要性质。极化解释了小纸片或聚苯乙烯泡沫会被带电物体（如与其他材料摩擦过的合成纤维毛衣）吸引的原因（见图 12.10）。静电除尘器之所以能够去除在工业烟囱中的粉尘，感应极化也是手段之一（见日常现象专栏 12.1）。

图 12.10　塑料"花生"被带电棒吸引

日常现象专栏 12.1　清除烟雾

现象与问题　静电的影响似乎总是很麻烦。它们使得我们的头发不服帖、衣服粘在身上，有时甚至会产生恼人的小电击。静电的影响有什么好处？

自工业革命以来，燃烧煤炭和其他工业过程（见附图 1）排放的烟尘一直是个大问题。这些排放物通常含有许多小颗粒或烟灰。自 19 世纪初以来，这些物质使得许多工业化国家的城市天空变成了灰蒙蒙的一片。尽管我们在寻找从烟雾中去除这些小颗粒的方法方面取得了很大的进步，但是这个问题仍然存在。静电是如何帮助解决这个问题的？

分析　静电除尘器是一种从烟囱排放的烟尘中去除小颗粒物的重要除尘技术。1907 年，时任加州大学伯克利分校化学教授的弗雷德里克·科特雷尔申请了第一台静电除尘器的专利。自那以后，随着设计和产品的不断改进，这类除尘器一直在被人们使用。

附图1 烟尘排放

早期的除尘器由一排高度带电的导线（通常带负电荷）组成，这些导线被带正电荷的平行导电板分隔（见附图2）。高度带电的导线使得流经该装置的气体分子获得电子而电离。这些离子被废气中感应极化的灰尘颗粒吸引，并附着在这些颗粒上，使它们带负电荷。带负电荷的灰尘颗粒随后被带正电荷的导电板吸引，并被通过除尘器的气流吹走。

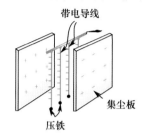

附图2 带微粒的废气通过平行集尘板阵列（带正电荷），带负电荷的导线挂在集尘板之间

现代除尘器的实际设计要复杂一些，但是基本原理相同。为了得到更大的表面积，导电板通常设计成波纹状或鳍状。不清洗导电板时，它们很快就会被灰尘覆盖，因此必须使用敲击装置不时地振动导电板，使灰尘落入漏斗，并且不时地清空漏斗中的灰尘。

在高度带电导线附近产生的电离气体，被称为电晕。导线的几何形状会使得带电导线附近产生强电场（见12.4节）。如图12.14或图12.15所示的那样，电场线在电荷附近非常密集。正是导线附近的强电场导致了气体分子的电离和电晕。

静电除尘器能够有效地去除金属冶炼厂、水泥厂、发电厂和其他工业生产过程中产生的小颗粒烟雾。有时，我们也使用静电除尘器清除家中或其他建筑物中的悬浮尘埃。但是，静电除尘器本身并不能有效地去除废气中的其他污染物，如硫、汞或有机分子。

对于此类目的，必须使用更复杂的方法。很多这样的设备使用了一种被称为洗涤器的装置。湿式洗涤器让废气通过雾滴或其他液体，干式洗涤器让废气通过微粒。通过化学作用，硫化物等污染物被注入的雾滴或微粒吸引（硫是燃煤电厂特别关注的问题）。如果使用干式洗涤器，就可能使用静电除尘器来清除附有污染物的颗粒。

废气中的大部分污染物可以使用静电除尘器和洗涤器去除，具体取决于我们的费用。然而，这种处理会增大电力和工业品的成本，导致效率下降。二氧化碳是一种不易被清除的污染物，因为它是以气体方式存在的一种基本燃烧产物（见第18章）。二氧化碳是与全球变暖有关的主要温室气体，详见日常现象专栏10.2。燃烧碳基燃料如煤、石油、天然气时，就会将二氧化碳释放到大气中。唯一可行的办法是将二氧化碳注入地下，或者以其他方式封存。

验电器放电的实验表明，不同材料允许电荷流动的能力差异很大。大多数金属是良导体，但是玻璃、塑料和许多其他非金属不是良导体，而是良绝缘体。有些材料被称为半导体，它们具有中等导电能力。导体可以通过感应起电，而不用实际触碰另一个带电物体。存在带电物体时，绝缘体发生极化，这就解释了它们被带电物体吸引的原因。

12.3 静电力：库仑定律

虽然我们看不到电荷，但是可以看到施加在带电物体上的力的相互作用。当两个木髓球或两片金属箔携带同种电荷时，由于斥力的作用，它们不会下垂。我们能够定量地描述这个力吗？它如何随距离和电荷量变化？它在某些方面类似于万有引力吗？

18世纪后半叶，科学家们积极地探索了此类问题。就像万有引力一样，静电力即使在物体不触碰的情况下也是明显存在的——它们是超距作用力。虽然其他人也不断地推测了这种力的规律，但是法国科学家查尔斯·库仑（1736—1806）在1780年的实验中最终解决了这个问题，得出了我们今天的库仑定律。

12.3.1 库仑是怎样测量静电力的？

乍看之下，测量诸如静电力之类的力的大小似乎很简单。实际上，这并不容易。虽然静电力要比普通大小物体间的万有引力大得多，但是它仍然相对较小，因此库仑需要找到测量小力的技术。此外，他还要面对定义电荷量的问题，因此绝不简单。

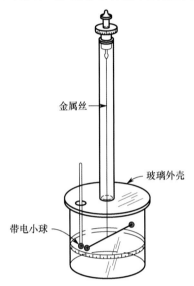

库仑测量小静电力的方法是，设计并制造我们现在称为扭秤的装置，如图 12.11 所示。绝缘杆的中间挂在一根细金属丝上，两个小金属球在绝缘杆的两端保持平衡。为了避免来自气流的干扰，金属球和细金属丝都放在玻璃罩内。垂直于绝缘杆施加在任何一个金属球上的力产生力矩，使得金属丝扭转。如果此前知道产生给定扭转角度所需的力矩，就有了测量小力的方法。

要测量静电力，就必须以某种方式让挂杆两端的金属球之一带电。让系在另一根绝缘杆末端的小金属球带电后，将其插入玻璃罩（见图 12.11）。如果这个小金属球的电荷与挂杆末端的小金属球的电荷同号，就相互排斥，产生扭转金属丝的力矩。调节两个带电小金属球之间的距离，就可以测量不同距离时的斥力大小。

金属丝

玻璃外壳

带电小球

图 12.11 库仑扭秤示意图。可以使用金属丝的扭转程度来测量两个电荷间的斥力大小

确定小金属球上的电荷量问题更难。简单的验电器只能大致地给出电荷量，且在库仑所处的时代并无一致的单位或方法来规定电荷量。他的解决办法是，引入一个电荷分配系统。他首先让绝缘挂杆上的金属球带未知数量的电荷，如图 12.12 所示。他让这个金属球与另一个相同的金属球接触。他认为，两个金属球现在所带的电荷量应该相等（等于第一个金属球的初始电荷量的一半），并且可以让两个金属球靠近验电器来验证。

第三个相同的金属球接触前两个金属球中的一个后，电荷会被再次平分，即这两个金属球各自的电荷量是未参与第二次再分配的那个金属球的一半。出现更多相同的金属球时，电荷量的分配以此类推。尽管这个过程无法绝对度量电荷，但是我们可以说这些金属球所带的电荷量的关系是 2 倍、4 倍、8 倍等关系。

库仑利用这个过程测试了不同电荷量对静电力的影响。如果用于分配电荷的金属球与扭秤中的金属球大小相同，那么让它们接触就只是多了一次电荷的对半分配。根据这些步骤，库仑确定了静电力的大小是如何随每个物体上的电荷量和两个带电物体之间的距离变化的。

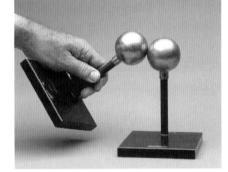

图 12.12 两个完全相同的金属球（一个带电荷，另一个不带电荷）接触后，所带的电荷量相等

12.3.2 库仑的测量结果如何？

我们可以用一个关系式来表达库仑的测量成果。我们通常称这个关系为库仑定律：

两个带电物体之间的静电力，与每个带电物体的电荷量成正比，与两个电荷之间的距离的平方成反比，即

$$F = k\frac{q_1 q_2}{r^2}$$

式中，q 是电荷量；k 是库仑常数，它的值取决于所用的单位；r 是两个电荷的中心之间的距离。

图 12.13 示意说明了库仑定律。图中的力遵循牛顿第三运动定律——两个电荷受到大小相同、方向相反的力的作用。图中的两个电荷都是正电荷，因此力是斥力。如果一个电荷是负电荷，另一个电荷是正电荷，那么两个力的方向就要反向。

图 12.13　根据库仑定律和牛顿第三运动定律，两个正电荷互相施加大小相等、方向相反的力。力与两个电荷之间的距离 r 的平方成反比

今天，我们表示电荷量的常用单位是库仑（C），但是库仑本人当时使用的是不同的电荷量单位。当距离的单位是米时，库仑常数通常为 $k = 9 \times 10^9 N \cdot m^2/C^2$。单位库仑本身是由第 14 章中讨论的电流测量确定的。使用库仑定律计算静电力的方式见例题 12.2。

例题 12.2　计算静电力

有两个相距 20cm 的正电荷，一个的电荷量为 2μC，另一个的电荷量为 7μC。两个电荷间的静电力是多大？

$q_1 = 2μC$（$1μC = 10^{-6}C$），$q_2 = 7μC$

$r = 20cm = 0.2m$，$F = ?$

$F = kq_1q_2/r^2$

　　$= 9 \times 10^9 \times 2 \times 10^{-6} \times 7 \times 10^{-6}/0.2^2$

　　$= 0.126/0.04 = 3.15N$

单位库仑（C）是一个相对较大的单位。在原子尺度上，电荷的基本大小相当于一个电子的电荷大小，即 $1.6 \times 10^{-19}C$（电子的电荷量为负）。一个木髓球通常带有的电荷量约为 $10^{-10}C$，它代表约 10 亿（10^9）个电子的缺失或存在。如果例题中两个正电荷的电荷量不是微库仑而是库仑，就会发现这个静电力巨大。

12.3.3　库仑定律与万有引力定律的比较

静电力与距离的平方成反比这一关系与牛顿的万有引力定律是一样的（见第 5 章）。如果我们将两个电荷之间的距离翻倍，那么两个电荷之间的力会下降到距离翻倍前的 1/4。3 倍距离产生的力是原距离上的力的 1/9，以此类推。当两个电荷之间的距离增大时，它们之间的相互作用迅速减小。

由于万有引力和静电力是两种基本的自然力，因此比较它们很有趣。它们有什么不同？将它们的符号表达放在一起比较，既突出了相似之处，又突出了不同之处：

$$F_g = G\frac{m_1m_2}{r^2} \quad \text{和} \quad F_e = k\frac{q_1q_2}{r^2}$$

一个明显的区别是，引力取决于两个物体的质量的乘积，而静电力取决于两个物体的电荷量的乘积。在其他方面，这两个力的定律形式是相似的。

另一个更微妙的区别涉及方向。引力总是吸引力。另一方面，静电力可以是吸引力，也可以是斥力，具体取决于两个电荷的符号。同种电荷相斥、异种电荷相吸的规律决定了静电力的方向。

另一个区别与这两种力的大小有关。对于普通大小的物体和亚原子粒子来说，引力要比静电力小得多，其中至少要有质量巨大的物体（如地球）才能产生明显的引力。对于原子或亚原子尺度上的带电粒子，静电力要比小引力重要得多。在液体和固体中，静电力将单个原子本身结合在一起，也将不同原子结合在一起。

虽然这两种自然力的基本形式在 200 多年前就已为人所知，但是物理学家仍在试图了解这两种自然力和其他自然力之间相对较强、相对较弱的根本原因。寻找统一的场论来解释所有基本力之间的关系，是现代理论物理学研究的主要领域之一（见第 21 章）。今天的一些学生无疑将在这一探索中扮演重要的角色。

> 库仑设计了一个扭秤来测量两个电荷之间的静电力的大小。他发现这个力与每个电荷的大小成正比，与两个电荷之间的距离的平方成反比。库仑定律的形式与描述两个物体之间的引力的牛顿万有引力定律非常相似。然而，万有引力总是吸引力，并且通常要比静电力小得多。

12.4 电场

库仑定律告诉我们，当物体的大小与它们之间的距离相比很小时，可以算出任何两个带电物体之间的力。这种力是超距作用力：电荷不必彼此接触就能施加力。电荷的存在会改变电荷周围的空间吗？如何描述电荷分布对其他电荷的影响？

电场的概念描述了电荷分布对其他电荷的影响。场的思想极其有用，已成为现代理论物理学中的核心概念。对我们中的大多数人来说，术语"场"意味着一片麦田或一片长满野花的草地。物理学中电场的概念比较抽象。只涉及几个电荷的例子可以帮助我们理解这些概念。

12.4.1 求几个电荷施加的力

利用库仑定律，我们可以求出任意两个带电物体之间的静电力的大小。如果带电物体本身的尺寸与它们之间的距离相比很小，那么通常称它们为点电荷。如果有两个以上的点电荷，那么可以通过将其他电荷的力（矢量）相加，来计算作用在其中任何一个电荷上的合力。

在例题 12.3 的第一问中，我们算出了两个电荷 q_1 和 q_2 对电荷 q_0 施加的力，其中电荷 q_0 位于电荷 q_1 和 q_2 之间。这些力以矢量的形式相加，得到 q_0 上的合力。每个电荷施加的力必须用库仑定律单独计算（详见例题 12.2）。

注意，q_1 对 q_0 的作用力 F_1 要比 q_2 对 q_0 的作用力 F_2 大很多，主要原因是，q_2 到 q_0 的距离要比 q_1 到 q_0 的距离大得多，而库仑定律描述的静电力与两个电荷之间的距离的平方成反比。作用在 q_0 上的两个力的方向相反，导致合力为 9N，方向与 F_1 和 F_2 中大的那个力的方向相同。

12.4.2 什么是电场？

假设我们想知道作用在 q_0 所在位置的另一个电荷上的力。我们是否要再次使用库仑定律，求出每个电荷所受的力，然后像在例题 12.3 中那样将它们相加？答案是，确实有一种更简单的方法，只是它涉及电场的概念。

我们可以将电荷 q_0 视为放到这个特定位置的检验电荷，以评估该点的静电效应的大小。根据库仑定律，作用在检验电荷上的力与这个检验电荷的大小成正比。如果用合力除以检验电荷的大小，就会得到这个位置上单位电荷所受的力（见例题 12.3 中的第二问）。知道单位电荷所受的力后，就可以算出同一点上任何其他电荷所受的力。

使用单位电荷所受的力来衡量空间中某点的静电效应的大小是电场概念的核心。事实上，我们可将电场定义如下：

> 空间中某点的电场强度是放在该点的单位电荷所受的力，即
>
> $$E = \frac{F_e}{q}$$
>
> 这是一个矢量，它与这个点上的正电荷所受的力的方向相同。

式中，符号 E 代表电场。

换句话说，例题 12.3 中算出的 $F_合/q_0$，就是该点的电场强度大小。然后，我们可以使用这个电场强度求出作用在该点的任何其他电荷上的力，方法是将该电荷的电荷量乘以电场强度，即

$$F_e = qE$$

两个点电荷 $q_1 = 3\mu C$ 和 $q_2 = 2\mu C$ 相距 30cm，如附图所示。第三个电荷 $q_0 = 4\mu C$ 放在 q_1 和 q_2 之间，与 q_1 相距 10cm。根据库仑定律，q_1 对 q_0 施加的力的大小是 10.8N，q_2 对 q_0 施加的力的大小是 1.8N。**a**. 作用在电荷 q_0 上的合静电力是多少？**b**. 另外两个电荷在 q_0 处的电场强度（单位电荷的力）是多少？

q_1 　$F_1 = 10.8N$ 　q_0 　$F_2 = 1.8N$ 　　　q_2

|← 10cm →|← 20cm →|

a. $F_1 = 10.8N$，方向向右

　$F_2 = 1.8N$，方向向左

　$F_合 = ?$

　$F_合 = F_1 - F_2 = 10.8 - 1.8 = 9\,N$

　$F_合 = 9\,N$，方向向右

b. $E = ?$

　$E = F_合/q_0 = 9/(4\times10^{-6}) = 2.25\times10^6 N/C$

　$E = 2.25\times10^6 N/C$，方向向右

如果是负电荷，那么负号表示作用在负电荷上的力的方向与电场的方向相反。空间中任意一点的电场方向，就是施加在这一点的正电荷上的力的方向。

记住，电场和静电力是不同的。我们可以讨论空间中某点的电场，即使这一点没有电荷。从电场可以求出施加在这一点的任何电荷上的静电力的大小与方向。要有一个力，在电场中就必须有一个电荷，但是，无论这一点是否有电荷，电场都会存在。

电场在真空中甚至也能存在。当我们使用场的概念时，我们要将注意力从粒子或物体之间的相互作用，转移到带电物体对其周围空间的影响。场的概念并不局限于静电，我们也可以定义引力场、磁场和其他场。

12.4.3　如何使用电场线来描述电场？

电场的概念由英国物理学家麦克斯韦（1831—1879）于 1865 年左右正式提出，这是他那非常成功的电磁理论的一部分。这个想法之前已被法拉第（1791—1867）非正式地使用，他提出了我们现在称为场线的概念，场线可以帮助我们可视化电磁效应。法拉第未受过太多的数学训练，但他是一位善于利用头脑的出色实验家。

为了说明电场线，我们可以使用一个正检验电荷来估计单个场源正电荷周围的电场方向与强度。我们发现，不管我们将这个检验电荷放在场源正电荷周围的什么地方，检验电荷都会被这个场源正电荷排斥。如果我们画线来表示作用在检验电荷上的力的方向（即电场的方向），就会得到如图 12.14 所示的图形。

图 12.14 只是三维图形的二维截面。与单个正电荷相关的电场线从电荷出发向各个方向辐射。我们看到，电场线始于正电荷，终于负电荷。场线的密度与场强成正比。电场线越密集，电场就越强。

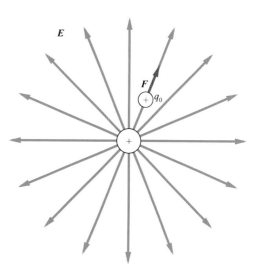

图 12.14　将一个正检验电荷 q_0 放到源电荷周围的不同位置，就可以知道围绕正电荷的电场线的方向。电场的方向与作用在正检验电荷上的力的方向相同

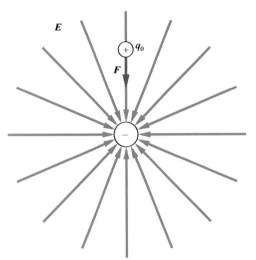

图 12.15 与负电荷相关的电场线指向负电荷，就如作用在正检验电荷 q_0 上的力的方向

电场线是电场的方向与强度的形象化表示。图 12.15 中显示了与负电荷相关的电场线的二维截面。图中，电场线终于电荷，方向指向负电荷，于是就与作用在正检验电荷的力的方向一致。

下面再举一个关于电场线的例子。考虑图 12.16 中与电偶极子相关的电场线。电偶极子是分隔一小段距离的两个大小相等、符号相反的电荷。电场线始于正电荷，终于负电荷。假设一个正检验电荷被放在偶极子周围的不同点上。图 12.16 中的电场线与你对检验电荷上的力的方向的判断一致吗？你是否真正理解了电场线？

电场线是连续的，它们不会相交。电场线的方向和放在电场中的一个正检验电荷受到的电场力的方向相同。然而，电场线的长度与电场的强弱没有关系。电场线的密度与电场强度有关，根据库仑定律可知，到电荷的距离越近，电场越强。从图 12.14 至图 12.16 可以看出，在电荷附近，电场线要密集得多。

> 电场的概念将我们的注意力转移到了一个电荷周围的空间是如何被这个电荷影响的。电场的定义是，施加在源电荷附近空间中某点的检验电荷的单位电荷上的力。电场的方向与空间中该点的一个正检验电荷所受的力的方向相同。电场对于处理多个点电荷对其他某个电荷的影响很有用。电场线可以用来直观地理解这种影响。

12.5 电势

第 6 章中定义了与重力相关的重力势能及与弹簧力相关的弹性势能。我们能够定义受到静电力作用的带电粒子的势能吗？

静电力是一个保守力，这意味着我们可以定义静

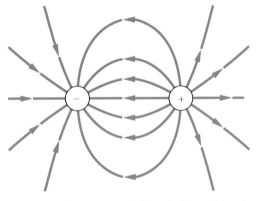

图 12.16 与两个大小相等、符号相反的电荷（电偶极子）有关的电场线

电势能。这个势能引出了电势的概念，电势差的绝对值通常简称为电压。我们熟悉电压，因为我们用它来讨论电池和电路。什么是电势？它和电势能有什么关系？

12.5.1 求电势能的变化量

为了了解电荷的势能是如何随位置变化的，

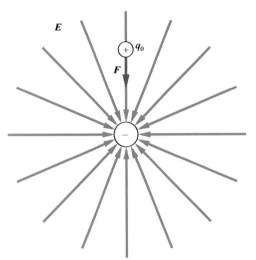

图 12.17 两个平行金属板带有大小相等、符号相反的电荷，板间的区域产生匀强电场

最简单的情况是考虑带电粒子在匀强电场中的运动。在匀强电场中，电场线是平行的，并且是等间距的。当我们在有电场的区域中从一点移至另一点时，电场的方向与强度是不变的：它在这个区域内是恒定的。

如何产生一个匀强电场？两个带相反电荷的平行金属板（见图 12.17）就可以做到这一点。如图所示，如果一块板带正电荷，而另一块板带等量的负电荷，那么电场线就是始于正电荷、终于负电

荷的直线。如 12.4 节所示，考虑两块板之间的正检验电荷所受的力，就可以得出这个结论。

由空气等绝缘材料分隔的两块金属板是一种有效存储电荷的方法。如果两块金属板带有符号相反的电荷，那么两块板上的电荷就会被它们之间的静电吸引力束缚。我们称这样的装置为电容器，它是一种存储电荷的常用电子元件。电容器有许多应用，特别是在电路中。

现在将一个正电荷放到平行板电容器的两块金属板之间的匀强电场区域。这个电荷在电场方向受静电力，被负极板上的负电荷吸引，被正极板上的正电荷排斥。如果释放电荷，它就会向负极板加速（假设与静电力相比，作用在带电粒子上的重力很小，因此这个加速度与重力无关）。

如果施加一个外力使电荷逆电场方向移动，如图 12.18 所示，那么这个外力就会对电荷做功。所做的功增加电荷的势能（见第 6 章）。这个过程类似于我们克服重力做功提起物体，或者克服弹力做功拉开弓。克服保守力做功会增加系统的势能。

要使这正电荷移动而不加速，外力必须与静电力的大小相等、方向相反，使得作用在电荷上的合力为零。作用在这个电荷上的静电力的大小等于电荷乘以电场（qE），所以外力的大小必定也是这个值。外力所做的功为 qEd，即力乘以距离，它等于电势能的变化量（$\Delta E_p = qEd$）。

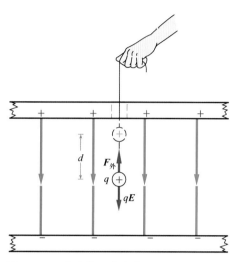

图 12.18　大小等于静电力 qE 的外力 $F_{外}$ 使得电荷 q 在均匀电场中移动一段距离 d

以上描述类似于使用一个外力克服重力做功举起物体，增加物体的重力势能（见图 12.19）。

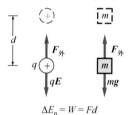

$$\Delta E_p = W = Fd$$

图 12.19　电荷逆静电力的方向移动时，势能的增加类似于物体逆重力方向移动的情形

上举物体时，物体的重力势能总是增加的，而电势能是否增加则取决于电荷在电场中的移动方向。如果将带正电荷的金属板放在下方，使电场方向向上，那么当下移正电荷时，电势能就是增加的。

如果做功时带电粒子的移动方向与电场力的方向相反，那么就增加它的电势能。例如，如果从一个带正电荷的粒子旁边拉开一个带负电荷的粒子，就会增加系统的势能。就像拉伸弹簧一样，如果释放负电荷，让它向正电荷加速，那么拉开时增加的势能可以很容易地转换为动能。

12.5.2　什么是电势？

电势与电势能有什么关系？电势与静电势能的关系，就像电场与静电力的关系一样。可以将图 12.18 中的移动正电荷视为检验电荷，并且用它来确定电势能是如何随位置变化的。于是，电势的变化量就可以定义如下：

电势的变化量等于单位电荷的静电势能的变化量，即
$$\Delta V = \Delta E_p / q$$

式中，符号 V 代表电势。

如这个关系式所示，电势是指单位电荷的能量。在公制单位中，电势的单位是伏特（V），也就是 1 焦耳/库仑（1J/C = 1V）。单位"伏特"和术语"电压"的英文首字母都是 V，常用于表示电势。

就像电场一样，我们不需要通过电荷就可以讨论空间中某点的电势。电场中两点间的电势差

等于电荷在这两点之间移动时，单位电荷的势能变化量。换句话说，对于这样一个电荷，要求出势能变化量，只需要让电势差乘以电荷量，即 $\Delta E_p = q\Delta V$。

电势和势能密切相关，但又不完全相同。如果电荷 q 是负电荷，那么当它沿电势增加的方向移动时，电势能减少。

例题 12.4　求电势差

在相距 3cm 的两块带电金属板之间形成了大小为 1000N/C 的匀强电场。电荷量为 +0.005C 的一个粒子从底板（带负电）移向顶板（假设一根线系在电荷上并将电荷上拉）。**a.** 电势能变化量是多少？**b.** 从底板到顶板的电势差是多少？

    a. $E = 1000\text{N/C}$，$q = 0.005\text{C}$，$d = 3\text{cm}$，$\Delta E_p = ?$

      $\Delta E_p = W = Fd = qEd$

           $= 0.005 \times 1000 \times 0.03 = 0.15\text{J}$

    b. $\Delta V = ?$

      $\Delta V = \Delta E_p/q = 0.15/0.005 = 30\text{V}$

类似于重力势能，有意义的是静电势能变化量，而不是具体的势能值。为了表述静电势能或电势的某个具体值，可以定义一个电势为零的参考点，以便可以相对于这个参考点来定义其他点的势能。例题 12.4 中给出了一个涉及电势计算的例子。图 12.20 中显示了例题 12.4 中的情形。当正电荷从平行板电容器的底板移至顶板时，电荷的势能增加 0.15J。电荷是正电荷，将它作为检验电荷，就可以按照公式来计算电势变化量，求得电势变化量为 30V。如果为底板选择参考值 0V，那么顶板的电势为 30V。在两块板的正中间，电势是 15V。从底板到顶板，电势从 0V 增大到 30V。

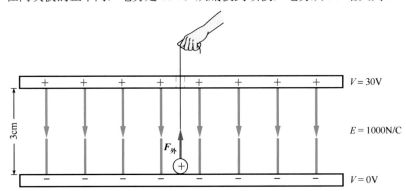

图 12.20　用一个外力克服电场力做功，将正电荷从负极拉到正极。不计重力的影响

12.5.3　电势和电场的关系

在匀强电场中，电场的大小与电势变化量之间存在简单的关系。由于这时有 $\Delta E_p = qEd$ 和电势差 $\Delta V = \Delta E_p/q$，因此 $\Delta E_p = qEd$ 除以 q 得

$$\Delta V = Ed$$

由图 12.20 可知，电势增加的方向与电场的方向相反，因为正电荷逆电场方向移动时，其势能增加。

E 和 ΔV 之间的这个简单关系仅适用于匀强电场。如果场强随位置变化，计算就比较复杂，也会有不同的关系。然而，在许多实际情况中，电场或多或少是均匀的。事实上，由于这时有 $E = \Delta V/d$，所以常用伏特/米（V/m）作为场强的单位，1 伏特/米等于 1 牛顿/库仑（N/C）。

在与电场相反的方向上，电势总是增长得最快的。例如，对于场源电荷为正电荷的电场，电势在指向场源电荷的方向上增加，电场线从电荷开始向外辐射。图 12.21 中显示了一个正电荷的电场，在离电荷不同距离的几个位置标出了电势值。这时，将电势的零值设在了离电荷无限远的地方，以便确定零电势参考面。

如图 12.21 所示，移向正电荷时，电势增加。如果将一个负电荷放在正电荷附近，它就会被正电荷吸引，向电势较高的位置移动，势能减小而动能增加。同样，如果将一个正电荷放在另一个正电荷附近，它就会受到排斥，向电势较低的位置移动，势能减小而动能增加。

电场的方向定义为正检验电荷所受的电场力的方向；类似地，电势也在正检验电荷势能增加的方向增加。

在任何情况下，都可以通过一个检验电荷在电场中移动时的电势能变化来确定电势的变化。电势总沿远离负电荷或者靠近正电荷的路径增加，因为在这条路径上移动正电荷时，正电荷的势能增加。正电荷向电势较低的区域移动，势能减小，动能增加，就像下落的石块。闪电（见日常现象专栏 12.2）是这个过程的一个例子。

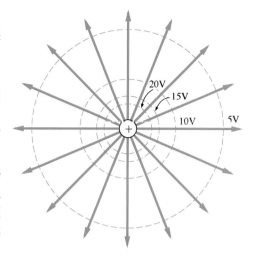

图 12.21　移向正电荷时，电势增加

施加一个外力使正电荷逆电场方向移动时，正电荷的势能增加。所做的功等于势能的增加量。电势差（电势差的绝对值称为电压）定义为单位电荷的势能变化量。让正电荷靠近其他正电荷或者远离负电荷时，靠近或者远离方向的电势增加，正电荷的电势能也增加。在仅受电场力的情况下，初速度为零的正电荷向电势较低的区域移动。

日常现象专栏 12.2　闪电

现象与问题　我们看到过壮美与威力巨大的雷暴（见附图 1）。闪电与随后不久的雷声，既迷人又可怕。闪电是什么？雷雨云是如何放电的？雷暴中会发生什么？

分析　雷雨云由快速上升与下降的空气流和水汽流组成，在上升的空气流和下沉的水汽流中，一些小水滴与冰晶通常是相邻的，它们发生摩擦与碰撞——云层中汹涌的对流分离并输送电

附图 1　闪电照亮了大片区域。闪电是什么？它是如何产生的？

荷。大多数雷雨云分离电荷后，在云层顶部产生净正电荷，在云层底部产生净负电荷。

雷雨云中的电荷分离在雷雨云内部及雷雨云与地面之间产生很强的电场。潮湿的土壤是良导电体，云层底部的负电荷在云层下方的地表感应出正电荷。

由这种电荷分布产生的电场强度（见附图 2）可以达到几千伏特/米。云层的底部通常位于地表上方几百米的位置，因此云层的底部与和地面之间的电势差很容易达到几百万伏特/米。即使天气晴朗，在接近地表的大气中，也存在几百伏特/米的电场。然而，这个电场较弱，且其方向通常和在雷雨云与地面之间产生的电场的方向相反。

在闪电出现的过程中，会发生什么？干燥空气是良绝

附图 2　雷雨云中的电荷在云层下方的地面物体上感应出正电荷

缘体，潮湿空气更容易导电。然而，当材料上的电压足够大时，任何材料都会导电。云层底部与地面之间的巨大电压，产生先导放电现象，先导放电沿一条导电性最好且距离最短的路径进行。先导放电加热空气，并且沿前述路径电离一些原子（剥离电子）。由于电离后的原子是带电的，因此它们增强了空气沿这条路径的传导能力，进而出现更大的电流。

接下来的闪电或放电都沿这条传导路径快速地发生，每次都增加传导路径的电导率。在极短的时间内，地面和云层之间就会产生非常大的放电或电流。放电加热和电离空气，产生我们看到的闪电。我们听到的雷声是在同一时间产生的，但是要花更长的时间到达人耳，因为声音的传播速度比光速慢得多。

大树或站在光秃山顶上的人，是闪电放电的极佳路径。因此，雷暴时站在孤树下是非常危险的。最好待在建筑物内或车中；位于户外时，要尽量远离最高位置的传导物体，然后选择一个地势低的干燥位置蹲下。

小结

本章介绍了静电力和库仑定律。导体和绝缘体的区别，以及电场和电势的概念，对于解释各种静电现象也很重要。

1. 电荷的作用。 不同材料摩擦时分离电荷，电荷可对其他电荷产生作用力。根据富兰克林提出的单流体模型，自然界中存在两种电荷，分别是正电荷和负电荷。同种电荷相斥，异种电荷相吸。

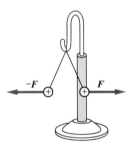

2. 导体和绝缘体。 不同材料允许电荷流动的能力差别很大。导体和绝缘体的差异有助于解释导体的感应起电，以及不带电的纸（或其他绝缘体）被带电物体吸引的原因。

3. 静电力：库仑定律。 通过利用扭秤进行的精巧实验，库仑证明了两个带电物体相互施加的静电力与两个电荷的乘积成正比，与两个电荷之间的距离 r 的平方成反比。

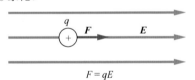

$$F = \frac{kq_1q_2}{r^2}$$

4. 电场。 电场强度的定义是单位检验电荷在空间中某点所受的电场力。了解某点的电场后，就能计算放在该点的任何电荷所受的力。电场线可让电场形象化。

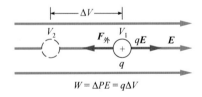

$$F = qE$$

5. 电势。 电势的定义是检验电荷在电场中某点的势能，单位是伏特。电势差的绝对值被称为电压。电势能增加量等于电荷克服静电力所做的功。

$$W = \Delta PE = q\Delta V$$

关键术语

Electric charge	电荷	Polarize	极化
Electrostatic force	静电力	Coulomb's law	库仑定律
Electron	电子	Electric field	电场
Conductor	导体	Field lines	场线
Insulator	绝缘体	Capacitor	电容
Semiconductor	半导体	Electric potential	电势
Induction	感应	Voltage	电压
Electric dipole	电偶极子	Ionize	电离

概念题

Q1 当两种不同材料摩擦时，两种材料产生的电荷是相同的还是不同的？你能用一个简单的实验来验证你的答案吗？

Q2 两个木髓球都通过与用毛皮摩擦过的塑料棒接触而带电。**a.** 木髓球带什么电荷？**b.** 两个木髓球是相互吸引还是相互排斥？

Q3 当一根玻璃棒被尼龙布摩擦时，两个物体中哪个得到电子？

Q4 两个木髓球，一个接触用尼龙布摩擦过的玻璃棒而带电，另一个直接用尼龙布摩擦起电。
a. 两个木髓球各带什么电荷？**b.** 两个木髓球是相互吸引还是相互排斥？

Q5 验电器的两片金属箔在充电时是否产生相反的电荷？

Q6 如果用毛皮摩擦过的塑料棒给验电器充电，然后让毛皮靠近验电器球，验电器的金属箔是离得更远还是靠得更近？

Q7 用塑料梳子梳头发时，它会带上什么电荷？提示：将这个过程与用毛皮摩擦塑料棒相比较。

Q8 描述富兰克林的单流体模型是如何解释用尼龙布摩擦玻璃棒时发生的情形。如何从一种流体中得到两种电荷？

Q9 如果用不带电的玻璃棒接触带电验电器的金属球，验电器完全放电吗？

Q10 如果用手指触碰带电验电器球，它会放电吗？这说明人的传导特性是什么？

Q11 当金属球被带负电荷的塑料棒感应起电时，金属球获得的是什么电荷？

Q12 在感应起电过程中，如果在手指离开金属之前，将带电塑料棒从金属球附近移开，会发生什么？金属球最终带电吗？

Q13 纸片上不带净电荷时，会被带电棒吸引吗？

Q14 为什么即使未接触任何其他带电的物体，木髓球最初也会被带电棒吸引，然后会被同一根棒排斥？

Q15 静电除尘器对去除废气中的硫、汞等污染物是否有效？

Q16 使用静电除尘器和洗涤器能够轻易地将二氧化碳从废气中去除吗？

Q17 洗涤器能有效地从废气中去除硫和汞吗？

Q18 库仑扭秤实验涉及力矩概念吗？

Q19 如果绝缘支架上安装了几个相同的金属球，那么应该如何使一个金属球获得的电荷量是另一个金属球的 4 倍？

Q20 当两个带电物体之间的距离增加 1 倍时，一个物体对另一个物体施加的静电力减半吗？

Q21 当两个电荷的大小都增加 1 倍，二者之间的距离不变时，一个电荷对另一个电荷的作用力也增加 1 倍吗？

Q22 静电力和万有引力可以都是引力或斥力吗？

Q23 两个大小相等但符号相反的电荷沿题图中所示的直线放置。请用箭头表示图中 A、B、C 和 D 点的电场方向。

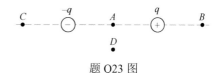

题 Q23 图

Q24 空间中没有电荷的点有可能存在电场吗？

Q25 将题 Q23 中的负电荷变成相同大小的正电荷后，使用箭头表示图中 A、B、C 和 D 点的电场方向。

Q26 三个相等的正电荷位于正方形的三个角上，如题图所示。用箭头表示图上 A 点和 B 点的电场方向。

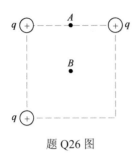

题 Q26 图

Q27 单个正电荷产生的电场是匀强电场吗？

Q28 当一个正电荷移向一个固定的负电荷时，这个正电荷的势能是增加还是减少？

Q29 当一个负电荷移向一个固定的负电荷时，第一个负电荷的势能是增加还是减少？

Q30 当一个负电荷沿电场线的方向移向空间中的某个区域时，这个负电荷的势能是增加还是减少？

Q31 靠近负电荷的点的电势是更高还是更低？

Q32 电势和电势能相同吗？

Q33 在题 Q23 的题图中，B 和 C 点中哪个点的电势更高？

Q34 一个带负电荷的粒子仅受电场力作用，最初在电场中是静止的。放开它后，它倾向于向电势较低的区域移动吗？

Q35 站在由良绝缘体组成的平台上要比站在地面上更可能被闪电击中吗？

Q36 在雷暴期间，首次放电后，为何沿先导路径会出现更大的电流？

Q37 典型雷雨云的底部带负电，地面上的过量电荷是带正电还是带负电？

Q38 雷暴期间是待在车中好还是站在树下好？

Q39 干燥天气梳头发时，将梳子打湿后梳头发的效果更好，为什么？

练习题

E1 一个电子的电荷量为-1.6×10^{-19}C，多少个电子的电荷量等于-11.2×10^{-5}C？

E2 两个相同的铜球放在木柱上，最初带不同的电荷量，一个是-7μC，另一个是-21μC。让两个铜球先接触后分开，每个铜球的最终电荷量是多少？

E3 两个相同的钢球放在木柱上，最初带不同的电荷量，一个是-6μC，另一个是28μC。让两个钢球先接触后分开，每个钢球的最终电荷量是多少？

E4 两个带电粒子相互施加 20N 的静电力。如果两个电荷之间的距离减小到原距离的 1/3，静电力的大小变为多少？

E5 两个带电粒子相互施加 32N 的静电力。如果两个粒子之间的距离增加到原距离的 2 倍，静电力的大小变为多少？

E6 两个相距 12cm 的负电荷的电荷量均为5×10^{-6}C。**a.** 作用在每个电荷上的力是多大？**b.** 画图标出作用在每个电荷上的力的方向。

E7 一个电荷量为$+3\times10^{-6}$C 的电荷与另一个电荷量为-7×10^{-6}C 的电荷相距 21cm。**a.** 作用在每个电荷上的力是多大？**b.** 画图标出作用在每个电荷上的力的方向。

E8 电子和质子的电荷量均为1.6×10^{-19}C，但是符号相反。如果一个氢原子的电子与质子之间的距离是5.29×10^{-11}m，求质子作用在电子上的静电力的大小和方向。

E9 匀强电场竖直向上，大小为 30N/C。一个电荷量为-6C 的电荷放在电场中，求电荷所受电场力的大小和方向。

E10 检验电荷的电荷量为12×10^{-6}C，它在空间中的某点受一个竖直向下的静电力 3N，求该点的电场强度的大小和方向。

E11 电荷量为$+3.4\times10^{-6}$C 的检验电荷受附近其他两个电荷的作用：一个力的大小是 3N，方向向东；另一个力的大小是 15N，方向向西。检验电荷所在位置的电场的大小和方向是什么？

E12 电荷量为-5.8×10^{-6}C 的电荷放置在一个电场中，电场方向向右，大小是6.4×10^{5}N/C。求电荷所受静电力的大小和方向？

E13 电荷量为 0.18C 的电荷从电势为 20V 的位置移

向电势为 50V 的位置。与这两个位置相关的电势能的变化量是多少？

E14 电池正极的电势为 12V，负极的电势为 0V。假设 8C 正电荷从正极流向负极，电势能的变化量是多少？

E15 电荷量为 8×10⁻⁶C 的电荷从 A 点移到 B 点时，

电势能从 0.74J 降低到 0.34J，两点之间的电势差是多少？

E16 从平行板电容器的底板到顶板，电势从 52V 增加到 367V。**a**. 电荷量为-4×10⁻³C 的电荷从底板移至顶板后，电势能的变化量是多少？**b**. 在这个过程中电势能是增加还是减少？

综合题

SP1 三个正电荷沿直线排列，如题图所示。点 A 的电荷带电 0.14C，点 B 的电荷带电 0.06C，点 C 的电荷带电 0.09C，点 A 在点 B 左侧 2.5m，点 C 在点 B 右侧 1.5m。**a**. 0.14C 的电荷对 0.06C 的电荷施加的力是多大？**b**. 0.09C 的电荷作用在 0.06C 的电荷上的力是多大？**c**. 这两个电荷对 0.06C 的电荷的静电力合力是多少？**d**. 如果将 0.06C 的电荷作为检验电荷来探测另外两个电荷产生的场的强度，那么点 B 的电场强度的大小和方向是什么？**e**. 如果在点 B 的 0.06C 电荷被换成电荷量为-0.17C 的电荷，求作用在这个新电荷上的静电力的大小与方向（用电场值求出这个力）。

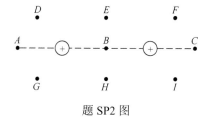

题 SP1 图

SP2 假设两个相同的正电荷彼此靠近放置，如题图所示。**a**. 用小箭头表示图上各点的电场方向，并思考在这些点处的正电荷所受的力的方向。**b**. 画出由每个电荷产生的相等数量的电场线，进而画出该电荷分布（两个电荷）产生的电场的电场线（见 12.4 节中的图形）。

题 SP2 图

SP3 假设在题 SP2 中的两个电荷中，一个的电荷量是另一个的 2 倍。使用题 SP2 中 **a** 问和 **b** 问建议的步骤，画出这个电荷分布（两个电荷）产生的电场的电场线。画电场线时，大电荷产生的电场线应该是小电荷产生的电场线的 2 倍。

SP4 假设 4 个相等的正电荷位于正方形的四个角上，如题图所示。**a**. 用小箭头表示每个点的电场方向。**b**. 电场的大小在哪个点处为零？

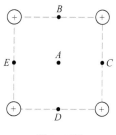

题 SP4 图

SP5 假设平行板电容器的顶板电势为 0V，底板电势为 500V。两板间的距离为 1.3cm。**a**. 电荷量为 6×10⁻⁴C 的电荷从底板移到顶板，这个电荷的电势能变化量是多少？**b**. 当电荷位于两板之间时，施加在电荷上的静电力的方向是什么？**c**. 两板之间的电场的方向是什么？**d**. 两板之间的电场强度是多大？

家庭实验与观察

HE1 12.1 节中所述的木髓球实验可以用自制设备进行。可以使用一小片薄纸或聚苯乙烯泡沫代替

木髓球。这些小东西可以系在细线上，挂在任何方便的支柱上。使用木制铅笔、塑料笔或玻

璃搅拌棒代替木髓球实验中的棒，并将不同种类的织物做成布条。**a.** 在干燥的天气里使用你能用上的材料，测试摩擦时哪种棒和织物的组合能够产生最多的电荷。**b.** 重做 12.1 节中描述的实验。你能用你的材料得到两类电荷吗？

HE2 为了扩展题 HE1，还可以制作一个简单的验电器。使用轻铝箔作为金属箔，按题图所示的方式挂在回形针下。将一张硬纸板放在玻璃杯或玻璃瓶上后，验电器就做好了。**a.** 使用题 HE1 中建议的一些材料测试你的验电器。**b.** 测试不同材料的电导率，如 12.2 节所示。**c.** 试着通过感应为金属勺起电。使用餐巾纸包住勺柄包，以便拿勺时不会放电。用验电器测试勺上的电荷。

题 HE2 图

HE3 取 10cm 长的胶带，将其一端卷起约 2cm，作为手柄，然后将胶带粘到桌面上。取另一条胶带并做相同的操作，将它粘到桌面上的另一处。现在抓住手柄快速从桌面上揭下两条胶带，不要让它们卷起，也不要让它们粘到手上。**a.** 让两条胶带彼此接近会发生什么？**b.** 将两条胶带粘回桌面并在每条胶带的底部标上"B"。制作另外两条带手柄的胶带，将它们分别粘到桌面上的两条胶带的上面，并且轻按它们以便能够很好地粘在一起，在顶部标上"T"。现在移开 B 胶带上的 T 胶带，回答如下问题：①两条 B 胶带靠近时，会发生什么？②两条 T 胶带靠近时，会发生什么？③当 B 胶带和 T 胶带靠近时，会发生什么？**c.** 通过这些实验，你能得出存在两类电荷的结论吗？同种电荷是相吸还是相斥？有何证据？

第 13 章　电　　路

本章概述

第 12 章中讨论的静电现象涉及静电荷。本章通过电路和电流的概念来讨论电荷的流动，这些概念与第 12 章中介绍的电势差（电压）一起，都是理解简单电气设备工作原理的核心。如本章大纲指出的那样，我们首先介绍电路和电流，然后探讨电流是如何与电压（欧姆定律）、能量和功率联系起来的，最后将这些概念和规律应用到家庭电路中。

本章大纲

1. **电路和电流。** 手电筒的电路是什么样的？什么是电流？它和水管中的水流有什么相似之处？
2. **欧姆定律和电阻。** 在简单的电路中，电流和电压之间有什么关系？如何定义电阻？
3. **串联电路和并联电路。** 电路的串联、并联是如何影响电流的？如何使用电压表和电流表？
4. **电能和电功率。** 如何将电能（能量）和功率的概念应用到电路中？用什么单位来讨论家庭用电量？
5. **交流电和家庭电路。** 什么是交流电？电器是如何连接到家庭电路上的？需要考虑哪些安全因素？

你想过手电筒是如何工作的吗？它的组件很简单，也很常见——一个灯泡、几节电池，以及一个带有开关的圆筒形外壳。我们都很熟悉手电筒的操作。按下开关即可开灯或者关灯。电池电量不足时，需要更换电池或者为电池充电。灯泡偶尔会烧坏，这时要更换灯泡。但是，手电筒里面发生了什么？

我们每天都要打开电器开关来产生光、热、声音，或者起动电动机。事实上，我们每次起动汽车时，使用的就是一台由电池供电的电动机（称为起动电机）。你知道这些情况涉及了电，但是你可能不是很清楚具体的情况。

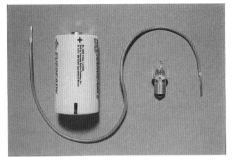

假设你手边有手电筒的组件：一个灯泡、一节电池和一根导线（见图 13.1）。你的任务是点亮灯泡。你会怎么做？在制定完成任务的步骤时，有什么指导原则？如果手边有这些东西，请你试试能不能将灯泡点亮。

对许多人来说，连接由电池和灯泡组成的电路是一个很大的挑战。即使是那些能够迅速点亮灯泡的人，也可能无法解释其中的原理。不过，这个简单的例子是理解电路的良好开端。从早晨电子闹钟的响起，到睡觉前关掉最后一盏灯，我们一直在使用各种类似的电路。

图 13.1 　一节电池、一根导线和一个灯泡。你能点亮灯泡吗？

学习提示

如果你手边有这些组件，那么在进一步阅读之前，你应该尝试一下电池和灯泡的实验。不然，了解如何点亮灯泡的乐趣就有可能会被过早的阅读破坏。一旦将灯泡点亮，你就可能想尝试将其他电路元件加入电路，并且试图了解正常电路连接方式与其他连接方式的区别。实验有助于让电路的概念更加生动。

13.1　电路和电流

手电筒、烤面包机和汽车中的电动机都涉及电路，都是用电流来实现它们的目的的。电路和电流的概念是紧密联系在一起的，这对于我们理解电子设备的工作原理至关重要。如何使用引言中连接电池和灯泡的电路来掌握这些概念呢？

13.1.1　如何点亮灯泡？

在这个动手操作中，我们首先要将手电筒拆分成各个基本组件——灯泡、电池和导线，然后进行连接电路的练习。手电筒的其余部分的作用仅是将这些电路元件连接到一起，进而提供一种开灯和关灯的便利方式。如何只用一根导线就点亮灯泡？

当我们尝试做这个实验时，许多人未发现灯泡上有两个不同的连接位置，它们之间是电绝缘的。你要连上这两个位置，还要完成从灯泡到电池两端的路径。这样一条闭合的路径或者完整的路径被称为电路。"电路"一词在英文中意味着一个闭合的环路。

图 13.2 中显示了三种可能的连接方式，其中的一种连接方式是行得通的，另外两种连接方式是行不通的。哪种连接方式行得通？图 13.2(a)所示的电路不完整，此时什么也不会发生。灯泡不会亮，导线也不会变热，是一个不完整的电路，或者是一个断开的电路。完整的电路必须是连接电池两端和导电元件的闭合路径。没有完整的路径，什么也不会发生。

图 13.2(b)所示的电路是一个完整的电路，但它未穿过灯泡。在这种连接方式下，灯泡不会亮，但是导线会变热。如果导线保持不动，那么电池的电量很快就会耗尽。在图 13.2(c)中，导线从电池的底部连接到灯泡的一侧，灯泡的底端连接到电池的正极。这是有效的连接方式。完整、有效的电路要穿过灯泡和电池。

手电筒内的电路基本上与图 13.2(c)所示的电路相同。灯泡与两节或多节电池的顶端直接接触。灯泡的侧面固定在金属反光罩上，且与手电筒的其余部分绝缘。开关将这个反光罩连接到电池的底端：要么通过手电筒本身，要么通过手电筒底部的金属条。按下开关时，电路闭合。如果你手边有手电筒，可将它拆开，看看能否确定这是怎样做到的。

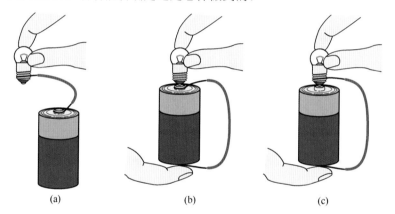

图 13.2　电池、灯泡和导线的三种连接方式。哪个电路能点亮灯泡？它为什么有效？

13.1.2　什么是电流？

下面我们仔细看看图 13.2(c)所示的连接方式中发生的事情。电池是这个电路的能量来源（见13.4 节）。电池使用化学反应产生的能量，分离内部的正电荷和负电荷。这个过程所做的功，增大电荷的静电势能，产生电势差。手电筒使用的电池通常在正极和负极之间产生 1.5V 的电势差。

电池的一端正电荷过多，另一端负电荷过多，这些电荷就会趋向于从一端流动到另一端而重新结合。然而，由于受到与电池内部化学反应相关的反向作用力，这些电荷只能通过外部传导路径流动。如果只是简单地将一根导线连接到电池的两端，电荷就会通过导线从电池的一端流向另一端。电荷的流动形成电流。电流的大小（强度）定义如下：

电流强度是指电荷量流动的速率，用符号表示为

$$I = q/t$$

式中，I 是电流强度的符号，q 是电荷，t 是时间。电流的方向定义为正电荷流动的方向。

标准电流强度的单位是安培（A），它定义为 1 库仑/秒（1A = 1C/s）。库仑是第 12 章中介绍的电荷单位。"安培"是以法国数学家和物理学家安德烈·玛丽·安培（1775—1836）的名字命名的，他对电磁学理论做出了许多重要的贡献，其中的一些贡献将在第 14 章中讨论。单位"安培"常被

人们非正式地称为"amp"，但是正确的缩写是A。

根据电流强度的定义和单位可知，电流强度的大小取决于给定时间内流动的电荷量。如果3C电荷在2s内流过导线，那么电流强度 I 为 3C/2s = 1.5A。

图13.3中给出了人们对电荷在导体中流动的两种观点。如果载流子带正电荷，根据定义，它们

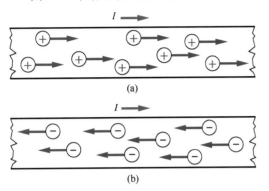

(a)

(b)

图13.3 正电荷右移与负电荷左移的效果相同。根据定义，两种情况下的电流方向都是向右的

的运动方向就是常规电流的方向［向右，见图13.3(a)］。实际上，金属导线中的载流子是带负电荷的电子。因为负电荷的失去意味着正电荷的增加，所以流向左边的负电荷与流向右边的正电荷产生的效果是相同的。在图13.3(b)中，电流的方向也是向右的——与电子的运动方向相反。载流子有时带正电，如化学溶液中的正离子或半导体中的空穴（见第21章）。此时，电流的方向与载流子的运动方向相同。

神经细胞有时被人们粗略地类比为电话系统中的导线。日常现象专栏13.1中对神经细胞行为的描述表明，事情没有这么简单。

13.1.3 是什么限制了电流？

如果我们的简单电路中的电池是新电池，那么化学反应会继续分离电池中的正电荷和负电荷，电荷继续流动。然而，金属导线是良导体，如果用一根导线直接连接电池的两极，产生所谓的短路，就会有大电流流过。这会耗尽化学反应物，很快耗尽电池的电量，且金属导线由于流过大电流而变得很热。为了避免这个问题，需要在电路中接入一个元件（如灯泡），这个元件可对电流提供更大的阻抗。

日常现象专栏13.1 神经细胞中的电脉冲

现象与问题 如果你想要动一下你的大脚趾，大脚趾就会迅速地动一下。这时，大脑以某种方式将一个信号传输到了大脚趾的肌肉，使得肌肉收缩。这个过程发生得很快，在做出决定和脚趾动一下之间没有太多的延迟。

动一下脚趾的指令是如何从大脑传输到脚趾的？信号是否是通过某种生物导线或某种电路传输的？电荷的流动是否与有线电话线路中发生的情况相似？我们知道，这与神经细胞有关，但是，它们是如何工作的？

分析 对神经细胞电效应的研究，可以追溯到伽伐尼和沃尔塔对"动物电"的研究，这些研究导致了电池的发明。即使是在那时，人们也清楚地看出其中涉及了电。然而，这个过程要比导线中电荷的简单流动复杂得多。

信号通过神经细胞（或神经元）传递，就像附图1中所示的那样。类似于任何生物细胞，神经元的主体也包括一个细胞核和一些可以接收其他细胞信号的树突。然而，与大多数其他细胞不同的是，神经元有一个被称为轴突的长尾状部分，它从细胞主体伸出。轴突可能长达1米或更长，可能是从脊髓开始延伸到脚或手的。在轴突的末端，有一些较细的丝或神经末梢，它们可能在被称为突触的位置与其他细胞的树突接触。

就像在电话系统中那样，传输的信号涉及电压的变化。

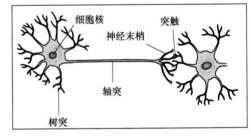

附图1 神经元有很长的轴状延伸（称为轴突）。相对于细胞的其他部分，轴突通常要比这里显示的长。神经末梢可能通过突触与其他细胞的树突接触

然而，神经细胞轴突上的电压变化的传输方式截然不同于金属导线中的传输方式。事实上，神经细胞中的主要电荷流是垂直于轴突的，而不是沿轴突方向的。为了理解这一点，我们需要仔细观察轴突的结构。

所有细胞都有一层将所有东西拢在一起的膜，它本质上是细胞的外层。轴突上的膜具有一些不寻常的特性：维持膜内表面和外表面之间某些化学离子（带电原子）的平衡。在正常（静息）状态下，带正电的钠离子（Na^+）被排除在细胞内部。在膜的外表面，有带正电荷的小离子过剩 [主要是钾离子（K^+）]，而在膜的内表面，有带负电荷的小离子过剩 [主要是氯离子（Cl^-）]。于是，在轴突的内表面和外表面之间就产生了电势差。我们将这个电势差表示为 $\Delta V = V_内 - V_外$，其典型值约为-70mV，负号表示内表面带负电。我们称这个电势差为静息电位。

当电信号或其他干扰刺激轴突时，细胞膜会突然改变其正常的把关方式：让带正电的钠离子短暂地进入膜内，在刺激点附近将膜内的负净电荷变为正净电荷。这时，轴突的内部带正电（如附图2所示），反转了细胞膜的电势差，产生了一个被称为动作电位的正电压尖峰。

在原始刺激点表面，电荷的变化导致附近的电荷沿表面短距离地流动，以便抵消这种变化。如附图 2 所示，膜外表面的正电荷在刺激点被净负电荷吸引，使得轴突邻近点的正电荷不足。包含负电荷的类似效应也发生在内部表面。电荷不足起刺激作用，导致钠离子在这些邻近的点进入膜内，动作电位（电压尖峰）沿轴突向下移动。当电压尖峰到达轴突的末端时，可能会被传送到某个突触中的另一个神经元，或者传送到让脚趾动一下的肌肉细胞。

电压尖峰通过后，轴突膜将钠离子泵送到细胞外，以恢复离子的平衡，但是，这个过程需要一些时间。处于静息状态的神经元就像一把上了膛的枪，一旦发射，就需要重置。膜完成这一切的复杂性，远超这个简单的描述。它是生物化学过程，包括选择性地让离子通过膜扩散，因此不像电子在导线中流动那样简单。

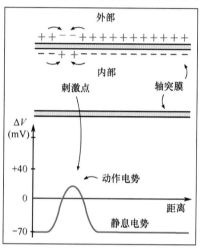

附图 2　从刺激点流入的钠离子导致电荷反向穿过轴突膜，产生沿轴突运动的动作电位

信号的传播速度有多快？对于较长的轴突，信号的传播速度高达 150m/s。对于一个中等身高的人来说，信号能在约百分之一秒内从大脑传送到脚趾。对于生物有机体来说，在大多数场合，这已经非常快了。然而，与电信号在金属导线中的传播速度相比，这个速度要慢得多，因为电信号在金属导线中的传播速度可以达到光速的一半，即 1.5 亿米/秒。实际上，在金属导线中，当电压信号传播时，电子移动的距离也相对较短。

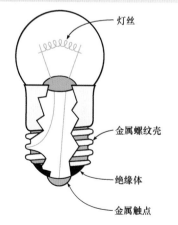

图 13.4　手电筒灯泡截面图。灯丝连接底座中心的金属触点和金属螺纹壳的内面

如果仔细观察灯泡，就会看到它是由封闭在玻璃泡内的金属细灯丝构成的。灯丝连接灯泡内部的两点：一端连接构成灯泡下端的金属螺纹壳的内面，另一端连接灯泡底座中心的金属触点（见图 13.4）。这两点由围绕中柱的陶瓷材料绝缘。细长的灯丝虽然是金属（良导体），但是由于横截面积很小，因此限制了电荷的流动（电流）。

如果加上电压，让电荷流过灯泡，如图 13.2(c)所示，那么流过的电荷要比直接连接电池两端的导线中流过的电流小得多。灯泡的细灯丝限制了流动的电荷，因为灯丝的电阻要比粗导线的电阻大得多。灯丝是电路中的瓶颈，当我们强迫电荷通过这个瓶颈时，灯丝会变得非常热。灯丝的高温使其发热，进而发光。

13.1.4 电流与水流的类比

在讨论电池和灯泡组成的电路时，我们将电流描述为电荷的流动。由于电荷是看不见的，因此理解电荷的流动需要一些想象力。一个类比可以帮助我们想象电荷在流动过程中发生了什么：管道中流动的水，类似于电路中流动的电荷（电流）。

如图 13.5(a)所示，水泵将水从低处的水箱泵送到高处的水箱中，增加水的重力势能（见第 6 章）。水可以无限期地留在高处的水箱中，除非我们以某种方式让其回流到较低的水箱中。如果我们使用一根水管，水很快就会回流。水的流速（流量）可以使用加仑/秒（升/秒）来计量。除非水泵继续运转以补充回流的水，否则高处的水箱中的水很快就会耗尽。然而，如果我们在水回流的路径上接一根细管，就会限制回流的水量，因为细管对水流的阻力更大。

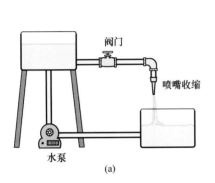
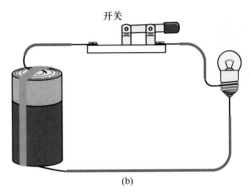

图 13.5 电流类似于水流。在这两个系统中，哪些元件是对应的？

表 13.1

水流系统和电路系统中的对应关系

水流系统	电路系统
水	电荷
水泵	电池
管道	导线
细管	灯丝
阀门	开关
压强	电压

在图 13.5(b)中，电池对应于水泵。电池和水泵都增加势能：水泵增加水的势能，电池增加电荷的势能。管道就像电路中的连线，喷嘴就像灯泡中的灯丝。事实上，水在流经细管时，温度确实会升高，就像灯丝变热一样。接在水流路径上的某个位置的阀门，相当于电路中的开关。表 13.1 中小结了水流系统和电路系统中的对应关系。

记住电流与水流的相似之处后，就能够更好地理解电流。二者都用流量描述流动的快慢：一个是水的流量，另一个是电荷的流量。在电路中，必须要有连续的传导路径（电路）才能让电荷流动。如果断开电路上的任何一点，电流就会停止。水流系统同样需要一个完整的循环，除非不断地从外部水源向高处的水箱供水。

为了让灯泡发光，或者让任何电路工作，从电源的一端到另一端必须有一条闭合的传导路径。这条闭合的路径就是电路，而电荷在这条闭合环路上的流量就是电流强度。灯泡中的灯丝在这条传导路径上起限制电流流动的作用。当电荷流经灯丝时，灯丝变热，进而发光。在类比的水流系统中，水泵代替了电池，水代替了电荷，它们可以帮助我们理解电流的概念。

13.2 欧姆定律和电阻

是什么决定了电流的大小？在 13.1 节中，我们注意到灯丝的大电阻限制了电荷的流动。这是唯一的影响，还是电池也起作用？有可能预测给定电路中的电流有多大吗？

13.2.1　电流对电压的依赖关系

在水流系统中，系统中两点间的高压差产生大的水流量。将水箱放到用水点上方非常高的位置时，可以产生高压差，这种高压差与水的重力势能有关。

同样，电池两极上的电荷之间的势能差越大，两极之间的电压就越高，电荷就越容易流动。电流大小与电池提供的电压和电路元件的电阻有关。对于电路中的大多数元件来说，电流、电压和电阻之间存在简单的关系，我们可以用它来预测电流的大小。这个简单的关系由德国物理学家欧姆（1789—1854）于 19 世纪 20 年代发现，即欧姆定律：

> 流经电路某部分的电流等于该部分的电压除以该部分的电阻，即
>
> $$I = \Delta V / R$$

式中，R 是电阻，I 和 V 分别是电流和电压。换句话说，电流与电压成正比，与电阻成反比。

欧姆定律是对不同电流和电压下电阻近似恒定这一实验事实的陈述。在 13.1 节中，我们定性地使用了"电阻"一词作为限制电荷流动的特性。重新整理欧姆定律，可得电阻的定义式为

$$R = \Delta V / I$$

也就是说，电阻 R 是电路给定部分的电压与电流之比。电阻的单位是伏特/安培（V/A），也称欧姆（Ω），$1\,\Omega = 1\,\text{V/A}$。

导线或者其他电路元件的电阻取决于多个因素，包括导线材料的导电性。用高导电性材料制成的导线的电阻，要比用低导电性材料制成的导线的小。电阻还取决于导线的长度及其横截面积。导线越长，电阻越大；导线越粗，电阻越小。温度对电阻也有影响。加热灯泡中的灯丝，其电阻会增大，这适用于所有金属导体。

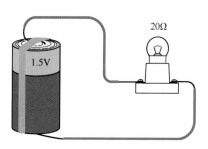

图 13.6　连接 1.5V 电池（内阻不计）与 20Ω 灯泡的简单电路。电流强度是多少？

知道电路中给定部分的电阻和电压后，就可以求出电流强度。例如，假设一节 1.5V 的电池连接到了一个电阻为 20Ω 的灯泡上，如图 13.6 所示。当电池本身的内阻可以忽略不计时，电流强度可以使用欧姆定律 $I = V/R$ 求出：电压 1.5V 除以电阻 20Ω，得到 $I = 1.5/20 = 0.075\,\text{A}$，即 75mA。

13.2.2　什么是电池的电动势？

当我们计算流经 20Ω 灯泡的电流时，忽略了电池本身的电阻（内阻），还忽略了非常小的导线电阻。当电池是新电池时，电池的内阻通常小到可以忽略不计。然而，随着电池的使用及化学反应物的耗尽，内阻会逐渐变大。当我们求电流时，必须考虑包括电池的内阻在内的电路的总电阻。例题 13.1 中说明了总电阻的求法，涉及的数据如图 13.7 所示。考虑电池的内阻时，得到的电流较小。

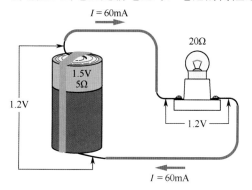

图 13.7　电路中的电压值，假设电池的内阻为 5Ω。现在的电流仅为 60mA

在例题 13.1 中，我们用符号 $\mathcal{E}$ 表示电池提供的电压——电动势。这个术语本身存在误导性，因为它是电位差或者电压，而不是力（注："电动势"一词的英文是 electromotive force，其字面意思是"电动力"）。电动势是电池内的化学反应所提供的单位电荷的势能增加量，单位是伏特（V），即焦耳/库仑（J/C）。13.4 节中将详细地讨论电动势的概念。

> **例题 13.1　求电流和电压**
>
> 在一个简单的单回路电路中，内阻为 5Ω 的 1.5V 电池连接到一个 20Ω 的电阻上。**a**. 流经这个电路的电流是多少？**b**. 灯泡上的电压是多少？
>
> **a**. $\mathcal{E} = 1.5\text{V}$，$R_{电池} = 5\Omega$，$R_{灯泡} = 20\Omega$，$I = ?$
>
> 电路总电阻为
>
> $R = R_{电池} + R_{灯泡} = 5 + 20 = 25\Omega$
>
> $I = \ /R = 1.5/25 = 0.06\text{A} = 60\text{mA}$
>
> **b**. $\Delta V_{灯泡} = ?$
>
> $\Delta V_{灯泡} = IR = 0.06 \times 20 = 1.2\text{V}$

当灯泡工作时，我们用电压表测量电池或者灯泡两端的电压差，得到的电压为 1.2V，如例题 13.1 中的 **b** 问所示。断开灯泡后，再次测得电池两端的电压约为 1.5V。当没有电流流经电池时，测得的 1.5V 就是电池的电动势。也就是说，当电池内部没有因为电阻效应造成的能量损失时，电动势就是电池两端的电压。

在例题 13.1 中，要求出电流，可以使用电池的电动势除以电路的总电阻（$I = \mathcal{E}/R_{总}$），这个关系式类似于欧姆定律，只需要用 $\mathcal{E}$ 代替 V。但是，二者之间也有一个重要的区别：一方面，欧姆定律只适用于电路的一部分，该部分的电压 V 都等于电流乘以电阻，即 $V = IR$；另一方面，电动势方程适用于整个电路或回路，有时也称全电路欧姆定律。

13.2.3　电池没电了会发生什么？

随着电池的老化，电池的内阻会越来越大。如全电路欧姆定律预测的那样，电路的总电阻增加会减小流经电路的电流。随着电流变得越来越小，灯泡变得越来越暗，直到不再发光。没电了的电池的内阻，会大到电池无法产生可以测量的电流。

令人惊讶的是，如果我们首先从电路中取出没电了的电池，然后使用灵敏的电压表测量其两端的电压，就会发现其电压读数仍然是 1.5V。怎么会这样？原因是，电池仍然存在电动势，但是其内阻已大到它无法再向外部元件（如灯泡）提供任何可以感知的电流。灵敏的电压表不需要分走太多的电流就能够测量电压，因此仍然能够测出电池的电动势。电池的状态是用其内阻而非电动势来描述的。

> 欧姆定律表明，流经电路任意部分的电流与加在该部分的电压成正比，与该部分的电阻成反比。计算流经电路的电流的方法是，使用电池的电动势除以电路的总电阻。总电阻包括电池的内阻，内阻随着电池的老化而增大。

13.3　串联电路和并联电路

类似于河流，电路也可以先分叉，后汇合。因此，我们可以"先分后合"地连接电路。与在单个回路中连接所有的元件相比，这样连接电路有很多优点。如何描述和分析这些连接电路的方式？区分电路是并联的还是串联的，是描述和分析电路的重要步骤之一。

13.3.1　什么是串联电路？

我们前面讨论的由电池和灯泡组成的电路是单个回路或串联电路。在串联电路中，电路不分叉，所有元件都在一个环路中排列。流经某个元件的电流必定流经其他元件，因为它没有其他的地方可去，如图 13.6 中的实物电路所示。然而，在表示电路的图（常称电路图）中，我们更容易看出这一点。

图 13.8 中显示了电池和灯泡的实物电路与电路图。电路图中用于表示各种元件的符号是标准符号，世界上研究和使用电路的任何人都能够看懂它们。例如，灯泡显示为电阻，它的标准符号是之字形线 〰。在图 13.8 中，它出现在一个代表玻璃灯泡的圆内。

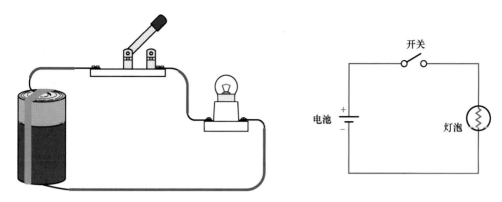

图 13.8　电池和灯泡的实物电路与电路图

图中的线条表示连线，通常被画成直线，即便实际电路中的导线可能不是直导线。我们通常假设连线的电阻（与电路中的其他电阻相比）小到可以忽略。电路图清晰地显示了电路的组成部分及它们之间的连接方式。

如图 13.9 所示，如果在电路中加入更多的灯泡，将它们串联起来，会发生什么？在电阻的串联组合中，每个电阻都会限制电流在环路中的流动。实验表明，在这个电阻的串联组合中，总电阻 $R_\text{串}$ 是各个电阻之和，即

$$R_\text{串} = R_1 + R_2 + R_3$$

无论有多少个串联的电阻，上式都成立。存在更多的电阻时，只需在求和项中加入它们。

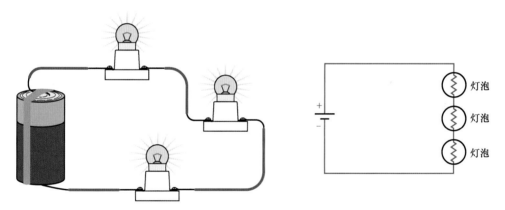

图 13.9　含有 3 个灯泡的串联电路及对应的电路图

在一个电路中串联多个灯泡时，灯泡变暗，有时甚至不亮。这时，人们通常认为电池中的电量被用光了。事实并非如此。在串联电路中，流经每个元件的电流是相同的，就像管道中持续流动的水那样。电流每流经一个灯泡，就会有一个电压降，这个电压降可以用欧姆定律（$V = IR$）计算。整个组合的总电压是这些灯泡上的电压之和。

如果将两个灯泡与一节电池串联，那么得到的电流小于只用一个灯泡时的电流，因为总串联电阻更大。于是，灯泡变暗。要让灯泡更亮，就必须串联更多的电池来增大电压，这恰好是许多手电筒的做法（尽管它们通常只有一个灯泡）。

灯泡串联后，除了变暗，还有一个严重的缺点：其中的一个灯泡烧坏后，灯丝断开，整个电路也断开。串联电路中的一个灯泡烧坏后，其他灯泡也无法发光，因为断开的回路中没有电流流过。一般来说，这是非常不可取的，特别是在一个系统中，如汽车照明系统。例如，在圣诞树上连成一串的灯泡中，我们就很难找到烧坏的灯泡。

13.3.2　什么是并联电路？

连接灯泡的另一种方式可以避免上述问题，如图 13.10 所示。图中，灯泡不都在单个回路中，而是并排连接的。注意，在现在的电路中，回路不止一个。在并联电路中，电流会在某些点分叉或分流到不同的路径，就如本节开始提到的河流先分叉后汇合那样。

灯泡并联时，电路的总有效电阻是增大还是减小？为便于理解，这里仍然使用水流的类比。假设我们在一个水流系统中并排加入了多节管道 [见图 13.10(b)]，这时系统中流动的水量（电流）是增加还是减少？水流的阻力发生了什么变化？

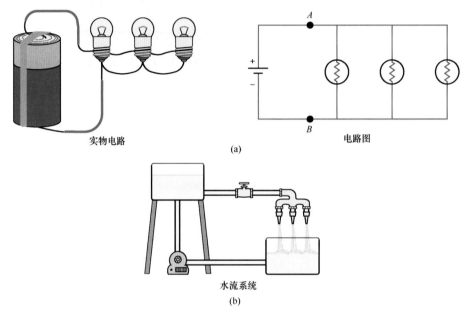

图 13.10　灯泡并联的实物电路和电路图，及其与水流系统的比较。电流现在分叉为三条不同的路径

你的结论可能是水流量增加。实际上，我们增加了水流的总横截面积，因此减小了水流的阻力。电阻并联的电路同样如此。实验表明，有效并联电阻 $R_并$ 与各个电阻的之间的关系为

$$\frac{1}{R_并} = \frac{1}{R_1} + \frac{1}{R_2} + \frac{1}{R_3}$$

也就是说，$R_并$ 是各个电阻的倒数之和的倒数，它总小于任何单个电阻，如例题 13.2 所示。

例题 13.2　并联电路的等效电阻和电流

两个 $10\,\Omega$ 灯泡并联后，与 6V 的电池串联，如题图所示。**a.** 流过回路的总电流是多少？**b.** 流经每个灯泡的电流是多少？

a. $R_1 = R_2 = 10\,\Omega$，$\mathcal{E} = 6\text{V}$，$I = ?$

　　$1/R_并 = 1/R_1 + 1/R_2 = 1/10 + 1/10 = 2/10\,\Omega$

　　$R_并 = 10/2 = 5\,\Omega$

　　$I = \mathcal{E}/R = 6/5 = 1.2\text{A}$

b. 流经每个灯泡的电流为

　　$I = \Delta V/R = 6/10 = 0.6\text{A}$

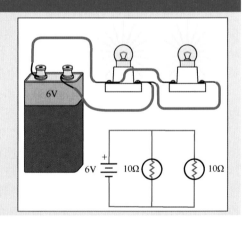

在并联组合的电阻中，每个电阻上的电压降都是相同的，因为它们都连在相同的两点之间（图 13.10 中的点 *A* 和点 *B* 之间）。另一方面，电流可以是不同的——它们相加后就是流经整个并联电路的总电流。电流首先分成几条支路，然后汇合。流经每条支路的电流都是总电流的一部分。并联电路的总电阻较小，总电流较大。

在例题 13.2 中，两个灯泡的电阻相等，因此流经每个灯泡的电流相等。当一个灯泡的电阻比另一个灯泡的电阻大时，电流就不再平分，相反，就像我们预测的那样，大部分电流会流经电阻较小的那个灯泡。例题 13.2 说明了等效电阻与电流的计算。

如例题 13.2 所示，并联组合的电阻小于任何一个灯泡本身的电阻。并联组合减小电阻，增大电流。当条件相同时，与串联电路相比，并联电路可使灯泡更亮，总电流增大，因此会更快地消耗电流的电量。这个世界上没有免费的午餐：要么选择暗但电池长寿的连接方式，要么选择亮但电池短命的连接方式。在这两种情况下，电池提供的总能量是相同的。

理解电流的另一个类比是高速公路上的车流。我们可以将汽车类比为形成电流的电子，将公路类比为导线，将电流类比为汽车的流量（车速乘以车辆密度）。电阻可用阻塞交通的道路施工来代表。如果电阻（施工）很多，那么电流（车流）减小。当电路中存在多条并行的分支（增加的车道）时，电阻减小，电流（车流）增大。当串联电路中存在很多电路元件（很多道路施工点）时，电阻增大，电流（车流）减小。虽然这个类比有一定的局限性，但是可以帮助我们想象电路的某些方面。

13.3.3 如何使用电流表和电压表？

如何测量电流或电压降？当你检查汽车的电气系统或者排除其他类似的故障时，你可能用过电压表或者电流表。

电压表常见于汽车修理及其他情况，是一种比较容易使用的仪表。例如，假设要测量电路中灯泡上的电压降。常用的仪表是万用表，它可以用来测量电压、电流和电阻。拨动万用表上的开关可以选择合适的功能与量程。图 13.11 中显示了带有指针与刻度的模拟万用表及提供数字读数的现代数字万用表。

要测量灯泡的电压，就要将电压表与灯泡并联，如图 13.12 所示。电压降是电路中两点之间单位电荷的电势能差，电压表必须接在两点之间，而不必顾及是否出现新的电流路径。并联时，电压表的电阻很大，不会从被测电压的元件分走太多的电流。

图 13.11　模拟万用表（带有指针与刻度）和数字万用表是常用的测量仪器

使用电流表测量电流时，能够采用同样的连接方式吗？我们再次回到水流的类比：要测量水的流量，就要将水表插入水流。也就是说，要切断水管，并且在切断位置接入水表，使得待测水流直接流经水表。同样，测量电流时，需要断开电路，将电流表与其他元件串联起来，如图 13.13 所示。

电流表是串联到电路中的，虽然它的电阻较小，但肯定会增加电路的总电阻，减小电流。因此，电流表的电阻应该很小，以便尽量减小对电路中的电流的影响。由于这个小电阻的存在，与使用电压表相比，使用电流表时要更小心。例如，将电流表接到电池的两端时，会产生损坏电

图 13.12　电压表与待测电压的元件并联

流表和电池的大电流。

无论是电流表还是电压表，正极都要按照正确的方向连接，如图 13.12 和图 13.13 所示。从电池或电源的正极开始，首先连接仪表的正极。如果反向连接，那么模拟仪表的指针会偏转到错误的方向，进而损坏仪表（数字仪表不会出问题）。仪表的正极和负极通常会清楚地标记出来。

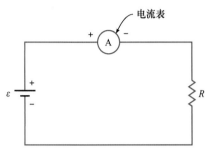

图 13.13　电流表与待测电流的元件串联

> 电路上的各个元件可以连接成串联或并联形式，或两者的组合（混联）。串联时没有分支，电流依次流经每个元件，总电阻是各个电阻的和。在并联电路中，电流分叉为不同的支路。并联电路的有效电阻小于任何单个电阻。电压表以并联方式接入电路，用来测量电压；电流表以串联方式接入电路，用来测量电流。

13.4　电能和电功率

前面讨论了在电路中作为能量来源的电池。当我们讨论电能的日常应用时，还会用到"功率"一词。可以使用能量或者功率来深入理解电路的行为，就如第 6 章中使用这些概念来研究机械系统那样。例如，电池提供的能量会发生什么转换？

13.4.1　电路中的能量是如何转换的？

这里可以使用电路和水流系统之间的类比。在水流系统中，能量由水泵提供，水泵从外部接收能量。电、汽油或者风，都是水泵抽水的能量来源。水泵通过将水提升到高处水箱来增加水的重力势能（见图 13.14）。当水通过管道向下流到低处的水箱或水库中时，重力势能转换为水的动能。

当水从高处的水箱流向低处的水箱时，动能被水体内部或者水与管道、水箱内壁之间的摩擦力或黏滞力消耗。摩擦产生热量，增加水、管道与空气的内能。增加的内能表现为水及周围环境的温度的升高。

电路可以和水流系统类比。电路的能量由电池提供，电池从存储于化学反应物的势能中获得能量（电能也可以由机械能产生，详见第 14 章）。就像水泵那样，电池增加电荷的势能，因为它将正电荷移至正极，将负电荷移至负极。当我们提供从正极到负极的外部传导路径进而构成闭合的电路时，电荷就通过导线和电阻从高势能点流至低势能点。

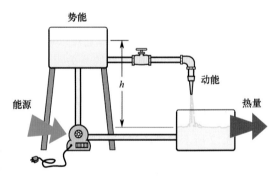

图 13.14　水流系统中的能量转换。水泵输入的能量会发生什么转换？

失去势能时，电流中的电子获得动能。通过与电路中的电阻内的其他电子和原子碰撞，动能被随机化，增加电阻和导线的内能，表现为温度的升高。于是，动能通过这些碰撞转换为热量。

水流系统和电路中都发生如下能量转换：

$$能源 \rightarrow 势能 \rightarrow 动能 \rightarrow 热量$$

随着电荷的流动，电阻变热。我们常将电路中的热量用于某些特定场合，如点灯、烤面包或供暖。

13.4.2　电功率与电流、电压有何关系？

当没有电流流经电池时，电池两端的电位差数值上就是电源的电动势，用 ε 表示，即能量来源提供的单位电荷的势能（相对于负极），其单位是伏特（V）。

电动势数值上等于单位电荷的势能（相对于负极），因此电动势乘以电荷就得到能量。如果乘以电流而非电荷，就得到单位时间的能量，因为电流是单位时间的电荷量。单位时间的能量就是功率。功率是做功或使用能量的速率，单位是能量/时间（见 6.1 节）。电能提供的功率等于电动势乘以电流，即

$$P = \mathcal{E}I$$

对于电流通过电阻时所消耗的功率，我们也可以得到类似的表达式。使用某个电阻上的电压降 V 代替 $P = \mathcal{E}I$ 中的电动势 $\mathcal{E}$，就得到 $P = VI$。按照欧姆定律，电压降为 $V = IR$，因此功率的公式为

$$P = (IR)(I) = I^2R$$

也就是说，在电阻 R 上耗散的功率与电流 I 的平方成正比。

简单电路的功率是如何转换的？电池提供的功率必须等于稳定状态下电阻消耗的功率，即

$$\mathcal{E}I = I^2R$$

只要电流保持不变，电池就以稳定的速率提供能量，并以同样的速率在电阻上消耗能量。电路中的任何一点都不积聚能量。输入能量或者功率，等于输出能量或者功率（见图 13.15）：能量是守恒的。

能量守恒是用于分析电路的全电路欧姆定律（见 13.2 节）的根据。能量守恒方程 $\mathcal{E}I = I^2R$ 两边除以电流强度 I，就得到全电路欧姆定律 $\mathcal{E} = IR$。能量守恒是分析电路的基础。例题 13.3 中应用了这些思想。

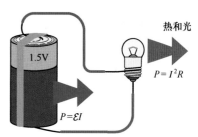

图 13.15　电池提供的功率等于电阻以热和光形式消耗的功率

例题 13.3　电路能量分析

由两节 1.5V 电池供电的 20Ω 灯泡消耗的功率是多少？

$\mathcal{E} = \mathcal{E}_1 + \mathcal{E}_2 = 3V$，$R = 20\Omega$，$P = ?$

$I = \mathcal{E}/R = 3/20 = 0.15A$

$P = I^2R = 0.15^2 \times 20 = 0.45W$

它可通过计算电池提供的功率来验证：

$$P = \mathcal{E}I = 3 \times 0.15 = 0.45W$$

13.4.3　如何分配和使用电功率？

只要打开电灯或使用电器，我们就在使用电能。一般来说，这种能量来自远处发电厂输送电能的电线而非电池（见图 13.16）。美国发明家托马斯·阿尔瓦·爱迪生（1847—1931）发明了许多电气设备，且在促进电力使用方面发挥了重要作用。爱迪生发明和改进的电灯泡是人们创建配

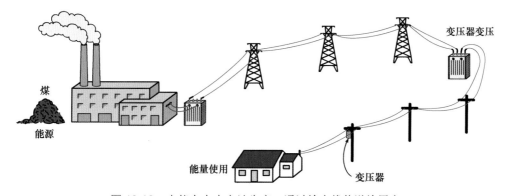

图 13.16　电能在中央电站生产，通过输电线传送给用户

电系统的原始动力。电能可以输送到很远的地方，与其他能源相比，这是电能的主要优点之一。

当我们使用电能时，其来源是什么？来源可能是大坝后面存储的水的重力势能，也可能是存储在煤、石油、天然气等化石燃料中的化学势能，还可能是存储在铀中的核能。类似于电池中的化学燃料，化石燃料和核燃料都会耗尽，因为它们都是从地球上开采的。抬高水坝后面的水时，涉及的能源是什么？它会耗尽吗？

就化学燃料或核燃料而言，存储在燃料中的势能首先转换为热能，然后驱动热机（通常是涡轮机，见第 11 章）。就水力发电而言，存储在大坝后面的水通过水轮机将势能转换为动能。无论能量的来源是什么，发电厂都要使用发电机将涡轮机产生的机械动能转换为电能。发电机产生配电系统中的电源电动势（发电机的工作原理见第 14 章）。

我们支付的电费是上月所用电量的费用。电量的单位是千瓦时（kW·h）或度，是用功率单位千瓦（kW）乘以时间单位小时（h）得到的。因为 1 千瓦等于 1000 瓦，1 小时等于 3600 秒，所以 1 千瓦时等于 360 万焦耳。因此，千瓦时是一个比焦耳大得多的能量单位（见第 6 章）。然而，对于普通家庭的用电量来说，这个单位的大小是合适的。

点亮一只 100W 的灯泡一天要花多少钱？电价在美国各地不尽相同，从 4~5 美分/度到 15 美分/度，但平均电价可能约为 10 美分/度。如果灯泡点亮了 24 小时，那么所用的能量就是功率乘以时间，即

$$100W \times 24h = 2400W \cdot h = 2.4kW \cdot h$$

按 10 美分/度的电价计算，每天的费用约为 24 美分。这似乎很合算，但是支付电费的人都知道，随着电器数量的增长，电费迅速增加，因为许多电器的功率要比灯泡的大得多。

第一个配电系统建立于 19 世纪后期，我们对电力的依赖则出现在 20 世纪。广泛使用电能的主要原因是，电能运行电器时不会产生噪音与废气。世界上的有些地方仍然缺少电力，我们中的大多数人很难想象没有电力的生活。

> 电路中的能量转换类似于水流系统中的能量转换。能源（水泵或电池）增加电荷（水）的势能，势能转换为电荷（水）的动能，最后以热量的形式耗散。整个电路的能量消耗速率等于电源的电动势乘以电流，也等于能量在电阻中消耗的速率（纯电阻电路）。电力系统使用各种能源来发电。

日常现象专栏 13.2　烤面包机中隐藏的开关

附图 1　烤面包机、电加热器和咖啡机都是装有恒温器的电器。恒温器是如何工作的？

现象和问题　当你使用烤面包机烤面包片时，为什么面包片会突然跳出？为什么电动咖啡机会不断地通电和断电来保持咖啡的温度？这些电路的开关在哪里？

许多带有加热元件的电器会使用某种恒温器（见附图 1）。恒温器是一种对温度敏感的开关，当温度达到某个阈值时，它会断开电路。简单恒温器的工作原理是什么？在烤面包机的哪里可以找到恒温器？

分析　如果拆开烤面包机或咖啡机（确保未通电），追踪设备内的导线，就会在电路中发现一块金属片。这块金属片通常位于入口附近可以感觉到余温的位置，余温是由烤面包机的加热线圈加热导致的。这块简单的金属片与导线构成了恒温器。

这块金属片由两片金属组成，称为双金属片。两片金属纵向粘在一起。由于温度升高时，不同金属以不同的速率膨胀，因此加热设备使得双金属片的一边长、一边短，发生弯曲，如附图 2 所示。膨胀率较大的金属片位于弧的外侧，膨胀率较小的金属片位于弧的内侧，以补偿膨胀率较大金属片的较大长度。

我们不难看出这个小器件是如何用作开关的。如果让双金属片成为电路的一部分，那么它在不弯曲时与一个金属突出点接触，而在发热和弯曲时与金属突出点脱离，断开电路，如附图 2 所示。在烤面包机中，金属片通常也是烤面包机的机械解锁系统的一部分。按下烤面包机的按钮后，棘轮就固定弹簧。双金属片弯曲时棘轮松开，弹出面包片。

在对温度非常敏感的室内恒温器中，双金属片的形状通常是圆形的，因此在小空间里可以使用更长的金属片。我们还可以方便地调节温控器的设定值。通过旋钮，拧松或拧紧圆形双金属片，可以重新设定温度，当温度升高到设定值时，加热导致的变化会断开电路。

这种简单的物理效应涉及不同金属的不同热膨胀率，已广泛应用到各种电器中。有些应用肯定还未被发明，也许你能够发明新的应用并申请专利。

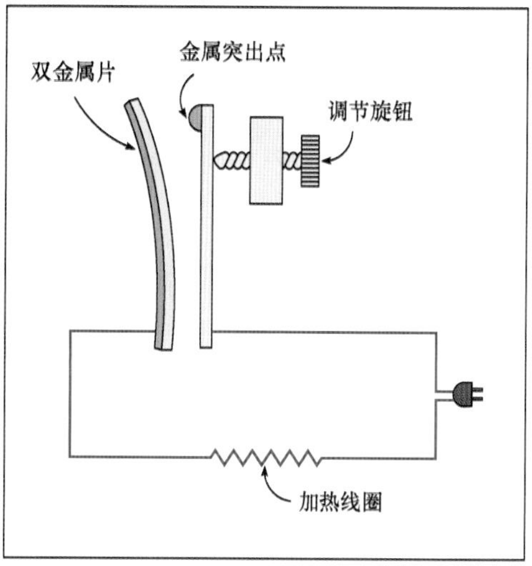

附图 2　由于两种金属的热膨胀率不同，双金属片受热时弯曲，进而接通或断开电路

13.5　交流电和家庭电路

家庭电路是什么样的？它与使用电池和灯泡的简单电路相似吗？你可能已经知道，我们从墙壁插座上引出的电流是交流电（AC）而不是直流电（DC）。这两种电流有什么区别？当我们描述家庭交流电电路时，能否使用讨论电池和灯泡电路时所用的方法？

13.5.1　交流电与直流电有什么区别？

直流电是指电流从直流电源的正极沿单一方向流向负极的电流。使用电池时的电流就是直流电。交流电会不断地改变方向——首先流向一个方向，然后反向，不断往复。在北美地区，人们所用的交流电每秒循环 60 次，因此其频率是 60 次/秒或 60 赫兹（Hz）。

电流计是一种电流表，它的指针能够根据电流的方向偏转。如果将电流计接入交流电路，其指针就会快速地来回摆动——假设电流计能够跟得上电流的变化。简单的电流计无法对如此迅速的变化做出反应，因此结果通常是指针在零刻度附近的振动。普通交流电电流的平均值为零。

示波器是一种电子仪器，它可以描绘随时间变化的电压。我们可以使用示波器显示电路中的某个电阻上的电压降，进而测量电流（$I = V/R$）。交流电电流随时间变化的曲线如图 13.17 所示。图中，正电流值代表一个方向，负电流值代表相反的方向。图中的曲线被称为正弦曲线，因为它由正弦函数描述。我们在第 6 章中描述简谐运动时遇到过类似的曲线。

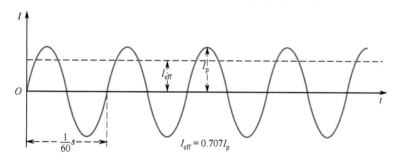

图 13.17　交流电电流随时间变化的曲线。有效电流 I_{eff} 是峰值电流 I_p 的 0.707 倍

方向不断变化的交流电对许多电气应用基本上没有影响。例如，在灯泡中，电荷通过灯丝的加热效应与电荷移动的方向无关。许多电器（灯泡、炉灶、吹风机、烤面包机、电暖器等）利用

了这种加热效应。日常现象专栏 13.2 中描述了烤面包机的原理。

某些应用（如电动机）确实依赖于所用的电流类型。我们既可以设计直流电动机，又可以设计交流电动机。直流电动机不能用交流电工作，交流电动机也不能用直流电工作（见日常现象专栏 14.1）。

13.5.2 什么是电流和电压的有效值？

既然交流电电流的平均值是零，那么如何表征交流电电流的大小呢？因为电阻消耗的功率与电流的平方成正比，所以使用电流平方的平均值作为测量量是有意义的（负数的平方是正数）。要求出有效电流，首先就要对电流取平方，然后取一段时间内的平均值，再后取平均值的平方根。对于随时间变化的正弦曲线，这个过程产生的有效电流约为峰值电流的 7/10，准确地说是 0.707 倍（见图 13.17）。

如果画出电压随时间变化的曲线，就得到另一条正弦曲线（见图 13.18）。采用计算电流有效值的方式，我们可以得到电压的有效值。在北美地区，这种电压的有效值通常为 110～120V。北美地区的标准家用电源是 115V/60Hz 的交流电，欧洲的标准家用电源是 220V/50Hz 的交流电，因此带有电动机的电器（如电动剃须刀或者吹风机）在不同的地方使用时，可能需要适配器（变压器）才能正常工作。

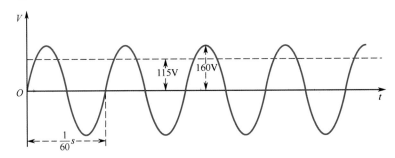

图 13.18　电压随时间变化的曲线。有效电压是 115V 时，峰值电压约为 160V

我们可以使用这些有效电流和有效电压来分析交流电路，并且计算电能，就像对直流电路所做的那样（见例题 13.4）。

例题 13.4　灯泡电阻的计算

一只 60W 的灯泡接上了 120V 的交流电。**a.** 灯泡上的电流有效值是多少？**b.** 灯泡灯丝的电阻是多少？

a. $P = 60W$，$V_{eff} = 120V$，$I_{eff} = ?$

　由 $P = IV$ 得

　$I_{eff} = P/V = 60/120 = 0.5A$

b. $R = ?$

　根据欧姆定律有

　$R = V_{eff}/I_{eff} = 120/0.5 = 240\Omega$

13.5.3 家庭电路如何布线？

假设你将某台电器的插头插到了电源插座中。这台电器与其他电器形成的是串联电路还是并联电路？这台电器的可用电压是否与接入同一电路的其他电器有关？这些问题都是日常生活中有意义的问题。

家庭电路都是并联布线的，目的是确保不同电器随时连接或断开电路时，不影响其他电器的可用电压（见图 13.19）。插座通常是并联电路的一条支路的一部分，只是这时的支路还不完整。每次连接一台电器，就在并联电路中完整地创建一条支路。

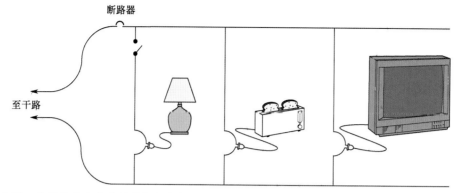

图 13.19　典型的家庭电路并联有多台电器。断路器或保险丝接在电路分叉到不同电器之前的位置

　　如果增加更多的电器，并联电路的干路的总电流就增加，因为并联的电阻增多时，电路的总有效电阻减小。电流过大，会导致导线过热。为了防止过热，我们通常在干路的火线上接入保险丝或断路器。电流太大时，会熔断保险丝，或者让断路器跳闸，导致整个电路中断，没有电流流到任何电器。

　　电器的额定电流或额定功率，是指电器正常使用时的最大电流和最大功率。在例题 13.4 中，60W 的灯泡只产生 0.5A 的电流。典型的家庭电路保险丝在电流为 15～20A 时熔断，因此可以同时打开多只 60W 的灯泡而不熔断保险丝。

　　另一方面，烤面包机或吹风机需要的电流要比普通灯泡的大得多。烤面包机本身通常需要 5～10A 的电流，它与另一台带有加热元件的电器接入同一个电路时，可能会出现问题。我们可以在设备上的某个位置找到额定电流或者额定功率。表 13.2 中给出了某些常用电器的额定功率和额定电流。除非另有说明，否则我们可以使用有效线路电压120V 及表中的额定功率来计算额定电流。电炉、衣服烘干机和热水器等用电需求较大的电器，通常要接到单独的线路上。

　　由表 13.2 可以看出，与风扇或食品加工机等电器相比，带有加热元件的电器需要的功率更大，风扇和食品加工机主要用电运行电动机。电视机、收音机等电器需要的功率更小。当我们将烤面包机或类似的电器插入新位置时，最好检查一下电器的额定功率或者额定电流，并了解已有的其他电器。如果在同一电路上使用额定电流为 7A 的烤面包机、额定电流为 8A 的咖啡机和额定电流为 10A 的洗碗机，就有可能熔断保险丝，或者让断路器跳闸。

表 13.2		
某些常用电器的额定功率和额定电流		
电　　器	功率/W	电流/A
电炉	6000	27
衣服烘干机	5400	25
热水器	4500	20
洗衣机	1200	10
洗碗机	1200	10
电熨斗	1100	9
咖啡机	1000	8
烤面包机	850	7
吹风机	650	5
多功能切碎机	500	4
大风扇	240	2
彩色电视机	100	0.8
小风扇	50	0.4
个人计算机	45	0.4
带闹钟功能的收音机	12	0.1

　　我们中的大多数人不是电工，因此不必掌握关于家庭电路的所有知识。然而，理解本章的内容有助于我们安全地使用家用电器。家中的保险丝盒或断路器盒上，应标明每台电路的位置，以及保险丝或断路器的电流限值。更换保险丝或重新合上断路器，是我们的常规操作。

　　直流电单向流动，交流电不断改变方向。我们使用电流有效值或电压有效值来描述这些量的大小。在北美地区，家庭电路使用 115V/60Hz 的交流电。家庭电路上的电器是并联的。电路保险丝或断路器限定了电路中流过的总电流。当几台电器在同一个电路上工作时，特别是当电器中带有加热元件时，要注意电流的要求。

本章通过手电筒灯泡发光的简单例子，介绍了电路、电流和电阻等概念。此外，本章还根据欧姆定律及功率与电流的关系，分析了串联电路、并联电路和家庭电路的一些基本特征。

1. **电路和电流**。从点亮手电筒灯泡的简单例子开始，我们介绍了电路、电流和电阻的概念。采用欧姆定律及功率与电流的关系，分析了串联电路、并联电路和家庭电路的一些基本特征。

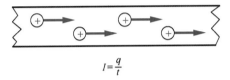

$$I = \frac{q}{t}$$

2. **欧姆定律和电阻**。电阻是电路元件对抗电荷流动的特性。欧姆定律表明，流经某个元件的电流与该元件上的电压降成正比，与电阻成反比。

$$I = \frac{\Delta V}{R}$$

3. **串联电路和并联电路**。当多个元件依次连接，流经一个元件的电流也流经另一个元件时，这些元件就是串联的。当电流首先分叉为不同的路径流过不同的元件，然后汇合时，这些元件就是并联的。并联电路的等效电阻小于其中任何一个元件的电阻。

$$R_串 = R_1 + R_2 + R_3$$

$$\frac{1}{R_并} = \frac{1}{R_1} + \frac{1}{R_2} + \frac{1}{R_3}$$

4. **电能和电功率**。电压是单位电荷的电势能变化量，因此将电压降乘以电量就得到势能变化量。由于电流是电荷量流动的速率，因此将电压降乘以电流就得到功率，即能量消耗的速率。电源提供的功率必须等于电阻消耗的功率。

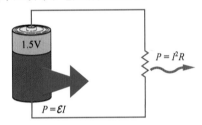

$$P = \mathcal{E}I = I^2R$$

5. **交流电和家庭电路**。家庭电路使用的是交流电，交流电不断地改变方向，直流电只向一个方向流动。电器接入家庭电路后，与电路上的其他电器是并联的。用于限制电流的保险丝或断路器，串联在电路的干路的火线上。

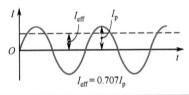

$$I_{eff} = 0.707 I_p$$

Circuit　电路

Electric current　电流

Ohm's law　欧姆定律

Resistance　阻抗/电阻

Conductivity　电导率

Electromotive force　电动势

Series circuit　串联电路

Parallel circuit　并联电路

Direct current　直流电

Alternating current　交流电

Sinusoidal (sine) curve　正弦曲线

Q1 电池、灯泡和导线的两种接线方式如题图所示。哪种接线方式能点亮灯泡?

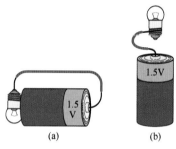

题 Q1 图

Q2 假设你有两根导线、一节电池和一个灯泡。在题图所示的每种接线方式中,都接好了一根导线。画图说明点亮灯泡的第二根导线的位置。

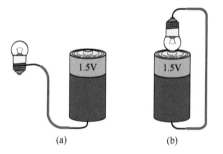

题 Q2 图

Q3 在简单的电池和灯泡电路中,靠近电池正极一侧进入灯泡的电流,大于从灯泡另一侧流出的电流吗?

Q4 电流和电荷是一样的吗?

Q5 当我们用轴突模拟电压尖脉冲或动作电位时,电压尖脉冲是保持不变还是沿轴突向下移动?

Q6 轴突中的信号速度与金属导线中的信号速度相同吗?

Q7 考虑题图所示的电路,导线连接了木块的两侧及灯泡。这种接线法会点亮灯泡吗?

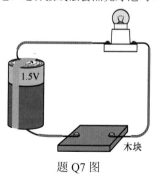

题 Q7 图

Q8 考虑题图所示的电路。在 A 点和 B 点之间连接导线可以增大灯泡的亮度吗?

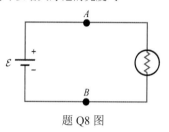

题 Q8 图

Q9 在题图所示的两个电路中,哪个电路可以点亮灯泡?

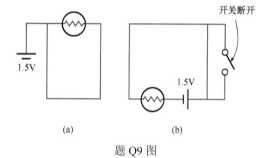

题 Q9 图

Q10 一把无涂层的金属钳固定了题图所示的电池和灯泡电路。这能有效地点亮灯泡吗?

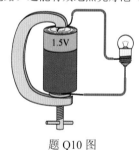

题 Q10 图

Q11 考虑题图中的两个不同标志。哪个标志会让人更加谨慎?

题 Q11 图

Q12 降低电路中某个电阻的电势差时,流经该电阻的电流是增大、不变还是减小?

Q13 当两极连接一个电压表时,一节没电了的电池仍然可以显示电压。没电了的电池为什么不能用来点亮灯泡?

Q14 当电池在电路中使用时,两端的电压是否小于电路断开时的测量值?

Q15 如题图所示,两个电阻与一节电池串联,R_1 小于 R_2。**a**. 流经哪个电阻的电流大? **b**. 哪个电阻的电压降更大?

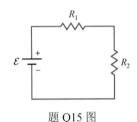

题 Q15 图

Q16 在题图所示的电路中,R_1、R_2 和 R_3 是三个阻值不同的电阻,R_3 大于 R_2,R_2 大于 R_1。$\mathcal{E}$ 是电池的电动势,电池内阻不计。流经哪个电阻的电流更大?

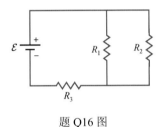

题 Q16 图

Q17 在题 Q16 所示的电路中,哪个电阻上的电压降最大?

Q18 如果断开题 Q16 中的电阻 R_2,流经 R_3 的电流是增大、减小还是不变?

Q19 假设电流要流经几个串联的电阻。通过每个后续电阻的电流变小吗?

Q20 在题图所示的电路中,带 V 的圆表示电压表。下列哪种说法是正确的? **a**. 电压表的位置正确,可以测量 R 两端的电压差。**b**. 没有电流流过电压表,所以它没有影响。**c**. 电压表产生大的分流。

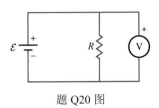

题 Q20 图

Q21 在题图所示的电路中,带 A 的圆表示电流表。下列哪种说法是正确的? **a**. 电流表的位置正确,可以测量流经 R 的电流。**b**. 没有电流流过电流表,因此它没有影响。**c**. 电流表使得电池产生相当大的电流。

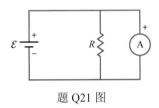

题 Q21 图

Q22 电压表和电流表的电阻,哪个通常较大?

Q23 电能与电功率是一样的吗?

Q24 流经某个电阻的电流加倍,该电阻消耗的功率是否加倍?

Q25 电池提供的功率取决于与电池相连的电阻吗?

Q26 什么能源增加水电厂大坝中的水的势能?

Q27 连接电动机的电池是否是永动机?

Q28 使用直流电压表时,要正确地连接电压表的两极,保证电流从电压表的正极流入。使用交流电压表时,也有这一要求吗?

Q29 家庭电路中已有一些电器。现在接入如下电器之一,哪台电器最有可能造成过载?是电动剃须刀、咖啡机还是电视机?

Q30 保险丝或断路器与家庭电路中的其他电器并联有意义吗?

Q31 家庭电路中的多台电器串联而非并联时,有何缺点?

Q32 加热时,双金属片是如何断开电路的?

Q33 温度变化时,双金属片为何弯曲?

练习题

E1 28C 电荷以恒定速度在 7 秒内通过电阻。流经电阻的电流是多少?

E2 4.5A 的电流流经电池 3 分钟,在这段时间内通过电池的电荷量是多少?

E3 电路中的一个电阻的阻值是 47Ω,电压降是 8V,流经这个电阻的电流是多少?

E4 1.5A 的电流流经 30Ω 的电阻,这个电阻两端的电压是多少?

E5 0.522A 的电流流经一个电阻，该电阻上的电压降为 115V，这个电阻的阻值是多少？

E6 4 个 22Ω 的电阻与内阻可以忽略的一节 18V 电池并联。**a.** 流经每个电阻的电流是多少？**b.** 每个电阻两端的电压差是多少？

E7 一个 47Ω 的电阻与一个 28Ω 的电阻串联后，与一节 12V 的电池串连。**a.** 流经每个电阻的电流是多少？**b.** 每个电阻上的电压降是多少？

E8 在题图所示的电路中，1Ω 电阻是电池的内阻（我们可以认为它与电池串联），并且接有一个 14Ω 的电阻。**a.** 流经 14Ω 电阻的电流是多少？**b.** 14Ω 电阻两端的电压差是多少？

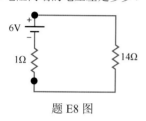
题 E8 图

E9 如题图所示，三个电阻与一节 12V 的电池串联，电池的内阻可以忽略不计。**a.** 电路的总电阻是多少？**b.** 从电池流出的电流是多少？**c.** 流经 15Ω 电阻的电流是多少？**d.** 相同大小的电流流经 25Ω 的电阻吗？**e.** 20Ω 电阻上的电压降是多大？

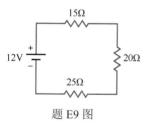
题 E9 图

E10 两个阻值都是 40Ω 的电阻并联，电路的等效电阻是多少？

E11 三个阻值分别为 9Ω、12Ω 和 15Ω 的电阻并联，电路的等效电阻是多少？

E12 如题图所示，三个阻值都是 30Ω 的电阻与一节 12V 的电池并联，电池的内阻可以忽略不计。**a.** 并联电阻的等效电阻是多少？**b.** 流经电路的总电流是多少？**c.** 流经每个电阻的电流是多少？

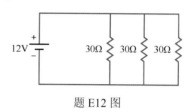
题 E12 图

E13 一节 9V 的电池在简单电路中产生的电流是 1.5A，电池提供的电功率是多少？

E14 加在一个阻值为 80Ω 的电阻上的电压是 12V。**a.** 流经电阻的电流是多少？**b.** 电阻消耗的功率是多少？

E15 一只 75W 的灯泡正常工作时，交流电的电压有效值为 110V。**a.** 流经灯泡的电流的有效值是多少？**b.** 根据欧姆定律，灯泡的电阻是多少？

E16 烤面包机接通 110V 的交流电后，流经它的电流是 9A。**a.** 烤面包机消耗的功率是多少？**b.** 烤面包机的加热元件的阻值是多少？

E17 某台烘干机接通 220V 的交流电后，功率是 6600W，流经烘干机的电流是多少安培？

综合题

SP1 在题图所示的电路中，电池的内阻可以忽略不计。**a.** 两个并联电阻的等效电阻是多少？**b.** 流经电池的总电流是多少？**c.** 流经 12Ω 电阻的电流是多少？**d.** 15Ω 电阻消耗的功率是多少？

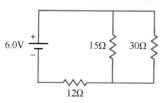
题 SP1 图

e. 流经 15Ω 电阻的电流是多少？**f.** 12Ω 电阻消耗的功率是多少？**g.** 流经 12Ω 电阻的电流是大于还是小于流经 15Ω 电阻的电流？

SP2 三只 36Ω 的灯泡与一节 18V 的电池并联，电池的内阻可以忽略不计。**a.** 流经电池的电流是多少？**b.** 流经每只灯泡的电流是多少？**c.** 如果一只灯泡烧坏，另外两只灯泡的亮度会变化吗？

SP3 在题图所示的电路中，8V 电池与 12V 电池相对连接。两节电池的总电动势是两节电池的电动势之差。**a**. 流经电路的电流是多少？**b**. 20Ω 电阻上的电压是多少？**c**. 12V 电池的电功率是多少？**d**. 在这种连接方式下，12V 电池是放电还是充电？

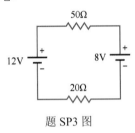

题 SP3 图

SP4 六个 12Ω 电阻的连接方式如题图所示，图中有两个不同的并联电路，并与中间的电阻串联。
a. 两个并联电路的电阻各是多少？**b**. 点 A 和点 B 之间的总等效电阻是多少？**c**. 如果在点 A 和点 B 之间加 18V 的电压，流经整个电路的电流是多少？**d**. 流经三个电阻并联的电路中的每个电阻的电流是多少？

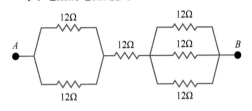

题 SP4 图

SP5 一台功率为 850W 的烤面包机、一台功率为 1200W 的熨斗和一台功率为 1000W 的咖啡机都接到了同一个 115V 的家庭电路上，熔断电流为 20A。**a**. 流经每台电器的电流是多少？**b**. 如果同时打开这些电器，会出现问题吗？**c**. 熨斗中加热元件的电阻是多少？

家庭实验与观察

HE1 如果手边有手电筒，请试着完成如下实验。**a**. 打开手电筒，取出电池和灯泡。你能看出开关是如何工作的吗？合上开关是让什么相互接触？画出开关的草图。**b**. 手电筒的灯泡是如何连接的？**c**. 将灯泡留在灯座中，你能用外部导线连接电池让它发光吗？画出电路图。

HE2 如果你有两只灯泡、一节电池和一些可用的导线，请尝试连接自己的串联电路和并联电路。导线绕在灯泡的侧面以固定灯泡，灯泡底端与任何金属物体接触，导线与金属物体相连。此时，可能要使用手电筒的灯座。**a**. 将两个灯泡与电池串联，注意灯泡被点亮后的亮度（只用一节电池时，它们可能不发光）。**b**. 现在用两只灯泡与电池并联，注意这种情况下灯泡的亮度。**c**. 只用一只灯泡和一节电池组成一个电路，将这种情况下灯泡的亮度与 **a** 问和 **b** 问中的亮度进行比较。

HE3 有些灯泡可以三种不同的亮度工作。在家中、宿舍中，或者在当地的五金店，可能能够找到这样的灯泡和三向灯座。**a**. 拧下灯泡，观察灯泡的底部。找出灯泡底部的触点。**b**. 拧下灯泡，观察三向灯座。它是如何与灯泡电接触的？**c**. 如果能看到灯泡的内部，你能辨别多少灯丝？**d**. 灯泡是如何根据开关的位置发出不同亮度的？

HE4 找出家中所用的全部电器。**a**. 这些电器的额定电流或额定功率是多少？**b**. 即使不知道这些电器的额定功率，借助表 13.2 也能猜测它们消耗的电流吗？按额定电流从大到小的顺序排列这些电器。**c**. 如果同时使用这些电器，电路的保险丝熔断电流为 20A，会不会有问题？

第 14 章　磁体和电磁学

本章概述

本章首先介绍类似于静电力的磁体的行为，然后探索电流和安培力之间的关系，最后介绍法拉第定律。法拉第定律描述了感应电流是如何产生的，以及感应电流与导体运动、磁场变化的关系。本章的主要目的是帮助读者掌握安培力和磁场的性质，以及法拉第电磁感应定律。

本章大纲

1. **磁体和磁力**。磁体的磁极是什么？磁力和静电力有何相似之处？指南针为何指向南方？地球磁场的本质是什么？

2. **电流的磁效应**。电流和磁力之间有什么关系？如何描述运动电荷所受的磁力？

3. **电流回路的磁效应**。什么是电流回路的磁性特征？电流回路在哪些方面类似于条形磁体？

4. **法拉第定律**。如何利用磁场产生电流？什么是法拉第电磁感应定律？

5. **发电机和变压器**。如何使用法拉第定律解释发电机和变压器的工作原理？这些设备在发电和电能输送中发挥什么作用？

还记得小时候在冰箱门上贴塑料字母和数字吗？这些塑料字母和数字的背面有小磁体，可以随意地贴到冰箱门上，既是一种很好的教学工具，又是一种玩具，因为用字母可以拼出简单的单词（见图 14.1）。

图 14.1 小朋友将背面带有磁体的字母贴到冰箱门上。将这些字母固定在冰箱门上的力是什么？

由于有了这样的玩具，我们一般更熟悉磁力而非静电力。我们用过小马蹄形磁体和指南针，甚至用过由钢钉、导线和电池组成的简单电磁铁。我们知道有一种力能够吸引某些金属，但是不会吸引其他金属。就像万有引力和静电力一样，即使物体之间未直接接触，这种力也起作用。

虽然我们熟悉磁力，但是磁力看来仍然很神秘。除了这些简单的事实，你对磁力的理解可能是有限的。它和静电力有何异同？在更基本的层面上，电效应和磁效应有联系吗？我们提到的电磁铁就暗示了这种联系。

电流和磁力之间确实有一些联系。这些联系在 19 世纪早期被人们发现，并且在 19 世纪 60 年代由苏格兰物理学家詹姆斯·克拉克·麦克斯韦发展为电磁学理论而达到高峰。在 20 世纪早期，人们就清楚地认识到静电力和磁力其实只是电磁力的两个不同方面。

我们对电和磁之间关系的理解，导致了许多在现代技术中发挥巨大作用的发明，包括电动机、发电机、变压器和其他设备。

14.1 磁体和磁力

如果从家中或办公室中收集一些磁体（见图 14.2），那么你就能够通过一些简单的实验来了解它们的行为。你可能已经知道磁体能够吸引回形针、钉子或任何钢制物品，而不吸引由银、铜、铝或大多数非金属材料制成的物品。不同的磁体也相互吸引，但是只在磁体的两端排列合适的时候。如果两端排列不合适，那么磁体之间的力是排斥力而不是吸引力。

图 14.2 各种磁体。各个磁体的磁极位于何处？

三种常见的磁性元素是铁、钴和镍。将小物件贴到冰箱门上或金属柜上的小磁体是铁合金，是在铁中加入其他元素制成的。人们最早知道的磁体是磁铁矿，磁铁矿是天然形成的，并且磁化率通常较弱。古代的人们就知道了磁铁矿，磁铁矿的特性长期以来一直是人们好奇和娱乐的来源。

14.1.1　什么是磁极？

如果仔细观察所收集的一些磁体，就会发现它们的两端是用字母 S 和 N 标记的。如果探究这些标记的起源，就会发现它们最初代表的是如何找到北方和南方。如果将细线系在磁棒的中间，让磁棒绕悬点自由转动，那么它最终静止下来后，一端会指向北方。这一端就是标记为 N 的磁极，另一端是标记为 S 的磁极。

如果你的磁体是以这种方式标记的，那么很快就会发现两个磁体的异性磁极相互吸引，即一个磁体的 N 极吸引另一个磁体的 S 极。如果双手紧握两个磁体，让它们的 N 极靠近，就会感受到推开它们的排斥力。若它们的两个 S 极靠近，同样会感受到推开它们的排斥力。事实上，如果将两个磁体放到桌面上，试着让两个同性磁极靠近，那么桌面上的磁体可能会"逃跑"甚至反转，反转后的磁极可能会因异性磁极的相互吸引而靠近甚至接触。

我们可将这些简单的观察结果总结为小学科学课上学过的如下规则（见图 14.3）：

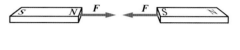

　　同性磁极相斥，异性磁极相吸。

这条规则明显与同种电荷和异种电荷之间的静电力规律相似（见 12.1 节）。然而，在静电力规律出现之前，磁体的这种规律就已广为人知。

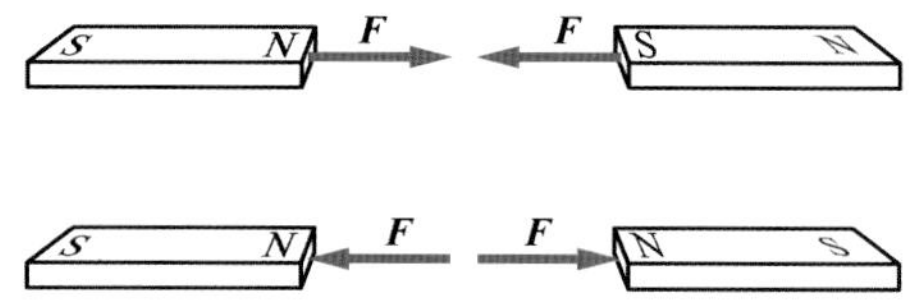

图 14.3　同性磁极相斥，异性磁极相吸

当我们玩磁体时，让磁体互相"追逐"是很有趣的。小圆盘磁体或环形磁体的磁极通常位于小圆盘的两面。如果让一个小条形磁体靠近小圆盘磁体的同性磁极，小圆盘磁体可能会跳走，或者快速反转并与小条形磁体吸在一起。有时，小圆盘磁体的反转速度会快到我们看不清。如果将多个环形小磁体套在木柱上，那么很容易让它们悬浮起来，如图 14.4 所示。

有些磁体似乎有两个以上的磁极：在磁体中间的某个位置，可能有一个 S 极和一个 N 极。将细铁屑撒在磁体上方的一张纸上，可以显示磁极的位置。铁屑将密集地聚集在磁体的两个磁极附近（见图 14.5）。

图 14.4　套在木柱上的环形小磁体能够悬浮起来。木柱的作用是不让磁体跑偏

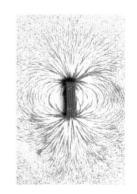

图 14.5　细铁屑可以用来形象化条形磁体周围的磁场

14.1.2　磁力和库仑定律

磁极和静电荷行为之间的相似性，远超相吸和相斥规律。如果测量两个磁极之间相互作用的力如何随距离或磁场强度变化，就会发现一个类似于静电力的库仑定律的规律。事实上，库仑自

已进行了测量，并且首次阐述了磁极作用力的规律。

库仑进行测量时使用了两个磁体，也就是说，他用两个细长的条形磁体代替了扭秤实验中的金属球（见 12.3 节）。磁体要长到另一个磁极到测量点的距离较远，以便可以忽略它对力的影响。

库仑的实验表明，两个磁极之间的磁力随两极之间的距离的平方减小，就如静电力那样。这个力还与每个磁极的磁感应强度成正比。有些磁体要比其他磁体的磁感应强度大，一个磁体对另一个磁体施加的力的大小，取决于两个磁体的磁感应强度和它们之间的距离。

14.1.3 场线与磁体能联系起来吗？

一个磁体至少应是一个磁偶极子——我们无法完全孤立一个磁极。磁偶极子由相隔一定距离的两个异性磁极组成。虽然可能存在两个以上的磁极，但是，显然不可能少于两个磁极。物理学家为寻找磁单极子（由一个孤立的磁极组成的粒子）投入了大量的精力，但是，到目前为止还没有发现它们存在的证据。将磁偶极子一分为二后，得到的是两个磁偶极子。

在这一方面，磁极与电荷是不同的。正电荷和负电荷可以相互分离。电偶极子由大小相等、符号相反的电荷组成，电荷之间相隔一小段距离，如图 14.6 所示。电偶极子产生的电场线始于正电荷，终于负电荷。

磁偶极子具有相似的场线吗？我们确实可以定义一个被称为磁场的物理概念。磁偶极子的场线与电偶极子的场线是相似的（磁场的定义见 14.2 节）。磁场线从偶极子的 N 极延伸到 S 极（见图 14.6）。然而，与电场线不同的是，磁场线不会终止，而会形成闭合回路。如果将细铁屑撒到条形磁体上方的纸上，就可以清晰地看到细铁屑沿磁场方向排列。

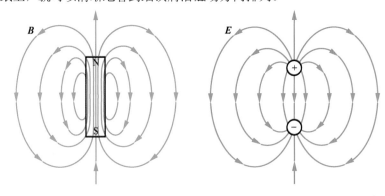

图 14.6　磁偶极子产生的磁场线类似于电偶极子产生的电场线，只是磁场线会形成连续的闭合回路

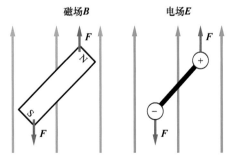

图 14.7　磁偶极子沿外部磁场的磁场线排列，就像电偶极子沿电场的电场线排列那样

如果将一个电偶极子放到由其他电荷产生的电场中，那么电偶极子就会沿电场的电场线排列。作用在电偶极子的每个电荷上的力，在电偶极子上产生一个力矩，使其朝电场方向转动（见图 14.7）。类似地，磁偶极子沿外部磁场排列，这是细铁屑沿磁体周围的磁场线排列的原因。细铁屑被磁场磁化后，变成了磁偶极子。

14.1.4 地球是磁体吗？

指南针是磁偶极子。最早的指南针是用薄磁铁矿晶体制成的：磁铁矿晶体放在支撑物上，并且保持平衡，可以自由地转动。如我们所知，磁体的 N 极指向北方，但不是准确的正北方向。在欧洲文艺复兴早期，指南针的发明极大地推动了海运的发展。此前，水手们无法在阴天航行，因为他们看不到太阳或者星星。

地球是磁体吗？指南针对什么样的磁场有反应？指南针由中国人发明，但是英国医生威廉·吉尔伯特（1540—1603）是首个深入研究这些现象的人。吉尔伯特指出，地球的行为就像是一个大磁体。我们可以想象地球的磁场由内部的 个巨大条形磁体产生，磁体的方向如图14.8所示。

由于异性磁极相吸，地球磁体的 S 极必定指向北方。指南针的 N 极沿地球产生的磁场线指向北方。然而，地球磁场的轴线与地球的自转轴不完全重合。自转轴定义地理北极，指南针在大多数位置都不精确地指向北方。在美国的东海岸，指南针 N 极的指向比地理北极偏西几

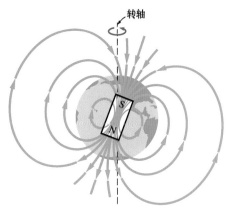

图 14.8　想象地球的磁场由内部的一个巨大条形磁体产生

度，而在美国的西海岸，指南针 N 极的指向比地理北极偏东几度。在美国的中部地区，指南针北极和地理北极完全重合。这条直线的精确位置随时间缓慢变化。有时，地球的磁极会反转：南极和北极交换位置。最近一次反转发生在约 780000 年前，从地质年代的尺度来看，这个时间很短。磁极反转体现在古老岩石的磁性记录中。

虽然科学家提出了一些能够表征地球磁场特征的模型，但并不精确了解地球磁场是如何形成的。大多数此类模型都假设地核内流体运动产生的电流，形成了地球的磁场。那么电流与磁场有什么关系呢？

简单的磁体有两个磁极，通常标记为 S 极和 N 极，它们遵循类似于电荷作用力的规则。同性磁极相斥，异性磁极相吸，两个磁极之间的相互作用力与它们间的距离的平方成反比。到目前为止，科学家还未发现磁单极子：最简单的磁体是磁偶极子。磁偶极子形成的磁场线与电偶极子形成的电场线具有类似的图样。地球本身就像是一个巨大的磁偶极子，它的 S 极指向北方，与地理北极稍有偏移。

14.2　电流的磁效应

自从伏打于 1800 年发明电池后，人们就能够产生稳定的电流。以前，只有静电实验中积蓄电荷的快速放电才能产生电流。使用细长的导线连接伏特电池的两端，就可以获得稳定的电流。自那以后，科学家就能够采用完全不同的方式来研究电流。

上节讨论的磁效应和静电效应之间的相似性，使得科学家怀疑在电和磁之间可能存在直接联系。许多人参与了这两个领域的研究。威廉·吉尔伯特探索了静电效应和磁力，查尔斯·库仑测量了磁极之间和电荷之间的作用力。在电池发明 20 年后，丹麦科学家汉斯·克里斯蒂安·奥斯特（1777—1851）有了一项惊人的发现。

14.2.1　一个出乎意料的效应

1820 年，奥斯特在一次演讲中做演示时，无意中发现了电流的磁效应。他以前的演示也经常无法按计划进行，然而，这次演示是失败的，也是幸运的。奥斯特在演讲快要结束时，抱着试试看的心态做了最后一次演示，并且手边恰好有一个指南针。他发现连接好导线和电池的电路时，指南针发生了偏转。

奥斯特此前在通电导线附近用过指南针，但是没有发现任何效应。其他科学家也寻找过类似的效应，但是没有成功，因此在奥斯特的演讲中，指南针的偏转是出人意料的。为了避免在学生面前出洋相，他决定在演讲结束后再仔细了解情况。他发现，只要电流足够强，并且指南针和导线是以一定的方式放置的，指南针就会产生可重现的结果。

在这个新发现的效应中，奇怪的方向可以解释它未被人们更早地观察到的原因。为了让水平导线发挥最大的效应，导线的方向必须是南北方向（不通电时，指南针的方向与导线方向平行）。通电时，指针偏离北方（见图14.9）。显然，导线中电流产生的磁场垂直于电流的方向。

奥斯特等人的深入研究表明，通电直导线产生的磁场线以导线为中心呈圆形。当然，当时奥斯特并未使用"磁场线"一词，只是描述了指南针在不同位置的指向。当他将指南针放到金属导线的下方时，指南针的偏转方向与其在金属导线上面时的偏转方向刚好相反。下面我们使用简单的右手定则来描述磁场线的方向。右手握住导线，拇指指向电流的方向，围绕导线的其余四指的方向就是磁场线的方向（见图14.10）。

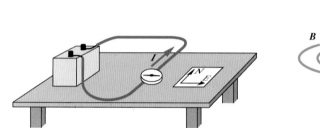

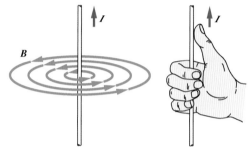

图 14.9　当南北方向的导线中出现电流时，指南针偏离这条导线

图 14.10　右手定则给出了围绕通电导线的磁场线的方向。拇指指向电流的方向，其余四指的方向就是磁场线的方向

不出所料，当指南针远离导线时，这种效应明显减弱。即使指南针与导线相距只有几厘米，也需要几安培的电流才能让指南针产生较大的偏转。早期的电池无法维持大电流，这一限制加上效应出人意料的方向，可能是人们迟迟未发现它的原因。

14.2.2　通电导线上的磁力

既然能用电流产生磁场，那么在其他方面电流是否与磁体一样呢？当有磁体或另一根通电导线存在时，电流会受磁力的作用吗？许多对奥斯特的发现感兴趣的科学家探索过这个问题，包括法国的安德烈·安培。

安培发现一根通电导线确实受另一根通电导线的力的作用。他证明了这个力与奥斯特发现的磁效应有关，不能用静电效应来解释。通电导线通常是电中性的，没有净正电荷或者净负电荷。安培测量了两根平行通电导线之间的磁力的大小，研究了磁力是如何随导线之间的距离及每根导线中的电流大小变化的（见图14.11）。

安培的实验表明，两根平行导线之间的磁力与两个电流（I_1 和 I_2）成正比，与两根导线之间的距离 r 成反比，用公式表示为

$$F/l = 2k'I_1I_2/r$$

式中，常数 $k' = 1 \times 10^{-7} \text{N/A}^2$，$F/l$ 表示单位长度导线所受的力。当两个电流的方向相同时，一根导线对另一根导线的力是吸引力；当两个电流的方向相反时，一根导线对另一根导线的力是排斥力。

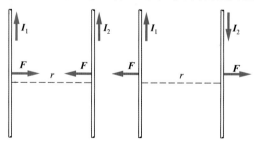

图 14.11　当两个电流的方向相同时，两根平行的通电导线相互吸引；当两个电流的方向相反时，两根通电导线相互排斥

常数 k' 的值看起来非常简单，但是这个结果不是碰巧出现的。我们就是使用这个关系式来测量两根通电导线之间的力，进而定义电流的单位"安培"的：

1 安培（A）的电流强度，是相距 1 米的两根平行导线的单位长度上的磁力为 $2×10^{-7}$ 牛顿/米（N/m）时的电流强度。

"安培"是电磁学的基本单位，它是通过测量两根平行导线之间的磁力而标准化的。电荷的单位"库仑"由安培定义。由于电流定义为单位时间内流过的电荷（$I = q/t$），因此电荷是电流与时间的乘积（$q = It$）。由此可知，1 库仑等于 1 安培·秒，即 $1C = 1A·s$。

14.2.3 运动电荷上的磁力

磁力的基本性质是什么？磁力可以被磁体作用在其他磁体上（见 14.1 节），可以被磁体作用在通电导线上，还可以被通电导线作用在通电导线上。由于电流是电荷的运动，因此当电荷运动时，显然会受到磁力的作用。电荷的运动是磁力存在的必要条件吗？安培在 19 世纪 20 年代探讨了这个问题。

想想一根通电导线对另一根通电导线施加的力的方向：这个力的方向垂直于电流的方向。由于电流的方向是正电荷流动的方向，因此可以假设导线中运动的电荷受磁力的作用。这个力必须垂直于电荷的速度，才能与我们在给定导线上观察到的力相符（见图 14.12）。

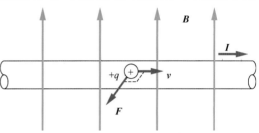

图 14.12　施加在运动电荷上的磁力垂直于电荷的速度与磁场

当通电导线垂直于磁场方向时，通电导线受到的磁力最大。所有这些事实都表明，磁力作用在运动的电荷上。这个力与电荷量和运动电荷的速度（这两个量都与导线中电荷运动形成的电流有关）以及磁场强度成正比。用符号表示时，可以写为 $F = qvB$，其中 q 为电荷，v 是电荷运动的速度，B 是磁场的磁感应强度。注意，要使这个关系式成立，速度必须垂直于磁场。不过，电荷无须局限在导线中。

磁力的表达式实际上定义了磁场的磁感应强度。公式两边同时除以 q 和 v 得

$$B = \frac{F}{qv_\perp}$$

式中，$v_\perp$ 代表速度在垂直磁场方向的分量。根据这一定义，我们得到磁感应强度的单位是牛顿/安培/米 [N/(A·m)]，即今天所用的特斯拉（T）。

类似于电场强度是单位电荷的静电力，如果移动电荷的速度垂直于磁场，那么磁感应强度就是单位电荷、单位速度下的磁力。如果电荷的速度为零，就没有磁力，但是磁场可能仍然存在。

14.2.4 运动电荷上的磁力方向

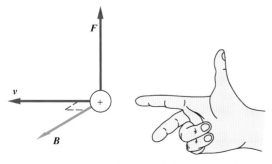

图 14.13　如果右手食指指向电荷的速度方向，中指指向磁场的方向，那么大拇指就指向作用在正电荷上的磁力的方向

如图 14.13 所示，另一个右手定则常用于描述作用在运动电荷上的磁力方向（注：在美国的教材中，所有与磁场有关的方向都是用右手来判断的，有的教材称其为第一、第二和第三右手定则）。如果将右手的食指指向正电荷的速度方向，中指指向磁场的方向，那么大拇指就指向作用在运动电荷上的磁力的方向。这个力总是垂直于速度和磁场的。如果负电荷的运动方向与正电荷的相同，那么作用在负电荷上的磁力与作用在正电荷上的磁力相反。

因为作用在移动电荷上的磁力垂直于电荷的速度，所以磁力对电荷不做功，也不增加电荷的动

能。由此产生的电荷加速度是向心加速度，它改变电荷的速度方向。如果电荷沿垂直于均匀磁场的方向运动，磁力就会使得带电粒子的路径弯曲成圆，圆的半径由质点的质量、速度和磁力决定，可由牛顿第二运动定律求出（见题 SP2）。

由于电流的方向与正电荷的流动方向相同，因此用来确定作用在移动电荷上的力的方向的右手定则，也可以用来描述作用在通电导线上的磁力的方向。这时，食指指向电流的方向，中指和拇指所指的方向与此前的相同。

导线上的磁力可以表示为 $F = IlB$，其中 I 表示电流强度，l 表示导线的长度，B 表示磁场的磁感应强度（见例题 14.1）。为了使这个表达式成立，电流的方向必须垂直于磁场。注意，这个表达式仅是公式 $F = qvB$ 的另一种表述，即电荷与速度之积（qv）已被电流与导线长度之积（Il）取代。

例题 14.1　磁力

长为 15cm 的直导线中的电流为 4A。导线垂直于磁感应强度为 0.5T 的磁场。作用在导线上的磁力是多大？

$l = 15\text{cm} = 0.15\text{m}$，$I = 4\text{A}$，$B = 0.5\text{T}$，$F = ?$

$F = IlB = 4 \times 0.15 \times 0.5 = 0.3\text{N}$

按照图 14.13 所示的右手定则，这个力的方向垂直于导线中的电流方向与磁场方向。

磁力本质上是运动电荷之间的相互作用力。由于电流是由运动电荷形成的，因此也可以说磁力是电流之间的相互作用力，在涉及磁场或磁力的表达式中，总可以使用乘积 Il 代替 qv。

奥斯特发现，当电流的方向合适时，电流就可以让指南针偏转。在这一发现的基础上，安培指出，一根通电导线会受另一根通电导线的磁力作用。由于电流是由移动电荷形成的，因此磁场的强弱可以定义为单位电荷、单位速度下的力，前提是速度垂直于磁场。

14.3　电流环路的磁效应

到目前为止，我们考虑的通电导线都是直导线，它们需要在某些地方弯曲才能形成完整的电路。电磁学的许多应用都涉及电流环路（线圈）。电流环路主要用于电磁铁、电动机、发电机、变压器等器件中。

将通电导线弯曲成环会发生什么？电流环路的磁场分布是什么样的？电流环路是如何受其他磁场影响的？在奥斯特的发现之后，19 世纪 20 年代紧张的实验活动探索了这些问题。安培和许多其他科学家一样，积极从事了这项工作。

14.3.1　电流环路的磁场

如 14.2 节讨论的那样，直导线电流的磁场线是以导线为中心的圆。想象将这样的导线弯曲成环的过程：磁场线会发生什么变化？在离导线非常近的地方，磁场线大概仍然是圆形的。然而，在电流环路的中心，每小段导线产生的磁场贡献的方向大致都是相同的。它们互相叠加后，在环的中心区域形成很强的磁场。

这样形成的磁场如图 14.14 所示。磁场线在电流环路的中间非常密集，表明磁场很强。导线本身附近的磁场也很强。离环越远，磁场越弱，这是可以预料到的。就像直导线的磁场线一样，电流环路的磁场线围绕导线弯曲，直至闭合为环。

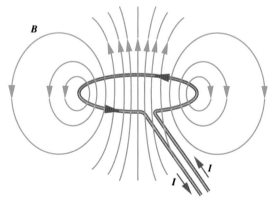

图 14.14　当通电导线弯曲成环时，导线不同部分产生的磁场相互叠加，在环的中心区域产生强磁场

注意，图 14.14 所示的磁场类似于条形磁体的磁场（见图 14.6）。事实上，当条形磁体很短时，如图 14.15 所示，磁场模式是相同的。于是，我们得出结论：电流环路是磁偶极子，因为它与我们熟悉的磁偶极子——条形磁体的磁场是相同的。

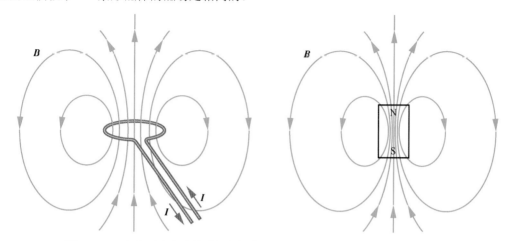

图 14.15　电流环路产生的磁场与短条形磁体（磁偶极子）产生的磁场相同

14.3.2　电流环路上的磁力矩

电流环路和条形磁体之间的相似性不只体现在产生的磁场模式上。如果在一个外部磁场中放一个电流环路，那么它会受到一个力矩的作用而开始转动，就像条形磁体最初与外磁场方向不一致时的行为那样。因此，使用一圈或多圈通电导线作为指南针是可行的，因为环路中间的磁场方向会转到与外部磁场方向对齐，就像普通的指南针那样。

考虑矩形环路，我们能够很容易地了解电流环路上的力矩的来源，如图 14.16 所示。矩形环路上的每段导线都是直导线，作用在每段导线上的力的表达式是 $F = IlB$（见 14.2 节）。力的方向由图 14.13 中的右手定则给出。你可以动一动右手，验证图中的力的方向。

图 14.16 中矩形环路的每条边都受磁力的作用。矩形环路两端的力（F_1 和 F_2）对过环路中心线的轴（图中的虚线）不产生力矩，因为它们的作用线过环路的中心线。它们对任何过环路中心线的轴的力臂都是零，因此不产生关于中心线的力矩（关于力矩和转动的讨论，见第 8 章）。

只要环路平面不垂直于外部磁场，另外两端的力（F_3 和 F_4）的作用线就不过环路的中心线。由图可以看出，这两个力共同产生一个合力矩，使得矩形环路围绕图中所示的轴转动，进而使得环路平面最终垂直于磁场。

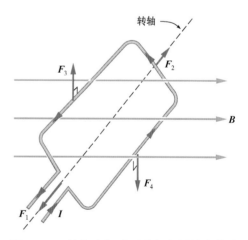

图 14.16　施加在矩形环路每段导线上的力共同产生一个力矩，使得环路旋转，直到环路平面垂直于外部磁场

因为每段导线上的磁力正比于流过环路的电流，因此环路上的力矩大小也正比于电流。这个事实使得电流环路上的力矩对测量电流非常有用。例如，大多数简单的电流表中都有一个线圈，线圈的中心有一根指针。永磁体提供磁场，没有电流时，弹簧使得指针归零（见图 14.17）。

这个力矩也是电动机运行的基础。然而，为了保持线圈的转动，线圈中的电流必须每转动半周反转一次。否则，当线圈平面垂直于外部磁场时，线圈就会停止转动。交流电适合运行电动机，但

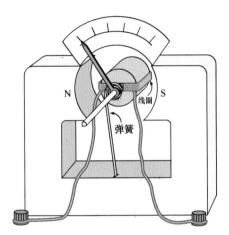

图 14.17　简单电流表由线圈、永磁体和复位弹簧组成，当线圈中没有电流时，弹簧使指针归零

将线圈视为磁体的效应是由法国科学家多米尼克·弗朗索瓦·阿拉果发现的，他发现细铁屑会被通电铜线吸引，就像被磁体吸引那样。按照安培的建议，阿拉果后来又发现，如果将导线绕成螺旋状或者线圈状，效应会增强。然而，将线圈绕在钢针或钢钉上时，会产生更大的效应。这时，线圈吸引细铁屑的能力好于大多数天然磁体。

阿拉果证明，他的简单电磁铁有一个 N 极和一个 S 极，就像条形磁体那样。事实上，条形磁体的磁场与同样长度和强度的电磁铁产生的磁场是相同的。根据这种相似性，安培认为，类似于磁铁矿的天然磁性材料的磁性来源，是构成这种材料的原子中的电流环路。如果这些原子的电流回路由于某种原因彼此排成一列并且固定于这些位置，就会产生永磁体。

在安培所处的时代，人们对原子的结构一无所知。直到 20 世纪初，也就是约 100 年后，人们才开始了解原子的结构。即便如此，安培的理论还是非常接近我们对铁、镍、钴等铁磁性金属及它们的合金的现代看法。我们现在知道，电流环路与原子中电子的自旋有关。直到 20 世纪后半叶，人们才了解这些自旋在铁磁性材料中保持一致、在其他材料中不保持一致的原因。

在 1820 年奥斯特首次发现电流磁效应后的十年里，许多电磁现象已被人们深入探索与描述。安培是这些研究工作的领头人，他还对有关通电导线和线圈所受磁力的数学理论的发展做出了贡献。他将天然磁体的磁性与原子的电流环路联系起来的理论，实现了电与磁之间的联系。我们可将磁效应视为电流或运动电荷的结果。

是，我们也可以设计直流电动机（见日常现象专栏 14.1）。电动机无处不在，从汽车中的电动机到厨房电器中的电动机，再到吸尘器、洗衣机、烘干机和电动剃须刀中的电动机。

14.3.3　如何制作电磁铁？

前面讨论了单个电流环路及由多个方向相同的电流环路组成的线圈。存在多个环路时，产生的磁场更强吗？将一卷导线绕到铁芯或钢芯上会有什么结果？

我们很容易得出这样的结论：一卷导线（或多匝线圈）产生的磁场，强于电流相同时单匝线圈产生的磁场。在线圈的轴附近，每个环路产生的磁场的方向都相同，因此它们会叠加，产生的磁场的强度与线圈的匝数 N 成正比（见图 14.18）。将线圈放到外部磁场中时，作用在线圈上的力矩也正比于线圈中的电流和匝数。

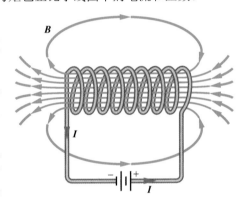

图 14.18　多匝线圈产生的磁场要强于单匝线圈产生的磁场，磁场强度与线圈的匝数成正比

电流环路的磁场与短磁棒或磁偶极子的磁场相同。类似于条形磁体，电流环路在外部磁场中也受力矩的作用。这个力矩是简单电流表和电动机工作的基础。将单个电流环路换成线圈，效应会增强；将铁芯放到线圈的中心，效果也会增强。电流通过绕在铁芯上的线圈，线圈就成电磁铁。天然磁体是由与磁性材料原子中的电子自旋相关的排列整齐的电流环路形成的。

14.4 法拉第定律：电磁感应

奥斯特、安培和其他人的工作，确定了磁力与电流的关系。使用麦克斯韦引入的场的概念，我们现在可以说电流产生磁场。那么磁场能够产生电流吗？

英国科学家迈克尔·法拉第是英国化学家汉弗莱·戴维爵士的助手。戴维的主要兴趣及法拉第早期的大部分工作，都是关于电流化学效应（电解）的。后来，法拉第开始了一系列利用磁效应来产生电流的实验。

14.4.1 法拉第的实验说明了什么？

法拉第认为，电流的磁效应可以通过线圈增强，于是就这样开始了他的实验：将两个互不相连的线圈绕在同一个木圆柱体上。一个线圈连接电池，另一个线圈连接电流计（电流计测量电流的方向和大小）。

日常现象专栏 14.1 直流电动机

现象与问题 当你还是孩子的时候，就可能用手电筒里的电池做过一台简单的直流电动机。制作电动机是中学生的普通科学活动，器材可以买到，并且不贵。直流电动机是如何工作的？如何在不使用交流电的情况下，保持转子向同一个方向运动？如何改变电动机的转速？

分析 制作直流电动机的方法有多种，但是最简单的方法通常是附图所示的方法。线圈绕在转子上，转子的轴架在支撑物上。这样，它就可以在马蹄形永磁体的两极之间转动。

在这种直流电动机中，关键装置是裂环或裂环换向器，它由两个半圆形金属环组成，装在绝缘圆筒上，每个金属环和线圈的一端接触。金属环与两侧固定的金属片（电刷）滑动接触。电池通过电刷先与两个金属环接触，后与线圈相连。这样，线圈的两端就连接到了电池的正负极。线圈转动时，线圈与两个金属环的接触每隔半周发生一次变化，线圈内的电流方向也发生一次变化。交流电动机不需要这样的裂环换向器，因为电流本身每半周就反转一次。

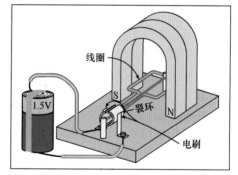

了解电动机如何工作的一种简单方法是，将线圈视为电磁铁。线圈的 S 极被马蹄形磁体的 N 极吸引，导致线圈转动。当线圈到达最接近两个磁极的位置时，流经电动机的电流反向。

简单直流电动机包括一个线圈转子，转子装在转轴上，位于永磁体的两极之间。裂环使得电流每半周改变一次方向

电流的反向使得线圈的极性反转，即 S 极变成 N 极，N 极变成 S 极，反之亦然。当线圈的惯性使得线圈转过竖直位置（环缝）后，新形成的 N 极被马蹄形磁体的 S 极吸引（被马蹄形磁体的 N 极排斥），导致线圈转子继续向原来的转动方向旋转。线圈上的力矩来自线圈电磁铁和永久马蹄形磁体的磁极之间的作用力。每转半周，由于裂环接触的原因，线圈的磁极反转。

既然可以将线圈视为电磁铁，那么也可以将线圈上的力矩视为磁场作用在线圈两边的电流元上的力矩（见图 14.16）。当线圈中的电流反向时，这些力也反向，于是力矩保持在合适的方向上。

直流电动机的转速与所加的电压有关。乍看之下，这种电压依赖性并不令人奇怪，但是它实际上是用法拉第电磁感应定律而非欧姆定律来解释的（见 14.4 节）。如果你将我们关于电动机的描述与 14.5 节中关于发电机的描述进行比较，就有可能发现这两种装置是非常相似的。事实上，如果我们通过外部提供能量来转动转子，就可以将电动机当作发电机。混合动力汽车制动时就会发生这样的情况，详见日常现象专栏 11.1。

电动机转动时，会像发电机那样在线圈的转子上感应出反电动势，根据法拉第定律，它是由通过线圈的磁通量的变化产生的。感应电动势的大小随线圈转速的增加而增加，就像在发电机中那样。需要较大的电源

电动势才能克服转速增加导致的较大反电动势。因此，为了达到更高的转速，必须增加电压。交流电动机通常以固定转速运行。如果改变直流电动机的电压，直流电动机的转速就能够连续地改变。

法拉第想知道连接电池的线圈中有电流流过时，是否能够检测到与电流计相连的线圈中的电流。

第一次实验的结果是消极的：在第二个线圈中未检测到电流。法拉第并未泄气，而是继续缠绕越来越长的线圈。最后，通过一根长约 200 英尺的铜线绕成的线圈，他发现了一个现象：虽然在第二个线圈中仍未找到存在稳定电流的证据，但是当他将第一个线圈连接到电池的瞬间，电流计的指针向一个方向稍微偏转了一下；当他断开第一个线圈与电池的连接的瞬间，电流计的指针向另一个方向稍微偏转了一下。

法拉第并没有料到这种效应，但是他只能接受。通过进一步的实验，法拉第发现，如果将两个线圈都缠绕到铁芯而非木制圆筒上（见图 14.19），可以得到更大的瞬间偏转。法拉第在一个焊接铁环的两边绕了两个线圈。一个线圈（初级线圈）连接电池，另一个线圈（次级线圈）连接电流计。同样，当初级线圈回路与电池接触而闭合时，电流计指针向一个方向偏转；当初级线圈回路断开时，电流计指针反向偏转。

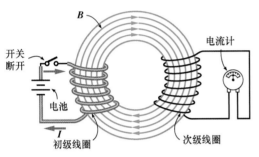

图 14.19　法拉第在实验中所用的铁环使得初级线圈产生的磁场通过次级线圈

当初级线圈中存在稳定的电流时，在次级线圈中检测不到电流。只有当初级线圈中的电流因电路闭合或断开而发生变化时，才能观察到次级线圈中的电流偏转。偏转程度与绕在次级线圈上的线圈匝数及与初级线圈一起使用的电池的供电能力成正比。于是，法拉第认为：次级线圈中的电流可能由随时间变化的磁效应引起，而不由初级线圈中的电流的稳定状态引起。

法拉第通过许多其他实验验证了这个想法，其中一个实验涉及让条形磁体进出中空螺线管，后者连接电流计（见图 14.20）。插入磁体时，电流计指针向一个方向偏转；拔出磁体时，电流计指针反向偏转；当磁体不动时，不产生偏转。这是一个非常容易演示的实验，器材可以在大多数物理实验室中找到。

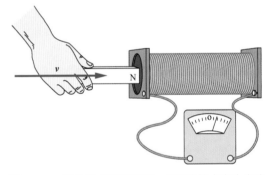

图 14.20　磁体进出螺线管时，在螺线管中产生电流

14.4.2　法拉第定律

法拉第的所有实验结果表明，当通过线圈或电路的磁场发生变化时，在线圈或电路中会感应出电流。由于次级电路中的电流强度还取决于电路的电阻，因此我们常用感应电动势而非电流来表示这些结果。然而，要定量地表述这个效应，就需要以某种方式来定义有多少磁场通过了电路。引入磁通量的概念，可以解决这个问题。磁通量与通过线圈所围成区域的磁场线的数量有关。当线圈平面垂直于磁场时，磁通量就是磁感应强度 B 和线圈所围成区域面积 A 的乘积（见图 14.21）。用符号表示时，磁通量定义为

$$\Phi = BA$$

式中，Φ 是用于表示磁通量的标准符号。

我们需要对这个定义加以约束。当磁场线沿垂直于电路平面的方向通过电路时，磁通量最大。当磁场线平行于电路平面时，磁通量为零，因为磁场线不通过电路（见图 14.21）。因此，我们只使用 B

垂直于线圈平面的分量来计算磁通量。

于是，**法拉第定律**的定量表述如下：

当通过电路的磁通量发生变化时，在电路中产生感应电动势。感应电动势等于磁通量的变化率，用符号表示为

$$\mathcal{E} = \Delta\Phi / t$$

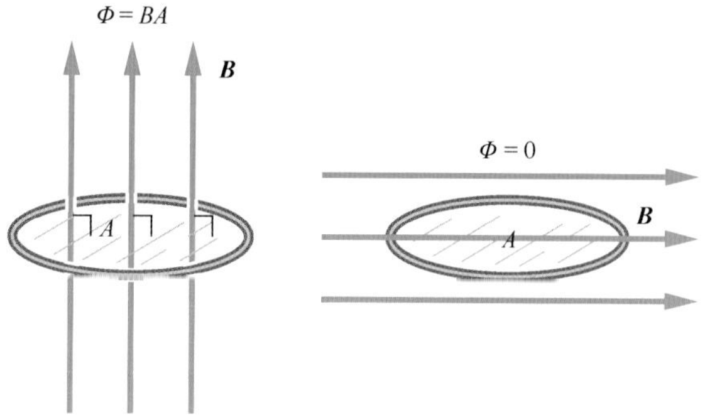

磁通量的变化率，等于磁通量的变化量除以产生这一变化所需的时间 t。法拉第感应定律描述的产生出感应电动势的过程，被称为电磁感应。

通过电路的磁通量变化越快，感应电动势就越大，这在磁体进出实验中可以很容易地观察到。快速地让磁体进出线圈时，电流计指针的偏转大。通过线圈的磁通量必定通过线圈中的每匝导线，所以通过线圈的总磁通量等于线圈匝数乘以通过每匝导线的磁通量，即 $\Phi = NBA$。线圈的匝数越多，感应电动势越大。

电流环路可用于测量磁场的强度。通过线圈的磁通量能够迅速减小为零。例如，可以从磁场中移走线圈，还可以让它旋转四分之一周，使得磁场线平行于线圈平面。如果知道做出这一改变所需的时间，就可以通过测量感应电动势来求出磁场的强度。例题 14.2 中说明了法拉第定律的有关应用，它根据已知磁场求感应电动势，是反向计算的过程。

图 14.21 当磁场线垂直于线圈平面时，通过线圈的磁通量最大。当磁场线平行于线圈平面时，磁通量为零

例题 14.2　感应电动势有多大？

磁感应强度为 0.4T 的匀强磁场垂直穿过一个 50 匝的线圈。线圈所围成区域的面积为 $0.03m^2$。如果将线圈从磁场中移走，通过线圈的磁通量在 0.25s 内减小为零，线圈中的感应电动势是多少？

$N = 50$ 匝，$B = 0.4T$，$A = 0.03m^2$，

$t = 0.25s$，$\Phi = ?$

初始磁通量为

$\Phi = NBA = 50 \times 0.40 \times 0.03 = 0.60T \cdot m^2$

感应电动势等于磁通量的变化率，即

$$= \Delta\Phi / t = (0.60 - 0)/0.25 = 2.4V$$

14.4.3　楞次定律

我们能够预测线圈中感应电流的方向吗？答案是，使用**楞次定律**就可以做到这一点。与法拉第定律同时出现的楞次定律，应归功于海因里希·楞次（1804—1865）：

变化的磁通量产生这样一个方向的感应电流：这个方向的感应电流产生的磁场，与原磁场磁通量的变化方向相反。

当磁通量随时间减小时，感应电流产生的磁场与原来的外部磁场方向相同，与磁场变化（减小）的方向相反。另一方面，如果磁通量随时间增加，那么感应电流产生的磁场与原来的外部磁场方向相反，也与磁场变化（增加）的方向相反。

楞次定律可以用图 14.22 来理解。当磁体被插入

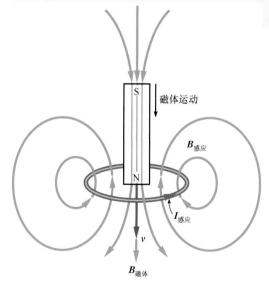

图 14.22　导线环中的感应电流在环内产生指向上方的磁场，这个磁场反抗与磁体运动相关的指向下方的磁场的增加

线圈时，磁通量随时间增加，感应电流在线圈中是逆时针方向的。由这种感应电流产生的磁场，向上穿过线圈限定的区域，与和磁体运动相关的磁场的向下增加相反。楞次定律还解释了法拉第在实验中闭合或断开初级线圈时，电流计指针发生反向偏转的原因。

日常现象专栏 14.2　红绿灯附近的车辆传感器

附图 1　人行道上的圆形图案表明存在车辆传感器。这个传感器是如何工作的？

现象与问题　当你开车接近红绿灯时，经常会发现路面上存在圆形或菱形图案，如附图 1 所示。你可能意识到路面上的这种图案与红绿灯的变化有关，如果车辆未停到图案上，红绿灯可能不会改变。

这个传感器是如何工作的？路面上的图案背后隐藏着什么？为什么这些图案在交通控制应用中变得越来越普遍？

分析　路面上的图案下方是一个多匝线圈，它是一个传感器，通常是在路面铺设完毕后放到路面下方：使用工具在路面上凿出圆形槽或菱形槽，并将线圈铺设到槽中，然后使用橡胶状密封化合物覆盖线圈。

线圈传感器是整个信号电路的一部分。信号电路的其余部分（定时控制部分）通常位于路边，可能在路面铺好前就已布置完毕。在路面上有一根管道，管中的导线将传感器电路连接到交通灯的定时控制装置，如附图 2 所示。

这个线圈是如何探测到车辆的？当车停到圆形图案上时，钢车架会增大线圈中电流产生的磁场，效果类似于将铁块放到电磁铁线圈中。铁增强磁场，进而增大线圈的电感。铁元素是钢的主要成分，而钢广泛用于车架中。当然，任何金属都会对电感产生一定的影响。

由于线圈是电路的一部分，因此电感的变化会影响电路的功能。许多电路设计可以将电感的变化转换为信号，进而控制交通灯。例如，电感器是振荡电路的一部分，电路的振荡频率取决于电感的值。这种振荡频率的变化可以用来通知其他电路出现了车辆。

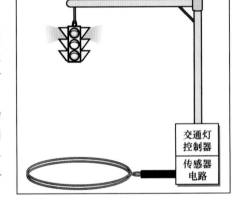

附图 2　路面下的线圈是传感器电路的一部分，它向红绿灯定时控制系统发送信号

根据交通信号灯的控制程序，指示车辆出现的信号可能会短暂地延迟后让信号灯发生变化。距离十字路口较远的其他传感器可以显示有多少车辆。这一信息可以用来确定在弯道或岔道上的绿灯应该保持多长时间。

这些传感器已经成为管理交通流量的常用工具。如果在任何时候及各个方向交通都很繁忙，那么可以使用简单的定时系统控制交通灯。如果交通模式随一天中的不同时间变化，那么可以使用传感器优化交通灯的时间。例如，当岔道上没有车辆时，就没有必要阻止主干道或高速公路上的车辆。利用这些技术来提高交通效率，就能节省能源，减少司机的沮丧情绪，减少人们对昂贵高速公路建设的需求。

14.4.4　什么是自感应？

法拉第于 1831 年首次报告了他的电磁感应发现。一年后，在美国普林斯顿大学工作的约瑟夫·亨利（1797—1878）报告了相关效应的发现。亨利在做电磁铁实验时发现，电磁铁连接电池产生的火花，要比导线接触电池两极产生的火花大。电路断开时产生的火花最大。

亨利对这一现象进行了详细的研究。他发现，长导线产生的火花要比短导线产生的火花大，绕成螺旋线圈时也会产生更大的火花。将导线绕在钢钉上制成电磁铁，效果更强烈。他通过手臂感觉放电带来的冲击位置，粗略地判断了放电强度。如果只有手指感觉到，那么放电强度不大；如果肘部感觉到，那么放电强度就很大。将电磁铁的导线连接到电池后，感觉到的冲击要比直接用手指触摸电池末端时的更大。

亨利就这样发现了自感。当线圈与电池连接时，通过线圈的变化的磁通量在同一个线圈中产生白感电动势。线圈中的感应电流产生的磁场的方向，与原磁场磁通量变化的方向相反。自感电动势的大小由法拉第定律描述，它与线圈的匝数和线圈内电流的变化率成正比。当电路断开时，感应电动势可能要比电池本身的电动势大几倍。

自感的用途很多。例如，电路中使用线圈来消除电流的变化，电流增加时产生的自感电动势会使变化发生得比没有线圈时慢。这个自感电动势与使得电流增加的电压相反，相当于一个反电动势。电感器或线圈有效地增加了系统的电气惯性，减少了电流的快速变化（详见日常现象专栏14.2）。感应线圈也被用来产生大的电压脉冲，如为汽车火花塞供电的脉冲。

> 迈克尔·法拉第发现，当通过线圈的磁场改变时，会在线圈中感应出电流。法拉第定律指出，线圈中的感应电动势等于通过线圈的磁通量的变化率。磁通量被定义为磁场乘以线圈所包围的面积。楞次定律表明，感应电流产生一个磁场，这个磁场的方向与原始磁通量的变化相反。约瑟夫·亨利发现了自感的相关效应，即在磁通量发生变化的同一个线圈中产生自感电动势。

14.5 发电机和变压器

我们每天都要用到电能，但是我们通常不会思考电能来自何处或者它是如何生产的。我们知道，经由空中或地下的电线传输而来的电能，可以为电器提供动力，可以为家庭和办公室提供照明，还可以为家庭供暖或制冷。我们甚至还会看到电线杆上的变压器。

发电机和变压器在电能生产和使用过程中都至关重要，二者都是基于法拉第电磁感应定律的。它们是如何工作的？它们在配电系统中起什么作用？

14.5.1 发电机是如何工作的？

我们在第 11 章中讨论能源时提到过发电机。发电机的基本功能是将机械能转换为电能，机械能可以从水坝的水轮机或发电厂的汽轮机中获得。如何做到这一点？法拉第电磁感应定律是如何描述发电机的工作的？

图 14.23 中显示了一台简单的发电机。转动曲柄提供的机械能使得位于永磁体两极之间的线圈转动。当线圈平面垂直于磁极之间的磁场线时，通过该平面的磁通量最大。当线圈平面与磁场线平行时，磁通量为零。线圈超过这一点时，磁场线通过线圈的方向与初始方向相反（相对于线圈）。

线圈的旋转使得通过线圈的磁通量从一个方向上的最大值变为零，再变为另一个方向上的最大值，以此类推，如图 14.24 所示。根据法拉第电磁感应定律，由于磁通量的变化，线圈中将产生电动势。感应电动势的大小取决于磁通量的变化率，以及决定最大磁通量大小的磁体和线圈等因素。线圈转得越快，感应电动势的最大值越大，因为增加的速度会让磁通量变化得更快。

图 14.23 简单发电机由线圈和永磁体组成，当线圈在永磁体的两极之间转动时，产生电流

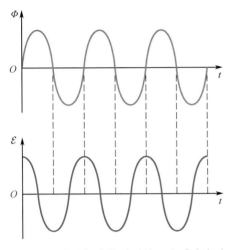

图 14.24 发电机中的磁通量 Φ 和感应电动势 $\mathcal{E}$ 随时间变化的图像

图 14.24 中显示了磁通量和感应电动势随时间连续变化的图像。如果线圈以稳定的速率转动，磁通量就会平滑地变化，如图 14.24 中的上图所示。下图在同一时间坐标上画出了感应电动势的图像。根据法拉第定律，感应电动势等于磁通量的变化率，因此感应电动势的最大值出现在磁通量曲线斜率最大的地方，感应电动势的零值出现在磁通量瞬间不变的地方（零斜率）。得到的感应电动势图像与磁通量图像相似，但是稍有偏移。

由图可以看出，发电机产生的电通常是交流电，这也是人们在配电系统中使用交流电的原因之一。为了产生 60Hz（美国的标准频率）的交流电，发电机线圈的转速必须保持为某个特定的值。

发电厂中使用的发电机类似于这里描述的简单发电机，工作原理相同；但是，发电厂的发电机通常有多匝线圈，磁体是电磁铁而不是永磁体。汽车中也有发电机，其作用是为电池充电、控制灯光，以及为其他电气系统提供动力。

14.5.2 变压器有什么作用？

交流配电的另一个优点是，使用变压器可以改变电压。我们中的多数人都熟悉变压器。例如，你可以在电线杆、变电站和低压设备（如电动火车模型）的电压适配器上看到它们（见图 14.25），它们的作用是调节电压以适应具体应用的需要。

法拉第早期的一些实验涉及现代变压器的原型。图 14.19 中所示的装置就是他的变压器原型，它是在铁环上绕一个初级线圈和一个次级线圈制成的，是简单变压器的一个例子。根据法拉第定律，当初级线圈中的电流（及相关的磁场）发生变化时，次级线圈中就产生电压；使用交流电源为初级线圈供电时，就会出现这种情况（见图 14.26）。

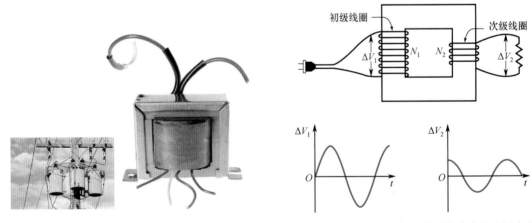

图 14.25 电线杆上和变电站中的变压器。左下方的小变压器是电气设备中的常见配件

图 14.26 施加在变压器初级线圈上的交流电压产生变化的磁通量，进而在次级线圈中产生电压

变压器所能产生的电压变化量的大小由什么决定？根据法拉第定律，我们可以得出一个简单的关系。次级线圈上的感应电压与次级线圈的匝数成正比，因为匝数决定了通过该线圈的总磁通量。感应电压还与初级线圈上的电压成正比，因为它决定了初级线圈中的电流大小及相关的磁场（负载和线圈一定时）。然而，感应电压与初级线圈的匝数成反比。这种关系可用符号表示为

$$\Delta V_2 = \Delta V_1 (N_2/N_1)$$

式中，N_1 和 N_2 是初级线圈和次级线圈的导线匝数，ΔV_1 和 ΔV_2 是相应的电压。这个关系式常被写为如下的比例关系：

$$\Delta V_2/\Delta V_1 = N_2/N_1$$

即两个线圈的匝数比决定了电压比。

自感是次级线圈上感应电压与初级线圈的匝数成反比的原因。初级线圈的匝数越多，由于自感产生反电动势，初级线圈中产生电流的快速变化就越困难。这种效应限制了初级线圈产生的电流和磁场的大小，进而限制了通过次级线圈的磁通量。

假设你想以 12V 电压运行电动玩具车，但是墙上插座提供的电压是 120V。这时，你需要一个变压器，其初级线圈的匝数是次级线圈的 10 倍，才能在次级线圈上产生 12V 的电压。电视机需要用比 120V 高得多的电压驱动显像管，因此所用变压器的次级线圈的匝数要比初级线圈的匝数多得多（见例题 14.3）。

例题 14.3　升压变压器

连接 120V 交流电的变压器为霓虹灯提供 9600V 电压。**a.** 变压器的次级线圈匝数与初级线圈匝数之比是多少？**b.** 如果变压器初级线圈的匝数为 275，次级线圈的匝数是多少？

a. $\Delta V_1 = 120V$，$\Delta V_2/\Delta V_1 = 9600V$，$N_2/N_1 = ?$

$N_2/N_1 = \Delta V_2/\Delta V_1 = 9600/120 = 80$

b. $N_1 = 275$，$N_2 = ?$

次级线圈的匝数为

$$N_2 = 550 \times 80 = 22000$$

当输出电压高于输入电压时，变压器的输出功率是否大于输入功率？答案是否定的。输出到次级线圈的功率总是小于或等于提供给初级线圈的功率。由于电功率表示为电压与电流的乘积，因此能量守恒提供了分析变压器的第二个关系式：

$$\Delta V_2 I_2 \leqslant \Delta V_1 I_1$$

高输出电压与低输出电流相联系。输出功率不超过输入功率。如果将次级线圈的电压降低到一个较小的值，次级线圈中的电流就会大于提供给初级线圈的电流，但是功率不会超过提供给初级线圈的功率。

14.5.3　变压器和功率分配

远距离输送电能需要高电压。电压越高，给定传输功率的电流就越小。由于电流通过电阻时导致的热损耗与电流直接相关（$P = I^2 R$），因此小电流意味着传输导线因发热而损耗的能量更少。传输电压可以高达 230 千伏（kV）。

这样的高电压对于城市配电、家庭用电等既不安全，又不方便。变电站中的变压器会将电压降至 7200V，供城市配电使用。安装在电线杆上或半地下的变压器将进入建筑物的电压进一步降至 220~240V。这种交流电压可以在建筑物内部再分配，产生常用于家庭电路的 110V 电压，同时为炉子、烘干机和电热器提供 220V 电压。

美国最初的配电系统是由托马斯·爱迪生于 1882 年为纽约市部分地区设计的 110V 直流系统。在此后的几年里，关于是直流系统还是交流系统适合电能输送的问题一直争论不休。最后，交流系统的支持者最终占了上风。在高电压下传输电能的能力，以及用电时使用变压器降低这些电压的能力，是选择交流系统输送电能的主要原因。

由于直流电不会因为电磁波的辐射而失去能量，因此有时也被用来远距离传输能量。交流电的缺点是存在辐射。当电流振荡时，输电线会像天线一样辐射电磁波（见 16.1 节）。

变压器使用交流电时工作得最好。法拉第定律要求磁通量发生变化才能产生感应电动势。如果将变压器与电池或其他直流电源相连，就要不断地以某种方式断开初级电路，才能感应出次级电路的电压。有些方法可以实现这一目的，但是它们增大了系统的复杂性和成本，而且比使用交流电时的效率低。

> 线圈在磁场中旋转时，磁通量的变化产生感应电动势。发电机就是将机械能转换为电能的装置。变压器通过初级线圈中的交流电，产生通过次级线圈的变化磁场，调节电压的大小变化。根据法拉第定律，这会在次级线圈中感应出电压。发电机和变压器的运行都是基于法拉第定律的，二者在配电系统中都起重要作用。

小结

19 世纪早期，科学家关于磁与电流的发现统一了电和磁的研究。磁的基本性质由电荷的运动引起。根据法拉第定律，闭合电路中的磁场变化产生电流。

1. **磁体和磁力**。和静电力一样，两个磁体的磁极之间的磁力也遵循库仑定律，以及同极相斥、异极相吸的规律。地球本身就像一个巨大的磁体，其 S 极指向北方。

2. **电流的磁效应**。奥斯特发现磁效应与电流有关，这引出了对通电导线磁场的描述。当通电导线或运动电荷位于磁场中时（方向与磁场不平行），就会受到磁场所施加的磁力的作用。

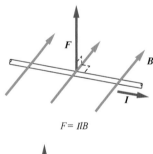

$$F = IlB$$

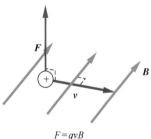

$$F = qvB$$

3. **电流环路的磁效应**。电流环路产生的磁场与条形磁体的磁场相同。电流环路和线圈是磁偶极子，天然磁体的磁性可归因于原子的电流环路。外部磁场施加在电流环路上的磁力矩与施加在条形磁体上的磁力矩相似。

4. **法拉第定律：电磁感应**。法拉第发现电路中的感应电动势等于通过电路的磁通量变化率（法拉第定律）。当磁场线垂直于线圈平面时，磁通量等于磁感应强度与电路所围面积的乘积。楞次定律描述了感应电流的方向：感应电流的效果总是反抗引起感应电流的原因。

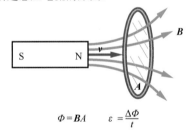

$$\Phi = BA \qquad \varepsilon = \frac{\Delta\Phi}{t}$$

5. **发电机和变压器**。发电机通过电磁感应将机械能转换为电能，无论是交流发电机还是直流发电机，最初产生的都是交流电。变压器用于调节交变电压的大小。法拉第定律是这两种机器工作的基本原理，也是配电系统的核心。

关键术语

Magnetic pole	磁极	Magnetic field	磁场
Magnetic dipole	磁偶极子	Electromagnet	电磁铁
Magnetic monopole	磁单极子	Magnetic flux	磁通量
Magnetic force	磁力	Faraday's law	法拉第定律

Electromagnetic induction　电磁感应	Generator　发电机
Lenz's law　楞次定律	Transformer　变压器
Self-induction　自感	

概念题

Q1 一块条形磁体的 N 极靠近桌面上的另一块条形磁体的 N 极。第二块磁体如何移动？

Q2 两块条形磁体的 S 极之间的距离减半时，两极之间的力加倍吗？

Q3 两个磁极间的力在什么方面与两个带电粒子之间的力相似？

Q4 条形磁体可能只有一个磁极吗？

Q5 在附近没有其他磁体或电流的情况下，指南针是否总是直接指向正北方？

Q6 如果将地球视为磁体，那么它的 S 极和地理北极是否重合？地理北极由什么定义？

Q7 我们通过想象地球内部有一块条形磁体来可视化地球的磁场（见图 14.8）。为什么让这个磁体的南极指向北方？

Q8 水平导线沿南北方向放置，其上方放有一个指南针。当电流从南向北流过导线时，指南针的指针偏转吗？如果偏转，方向是什么？

Q9 水平导线沿东西方向放置，其上方放有一个指南针。当电流从东向西流过导线时，指南针的指针偏转吗？如果偏转，方向是什么？

Q10 一根通电导线施加在另一根通电导线上的力是静电力还是磁力？

Q11 两根平行长直导线之间的距离是 r，导线中通有方向和大小均相同的电流。如果两根导线之间的距离是原来的 3 倍，电流保持不变，对导线单位长度所受的吸引力有什么影响？

Q12 两根平行长直导线之间的距离是 r，两根导线中的电流方向相同但大小不等。导线 1 中的电流是导线 2 中的电流的 4 倍。导线 1 受到的磁力不同于导线 2 受到的磁力吗？

Q13 两根平行长直导线之间的距离为 r，两根导线中的电流方向相反。如果导线 1 中的电流减半，导线 2 中的电流保持不变，这对导线单位长度所受的斥力有什么影响？

Q14 匀强磁场水平向北，正电荷沿正西方向通过磁场。正电荷受磁力作用吗？如果受磁力作用，那么在哪个方向？

Q15 一个带正电的粒子在匀强磁场中瞬间静止。有磁力作用在粒子上吗？

Q16 匀强磁场水平向东，负电荷沿正东方向通过磁场。负电荷受磁力作用吗？

Q17 为什么作用在通电导线上的磁力的方向，就像作用在同向运动的正电荷上的磁力的方向？

Q18 从上往下看水平线圈时，线圈中的电流方向是顺时针方向。线圈中心的磁场是什么方向？

Q19 如果用条形磁体或磁偶极子表示题 Q18 中的通电环，它的 N 极指向什么方向？

Q20 将通电矩形线圈放到外部磁场中，磁场和电流方向如题图所示。由于磁场施加在线圈上的磁力矩，这个线圈倾向于朝哪个方向旋转？

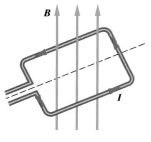

题 Q20 图

Q21 如果题 Q20 中的矩形线圈平面平行于磁场线，线圈上有一个合力矩吗？

Q22 因为线圈的磁场和条形磁体的磁场相同，在天然磁性材料（如铁或钴）中有电流环吗？

Q23 测量电流的电流表在哪些方面像电动机？

Q24 交流电动机需要裂环换向器才能工作吗？

Q25 哪类电动机常以固定的速度运行，是交流电动机还是直流电动机？

Q26 如果法拉第在其铁环的次级绕足够多匝的线圈，他会发现初级线圈中的大稳定电流在次级线圈中产生感应电流吗？

Q27 磁通量与磁场相同吗？

Q28 方向向上的磁场通过水平线圈平面。如果这个磁场随时间增加，按照楞次定律，感应电流方向是顺时针的还是逆时针的（从上往下看）？

Q29 假设通过一个线圈的磁通量随时间变化，如题图所示。使用相同的时间坐标，画出感应电压随时间变化的图像。感应电压在何时的值最大？

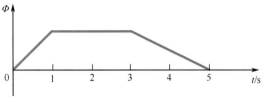

题 Q29 图

Q30 除了线圈 A 的线圈匝数是线圈 B 的 2 倍，两个线圈都相同。如果通过两个线圈的磁通随时间增加的速率相同，哪个线圈的感应电压大？

Q31 在红绿灯附近探测车辆的传感器，依靠车辆的重量触发红绿灯变化吗？

Q32 在什么条件下传感器要比简单定时系统更有效？是在交通全天于各个方向都严重拥堵的情况下，还是在交通状况随每天的不同时间变化的情况下？

Q33 如果发电机中的磁体产生的磁场稳定不变，线圈转动时通过线圈的磁通量变化吗？

Q34 简单的发电机能够产生稳定的直流电吗？

Q35 简单发电机和简单电动机的设计非常相似。它们的功能相同吗？

Q36 如题图所示，变压器能提高电池的电压吗？

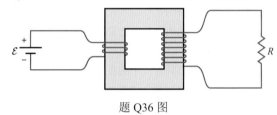

题 Q36 图

Q37 使用变压器提高交流电的电压时，能够增加从这个电源获得的电能吗？

练习题

E1 两块长条形磁体放在桌面上，它们的 S 极相对，彼此施加 18N 的力。如果两极之间的距离加倍，力将变为多少？

E2 两根相距 7cm 的平行长直导线中的电流都为 12A。一根导线对另一根导线的单位长度施加的磁力是多少？

E3 如果题 E2 中的两根导线之间的距离加倍，对单位长度导线施加的力变为多少？

E4 两根平行导线都通有 4A 的电流，相互施加的单位长度上的力是 1.88×10^{-5}N/m。导线之间的距离是多少？

E5 导线中的电流为 12A，在 4s 内有多少电荷流过导线上的一个截面？

E6 一个带 0.6C 电荷的粒子垂直于强度为 0.5T 的匀强磁场运动，电荷的速度为 800m/s。作用在这个粒子上的磁力是多大？

E7 一段直导线的长度为 12cm，通过的电流为 7A，电流方向与 0.5T 的磁场成直角，作用在这段导线上的磁力是多大？

E8 一段 60cm 的通电直导线所受的磁力为 2N，电流为 7.0A，垂直于导线的磁场分量是多大？

E9 一个 150 匝线圈的面积为 0.03m²。一个 0.4T 的磁场垂直通过线圈，通过线圈的总磁通量是多少？

E10 一个线圈的面积为 0.04m²，有一个磁场通过线圈平面并与平面成一定的角度。垂直于平面的磁场分量是 0.12T，平行于平面的磁场分量是 0.05T，通过线圈的磁通量是多少？

E11 通过线圈的磁通量在 0.5s 内从 9T·m² 变化为零。在这段时间内，线圈中感应电动势的平均值是多大？

E12 一个 120 匝线圈包围的面积为 0.03m²，线圈平面垂直于 1.8T 的磁场。线圈在 0.4s 内快速移出磁场。**a.** 通过线圈的初始磁通量是多少？**b.** 线圈中感应电动势的平均值是多少？

E13 变压器的初级线圈有 18 匝，次级线圈有 90 匝。**a.** 这是升压变压器还是降压变压器？**b.** 如果将电压有效值为 120V 的交流电压加在初级线圈上，次级线圈的电压有效值是多少？

E14 在题 E13 中，如果为变压器的初级线圈提供有效值为 15A 的电流，次级线圈的电流有效值是多少？

E15 用降压变压器将 120V 的交流电压变换为 12V，以驱动电动玩具车。如果初级线圈的匝数为 430，次级线圈有多少匝？

E16 升压变压器被设计用来从 115V 的交流电源获得 1840V 的电压。如果次级线圈的匝数为 384，初级线圈应绕多少匝？

综合题

SP1 如题图所示，两根平行长导线中通过的电流分别为 8A 和 12A，电流方向相反。导线之间的距离是 4cm。**a**. 一根导线对另一根导线施加的单位长度上的力是多大？**b**. 作用在每根导线上的力的方向是什么？**c**. 作用在长度为 30cm 的 12A 导线上的合磁力是多少？**d**. 根据这个力，8A 电流在 12A 导线位置产生的磁场的磁感应强度是多少（$F = IlB$）？**e**. 8A 电流在 12A 导线位置产生的磁场的方向是什么？

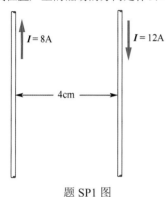

题 SP1 图

SP2 电荷量为 0.08C、质量为 25g 的金属球进入一个磁场强度为 0.5T 的区域，金属球以 110m/s 的速度垂直于磁场方向运动，如题图所示。**a**. 作用在金属球上的磁力是多大？**b**. 当金属球在题图所示的位置时，施加在金属球上的磁力的方向是什么？**c**. 这个力改变金属球的速率吗？**d**. 根据牛顿第二运动定律，带电金属球的加速度是多大？**e**. 由于向心加速度等于 v^2/r，金属球在磁力作用下，经过的圆的半径是多少？

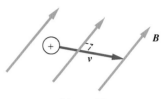

题 SP2 图

SP3 尺寸为 4cm×8cm 的矩形线圈用 70 匝导线绕制而成。它在马蹄形磁体的两极之间转动，磁体磁场的磁感应强度约为 0.5T。由于旋转，有时线圈平面垂直于磁场，有时平行于磁场。**a**. 矩形线圈的面积是多少？**b**. 当线圈转动时，通过线圈的磁通量的最大值是多少？**c**. 当线圈转动时，通过线圈的磁通量的最小值是多少？**d**. 如果线圈每秒匀速转动一圈，那么将磁通量从最大值改变到最小值所需的时间是多少？**e**. 线圈从磁通量的最大值到最小值这段时间，产生的感应电动势的平均值是多少？

SP4 设计一个变压器，将线路电压从 110V 降至 6V。初级线圈匝数为 1155。**a**. 次级线圈的匝数应为多少？**b**. 如果初级线圈中的电流是 2A，次级线圈中的电流是多少？**c**. 如果变压器在运行时变热，次级线圈中的电流是否等于 **b** 问中计算的值？

家庭实验与观察

HE1 环顾你的家或宿舍，看看能否找到磁体。用于悬挂用具的小磁体通常可在商店或五金店中找到。**a**. 如果你有一块条形磁体，使用细线系住其中点并挂起，看哪端指向北方，就能确定它的 N 极。**b**. 使用这块磁体或另一块可以识别 N 极、S 极的磁体，确定其他磁体的磁极，并且用蜡笔将它们标记为 S 极、N 极。**c**. 验证同性磁极相斥、异性磁极相吸。**d**. 试着通过观察磁体吸引回形针或其他小铁物体的距离，确定哪块磁体最强（最大的磁体可能不是最强的）。

HE2 如果你有一个小指南针，可以用它来探索磁体和电流的磁场。指南针将始终指向其所在位置的合磁场方向。**a**. 让指南针靠近一块条形磁体或马蹄形磁体，确定必须将指南针移动到离磁体多远的地方，磁体的磁场才不明显，这时指南针指向北方。**b**. 让指南针靠近磁体，确定磁体周围各点的磁场方向。按磁体周围所选点的磁场情况，画出磁场方向的草图。

HE3 在一根大铁钉上绕几十匝（50～100 匝）绝缘导线，导线的两端连接电池，得到一个电磁铁。**a**. 比较这个电磁铁与其他永磁体的强度。**b**. 断开电磁铁与电池的连接时，注意是否出现火花。使用未绕成线圈的导线时，能够出现相同的效果吗？

第4单元 波动和光学

艾萨克·牛顿在力学方面的开创性工作最为著名，但他还写了一部重要的光学专著。在这部专著中，他通过假设光是由不可见的粒子流组成的，解释了光的许多行为。反射、折射和光通过棱镜分解为组分颜色，都可以用这个模型来解释。

与牛顿同时代的荷兰人克里斯蒂·惠更斯（1629—1695）持相反的观点。他假设光是波，并且成功地解释了牛顿处理过的相同光学现象。在接下来的一百年里，这两种观点相互竞争，以期获得人们的认可，但是，由于牛顿的声望，粒子观点更广泛地得到了人们的认可。

1800年，英国医生托马斯·杨（1773—1829）做了著名的双缝实验，证明了光的干涉效应。干涉是一种波动现象，所以杨的实验使得争论的天平偏向于光的波动模型。在接下来的五十年里，物理学家和数学家发展了一套关于波的数学描述，并且成功地解释了光的干涉的许多新特征。1865年，詹姆斯·克拉克·麦克斯韦预测了与光有着相同速度的电磁波的存在，这意味着光可能是一种电磁波。麦克斯韦通过描述这些波的性质，有力地支持了光的波动模型。

波动现在被人们认为是自然界各种现象的普遍特征。声波、光波、弹簧和绳索上的波、水波、地震波和引力波都被人们深入、广泛地研究。20世纪发展起来的量子力学理论，甚至将波的概念应用到了电子等粒子上。第15章、第16章和第17章中探讨的反射、折射和干涉，都是波动的特征。

具有讽刺意味的是，20世纪的物理学发展表明，光有时会表现出类似于粒子的行为。我们现在认为光波是由一束光粒子——光子组成的，光子具有波的一些特性。虽然这一概念不同于牛顿的粒子模型，但是牛顿的光理论可能部分地被这些最近的发展证明是正确的。光（或任何波的运动）可以表现出波和类似于粒子的行为；相反，任何粒子都有类似于波的特征。波无处不在，已经成为物理学的中心主题。

第 15 章　波 的 形 成

本章概述

本章主要研究波的基本性质，包括波速、波长、周期和频率，以及反射、干涉和能量传输等现象。我们将详细研究几种波的运动，包括绳索上的波和声波，还将探讨音乐声波的特性。

本章大纲

1. **脉冲波和周期波**。脉冲波如何沿弹簧或绳索传播？纵脉冲波和横脉冲波有何区别？脉冲波与长周期波有什么关系？

2. **绳索上的波**。在绳索上传播的简谐波的一般特征是什么？波的频率、周期、波长和速度之间有何关系？什么因素影响波速？

3. **干涉和驻波**。当两列或两列以上的波叠加时，会发生什么？干涉是什么意思？驻波是什么？它是如何产生的？

4. **声波**。什么是声波？它是如何产生的？音高、泛音等是如何与声音的波特性联系起来的？

5. **音乐物理学**。如何分析乐器发出的声波？为何有些频率组合是和谐的，有些是不和谐的？

你可能在海边或湖畔悠闲地看过波浪不时涌向岸边的情景，这可能会让你心情愉悦。悬崖或者其他高处是这种休闲活动的最佳位置。从这样的高度，你可以盯着单个波峰，直到它涌向岸边

图 15.1 拍打海岸的波浪。为何水不在岸边聚集？

而破裂（见图 15.1）。由于波浪的规律性，观看波浪会让人放松，甚至让人昏昏欲睡。

当你观察波浪时，可能会震撼于波浪的奇怪行为。虽然水体似乎是向岸边运动的，但是海滩上没有积水。到底发生了什么？也就是说，到底是什么正在运动？水体的这种明显运动在某种程度上是否欺骗了我们？

如果让波浪拍打自己，那么肯定会感觉到它携带的能量。大浪可能会打翻你，也可能卷走你。滑行于浪尖的冲浪者的速度很快，其动能来自波浪。

尽管海岸附近波浪的特性非常复杂，但是表现出了许多与波的运动（波动）有关的特征。光、声音、无线电波和吉他弦上的波，都是波动的例子，它们与海滩上的波浪有很多相似之处。波动对物理学的所有领域都有影响，包括原子物理学和核物理学。许多现象都可以用波来解释。

15.1 脉冲波和周期波

尽管波浪具有任何波动的共同特征，但是运动细节往往相当复杂，尤其是在海滩附近。这种复杂性增加了波浪的美感和魅力。然而，为了讨论波的性质，需要一个更简单的例子。能从楼梯蹦跳而下的弹簧玩具，是研究简谐波的理想器材。

以前的弹簧玩具是由金属制造的，但是现在我们可以买到塑料弹簧玩具，它们是大多数物理实验室的标准器材。你身边可能有这样一个孩提时代的玩具，也可以从熟悉的小孩那里借一个这样的玩具。灵巧的弹簧玩具可以帮助你更好地感受什么是波。那么使用弹簧能够产生什么样的波呢？

15.1.1 脉冲波如何沿弹簧行进？

如果在光滑的桌面上放一个弹簧，弹簧的一端固定，那么你可以很容易地在弹簧上产生脉冲波。轻微地拉伸弹簧，自由端就会沿弹簧轴来回运动。当你这样做时，会看到扰动从弹簧的自由

端移向固定端（见图 15.2）。

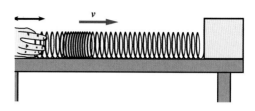

我们很容易观察采用这种方法产生的脉冲波的运动。脉冲沿弹簧传播，在固定端被反射，在消失前回到起点。但是，到底是什么在运动？脉冲通过弹簧，部分弹簧在脉冲通过时运动。然而，在脉冲消失后，弹簧就回到脉冲开始运动前的位置。弹簧本身什么地方也没有去。

图 15.2　固定弹簧的一端，简单地拉伸另一端，就会产生一个向前的脉冲

仔细观察弹簧内发生了什么，就可以了解这个脉冲的基本特征。如图 15.2 所示，前后移动弹簧的一端就在弹簧中产生局部压缩，压缩位置的几圈弹簧要比弹簧的其余部分靠得更近。这个压缩区域沿弹簧运动，构成了我们所看到的脉冲。当压缩区域经过时，这几圈弹簧会来回运动。

15.1.2　波动的一般特点

弹簧中的脉冲表现出了波动的一些基本特征。波或者脉冲通过介质（这里的介质是弹簧），但是介质本身不随波而去。波浪向海滩运动，但是水体不会积聚。运动的是介质内部的扰动，它可能是局部压缩、横向位移或者其他类型的局部状态变化。扰动以一定的速度运动，速度由介质的性质决定。

在弹簧中，脉冲的速度部分地由弹簧中的张力决定。我们很容易就可以确认这一点：将弹簧拉开不同的长度后放开，注意脉冲速度的变化。当弹簧被拉伸得较长时，脉冲的传播速度要比仅被轻微拉伸时快。决定脉冲速度的其他因素是弹簧的质量：张力相同时，钢弹簧上脉冲的传播速度要比塑料弹簧上脉冲的传播速度慢，因为给定长度钢弹簧的质量要比塑料弹簧的大。

能量通过介质传输是波动的另一个普遍特征。运动弹簧一端所做的功，增加前面几圈弹簧的势能和动能。这个高能量区域然后沿弹簧运动，到达弹簧的另一端。在另一端，能量可以被用来摇铃或者做其他不同类型的事情。随着时间的推移，波浪携带的能量会在侵蚀和改变海岸线方面做大量的功，详见日常现象专栏 15.1。能量传输也是任何波动的重要方面。

日常现象专栏 15.1　波浪发电

现象与问题　任何在暴风雨天气中看过波浪的人都会被波浪的可怕力量震撼。即使是在相对平静的日子里，波浪也会不断地移动沙子，拍打附近的岩石（见附图 1）。波浪和风不断地改变着海岸线。

有可能利用波浪带来的能量吗？能用这种现成的能源发电吗？为什么我们在海岸上看不到波浪发电厂？

分析　波浪确实以水体的动能形式携带能量。这种能量不是高度集中的，而是分布在大片区域的。此外，水体的运动速度不是很大。这些因素，加上咸水的腐蚀作用，使得设计经济上可行的波浪发电机非常困难。考虑到对不燃烧化石燃料来发电的需求，近年来人们提出了几种不同的波浪发电机设计方案。

在远离海岸的地方，靠近水面的水体在波浪的影响下基本上是上下运动的，有些水体会沿波浪运动的方向翻滚。当波浪经过时，船只或其他漂浮物上下颠簸。大多数关于波浪发电机的建议都是在离海岸一定距离的地方捕捉这种能量，而不是在海滩附近。

最有希望的设计之一是将浮标系在海底。浮标中有一台内置的发电机，它以线性方式运动，如附图 2 所示。

附图 1　波浪拍打岩石

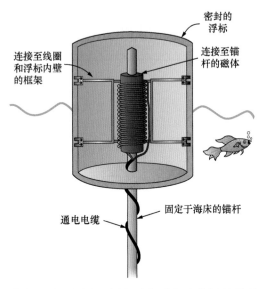

附图 2　波浪发电机示意图。连接到浮标上的线圈在拴到海底的磁体之外上下运动

图中标注：
密封的浮标
连接至线圈和浮标内壁的框架
连接至锚杆的磁体
通电电缆
固定于海床的锚杆

在浮标的中心有一块很长的磁体，它通过锚杆固定到海底上，因此无法上下运动。浮标内部还有一个以磁体为中心的、固定到浮标内壁上的大线圈。当波浪经过浮标时，线圈就会随浮标上下运动。

第 14 章说过，根据法拉第定律，磁体穿过线圈运动会产生电压，电压的大小取决于磁场强度和线圈的匝数。磁场越强，线圈匝数越多，产生的电压就越大。当浮标的运动方向从向上变为向下时，电压和所产生的电流的方向都会反转。

14.5 节所述的发电机涉及导线线圈的转动。在大多数发电厂，发电机都由高速旋转的涡轮驱动。这自然会产生交流电，按照美国的惯例，交流电的频率是 60Hz。但是，波浪驱动浮标上下运动的频率较低。为此，该设计将浮标产生的电流转换为直流电（这个过程被称为整流，实现起来并不困难）并传输到岸上。

直流电通过绕在锚杆上的电缆传输到海底，再从海底传输到岸上。岸上有一个发电厂，发电厂可以接收来自多个这样的浮标的电流。发电厂将直流电转换为频率为 60Hz 的交流电，进而通过电网传输。同样，将直流电转换为交流电所需的电路，是许多其他应用中使用的标准设备。

上面介绍的线性发电机（浮标）目前正在美国俄勒冈海岸进行测试。类似的设想及相关的概念正在世界各地进行测试。这些设想经济上是否可行还有待观察，但是波浪发电很可能在不久的将来成为现实。

15.1.3　问题讨论

波浪发电站包括海面上的大型浮标及海面下的仪器和电缆。类似地，离岸风力发电站除了包括类似的设备，还包括海面上很高的风轮机塔。当地居民常常因为担心风景、鱼类和其他海洋生物受到影响而反对建设这些发电站。我们能因这种担心而无视这些能源带来的各种好处吗？

15.1.4　纵波和横波的区别

前面介绍的在弹簧中传播的脉冲波被称为纵波。在纵波中，介质的位移或扰动与波或脉冲的传播方向平行。弹簧的各圈沿弹簧的轴来回运动，脉冲也沿该轴运动。

我们还可以在弹簧上产生横波。在横波中，扰动或位移垂直于波的传播方向（见图 15.3）。垂直于弹簧的轴上下抖动手时产生横向脉冲。高度拉伸弹簧时，横向脉冲最明显。在产生横向脉冲或波方面，细长弹簧实际上要比粗短弹簧更有效。类似于纵向脉冲，横向脉冲也沿弹簧传播，且沿弹簧传输能量。

绳索上的波通常是横向的。电磁波也是横向的，详见 16.1 节中的讨论。偏振效应（见 16.5 节）与横波有关，而与纵波无关。声波（见 15.4 节）是

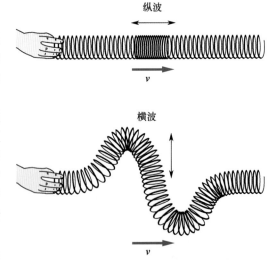

纵波

横波

v

图 15.3　在纵向脉冲中，扰动平行于传播方向；在横向脉冲中，扰动垂直于传播方向

纵向的，它在许多方面类似于弹簧上的纵波。波浪兼具纵波和横波的特性。

15.1.5 什么是周期波？

到目前为止，我们仅讨论了弹簧上的单个脉冲波。如果多次移动手来产生脉冲，就会向弹簧发送一系列纵向脉冲。如果这些脉冲波是以相同的时间相隔产生的，就会在弹簧上产生周期波（见图 15.4）。

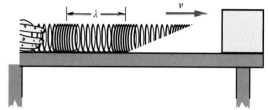

每个脉冲之间的时间间隔被称为波的周期，常用符号 T 表示。频率是单位时间内的脉冲数或周期数，它等于周期的倒数，即

$$f = 1/T$$

式中，符号 f 代表频率。

6.5 节在讨论简谐振动时，为这些物理量给出了相同的符号与含义。频率的单位是赫兹（Hz），1Hz = 1 个周期/秒（见例题 15.1）。

图 15.4　时间间隔相同的一系列脉冲在弹簧上产生周期波。波长 λ 是相邻脉冲上对应点之间的距离

当脉冲沿弹簧传播时，如果它们是按规律的时间间隔产生的，它们就会按规律的距离间隔出现。连续脉冲中相邻的同相点之间的距离被称为波长，这个距离如图 15.4 所示，用希腊字母 λ 表示。λ 是表示波长的常用符号。

周期波中的一个脉冲在一个周期内，在产生下一个脉冲之前，传播一个波长的距离。波速可以使用这些物理量来表示。速度等于一个波长（相邻脉冲之间的距离）除以一个周期（相邻脉冲之间的时间间隔），或者

$$v = \lambda / T = f \lambda$$

上式后一部分成立的原因是频率 f 等于 $1/T$，即它是周期的倒数。例题 15.1 中还会涉及这些内容。

例题 15.1　弹簧上的纵波的波长

在弹簧上传播的纵波的周期为 0.25s，波长为 30cm。**a.** 纵波的频率是多少？**b.** 纵波的速度是多少？

a. $T = 0.25s$

$$f = 1/T = 1/0.25 = 4Hz$$

b. $\lambda = 30cm$

$$v = f\lambda = 4 \times 30 = 120cm/s$$

这个关系对任何周期波都成立。已知其中的一个物理量时，就可求出另一个物理量。波速只取决于介质的性质。但是，波速通常要通过其他因素才能知道。例如，电磁波在真空中的传播速度（见 16.1 节）是固定值（光速），它不受波长或频率的影响。速度、波长和频率之间的关系将在后面的内容中多次涉及。

> 脉冲波是指通过介质的扰动，但是介质本身不发生迁移。如果让弹簧的末端沿弹簧轴的方向来回运动，就会产生纵向脉冲，扰动就是弹簧上的压缩区域。如果让弹簧的末端沿垂直于弹簧轴的方向来回摆动，就会产生横向脉冲。周期波由固定时间间隔（周期）和固定距离间隔（波长）的多个脉冲组成。频率是周期的倒数，脉冲的传播速度等于频率乘以波长。

15.2　绳索上的波

假设我们已经将一根绳索的一端系到墙壁上或柱子上。上下抖动绳索的自由端，就会产生沿绳索向固定端传播的横脉冲波或周期性横波。这种情况与在弹簧上产生横波是一样的：将绳索想象为刚性弹簧。

当波沿绳索传播时，它是什么样的？在这种情况下，扰动是绳索垂直于传播方向的位移。这

种扰动很容易形象化和作图，因此研究它对于我们理解波现象非常有用。

15.2.1　波的图像是什么样的？

假设我们让绳索的末端上下运动，产生如图 15.5 所示的脉冲，脉冲的右边缘对应脉冲运动的起点，左边缘对应脉冲运动的终点。类似于弹簧上的脉冲，这种扰动沿绳索传播。然而，在这种

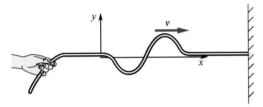

图 15.5　在横向脉冲沿拉紧绳索传播的任意时刻，绳索的形状可视为某个函数的图像

情况下，可以认为绳索的形状是某个函数的图像：纵轴表示绳索的竖直位移 y，横轴表示绳索上某点的水平位置 x。

关于绳索上的脉冲的图像并不能说明全部情况——它就像一张快照，只显示绳索某一时刻的位移。脉冲在传播，因此经过一段时间后出现在绳索的下一个水平位置。我们需要画出不同时刻的系列图像来表示它。由于摩擦的影响，脉冲的尺寸逐渐减小，但是当脉冲沿绳索运动时，图像的形状基本保持不变。

如果不是让绳索做一次上下运动，而是让绳索以相同的时间间隔做一系列上下运动来产生相同的脉冲，就可能产生如图 15.6 所示的周期波。在波长 λ 的距离内构成一个完整的周期波。这个波形沿绳索右移，移动时形状保持不变，就像单个脉冲那样。当波的前缘到达绳索的固定端时，被反射并开始向我们的手运动。发生这种情况时，反射波将与仍然向右传播的波叠加，因此图像变得更加复杂。

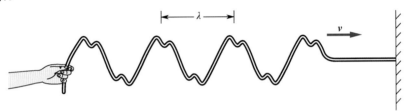

图 15.6　沿拉紧的绳索传播的周期波。相邻脉冲之间的距离是波长 λ

图 15.6 中的波的形状取决于产生波的手的具体运动或其他振动源的具体运动。波的形状可能要比显示的形状复杂。在分析波的运动时，一个形状特别简单的波起重要作用。如果以简谐振动上下摆动手，绳索一端的位移随时间呈正弦变化，详见第 6 章。由此产生的周期波也具有正弦形式，我们称之为简谐波（见图 15.7）。

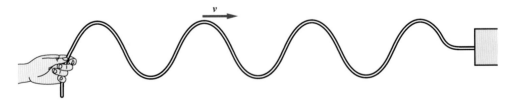

图 15.7　当绳索的一端做上下简谐振动时产生简谐波

像其他波一样，图 15.7 中的正弦波沿绳索传播，直到它在固定端被反射。如果你小心地抖动绳索的左端，就可以产生如图 15.7 所示的波形。绳索或弹簧的各个部分都倾向于做简谐运动，因为将绳索拉回中心线的回复力大致与它到中心线的距离成正比。这是第 6 章中讨论的简谐运动的条件。

简谐波在讨论波的运动时之所以重要，另一个原因是任何周期波都可以表示为不同波长和频

率的谐波之和。我们称之为傅里叶分析或谐波分析，它是将复杂的波分解为简谐波分量的过程（见 15.5 节）。谐波可视为复杂的波的组成部分。

15.2.2　绳索上波的速度由什么决定？

就像弹簧上的波那样，琴弦或绳索上的波沿绳索运动的速度与脉冲的形状或频率无关。是什么决定了这个速度？要回答这个问题，就要考虑是什么导致了扰动沿绳索传播。为什么脉冲会运动？

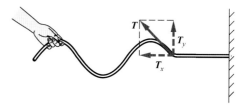

当我们想象一个脉冲沿绳索运动时，就会发现这个脉冲前面的绳索在脉冲到达之前是静止的。因此，一定存在使得绳索的这些小段在脉冲接近时加速的东西。脉冲运动的原因是，向上的绳索使得绳索的张力（沿绳索作用的力）有一个向上的分量。这个向上的分量作用在这段向上运动的绳索的右边的一小段绳索上，如图 15.8 所示。由此产生的向上的力使得右边这一小段绳索加速向上，以此类推。

图 15.8　脉冲凸起部分到达绳索上的某点时，绳索的张力有一个向上的分量，使得下一小段绳索加速向上

脉冲的速度取决于绳索后续各段的加速度——绳索开始运动的速度越快，脉冲沿绳索运动的速度就越快。由牛顿第二运动定律可知，这个加速度与合力的大小成正比，与这一小段绳索的质量成反比（$a = F_合/m$）。绳索中的张力提供加速力，因此张力越大，加速度越大。加速度也与这一小段绳索的质量有关，质量越大，加速度越小。这些分析表明，脉冲在绳索上的运动速度随绳索上张力的增大而增大，随绳索单位长度的质量的增大而减小。

进一步的分析表明，波速的平方正比于绳索中的张力与单位长度绳索的质量之比，即 $v^2 = F/\mu$，因此波速的表达式涉及平方根：

$$v = \sqrt{F/\mu}$$

式中，F 是绳索中的张力的大小；μ 是希腊字母，常用来表示单位长度绳索的质量。单位长度绳索的质量等于绳索的总质量除以其长度，即 $\mu = m/L$。

如果更加用力地拉动绳索来增大绳索中的张力，那么可以预期波速会变得更大，就像弹簧一样。另一方面，单位长度质量较大的粗绳索，要比细绳索产生更慢的波速。因此，与细绳索相比，粗绳索能够更有效地演示波动现象。波在细绳索上运动的速度会快到我们的肉眼无法跟上它。

15.2.3　波的频率和波长由什么决定？

波速与频率和波长的关系式（$v = f\lambda$，见 15.1 节），可用于计算在绳索上传播的波的波长。前面说过，速度取决于绳索中的张力和单位长度绳索的质量。这些量一旦固定，波速就会恒定，但是频率和波长可能变化。频率决定波长，反之亦然。

例题 15.2　波的产生

一根绳索的总长为 10m，总质量为 2kg。绳索以 50N 的张力拉伸，一端固定，另一端以 4Hz 的频率上下运动。**a.** 绳索上的波的波速是多少？**b.** 对应频率 4Hz 的波长是多少？

　a. $L = 10m$，$m = 2kg$，$F = 50N$，$v = ?$

　　　$v = \sqrt{F/\mu} = \sqrt{50/0.2} = \sqrt{250} = 15.8m/s$

　b. $f = 4Hz$，$\lambda = ?$

　　　$\lambda = v/f = 15.8/4 = 3.95m$

例题 15.2 就是与这些分析有关的例子。对于产生肉眼跟得上的波，本例中的数值比较实际。假设的 50N 的张力比较合适，既可以防止绳索过于下垂，又可以产生相对缓慢的波速。波动的频

率由手的运动频率决定。在例题 15.2 中，这个频率是 4 个周期/秒（Hz），因此波长为 3.95m，它约等于 4m，因此两个半周期（2.5T）的波适合放入 10m 长的绳索。频率越低，波长越长；波长越短，频率越高。

当波速接近 16m/s 时，脉冲通过 10m 长的绳索只需不到 1s 的时间。要观察这些波，就需要快速进行，因为在 1s 内波到达绳索的固定端，然后被反射，而反射波干扰仍然沿原方向传播的波。如果要悠闲地进行观察，就需要更长的绳索，或者想办法衰减反射波。

在绳索上传播的波的真正优势是，我们可以很容易地用图像来描绘它们，并感受它们是如何产生的。在讲解或实验室演示中，常用长但不太硬的弹簧代替绳索，以提供更大的单位长度质量，进而得到更慢的波速。

波在绳索上传播的"快照"显示了绳索的竖直位移与水平位置的关系曲线。然而，这种曲线只显示某个瞬间的波，因为波是运动的。波速随拉力的增大而增大，随单位长度绳索的质量的增大而减小。频率由摆动绳索一端的手的速度决定。频率和速度共同决定波长。

15.3　干涉和驻波

当绳索上的波到达绳索的固定端时，会被反射并回到你的手中。如果只有一个脉冲，那么你可以很清楚地看到返回的脉冲。如果波是持续时间较长的周期波，那么反射波就会与入射波叠加，变得更加复杂和混乱。

当波浪接近海滩时，被海滩反射的波浪与那些上冲的波浪叠加，形成比远离海滩的波浪更加复杂的波动模式。这样的两列波或多列波相互叠加的过程被称为干涉。波相互干涉时会发生什么？我们能够预测得到的波形是什么样的吗？

15.3.1　绳索上的两列波如何叠加？

绳索上的波给出了干涉的例子，这些干涉很容易形象化，对强化基本概念很有帮助。想象图 15.9 中的绳索，它由完全相同的两段构成。在前一部分，两段绳索是分开的；在后一部分，两段绳索绞合在一起。如果左手拿一段绳索，右手拿另一段绳索，就可以在每段绳索上产生波，当它们到达绞合点时，就会叠加。

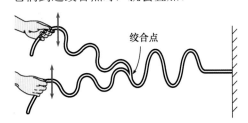
绞合点

图 15.9　相同的波在两段相同的绳索上传播，两段绳索的后一部分绞合在一起，两列波叠加后产生更大的波

如果采用同样的方式上下抖动双手，那么每段绳索上产生的波应是相同的。当它们到达绞合点时会发生什么？由于每列波本身都产生与其原有高度相同的扰动，因此我们猜想两列波叠加后，将产生频率和波长相同但高度是最初两列波的高度之和的波。事实上，情况确实如此：两倍高的波沿单条绳索传播到绞合点的右侧。

将两列或两列以上的波的位移简单相加，就得到它们叠加后的总效应。我们的这个猜想被称叠加原理：

当两列或两列以上的波叠加时，产生的扰动或位移等于各扰动之和。

这个原理适用于大多数类型的波动。在某些情况下，产生的扰动可能大到传播波的介质无法完全响应它。在这种情况下，合扰动比叠加原理预测的小。然而，在大多数情况下，叠加原理是成立的，它是分析各种干涉现象的基础。

当两列波以相同的方式同时传播时，如图 15.9 所示，我们称它们是同相的。到达绞合点时，两列波同时上升或下降。然而，也可以产生不同相的波。例如，如果抖动两段绳索，使其中的一段向上、另一段向下，那么就称产生的两列波是完全反相的（见图 15.10）。在这种情况下会发生什么？如果两列波的高度相同，那么根据叠加原理可以预测合扰动为零。当两列波的位移在绞合点相加时，一列波的位移是正的（向上），另一列波的位移是负的（向下），它们相互抵消，总和是零，没有波越过绞合点传播。

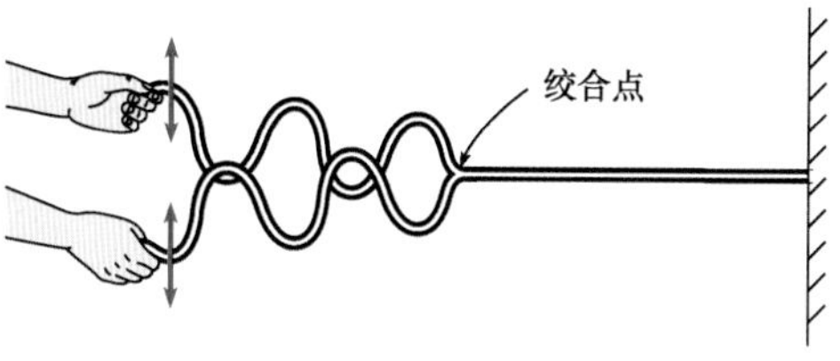

图 15.10　两列上下运动的反相波叠加时，对绞合点外的绳索不产生合扰动

两列或两列以上的波的叠加结果，取决于它们的相位，以及它们的振幅或高度。前面我们使用绞合绳索描述的两种情况都是极端情况——在一种情况下，两列波完全同相；在另一种情况下，两列波完全反相。在前一种情况下，得到了完全加强或相长干涉的波；在后一种情况下，得到了完全抵消或相消干涉的波。这两列波也有可能既不完全同相，又不完全反相。这时，产生的波的高度介于零与两个初始高度的和之间。

15.3.2　什么是驻波？

虽然在不同的绳索上很难将两列同向传播的波叠加到一起，但对于波浪、声波或光波来说，两列或两列以上同向传播的波的干涉很常见。各列波之间的相位差决定了干涉是相长的、相消的，还是介于二者之间，就像绳索上的波那样。当波被固定的支撑物反射时，在绳索或琴弦上经常发生的是两列反向波的干涉。这时，各列波是如何叠加的？

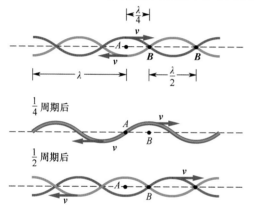

图 15.11　振幅和波长都相同的两列波在绳索上的反向运动。中图显示了最上图 1/4 周期后的两列波的情况，下图显示了上图 1/2 周期后的两列波的情况。当这些波叠加时，A 点产生波节，B 点产生波腹

图 15.11 中显示了振幅和波长都相同的两列波在绳索上的反向传播。我们可以应用叠加原理，在绳索上选择不同的点来考虑两列波在不同时间是如何叠加的。例如，在 A 点，两列波相互抵消。当两列波反向接近该点时，一列波是正的，另一列波是负的，而且大小相等。因此绳索在这一点不再振动。

如果从 A 点向任意方向移动 1/4 个波长，就会看到非常不同的结果。例如，在 B 点，当两列波反向靠近时，它们始终是同相的。当一列波的位移为正时，另一列波的位移也为正，以此类推。在这一点，两列波加强，产生 2 倍于每列波本身的位移。

值得注意的是，这两点在绳索上的位置是固定不变的。不运动的 A 点被称为波节。绳索上存在许多等

距离间隔的波节，波节之间的距离是两列行波的波长的一半。可以从 A 点向任意方向移动半个波长来证明这一点：两列波在这些点相互抵消。这些波节是不动的。

类似于 B 这样的点同样如此。在这些点，波的叠加产生很大的振动高度或振幅。我们称这些点为波腹，它们也位于绳索上的固定位置，在绳索上以半个波长的距离分隔。最终的波动图样如图 15.12 所示，图中显示了绳索在不同时刻的位移。两列反向传播的波，产生具有相等时间间隔的波节和波腹。在波腹，绳索以较大的振幅振荡。在波节，绳索完全不动。波节和波腹之间的点的振幅，介于前面所说的二者之间。

我们称绳索的这种振动图样为驻波，因为它在空间中是不动的。产生这种图样的两列波是反

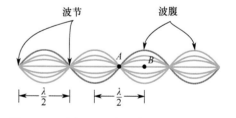

图 15.12　图 15.11 中反向传播的两列波产生的图样被称为驻波（绳索的不同位移发生在不同的时间）。相邻波节或相邻波腹之间的距离是原始波的波长的一半

向运动的。但是，它们以这种方式发生干涉，产生一幅常驻的或固定的图样。在各种波的运动中都可以观察到驻波，它们总是涉及反向传播的两列波的干涉。驻波通常由反射波和入射波的干涉引起。

15.3.3 弦上的波的频率由什么决定？

吉他、钢琴和其他弦乐器都由不同粗细的弦或金属丝制成，弦或金属丝固定在乐器的两端，并用调音钉调节张力（注：钢琴一般被认为是键盘乐器，但它是通过弦槌击弦发声的，从发声的原理看，我们也可将其视为弦乐器）。拨弦或击弦产生的波，在弦上来回反射，产生驻波。

弦产生的声波的频率等于弦振动的频率，它与我们听到的音高相关。音高是一个音乐术语，指的是音调的高低。频率越高，音调越高。什么条件决定吉他弦的频率？驻波是如何涉及的？

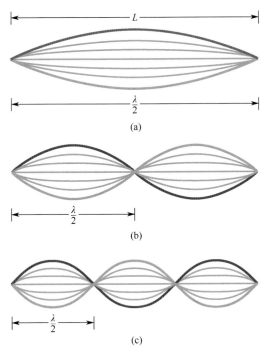

图 15.13　前三个谐波是三种最简单的驻波，可在两端固定的吉他弦上产生。各图使用波节之间的多条线显示不同时间的弦的位置

拨弦时产生的驻波，在弦的两端都有波节。弦的两端是固定的，在这些点不振动。最简单的驻波是两端有波节、中间有波腹的驻波［见图 15.13(a)］。这种驻波通常是在拨弦时产生的。由于波节之间的距离是产生驻波的干涉的波长的一半，因此这些干涉波的波长必定是弦长的 2 倍（2L）。

这种最简单的驻波被称为基波或一次谐波［见图 15.13(a)］。干涉波的波长由弦长决定。频率可以根据速度与频率和波长之间的关系即 $v = f\lambda$ 求得。速度由弦中的张力 F 和弦的单位长度质量 μ 决定，详见 15.2 节。基波的频率为

$$f = \frac{v}{\lambda} = \frac{v}{2L}$$

弦越长，产生的频率越低，这是钢琴中低音弦要比高音弦长得多的原因。使用手指紧按吉他指板上的弦，可以改变弦的有效长度，进而产生更高的频率和音调。

影响频率的其他因素包括弦中的张力和弦的单位长度的质量，它们共同决定了波速。张力越大，波速越快，频率越高。拧紧吉他的一个调音柱，可以很容易地确认上述结论。另一方面，弦越粗，产生的波速和频率就越低。吉他上的弦或钢琴上的低音弦，是用钢丝缠绕芯线制成的，因此单位长度的弦的质量更大。

在中间位置拨弦时，弦的基频占主导地位。但是，也可以产生如图 15.13 所示的另外两种图样，以及波节的更多图样。例如，要产生二次谐波，可以在拨弦的同时轻触弦的中点，产生如图 15.13(b)所示的图样，在中心和两端出现波节。这个图样的干涉波的波长等于弦长 L。由于这个波长是基频的一半，因此产生的频率是基频的 2 倍，如例题 15.3 所示。从音乐上说，频率加倍，音高提升八度（见 15.5 节）。

例题 15.3　波与谐波

吉他弦的质量为 4g，长度为 74cm，张力为 400N。这些数值使得弦上的波速为 274m/s。**a.** 弦的基频是多少？**b.** 二次谐波的频率是多少？

　　a. $L = 74$cm，$v = 274$m/s，$\lambda = 2L$，$f_1 = ?$

$$f_1 = v/\lambda_1 = v/(2L) = 274/1.48 = 185 \text{Hz}$$
b. $\lambda = L$, $f_2 = ?$
$$f_2 = v/\lambda_2 = v/L = 274/0.74 = 370 \text{Hz}$$

在离端点 1/3 弦长的位置轻触弦，就会得到图 15.13(c) 中的图样，它有 4 个波节（包括两端的波节）和 3 个波腹。产生的频率是基频的 3 倍，是二次谐波的 3/2 倍。从音乐上说，这不是比二次谐波高一个完整八度的音程，而是比二次谐波高五度的音程。

吉他是许多学生宿舍中的常见乐器。如果你的手边有一把吉他，不妨弹出一些这样的谐波，并且注意倾听它们的音调。作为音乐爱好者，这并不困难，并且有助于你理解这些概念。如果仔细观察弦，就会看到驻波图样（见图 15.14）。使用荧光灯照射往往更易看到这些图样。

> 两列或两列以上的波叠加时，根据叠加原理，它们的扰动相加。如果它们是同相的，那么由此产生的干涉是相长的；如果它们是反相的，那么由此产生的干涉是相消的。这样的波反向传播时，干涉在特定的位置产生波节和波腹的驻波图样。吉他弦上发生的就是这种驻波。弦长和驻波图样的形式决定波长。波长决定频率，因为波速是由弦上的张力和弦的质量决定的。

图 15.14　吉他上的弦粗细不同。拨上方的低音弦时，中间振幅最大的地方看起来很模糊

15.4　声波

让吉他或钢琴上的弦振动可以产生声波，也可以使用其他方法产生声波，如用棍子敲击铁锅等。小孩是制造声波的专家——谁的声音大，谁就厉害。

既然声波能到达人耳，那么它一定能够通过空气传播。它是如何通过空气传播的？它的速度是多大？它能像弦上的波那样干涉，形成驻波吗？

15.4.1　声波的实质是什么？

仔细观察音响系统的扬声器，会看到如图 15.15 所示的结构。在扬声器基座上的永磁体的前方，通过锥形盆安装有类似于纸板的材料（膜片），线圈套在永磁体的末端。施加在线圈上的振荡电流使得线圈成为一个磁极方向不断变化的电磁体。这样，通过锥形盆与线圈相连的膜片，就可以与施加的电流相同的频率振荡。

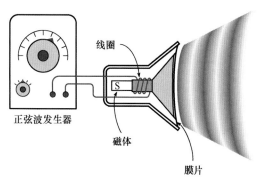

图 15.15　当通有振荡电流的线圈被磁体吸引或排斥时，通过锥形盆与线圈相连的膜片就会振荡，产生声波

振动膜片对附近的空气有什么影响？当膜片向前运动时，压缩前面的空气；当膜片向后运动时，形成一个低压区域。被压缩区域推动前面的空气，增大空气的压强。被压缩区域通过空气传播，低压区域同样如此。扰动可以是单个脉冲，但是，当膜片来回运动时，产生表现为压强变化的连续周期波。

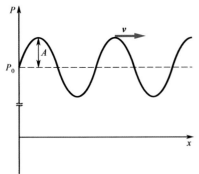

图 15.16 在声波中，气体压强（和密度）的变化通过空气传播。图中显示了气体压强与位置的关系曲线（图有夸张）

这种压强变化的波是一种声波。平均而言，高压区域空气中的分子要比低压区域中的分子靠得更近。图 15.16 中显示了随空气密度变化的声波。波动示意图的下方是压强与位置的关系曲线。对于简单的谐波，压强与位置的关系曲线是简单的正弦形式。为了绘制这幅图像，可以想象空气正从声源涌出，不断产生高压强区域和低压强区域。

就像任何气体那样，空气中的分子也会不断地向各个方向运动。然而，除了随机运动，还要有大量分子沿波的路径来回运动，以便形成高密度区域和低密度区域。因此，声波是纵波。分子的位移平行于波的传播方向，就像前后拉伸弹簧的一端时的运动那样。弹簧的每圈都沿传播方向来回运动，就像空气中的分子；在弹簧中也有高密度（压缩）运动区域，就像空气中的声波。

15.4.2 声波的速度由什么决定？

声波传播的速度有多快？什么因素决定声波的速度？第一个问题比第二个问题更易回答。在室温空气中，声波的传播速度约为 340m/s。如果你在近处观察过某人敲钉子，就会注意到在锤子和钉子碰撞的瞬间，声音就传到了耳中。但是，如果站在百米赛跑的终点，就会在听到枪声之前看到发令员手中发令枪的闪光。

同样，看到闪电几秒后，你会听到雷声。光的传播速度非常快，闪电几乎是瞬间到达人眼的。根据刚才所说的声速，可以算出声波大约需要 3s 时间才能传播 1km。测出闪电和雷声之间的时间间隔，就能知道雷电在离你多远的地方发生（见图 15.17）。如果闪电和雷声几乎同时看到和听到，那么你就可能有"麻烦"了！

决定声速的因素，与分子将速度变化传递给附近的分子进而传播声波的速度有关。在空气中，温度是一个主要因素，因为空气的分子在更高温度下的平均速率更高，碰撞更频繁。温度每升高 10℃，声速增加约 6m/s。

对于空气之外的气体，分子或原子质量的不同使得声波的传播速度不同。氢分子或氦分子由于质量小，比作为空气主要成分的氮分子或氧分子容易加速。在相同的压强和温度下，氢气中的声速几乎是空气中声速的 4 倍。

声波也能在液体和固体中传播，但是波速通常比气体中的高得多。例如，水中的声速是空气中的 4～5 倍。水分子比气体分子密集，因此声波的传播并不依赖于随机碰撞。声音在钢轨或其他金属（金属中的原子被刚性地束缚在晶格内）中的传播更快。岩石或金属中的声速一般是水中的 4～5 倍，是空气中的 15～20 倍。

如果有人用锤子敲长钢轨的一端，你在另一端听声音，那么可能听到两声巨响。第一声巨响是通过钢轨传

图 15.17 测出闪电和雷声之间的时间间隔，就可以算出你到雷电的距离

到耳朵中的,第二声巨响是通过空气传到耳朵中的。两次巨响的时间差取决于你到敲击处的距离。声源或观察者的运动也会影响人们听到的声音,详见日常现象专栏 15.2。

日常现象专栏 15.2　行驶汽车的喇叭声和多普勒效应

现象与问题　我们都有过这样的经历:站在繁忙的街道边,听到有的汽车司机在映过时按响喇叭。如果你还记得这种声音,并且试着模仿它,那么可能会用高音表示汽车接近你时的喇叭声,用低音表示汽车远离你时的喇叭声。换句话说,你在汽车远离你时听到的声音,比汽车接近你时听到的声音低,如附图1所示。

汽车喇叭发出的声波的频率真的改变了吗?这似乎不太可能。汽车和喇叭的运动一定影响了我们听到的声音的频率。如何解释这种频率的变化?

分析　附图 2 的上半部分显示了汽车静止不动时喇叭所发出声音的波峰或波阵面。每条曲线代表一个波阵面,在波阵面上,与声波相关联的变化气压有最大值。这些曲线两两之间的距离就是声波的波长。波长由喇叭所发出声音的频率和空气中声音的速度决定。声速决定波峰在给定时间内移动的距离,喇叭的频率决定下一个波峰何时出现。

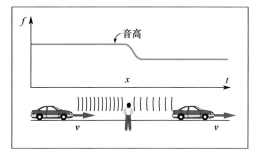

附图1　汽车经过时,喇叭的音高似乎由高变低

我们听到的声波的频率等于每秒到达耳朵的波峰数,它由相邻波峰之间的距离(波长)和波速决定。可以将这些波峰撞击耳朵的过程想象为波浪冲刷海岸的过程。波速越大,波峰就越快到达耳朵。然而,波长越长,每秒到达耳朵的波峰数(频率)就越少(因为 $v=f\lambda$ 或 $f=v/\lambda$)。

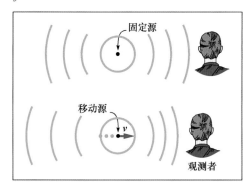

附图2　静止汽车的喇叭(上)与移向观察者的喇叭(下)的波阵面。声源的运动改变了声源两边的波长

喇叭移动时发生什么?附图2的下半部分显示了喇叭向观察者移动时的情形。在喇叭发出的一个波峰和下一个波峰之间,喇叭移动的距离很短。如附图 2 所示,这种运动缩短了两个连续波峰之间的距离。虽然喇叭发出的声波的频率不变,但是声波的波长现在变得更短了。

因为向观察者传播的波的波长短于静止喇叭产生的波的波长,因此现在每秒到达耳朵的波峰数更多。波峰之间的距离虽然变小了,但是声波仍然以相同的速度运动。每秒到达耳朵的波峰数越多,耳朵检测到的频率就越高。当喇叭向观察者运动时,观察者听到的声音的频率要比喇叭静止时听到的频率高。这种声波的观测频率的变化,是由波源或观察者的运动引起的,被称为多普勒效应。

类似地,如果喇叭远离观察者,那么空气中声音的波长变长。长波长产生观察者观测到的低频率。对于行驶中的汽车,观察者感觉到汽车驶近时的频率比喇叭的固有频率高,而汽车远离时感觉到的频率比固有频率低。

观察者相对于传播声波的空气运动时,也会出现多普勒效应。当观察者向波源运动时,与静止时相比,更快地与波峰相交,会观测到比固有频率更高的频率。远离声源运动的观察者观察到较低的频率。多普勒效应也存在于光和其他波的运动中,但我们最熟悉的例子莫过于听移动中的车辆喇叭发出的声音。

15.4.3　用饮料瓶吹出乐音

能在声波中观察到驻波等干涉现象吗?答案是可以——许多乐器的演奏都依赖于在管中形成驻波。风琴管、单簧管和低音大号数米长的金属管,都是为了实现这个目的。使用饮料瓶,我

图 15.18 让下唇紧贴饮料瓶口的边缘，并且轻轻地向瓶内吹气，瓶内就会形成驻波

们可以简单地观察这种现象。

如图 15.18 所示，如果让下唇紧贴饮料瓶口的边缘，并轻轻地向瓶内吹气，那么被瓶底反射的声波就会与后续的入射声波叠加，在瓶中产生驻波。由于饮料瓶的一端是封闭的，因此瓶底应有一个波节（波节位置的空气没有纵向运动）；另一方面，我们预计在瓶口附近有一个波腹，因为那里是我们引发振荡的地方。

在一端开口的管中，最简单的驻波如图 15.19(a) 所示。我们看到，驻波的振幅是变化的。这幅图像就是振幅随管中位置变化的关系曲线。振幅是分子平均来回运动的距离。在封闭端有一个波节，在开口端有一个波腹。由于波节和波腹之间的距离仅为 1/4 个波长，因此叠加形成驻波的声波的波长约为管长的 4 倍。

我们可以使用空气中的声速（约 340m/s）和波长求出驻波的频率。对于一根长为 25cm 的管子，发生干涉的声波的波长约为 1m（4L）。由 $f = v/\lambda$ 得

$$f = 340/1 = 340\text{Hz}$$

由于饮料瓶不是简单的直边管，饮料瓶发出的声音的频率可能与这个估值有所不同。

通过练习，你可以产生比简单驻波或基频更高的谐波。图 15.19(b)中显示了下一个更高次谐波的驻波图样，图样表明，在开口附近有一个波腹，在管内有另一个波腹和两个波节。由于波长的 3/4 位于管中，因此干涉波的波长约为管长的 4/3 倍，对于长为 25cm 的管来说，干涉波的波长约为 33cm。这个谐波产生的声波的频率约为 1020Hz（340m/s 除以 0.33m），这个频率是基频的 3 倍，比基本音高高八度外加一个纯五度。

类似地，可以预测高次谐波的频率。我们还可以分析两端开口或两端封闭的管中产生的驻波图样。瓶子或乐器发出的实际音调，通常是各种可能的谐波的混合，这种混合决定了所产生的声波的质量或丰富程度。

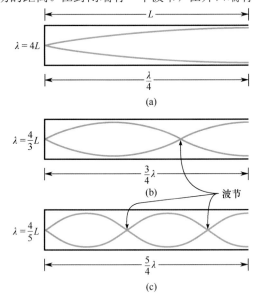

图 15.19 在一端开口、一端封闭的管中的前三个谐波的驻波图样。这些曲线表示分子在管中各个位置来回运动的振幅

驻波是我们在声波中很容易观察到的一种干涉现象。同向传播的声波也产生干涉，根据干涉波之间的相位关系，声波产生相长干涉或相消干涉。礼堂中的声音"死角"有时就是由相消干涉产生的。音乐厅的声学设计非常复杂，必须考虑干涉因素。

铜管和弦产生的声波会在我们的耳朵中回荡。这些声波是涉及空气压缩区域和膨胀区域变化的纵波。空气分子必须沿波的传播方向来回运动才能产生这些变化。声波可以像其他波一样相互干涉。管弦乐器或饮料瓶产生的音涉及声音的驻波。

15.5 音乐物理学

15.3 节和 15.4 节讨论了在吉他弦和一端封闭的管中形成的驻波。弦或管的长度决定了所产生的声波的频率，这些频率与我们对音高的感知有关，这些有关物理学与音乐的知识在古代就为人所知。

然而，音乐物理学的内容远不止这些。例如，为什么同样的音符在单簧管上演奏时与在小号或其他乐器上演奏时有很大的区别？在不同位置拨吉他弦时，为什么会得到不同的音调？为什么某些组合的音符（和弦）更好听？

谐波和频率分析的概念可以帮助我们理解这些问题。确定乐器演奏的音符中出现的频率混合情况，可以解释所产生音乐的音色。不同频率或谐波之间的关系，解释了和弦更好听的原因。文化因素在人们欣赏音乐时也起重要作用。可能有些人喜欢重金属音乐，可能有些人更喜欢巴赫[1685—1750，德国古典音乐家]。

15.5.1 什么是谐波分析？

回顾 15.3 节可知，在吉他弦上产生的驻波中，一次谐波或基波在弦的两端都有一个波节，在弦的中间有一个波腹；二次谐波有两个波瓣（相邻波节之间的振荡区域），在弦的中间还有一个波节；三次谐波有三个波瓣，除了弦两端的波节，弦上还有另外两个波节；以此类推。每个谐波的频率都不相同，但它们是基频的倍数。

使用手指或拨片拨弦上的某个位置时，得到的不是单个谐波，而是不同驻波图样或谐波的混合。以某种方式确定构成弦上的复杂驻波的各谐波的振幅后，就可以进行频率分析或谐波分析。

以吉他弦为例进行谐波分析，结果可能是令人吃惊的。我们通常在从琴码开始的 1/4 弦长位置拨弦。琴码是弦的一个端点，二次谐波（$f_2 = 2f_1$）在 1/4 弦长位置有一个波腹，二次谐波受到强烈激励。基频并未受到强烈激励，因为它的波腹在弦的中间。对于原声吉他（不插电的吉他），吉他本身还决定了声波产生时哪些谐波会被增强。最终得到的混合谐波看起来如图 15.20 所示。

图 15.20 中的每个峰代表不同的谐波。峰的高度表示谐波的振幅。使用大多数物理实验室中的设备和计算机软件，很容易得到这样的图像。注意，图中的二次谐波和三次谐波都强于基音。有趣的是，当我们以这种方式拨弦时，大脑和耳朵仍然以基音的音高而非二次谐波或三次谐波的音高作为混合谐波的音高。耳朵和大脑会自己进行分析和解释。

在离琴码更近的位置拨弦，会得到不同的混合谐波，且音质非常不同：声音非常尖锐。频率分析表明存在很多高次谐波（见图 15.21），因为这些谐波在靠近琴码的位置存在波腹。二次和三次谐波的振幅大大降低。大脑仍然将音符的音高解释为基频的音高，但是音符听起来已经不同。美国乡村音乐和西部音乐中常常出现这样的尖锐声音。

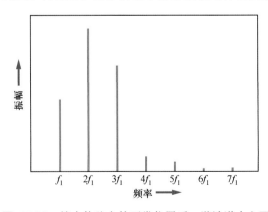

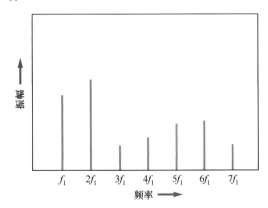

图 15.20 拨吉他弦上的正常位置后，谐波谱中主要是二次谐波和三次谐波，其中 f_1 是一次谐波的频率或基频

图 15.21 在琴码附近的位置拨弦时，谐波谱中出现许多高次谐波，导致声音尖锐

不同乐器产生的音调具有非常不同的和声混合或图样。小号的频谱中通常有很多高次谐波，正是这些高次谐波让它发出了"明亮"的声音或"铜管"般的声音。演奏长笛时，基频在频谱中占优，几乎不存在高次谐波，这是我们将"纯净"音调与长笛联系起来的原因。人们演奏乐器的方式对和声也有很大影响。使用产生谐波频谱的设备和软件来测试不同乐器的谐波非常有趣。

15.5.2 如何定义音程？

由 15.3 节可知，加倍音符的频率（从一次谐波转换为二次谐波）所产生的音调变化被称为八度跳变。西方音乐传统上使用八音音阶。我们学习唱歌时，使用音节 *do, re, mi, fa, sol, la, si, do* 来标识音阶中的八个音调（见图 15.22）。图中，两端的两个 *do* 相差八度。

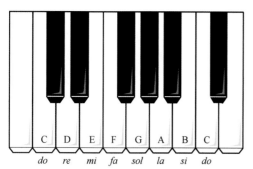

图 15.22　C 大调音阶以 C 开始和结束，这个音阶的八个音符都在钢琴的白键上演奏

分别演奏或演唱相差八度的两个音符时，它们听起来非常相似。事实上，很难分辨这样的两个音符的区别，部分原因是，除了低音的基频，在同一乐器上演奏两个相差八度的音符时，它们几乎都有相同的高次谐波。在识别这样的音符时，耳朵和大脑会使用这些高次谐波。

使用吉他演奏三次谐波时，三次谐波的频率是基频的 3 倍，但仅为二次谐波的 3/2 倍。我们称二次谐波和三次谐波之间的音程为五度。我们唱歌时，五度就是 *do* 和 *sol* 之间的差，即八度音阶中的第一个音符和第五个音符之间的差；在《一闪一闪亮晶晶》这首儿歌中，它是第一对音符和第二对音符之间的音程。

四次谐波的频率是基频的 4 倍，因此是二次谐波的频率的 2 倍。它比二次谐波高一个八度，比基音高两个八度。四次谐波和三次谐波的频率之比是 4/3，它是 *sol* 和高音 *do* 之间的音程。我们称这个音程为四度音程，它是低音 *do* 和 *fa* 之间的音程，也是音阶上的第一个音符和第四个音符之间的音程。

五次谐波的频率是基频的 5 倍，但它只是四次谐波的 5/4 倍。四次谐波和五次谐波之间的音程被称为大三度音。我们唱歌时，它是 *do* 和 *mi*（音阶中的第一个音符和第三个音符）之间的音程。其他音程的定义方式是相似的。

这个音阶中的另外三个音符也可以定义为与音阶中其他音符的频率之比（见题 SP5）。*si* 比 *sol* 高三度（5/4），*re* 比 *sol* 低四度（3/4），*la* 比 *fa* 高三度（5/4）。因此，音阶中的所有音符都可以与吉他等乐器上的弦长之比关联起来。早在公元前 530 年，希腊数学家毕达哥拉斯就认识到了弦长之比在音乐中的作用，尽管毕达哥拉斯构建音阶时只用了八度和五度音阶。

然而，采用这种方法为吉他（尤其是钢琴）定音是有问题的。弹奏已调好音的键时，听起来非常完美，但是在弹奏未调好音的键时，听起来很糟糕。因此，当我们从中央 C（频率 $f = 264$Hz）开始为钢琴定音，让各键的频率之比都正确（称为纯律）时，从下一个音符（即 D）开始音阶的频率之比就是不正确的。因此，除非只想弹奏一个音符，否则就需要在各个音符的频率之比之间进行折中，其中我们将最常见的折中称为十二平均律。在这种调音方法中，对于任何键，频率之比都是大致正确的，但是并不完美。然而，音阶中相邻半音之间的频率之比是相同的，因此无论从何处开始，音阶听起来都是正确的（见题 SP4）。

表 15.1 中给出了十二平均律和纯律中的 C 音阶的频率。二者都基于中央 C 上的 A 音的标准频率 440Hz。平均律中显示了升调（#）和降调（b），它们与 C 大调音阶共同组成了有 12 个等频率之比的音阶。每个音与前一个半音的频率之比都是 1.05946。1.05946 是 2 的 12 次方根（$\sqrt[12]{2}$），它

自乘 11 次后等于 2，因此是完整八度的合适比值。表中的纯律未显示升调和降调的频率。在有些版本的纯律中，某个音的降调与紧邻的下一个音的升调相比，可能有着不同的频率，如降 A（A♭）的频率可能不同于升 G（G#）的频率。

表 15.1

不同音律中各个音符的频率和频率之比

十二平均律			纯律		
音	f/Hz	频率比值	音	f/Hz	频率比值
C	261.6		C (do)	264.0	9/8
		1.05946			
C#(D♭)	277.2				
		1.05946			
D	293.7		D (re)	297.0	4/3・5/4
		1.05946			
D#(E♭)	311.1				3/2
		1.05946			
E	329.6		E (mi)	330.0	4/3
		1.05946			
F	349.2		F (fa)	352.0	6/5
		1.05946			
F#(G♭)	370.0				
		1.05946			
G	392.0		G (sol)	396.0	5/4
		1.05946			
G#(A♭)	415.3				
		1.05946			
A	440.0		A (la)	440.0	5/4・4/3
		1.05946			
A#(B♭)	466.2				6/5
		1.05946			
B	493.9		B (si)	495.0	
		1.05946			
C	523.3		C (do)	528.0	

历史上，许多物理学家和数学家都参与过关于理想定音方法的争论。毕达哥拉斯、托勒密、开普勒和伽利略都提出了自己的观点。克劳迪亚斯·托勒密主要以日心学模型著称，但是他在引入纯律理论方面也发挥了重要作用。伽利略的父亲文森佐·伽利略是一位音乐理论家。当人们提出十二平均律后，伽利略本人就积极地参与了辩论。今天，十二平均律在钢琴调音中占主导地位。

15.5.3 为何有些音符组合听起来很和谐？

为什么同时演奏有些音符时很悦耳，而同时演奏其他音符时却不悦耳？这个问题的部分答案是文化因素，但是还有一个物理因素——可用音符中出现的泛音来解释。

例如，同时演奏音符 do 和 sol，发出的声音让大多数人感到悦耳。即使是对不同文化背景的人来说，这两个音符听起来也是“天生的一对”。记住，当我们演奏或演唱任何一个音符时，发出的声音中通常包含基频的高次谐波。由于这两个音符之间的基频相差五度，因此许多高次谐波是相同的。例如，do 的三次谐波与 sol 的二次谐波相同，它们在高次谐波中相互增强。

增加两个音符来产生大和弦 do, mi, sol, do，声音更和谐。同样，这些音符的高次谐波存在强重叠。对许多其他的简单和弦来说，同样如此。在钢琴或吉他上，人们会频繁地使用类似的和弦来构建音乐结构。在乐队或合唱团中，这些和弦的音符由不同的乐器或人员发出。

有些音符同时演奏时很难听，至少对古典音乐爱好者来说是这样的。例如，如果同时演奏 do 和 re，那么声音是不和谐的。虽然这些音符的高次谐波很少重叠是产生刺耳声音的原因，但是也存在另一种原因，即被人们称为“拍”的物理现象。

两列不同频率的波叠加产生不稳定的干涉。由于两列波的频率不同，随着时间的推移，它们的相位关系将发生变化。当两列波同相时，叠加波的振幅很大；当两列波不同相时，叠加波的振幅要小得多。这种叠加波的振幅的波动被称为拍（见图 15.23）。

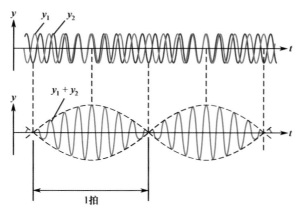

图 15.23 上图中频率稍有不同的两列波叠加产生下图所示的拍。随着时间的推移，两列波在该点时而同相、时而反相

振幅变化的频率（称为拍频）等于两列波的频率之差。如果两个音符的频率非常接近，那么拍频会低到足以让人们感觉到振幅的变化。换句话说，我们可以首先听到一阵越来越大的声音，然后听到一阵越来越小的声音，就像蛙音那样。这种效应在调谐两种乐器时非常有用。当拍频变得缓慢或完全消失时，两种乐器的音高就是一致的（调整曼陀林或十二弦吉他的双弦时，拍频也是非常有用的）。

当音阶上的两个音符相差一个全音时，如 do 和 re，拍频很高，我们能够听到刺耳的嗡嗡声。然而，在现代音乐中，这种不和谐的声音有时被人们用来产生某种特殊的效果。

随着拍频变得越来越高，拍频有时作为一个单独的音被人们听到。这个音调的音高与拍频对应。例如，如果同时演奏 do 和 sol，那么拍频是

$$\tfrac{3}{2}f - f = \tfrac{1}{2}f$$

式中，f 是低音 do 的频率。频率是 do 的一半的音（上式中等号右侧的那一项），要比 do 低八度，因此适合放到包含 do 和 sol 的和弦中。因此，"拍"有助于解释演奏大三和弦时发出的华丽和声。

除了这些基本概念，音乐物理学还涉及其他内容。例如，音乐厅的音响效果包括波的干涉、反射、吸音等。优秀音乐家的"耳朵"非常灵敏，能够轻易地发现和识别音程与和弦。你可以使用吉他或钢琴弹奏音乐，以便演示前面讨论的许多内容。

> 波的频率与其音高有关。当我们使用乐器演奏一个音符时，声音中包含基频及频率为基频整数倍的高次谐波。对声音进行谐波分析，可以确定声波中各个频率的振幅。在西方音乐使用的音阶中，和声在确定音程时起重要作用。这些音符的不同组合听起来很和谐，高频泛音在音符中相互增强，就像在大三和弦中那样。两个不同频率的音符叠加产生的拍频，等于两个音符之间的频率之差。拍频对两个音符的叠加听起来是悦耳还是刺耳也有影响。

小结

波是通过介质传播能量的运动扰动。波浪、弹簧上的波、绳索上的波和声波都具有反射和干涉等特征。这些波的区别体现在传播波的介质类型、被传播扰动的性质和波速等方面。驻波和谐波分析在音乐物理学中起重要作用。

1. **脉冲波和周期波**。波动的基本特征可以在弹簧上演示，包括单脉冲和连续波。对于纵波，扰动方向是波的传播方向。对于横波，扰动方向垂直于波的传播方向。波速等于频率乘以波长。

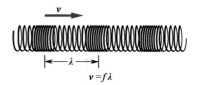

$$v = f\lambda$$

2. **绳索上的波**。横波可以在绳索或弦上生成。绳索的末端做简谐运动时，波呈正弦状。波速取决于绳索中的张力和单位长度绳索的质量（$\mu = m/L$）。

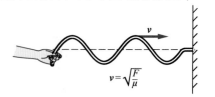

$$v = \sqrt{\frac{F}{\mu}}$$

3. **干涉和驻波**。当两列或两列以上的波重叠时，扰

动相加形成一列新波。这种干涉可以是相长干涉——两列波同相，产生最大的振幅；也可以是相消干涉——两列波反相，产生最小的振幅或零振幅。在一定条件下，反向传播的两列波产生驻波。

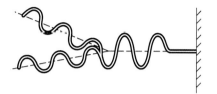

4. **声波**。声波是通过空气或其他介质传播的、压强变化的纵波。在室温空气中，声速约为340m/s。驻波可在管中或饮料瓶中形成。管的长度决定了各种谐波的波长与频率。

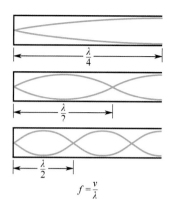

$$f = \frac{v}{\lambda}$$

5. **音乐物理学**。谐波分析表明，在大多数乐器演奏的音符中，除基频外，还包含高次谐波。音阶和音程基于这些高次谐波的频率之比。当高次谐波重叠时，组合的音符听起来很和谐。当两个音符在音高上接近时，会因拍频产生不和谐的嗡嗡声。

关键术语

Wave pulse　脉冲波
Periodic wave　周期波
Wavelength　波长
Harmonic wave　谐波
Interference　干涉
Principle of superposition　叠加原理
Node　波节
Antinode　波腹

Standing wave　驻波
Pitch　音高
Sound wave　声波
Doppler effect　多普勒效应
Harmonic analysis　谐波分析
Just tuning　纯律
Equally tempered　十二平均律
Beats　拍

概念题

Q1 某个脉冲波被传送到弹簧，但是弹簧整体未移动位置。这个过程发生能量转移吗？

Q2 湖面上的波浪向东移动，湖水向东移动吗？

Q3 日常现象专栏 15.1 中的磁体拴在海底，并且不做上下运动，它如何利用波浪运动发电？

Q4 整流是什么意思？在波浪发电系统中为何要用到它？

Q5 运动的车头撞向几节相连的静止车厢。当一节车厢与另一节车厢相撞时，一列脉冲波就会沿几节车厢传递。这列波是横波还是纵波？

Q6 波可以在毯子上传播，方法是用手握住相邻的毯角并上下抖动。这列波是横波还是纵波？

Q7 如果增大来回拉动弹簧末端的频率，弹簧上的波的波长是增大还是减小？

Q8 如果增大张力来增大弹簧上的波速，但保持来回运动的频率不变，波长是增大还是减小？

Q9 在弹簧上能够产生横波吗？

Q10 在体育比赛中，观众席上有时会产生在体育场传播的"波"。这列波是横波还是纵波？是什么使得这列波在人群中传播？

Q11 有可能在绳索上产生纵波吗？

Q12 将两根绳索缠在一起，使单位长度绳索的质量加倍。这对绳索上的波速有什么影响？

Q13 当横向脉冲沿绳索运动时，是什么力使得绳索的各部分加速？

Q14 为何在粗绳索上比在细弦上更易观察横波？

Q15 增大绳索的张力，保持绳索末端的振荡频率不变，对产生的波的波长有何影响？

Q16 两列同向传播的波叠加时，是否可以产生比任何一列波的振幅更小的波？

Q17 两根绳索的后半部分平滑地连在一起，形成一根绳索，并连到墙壁上。前半部分仍然分开成单独的两根绳索，但其中一根绳索比另一根绳索长半个波长。如果两根绳索的另一端上下振动，相位相同，那么当两列波叠加时，干涉是相长的还是相消的？

Q18 两根绳索上的波到两绳的连接点时刚好反相，产生相消干涉，在连接点之外不产生任何波。波携带的能量发生什么变化？有反射波吗？

Q19 将绳索的一端固定到墙壁上，以适当的频率上下移动绳索的另一端，可以形成驻波。与初始波干涉形成驻波的第二列波来自何处？

Q20 两端固定的弦上产生一个驻波，驻波的中间和两端都有一个波节。该驻波的频率是大于、等于还是小于只在两端有波节的驻波的基频？

Q21 驻波的两个相邻波腹之间的距离是否等于形成这个驻波的两列波的波长？

Q22 如果增大吉他弦中的张力，对弦上形成的基波的频率和波长有什么影响？

Q23 在一根吉他弦上缠绕第二根弦来增大质量，对弦上形成的基波的频率和波长有什么影响？

Q24 在空气中产生纵波为何比产生横波更容易？

Q25 声音有可能通过钢条传播吗？

Q26 假设提高声波所经过的空气的温度。**a.** 这对声波的速度有何影响？**b.** 对于给定的频率，升高温度对声波的波长有何影响？

Q27 将风琴管的温度升高到大于室温，提高声波在风琴管中的传播速度，但对风琴管的长度没有明显的影响，这对风琴管产生的驻波的频率有何影响？

Q28 在两端开口的管中，基波的波长是大于、等于还是小于一端开口的管中的基波的波长？

Q29 某乐队在平板卡车上演奏，卡车迎面向游行队伍后面的你快速靠近。你听到乐器的音高与游行队伍前面已经过卡车的人听到的一样吗？

Q30 声源相对于听众移动时，你检测到的声波的速度、频率和波长变化吗？

Q31 声波有可能在真空中传播吗？

Q32 当你拨吉他弦时，有可能得到只有一个频率的声波吗？

Q33 为什么在普通位置拨吉他弦时，二次谐波可能比一次谐波或基波更强？

Q34 对声波进行谐波分析，测量的是什么？

Q35 我们所说的五度音程与拨弦的三次谐波有什么关系？

Q36 为什么相隔八度的两个音符听起来相似？

Q37 频率和音高是相关的，它们是一样的吗？我们认为一个音符具有特定的音高，它只包含单个频率吗？对于不会演奏的人来说，他感知到的音高与训练有素的音乐家感知到的音高有何不同？

Q38 演奏像 *do* 和 *re* 这样紧邻的两个音符会发出嗡嗡声，这种嗡嗡声的来源是什么？

练习题

E1 设波浪的速度为 2.1m/s，波长为 5.6m，波浪的频率是多少？

E2 设波浪的波长是 3.8m，周期是 1.7s，波浪的速度是多少？

E3 弹簧上的纵波的频率为 6Hz，速度为 1.5m/s。这列波的波长是多少？

E4 绳索上的波如题图所示。**a.** 这列波的波长是多少？**b.** 波的频率是 4Hz，波速是多少？

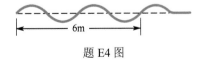

题 E4 图

E5 弦上的波的速度是 11.5m/s，周期是 0.2s。**a.** 波的频率是多少？**b.** 波的波长是多少？

E6 设一根吉他弦的长度为 0.64m，质量为 4.3g，张力为 75.6N。**a.** 单位长度的弦的质量是多少？**b.** 波在弦上的速度是多少？

E7 长为 0.75m 的绳索两端固定。**a.** 能在绳索上形成驻波的行波的最长波长是多少？**b.** 波在绳索上以 120m/s 的速度传播时，最长波长对应的频率是多少？

E8 假设题 E7 中的绳索被抖动，使得绳索上除两端的波节外，中间还有 5 个波节。这种情况下干涉波的波长是多少？

E9 声波在室温空气中的传播速度为 340m/s。频率为 440Hz 的国际标准音 A 的波长是多少？

E10 在室温空气中传播的声波的速度为 $v = 340\text{m/s}$，波长为 0.56m，声波的频率是多少？

E11 一根一端封装、另一端开口的风琴管的长度为 0.6m。**a.** 能在管中形成驻波的声波的最长波长是多少？**b.** 如果声速是 340m/s，这个驻波的频率是多少？

E12 假设从国际标准音 A（其频率是 440Hz）开始一个大音阶。如果我们称这个频率为 *do*，具有理想比值的频率（纯律）是多少？**a.** *re*。**b.** *sol*。

E13 如果 *fa* 在给定音阶上的频率是 348Hz，那么在这个音阶中低音 *do* 的理想比值频率（纯律）是多少？

E14 在纯律中，大三度的比值是 5/4。在十二平均律中，这个比值是 1.260。如果以 440Hz 的频率

为 *do* 开始一个音阶，那么在以十二平均律定音的钢琴和以纯律定音的钢琴上，*mi*（*do* 之上的大三度）的频率有何不同？

E15 如果 *do* 的频率是 265Hz，*re* 的频率是 334Hz，当同时演奏当这两个音符时，产生的拍频是多少？

E16 一把吉他上的一根弦的频率是 352Hz，它与另一把吉他上的一根弦同时演奏时，每秒产生 7 个拍频。第二根弦的频率是多少？

E17 演奏一个频率为 450Hz 的音符和一个频率为 360Hz 的音符时，拍频是多少？如果这个拍频听起来是乐音，这个乐音的音调和原来的两个音符有何关系？音程是多少？

综合题

SP1 一根绳索的长度为 12m，质量为 3.2kg。绳索的一端固定，另一端用 48.6N 的拉力拉紧。绳索的一端以 4.5Hz 的频率上下振动。**a.** 单位长度绳索的质量是多少？**b.** 波在绳索上的传播速度是多少？**c.** 频率为 4.5Hz 的波的波长是多少？**d.** 这根绳索能形成多少个完整的波？**e.** 波的前缘到达绳索另一端并且开始返回需要多长时间？

SP2 在固定到吉他上之前，一根弦的总长为 1.25m，总质量为 1.0g。在固定到吉他上后，两个固定端之间的距离为 69cm。拉紧弦的张力是 74N。**a.** 这根弦的单位长度的质量是多少？**b.** 当弦绷紧时，波的速度是多少？**c.** 在弦上干涉形成基波（只在两端各有一个波节）的行波的波长是多少？**d.** 基波的频率是多少？**e.** 下一个谐波（在弦的中间还有一个波节）的波长和频率是多少？

SP3 适当激励一根两端开口的管子，可以形成在管子两端具有波腹的驻波。假设有一根长 60cm 的开口管子。**a.** 画出该管子的基波的驻波图样（中间有一个波节，两端各有一个波腹）。**b.** 干涉形成基波的声波的波长是多少？**c.** 如果声音在空气中的速度是 340m/s，该声波的频率是多少？**d.** 如果空气温度上升，声速变为 358m/s，那么频率改变多少？**e.** 画出管中下一

个谐波的驻波图，并求其波长和频率。

SP4 对于标准定音，国际标准音 A 的频率被定义为 440Hz。在钢琴上，A 比 C 高 5 个白键，但比 C 高 9 个半音，包括白键和黑键（见图 15.22）。一个完整的八度由 12 个半音（半程音）组成。在十二平均律中，每个半音与前一个音的频率之比都是 1.0595（2.0 的 12 次方根）。**a.** 降 A（在十二平均律中比 A 低半音）的频率是多少？**b.** 继续向下（频率降低方向）直到 C，求出每个半音的频率（精确到小数点后 4 位，对每个半音，用前一个音除以 1.0595）。**c.** 在纯律中，中央 C 的频率是 264Hz。**b** 问中的结果与此值相比如何？**d.** 求十二平均律中位于国际标准音 A 之上的 C 音频率。这个频率是 **b** 问中低音 C 的 2 倍吗？

SP5 15.5 节中讨论了纯律中音阶的理论比值。使用其中的分析方法，求中央 C（264Hz）至 C（C 大调音阶）之间的所有白键的频率。**a.** 比中央 C 高 5 度（3/2）的 G（*sol*）。**b.** 比中央 C 高 4 度（4/3）的 F（*fa*）。**c.** 比中央 C 高 3 度（5/4）的 E（*mi*）。**d.** 比 G（*sol*）高 3 度的 B（*si*）。**e.** 比 G（*sol*）低 4 度的 D（*re*）。**f.** 比 F（*fa*）高 3 度的 A（*la*）。（2）解答题 SP4 后，比较纯律和十二平均律中的这些频率。

家庭实验与观察

HE1 找到一根弹簧，试着实现 15.1 节中介绍的一些效果。**a.** 你能估计弹簧上产生的单个纵向脉冲的速度吗？**b.** 当弹簧被拉伸的长度不同时，速度如何变化？**c.** 横向脉冲和纵向脉冲的传播速度相同吗？**d.** 你能在弹簧上产生连续的纵波吗？

HE2 在浴缸或其他小水池中拍手很容易产生波浪。我们可以直接观察到波峰。**a.** 以不同的频率拍手时，波长如何随频率变化？**b.** 你能估计脉冲波的速度吗？**c.** 使用两只手产生两列波，它们相向传播并发生干涉。两只手的拍手方式一致时，应该能够观察到两个波源的中垂线上的相长干涉。由于相长干涉，沿中垂线观察到的波有何不同？**d.** 你能通过拍你的手让一列波向上运动而另一列波向下运动，产生相消干涉吗？描述尝试这样做时所发生的事情。

HE3 找到一个空饮料瓶，根据 15.4 节的描述练习向瓶内吹气，直到产生稳定的音调。**a.** 将水倒入饮料瓶中后，音调的音高如何变化？当饮料瓶为半满或者为空时，音高的关系是什么？**b.** 试着以用力吹的方式及缩小嘴唇开口的方式来产生更高频率的谐音（这对长笛演奏者来说很容易，但是对其他人来说就需要练习）。高次谐波的音高与基音的音高有何关系？**c.** 向 8 个空饮料瓶中注入不同高度的水，可以产生一个八度音阶的所有音。找到几位朋友，试着演奏《三只盲老鼠》或其他简单的曲子。

HE4 找到一把吉他，试着用 15.3 节中讨论的方法产生一些高次谐波。**a.** 你能产生多少高次谐波？吉他琴把上的点位是否能够指导你放置手指？**b.** 试着采用普通方式拨弦，或者在离琴码更近的位置拨弦。你能听到产生的音调中的高次谐波吗？在这两种情况下，音调有何不同？**c.** 使用物理实验室中的谐波分析设备，比较在 **b** 问的两个位置拨弦时产生的谐波频谱。

HE5 如果你从未弹过钢琴，那么坐在键盘前弹奏几个音阶和音程，就可以学到很多东西。**a.** 演奏如图 15.22 所示的 C 大调音阶。**b.** 演奏 D 大调音阶，从 D 开始到 D 结束，必须使用哪些黑键才能使这个音阶听起来正确？**c.** 演奏 G 大调音阶，从 G 开始到 G 结束，必须使用哪些黑键？**d.** 从 a、b、c 或其他音符开始演奏一个大和弦（*do*、*mi*、*sol*、*do*）时用到钢琴上的哪些键？**e.** 在几个不同的八度内弹奏 C 音符。这些音符听起来相似吗？你能听到不同的谐音吗？

第16章 光和颜色

本章概述

什么是光？光的特性是什么？如何解释日常生活中的色彩现象？本章首先介绍光是一种电磁波，然后讨论光的性质，包括吸收、选择性反射、干涉、衍射和偏振。这些过程会影响到我们对颜色的感知。

本章大纲

1. **电磁波。**什么是电磁波？它是如何产生的？光是什么？无线电波与光波有何不同？
2. **波长和颜色。**颜色和波长有何关系？如何感知颜色？选择性反射、吸收和散射过程是如何决定我们看到的颜色的？为何天空是蓝色的？
3. **光波的干涉。**杨氏双缝干涉实验是如何证明光是波的？什么是薄膜干涉？如何解释我们在浮油和其他薄膜上看到的颜色？
4. **衍射和光栅。**衍射是什么？衍射是如何限制我们看到的细节的？什么是衍射光栅，如何使用它来测量光的波长？
5. **偏振光。**什么是偏振光？偏振是如何产生的？如何确定光是否偏振？什么是双折射，它是如何产生颜色现象的？

你是否想过世界如此绚烂多彩的原因？光肯定与我们看到的东西有关，但光是什么？为什么肥皂泡会呈现出多种颜色？为什么天空是蓝色的？所有这些现象都与光的波动性有关。

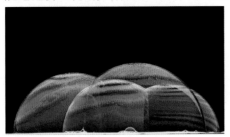

我们中的大多数人在人生的某个阶段都玩过肥皂泡。你可能也会对金属环中的肥皂膜着迷。我们常用金属环来制造肥皂膜，保持金属环不动时，肥皂膜上会显示出彩色条纹（见图16.1）。当我们慢慢观察这些条纹时，它们的颜色甚至会发生变化，直到肥皂膜最后破裂为止。

我们应该如何解释这种现象？肥皂膜和肥皂泡显示的色彩，以及许多其他包含颜色的现象，都涉及光的干涉。第15章中介绍了波的许多概念，包括波的干涉。但是，光为这些概念提供了一些令人惊讶和有趣的例子。

图16.1 通过来自肥皂膜的反射光，我们看到了明显的干涉条纹

光是一种电磁波，因此我们需要了解这意味着什么。光波可以被反射、折射、偏振、散射和吸收，还可以相互干涉，产生一些惊人的效果。反射和折射可以用几何光学来描述，详见第17章。几何光学描述用于制造许多光学仪器（如显微镜和望远镜）中的透镜和反射镜面的性质。

本章重点介绍光的波动性。波动光学描述光的干涉和衍射现象，以及吸收、散射和偏振等性质。所有这些现象都与我们看到的颜色有关。

16.1 电磁波

光、无线电波、微波和X射线有何相同之处？答案是，它们是不同形式的电磁波，代表了现代科技世界中极其重要的一系列现象。

詹姆斯·克拉克·麦克斯韦于1865年首次做出了关于电磁波存在的预言，并且描述了电磁波的性质。麦克斯韦是一位理论物理学家，在电磁学、热力学、气体动力学、色觉和天文学等领域做出了重要贡献。然而，麦克斯韦做出的最重要的贡献是其电磁场理论，详见本章前面的介绍。麦克斯韦对电磁波的描述及对电磁波速度的预测，只是其电磁场理论的标志性结论。

16.1.1 什么是电磁波？

要了解电磁波，就要复习电场和磁场的概念。带电粒子产生电场和磁场。要产生磁场，电荷就要运动；但是，电荷无论是否运动都会产生电场。这些场是电荷周围空间的一种性质，可让我

们预测对其他电荷的作用力，详见第 12 章和第 14 章。

假设电荷在连接到交流电流源的两段导线上来回流动，如图 16.2 所示。如果电流方向转换得足够快，那么交流电流的流动过程如下（即使看起来是开路）：一种符号的电荷开始在导线中积累，但是在积累的电荷变得过多之前，电流反转，电荷回流，开始积累相反符号的电荷。因此，导线中的电荷量和电流都会变化。

这个过程产生的磁场可以使用以导线为中心的圆形磁场线来表示，如图 16.2 所示。随着电流的变化，磁场的大小和方向也不断变化。根据法拉第电磁感应定律，麦克斯韦知道变化的磁场会在平面垂直于磁场线的电路中产生电压。存在电压就意味着存在电场，即使是在没有电路的情况下，变化的磁场也会在空间中磁场变化的任何一点产生电场。

因此，根据法拉第电磁感应定律，我们预测变化的磁场将产生变化的电场。麦克斯韦认识到电场和磁场的对称性后，推断变化的电场也会产生磁场。麦克斯韦在其描述电场和磁场性质的关系式中预言了这种现象，而实验验证了这种现象的存在。

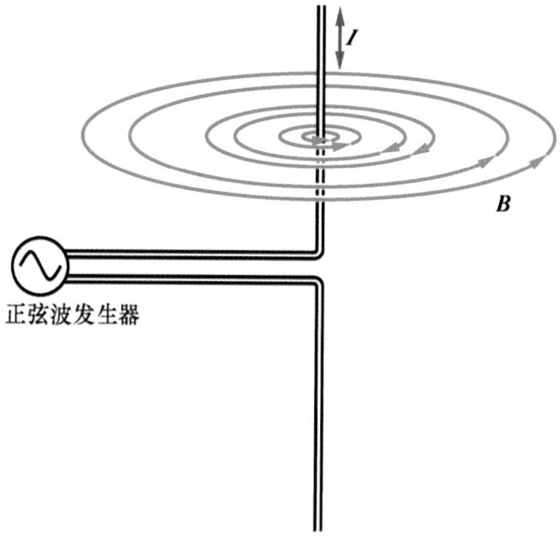

图 16.2　在导线中快速变化的电流，产生大小和方向随时间变化的磁场

麦克斯韦发现，包含电磁场的波可以在空间中传播。不断变化的磁场产生不断变化的电场，不断变化的电场反过来又产生不断变化的磁场，以此类推。在真空中，这个过程会无限进行下去，可对离场源很远的带电粒子施加影响，而恒定电流产生的静磁场或静止电荷产生的静电场无法做到这一点。电磁波就是这样产生的（从更普遍的意义上说，任何带电粒子的变速运动都会产生一种电磁波）。图 16.2 中的通电导线被用作电磁波的发射天线，再来一副天线就可以用来检测电磁波。

尽管麦克斯韦在 1865 年就预言了这种波的存在，但是首次使用电路产生和检测这种波的实验是由海因里希·赫兹（1857—1894）于 1888 年进行的。赫兹最初使用的天线是环形导线而不是直导线，但是他在后来的工作中也用过直导线。他使用另一个距离源电路非常远的电路来探测源电路产生的波。赫兹通过这些实验发现了无线电波。

图 16.3 中显示了简单电磁波的性质。如果磁场在水平面内，如图 16.2 所示，那么磁场变化产生的电场就在竖直平面内。两个场互相垂直，同时垂直于从天线向外传播电磁波的方向。因此，电磁波是横波。这里，电场和磁场的强度是呈正弦变化的——彼此同相，也可能出现更复杂的模式。

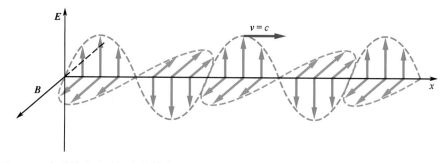

图 16.3　电磁波中随时间变化的电场与磁场方向彼此垂直，并且垂直于电磁波的速度方向

就像前述其他类型的波那样，正弦波模式会向外运动。图 16.3 中显示了某个时刻沿空间中一条直线的场强大小与方向。在垂直于天线的各个方向上，也发生同样的变化。随着正弦波模式的

运动，空间中任意一点的场强大小会交替增强与减弱。当场经过零点时，会改变方向，开始反向增强。电场和磁场的这些协调变化构成了电磁波。

16.1.2 电磁波的速率是多少？

在根据电磁场理论预测电磁波的存在的同时，麦克斯韦还预测了它们的速度。这些波的速度在真空中可以根据两个常数来计算：一个常数是库仑定律中的库仑常数 k，另一个常数是两根通电导线之间的安培力的计算公式中的常数 k'。麦克斯韦的理论预测，波的速度等于这两个常数之比的平方根（$v = \sqrt{k/k'}$），由此得出的速度值是 3×10^8 m/s 或 3 亿米/秒。

这个值的惊人之处是，除了令人难以置信的大小，它与我们今天已知的光速值是吻合的。在麦克斯韦做出这项工作的前几年，不同的科学家精确地测量了光速。这一巧合促使麦克斯韦提出光本身就是电磁波的一种形式——这是光学领域和电磁学领域之间的首个直接联系。

在麦克斯韦所处的时代，测量光速并不容易。伽利略是 200 多年前首批尝试测量光速的科学家之一。当时，他让一名助手将一盏灯带到远处的山顶上，并让他一看到伽利略手中一盏类似的灯发出的光时就打开他的灯。伽利略计划测量光到达助手和返回需要的时间。这次尝试注定会失败——打开灯笼的反应时间要比光束实际旅行的时间长得多。

虽然天文学家估算了光速，但是首次成功的陆地测量则由阿曼多·希波吕特·菲佐（1819—1896）于 1849 年完成。他使用了如图 16.4 所示的齿轮装置。穿过轮齿之间的缝隙的光，被远处的镜子反射回来。如果转轮旋转一段距离后，在原来的空隙位置刚好出现一个轮齿，那么光就会被挡住。测量转轮的转速和光束发出并返回转轮所通过的距离，菲佐就可以算出光速。

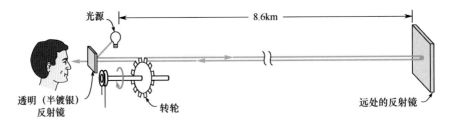

图 16.4 菲佐用来测量光速的齿轮装置示意图。当转轮快速转动时，返回的光束被转轮上的一个轮齿阻挡

菲佐的转轮的转速，可以使得转轮的一个轮齿在不到 1/10000s 的时间内移动到此前缝隙所在的位置。即使是以这样的速度，他也要将反射镜放到距离转轮 8km 远的位置。在菲佐的实验中，光束在不到 1/10000s 的时间内行进了 10 英里。知道这个数字后，你可能会对巨大的光速有所感受。

光速是自然界中的一个重要常数，我们常用符号 c 表示真空中的光速。今天，光速的确切值是 $c = 2.99792458 \times 10^8$ m/s，非常接近我们通常引用与记忆的值——3×10^8 m/s。光（和其他形式的电磁波）在其他介质（如玻璃或水）中的传播速度要慢一些，但是电磁波在空气中的传播速度非常接近它在真空中的传播速度。

16.1.3 存在多种不同的电磁波吗？

我们已经发现无线电波和光波都是电磁波。它们是相同的，还是在某些方面存在明显的不同？无线电波和光波的主要区别在于它们的波长和频率。无线电波的波长很长，长达几米甚至更长；光波的波长很短，不到 1 微米（1 米的百万分之一）。

由于不同类型的电磁波都以相同的速度在真空中传播（在空气中近似相同），因此它们的频率与波长的关系是 $v = f\lambda$，其中 $v = c$。典型波长的无线电波和光波的频率计算见例题 16.1。由于光波的波长较短，因此其频率要比无线电波的高得多。

已知频率时，还可以利用波长和频率的关系式算出波长。调幅（AM）广播电台广播的频率是

600Hz，对应的无线电波的波长是 500m，这个结果是通过将光速除以频率得到的（$\lambda = c/f$）。调幅波段的无线电波的波长很长。

图 16.5 中显示了电磁波波谱各部分的波长与频率。波谱中不同部分的波，不仅波长和频率不同，而且产生的方式和通过的介质也不同。例如，X 射线可穿过对可见光不透明的介质，无线电波会穿过光无法穿透的墙壁。

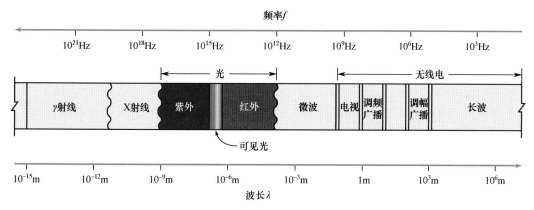

图 16.5　电磁波波谱。图中给出了波谱不同部分的波长和频率

光的波长与颜色相关联，范围从约 3.8×10^{-7}m 的可见光谱的紫端到 7.5×10^{-7}m 的红端。随着波长变长，颜色从紫色逐渐转变为蓝色、绿色、黄色、橙色和红色。波长比可见光谱的红端稍长一些的电磁波被称为红外线，波长比紫光短的电磁波被称为紫外线。虽然 X 射线和 γ 射线的波长比紫外线的还要短，但是它们也是电磁波。

像其他种类的波那样，电磁波也会出现干涉现象。光的干涉会产生惊人的效应，其中一些将在 16.3 节中讨论。被大气电离层反射的无线电波与直接来自发射机的无线电波干涉，导致基站信号变得忽强忽弱。

在波谱的不同部分，不同类型的电磁波产生的方式千差万别，但是它们都涉及带电粒子的加速。电荷加速情况可以出现在振荡电路中（如无线电波发射），还可以出现在原子中（如光、X 射线和 γ 射线的发射）。像任何温暖的物体那样，人体也会辐射波谱红外部分的电磁波。这时，皮肤分子中振动的原子就像天线一样。

例题 16.1　两种电磁波的频率

下面两种波长的电磁波的频率是多少？**a.** 波长为 10m 的无线电波；**b.** 波长为 6×10^{-7}m 的光。

a. $\lambda = 10$m，$v = c = 3 \times 10^{-7}$m，$f = ?$

由 $v = f\lambda$ 得

$$f = c/\lambda = 3 \times 10^8/10 = 3 \times 10^7 \text{Hz}$$

b. $\lambda = 6 \times 10^{-7}$m，$f = ?$

$$f = c/\lambda = 3 \times 10^8/(6 \times 10^{-7}) = 5 \times 10^{14} \text{Hz}$$

于是，光的频率是波长为 10m 的无线电波的 1000 万倍以上。

16.1.4　问题讨论

手机的使用引发了人们对高频电磁波可能损害健康的担心。虽然这种辐射的能量非常低，而且没有直接证据表明这样低的能量对人体有害，但同样缺乏能证明使用手机非常安全（或不安全）的长期研究。在缺乏这种证据之前，应当限制手机的使用吗？

麦克斯韦的电磁场理论预测，涉及这些场的波可以在真空中传播。我们称这些波为电磁波。如麦克斯韦预测的那样，电磁波在真空中的传播速度约为 3 亿米/秒。因为这个值与光速的值相同，麦克斯韦推测光也是电磁波。无线电波、微波、X 射线和 γ 射线，都是在麦克斯韦的工作之后被人们发现的电磁波。不同的电磁波在波长、频率及产生方式上是不同的。然而，它们都是波，并且都表现出了波动的一般性质。

16.2　波长和颜色

我们生活在五彩缤纷的世界中，当我们还是小孩时，就学会了区分颜色。我们是如何做到这一点的？是什么导致不同物体具有不同的颜色？为什么天空是蓝色的？这些现象与光的波长、不同材料的性质及我们的视觉系统有关。本节探讨色彩和色彩视觉的各个方面。

16.2.1　光由不同的颜色组成吗？

如果你玩过棱镜，就会知道棱镜可以产生彩虹般的颜色。让来自小灯泡或太阳的一束白光照射到棱镜上，棱镜就会使得光束偏折。然而，在棱镜另一侧出现的光束不是白色的，而是五彩斑斓的：光束的一端是紫色的，另一端是红色的，两端之间还有青色、蓝色、绿色、黄色和橙色。

最早系统地研究这种现象的人之一是艾萨克·牛顿。牛顿所做的最重要的贡献是其在力学方面的工作，但是他在光学方面也做了大量工作。在一次实验中，牛顿通过窗帘上的一个小洞产生了一束阳光，让这束阳光通过玻璃棱镜后，显示出了前面描述的彩色光谱。这似乎表明白光内部存在不同颜色的光。

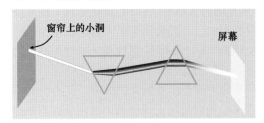

图 16.6　牛顿的实验表明，来自太阳的白光被棱镜分解为不同的颜色后，可被第二个棱镜重新组合为白光

然而，牛顿并未就此止步。他让棱镜发出的光通过另一个相同但倒置的棱镜（见图 16.6）。从第二个棱镜中出射的光是白色的，就像最初的阳光。不同颜色重新组合后，产生了白光。牛顿的这些研究表明，白光是由不同颜色的成分混合而成的。

今天，我们知道，牛顿观察到的光的不同颜色与光的波长有关。如 16.1 节所述，紫光的波长要比红光的短，而波谱中其他颜色的光的波长，介于紫光的波长与红光的波长之间。这些波长可用干涉实验来测量，详见 16.3 节和 16.4 节。然而，由于波长非常短，牛顿不相信光是波也就不足为奇。可见光的波长约为人类头发直径的百分之一。

我们常用纳米（nm）来表示可见光的波长。1nm 等于 10^{-9}m 或 1/1000000000m。可见光的波长范围从可见光波谱紫端的 380nm 到红端的 750nm。表 16.1 中显示了可见光波谱中不同颜色的近似波长范围。

表 16.1	
与不同波长的光相关的颜色	
颜　色	波长/nm
紫色	380～440
蓝色	440～490
绿色	490～560
黄色	560～590
橙色	590～620
红色	620～750

16.2.2　人眼是如何分辨不同颜色的？

虽然可见光的波长极短，但是我们的视觉系统仍然能够轻易地分辨不同的颜色。人眼是视觉系统的前端，但是大脑也与我们如何看东西密切相关。图 16.7 中显示了简化的人眼结构示意图。

光由角膜和晶状体聚焦到视网膜上。视网膜由两类光敏细胞构成：杆状细胞和锥状细胞。锥状细胞集中在视网膜中心附近的中央凹中，阳光下的视觉和颜色视觉就是由它们产生的。杆状细胞分布在整个视网膜上，它们产生夜晚视觉和周边视觉。杆状细胞不提供任何有关颜色的信息，因此我们在夜晚或其他低照度条件下是色盲。

当光线充足时，视锥细胞控制视觉，让人们看到细节和颜色。视锥细胞实际上有三种：S视锥细胞、M视锥细胞和L视锥细胞，它们对光谱中不同波长的光敏感。S视锥细胞对短波长敏感，M视锥细胞对中波长敏感，L锥细胞对长波长敏感（见图16.8）。然而，它们的敏感范围存在重叠，因此接近可见光波谱中间的光会刺激所有三种视锥细胞。

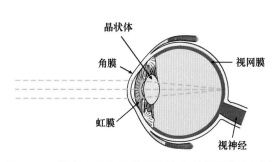

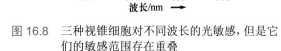

图16.7　进入人眼的光线被角膜和晶状体聚焦到视网膜上，形成图像。视网膜中含有光敏细胞，它通过视神经向大脑发送信号

图16.8　三种视锥细胞对不同波长的光敏感，但是它们的敏感范围存在重叠

那么如何区分不同的颜色呢？假设进入人眼的光的波长是650nm。由视锥敏感度曲线可以看出，这种光对L视锥细胞的刺激强于对M视锥细胞的刺激，对M视锥细胞的刺激又强于对S视锥细胞的刺激。根据孩提时代辨认颜色的经验，我们将这种混合信号分辨为红色。同样，450nm的光对S视锥细胞的刺激最强，我们将这种颜色分辨为蓝色。

580nm波长的光强烈刺激M视锥细胞和L视锥细胞，我们将这种颜色分辨为黄色。然而，红光和绿光混合也能产生类似的效应，我们将这种混合分辨为黄色。从本质上说，这是加色混合的过程。以不同比例混合蓝色、绿色、红色三原色，可以在大脑中产生与惯常分辨的所有颜色相对应的颜色。如图16.9所示，红色和绿色产生黄色，蓝色和绿色产生青色（蓝绿色），蓝色和红色产生洋红色。

适当地混合三原色可以生成白色。事实上，这是可行的，尽管组成阳光的所有波长可能不都存在。然而，我们能够感觉到它是白色的，因为视锥细胞受其刺激与受阳光刺激时产生的反应是相似的。当光的亮度与背景相比很低时，我们看到的就是黑色。

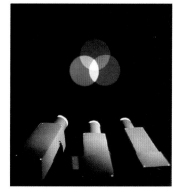

图16.9　不同的投影机分别将蓝光、绿光和红光投射到屏幕上，这些圆部分重叠，展示了加色混合的效果

16.2.3　为什么物体有不同的颜色？

为什么蓝色的裙子看起来是蓝色的，绿色的衬衫看起来是绿色的？大多数物体都不发光，只是反射或散射来自其他光源的光。我们感知到的颜色取决于光源的波长及物体反射或散射光的方式。

画家在调色板上混合颜色是生成不同颜色的另一种方法。画中的色素或织物中的染料通过选择性吸收起作用，即它们吸收的某些波长的光要比其他波长的光多一些。当光被吸收时，光波中包含的能量会被转换为其他形式的能量（通常是热能）。吸收能量的物体变暖。

光的选择性吸收是减色混合的过程，可以用来产生完整的颜色范围。假设我们使用白炽灯照亮一本蓝绿色（青色）的书。白炽灯是通过将钨丝加热到高温而发光的，所发的光包含一个连续的波长范围，类似于太阳产生白光，但是在光谱的红端光强通常更高。

当这束光照射图书时，可能会发生许多情况。如果图书的封面非常平滑，那么有些光会被镜

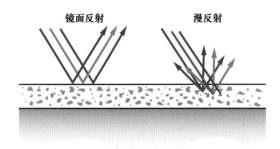

镜面反射　　　漫反射

图 16.10　镜面反射遵循反射定律，所有颜色的反射都是相同的。在漫反射中，光线穿透表面一段距离，有些波长的光被吸收

面反射（见图 16.10）。镜面反射是指像镜子那样的反射，光遵循反射定律规定的特定方向反射（反射定律和镜面反射见第 17 章）。以这种方式反射的光通常会出现白色眩光，它是灯泡的颜色。

其余的光会被漫反射，即光被反射到各个方向，原因可能是表面较粗糙，也可能是光线穿透了图书表面一段距离，如图 16.10 所示。出现这种情况时，有些光可能会被表面涂层中的色素粒子选择性地吸收。如果图书呈现为蓝绿色，就说明这些色素选择性地吸收了红光，在漫反射光中留下了过量的蓝色和绿色波长。这些色素减去（吸收）来自白光的一些波长，在反射光中产生改变了的波长组合。

减色混合也有自己的规则。彩色印刷主要使用三种颜料：青色颜料、黄色颜料和洋红色颜料（也用黑色墨水来加深一些颜色）。青色（蓝绿色）颜料强烈吸收光谱的红色，透射和反射蓝色与绿色。黄色颜料吸收蓝色，透射和反射绿色与红色。洋红色颜料吸收中间波长的颜色，透射和反射蓝色与红色。

当光被涂有某种颜料的表面反射时，我们会看到与这种颜料相对应的颜色：青色、黄色或洋红色。然而，如果混合这些颜料，就能得到完整的颜色范围。例如，如果混合青色颜料和黄色颜料，那么蓝光和红光会被吸收（见图 16.11），而只让中间波长的光透射，进而强烈反射绿光。同样，青色颜料和洋红色颜料混合生成蓝色，黄色颜料和洋红色颜料混合生成红色。产生的这些颜色（绿色、红色、蓝色）是加色混合的三原色，它们产生了前面介绍的人眼的反应。

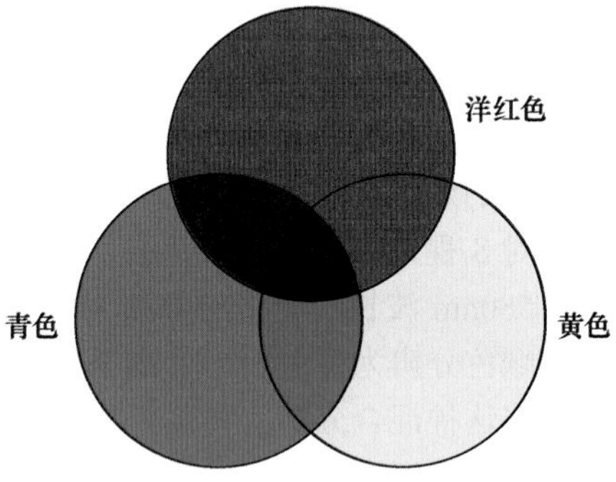

颜色感知的内容远超这里的基本讨论。例如，添加白色会降低由红色生成洋红色时颜色的饱和度。照亮物体的光源的波长会影响人们感知到的颜色。尽管细节很复杂，但是在所有这些效应中，起作用的基本现象是相同的。不同波长的光以不同的比例混合时，会刺激视网膜中的不同视锥细胞，大脑将这种反应分辨为某种颜色（相关的色彩效应见日常现象专栏 16.1）。

洋红色

青色

黄色

图 16.11　在彩色印刷中，减色混合是通过叠印黄色、洋红色和青色颜料实现的

来自太阳的白光实际上是不同波长的光的混合物。牛顿首先证明了这一点，他用第一个棱镜首先将阳光分离成不同颜色的光谱，然后用第二个棱镜将这些光谱重新组合为白光。人眼视网膜上的三种感光细胞（称为视锥细胞）可让我们区分不同的颜色。到达人眼的光是由各种波长的光混合而成的，这些波长决定了我们所能感知的颜色。加色混合与减色混合规则基于这些不同色素的混合是如何刺激三种视锥细胞的。

日常现象专栏 16.1　为什么天空是蓝色的？

现象与问题　"妈妈，为什么天空是蓝色的？"几乎每个孩子都会问父母这个问题。为什么有天空？为什么太阳下山时是红色的？这些问题也会让父母感到难办。

我们知道，直接来自太阳的光是白色的，它涉及可见光波长的连续混合，在光谱的黄绿色部分强度达到峰值。我们为何会看到蓝天？是什么使得我们在日落时看到壮观的橙色和红色？这些现象都与被称为散射的过程有关。

分析　在考虑天空的颜色之前，我们应该问一下自己为何能够看到天空。光来自哪里？天空中的光来自

太阳，但它是从原来直射的阳光中散射出来的。散射是指光被大气中的小粒子吸收并迅速以相同的波长重新发射的过程。然而，散射光的传播方向与入射光的传播方向不同。

没有大气，就不会发生散射，这时的天空是黑色的，没有光。然而，地球是有大气的，大气的对流层延伸到了地表上方约 10km 的高度。地球大气主要由氮气、二氧化碳、氧气和少量其他气体组成。此外，大气中还常包含烟尘、火山灰或者其他颗粒物。这些颗粒物非常小，但是仍然要比单个气体分子大得多。

蓝色的天空主要是由气体分子散射导致的。当散射粒子小于光的波长时，这个过程就被称为瑞利散射，它以瑞利勋爵的名字命名。瑞利散射取决于波长——较短的波长散射比较长的波长散射更有效。

我们可以将这些分子视为微小的天线。由于气体分子由带电粒子组成（见第 18 章），当电磁波撞击分子时，电荷会以电磁波的频率振荡。如无线电波由振荡的电流产生那样，散射光波由气体分子的振荡电流产生。当波的波长近似等于天线尺寸时，这个过程最有效。由于气体分子的直径只有几纳米，可见光的波长只有几百纳米，因此散射过程不是很有效。然而，对于可见光中波长最短的蓝色区域，它的效率更高。

以上就是天空是蓝色的原因。与红色或中间波长的光相比，蓝光更易从太阳的直接光束中散射出来。要到达人眼，它就必须再散射，可能多达几次散射，如附图 1 所示。

当我们观看到天空时，不是直接观看太阳的。我们看到的光线已被散射了多次，这些光线中集中了到达人眼的较短蓝色和紫色波长。由于阳光光谱中的蓝色比紫色多，而且人眼对蓝色波长的反应比对紫色的反应强烈，因此我们分辨出的颜色就是蓝色。

当日落或日出时，为什么太阳是橙色的或红色的？如附图 2 所示，日落时从太阳直接照射到人眼的光线在大气中传播的距离，要比正午时传播的距离远得多。由于蓝光和中间波长的光要比红光更容易从光束中散射，因此直射光束就以红光为主。太阳越接近地平线，就显得越红。

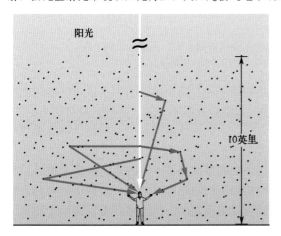

附图 1 正午时，在来自太阳的直射光束中，短波长散射要比长波长散射有效。这些散射光形成了蓝天

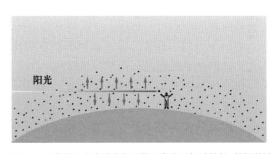

附图 2 日落时阳光穿过大气层的距离比正午时的长。较短的波长被散射出光束，留下波长较长的红光

大颗粒（如云中的水滴）也会产生散射。水滴的直径通常要大于可见光的波长。在这种情况下，散射量不强烈依赖于波长。所有波长都是均匀散射的，产生的颜色和入射的阳光的颜色相同，只是强度要小一些。因此，被云散射的光看起来就是白色的或灰色的。

16.3 光波的干涉

17 世纪和 18 世纪，科学家一直在争论光是波还是粒子流。大多数已知的效应都可用两种模型来解释。然而，干涉本质上是一种波效应。如果能够产生光的干涉效应，问题就会迎刃而解。

1800 年，英国医生托马斯·杨进行的双缝实验证明了光存在干涉效应。发现光的干涉现象为何要花这么长的时间？答案是光的波长很短，人们难以观察到微妙的干涉效应。认识这一困难后，就为牢固确立光是波的理论和一系列实验打开了大门。

16.3.1　杨氏双缝实验

在任何干涉实验中，至少都需要两列相位相同的波，就像绳索上的两列波。然而，普通光波的相位是不断变化的，因此我们需要从一列孤立的光波开始，将其分裂为两部分或多部分来满足这个条件。托马斯·杨让一束光穿过两个狭窄且相距很小的狭缝，实现了两列同相的光波。

杨氏实验的装置如图 16.12 所示。光源发出的光首先通过一个狭缝，分离出一部分光束。然后，这束光入射双缝，通过双缝的光在右侧的屏幕上可以被他观察到。托马斯·杨制造双缝的方式如下：首先将炭黑沉积到显微镜载玻片上，然后使用一把尖刀（或剃刀）在炭黑层上刻出两条细线。为了适用于可见光，两个狭缝的间距应小于 1 毫米。

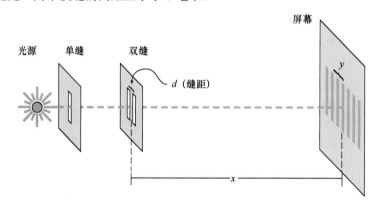

图 16.12　在杨氏双缝实验中，光源发出的光在到达双缝之前，先通过单缝。在屏幕上可以观察到干涉条纹（图中双缝的间距和条纹已被夸大）

什么决定从两个狭缝发出的光波是相长干涉还是相消干涉？两个狭缝的中垂线与屏幕相交的位置是屏幕的中心点，两列光波从每个狭缝传播到中心点的距离是相等的。两列波最初是同相的，因为它们来自同一列波。经过相等的距离到达中心点后，它们仍然是同相的。因此，在屏幕的中心点，它们的干涉相长，产生一条亮线。

那么屏幕上其他点的情形如何呢？这时，光到达中央亮条纹任意一侧的点的距离不相等，因此它们可能不再同相。其中的一列波需要更多的时间传播更长的距离，当两列波到达屏幕时，传播更长距离的波与传播更短距离的波在周期中的位置可能是不同的。如果路程差仅为半个波长，那么两列波的相位差是半个周期，产生相消干涉（见图 16.13），在屏幕上出现一条暗条纹。

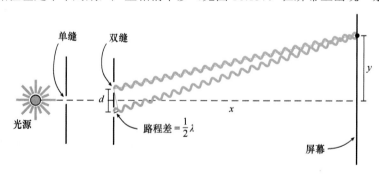

图 16.13　当两列波的路程差等于半个波长时，两列波以半个周期的相位差到达屏幕，产生相消干涉

假设两列波经过的距离相差一个完整的波长。于是，两列波又是同相的，因为一个周期的差

异会使得波的振荡回到初始阶段。一个波长、两个波长、三个波长等传播距离的差异，产生相长干涉和亮条纹。在两条相邻亮条纹的中间位置，两列波的相位差是半个周期，因此相消干涉在这些位置上产生暗条纹。

屏幕上明暗条纹交替产生的干涉模式被称为干涉图样。如果使用单色（单波长）光，那么这种图样会延伸至多条条纹。如果使用白光（由不同波长光混合而成），那么只能在中心点两侧的一到两条条纹上看到彩色图样，因为不同的波长在屏幕上的不同点产生相长干涉。（为什么会这样？）虽然范围有限，但是条纹是彩色的，视觉上显示出惊人的效果。

16.3.2　条纹间距由什么决定？

知道光的波长和图 16.13 所示的几何图形后，就可以预测屏幕上亮条纹和暗条纹的位置。两列波之间的路程差是关键。如果屏幕离双缝较远，那么路程差可以根据图 16.13 所示的几何图形求出，近似公式是

$$路程差 = dy/x$$

式中，d 是两条狭缝的中心点之间的距离，y 是屏幕中心点到条纹的距离，x 是屏幕到狭缝的距离。如前所述，如果路程差等于某个整数乘以波长，那么产生相长干涉（见例题 16.2）。

例题 16.2 表明，对于间距为半毫米的双缝，从中心点算起的第二条亮条纹到屏幕中心的距离仅为 2.5mm。第一条亮条纹将在这个距离一半的位置或离中心 1.25mm 的位置找到。这些条纹相隔很密，难以看清它们。双缝间距 d 越小，条纹间距就越大，这可以由上面 d 与 y 的关系式看出。在杨所处的时代，只有心灵手巧的实验天才才能制作出小到半毫米的双缝间距。今天，我们用照相缩微技术和其他技术很容易就能做到这一点。

例题 16.2　双缝实验计算

波长为 630nm 的红光射入间距为 0.5mm 的双缝。如果在距离双缝 1m 的屏幕上观察到干涉图样，第二条亮条纹离屏幕中心（中央亮条纹）有多远？

$\lambda = 630nm = 6.3\times10^{-7}m$，$d = 0.5mm = 5\times10^{-4}m$

$x = 1m$，$y = ?$

对第二条亮条纹，路程差为

$$dy/x = 2\lambda$$

于是有

$y = 2\lambda x/d = (2\times6.3\times10^{-7}\times1)/(5\times10^{-4})$

　　$= 0.0025m = 2.5mm$

16.3.3　什么是薄膜干涉？

如果你在肥皂膜或停车场水坑的浮油上观察到了不同颜色的条纹，那么观察到的是薄膜干涉。这些颜色是如何产生的？答案是，从肥皂膜的上表面和下表面反射的光波相互干涉，产生了这些效果。

图 16.14 中显示了浮在水坑中的一层非常薄的油膜。为了让效果更好，油膜的厚度不能超过光的几个波长。假设下面的水要比油膜厚很多（通常为几毫米），而油膜的厚度只有几分之一微米。油膜反射出两列波，一列波来自上表面，另一列波来自下表面。当两列波到达人眼时，从油膜下

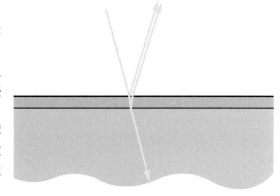

图 16.14　两列波从水面上方的油膜反射后，发生干涉。一列波从油膜的上表面反射，另一列波从油膜的下表面反射

表面反射的波所走的距离要比从油膜上表面反射的波所走的距离稍远一些。就像双缝实验那样，这种光程差将导致两列波之间的相位差。

由于两列反射波几乎垂直于油膜的表面，因此传播的路程差是油膜厚度的 2 倍。从下表面反射的波穿过油膜两次。光程差与油膜中光的波长有关，光在油膜中的波长要比在空气中的波长短[光在油膜中的波长为 λ/n，其中 n 是油膜的折射率（见第 17 章），λ 是光在空气中的波长]。

两列反射波之间的相位差，取决于从下表面反射的波多走了多少个波长的距离。例如，如果从下表面反射的波比从上表面反射的波多走了半个波长，那么两列波的相位相反，我们会看到相消干涉[①]。为什么我们会看到不同的颜色？干涉条件取决于油膜的厚度和光的波长。有些波长的光可能发生相消干涉，另一些波长的光则发生相长干涉，或者介于二者之间。如果油膜的厚度使得光谱中间波长的光（绿光-黄光）发生相消干涉，那么这些波长的光就会消失，我们看到蓝色和红色的混合色（洋红色）。另一方面，如果油膜的厚度使得红光发生相消干涉，那么油膜就呈蓝绿色。颜色混合规则在这里同样适用。

因此，油膜反射的颜色取决于油膜的厚度。厚度变化，颜色就会变化（见图 16.15）。两列反射波之间的光程差还取决于入射光和反射光的角度。如果光以多个角度入射油膜，那么随着视角的变化，光程差发生变化，颜色也发生变化。

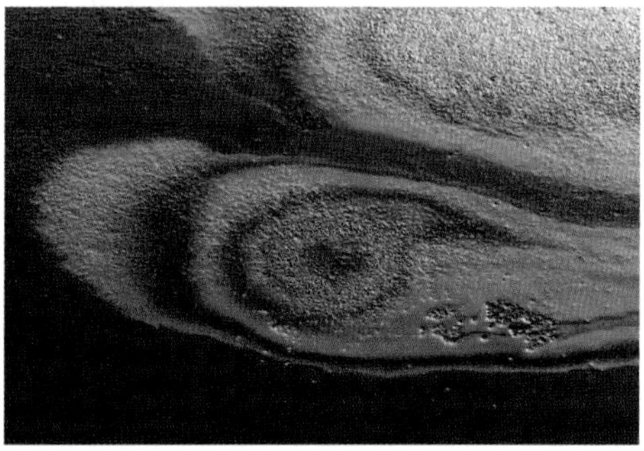

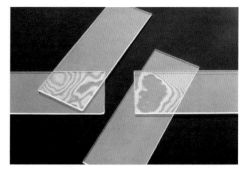

图 16.15　停车场和街道上的常见彩色条纹。不同颜色是由油膜厚度的变化或不同的视角造成的

产生薄膜干涉的方法很多。肥皂泡和肥皂膜也可以产生彩色图样。在这种情况下，膜是肥皂水溶液，膜的两边都有空气。图 16.1 中显示了由反射光看到的肥皂膜，不同颜色形成了水平条纹。这些条纹的产生与重力有关——靠近金属环底部的膜要比接近顶部的膜厚。

当肥皂膜薄得即将破裂时，两个表面之间的路程差接近零。这时，我们预期从两个表面反射的光波的相位相同，产生明亮的反射。然而，与预期相反，这时膜看起来很暗，表明发生的是相消干涉。具体原因是，反射过程本身产生了相位差，两列波的相位不再一致——从上表面反射的波的相位改变了半个周期，而从下表面反射的波的相位不变。虽然两列波的光程差未产生相位变化，但是反射过程中产生了相位变化。这种情形发生在膜两边的介质（这里是空气）相同时。

在某些情况下，这种薄膜可以是空气。当我们将一块玻璃放到另一块玻璃的上面时，就会发生这种现象。如果玻璃是平整的和干净的，就会在两块玻璃之间形成一层薄空气。随着空气膜的厚度变化，我们看到交替出现的亮条纹和暗条纹（见图 16.16）。这些条纹的颜色取决于光源的性质，以及薄膜的厚度和视角。薄膜干涉还涉及眼镜上的增透膜，见日常现象专栏 16.2。

图 16.16　从两块玻璃之间的空气薄膜反射的光生成彩色干涉条纹。每条彩色条纹代表了不同的空气膜厚度

对许多不同类型的波，我们都能观察到干涉现象，光也不例外。光的波动性首先是由托马斯·杨的双缝干涉实验确定的。如果来自两个狭缝的两列波传播的距离不同，那么它们到达屏幕时可能是同相的，也可能是不

[①] 当没有其他因素影响波的相位时，这是正确的。反射过程本身有时会改变相位，因此在完整的分析中要考虑这种效应。

同相的。如果路程差是波长的整数倍，那么两列波是同相的，出现亮条纹。如果路程差是波长的半整数倍，出现暗条纹。光从薄膜的两个表面反射时，也会传播不同的距离。这就产生了在肥皂膜、油膜或两块玻璃之间的空气膜上观察到的彩色干涉效果。

日常现象专栏 16.2　眼镜上的增透膜

现象与问题　当你选择新眼镜时，验光师或导购人员会向你展示各种镜片和镜架。他们还会建议你订购镜片增透膜，因为增透膜可以让你在弱光或夜间驾驶时看得更清楚；同时，你看起来也自然，因为他人可以看到你的眼睛，而不受镜片反射的干扰。

这些膜是如何工作的？怎样才能减少玻璃或塑料镜片反射的光量？薄膜干涉为我们提供了答案。

分析　当光线入射到玻璃或塑料镜片的表面上时，有些光不可避免地会被反射。当光线垂直于表面入射时，对制作眼镜镜片的玻璃和塑料这类材料来说，约有 4% 的入射光会在每个表面（正面和背面）被反射。当光线以一定的角度入射时，反射光量更大。

因此，当我们使用无增透膜的镜片时，至少要损失 8% 的入射光。这些反光会让与你说话的人分心，因为他看不到你的眼睛，而眼睛在人际交流中非常重要。反射还进一步减少弱光条件下到达视网膜的光量。

于是，人们设计了一种增透膜来减少这种反射（见附图）。这种设计要将一种透明材料的薄膜涂覆到镜片的两个表面上，薄膜必须坚硬、耐磨，因此可选的材料不多。针对玻璃镜片，人们常用氟化镁这种材料。

必须小心控制薄膜的厚度。这种薄膜的设计目的是，对可见光谱中间波长的反射光产生相消干涉。单层膜的厚度通常为光波长的 1/4 倍（这里讨论的波长是薄膜内部的波长，它要比空气中的波长稍短一些）。如果设计波长为 550nm（在空气中），那么薄膜的合适厚度约为 100nm，这确实非常薄，因为它等于万分之一毫米。

这副眼镜的哪块镜片上有增透膜？

因为从下表面反射的波通过膜两次，1/4 倍波长的厚度导致从上表面和下表面反射的波之间存在半个波长的光程差。对于设计针对的波长的光，这会产生相消干涉。如果两束反射光的振幅相等，那么相消干涉是非常彻底的，即不会反射任何波长的光。在实践中，这个条件无法完全实现，因此仍然有少量的光被反射。

这种膜对可见光谱中接近中间的波长最有效。在光谱的红端或蓝端，不满足相消干涉的条件，因此有较强的反射。然而，人眼对光谱的两端不太敏感，因此这些反射不明显。当我们观察反射光时，它确实使透镜呈紫色。

当我们使用不同材质的多层薄膜而非单层薄膜时，可以获得更好的效果。然而，使用的膜越多，制作成本越高。目前用于镜片的增透膜通常是多层膜。除了额外的成本，增透膜的缺点是更易被划伤，也更易变脏。因此，在选购这种眼镜时，必须了解减少反射的利弊。

16.4　衍射和光栅

仔细观察 16.3 节中描述的双缝干涉图样，就可注意到亮条纹不都是一样亮的。从图样的中心向外延伸，条纹逐渐变暗，并且逐渐变得模糊。这种效应是由干涉的另一方面即衍射导致的。衍射涉及来自同一狭缝的不同部分的光的干涉。

16.4.1　单缝如何衍射光？

单缝衍射最容易描述。将图 16.12 中的双缝替换为非常窄的单缝，得到如图 16.17 所示的图样。

在明亮中央条纹的两边，出现了一系列暗条纹和亮条纹。

图 16.17　狭窄单缝衍射图样的特点是，在明亮中央条纹的两边出现一系列亮条纹和暗条纹

明亮的中央条纹并不让人奇怪。从狭缝的不同部分到达屏幕中心的光波所走的距离大致相同，因此它们彼此同步到达屏幕，发生相长干涉。它们叠加到一起，就形成了我们看到的亮条纹。

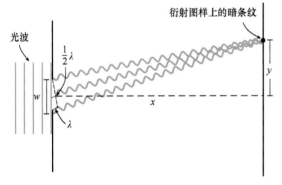

图 16.18　当来自狭缝上半部分和下半部分的光的路程差为半个波长时，单缝衍射图样上出现一条暗条纹

要解释其他条纹，就需要更详尽的分析。可以将中央条纹两边的两条暗条纹视为由狭缝的两半发出的光产生的。如果从狭缝的下半部分发出的光要比上半部分发出的光多走半个波长的距离，那么这些波就发生相消干涉（见图 16.18），在屏幕上满足这一条件的所有点上产生暗条纹。

更完整的说明涉及将狭缝分成多个部分。对于离图案中心较远的条纹，这个步骤对于理解结果来说非常重要。想象屏幕上从图样中心向外移动的一点，到达这一点的来自狭缝不同部分的光线交替出现同相和反相，因此会在屏幕上产生明暗相间的条纹。不同部分的光波在同一点的相位不都是一致的，但是它们在图样中心的相位是一致的，因此中心的条纹要比两边的次级亮条纹亮得多。

对于图样中心两边的第一暗条纹，来自狭缝两部分的光的路程差是半个波长。这就要求从狭缝的上边缘和下边缘发出的光的路程差是一个完整的波长，如图 16.18 所示。根据描述双缝图样的相同几何图形，可以得到第一暗条纹的位置 y：

$$y = \lambda x/w$$

式中，w 是狭缝的宽度，λ 是光的波长，x 是狭缝到屏幕的距离（见例题 16.3）。

这个结果很重要，因为它给出了中央亮条纹的宽度。宽度为 $2y$，其中 y 是从屏幕中心到两边第一暗条纹的距离。随着狭缝宽度 w 的减小，中心最大宽度 $2y$ 增大。因此，当狭缝变窄时，衍射图样就向外扩展。一束光不可能依靠越来越窄的缝隙无限地变窄。对于非常窄的狭缝，中央亮条纹要比狭缝本身宽得多，这说明光线因衍射而偏折到了我们预期不会到达的区域。

例题 16.3　单缝衍射的中央亮纹有多宽？

波长为 550nm 的光照射到 0.4mm 宽的单缝上，在距离单缝 3.0m 的屏幕上产生衍射图样。**a.** 从图样中心到第一暗条纹的距离是多少？**b.** 衍射图样的中央亮条纹有多宽？

a. $\lambda = 550\text{nm} = 550 \times 10^{-9}\text{m}$

$w = 0.4\text{mm} = 0.4 \times 10^{-3}\text{m}$

$x = 3.0\text{m}$

$y = \lambda x/w = 5.50 \times 10^{-7} \times 3/(0.4 \times 10^{-3})$

16.4.2　光如何被其他形状的物体衍射？

你可能无意识地观察到了衍射效应。透过窗纱看一颗星星或远处的街灯时，你会看到类似于图 16.19 所示的衍射图样。纱窗上存在很多方形小孔，但是图 16.19 中仅显示了不透明物体由一个方形小孔产生的衍射图样。将前面描述的单缝替换为方形小孔，这个图样就是我们在屏幕上看到的。

我们对方形小孔衍射图样的解释，类似于对单缝衍射图样的解释。然而，由于这种图样在两个维度上变化，因此解释起来更复杂。矩形小孔也会产生类似的图样，但是亮点在水平方向上的间距与竖直方向上的间距是不同的。矩形小孔更窄的一侧，衍射亮点的间距更宽。

大多数光学仪器（如望远镜、显微镜或人眼）的开口或光圈都是圆形，而不是方形或矩形。圆孔产生的衍射图样如图 16.20 所示。这种靶心图样可用大头针在铝箔上戳一个小孔来实现。使用激光笔或其他光源照射这个小孔，可以在墙上看到环形衍射图样。

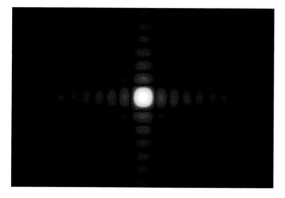

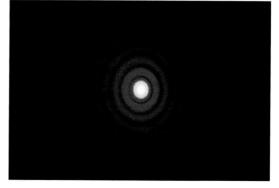

图 16.19　在由方形小孔产生的衍射图样中，存在两列相互垂直的亮点。曝光时间越长，出现的离轴亮点越多

图 16.20　在圆形小孔产生的衍射图样中，中心有一个亮点，周围围绕着一系列暗环

与单缝一样，中心亮点的宽度随小孔直径的减小而增大。这意味着仪器的孔径太小时，像星星这样的点状物发出的光因衍射效应而散开，产生模糊的图像，进而与附近的恒星混在一起。这时，望远镜是无法分辨这些恒星的。因此，人们通常使用大反射镜作为高质量望远镜的开口元件，详见第 17 章中的介绍。

瞳孔的大小根据光线的强弱变化。光线较强时，瞳孔的直径很小，衍射效应会限制视力。由于衍射，小瞳孔将点状物发出的光散开为更大的模糊圆。因此，光线较弱时，我们能够看到更多的细节，因为较弱的光线允许瞳孔张得更大。

当我们看天上的星星时，也会看到瞳孔产生的衍射效应。星星看起来通常不像点，而像从中心辐射出小尖峰的物体。这些小尖峰是由圆形瞳孔的直边部分的衍射产生的。瞳孔的直边部分产生的效应，与单缝而非圆孔产生的效应更相似。

16.4.3　什么是衍射光栅？

衍射光栅是一种用于观察光源的彩色光谱的多缝干涉装置。虽然在名称中使用了"衍射"一词，但是称这些装置为干涉光栅更合适，因为主要影响是来自不同狭缝的光的干涉。虽然干涉和衍射有时可以互换使用，但通常使用干涉一词来指隔开的几个狭缝或开口的效应，而使用衍射一词来指单个狭缝或开口的效应。

在干涉实验中增加狭缝数，就会出现有趣的图样。狭缝的间距保持不变时，亮条纹随着狭缝数的增加而变得更亮、更窄。同时，在主要的亮条纹之间可以看到一些较暗的条纹。例如，如果有 4 个狭缝，那么在每对亮条纹之间就有两条次级暗条纹。一般来说，暗条纹的数量是 $N-2$，其中 N 是狭缝数。在每对亮条纹之间，10 条狭缝产生有 8 条次级暗条纹。

继续增加狭缝数，这些次级暗条纹变得更暗，亮条纹变得更窄。衍射光栅中存在大量间隔非常紧密的狭缝。好的光栅在 1mm 的空间内可能存在几百条狭缝。精密的机器被设计用来生产这些紧密间隔的缝隙，以生产高质量的光栅。今天，使用激光和全息技术可以制作出更好的光栅（见日常现象专栏 21.1）。

衍射光栅产生亮条纹的条件，基本上与为双缝引入的条件相同。如果相邻条纹之间的距离是 d，那么就像双缝那样，从相邻狭缝发出的波之间的路程差是 $d(y/x)$，其中 y 是从屏幕中心到条纹的距离，x 是从光栅到屏幕的距离。只要这个路程差等于光的波长的整数倍，就能得到这个波长的亮条纹。当 y 较小时，这个条件可以表示为

$$d\frac{y}{x} = m\lambda$$

式中，m 是一个值可能是 $0, \pm1, \pm2, \pm3$ 等的整数。

由于确定条纹的条件取决于光的波长，给定 m 时，不同波长的光出现在屏幕的不同点上。因此，衍射光栅使得光扩展为不同颜色的光谱（见图 16.21）。好的光栅与棱镜相比，能够产生更宽的颜色分离，并允许由干涉条件直接算出波长。

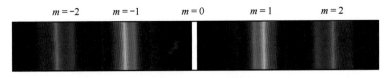

图 16.21　白光照射衍射光栅时产生的彩色光谱。次级光谱（$m=2$）比一级光谱（$m=1$）更宽

在我们称为光谱仪的设备中，衍射光栅用于分离与测量光的波长。光谱仪是化学和物理实验室中的常用仪器，在天文学中也发挥着巨大的作用；我们关于行星、恒星和其他物体的组成的知识，是使用光谱仪分析它们的光谱得到的；我们关于宇宙正在膨胀的认识，来自光谱仪对遥远星系发出的光的测量（见 21.2 节）。

今天，许多新颖的小产品中出现了使用全息方法制作的光栅，如"太空眼镜"等。我们观看光盘时，看到的彩色效应也是一种光栅现象。光盘上有一条连续的螺旋音轨，它从内向外围绕光盘中心旋转。这条螺旋音轨的相邻两圈相隔很密，起反射型衍射光栅的作用。

衍射涉及来自同一个小孔或狭缝的不同部分的光波的干涉。单缝衍射产生明亮的中心条纹，在中心条纹的两侧，有一系列较弱的暗条纹和亮条纹。圆孔衍射产生靶心图样。缩小孔径使得衍射图样向外发散。衍射光栅是一种多缝干涉器件，可以用来分离光波和测量光的波长。

16.5　偏振光

为了减少眩光并使天空变暗，我们中的许多人都用过偏光太阳镜或相机滤镜。它们的原理是什么？你可能戴着偏光眼镜看过三维视频或电影。在这种情况下，双眼接收到的是不同偏振方向的光。

光的偏振是什么意思？偏振光与普通光有何不同？要回答这些问题，就需要重新审视电磁波的本质。

16.5.1　什么是偏振光？

下面回看一下图 16.3 中的电磁波。我们知道，光是由振荡的电场和磁场组成的电磁波。图 16.3 所示的波实际上是偏振的。振荡电场矢量在图的竖直面内，磁场在水平面内。

然而，这不是唯一可能出现的情况。我们还可以想象电场在水平面内振荡，而磁场在竖直面内振荡。我们甚至可以想象电场与水平方向成一定的角度振荡。这些选择代表了不同的偏振方向。要确定光波的偏振方向，就要指定电场矢量的振荡方向。图 16.22 中显示了不同的偏振状态。在这些图形中，光波的传播方向垂直纸面向外。电场矢量用绿色双头箭头表示，因为它随波的传播来回振荡。

非偏振光和偏振光有什么不同？图 16.22 中的最后一幅图表示的是非偏振光。在这种情况下，电场矢量指向多个不同的方向（事实上，可能的方向是无限的）。非偏振光是许多有着不同方向的电场振荡的波的混合物。普通灯泡发出的光是非偏振光。要产生偏振光，就要从这些可能的方向中选择一个场振荡的方向。

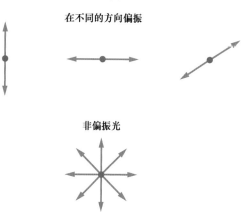

在不同的方向偏振

非偏振光

图 16.22　对于偏振光，电场矢量在一个方向上振荡。非偏振光的电场振荡方向是随机的

光或其他电磁波不是唯一能够产生偏振的波。任何横波，包括绳索上的波或吉他弦上的波，都能产生偏振。上下抖动一根绳索，在绳索上产生行波，就产生了竖直偏振的波。在水平面上来回摆动绳索，产生水平偏振波。向任意方向移动手，产生非偏振波。

16.5.2　如何产生偏振光？

产生偏振光的常见方法是使用偏振片。早期的偏振片采用的是二向色性晶体：一种特殊材料，透射一个偏振方向的光，吸收垂直偏振方向的光。制造这种偏振片的技巧是让大量这样的小晶体同向排列。

后来的工艺采用特殊聚合物（塑料）来制作偏振片。在制造过程中拉伸这些聚合物，就能够将它们变成二向色性的，同时确保分子同向排列。现代偏振片就是这样制作的。偏振片和偏光太阳镜通常可在相机商店中买到。

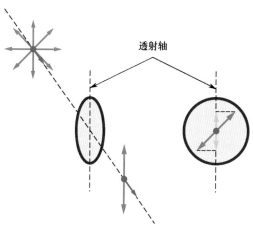

透射轴

图 16.23　偏振片挑选出电场矢量在偏振片透射方向上的分量

非偏振光通过偏振片时会发生什么？它是否只让恰好有合适电场方向的那部分光通过？记住，电场是矢量。偏振片选择每个电场矢量中具有合适方向的部分或分量。图 16.23 说明了这个过程。能够通过偏振片的电场矢量分量，是偏振片透射方向上的分量，垂直于该轴的分量会被吸收。

因此，理想的偏振片可以传输 50% 的非偏振光。从偏振片出射的光是偏振的，其电场方向就是透射方向。实际上，只有不到 50% 的光能够通过偏振片，因为即使是在透射轴的方向也会发生一些吸收。

如何判断光是否是偏振光？答案是，首先在光路上放一块偏振片，然后旋转它。如果透射光的强度随偏振片的旋转发生变化，那么光束要么是部分偏振的，要么是完全偏振的。如果光的强度在偏振片的某个方向上为零，那么被检测的光束就是完全偏振的。

16.5.3　为什么要用偏光太阳镜？

除了用偏振片，还有许多方法让光偏振。例如，来自透明材料（如玻璃或水）表面的反射会产生偏振。当阳光从湖面上以合适的角度反射时，反射波会完全偏振。

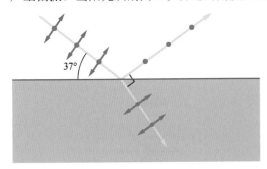

图 16.24 中显示了以偏振角入射湖面的光线。入射光是无偏振的，因此用垂直于页面的箭头（点）和位于页面上的箭头表示。当反射光与透射光的夹角是直角（90°）时，反射光完全偏振，偏振方向垂直于页面（点），平行于湖面。对于水，偏振角大约是与水平面成 37°的角。

偏光太阳镜对我们有什么帮助？湖面反射的光线产生强烈的眩光，这对划船者或滑水者来说相当烦人。然而，当阳光处于或接近起偏角时，光线是强偏振的，此时偏光太阳镜可以消除眩光。因为反射光是水平偏振的，所以我们希望偏光太阳镜的

图 16.24　非偏振光以与水面成 37°的角入射到水面上。反射光完全偏振，电场方向平行于水面

透光轴是竖直的。即使阳光不以起偏角入射，反射光也是部分偏振的，因此太阳镜对我们是有帮助的。

偏光太阳镜可以帮助我们减少由潮湿路面或抛光汽车引擎盖反射的阳光，还可以帮助我们消除雪地反射阳光时导致的眩光。天空中的光也是部分偏振的，只是它涉及的是散射而不是反射（见日常现象专栏 16.1）。散射使得天空中的光部分偏振，电场方向是水平的，因此使用偏振片让天空看起来更暗，这也是人们使用它们进行摄影的主要原因。

16.5.4　什么是双折射？

偏振光的许多彩色效应都与双折射现象有关。双折射也称重折射。我们常用方解石晶体来展示这种效应。

首先在纸上画一个小点，然后透过方解石晶体观察这个点，你就会看到两个而非一个点。这就是双折射名称的来源。在我们看到的两个点中，一个点遵守普通的折射（光从一种介质进入另一种介质时发生的偏折现象）定律，详见第 17 章。与该点有关的光波（称为正常波）直接穿过晶体。

与第二个点有关的波（称为异常波）不遵守普通的折射定律。相反，这种波的偏折量取决于光束相对于晶格的方向。异常波不直接穿过晶体，因此该点看起来偏离了另一个点。图 16.25 中显示了透过方解石晶体看到的一系列直线。由于双折射，每条直线看起来都是成对的。

使用偏振片的简单实验表明，与这两个点（或直线）相关的两个波的偏振方向是相互垂直的。如果透过偏振片看这两条直线，然后围绕视线慢慢转动偏振片，那么第一条直线会消失。继续将偏振片旋转 90°，第二条直线消失，第一条直线重新出现。以上过程说明，偏振方向一定与双折射效应有关。

如何解释这些效应？晶体分为各向同性晶体和各向异性晶体两类。在各向同性晶体中，原子按简单的阵列（通常是立方体）排列，光以相同的方式在所有方向上通过晶体。方解石、石英和许多其

图 16.25　透过方解石晶体看一条直线时，这条直线是成对的。这种效应被称为重折射或双折射

他的晶体是各向异性的，原子以更复杂的结构排列，使得不同偏振的光以不同的速度向不同的方向传播，因此与各向同性晶体中的情况不同。

如果两块偏振片的透射轴相互垂直，那么没有光能够通过。通过一块偏振片后的光是偏振的，但是它被垂直于这个偏振片的透射轴的另一块偏振片完全阻挡。然而，如果在两块偏振片之间放入双折射材料，通常会有一些光通过。因此，双折射材料可能改变光的偏振态。

光的偏振态的改变程度不仅取决于材料的厚度，而且取决于光的波长。因此，在两块正交偏振片之间放入双折射材料薄片后，通常会产生彩色显示。全面分析产生的颜色非常复杂，但是彩色条带清楚地表明插入的材料确实是双折射的。

塑料材料为这些现象提供了有趣的应用。尽管塑料（聚合物）不是晶体，但是通过压缩或拉伸塑料来施加应力，通常会产生双折射现象。工程师通常要建立小型塑料结构模型来分析他们设计的结构。对结构模型施加力后，工程师要将结构模型放到正交偏振器之间，然后观察产生的图形（见图 16.26），进而确定应力最大的位置。

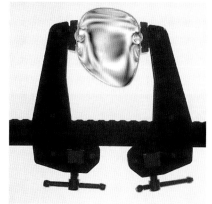

图 16.26　在正交偏振片之间观察两个夹钳间的塑料透镜时，显示出应力双折射

如果电场矢量只在某个方向振动而非随机振荡，那么光就是偏振的。我们可以让非偏振光通过偏振片来产生偏振光。偏振片透射一个偏振方向的光，吸收与透射轴成 90°的偏振光。光从水、玻璃或塑料的光滑表面反射时，也会产生完全或部分偏振的反射光。设计偏光太阳镜的目的是阻挡反射光，减少眩光。不同的偏振光通过双折射材料时，速度是不同的。当我们通过正交偏振片观察双折射材料时，会看见彩色条纹。

小结

光是波长很短的电磁波。光的波动性是导致许多彩色效应的原因。吸收、散射、干涉、衍射和偏振都可以用波来解释。

1. **电磁波**。麦克斯韦在他的电磁学理论中预言了电磁波的存在。振荡电荷产生变化的电场和磁场，进而产生的电磁波以 $3×10^8$m/s 的速度在空间中传播。无线电波、微波、光和 X 射线都是电磁波。

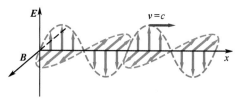

2. **波长和颜色**。不同的颜色与不同波长的光有关。人眼视网膜上的三种视锥细胞对不同的波长范围敏感，它们的综合反应决定了我们看到的颜色，解释了加色混合和减色混合规则。

3. **光波的干涉**。就像其他类型的波一样，两列或两列以上的光波叠加时，可以是相长干涉或相消干涉，具体取决于它们的相位关系。托马斯·杨的双缝实验是首个决定性地证明光的波动性的实验。薄膜（如肥皂膜）反射的光波的干涉，产生了彩色条纹。

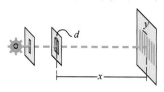

4. **衍射和光栅**。来自同一狭缝的不同部分的光的干涉被称为衍射。光通过单缝衍射时，产生中央亮条纹，在中央亮条纹的两边有较暗的条纹。更复杂的衍射图样由方形或圆形小孔产生。衍射光栅利用多个狭缝的干涉来分离和测量光的波长。

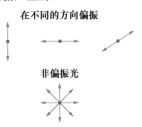

同的偏振光以不同速度在各向异性晶体或受力塑料中传播产生的。

在不同的方向偏振

非偏振光

5. 偏振光。偏振光的电场只在一个方向上振荡，非偏振光的电场则在随机方向上振荡。非偏振光可以通过偏振片形成偏振光，也可由水面、玻璃表面或塑料表面反射为偏振光。双折射效应是由不

关键术语

Electromagnetic waves   电磁波

Electromagnetic spectrum   电磁波谱

Infrared light   红外光

Ultraviolet light   紫外光

Additive color mixing   加色混合

Selective absorption   选择性吸收

Subtractive color mixing   减色混合

Scattering   散射

Thin-film interference   薄膜干涉

Diffraction   衍射

Diffraction grating   衍射光栅

Unpolarized light   非偏振光

Polarized light   偏振光

Birefringence   双折射

概念题

Q1 麦克斯韦理论预测的电磁波的什么特性，使得他认为光可能是电磁波？

Q2 与电磁波相联系的电场是恒定的吗？

Q3 电磁波能在真空中传播吗？

Q4 对于光与微波，速度、波长和频率中的哪个量相同，哪些量不同？

Q5 发令枪在比赛开始时打响。如果你在跑道的另一端，你首先感觉到的是枪声还是闪光？

Q6 波长为 470nm 的光是什么颜色的？

Q7 人眼视网膜上的 L 视锥细胞只对一个波长有反应吗？

Q8 如果等比例地混合红光和绿光，那么我们看到的是什么颜色？

Q9 某种色素吸收绿光，反射蓝光和红光。如果涂有这种色素的表面被白光照亮，那么从这个表面反射的光是什么颜色的？

Q10 彩色电视机使用红、绿、蓝荧光粉来生成颜色，但是彩色印刷使用洋红色、黄色和青色作为三原色。这两种情况有何不同？

Q11 天空的颜色由直射阳光的散射生成。为什么天空的颜色和太阳光的颜色不同？

Q12 为什么云层散射的光看起来是白色的或灰色的？

Q13 黄昏或凌晨的阳光为何看起来是橙色的或红

色的？

Q14 在杨氏双缝实验中，两列波相互干涉形成条纹。这两列波来自同一个光源吗？

Q15 如果两列波最初是同相的，但是在它们相遇之前，其中一列波比另一列波多传播半个波长的距离，那么当它们相遇叠加时，是同相的还是反相的？

Q16 如果两列波最初是同相的，但是其中一列波在相遇前比另一列波多传播两个波长的距离，那么当它们相遇叠加时，是同相的还是反相的？

Q17 当光从水坑上的一层油膜反射时，我们所见的颜色是由光相互干涉产生的。这时哪两列波发生了干涉？

Q18 一块干净的玻璃放到另一块干净的玻璃上方时，发生薄膜干涉，此时的薄膜由什么组成？

Q19 假设白光从薄肥皂膜反射。如果薄膜的厚度刚好使得红光发生相消干涉，那么在反射光下看薄膜是什么颜色的？

Q20 眼镜上的增透膜是在镜片上使用的一层特殊薄膜。如果薄膜设计得当，从薄膜反射的光是发生相长干涉还是发生相消干涉？

Q21 为何带有增透膜的透镜通过反射光观看时呈紫色？

Q22 衍射与干涉是一样的吗？

Q23 一束光穿过一个小孔，在离小孔一定距离的屏幕上形成一个光点。我们能否通过让小孔变得很小来让这个光点像我们希望的那样小？在这个过程中会发生什么？

Q24 衍射光栅的作用是什么？

Q25 假设光只有两种波长：一种是蓝光，另一种是绿光，让其通过衍射光栅，在光栅产生的一级（$m = 1$）光谱中，这两种颜色中的哪种离屏幕中心更远？

Q26 偏振光和非偏振光有什么不同？

Q27 吉他弦上的波是偏振的吗？

Q28 让一束非偏振光通过一个偏振片后，从偏振片发出的光是比入射光弱还是比入射光强？

Q29 除了让光通过偏振片，是否有其他方法让非偏振光变成偏振光？

Q30 使用偏光太阳镜来消除水面的眩光时，太阳镜上偏振片的透光轴是竖直方向的还是水平方向的？

Q31 透过方解石晶体观察某一点时，可以看到这个点的两个像。与这两个像相关的光的偏振有什么不同？

Q32 双折射与各向异性晶体有关，而塑料通常不是晶体。什么方法可以让塑料材料表现出双折射特性？

练习题

E1 微波炉使用的微波的波长约为12cm，这些波的频率是多少？

E2 广播电台发射的 88.1MHz 无线电波的波长是多少？

E3 波长为470nm的蓝光的频率是多少？

E4 X 射线的波长通常是 10～0.01nm，波长为 8nm 的 X 射线的频率是多少？

E5 波长为700nm的光入射到一个相隔0.3mm的双缝上。屏幕离双缝的距离为1.5m。在距离屏幕中心多远的位置，中央亮条纹的两边会出现一级亮条纹？

E6 在题 E5 中描述的条件下，在距离屏幕中心多远的位置会出现第四条暗条纹？

E7 双缝干涉产生的橙色条纹距离屏幕中心1.7cm，屏幕距离双缝0.8m。如果向后移动屏幕，使得屏幕距离双缝3.2m，橙色条纹距离屏幕中心有多远？

E8 两块玻璃之间的薄空气膜反射425nm的紫光，膜厚1.70μm。**a**. 薄膜下表面反射的光要比上表面反射的光多传播多长的距离？**b**. 这个距离是光的波长的多少倍？

E9 某增透膜的厚度是薄膜中光的波长的1/4。**a**. 从

薄膜下表面反射的光要比从薄膜上表面反射的光多传播多少个波长的距离？**b**. 产生的是相长干涉还是相消干涉？

E10 波长为 480nm 的光照射到宽为 0.6mm 的单缝上，在距离狭缝2.5m的墙壁上可以观察到狭缝产生的衍射图样。**a**. 从图样中心到第一条暗条纹的距离是多少？**b**. 衍射图样的中央亮条纹有多宽？

E11 当波长为 700nm 的光照射在单缝上时，产生的第一级暗条纹到屏幕中央的距离为1.6cm，屏幕离狭缝2.5m。这条缝有多宽？

E12 某衍射光栅在 3.1cm 的空间内有 2200 条狭缝。相邻狭缝之间的距离 d 是多少？

E13 从汞灯发出的波长为 4.36nm 的光通过衍射光栅，光栅中相邻狭缝的间距为 0.007mm。光栅到屏幕的距离为1.5m。**a**. 一级亮条纹离屏幕中心有多远？**b**. 二级亮条纹离屏幕中心有多远？

E14 单一波长的光通过狭缝间距为0.004mm的衍射光栅时，一级亮纹到屏幕中心的距离是27cm，屏幕到光栅的距离是 1.9m。**a**. 光的波长是多少？**b**. 光的颜色是什么？

综合题

SP1 可见光谱的颜色范围是从约380nm波长的紫端到 750nm 的红端。**a**. 这两个波长的频率是多少？**b**. 光通过玻璃时，光的速度降低到 $v = c/n$，其中 n 是折射率。许多玻璃或塑料的 n 值

约为1.5。光在玻璃中的近似速度是多少？**c**. 如果光的频率在光进入玻璃时不变，那么波长就必须改变以响应速度的降低。玻璃中可见光谱两端的波长是多少？

SP2 波长为580nm的光通过相距0.044mm的两个狭缝。条纹图样出现在距离双缝1.3m的屏幕上。**a.** 中央条纹两边的第一亮条纹在离屏幕中心多远的位置出现？**b.** 两边的第二亮条纹出现在哪里？**c.** 在距离屏幕中心两边多远的位置会出现第一暗条纹？**d.** 画图显示7条中间亮条纹（包括中央亮条纹及其两边各3条亮条纹）的位置，标出每条条纹到屏幕中心的距离。

SP3 驻波（见15.3节）可以由入射光和镜面反射光干涉形成。假设我们使用的光的波长是600nm，并且假设在镜面上有一个波节。**a.** 第一个波腹离镜子多远？**b.** 相邻波腹（亮条纹）之间的距离是多少？**c.** 观察与驻波波节和波腹相关的暗条纹和亮条纹容易吗？

SP4 肥皂膜的折射率（见题SP1）$n = 1.4$，即薄膜中光的波长是空气中光的波长的$1/1.4$。空气的折射率约为1.0，因此空气中的波长与真空中的波长相差不大。**a.** 如果空气或真空中波长为693nm的光进入肥皂膜，光在薄膜中的波长是多少？**b.** 如果薄膜的厚度为1980nm，从薄膜下表面反射的波要比从上表面反射的波多传播多少个波长的距离？**c.** 这个厚度对反射光产生相消干涉吗[①]？

家庭实验与观察

HE1 如果身旁有彩色喷墨打印机，请用它打印一张颜色测试图样，并用放大镜查看测试图样。**a.** 你能看到构成页面颜色的彩点吗？在测试图样中，哪种颜色似乎只由单一的彩色点组成？**b.** 在放大镜的帮助下，描述测试图样中的其他颜色是如何产生的。**c.** 使用放大镜观察彩色电视机屏幕上的线条，你能观察到什么颜色？这些颜色与彩色印刷所用的颜色有何不同？

HE2 制作显示薄膜干涉现象的肥皂膜很简单：首先向空碗中滴几滴洗洁精，然后加入足量的水形成溶液。将金属丝弯曲为闭合环，但是要留一段作为把手。**a.** 将金属环浸入肥皂溶液，在金属环平面上形成一层肥皂膜，并让肥皂膜反射台灯的光线。描述你看到的彩色图样。**b.** 竖直地放这个金属环时，彩色图样变成水平条纹图样。画出你所看到的条纹的颜色和宽度，解释为什么会有水平条纹。**c.** 首先使用磨砂白炽灯照射肥皂膜，然后使用日光灯照射肥皂膜，描述你看到的不同。

HE3 找到两块玻璃，擦干净后，将一块玻璃放到另一块玻璃的上方。从房顶灯光的反射光中看玻璃。**a.** 描述你看到的亮条纹和暗条纹图样，这些条纹是什么颜色的？**b.** 在靠近一端的两块板之间放一根细物体（如头发）会改变条纹图样吗？

HE4 晚上透过纱窗看远处的点光源（如远处的街灯或明亮的星星）。**a.** 画出透过纱窗看到的光的外观。与不透过纱窗直接看相比，光的外观有何不同？**b.** 将你的观察结果与图16.19所示的方形小孔图样进行比较，你能找出哪些异同？

HE5 找到两块偏振片。**a.** 透过一块偏振片看蓝天，同时围绕视线转动偏振片。你观察到的光强如何变化？**b.** 将一块偏振片放到另一块偏振片的上方，并且旋转其中的一块偏振片。当两块偏振器正交（轴间夹角为90°）时，无光通过。旋转第二块偏振片时，透射光如何变化？**c.** 将各种塑料物品（米尺、量角器、塑料镜片等）放在两块正交的偏振片之间，描述你观察到的图样。

HE6 找到一根激光笔和几张铝箔纸。**a.** 取一张铝箔纸，用大头针在上面扎一个小孔，然后用激光照射小孔，观察并描述你看到的图样。**b.** 改变小孔的孔径，比较并描述你看到的图样。

---

① 由于反射过程本身造成的相位差，两列波的相位不一致。从上表面反射的波发生相位偏移，从下表面反射的波则不发生偏移。虽然两列波的路程差不产生相位变化，但反射过程产生相位变化。

第17章 光和成像

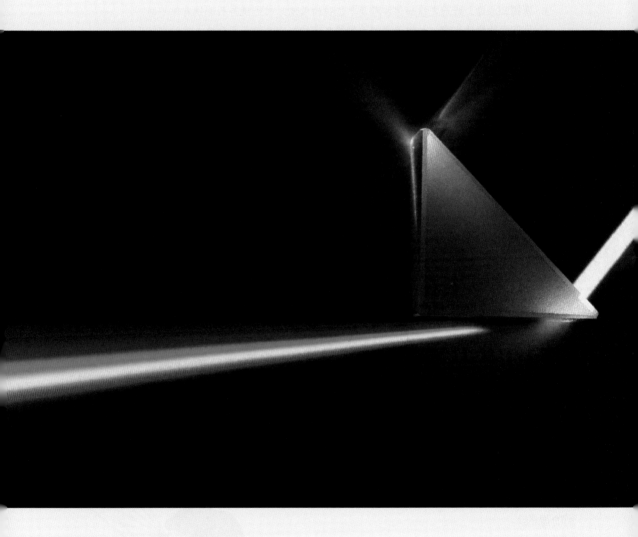

本章概述

本章主要介绍反射定律和折射定律，并且使用它们来解释像是如何形成的。为此，我们将讨论光波和光线的关系，说明如何追踪光线来确定像。在探索像的形成时，我们将探讨面镜和透镜的行为，以及简单光学仪器的工作原理，如照相机、放大镜、显微镜和望远镜。

本章大纲

1. **反射和成像**。光线和光波之间的关系是什么？反射定律是什么？平面镜是如何成像的？
2. **光的折射**。折射定律如何描述光线从一种介质进入另一种介质时的折射现象？怎样解释棱镜的分光现象？
3. **透镜和成像**。折射定律如何解释简单透镜的成像？凹透镜与凸透镜有何不同？
4. **用凹面镜聚焦光束**。如何使用凹面镜聚焦光线？凹面镜和凸面镜成像时有何不同？
5. **眼镜、显微镜和望远镜**。眼镜是如何帮助人们看得更清楚的？如何结合透镜和反射镜来制造显微镜和望远镜？

图 17.1　清晨照镜子时，这种令人沮丧的形象是如何形成的？

你是否好奇为什么能够盯着镜子中自己的脸看？头发凌乱的你是如何出现在镜子后面的（见图 17.1）？你知道看到的是像，但它是否是自己的真实反映则取决于镜子的质量。你可能认为像真实地反映了自己，还可能认为它不像你，具体如何完全由你自己判断。

你可能戴过眼镜，还可能用过由透镜制成的光学仪器，如双筒望远镜、投影仪和显微镜等。平面镜所成的像是由光线反射导致的，透镜所成的像是由光的折射或偏折导致的。反射和折射都是形成彩虹的原因。

第 16 章介绍了光是电磁波的概念，描述了电磁波的一般特征。波是如何在镜子、幻灯机或人眼中成像的？成像的基本原理是什么？我们能预测像在哪里形成及如何出现吗？

这些问题都属于几何光学。在几何光学中，我们使用垂直于波阵面的光线来描述光波的行为。反射定律和折射定律是几何光学的基本原理，它们允许我们追踪光线的路径，预测像如何形成及在何处形成。而第 16 章的物理光学则讨论直接涉及光的波动性的干涉和衍射等现象。

17.1 反射和成像

镜子中的像是如何产生的？我们知道，像与灯光有关，因为我们能够很容易地通过关闭房间中的灯来验证。房间漆黑一片时，像消失；重新开灯后，像立即重现。房间中的光线必须从脸上反射，到达镜子，然后反射回眼睛。这个过程是如何创建我们所看到的像的？

17.1.1　光线与波阵面有什么关系？

如果只考虑脸上的一点，然后追踪从该点反射的光的路径，我们就能清楚地知道发生了什么。因为脸上的皮肤较为粗糙，到达脸的光线从任何给定点向各个方向反射或者散射。例如，鼻尖就像是一个光源，光从该点均匀地扩散（见图 17.2）。这些波就像我们将一块石头扔入水池

图 17.2　脸上的任何一点都是次级光源，从该点向四面八方反射光线

后，在水中扩散的涟漪。

被脸散射的光波是电磁波而不是水波，但是它们有波峰（电场和磁场最强的位置），能够像水波那样从波源向外传播。连接光波一个周期内的所有同相点，就定义了波阵面。为此，我们经常选择波峰（具有正向最大值的点）作为这样的点。如果是水波，那么结果很明显。紧邻前一个波阵面的下一个波阵面是波的下一个波峰，它与前一个波阵面相隔一个波长的距离，如图 17.3 所示。对于光波，这些波阵面以光速从源点向外运动。

我们几乎可以通过追踪波阵面的变化来描述这些波发生的一切。然而，使用垂直于波阵面的光线来描述它们的行为更简单。如果波在相同的介质（如空气）中传播，波阵面均匀地向前移动，那么波阵面上的每个点的运动就会形成一条直线，我们称其为光线（见图 17.3）。与弯曲的波阵面相比，我们更易画出这些光线，也更容易追踪这些光线。

由于脸上的每个点都向各个方向散射光线，因此这些点可以充当发散光线的来源，如图 17.2 所示。光线从脸传至镜子，由于镜子是光滑的，因此光线能够以可预测的方式反射。人眼最后接收灯泡发出的这些光，但是这些光在到达人眼之前就已被脸和镜子反射。

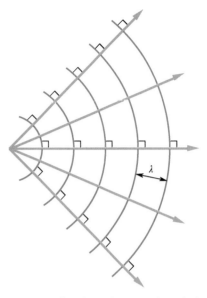

图 17.3　作出的光线处处垂直于波阵面。当波匀速传播时，光线就是直线

17.1.2　什么是反射定律？

当光线和波阵面照射到像平面镜一样光滑的反射表面时，会发生什么？波会被反射，反射后的波以同样的速率离开表面，就像它们被反射之前那样。图 17.4 中描述了平面波阵面（不弯曲）以一定角度而非正面接近平面镜的过程。

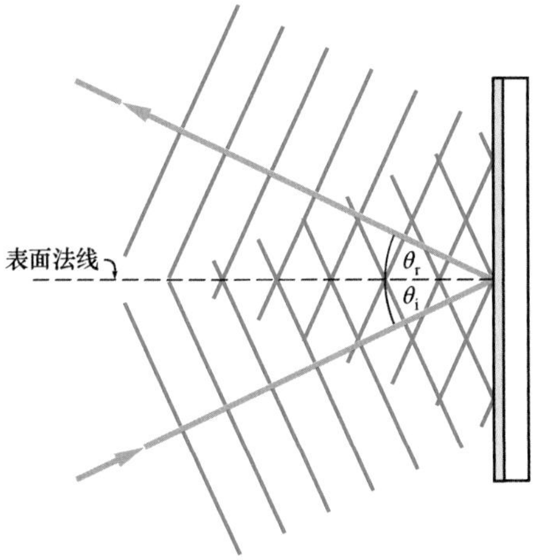

由于波阵面是以一定的角度入射镜面的，因此波阵面的某些部分比其他部分先被反射（见图 17.4）。这些波阵面现在以相同的间距和速率远离镜面，但是方向已经发生变化。然而，对于新的波来说，各个波阵面与反射镜之间的夹角是相同的。因为反射波阵面与入射波阵面以相同的速率传播，在给定的时间间隔内运动相同的距离，因此入射波阵面、反射波阵面与镜面之间的夹角相等。

这个结果常用光线表示。光线与垂直于镜面的直线的夹角，和波阵面与镜面之间的夹角相等。我们常用"法向"表示垂直（如第 4 章中讨论法向力那样），因此称垂直于表面的直线为法线。入射波阵面、反射波阵面与镜面的夹角相等，说明反射光线与表面法线的夹角等于入射光线与表面法线的夹角（见图 17.4）。

刚才所述的就是反射定律。反射定律的准确表述如下：

图 17.4　以一定角度入射平面镜的光波在撞击镜面前后以相同的速率传播。反射角等于入射角

当光线从平滑的表面反射时，反射光线与表面法线的夹角等于入射光线与表面法线的夹角。

换句话说，反射角（图 17.4 中的 θ_r）等于入射角（θ_i）。反射光线位于由入射光线和法线确定的平面内。在图 17.4 中，它不会离开纸面。

17.1.3 平面镜是如何成像的？

反射定律如何帮助我们解释平面镜是如何成像的？从鼻子散射的光线发生了什么？如果从鼻尖开始追踪这些光线，然后使用反射定律追踪被镜子反射的光线，就可以看到每条光线的变化（见图17.5）。

将反射光线向镜子后面延伸，它们会在镜子后面的一点相交，如图17.5所示。当人眼接收到一小束反射的光线时，就会感知到一个好像位于这个交点上的像。换句话说，在人眼所能看到的范围内，这些光线都来自那个交点。你能够看到鼻尖就位于镜子后面。对于脸上的其他点，可以进行同样的分析——它们似乎都位于镜子后面。

由简单的几何原理可以看出，镜子后面的像到镜子的距离，等于发光物体到镜子的距离。距离相等是由反射定律推出的，如图17.6所示。这里，只取两条来自蜡烛顶部的光线，并像前面讨论的那样去追踪它们。垂直于镜面的水平入射光线沿同一条线反射回来，这条光线的入射角是零，反射角也是零。

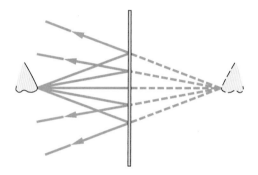

图17.5　追踪从鼻尖出发的几条光线，可以显示它们是如何被镜面反射的。被反射的光线发散，就像是从镜面后的一点射出的那样

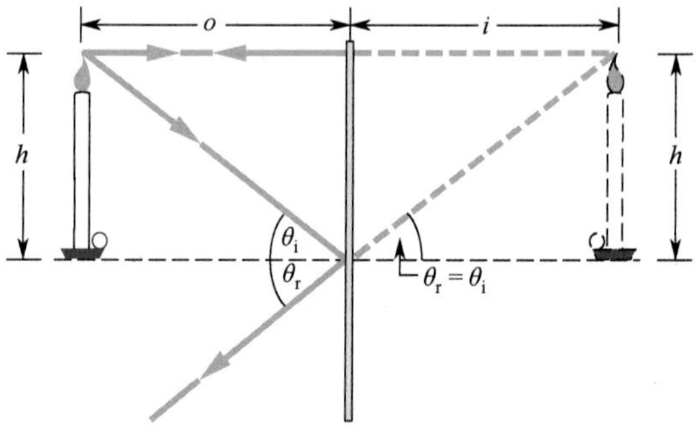

图17.6　从蜡烛顶部发出的两条光线被镜面反射后发散，就像是从镜子后面的一点发出的那样，且该点到镜子的距离与蜡烛到镜子的距离相等

在图17.6中，另一条光线在镜子上与蜡烛底座等高的一点被反射。这条光线的反射角等于入射角。反向延伸这两条光线，它们的交点就是像的位置。追踪表明，从蜡烛顶部发出的任何其他光线似乎都来自这一点。图17.6中的两条光线在镜子的两边形成等腰三角形。因为各个对应角相等，且两个三角形的短边等于蜡烛的高度，因此这两个等腰三角形的长边也一定相等。于是，像到镜子的像距 i 等于蜡烛到镜子的物距 o。

我们能够接触到平面镜，因此可以验证以上分析，方法是观察自己的像，或者观察其他物体的像。例如，要看到全身，镜子不一定要与你一样高。靠近镜子和远离镜子，哪种情况能看到更全的自己？其他物体呢？你必须身置何处才能看到房间中的其他物体？你能够根据反射定律解释这些观察结果吗？

由平面镜形成的像被称为虚像，因为光实际上从来没有过像所在的点。事实上，光线根本不会到达镜子的后面——只是光线被反射时，看起来像是从镜子后面的点发出的。像是直立的（正立的），它与物体的大小相同。然而，像与物体的左右是相反的：镜中像的右手，实际上是你的左手，反之亦然。你可以到镜子前看看是否如此。你每天都能看到这样的画面，但是你可能没怎么想过。

> 光线是与波阵面垂直的射线。追踪光线比追踪波阵面本身更容易看到光发生了什么。反射定律表明，当光被平滑的表面反射时，反射角等于入射角。平面镜所成的像位于反向延伸反射光线时会聚的那一点，像到镜子的距离与物体到镜子的距离相等。

17.2 光的折射

最常见的像是平面镜所形成的像。然而，也可以用其他方式成像，如棱镜、透镜，甚至一缸水。这些例子都包含对可见光透明的物质。当光线遇到透明物体的表面时，会发生什么？为什么我们会对水下物体的位置产生误判？折射定律可以帮助我们回答这些问题。

17.2.1　什么是折射定律？

假设光波穿过空气后遇到了一块表面光滑的玻璃。当光波进入玻璃并且继续穿过玻璃时，会发生什么？实验测量表明，光在玻璃或水中的速度小于光在真空或空气中的速度。波阵面之间的距离（波长）在玻璃或水中要比在空气中更短（见图 17.7），因为波的速度此时较小，因此在一个周期内传播的距离也较小。

光速在不同介质中的差异常用折射率描述，折射率用符号 n 表示。折射率定义为真空中的光速 c 与介质中的光速 v 之比，即 $n = c/v$。因此，介质中的光速 v 与真空中的光速 c 通过下式关联：

$$v = c/n$$

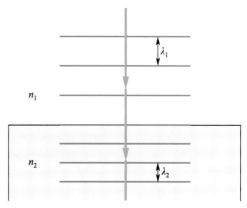

图 17.7　光波从空气进入玻璃后，波长变短。光波在玻璃中的速度更小

换句话说，求某种透明介质中的光速时，可以使用真空中的光速（$c = 3 \times 10^8 \text{m/s}$）除以这种介质的折射率。玻璃的折射率的典型值是 1.5～1.6，因此玻璃中的光速约为空气中的 2/3。

当光线进入玻璃时，速率和波长的减小对光线的方向有什么影响？如果考虑波阵面和以一定角度入射玻璃表面的对应光线，如图 17.8 所示，那么可以看到，当光线从空气中进入玻璃时，光线发生偏折。光线之所以发生偏折，是因为玻璃中的波阵面在一个周期内传播的距离，不如在空气中传播的距离远。如图所示，一半波阵面进入玻璃，在玻璃中传播的距离比在空气中传播的距离短，使得波阵面在中间偏折。因此，垂直于波阵面的光线也弯折。

偏折的程度取决于入射角和材料的折射率，折射率决定速率的变化。速率的较大差异将产生波阵面在两种介质中传播的较大差异。因此，两种介质折射率的较大差异造成波阵面和光线的较大偏折。

折射定律描述的波阵面和光线的偏折可以定性地[①]表述如下：

当光线从一种透明介质进入另一种透明介质时，如果光线在第二种介质中的速度比在第一种介质中的速度小，那么光线会向表面法线（垂直于表面的直线）偏折。如果第二种介质中的光速大于第一种介质中的光速，光线会偏离法线。

当角度很小时，折射定律的定量表述更简单。对于小角度，正弦函数与角度本身成正比，因此有

$$n_1 \theta_1 \approx n_2 \theta_2$$

即第一种介质的折射率与入射角的乘积，近似等于第

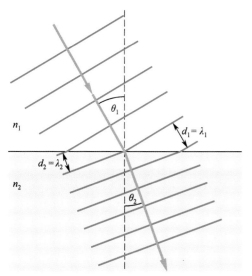

图 17.8　以一定角度入射玻璃表面的波阵面在进入玻璃时发生偏折。折射角 θ_2 小于入射角 θ_1（$n_2 > n_1$）

---

① 折射定律的定量表述为 $n_1 \sin\theta_1 = n_2 \sin\theta_2$（见图 17.8）。

二种介质的折射率与折射角的乘积。当第二种介质的折射率增大时，折射角必然减小，这意味着对于较大的折射率，光线向更靠近表面法线的位置折射。

对于从玻璃传播到空气中的光波，折射的方向相反：根据折射定律，光线朝偏离表面法线的方向折射。颠倒图 17.8 中光线和波阵面的方向，就能够清楚地说明这一点。当光波从玻璃传播到空气中时，速度的增加导致光线偏离法线。

17.2.2 水下的物体看起来为何要比实际位置高一些？

光线在两种透明介质的界面上的折射是造成某些欺骗性现象的原因。例如，假设你正站在桥上俯看河中的一条鱼。水的折射率约为 1.33，空气的折射率约为 1。光线从鱼到你的眼睛是偏离表面法线折射的，如图 17.9 所示。

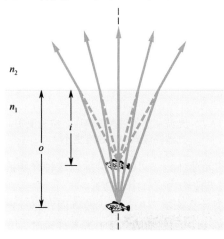

图 17.9　鱼发出的光线从水进入空气时发生折射，光线似乎是从更接近水面的点散射出来的

这种来自鱼的光线的折射，使得光线在空气中比水中传播时，表现出更强的发散现象。反向延伸这些光线，就会发现它们现在似乎是从比实际位置更接近水面的位置发出的（见图 17.9）。这一分析对鱼身上的任何一点都成立，因此整条鱼看起来更接近水面。如果你试图射击鱼（在大多数地方这是非法的），那么很可能射不中，除非垂直射击。

如果知道鱼的实际深度，就可以根据折射定律预测鱼在水面下的视深度。这一讨论涉及一些几何原理，且要假设入射角和折射角都很小。人们发现，从水面上看到的视深度（像距 i）与水下的实际深度（物距 o）和折射率有关：

$$i = o(n_2/n_1)$$

式中，第二种介质的折射率 n_2 是空气的折射率（$n_2 = 1$），第一种介质的折射率 n_1 是水的折射率（$n_1 = 1.33$）。因此，像距（视深度）小于实际距离（实际深度），如图 17.9 所示。如果鱼实际上低于水面 1m，那么视深度为

$$i = 1m \times (1/1.33) = 0.75m$$

鱼的这个视深度就是鱼的像的位置。从鱼发出的光似乎是从这一点而不是从鱼的实际位置发出的。我们看到的是虚像，就像在镜子里看到的像，因为光线实际上并不过像所在的位置，它们只是似乎来自这一点。如果从水下观察空气中的物体，那么像看起来要比实际物体的位置离水面远一些（见例题 17.1）。

例题 17.1　从水下看水面上的蜻蜓

在水下游泳的一名女孩看到一只蜻蜓在空中盘旋。蜻蜓到水面的高度似乎是 60cm。蜻蜓到水面的实际高度是多少？

由于蜻蜓位于空气中，光线最初是在空气中传播的，因此有

$n_1 = 1.00$，$n_2 = 1.33$，$i = 60cm$

由 $i = o(n_2/n_1)$ 有

$o = i(n_1/n_2) = 60cm(1/1.33) = 45cm$

蜻蜓的位置实际上要比看起来更靠近水面。

我们每天都能看到水下的物体，但是很少注意到位置是有误的，原因是这种体验过于常见。如果将笔直的棍子或杆子插入水中，让它的一部分在水面之上，另一部分在水面之下，那么它看

起来就是弯折的或折断的。从上往下看时，水下物体上的每一点似乎都要比实际情况更接近水面。水杯或其他饮料中的吸管、勺子也会出现偏折现象，如图 17.10 所示。

17.2.3 全反射

当光线从水或玻璃进入空气时，会出现另一种有趣的现象。如前所述，当光线进入折射率较低的介质（这些例子中的介质是空气）时，光线从法线向外偏折。然而，光线偏折到折射角为 90° 时会发生什么？要让光线进入第二种介质，折射角就不能再大。

图 17.11 中描述了这种情况。随着玻璃中光线的入射角的增大，折射角（光线①）也增大。最终，当入射角达到某个值时，折射角达到 90°（光线②）。在这种情况下，折射光掠过玻璃-空气界面。对于玻璃内部任何大于这个角度的入射角（光线③），光线无法从玻璃中逃出，被全部反射。90° 折射角对应的入射角被称为临界角 θ_c。当光线以大于临界角的角度入射到空气中时，会被反射回玻璃内部，此时遵循反射定律而非折射定律。

图 17.10 当吸管的一部分在水面之上、另一部分在水面之下时，从上往下看，它是弯折的。从侧面看，吸管被放大

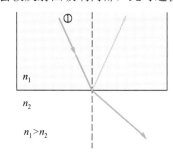 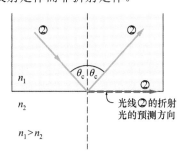 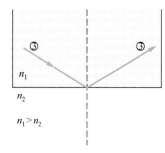

图 17.11 光从玻璃进入空气时，产生 90° 折射角（光线②）时对应的入射角被称为临界角 θ_c。当光线的入射角等于或大于 θ_c 时发生全反射

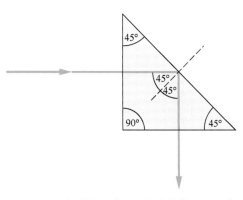

图 17.12 切割成两个 45° 角的棱镜可以用作反射镜，因为光发生全反射

这种现象被称为全反射。当入射角等于或大于临界角时，光百分之百地在折射率较大的材料内部反射。在这种条件下，玻璃－空气界面能够形成极好的镜面。对于折射率为 1.5 的玻璃，临界角约为 42°。折射率较大的玻璃，临界角较小。如图 17.12 所示，切割成两个 45°角的棱镜可以用作反射镜。垂直于直角边的入射光以 45°的入射角（大于临界角）入射斜边，光线被这条边完全反射，因此这条边所代表的表面就像是一面平面镜。

17.2.4 棱镜如何使光线偏折？什么是色散？

前面说过，棱镜可将白光分为不同的颜色，产生类似彩虹的效果。那么如何由普通的白光得到彩虹般的颜色呢？

介质的折射率随光波波长的不同而变化：不同的波长对应不同的偏折度。波长与第 16 章中讨论的颜色相联系。可见光谱一端的红光，与可见光谱另一端的紫光相比，具有更长的波长和更低的频率。大多数玻璃和其他透明物质（如水）对紫光或蓝光的折射率，要比对红光的折射率大。

蓝光的折射程度要比红光更高，而与绿色、黄色和橙色相关的中间波长则有中等的偏折。

当光线以一定的角度入射棱镜时，光线在进入棱镜时发生一次折射，在离开棱镜时又发生一次折射，如图17.13所示。光线进入棱镜时，向法线偏折，而光线在第二个表面射出时偏离表面法线，这与折射定律是相符的。由于折射率随波长的不同而变化，因此紫光和蓝光的偏折度最大，位于光谱的顶部，如图17.14所示。

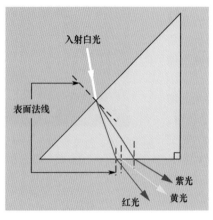

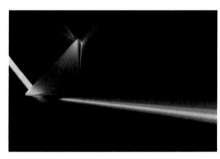

图17.13　光线在棱镜的两个表面都发生偏折，其中　　图17.14　白光入射棱镜的一边时，由于色散而呈现
　　　　　紫光要比红光偏折得厉害　　　　　　　　　　　　　出不同颜色的光谱

我们称折射率随波长的变化为色散（注：我国的教材中将色散定义为复色光分解为单色光而形成光谱的现象）。所有的透明材料都存在色散，包括水、玻璃和透明塑料。光线穿过鱼缸或透镜边缘（如投影仪）后呈现彩色的原因就是色散，这也是彩虹呈现绚烂色彩的原因，见日常现象专栏17.1。

> 光线从一种透明介质进入另一种透明介质时，由于光在两种介质的界面上发生变化，光线发生偏折。折射定律描述光线偏折的程度，以及偏折是朝向还是远离法线。由于折射，水下物体看起来比实际位置更接近水面。光从玻璃或水中进入空气时，有一个临界入射角，超过这个角，光就被完全反射而不发生折射。折射率随波长的变化而变化，当光线通过棱镜时，产生我们所看到的色散。

日常现象专栏17.1　彩虹

现象与问题　第1章中的图1.1是关于彩虹的照片。我们都见过这样的景象，并且被它们的美丽所震撼。我们知道，彩虹是在太阳照射及附近降雨时出现的。条件合适的时候，可以看到半圆形的彩虹，红色在外面，紫色在里面。有时，甚至能够看到主虹之外形成的副虹，副虹中的颜色与主虹中的颜色顺序正好相反，如附图1所示。

彩虹是如何形成的？观察彩虹需要什么条件？我们应该看向何方才能看到彩虹？反射定律和折射定律能用来解释这一现象吗？第1章中提出过一些这样的问题，现在我们可以给出这些问题的答案。

附图1　主虹的外面是红色，里面是紫色。副虹的颜色
　　　　与主虹的颜色正好相反

分析　理解彩虹的关键在于考虑光线进入雨滴时发生了什么，如附图2中的雨滴。当光线照射雨滴的前表面时，光线的一部分被折射到雨滴中。由于偏折度取决于折射率，而折射率又取决于光的波长，因此在前表面上，紫光要比红光偏折得厉害。这种效应与光通过棱

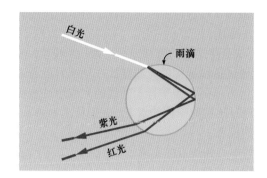

附图 2 照射雨滴的光线在前表面发生不同程度的折射，在背面发生全反射，离开雨滴时又发生不同程度的折射。出射时红光的角度要比紫光的角度大，因此红光是从位置更高的雨滴到达观察者的，所以红色位于彩虹的顶部

镜时产生的色散是一样的。

光线被雨滴的前表面折射后，进入雨滴，到达雨滴的背面，在雨滴的背面，光线被部分反射，一些光线穿过雨滴，一些光线则被反射回前表面，如附图 2 所示。在前表面，当光线离开水滴时，光线被再次折射，导致更大的色散。

看似矛盾的是，折射叫偏折最小的红光，在入射和出射雨滴的整个过程中，实际上要比蓝光偏折更大的角度。原因可由附图 2 来理解。前表面上较小的偏折，使得红光以比紫光更大的入射角入射到雨滴的背面。根据反射定律，红光以较大的角度反射，这个较大的反射角就决定了光线的整体偏折。

如果我们看到了彩虹，那么太阳一定在我们的身后，因为眼睛接收到的是反射光线。我们之所以能够在天空中不同位置看到不同的颜色，是因为对于给定的颜色，雨滴必须位于合适的高度才能让光线到达我们的眼睛。因为红光的偏折度最大，所以我们看到的红光是从彩虹顶部的雨滴反射而来的，或者说是从彩虹最外层的雨滴反射而来的。紫光是从最里层的雨滴反射而来的，其他颜色的光则是从最外层和最里层之间的雨滴反射而来的。这样，便产生了我们看到的彩虹。

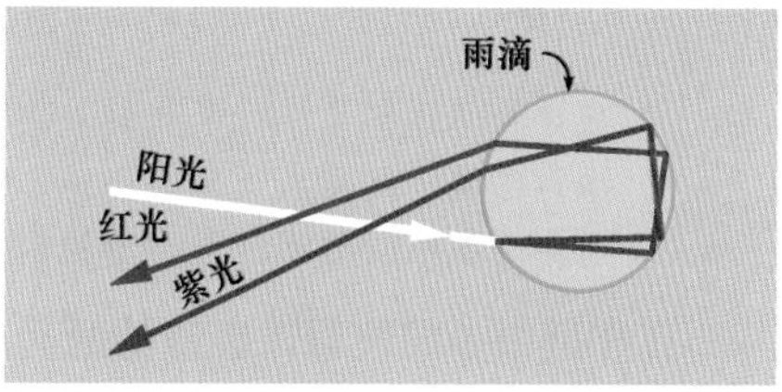

副虹通常要比主虹暗淡。副虹是由雨滴内部的双重反射产生的，如附图 3 所示。进入雨滴背面附近的光线可能以足够大的入射角入射雨滴的背面，进而在离开雨滴之前被反射两次。在这种情况下，光线交叉后会以更大的整体角偏折，而且这个角要比主虹中任何颜色的整体偏折角都大。因此，在主虹的弧线之外可以看到副虹。由于被两次反射，紫光的偏折角要比红光的大，因此紫光位于副虹的顶部。

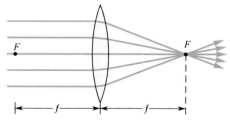

附图 3 进入雨滴到达背面的光线从雨滴射出之前，可能会被反射两次。这些光线产生副虹。紫光更大的偏折角使得紫色位于副虹的顶部

仅当太阳的高度角较小时，我们才能看到主虹或副虹。夏季午后的阵雨通常是观赏彩虹的最佳时机。然而，在白天的任何时候，人们在飞机等高处都能看到彩虹，有时，彩虹呈完整的圆形，而不是弧形。如果你能理解背后的原理，就掌握了关于彩虹的解释。

17.3 透镜和成像

我们每天都会看到镜子所成的像，但是很少去思考这些像。我们中的许多人都戴矫正视力的眼镜或隐形眼镜，它们实质上就是透镜，但是，我们对透镜所成的像关注不多。我们还在相机、投影仪、望远镜和简单的放大镜中遇到过各种透镜。

透镜是如何成像的？透镜通常由玻璃或树脂制成，因此折射定律支配着它们的行为。光线通过透镜时发生的偏折，决定所成像的大小与性质。下面我们通过追踪其中几条光线的变化来了解成像过程的基本原理。

17.3.1 追踪通过凸透镜的光线

如图 17.15 所示，凸透镜的两面都是球面，凸面朝外。根据折射定律，从空气进入玻璃的光线向第一个表面的法线方向偏折，而当光线从玻璃进入空气时，光线偏离

图 17.15 通过凸透镜的平行光线向轴线偏折，因此它们都近似地过焦点 F。透镜有两个焦点，一侧一个

第二个表面的法线。如图所示，每次折射都使得光线向轴线（过透镜中心且垂直于透镜的直线）偏折。这种透镜使得光线会聚。会聚透镜又称正透镜或凸透镜。

要了解光线像图 17.15 所示的那样偏折，最简单的方法是将透镜的每部分都视为一个棱镜。棱镜的角度（两面的夹角）在透镜的上部变得更大，因此通过透镜上部的光线要比在轴线附近通过透镜的光线偏折得厉害。由于棱镜效应在离轴线越远的地方越强，当平行于轴线的光线通过透镜时，就会发生不同程度的偏折。于是，这些光线都近似地过透镜另一侧的点 F，我们称之为焦点。焦点是平行于光轴的光线进入透镜后，离开透镜时会聚的位置。

从薄透镜的中心到焦点的距离被称为焦距 f。对凸透镜来说，焦距描述透镜的会聚本领，它取决于透镜的两个表面的曲率和透镜的折射率。在透镜的另一侧，也有一个到透镜中心距离为 f 的焦点，它与来自相反方向的平行光线有关。由于光路是可逆的，因此从任何一个焦点发散的光线通过透镜时都与轴线平行。

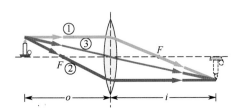

图 17.16　由来自物体顶部的三条通过凸透镜的光线可以追踪像的位置。如果物体位于焦点之外，在透镜的另一侧就会形成一个倒立的实像

下面使用光线追踪法来说明透镜是如何成像的。成像过程如图 17.16 所示，它涉及位于透镜焦点之外的一个物体。利用焦点的性质，我们追踪三条光线（标在图上）的去向：

1. 来自物体顶部且平行于光轴入射的光线，偏折通过透镜另一侧的焦点。
2. 通过透镜近侧焦点入射的光线，平行于光轴从透镜射出。
3. 射向透镜中心的光线进出透镜时无偏折。

在靠近中心的位置，透镜的两面基本上是平行的（就像是平板玻璃），这是射线③不偏折的原因。追踪光线时，虽然光偏折是在透镜的两个球面上发生的，但是我们通常认为偏折发生在过透镜中心且与轴垂直的线上（而不画在透镜的两个球面上，如图 17.16 所示）。

在图 17.16 中，像位于透镜的另一侧，并且是实像，因为光线过像点。从物体上某点发散的光线，将被透镜会聚到一个像点。如果将屏幕放到这一点，那么我们在屏幕上看到上下颠倒的像（倒立像）。因此，使用幻灯机时，倒着插入幻灯片才能在屏幕上产生正立的像。

17.3.2　像距和物距有什么关系？

我们能够预测位置已知的物体的像出现在什么位置吗？答案是能够。一种方法是仔细地像前面讨论的那样追踪光线。利用三角函数关系和折射定律，我们还可以推出物距 o、像距 i 与透镜焦距 f 之间的定量关系（这些距离都从透镜中心开始测量）：物距的倒数加上像距的倒数等于焦距的倒数，即

$$\frac{1}{i} + \frac{1}{o} = \frac{1}{f}$$

在图 17.16 中，这些距离都为正。在常用的符号约定中，物距和实像的像距为正，虚像的像距为负。使得光线向轴线偏折的会聚（凸）透镜的焦距为正；使得光线偏离轴线的发散（凹）透镜的焦距为负。

图 17.16 中的几何图形也可用来求出像的放大率 m 与物距和像距之间的关系。放大率定义为像的高度 h_i 与物体的高度 h_o 之比，即

$$m = \frac{h_i}{h_o} = -\frac{i}{o}$$

式中，放大率的符号表示像是正立的还是倒立的。当像距和物距都为正时，负放大率表示倒立的

像（见图 17.16）。像是放大、缩小还是不变，取决于物距和像距。

例题 17.2　等大实像

高为 2cm 的物体位于焦距为 5cm 的凸透镜左侧 10cm 的位置。**a.** 像距是多少？**b.** 像的放大率是多少？

a. $f = +5\text{cm}$，$o = +10\text{cm}$，$i = ?$

$$\frac{1}{i} + \frac{1}{o} = \frac{1}{f}，\quad \frac{1}{i} = \frac{1}{f} - \frac{1}{o} = \frac{1}{5\text{cm}} - \frac{1}{10\text{cm}}$$

$$i = 10\text{cm}$$

像在透镜的右侧，距离透镜 10cm。

b. $m = ?$

$$m = -\frac{i}{o} = -\frac{10}{10} = -1$$

像与物同大，但是倒立的，因为放大率为负。

如果物体位于凸透镜的焦点之内（靠近透镜），就得到放大率为正的虚像，如图 17.17 所示。在这种情况下，像距是负数，负像距表示虚像。光线似乎是从像点发散的，但是光线实际上不过这一点。虚像与透镜的入射光线位于同一侧，在图 17.17 中是左侧。这种情形将在例题 17.3 中介绍。

观察放在凸透镜焦点之内的物体的像时，我们是将透镜作为放大镜来使用的。像被放大，但是它也在物体的后面，离我们的眼睛更远。这个更大的距离使得眼睛更容易聚焦到像上，而物体本身离眼睛太近，聚焦到物体上不容易。对老年人来说，聚焦到像而非物体上非常

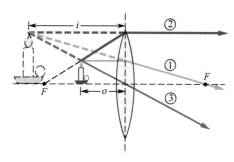

图 17.17　当物体位于凸透镜的焦点之内时，成放大的虚像。出射光线像是从物体后的一点向四方出射的

有用，因为老年人调整眼睛的焦点来观看靠近眼睛的物体的能力很差。

例题 17.3　放大的虚像

高度为 2cm 的物体位于焦距为 20cm 的凸透镜左侧 10cm 的位置。**a.** 像距是多少？**b.** 像的放大率是多少？

a. $f = +20\text{cm}$，$o = +10\text{cm}$，$i = ?$

$$\frac{1}{i} + \frac{1}{o} = \frac{1}{f}，\quad \frac{1}{i} = \frac{1}{f} - \frac{1}{o} = \frac{1}{20\text{cm}} - \frac{1}{10\text{cm}}$$

$$i = -20\text{cm}$$

像在透镜的左侧（与物体同侧），距透镜 20cm。

b. $m = ?$

$$m = -\frac{i}{o} = -\frac{-20\text{cm}}{10\text{cm}} = +2$$

像高是物高的 2 倍，如图 17.17 所示。像是正立的，因为放大率为正。

17.3.3　追踪通过凹透镜的光线

如前所述，简单的凸透镜是会聚透镜——它使得光线向轴线偏折。如果改变透镜表面的弯曲方向，使其是凹的而不是凸的，会发生什么？如果将透镜的每部分都视为棱镜（如 17.2 节结尾所讨论的那样），那么组成凹透镜的这些棱镜与组成凸透镜的那些棱镜就刚好相反。如图 17.18 所示，这些棱镜使得光线偏离轴线而非向轴线偏折，因此我们称之为发散透镜，也称负透镜或凹透镜。

平行于轴线的光线被凹透镜折射后偏离光轴，看起来像是从同一个焦点 F 发散的（见图 17.18）。这一点是凹透镜的两个焦点之一。另一焦点在凹透镜的另一侧，与第一个焦点到透镜中心的距离

相同。射向凹透镜另一侧焦点的光被凹透镜折射，使得光从凹透镜出射时与轴线平行。如前所述，凹透镜的焦距 f 被定义为一个负值。

类似于追踪凸透镜的三条光线来确定凸透镜所成的像，我们可以采用同样的方法确定凹透镜所成的像，如图 17.19 所示。来自物体顶部的平行于轴线的光线（图中的光线①）偏离光轴，看起来像是来自透镜同一侧的焦点。射向另一侧的焦点的光线（图中的光线②）被折射后平行于轴线射出。图中的光线③像凸透镜的情形那样，无偏折地过透镜的中心。

所成的像与物体位于透镜的同一侧，且是直立的和缩小的（见图 17.19）。我们可以使用物像距离公式来验证，注意焦距为负。像是虚像，因为光线似乎来自像点，但是实际上（除了未偏折的光线）并不过这一点。无论物距是多少，这都正确——凹透镜本身总是成比物体小的虚像。

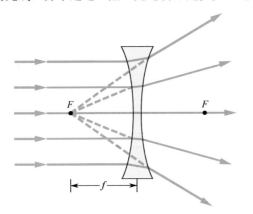

图 17.18　平行于轴线的光线被凹透镜折射后偏离轴线，因此看起来就像是从同一个焦点 F 发散的

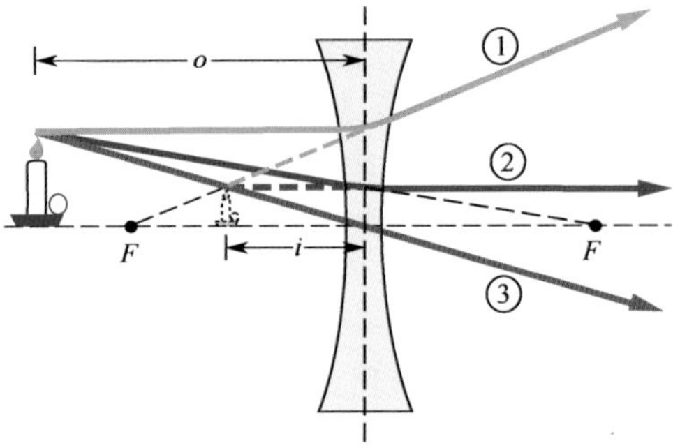

图 17.19　追踪来从物体顶部发出的三条光线，确定凹透镜所成的像。像是直立的和缩小的虚像，与物体位于透镜的同一侧

如果将一个凹透镜放到打印的页面附近，那么透过镜头看页面时，字号显得比实际小。区分凹透镜和凸透镜很容易：当它们靠近页面时，一个使字号变小，另一个使字号变大。如果移远凸透镜，使其到达焦距位置时，像就消失，移近凸透镜时，像重新出现。根据视力矫正的需要，眼镜可以使用凸透镜或凹透镜（见 17.5 节）。如果你的身旁恰好有一副眼镜，那么可以做一下这个简单的测试，以确定镜片是凸透镜还是凹透镜。

凸透镜使得光线向轴线会聚。如果入射光线平行于轴线，那么它们近似地会聚于一点，即焦点。焦点的性质可以用来追踪光线，进而确定所成像的位置与性质。焦点到透镜的距离称为焦距，它可以用来求出任何已知位置的物体的像距。凹透镜使得光线发散，总是成比物体小的虚像。物像距离公式和相关的光线追踪法，可用于确定凸透镜和凹透镜所成像的位置与性质。

17.4　曲面镜成像

许多人都有使用剃须镜或化妆镜来放大面部的体验。这种体验可能要比使用普通平面镜的体验更令人不安，因为剃须镜或化妆镜会夸大脸部的缺陷。这是怎么回事？放大是如何实现的？

这种放大镜的镜面是曲面而不是平面。自然界的曲面通常是球形的——镜面是球体的一部分。凹面反射镜具有像凸透镜那样的聚光能力。同样，采用简单的光线追踪法，我们可以了解像是如何形成的。

17.4.1　凹面镜的光线追踪

能够产生放大效果的镜子是凹面镜，也就是说，光线是从球面内部反射的。凹面镜的会聚特性可以通过追踪平行于轴线射向镜子的光线来说明，如图 17.20 所示。球面的曲率中心在轴线上，反射定律决定了每条光线的去向。

我们在图 17.20 中追踪的每条光线都遵守反射定律——反射角等于入射角。过每个入射点的法线，都是过球面曲率中心到球面上的入射点的直线，因为球面的半径总是垂直于其表面的。

如图所示，所有的光线被反射后，在轴线上的同一点相交。这个交点就是焦点，用字母 F 表示。就像透镜的焦点那样，它是平行于轴线的光线会聚的位置。由于这些光线都会反向，仍然遵守反射定律，因此过焦点到达镜子的光线被反射后，与镜子的轴线平行。

由图 17.20 还可以看出，焦点 F 到镜面的距离约为曲率中心 C 到镜面的距离的一半。F 和 C 这两点可用来确定光线及镜面所成的像的性质。使用这样的镜子看脸时，脸到镜子的距离通常要小于镜子的焦距，才能成我们通常看到的放大了的像。

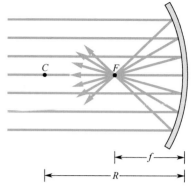

图 17.20　平行于轴线射向凹面镜的光线被反射，反射的光线都通过同一个焦点 F。焦距 f 是曲率半径 R 的一半

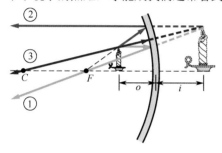

图 17.21　追踪从镜子前面的蜡烛顶部发出的三条光线。反向延长反射光线就可以确定镜子后面的像的顶部

放大了。

所成的像是正立的、放大的虚像，因为就像平面镜的情况那样，光线实际上并不过像所在的位置。光线永远不会到达镜子的后面，但是像似乎就在镜子的后面。

使用凹面镜也可以成实像。当物体位于镜子的焦点之外时，就会发生这种情况，如图 17.22 所示。在这种情况下，追踪三条光线时，发现它们离开镜子时是会聚的而不是发散的。来自物体顶部的这些光线被反射后，相交于镜子同一侧（物体所在的一侧）的同一点，然后再次从这一点发散。眼睛接收到这些光线，我们就能够看到镜子前的像。

因为已经习惯于看镜子后面的像，因此对我们来说，关注镜子前面的像有些困难。然而，使用曲面化妆镜或剃须镜是可以观察到这个像的。让镜子远离脸时，原来放大了的像会变得更大，最后消失。取而代之的是一个倒立的像，继续让镜子远离脸，这个像就会变得更小。这个像是实像，因为光线确实过像，并且又从这些像点发散。从图

图 17.21 中显示了如何通过追踪光线来确定放在镜子焦点之内的物体的像。共有三条光线，我们可以很容易地追踪它们，使用其中的任何两条光线都足以确定像的位置：

1. 来自物体顶部的、平行于轴线且反射后过焦点的光线。
2. 过焦点入射且平行于轴线反射的光线。
3. 过曲率中心入射且反向反射的光线。

第三条光线沿同一条直线入射和出射，因为它是垂直射向镜面的。在这种情况下，入射角和反射角都为零。

反向延长这三条光线时，会发现它们似乎都来自镜子后面的一点，这一点确定了像的顶部的位置。像的底部位于轴线上。从图中可以明显地看出，像位于镜子后面且被

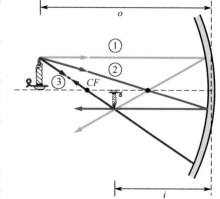

图 17.22　来自凹面镜焦点之外的物体的光线会聚并相交于镜子的前面，形成倒立的实像

中还可以清楚地看出像是倒立的。

17.4.2 物距和像距

我们能够预测位置已知的物体的像位于何处吗？答案是可以。方法之一是像前面那样简单地追踪光线。利用三角函数关系和反射定律，也能够得到物距和像距之间的定量关系，且这种关系与透镜情形下的关系相同：

$$\frac{1}{o} + \frac{1}{i} = \frac{1}{f}$$

式中，物距 o、像距 i 和焦距 f 都是从顶点（轴线与镜面的交点）开始测量的。如图 17.20 所示，焦距是曲率半径的一半。

在图 17.22 中，这些距离都为正。一般来说，物体与光线在镜子的同侧，距离为正；像在镜子后面，像距为负。例题 17.3 中说明了物距和像距之间的关系。

例题 17.4　求凹面镜的像距

物体位于焦距为 10cm 的凹面镜的前面 5cm。像距是多少？像是实像还是虚像？

$o = 5\text{cm}$, $f = 10\text{cm}$, $i = ?$

$$\frac{1}{i} + \frac{1}{o} = \frac{1}{f}, \quad \frac{1}{i} = \frac{1}{f} - \frac{1}{o} = \frac{1}{10\text{cm}} - \frac{1}{5\text{cm}} = -\frac{1}{10\text{cm}}$$

$$i = -10\text{cm}$$

因为像距为负，所以像在镜子后面 10cm 的位置，是虚像。这种情形与图 17.21 所示的情形非常相似。

还可以使用图 17.21 和图 17.22 中的三角形来确定像高和物高的关系（即放大率 m）。这种关系与透镜情形下的关系相同：

$$m = -\frac{i}{o}$$

在例题 17.4 中，像距是-10cm，物距是+5cm，放大率是+2.0。换句话说，像高是物高的 2 倍。这个放大率为正，表明这时的像是正立的。

17.4.3 凸面镜

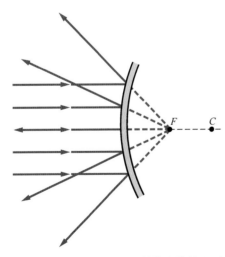

图 17.23　平行于轴线入射的光线被凸面镜反射后，看起来像是来自镜子后面的焦点 F

前面考虑的一直是向内弯曲并指向观察者的凹面镜。如果镜面反向弯曲会发生什么？光线被球面外表面反射的凸面镜，常被用作商店过道中的广角镜或汽车的后视镜。这些镜子产生尺寸缩小的像，但是视野会变得更大。正是由于具有这种广角特性，凸面镜才变得非常有用。

图 17.23 中画出了平行于轴线的光线入射到凸面镜的情形。在这种情况下，曲率中心 C 在镜子的后面。从曲率中心画出的直线垂直于镜面。按照反射定律，这些平行光线被反射时会偏离轴线。反向延长反射光线时，它们似乎都来自同一点 F，即焦点。

因此，凸面镜是发散镜或负镜。平行光线离开镜面时发散，而不像凹面镜那样汇聚。然而，同样可以使用光线追踪法来确定像的位置。图 17.24 中说明了这个过程。平行于轴线的来自物体顶部的光线①被反射，就像来自焦点一样。射向焦点的光线②平行于光轴被反射，射向曲率中心的光线③被反向反射，因为它垂直于表面。

向后延伸这三条光线时，它们看起来都来自镜子后面的一点，因此可以确定像的顶部。所成的像是虚像，因为它位于镜子的后面，而且是正立的、缩小的。当你下次进入过道上安装了这种镜子的商店时，可以试着认真地看一下它。这些像虽然很小，但是覆盖的区域很广。

针对凹面镜和透镜推导的物像距离公式，也可用于确定凸面镜所成的像。唯一的区别是，凸面镜的焦距必须为负，就像凹透镜那样。凸面镜所成的像总是位于镜子的后面，因此，对于我们选择的任何物距，像距总为负。

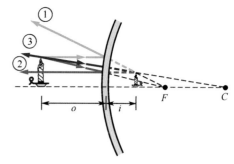

图 17.24　通过追踪三条光线来确定凸面镜前面的物体的虚像。被反射的光线是发散的，就像是从镜子后面的像点发出的

汽车副驾驶位置后视镜通常是凸面镜［注：在美国本土的汽车，副驾驶一侧（右侧）的后视镜是凸面镜，而驾驶员一侧的后视镜是平面镜］，乘客通过它看到的是广角视野的车道。由于后视镜是凸面镜，因此像是缩小的，像成在镜子的后面，如图 17.24 所示。这类镜子上通常会出现如下警告："镜子中的物体要比看起来更近。"如果被观察的像本身离镜子非常近，那么这怎么可能呢？

答案在于我们的大脑是使用许多不同的线索来确定距离的。如果后面的是普通汽车，由于我们知道汽车的实际尺寸，因此大脑会利用这些尺寸信息来确定距离。由于在镜子中看到的像很小，因此这时物体要比像大得多。我们的大脑将这种景象理解为后面的物体离车一定非常远，但是实际距离是很近的。如果物体的尺寸未知，那么双眼的深度知觉可能会认为物体就在成像的位置。也就是说，像看起来有多远，大脑就认为物体有多远，而这时的像距很小，因此大脑认为物体离车很近。在现实生活中，人们更需要考虑后面的车，因此这一警告是需要的。

> 凹面镜可以用来聚焦光线并成像。通过追踪与镜面焦点及其曲率中心有关的光线，可以定位和描述这些像。用于透镜的相同公式也可以将曲面镜的物距和像距联系起来。当物体位于焦点之内时，凹面镜产生放大的虚像；当物体位于焦点之外时，凹面镜产生实像。凸面镜对任何位置的物体都产生缩小的像，但是提供更广的视野。

17.5　眼镜、显微镜和望远镜

磨制镜片是文艺复兴时期发展起来的技术。在那之前，矫正近视或远视，或者使用放大镜放大物体是不可能的。然而，当镜片普及之后，人们很快发现它们可以组合起来形成显微镜和望远镜等光学仪器，这两种光学仪器都是在 17 世纪早期由荷兰人发明的。

矫正视力仍然是镜片最常见的应用。我们中的大多数人会在人生的某个时刻戴上眼镜，很多人甚至在青春期就戴上了眼镜。为什么要用镜片来矫正视力？要回答这个问题，就要了解眼睛的光学结构。

17.5.1　眼睛是如何工作的？

人眼是凸透镜，当它正常工作时，能够将光线聚焦到眼球的后面，如图 17.25 所示。眼睛实际上由两个凸透镜组成——角膜（形成眼睛前表面的弯曲膜）和晶状体（附在眼睛内部肌肉上的可调凸透镜）。光的偏折大部分发生在角膜上。可调晶状体更多地用于微调。

眼睛和相机非常相似。相机使用复合凸透镜系统将来自物体的光线聚焦到相机后面的胶片上。相机的镜头系统前后移动，聚焦不同距离的物体。在眼睛中，透镜系统和眼睛后表面之间的距离是固定的，因此需要一个可变焦距的透镜（可调晶状体）来聚焦不同距离的物体。

眼睛的凸透镜系统在视网膜上形成倒立的实像，视网膜是眼睛后面的一层受体细胞。视网膜起相机中的胶片的作用，是检测图像的传感器。在数码相机中，微小的光探测器阵列取代了传统相机中的胶片，因此与视网膜的类比更吻合。光线到达视网膜细胞后，引发神经冲动并传送到大脑。类似地，数码相机中的光探测器阵列向存储卡发送电子信号，生成像。大脑处理两只眼睛接收到的神经脉冲，并根据经验解释像。大多数时候，这种解释非常简单，即所看即所得。然而，有时大脑的解释会让人们产生错觉。

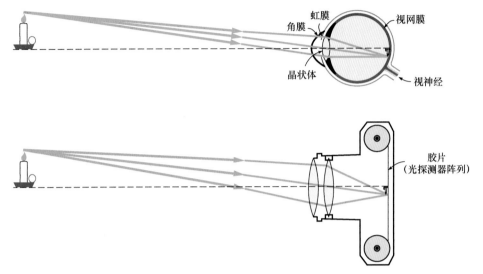

图 17.25　来自远处物体的光线进入眼睛后，被角膜和晶状体聚焦到眼睛的后面（视网膜），就像光线通过照相机镜头聚焦到胶片（或光探测器阵列）上一样

尽管视网膜上的像是倒立的，但是大脑认为这一场景是正立的。有趣的是，如果我们戴上反转镜片，使得视网膜上的像正立，我们最初看到的物体却是倒立的；经过一段时间后，大脑做出调整，我们看到的物体又是正立的。此后，如果取走反转镜片，那么一切看上去又是倒立的，直到大脑重新调整。在眼睛接收到的信号和我们实际感知到的信号之间，大脑进行了大量的处理。

17.5.2　眼镜矫正的是哪些问题？

人们常见的视力问题是近视。近视患者的眼睛对远处物体的光线偏折得厉害，因此会使得光线在视网膜的前面聚焦，如图 17.26(a)所示。光线到达视网膜时再次发散，而不再形成清晰的一点。物体这时看起来是模糊的，近视患者有时并未注意到，因为他/她习惯了这种模糊。近视患者能够看清近处的物体，因为与从远处物体发散而来的入射光相比，从近处物体发散而来的入射光的发散度要高一些。

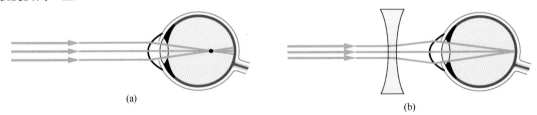

(a)　　　　　　　　　　　　(b)

图 17.26　对近视患者而言，来自远处物体的平行光线聚焦在视网膜的前面。放在眼睛前面的凹透镜可以矫正近视

具有发散作用的眼镜镜片可以矫正眼睛的这种倾向，避免光线的过度会聚［见图 17.26(b)］。凹透镜发散光线，能够弥补眼睛这个透镜的过度会聚，在视网膜上清晰地形成远处物体的像。对于以前未戴过眼镜的近视患者来说，这种差别是惊人的。

远视患者的问题与近视患者的问题正好相反。这时，眼睛无法会聚足够的光线，因此使得近处物体的像成在视网膜后面。凸透镜可以矫正这个问题。激光屈光手术（见日常现象专栏 17.2）通过改变角膜的厚度，可以矫正近视和远视。

随着年龄的增长，可调晶状体的灵活性下降，眼睛的聚焦能力下降。我们不能聚焦近处的物体，也不能很好地看清远处的物体。这时，我们需要双焦距眼镜：透镜的上半部分一个焦距，下半部分一个焦距。我们通过下半部分看近处的物体，通过上半部分来看远处的物体。

17.5.3 显微镜是如何工作的？

透镜是如何组合为显微镜的？显微镜由两个相隔一定距离的凸透镜组成，如图 17.27 所示。它们通常由图中未画出的连接筒连在一起。如果你用过显微镜，就知道被观察物体要放在第一个透镜附近，这个透镜被称为物镜。

如果物体在物镜的焦点之外，那么物镜就会形成物体的倒立实像。如果物体正好位于焦点之外的一点上，实像有较大的像距，那么像会被放大，这可通过追踪光线或使用物像距离公式来验证。

因为光线实际上是会聚到一个实像点，然后从该点发散的，因此这个实像就成为显微镜中第二个透镜（目镜）的"物"。目镜则像放大镜那样被用来观察物镜所成的实像。这个实像聚焦到目镜的焦点之内，然后通过目镜生成放大后的虚像。虚像也位于离眼睛较远的位置，以便于眼睛聚焦和观察（见图 17.27）。

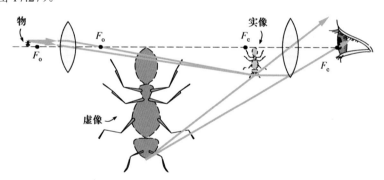

图 17.27　显微镜由两个分隔一段距离的凸透镜组成，并由连接筒（图中未画出）连在一起。第一个透镜（物镜）所成的实像通过第二个透镜（目镜）观看。两个透镜都起放大作用

显微镜的两个透镜相互配合，产生所需的放大率。物镜形成一个放大的实像，这个实像又被目镜放大。显微镜的整体放大是通过将两个放大率相乘实现的，有时可以将原物体放大数百倍。

由于目镜的放大率是有限的，因此显微镜的放大率主要由物镜的放大率决定。高放大率的物镜的焦距非常短，物体必须放到离物镜非常近的位置。显微镜常在镜筒转换器上安装两三个不同放大率的物镜（见图 17.28）。

显微镜的发明为生物学家和其他科学家打开了新世界。微生物小到用肉眼或简单的放大镜都看不到，但是用显微镜可以看到。有了显微镜的帮助，看起来干干净净的池塘水被人们发现充满了生命，苍蝇翅膀的结构和各种人体组织突然变得非常清晰。显微镜是一个领域的发展对其他领域产生巨大影响的例子。

17.5.4 望远镜是如何工作的？

显微镜的发展为人们打开了微观世界。早期发明的望远镜同样对打开遥远世界产生了巨大影响。天文学是望远镜的主要受益领域。类似于显微镜，简单的天文望远镜也由两个凸透镜组成。

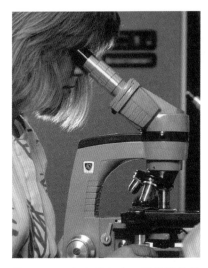

图 17.28　在实验室中，显微镜的镜筒上通常装有两三个物镜。来自光源的光线通过载玻片

在设计和功能上，望远镜与显微镜有何不同？

宇宙中的恒星大而遥远，但是看起来很小。使用显微镜和望远镜的明显区别是，使用望远镜观察的物体到物镜的距离要远得多。如图 17.29 所示，望远镜的物镜像显微镜那样，成物体的实像，然后通过目镜观看。然而，与显微镜不同的是，望远镜所成的实像是缩小的而不是放大的。

既然物镜所成的实像比物体小，望远镜又有什么优势呢？答案是，实像要比原始物体更接近眼睛。尽管实像比物体本身小，但是通过目镜观察时，会在视网膜上成一个更大的像。图 17.30 中显示了到眼睛的距离不同的两个同高度物体。假设两个物体的像都聚焦在视网膜上，只追踪来自物体顶部的过眼睛透镜系统中央的未偏折光线，那么可以看到，近物体在视网膜上形成了更大的像。

当我们希望看到物体的细节时，可以让物体靠近眼睛，利用视网膜上所成的更大的像。因为视网膜上的像的大小与物体对眼睛张开的角度成正比，因此我们说，通过拉近物体，我们就能获得角放大。眼睛的聚焦能力限制了我们能将物体拉近的距离。望远镜或显微镜的目镜通过成与眼睛距离较远的虚像解决了这个问题，这个虚像要比原来的实像对眼睛张开的角度更大。

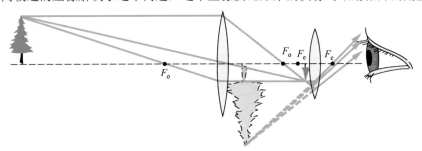

图 17.29　望远镜的物镜成缩小的实像，然后通过目镜观看。实像比原始物体更接近眼睛（未按比例画图）

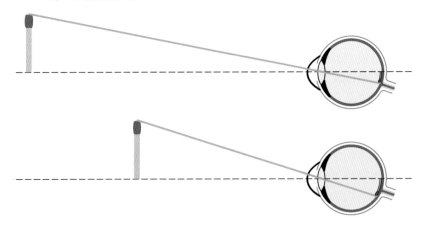

图 17.30　两个大小相同但距离眼睛不同的物体，在视网膜上形成不同大小的像。我们可以看到较近物体的更多细节

望远镜的放大效果基本上是角放大。由于通过望远镜看到的像离眼睛更近，因此像对眼睛张

开的角度要比原来的物体大。这个较大的角度在视网膜上产生更大的像，让我们能够看到物体上更多的细节，即使实像要比实际物体小得多。

望远镜产生的总角放大率等于两个透镜的焦距之比，即

$$M = -\frac{f_o}{f_e}$$

式中，f_o是物镜的焦距，f_e是目镜的焦距，M是角放大率。式中的负号表示像是倒立的。由这个关系式可以看出，望远镜的物镜需要较大的焦距才能产生较大的角放大率。另一方面，显微镜使用焦距非常短的物镜。这就是望远镜和显微镜设计上的根本区别。

天文台的大型望远镜使用凹面镜来充当物镜。天文学家研究的物体通常很暗，望远镜必须尽可能多地收集它们发出的光，因此需要大孔径的物镜来接收入射光。由于大凹面镜比大透镜更容易制造与固定，因此大多数天文台望远镜的物镜都是凹面镜。

17.5.5　双筒望远镜和观剧望远镜

天文望远镜所成的像是倒立的，就像显微镜所成的像那样。对于观测恒星或行星来说，倒立像不是大问题，但是对于观测地面上的物体来说，倒立像让人感到不适。最常见的正立像望远镜是双筒望远镜，它利用棱镜的多次反射来让像正立（见图 17.31）。

观剧望远镜是一种简单的正立像望远镜，它的两个镜筒是直的，并在目镜中使用凹透镜而非凸透镜来让像正立。使用凹透镜的另一个优点是，可以让望远镜的镜筒更短，因为凹透镜必须放在物镜所成实像的前面。观剧望远镜的缺点是视野狭窄，放大率低。不过，它们要比棱镜望远镜更容易放到手提包或口袋中。

图 17.31　观剧望远镜和双筒望远镜采用不同的方法来让像正立

双筒望远镜和观剧望远镜中的两个镜筒可以让我们在观看远处的物体时使用两只眼睛。同时使用两只眼睛可让我们形成一定的三维视觉。在正常视力下，两只眼睛对物体所成的像稍有不同，因为两只眼睛是从不同的角度观看物体的。大脑将这些差异解释为场景的三维特征。你可以闭上一只眼睛，然后睁开这只眼睛，试着观看近处的物体。你能看出区别吗？尽管大脑可以利用头部运动和其他线索来判断距离，但是仅有一只正常眼睛的人所看到的是更平的世界。

> 人眼就像相机。它们使用凸透镜在视网膜上成倒立的像。如果焦点不在视网膜上，患者就需要戴矫正镜片。凹透镜用于矫正近视，凸透镜用于矫正远视。显微镜使用凸透镜的组合来产生放大的虚像。总放大率是每个凸透镜的放大率的乘积。望远镜通过让看到的像更接近眼睛，角放大远处的物体。双筒望远镜或观剧望远镜都是正像望远镜，它们可以将像还原成正立像，可让我们使用两只眼睛同时观看物体。

日常现象专栏 17.2　激光角膜屈光手术

现象与问题　梅根·埃文斯从十几岁起眼睛就近视了。自从首次戴上眼镜算起，她又戴了好几年隐形眼镜。现在她 20 多岁了，听朋友说有一种被称为激光屈光手术的新手术，可以让近视患者不戴矫正镜片也能看清物体。她很感兴趣，于是想了解关于这种手术的更多信息。

如何使用激光烧灼眼睛来改善视力？梅根知道激光在某些情况下非常危险。这种手术安全吗？手术的原理是什么，能帮助梅根解决视力问题吗？

分析　近视是最常见的视觉问题。虽然存在遗传因素，但是近视更可能是由童年时过多的近距离阅读导致的。近视患者的透镜系统的聚光能力非常强，让来自远处物体的光在视网膜前面而非视网膜上聚焦。

眼睛的大部分聚光能力（医学上称为屈光力）是由角膜的前表面产生的。屈光力的大小用屈光度来度量，屈光度是指透镜系统被空气包围时的焦距（单位为米）的倒数（$P = 1/f$）。焦距越短，屈光力就越大，因为焦距短意味着光线被透镜强烈折射。眼睛的透镜系统的屈光度之和约为60，其中角膜前表面的屈光度为40～50。

角膜（或任何透镜）的屈光力由两个因素决定——表面的曲率和表面两边的折射率之差。相对于眼球，近视患者的角膜表面的曲率非常大。对梅根这样的近视患者来说，角膜的屈光度要比正常眼睛的屈光度大4～5屈光度。因此，她需要一副屈光度为-4～-5的矫正透镜才能看清远处的物体。

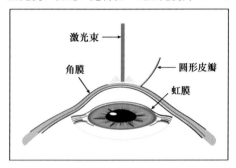

在LASIK手术中，角膜外层的圆形皮瓣被拉到一边。受控激光脉冲重塑角膜的中心区域

激光屈光手术的目的是通过对角膜的不同部分进行不同程度的汽化来重塑角膜。最常见的手术被称为LASIK，它是英文Laser Assisted in Situ Keratomileusis（激光辅助角膜磨削术）的首字母缩写。在手术过程中，外科医生使用手术刀切开角膜外层的圆形皮瓣，并像附图所示的那样将皮瓣拉到一边，然后使用脉冲准分子激光汽化少量的角膜组织，将角膜中心塑造成新的形状。再后，外科医生更换外层的皮瓣（见附图）。

所用脉冲准分子激光的波长为192nm，它是位于光谱紫外部分的光。这个波长会被角膜组织强烈吸收，因此会蒸发或烧灼这里的组织而不加热周围的组织。激光以脉冲模式工作，每个脉冲都提供一定的热能。然后，外科医生通过发送到角膜各部分的脉冲数量来控制组织被烧灼的量。所有这些过程都由计算机程序控制，因此能够实现所需的新形状。

LASIK手术是小手术，角膜在几天内就会愈合。手术一旦成功，改造后的角膜通常就可以让近视患者摘掉眼镜或隐形眼镜。当角膜未愈合到具有较理想的视力时，还需要对眼睛进行矫正。失去眼睛调节能力的老年人通常需要戴老花镜。LASIK手术常用于治疗近视，目的是让角膜的形状变平。这种手术还可用于治疗远视或散光。散光是指角膜不是球形的，因此需要使用激光重塑来矫正。

手术过程安全吗？对手术造成的长期影响，目前医学界还没有定论，但是大多数患者术后的问题都很轻微。我们要知道的是，任何外科手术都存在感染或愈合不良的风险。有的近视患者会在LASIK手术后出现夜视问题，原因是被重塑的只有角膜的中心部分，被重塑的角膜部分与未被重塑的角膜部分之间有一条圆形的边界。夜间，当光线较弱时，瞳孔会睁得更大，一些光线可能会穿过这条边界，使像变得模糊。

小结

在许多情况下，可以使用垂直于波阵面的光线来研究光的传播。反射定律和折射定律是支配这些光线的基本原理。利用这些原理，可以解释像是如何由镜子和透镜形成的，以及这些元件是如何组合成光学仪器的。

1. **反射和成像**。反射定律表明，反射光线与垂直于表面的法线的夹角，等于入射光线与法线的夹角。平面镜在镜后所成的像到镜子的距离与物体到镜子的距离相同。光线似乎是从像发散出来的。

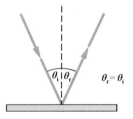

2. **光的折射**。从空气入射到玻璃或者水中的光线一定程度上会向法线偏折，偏折的程度取决于折射率n。由于这种偏折，水下物体的像看起来要比实际更接近水面。与光的波长有关的折射率，会使得复合光色散，或使得各色光出现不同程度的偏折。

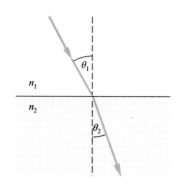

3. **透镜和成像。**凸透镜聚焦光线，成实像或虚像，可被用做放大镜。凹透镜发散光线，成缩小的像。像的位置可以使用光线追踪法或物像距离公式来预测。

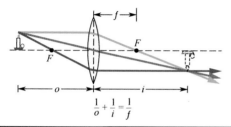

$$\frac{1}{o} + \frac{1}{i} = \frac{1}{f}$$

4. **曲面镜成像。**凹面镜可以聚焦光线，使入射的平行光线被反射后穿过一个焦点，来自焦点的光线被反射后平行射出。凹面镜可以根据物体的位置形成实像或者放大的虚像。凸面镜形成宽视角的缩小虚像。

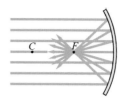

5. **眼镜、显微镜和望远镜。**透镜可用来矫正视力，也可以组合成光学仪器。矫正近视使用凹透镜，矫正远视使用凸透镜。显微镜采用物镜形成物体的放大实像；通过目镜观看实像时，实像被再次放大。望远镜通过形成较远物体的像，产生角放大，此时的像要比原始物体更靠近眼睛。

关键术语

Geometric optics 几何光学

Physical optics 物理光学

Wave front 波阵面，波前

Surface normal 表面法线

Law of reflection 反射定律

Index of refraction 折射率

Law of refraction 折射定律

Dispersion 散射

Positive lens 凸透镜，正透镜

Focal point 焦点

Focal length 焦距

Ray-tracing with lenses 透镜光线追踪

Magnification 放大率

Negative lens 凹透镜，负透镜

Concave mirror 凹面镜

Ray-tracing with mirrors 平面镜光线追踪

Convex mirror 凸面镜

Myopia 近视

Microscope 显微镜

Telescope 望远镜

概念题

Q1 当一束光被镜子反射时，光速或速率改变吗？

Q2 光线真的过平面镜所成的像的位置吗？

Q3 既然没有光到达那一点，那么挂在墙上的镜子的后面怎么会有像呢？

Q4 当你在平面镜中看自己的像时，右手看起来是左手，左手看起来是右手。这种左右反转是如何发生的？

Q5 要在平面镜中看到自己的整个身高，镜子必须与你一样高吗？使用光线图解释。

Q6 平面镜能像凸透镜那样将光线聚焦到一点吗？

Q7 物体 *A*、*B* 和 *C* 藏在隔壁的房间里，题图中的人无法直接看到它们。如题图所示，在两个房间的通道的墙上放一面平面镜。在平面镜中，这个人能看到哪个物体？使用光线图解释。

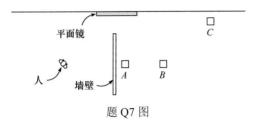

题 Q7 图

Q8 使用连在一起的两面平面镜可以看到物体的 3 个像。每面平面镜所成的物体的像，可以作为另一面平面镜的物体。第三个像位于何处？使用光线图解释。

Q9 光线在水中传播（水的折射率为 $n = 1.33$），穿过水后进入玻璃（琉璃的折射率为 $n = 1.5$）。光线是向玻璃表面的法线（垂直于表面的直线）偏折还是远离法线？

Q10 当光从空气进入玻璃砖时，光的速度或者速率改变吗？

Q11 当我们观察水下的物体时，看到的像是实像还是虚像？

Q12 池塘中的一条鱼抬头看水面之上几英尺处的物体。在鱼看来，与实际距离相比，物体距离水面是更近还是更远？

Q13 一条光线在玻璃中传播，与表面法线成 45°角通过玻璃与空气的界面射入空气。已知这种情况下的临界角为 42°，光线在这个表面是否能够折射到空气中？

Q14 不同颜色的光在玻璃中以相同速度传播吗？

Q15 彩虹中的各种颜色是由反射造成的还是由折射造成的？

Q16 清晨下雨时，向东能看到彩虹吗？

Q17 物体到凸透镜中心的距离是凸透镜焦距的 2 倍。追踪从物体顶部发出的三条光线确定像。所成的像是实像还是虚像？是正立的还是倒立的？

Q18 能用凸透镜形成虚像吗？

Q19 物体位于凹透镜的左侧焦点。追踪从物体顶部发出的三条光线确定像。所成的像是实像还是虚像？是正立的还是倒立的？

Q20 在凹透镜前面的某个位置是否可以成物体的实像？

Q21 假设光线射向一面凹透镜，光线都指向凹透镜另一侧的焦点，因此是会聚的。这些光线离开透镜时发散吗？

Q22 平行于凹面镜轴线的光线被反射后，通过凹面镜的曲率中心吗？

Q23 一个物体位于凹面镜的曲率中心。追踪物体顶部的两条光线确定凹面镜所成的像。所成的像是实像还是虚像？是正立的还是倒立的？

Q24 物体位于凹面镜的焦点内。物体的像与物体本身相比，是离观察者更近还是离观察者更远？

Q25 物体放在凸面镜前面是否可能产生实像？

Q26 为什么要用凸面镜而非凹面镜或平面镜来观察商店过道中的活动？

Q27 使用凸面镜作为汽车的侧视镜时，像成在何处？为何镜子上的文字提醒你后面的车辆可能要比镜子中看到的更近？

Q28 近视患者看近处的物体有困难吗？

Q29 矫正远视患者的视力时，是用凸透镜还是凹透镜？

Q30 近视患者的角膜是过度弯曲的还是弯曲得不够？

Q31 哪两个因素决定了角膜的屈光力？

Q32 显微镜中使用了两个凸透镜，每个凸透镜都放大所观察的物体吗？

Q33 望远镜中使用了两个凸透镜，每个凸透镜都放大所观察的物体吗？

Q34 简单地让物体靠近眼睛是否可以产生物体的角放大？

Q35 显微镜物镜的焦距要比望远镜物镜的焦距长吗？

Q36 使用双筒望远镜而非天文望远镜观察远处地面上的物体有什么好处？

练习题

E1 一名身高 1.7m 的男子站在 2.5m 高的平面镜前观察他的像。像有多高？像离人有多远？

E2 一条鱼位于清澈池塘水面下方 54cm 的地方。假设水的折射率为 1.33，空气的折射率约为 1，从水面上向下看，鱼离水面有多远？

E3 从小溪上方看时，一块石头似乎位于小溪水面下方仅 17cm 的地方。使用题 E2 中给出的折射率计算石头离水面的实际距离。

E4 昆虫被嵌入玻璃砖（$n = 1.54$），它到上表面的距离为 2.4cm。当人看昆虫时，昆虫到上表面的距离是多少？

E5 凸透镜的焦距是 6cm。物体到该凸透镜的距离为 18cm。**a**. 像到凸透镜的距离是多少？**b**. 像是实像还是虚像？是正立的还是倒立的？**c**. 追踪从物体顶部发出的三条光线，确认你的结果。

E6 凸透镜的焦距是 12cm。物体到凸透镜的距离是 4cm。**a**. 像到凸透镜的距离是多少？**b**. 像是实像还是虚像？是正立的还是倒立的？**c**. 追踪从物体顶部发出的三条光线，确认你的结果。

E7 放在凸透镜左侧 6cm 位置的物体，被凸透镜成实像。实像位于凸透镜右侧 17cm 的位置。凸透镜的焦距是多少？

E8 凹透镜的焦距是 -15cm。物体到凹透镜的距离是 27cm。**a**. 像离透镜有多远？**b**. 像是实像还是虚像？是正立的还是倒立的？

E9 放大镜的焦距是 +3cm，它位于某页纸上方 2cm 的位置。**a**. 纸的像到透镜的距离是多少？**b**. 像的放大率是多少？

E10 凹面镜的焦距是 22cm。某个物体到凹面镜的距离是 9cm（沿主光轴）。**a**. 物体的像到凹面镜的距离是多少？**b**. 像是实像还是虚像？是正立的还是倒立的？

E11 凹面镜的焦距是 18cm。某个物体到凹面镜的距离是 45cm（沿主光轴）。**a**. 物体的像到凹面镜的距离是多少？**b**. 像是实像还是虚像？是正立的还是倒立的？**c**. 追踪物体顶部的三条光线，确认你的计算结果。

E12 一个凸面镜的焦距是 -15cm。某个物体到凸面镜的距离是 15cm（沿主光轴）。**a**. 物体的像离镜子有多远？**b**. 像是实像还是虚像？是正立的还是倒立的？**c**. 追踪物体顶部的三条光线，确认你的计算结果。

E13 用于商店过道的凸面镜的焦距是 -62cm。站在过道上的人到镜子的距离是 3.1m。**a**. 物体的像离镜子有多远？**b**. 如果人的身高是 1.7m，那么在镜子中看到的像有多高？

E14 显微镜物镜的焦距是 0.6cm。显微镜载玻片上的物体到物镜的距离是 0.9cm。**a**. 物镜所成的像离物镜有多远？**b**. 像的放大率是多少？

E15 望远镜的物镜的焦距是 1.5m，物体到物镜的距离是 8m。**a**. 物镜所成的像到物镜的距离是多少？**b**. 像的放大率是多少？

E16 望远镜的物镜的焦距是 69cm，目镜的焦距是 2.3cm。望远镜的角放大率是多少？

E17 望远镜的整体角放大率为 25×，所用目镜的焦距为 1.8cm，物镜的焦距是多少？

综合题

SP1 通过鱼缸的玻璃壁可以看到鱼。玻璃的折射率是 1.6，水的折射率是 1.33。鱼位于玻璃后面 5cm 的位置。在从水进入玻璃，然后从玻璃进入空气（$n=1$）的过程中，来自鱼的光线被折射。玻璃的厚度是 0.3cm。**a**. 只考虑水和玻璃间的第一个界面，鱼的像在玻璃内表面之后多远的位置（这是光在第一个界面折射形成的中间像）？**b**. 用这个像作为玻璃和空气间的第二界面的"物"，这个"物"在玻璃外表面后面多远的位置？**c**. 考虑到光线在玻璃和空气的第二个界面的折射，鱼看起来在玻璃外表面后面多远的位置？

SP2 物体位于焦距为 18cm 的凸透镜的焦点上。**a**. 物像距离公式预测的像距是多少？**b**. 追踪两条光线，证明 **a** 问的结论。**c**. 在这种情况下，光线会聚吗？

SP3 高为 3.6cm 的物体位于焦距为 8cm 的凸透镜前 12cm 的位置。**a**. 使用物像距离公式计算物体的像的像距。**b**. 像的放大率是多少？**c**. 追踪三条光线确认你对 **a** 问和 **b** 问的结论。**d**. 将这个像作为焦距是 6cm 的第二个凸透镜的物。第二个凸透镜放在第一个凸透镜所成的像之外 9cm 的位置。第二个凸透镜所成的像在哪里？它的放大率是多少？**e**. 这种双透镜系统产生的总放大率是多少？

SP4 在到焦距为 15cm 的凹面镜 30cm 的位置，有一个高为 4cm 的物体。由于焦距是曲率半径的一半，因此物体实际上位于镜面的曲率中心。**a**. 使用物像距离公式求像的位置。**b**. 计算像的放大率。**c**. 像是实像还是虚像？是正立的还是倒立的？**d**. 追踪从物体顶部发出的两条光线，确认你的结果。

SP5 假设显微镜有一个焦距为 0.9cm 的物镜和一个焦距为 2.4cm 的目镜。物体位于物镜前 1.2cm

的位置。**a**. 计算物镜所成的像的位置。**b**. 像的放大率是多少？**c**. 如果目镜位于物镜所成像的位置之外 1.8cm 的位置，目镜所成的像在哪里（将物镜所成的像作为目镜的"物"）？**d**. 像的放大率是多少？**e**. 这种双透镜系统的总放大率是多少（将每个透镜的放大率相乘得到总放大率）[①]？

家庭实验与观察

HE1 首先向透明玻璃杯中倒入近满杯的水，然后将不同的物体放到水中。**a**. 当从玻璃杯上方观看时，这些物体看起来要比它们的实际长度短吗？**b**. 当透过玻璃的侧面观看时，物体看起来是否要短于它们的实际长度？当透过玻璃的侧面观看物体时，你会看到什么变形？

HE2 找到两面小平面镜，沿边相接地放置，使得它们之间的夹角为 90°，并在它们的前方放一个小物件。**a**. 当两面小平面镜之间的夹角为直角（90°）时，你能在两面小平面镜中看到多少个像？**b**. 减小两面小平面镜之间的夹角时，所看到的像的数量发生什么变化？**c**. 采用每面小平面镜所成的每个像都可以作为另一面小平面镜的物的方法，你能解释观察结果吗？

HE3 如果你有一面放大镜（凹面镜），如刮脸镜或者化妆镜，试着让放大镜慢慢地远离你的脸。**a**. 描述放大镜远离你的脸时，脸的像的变化。

b. 当脸位于放大镜的焦点位置时，像会变得模糊不清。你能通过找出从脸的像消失的位置到放大镜的距离来算出放大镜的焦距吗？

HE4 大多数汽车副驾驶位置的侧视镜都是凸面镜（物体可能比它们看起来更近的警告表明镜子是凸面镜）。**a**. 从凸面镜中看某个已知高度的物体，估计在凸面镜中看到的像的高度。凸面镜的近似放大率是多少？**b**. 用双眼深度感知像在凸面镜后面的距离（首先要让大脑相信像在凸面镜后面），并估计物体到凸面镜的距离。使用这些值计算凸面镜的焦距（应该是负的）。

HE5 仔细观察投影仪，描述其光学系统。**a**. 这个光学系统包括哪些光学元件（透镜或反射镜）？**b**. 这些元件的作用是什么？**c**. 绘制光路图，显示来自物体（幻灯片）的光在到达屏幕的过程中是如何会聚或发散的。

[①] 这不是计算显微镜放大率的常用方法。标准方法是比较使用和不使用显微镜时眼睛所张角度的大小（称为角放大）。

第5单元 原子和原子核

物质是由被称为原子的微小粒子构成的这一观点，有着悠久的历史，至少可以追溯到公元前几百年的希腊早期。然而，在20世纪初之前，人们对原子的结构几乎是一无所知的。事实上，就在世纪之交之前，物理学家还在争论原子是确实存在的还是化学家虚构的。那时，原子存在的证据并不具有明显优势。

大约从1895年到1930年，一系列的发现和理论发展，彻底改变了人们对原子的本质的看法。从对原子的结构几乎一无所知，甚至质疑它们的存在，发展到基础坚实的关于原子结构的理论，解释了大量物理和化学现象。这场革命无疑是人类智慧最伟大的成就之一，对经济和技术有着广泛的影响。不应当只有少数人了解它的故事。

1897年电子的发现和1911年原子有原子核的发现，都是关键性的突破，为建立原子模型奠定了基础。尼尔斯·玻尔的原子模型将这些碎片组合在一起，形成了更完整、更成功的理论，即我们今天所说的量子力学。量子力学是大多数理论物理学和化学工作的基础；它对原子性质的详细预测在科学和技术上产生了许多进步。

原子的核，这个包含所有正电荷和原子大部分质量的微小中心，也被发现有一个基本的结构。第19章讨论的核物理学的进步导致了核反应堆和核武器的发明。第二次世界大战期间原子弹研制的故事是人类智慧与人类冲突的结合。在这个过程中，科学和世界政治都发生了不可逆转的变化。

在我们对原子的理解方面和科学在现代生活中的作用方面，在20世纪却都发生了革命。这些革命可能是喜忧参半的，但是不可忽视：它涉及化学、分子生物学和物理学。第18章和第19章中将介绍这场革命是如何开始的，而它将走向何方是一个悬而未决的问题。

第 18 章 原子的结构

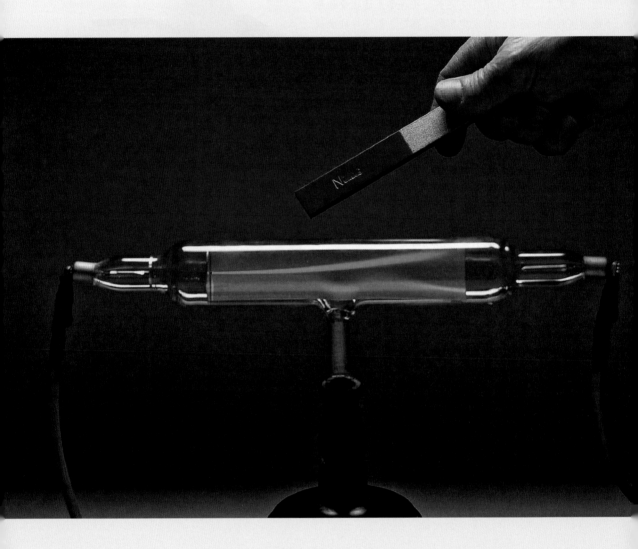

本章概述

本章主要介绍原子存在的一些证据，了解一些有助于我们理解原子结构的发现。首先介绍化学证据，然后介绍电子、X射线、天然放射性、原子核和原子光谱的发现，最后讨论玻尔原子模型及其与量子力学理论的关系。

本章大纲

1. **原子的存在：化学证据**。人们关于化学反应的研究提供了有关原子存在和原子性质的什么信息？元素周期表是如何发展起来的？

2. **阴极射线、电子和X射线**。阴极射线是如何产生的？它们是什么？关于阴极射线的研究是如何导致电子和X射线被发现的？

3. **放射性和原子核的发现**。天然放射性是什么？它是如何被发现的？天然放射性在原子核的发现过程中起什么作用？

4. **原子光谱和玻尔原子模型**。什么是原子光谱？它对理解原子结构有什么作用？玻尔原子模型的基本特征是什么？

5. **粒子波和量子力学**。玻尔模型的局限是什么？量子力学理论是如何解答这些问题的？粒子具有波动性是什么意思？

你见过原子吗？你肯定听说过原子，可能还见过像图 18.1 中的原子模型，但是你知道人们相信原子存在的原因吗？换句话说，你相信原子存在吗？如果相信原子存在，原因是什么？

我们中的大多数人都认为原子是存在的，依据是小学教材或小学老师说的东西。然而，你可能会惊讶地发现，许多人既没有认真地思考原子存在的原因，又不了解人们关于原子存在的证据来自何方。为什么你应该相信关于原子或原子结构的描述呢？

虽然我们无法直接看到原子（原子不是我们的日常经验的一部分），但是原子现象在我们的日常生活中非常明显。电视机的运行、人体内发生的化学变化、临床诊断所用的X射线及许多其他的常见现象，都要用我们关于原子行为的知识来理解。

图 18.1　艺术化的原子。原子真的是这样的？

重要的是，要考虑如下两个问题：为什么要相信原子存在和原子结构模型？这些想法是如何发展起来的？了解人们对原子的认识的来龙去脉，可以让原子本身看起来更加真实。

18.1　原子的存在：化学证据

为什么我们要相信从未亲眼见过的东西是存在的？为什么19世纪的许多科学家在对不同物质的实际结构一无所知的情况下，能够自信地谈论原子的存在和性质？日常经验中的什么让我们相信原子的存在？

许多现代科学涉及我们无法直接看到的事物。我们根据观察推断它们是存在的，并且这些观察综合起来后为它们的行为和特征提供了令人信服的证据。就原子而言，许多早期的证据来自化学研究。化学过程在我们的日常生活中很常见。如果原子的概念还不存在，你可能就得发明一个概念来解释这些现象。

18.1.1 化学研究揭示了原子的哪些线索？

化学是研究物质之间的差异以及它们如何化合形成其他物质的学科。古希腊哲学家认为构成一切事物的基本物质是火、土、水和空气。显然，这些选择需要改进，尤其是土，因为它会呈现多种形态。

图 18.2　如何解释将食用色素丢入水中发生的现象？

在初级化学中，最引人注目的演示之一是将一小片染料或食用色素丢进一杯水中（见图 18.2）。颜色很快扩散，原来清澈的水最后变成了颜色均匀的液体。显然，一定发生了什么变化，但是我们如何解释这种变化呢？

即使没学过化学，我们也可能认为是水中游移的染料粒子进入水粒子之间的空间导致了这种变化。类似的解释可以说明糖或盐在水或其他液体中消失的原因。

我们还知道任何固体都可以被碾成粉末。加热或火烧这些粉末，通常可以让它们再次变成固体，但是变成的固体可能与物质最初的形态不同。如果这种物质的粉末与其他物质的粉末结合并加热，那么得到的生成物可能与任何一种原始物质都不相同。烘焙是我们熟悉的这样一个例子，但是精炼和重铸金属的实验可能是早期化学中最重要的例子。炼金术士常被从普通金属中提炼出黄金的景象吸引。

是否可以将一些东西变成颗粒更小的粉末？早期的科学家认为不能。他们的实验中似乎总是出现某些基本物质，他们认为这些物质是保持不变的粒子。每种基本物质或元素都是由微小粒子或原子组成的这一概念，是解释化学现象的有力模型。这些原子可能会与其他元素的原子结合，形成不同的物质，但是总可以通过充分加热或其他过程由这些不同的物质还原。

对元素如何相互结合的系统研究，揭示了构成早期化学知识基础的规律和规则。显然，某些元素在性质和反应方面要比其他元素更相似。因此，元素可以被分成族或类别，而这进一步表明不同元素的原子结构存在相似性。但是，原子结构的细节甚至原子的大小是完全未知的，也是难以获知的。

18.1.2 质量在化学反应中守恒吗？

现代化学的诞生可以追溯到法国科学家安东尼·拉瓦锡（1743—1794）的工作。拉瓦锡发现化学反应物和生成物的总质量在化学反应中是守恒的。这一发现确立了称量反应物和生成物的意义——称量反应物和生成物后来成了大多数化学实验的常规程序。

虽然质量在化学变化中守恒的观点现在看起来不言自明，但是质量守恒在拉瓦锡所处的时代是不清楚的，原因如下：大多数化学实验是露天进行的，氧气和空气中的其他气体参与反应。由于参与反应的这些气体的量未被识别和测量，因此化学反应中固体或液体的质量似乎是不守恒的。空气本身并不是一种简单的物质，这个事实在那时才刚开始被人们了解。

最常见的化学反应之一是碳化合物（如木材或煤）的燃烧（见图 18.3）。这个反应将空气中的氧气与煤或木材中的碳结合，生成二氧化碳（一种气体）和水蒸气（也是一种气体）。如果不了解

图 18.3　木柴燃烧是一种化学反应。反应物有哪些？生成物是什么？

这些气体的存在，我们就会误认为燃烧过程中失去了一些质量。

拉瓦锡做了一系列实验。在这些实验中，他小心地控制并称量了作为反应物或生成物的气体的量。这些实验的结果清楚地表明，生成物的总质量等于反应物的总初始质量——没有质量损失或获得。在这个过程中，他能够区分氧气（他称之为"高呼吸性空气"）、二氧化碳和水蒸气，并且首次准确地描述了燃烧反应。这些工作的成果于 1789 年以《化学基础论》一书发表。

18.1.3　原子量的概念是怎样产生的？

法国大革命时，拉瓦锡被送上了断头台，中断了辉煌的事业，但是他的发现很快为英国化学家约翰·道尔顿（1766—1844）提供了一个重要的思路。道尔顿试图了解在化学反应物和生成物的质量比中观察到的规律。道尔顿的想法很大程度上依赖于其他化学家的实验工作，他们从事的是拉瓦锡建立的仔细称量所有反应物和生成物的实践工作。

让道尔顿感兴趣的事实是，发生化学反应时，反应物似乎总以相同的质量比结合。例如，当碳和氧结合形成二氧化碳时，氧的质量与发生反应的碳的质量比是相同的：8:3。换句话说，如果有 3g 碳，那么完成反应需要 8g 氧，不能多也不能少。如果多于 8g 氧，就会剩下一些氧；如果少于 8g 氧，就会剩下一些碳。

这种质量比的概念对其他反应也成立，不过不同反应的质量比是不同的。当氢和氧结合形成水时，质量比是 8:1。也就是说，需要 8g 氧和 1g 氢才能完全反应。对于每个反应，反应物的量都需要符合特定的质量比才能使实验彻底进行。这一观察结果常被人们称为道尔顿定比定律。

日常现象专栏 18.1　燃料电池和氢经济

现象与问题　现代工业社会使用的大部分能源都来自化石燃料——石油、天然气和煤炭。这些燃料会产生大量的污染，还会产生二氧化碳——一种导致全球变暖的温室气体。化石燃料是不可再生的，这意味着石油、天然气和煤炭的总量是有限的。在不久的将来，这可能会导致不可逆转的能源短缺，特别是石油短缺。

是否存在替代化石燃料但不存在上述缺点的方法？许多科学家和工程师建议改用"氢经济"，以取代人类目前的石油经济。燃料电池是在 19 世纪发明的，后来被美国航空航天局进一步发展成为太空飞行器的电能装置，它将氢和氧结合起来，产生电和水。这种无污染的能源生产技术能否取代使用石油燃料的内燃机？

分析　氢燃料电池将氢和氧转化为水，并在这一过程中发电。氢燃料电池与普通电池相似，也利用化学反应来产生电能。然而，化学物质存储在普通电池的内部，氢和氧则存储在燃料电池的外部，因此是可以补充的，直到燃料电池耗尽。燃料电池有多种类型，其中用于小型汽车和轻型卡车的质子交换膜(Proton Exchange Membrane，PEM）燃料电池最具发展潜力。

PEM 燃料电池由几部分组成：阳极、阴极、质子交换膜和催化剂（见附图）。阳极和阴极是化学反应发生的地方。质子交换膜是一种经过特殊处理的薄材料，它只允许质子通过而阻止电子通过。PEM 夹在阳极和阴极之间。催化剂是一种加速化学反应而不被反应消耗的物质。对于 PEM 燃料电池，催化剂是涂在碳纸上的铂粉。铂粉提供了较大的表面积，氢和氧可以在其上反应。阳极和阴极都被催化剂覆盖。

燃料电池是如何工作的？答案是氢被送到阳极。一个氢原子中包含一个带正电的质子和一个带负电的电子。氢气由氢分子组成，氢分子表示为 H_2，因为它是两个氢原子束缚在一起组成的。当一个氢分子在阳极接触催化剂铂时，就会发生化学反应，生成两个质子和两个电子。质子和电子都被阴极上的氧气吸引。然而，PEM 只允许质子通过和到达阴极，而不允许电子通过。要让电子也到达阴极，就要让它们流经一个电路，从阳极经过电动机或其他器件到达阴极。这些电子提供了转动电动机的电流。当质子和电子沿不同的路径到达阴极后，就与催化剂接触，并且与氧分子发生反应生成水。如果不向阴极供应氧气，质子和电子就不会被阴极吸引。好在燃料电池能够使用空气中的氧气。总的净化学反应是

$$2H_2 + O_2 \rightarrow 2H_2O$$

反应式两边都有 4 个氢原子和 2 个氧原子，因此化学反应是平衡的。许多这样的反应同时发生，产生大量的电子，为电动机提供动力。单个燃料电池无法提供足够的能量来驱动汽车，需要使用大量燃料电池。

这听起来好像很棒：装置无污染，只生成电能和水来驱动汽车。事实上，美国航空航天局多年来一直在使用燃料电池为太空飞行器提供电能，因此燃料电池是有效的和可靠的。遗憾的是，在氢燃料电池能够广泛地取代内燃机之前，还必须克服一些实际挑战。

氢电池的研究和开发已进行了多年，并且取得了很大的进展。氢电池正变得更大、更可靠。然而，要使得氢燃料电池适合作为化石燃料的大规模替代品，还需要做很多工作，因为大气中的氢含量很低，我们无法从大气中大量开采或提取它。

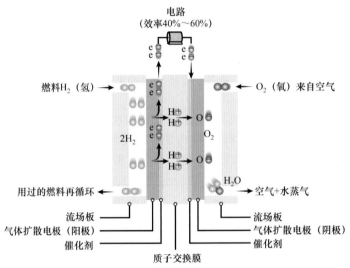

氢通常是利用电能从水（H_2O）中分离出来的。换句话说，氢不是能源的原始来源；和电池一样，所需的能量必须来自其他来源。电池和燃料电池是存储和运输电能的工具。

燃料电池的优点是重量比电池的重量轻，且在需要添加燃料前能够行驶更远的距离。

燃料电池的"加油"时间也比电池的"加油"时间短得多。随着燃料电池汽车的发展，我们需要开发更多的充电站和全面的氢燃料补给系统。氢燃料电池是很有前途的技术，但是建成广泛服务于卡车和其他车辆的基础设施还需要很多年。

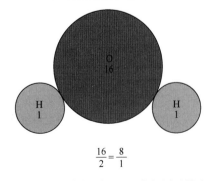

$$\frac{16}{2} = \frac{8}{1}$$

图 18.4 两个氢原子和一个氧原子结合形成水（H_2O）。氧与氢的质量比是 8:1，因为氧的原子量是氢的原子量的 16 倍

道尔顿发现使用原子模型可以解释这些观察结果。道尔顿认为，每种元素都是由质量和形式相同的微小原子组成的，但是不同元素具有不同的原子质量。化合物可能是由一种元素的几个原子和另一种元素的几个原子结合在一起形成的分子，即化合物是由不同元素的几个原子以某种方式结合在一起的。原子的特征质量决定了人们在化学反应中观察到的有规律的质量比。

图 18.4 中说明了这一思想。假设水分子（H_2O）是由两个氢原子和一个氧原子结合形成的。如果一个氧原子的质量是一个氢原子的质量的 16 倍，那么就可以解释我们观察到的氧与氢的比例（8:1 或 16:2），因为每个水分子中有两个氢原子和一个氧原子。

当不同的原子或分子相互作用形成新的分子时，我们就称其为化学反应。氧与氢结合形成水的反应见日常现象专栏 18.1。在化学反应中，元素的原子以不同的方式结合，但是它们的基本性质是不变的。然而，得到的化合物可能与最初的反应物非常不同。

如果碳原子的质量是氢原子的 12 倍，两个氧原子（每个氧原子的质量都是氢原子的 16 倍）与一个碳原子结合形成一个二氧化碳（CO_2）分子，那么二氧化碳反应的比例 8:3 也可以同样地进行解释，详见例题 18.1。二氧化碳是一种温室气体，见日常现象专栏 10.2，当我们燃烧碳基燃料如煤、石油和天然气时，就会产生这种气体。

例题 18.1　燃烧碳

在 30g 纯碳燃烧（与氧气化合）生成二氧化碳的反应中，要消耗多少克氧气? 碳的原子量是 12，氧的原子量是 16。

$m_C = 30g$，$m_O = ?$

反应的化学方程式是

$$C + O_2 \rightarrow CO_2$$

式中，O_2 表示氧气中的两个氧原子通常结合在一起形成一个氧分子。于是，氧的质量与碳的质量之比 $R_{O/C}$ 为

$$R_{O/C} = 2 \times 16/12 = 8/3$$

根据 $m_O/m_C = R_{O/C}$ 有

$$m_O = R_{O/C} \times m_C = 8/3 \times 30 = 80g$$

一个化学反应本身并不足以确定相对原子质量（原子量），但对多个反应的研究提供了一个一致的图景，这是道尔顿在其发表于 1808 年的论文《化学哲学的新体系》中展示的。

道尔顿的原子假说并未确定单个原子的实际质量，即他还不知道一个原子有多大。道尔顿的假设是确定一种元素的原子质量相对于另一种元素的原子质量的方法，这是化学家在 19 世纪下半叶一直在寻找的答案。像任何好的理论那样，道尔顿的模型开辟了深入进行化学研究的有效途径，并以一种全新的方式提出了原子的概念：一些原子要比其他原子重，原子质量是元素的一种属性。

表 18.1 中比较了几种常见元素的原子质量。原子质量传统上被人们称为原子重量，考虑到质量和重量的区别，原子质量显然更合适。注意，许多原子质量近似为整数，但是并非所有的原子质量都是整数。显然还有其他有趣的秘密，这是探索原子结构的另一条线索。

表 18.1

几种常见元素的原子质量

元　素	符　号	原子质量/u
氢	H	1.01
氦	He	4.00
碳	C	12.01
氮	N	14.01
氧	O	16.00
钠	Na	22.99
氯	Cl	35.45
铁	Fe	55.85
铅	Pb	207.20

18.1.4　问题讨论

几年前出现过大量关于"氢经济"的政治炒作，即用氢燃料电池取代汽车中的汽油发动机。虽然氢本身作为资源非常丰富，但是它必须经过一些处理才能从水或天然气中分离出来，而这些处理所用的能量比从燃料电池得到的能量还要多。我们是否要考虑大规模地转换为氢经济?

18.1.5　元素周期表是如何演进的?

当化学家收集更多关于原子质量和各种元素的化学性质的信息后，就出现了其他一些有趣的规律。人们早就知道，一族元素中的所有元素都具有相似的化学性质。例如，氯（Cl）、氟（F）和溴（Br）（称为卤族元素或卤素）与活性较高的金属如钠（Na）、钾（K）或锂（Li）（碱金属）

结合时，会形成类似的化合物。然而，在任何一族元素中，不同元素的原子质量存在很大的不同。

按照原子量增加的顺序排列所有元素时，族中的元素会在表中规律地出现，尤其是质量较轻的元素。为了搞清楚这些规律，许多人做了大量的工作，但是成功给出最有用排列的人是俄罗斯化学家门捷列夫（1834—1907）。门捷列夫的排列方案发表于 1869 年，今天被我们称为元素周期表。

为了理解门捷列夫的元素周期表，首先在一张长纸条上按原子量递增的顺序列出所有已知的元素。然后，为了制成表格，在不同的位置剪断纸条，并且将剪下的纸条排列成行。在列出元素的长纸条中，首先在出现碱金属的位置剪断纸条，然后将这些纸条排列成表，让碱金属位于表格的左列（见图 18.5）。

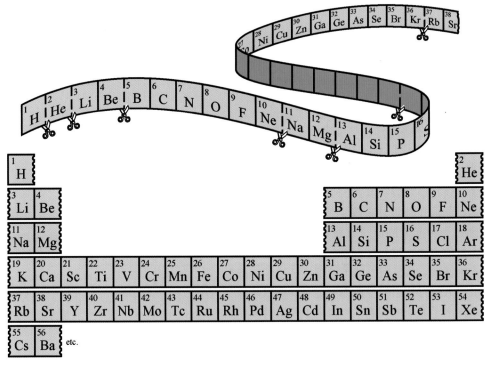

图 18.5　元素周期表的生成方式：首先按原子量递增的顺序列出全部元素，然后在
某些位置剪断纸条，最后将化学性质相近的元素排成一列

为了整齐地排列卤族元素氟（F）、氯（Cl）、溴（Br）、碘（I）和砹（At），我们要在所剩纸条上出现卤族元素的位置剪断纸条。卤素元素从上到下排列在表格的右列。在门捷列夫的原始表格中，由于惰性气体［氦（He）、氖（Ne）、氩（Ar）、氪（Kr）、氙（Xe）和氡（Rn）］当时尚未被发现，因此卤族元素构成了最右侧的一列。在这样的表格中，具有相同化学性质的元素都排在一列中，但是原子量的顺序在各行和整个表格中是保持不变的。

尽管元素周期表是组织化学元素知识的有趣方式，但是它提出的问题比它能够回答的问题多。在给定的一列中，元素的原子必须以某种方式具有类似的性质，但是当时化学家实际上对原子的结构是一无所知的。当他们试图解释原子的结合方式时，被迫在原子上画出小钩和小环，但是他们知道所画的内容不太可能是正确的。一种需要得到解释的知识体系正在建立，但是解释直到20 纪初才获得。

根据对各种物质如何结合形成其他物质的众多观察，科学家推测不同的物质都是由具有这种物质特征的微小粒子或原子组成的。拉瓦锡发现的化学反应中的质量守恒，确立了称量反应物和生成物的意义。道尔顿的定比定律引入了不同物质的原子的原子量属性。元素周期表是门捷列夫于19世纪60年代提出的，他首先以原子量递增的方式列出元素，然后将分列成表，属性相似的元素上下有序地放在同一列中。这些规律表明原子结构具有重复的相似性。

18.2 阴极射线、电子和X射线

到19世纪末，化学家对原子的概念已经非常熟悉，即使不知道它们的实际结构，也知道它们的相对质量和性质。另一方面，物理学家对此是不那么相信的。许多物理学家不知道化学证据的细节，有些物理学家甚至否认原子的存在。

19世纪末，一些物理发现被证明是理解原子结构的关键。这些发现始于人们关于阴极射线的研究——19世纪下半叶许多研究的焦点。

18.2.1 阴极射线是如何产生的？

在等离子显示器或液晶显示器得到普遍使用之前，大部分电视机的"心脏"仍然是阴极射线管（Cathode-Ray Tube，CRT）。阴极射线的发现源于两种不同技术的结合：利用改进的真空泵产生良好真空的能力；对电现象日益加深的理解（电视机所用的阴极射线管的介绍见日常现象专栏18.2）。

约翰·希托夫（1824—1914）是最早观察到阴极射线的人之一。在1869年发表的一篇论文中，希托夫详细描述了将高电压加到与真空泵相连的玻璃管中的两个密封电极上的情况（见图18.6）。空气从玻璃管中抽出后，在阴极（负极）附近的气体中出现了彩色辉光。当玻璃管内的气体压强降低时，辉光在两个电极之间的整个空间内扩散。这种辉光放电的颜色取决于玻璃管内气体的类型。

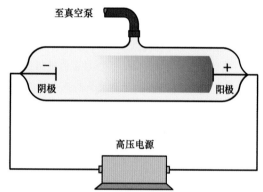

图18.6 单的阴极射线管由密封于玻璃管中的两个电极组成。当玻璃管被抽为真空时，在电极之间的气体中出现辉光放电现象。随着玻璃管进一步被抽为真空，放电现象消失，辉光出现在与阴极对向的管壁上

日常现象专栏 18.2　电子和电视机

现象与问题　电视机在人们的生活中作用巨大。对大多数人来说，电视机是娱乐和新闻的主要来源（见附图1），虽然今天手机也起重要的作用。对上了年纪的人来说，他们经历了电视技术的巨大变化。

现在市面上的平板电视机基本上取代了直到21世纪初仍然很常见的老式电视机。在此之前的60多年里，阴极射线管一直是电视机的基本组件。阴极射线管是如何工作的？平板电视机技术是如何取代阴极射线管的？

分析　在平板电视机主导市场之前，阴极射线管是大多数电视机的"心脏"。阴极射线管是在20世纪初被人们开发出来的，用于各种科学实验。虽然电视机在20世纪的20年代就被发明，但是直到20世纪40年代才开始商用。

附图2是早期电视机中使用的阴极射线管示意图。电极位于射线管的末端。阴极（负极）位于加热阴极的灯丝的前面。阳极和阴极相对，中心有孔。阳极吸引、加速并聚焦电子。这些电极构成电子枪，产生极窄的电子束。

离开电子枪后，电子束穿过电子管并在电子管的前表面产生一个亮点。前表面上一般涂有一层增强亮度的荧

附图1　朋友们在电视机前享受体育比赛

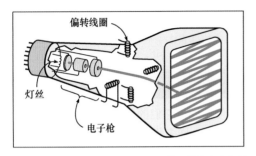

附图2 极射线管示意图显示了电子枪及使得光束偏转
到屏幕上不同位置的其他偏转线圈

光粉。电子枪前面的偏转线圈用来将电子束从屏幕的一个位置移动到另一个位置，在屏幕上形成亮度变化的锯齿状图案。这个过程每秒重复30次，产生人们看到的不断变化的图像。

第一台商用电视机于1939年售出。第二次世界大战后，各种各样的电视节目开始出现，引发了公众的兴趣。到了20世纪50年代早期，电视机已成为许多家庭的必备家用电器。当时的电视图像是黑白的，屏幕相对较小，但是电视节目和新闻很受人们的欢迎。彩色电视机于20世纪60年代初开始使用。

在接下来的40年里，电视技术取得了许多进步。更大的屏幕和更高的分辨率变得非常普遍。在21世纪初，阴极射线管仍然是常规技术。然而，2004年，第一台平板电视机在市场上出现了，并在短短几年内就成了市场上的主流电视机。

在各种需求的促进下，平板屏幕的研制工作早在20世纪60年代就取得了进展，包括大型显示器和计算机屏幕。然而，这项使得平板电视机成为可能的技术实际上是半导体电子学的微型化（见21.3节）。

人们尝试了多种方法来设计平板显示器，以便将它们用到计算机、指示牌和其他设备中。例子之一是现在用于灯泡、手电筒和其他应用的发光二极管（Light-Emitting Diode，LED）。LED是半导体器件，现在已被缩小到用于光学显示的变色灯泡。

另一种方法涉及商业电视机所用的液晶显示器（Liquid Crystal Displays，LCD），如附图3所示。液晶能够像液体那样流动，但是其分子方向的有序排列又类似于晶体。分子的这种排列可以通过电子信号迅速改变。

平板电视机常用液晶显示器和发光二极管。小阵列液晶显示器可以由电子信号打开或关闭，发光二极管则在液晶显示器阵列的后面或者侧面提供光和颜色。所有这些都发生在屏幕后面的一小块区域中，但是提供了高分辨率的图像。这些系统的细节远超本文所述的范围，而且它们还在不断地改进。

附图3 带有液晶显示器的现代宽屏电视

除电视机外，平板显示器还用在许多不同的设备中，如手机、计算机屏幕、手表、手持计算器和许多其他设备。技术创新仍然在以惊人的速度发展，因此人们肯定会创造出不久前还仅存在于科幻小说中的新设备。

当射线管中的压强更低时，辉光放电就会消失。随着压强的进一步降低，阴极附近开始形成一个黑暗的区域，并且这个区域会穿过射线管向正极移动。当黑暗区域完全穿过射线管后，就出现一种新现象：不再是气体发光，而是在阴极对向的射线管的管壁上出现一些微弱的辉光。

由于始于阴极附近的暗化会扩散到整个射线管中，科学家推测阴极必定发射了某种辐射才使得射线管的另一侧发光。这种不可见的辐射被人们称为阴极射线。

针对阴极射线进行的一个简单实验是用磁体偏转射线。阴极射线经适当调整后，聚焦为一束射线，它可以随磁体偏转。如图18.7所示，磁体的N极从高处靠近射线管，光束产生的光斑就会偏转到射

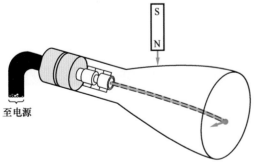

图18.7 当磁体的N极靠近阴极射线管的顶部时，光斑偏转到射线管前表面的左侧

线管前表面的左侧。这个结果与阴极射线是由带负电荷的粒子形成的假设相吻合，我们可以使用第 14 章中介绍的关于磁力的右手定则来证实这一点。

18.2.2　阴极射线的组成

汤姆逊（1856—1940）回答了阴极射线的本质问题。为了测量阴极射线束中带负电荷的粒子的质量，汤姆逊做了大量的实验。在一次实验中，汤姆逊让射线束穿过已知强度的正交电磁场（见图 18.8）。根据电磁场对射线束的综合作用，汤姆逊能够算出粒子的速度，因为磁场力与速度有关，而电场力与速度无关。

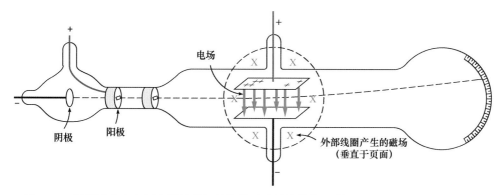

图 18.8　汤姆逊在专门用来测量阴极射线粒子质量的管中，利用电场和磁场偏转阴极射线束

知道速度和由磁场单独产生的偏转后，汤姆逊就能算出粒子的质量。根据牛顿第二运动定律，使得粒子偏转的磁场力产生的加速度与粒子的质量成反比。由于磁场力（$F = qvB$）还取决于粒子的电荷量（当时人们不知道这一点），因此他实际上只算出了电荷质量比 q/m。汤姆逊在 1897 年发表了这项研究的成果。

汤姆逊的成果要点如下：这些粒子的质量明显很小，而且所有粒子的电荷质量比似乎都是相同的，进而表明这些粒子是相同的。元素周期表中最轻的元素是氢。如果氢离子和阴极射线粒子具有相同的电荷，那么氢原子的质量几乎是阴极射线粒子的质量的 2000 倍。

这些粒子不仅对给定的阴极是相同的，而且即使阴极是由不同的金属制成的，它们也具有相同的电荷质量比。为了验证这个结果，汤姆逊用各种金属制成的阴极重复进行了实验。在他测试的所有粒子中，似乎都包含同样的一种粒子。这个事实加上质量很小，表明这些粒子一定是不同类型原子的共同组分。

今天，我们称构成阴极射线束的带负电荷的粒子为电子，而正是汤姆逊在实验中发现了电子。阴极射线束是电子束。电子的已知质量是 $9.1×10^{-31}$kg，电子的电荷量是$-1.6×10^{-19}$C。汤姆逊就这样发现了第一个亚原子粒子——比最小原子还小的粒子。电子成为原子组分的首个可能候选者。

18.2.3　X 射线是如何被发现的？

对阴极射线的研究，除发现电子外，还带来了其他的好处。德国物理学家威廉·伦琴（1845—1923）发现了与阴极射线管有关的另一种辐射，并且在大众媒体和科学界引发了轰动。

和很多情况一样，伦琴的发现非常偶然。他在做实验时，无意使用了被黑纸包裹的阴极射线管。他的实验台上有一张纸，纸上涂有荧光材料——铂化钡。伦琴发现，当他打开阴极射线管的开关时，纸会在黑暗中发光，即使没有光从射线管中漏出（见图 18.9）；而在他关闭阴极射管的开关后，荧光就会消失。

众所周知，阴极射线在空气中无法传播很远，也无法穿过阴极射线管的玻璃壁。然而，即使

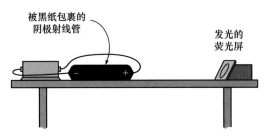

图 18.9 伦琴发现，将荧光材料放到覆盖了黑纸的阴极射线管附近，打开开关后，荧光材料会发光。关闭开关，光消失

纸放在距离阴极射线管 2m 远的位置，也出现荧光。产生荧光的新辐射不可能是阴极射线。由于不知道它们是什么，伦琴就称它们为 X 射线，因为字母 X 常被用来表示未知量。

这些 X 射线的显著特征是穿透力很强。显然，它们能够轻易地穿过射线管的玻璃壁和路径上的其他障碍物。在早期的一些实验中，伦琴发现，将手放到阴极射线管的末端和荧光屏之间，就会显示骨骼的影像（见图 18.10）。他还发现 X 射线能够曝光被遮挡的显影板，并拍摄到了木箱中黄铜砝码的轮廓。伦琴于 1895 年发表了他关于 X 射线的实验成果。

X 射线的这种"看透"不透明物体的能力，大大激发了媒体的想象力。包括科学家在内的每个人都希望 X 光管尽快得到应用。不到一年，医生就开始使用 X 射线拍摄骨骼和其他致密组织的照片。遗憾的是，当时他们对反复暴露于 X 射线下的危害知之甚少，许多医生在使用 X 射线的最初几年里受到了严重辐射的伤害。

为了确定自己发现的辐射是什么，伦琴使用它进行了许多实验。伦琴和其他科学家的工作成果最终确定 X 射线是一种波长很短、频率很高的电磁波（见 16.1 节和图 16.5）。X 射线是由阴极射线（电子）与阴极射线管的管壁或阳极碰撞产生的。让金属阳极与电子束的夹角为 45°，并使用高压激励电子管，可以产生最强的 X 射线（见图 18.11）。

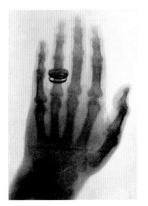

图 18.10 琴发现，使用 X 射线照射手部会产生手部骨骼的影像

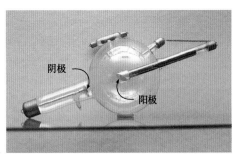

图 18.11 用 X 光机中的 X 射线管使用倾斜的阳极发出 X 射线，穿过射线管的 X 射线从侧面出射

虽然 X 射线的发现对医学很重要，但是对物理学也很重要，部分原因是它直接导致人们发现了另一种射线，进而推动了人们对原子结构的探索。这种新辐射被人们称为天然放射性，它实际上是三种不同形式的射线。18.3 节中将介绍这一发现是如何为我们深入原子内部提供强大探针的。

阴极射线是在密封于真空管内的两个电极之间施加高电压产生的。对这些射线进行的实验表明，它们都是由带负电荷的粒子组成的，都具有相同的电荷质量比。这些粒子的质量显然要比最小原子的小，而且它们似乎存在于不同类型的金属中，表明它们可能是所有原子的组分。对阴极射线的研究还导致人们发现了 X 射线，这是一种波长很短、穿透性很强的电磁波。这一发现又导致人们发现了天然放射性和原子核。

18.3　放射性和原子核的发现

我们中的大多数人都听说过放射性，并且可能会因关于核能、核武器及建筑物中氡的含量超标而害怕它。然而，在生活于地球上的大部分时间里，人类非常有幸地没有意识到它的存在。放射性是如何被发现的？又是如何导致原子核被发现的？20 世纪初之前还不存在的原子和核物理研究领域，就是由这些事件开辟的。

18.3.1 放射性是如何被发现的?

法国科学家贝克勒尔(1852—1908)在1896年发现了天然放射性。他的实验直接受到了前一年伦琴发现X射线的启发。多年来,贝克勒尔一直在研究磷光材料,这种材料被可见光或紫外光照射后可在黑暗中发光。贝克勒尔研究的许多磷光材料是含有铀的化合物,铀是当时已知最重的元素。

贝克勒尔想知道,像伦琴射线这样的穿透性强的射线是否也可以由磷光材料发出。他做了一个简单的实验:首先将一些化合物在阳光下暴露一段时间,然后将它们放到显影板上。显影板用黑纸包裹,光线无法照射到它们。果然,显影板在磷光材料附近曝光了(见图8.12)。显然,磷光材料发出的辐射穿透了黑纸,曝光了显影板。

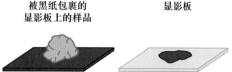

图 18.12 贝克勒尔将磷光材料放到被黑纸包裹的显影板上时,显影板显示了样品的轮廓,表明显影板已被穿透黑纸的射线曝光

这是一个非常有趣的发现,但是还有更多的发现。贝克勒尔的进一步实验表明,并不是所有的磷光材料都能使显影板曝光,只有含铀或钍的磷光材料才能使显影板曝光。此外,贝克勒尔还偶然地发现,不将这些磷光材料暴露于阳光之下也能产生这种效应。有一天,贝克勒尔准备了一些样品,打算将它们暴露于阳光之下。然而,那天没有阳光,因此他将样品和被黑纸包裹的显影板一起放到了抽屉中。几天后,他准备继续做这个实验,尽管认为显影板不会曝光,但是为了保险起见,他还是决定首先冲洗显影板。让他大吃一惊的是,他发现铀样品附近的显影板曝光得非常严重。显然,早期暴露于阳光之下(产生磷光的必要条件)对显影板曝光来说是不需要的。

贝克勒尔还惊讶地发现,铀样本即使已在黑盒或抽屉中保存了数周,也能无限地曝光显影板。另一方面,当样本从光源下移开后,磷光效应迅速消失,但是来自铀样品的穿透性射线仍然存在,这说明铀样品的穿透性射线似乎与磷光完全没有关系。

贝克勒尔将这种新射线命名为天然放射线,因为它似乎是由含有铀或钍的化合物连续产生的,而不需要特别的准备。天然放射性让当时的物理学家感到非常困惑,因为没有明显的能量来源产生辐射。这些射线来自哪里?当没有能量以任何明显的方式添加到样品中时,射线为什么能够继续发射?这种辐射是原子本身的一种性质吗?

18.3.2 放射现象中包含多种辐射吗?

随着X射线和天然放射性的发现,出现了许多新的实验活动和理论猜想。许多科学家参与其中,最著名的是玛丽·居里(1867—1935)、皮埃尔·居里(1859—1906)和新西兰出生的年轻物理学家欧内斯特·卢瑟福(1871—1937)。居里夫妇通过艰辛的工作,分离出了两种放射性元素——镭和钍。这两种物质都包含在铀和钍的样本中,但是它们的放射性要比铀和钍强得多。

卢瑟福对辐射的性质感兴趣。他针对这种现象的早期实验表明,铀样本中至少有三种辐射。当他将铀样本放到铅板上的凹洞底部后,产生了一束射线。当这束射线通过强磁体产生的磁场后,分成三部分,如图18.13所示。

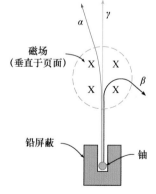

图 18.13 自铀样品的辐射通过磁场后,分成 α、β 和 γ 三部分

卢瑟福用希腊字母表中的前三个字母 α、β 和 γ 命名了这三种射线,其中 α 射线稍微左偏(见图18.13)。采用磁场力方向的右手定则,对带正电荷粒子的射线我们也会得到这一方向。射线的位置可以用底片来探测,也可以使用硫化锌屏来探测。当射线撞

击硫化锌屏时，屏上出现闪光。

β 射线严重右偏，就如针对带负电荷的粒子预测的那样。进一步的研究表明，这种射线是刚由汤姆逊发现的电子流。γ 射线不受磁场的影响，并被证明是一种电磁波，它类似于 X 射线，但是波长更短。

然而，在卢瑟福及其助理罗伊兹做实验以便完全弄清楚问题之前，α 射线到底是什么一直是个谜。这些射线或粒子在磁场作用下只是稍有偏转，表明它们要比射线中的电子大得多。它们也是居里夫妇分离出的镭所释放的射线的主要成分。

1908 年，卢瑟福和罗伊兹证实 α 射线是被剥离了电子的氦原子。在确认这一点时，他们首先将一小块镭样品放到管壁非常薄的管中，然后密封在一个稍大一些的管中。粒子可以从薄壁管中逃逸，但是不能从大管中逃逸。大管中包含电极，通过高电压在含 α 粒子的气体中产生辉光放电现象。这种辉光的颜色是氦的特征，因为它最初在管中是不存在的（原子光谱的讨论见 18.4 节）。

18.3.3 原子核是如何被发现的？

卢瑟福很快发现，α 粒子是研究原子结构的有效探针，因为它们的质量要比电子的大得多，而且能量很高，并且在原子中获得 α 粒子似乎是可能的。卢瑟福认为，向薄金属箔发射一束 α 粒子，并观察粒子束发生了什么，就可以推断出原子结构的特征。这样的实验被称为散射实验。

卢瑟福散射实验的基本方案如图 18.14 所示。将发射 α 粒子的物质如镭或钍，放到被铅屏蔽的凹洞的底部，产生 α 粒子束，指向薄金箔或其他金属箔。α 粒子的散射由小型手持式显微镜检测，显微镜的一端装有硫化锌屏，另一端装有放大镜。实验人员计算与粒子束入射方向成不同角度的位置上的 α 粒子撞击屏幕产生的闪烁次数。

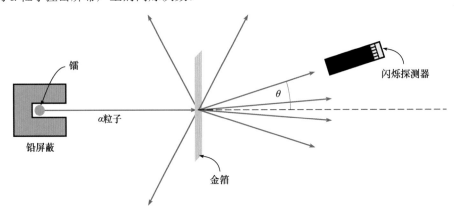

图 18.14　在卢瑟福的助手进行的实验中，一束 α 粒子从薄金箔散射开来

这些实验的最初结果并不令人惊讶，也未提供更多的信息。大多数 α 粒子直接穿透金箔，偏转不大。有些粒子会以较大的角度散射，但是随着粒子方向与初始方向的夹角的增大，粒子数迅速减少。这些结果似乎与人们当时对原子的普遍看法是一致的：原子的质量和正电荷均匀地分布在整个原子内。已知原子中的电子散布在原子中的各个位置，就像葡萄干布丁（一种英国食品）中的葡萄干。这样的分布不足以影响高能 α 粒子束。

不过，为稳妥起见，卢瑟福建议学生欧马斯登在散射的 α 粒子中寻找被金箔反射的 α 粒子。在黑暗的实验室中，欧马斯登眯着眼睛观察了整个探测范围内偶尔出现的闪烁。几天后，他向卢瑟福报告说，确实有一些 α 粒子以大得多的角度散射。卢瑟福有些不相信，但是经过欧马斯登和资深研究助理汉斯·盖格（1882—1947）的进一步验证，表明这种现象确实存在。

很久以后，卢瑟福说，向后散射就像有人向纸巾发射了子弹，子弹被弹了回来。结果完全出乎意料。常被用来解释这个散射实验的类比如图 18.15 所示。我们可以在不打开盒子的情况下猜测其中装的是什么东西。例如，我们可以举起盒子或摇晃盒子，了解其重量和性质。另一种更具破坏性的测试是用枪射击盒子，同时观察子弹射出后的情况（见图 18.15）。这是一个与卢瑟福及其助手所做的实验相似的散射实验。

图 18.15　用枪射击盒子，观察子弹被盒中物体散射的情况，就可以猜测盒中的物体是什么

如果盒子不重，那么即使只有几颗子弹被反弹也会让我们惊讶。在盒中的某处，一定存在体积小但密度大的物体，它们的质量足以反转快速运动的子弹的动量。由于盒子不重，许多子弹会直接穿过盒子，因此产生大角度散射的物体必须非常小。例如，被轻且硬的填料固定住的小钢球就可以做到这一点。

类似的推理也适用于原子。如果大部分 α 粒子都通过，但是少数粒子以大角度散射，那么在原子中的某个位置一定存在致密但体积很小的中心，它的质量足以反转快速运动的 α 粒子的动量。为了定量地解释散射实验结果，卢瑟福不得不假设这些大质量的中心确实非常小。当时，人们已经知道原子的直径约为 10^{-10}m。这些中心的尺度必须仅为原子直径的万分之一才能解释这些数据！

原子核是在人们对这些散射实验进行分析后才被发现的。原子核被人们视为原子的一个非常致密的中心，它包含原子的大部分质量和所有正电荷。原子的其余部分由带负电荷的电子组成，它们以某种方式围绕中心排布。电子决定原子的尺度，但是电子的质量很小。为了直观地了解原子的尺度，我们假设原子的尺度与橄榄球场的相同（算上达阵区，长约 100m），原子核相当于 50 码线上的一粒豌豆（注：50 码线位于橄榄球场的中场，离场边的得分线约 45.7m）。

卢瑟福对盖格和马斯登进行的 α 粒子散射实验的分析发表于 1911 年。原子中只有一个很小的原子核，原子核包含原子的大部分质量和所有正电荷，这是关于原子的全新观点。

贝克勒尔发现，含有铀或钍的磷光材料会释放出一种穿透性强的辐射，他称之为天然放射性。卢瑟福指出，这种射线有三种成分：α 射线（氦离子）、β 射线（电子）和 γ 射线（比 X 射线的波长更短的射线）。卢瑟福及其助手在散射实验中利用 α 粒子探针，发现原子中有一个又小又重的中心，我们现在称之为原子核。于是，这就为原子的首个成功模型奠定了基础。

18.4　原子光谱和玻尔原子模型

如果原子中有一个带正电荷的原子核，并且带负电荷的电子以某种方式排布在原子核的周围，那么将原子与太阳系进行比较就很自然。太阳系中的行星因受与太阳和行星之间的距离的平方成反比的万有引力的作用，被束缚在围绕太阳运动的轨道上（见第 5 章）。在原子中，电子因受静电力作用而被原子核吸引，按照库仑定律，这个静电力也与距离的平方成反比。因此，一个原子或许就像是一个小型太阳系。

这种比较很有趣，但是存在一些问题。轨道上的电子应像发射天线一样辐射电磁波，原子失去能量，电子盘旋进入原子核，使得原子坍缩。不过，物理学家发现，原子有时确实会以光的形式发射电磁波。最小的原子（氢）发出的光（电磁波）的模式因为简单而特别有趣。

发现原子核时，尼尔斯·玻尔（1885—1962）正在与卢瑟福一起工作。玻尔的原子模型首先给出了这些问题的答案，并且解释了氢发出的光的波长（光谱）。1913年玻尔发表的原子模型开启了激动人心的研究时期，形成了我们今天对原子结构的认识。

18.4.1 氢光谱的本质是什么？

对不同物质发出的光的研究，早在玻尔的工作50多年前就已开始。使用喷灯的火焰加热各种物质，并通过棱镜观察发出的光，就会发现每种物质都能产生特有的颜色或波长。这些特征波长就是物质的原子光谱。

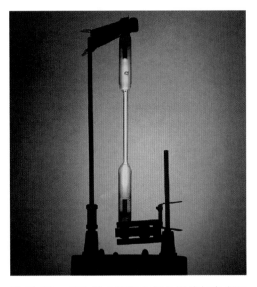

图18.16　气体放电管的电极之间施加高电压产生彩色的辉光放电现象。这些颜色是管中气体的特征颜色

对于气体，产生这种光谱的最简单的方法是在气体放电管中（18.2节在讨论阴极射线时提过这种现象）。在密封于低压气体管内的电极之间施加高电压时，可以观察到彩色的辉光放电现象（见图8.16）。日光灯中发生的情形相同，只是日光灯管有一层荧光涂层，它可以产生更加均匀的波长分布。

通过棱镜或衍射光栅观察气体放电发出的光，会看到光谱由一系列特定波长的分立亮线组成（衍射光栅可以利用干涉效应分离不同波长的电磁波，详见16.4节）。如果光源本身又长又细（见图18.16），或者光通过一个狭缝，那些分开的不同波长的电磁波就会显示为彩色直线。每种气体都有自己的光谱，它们可以作为识别物质的可靠手段。

氢的光谱很简单。可见光部分（见图18.17）只有4条谱线：一条红线、一条蓝线和两条紫线。410nm的紫线很难观察到，因为人眼对这个波长不敏感（见图16.8）。1884年，瑞士教师巴耳末（1825—1898）发现，4条谱线的波长都可用一个简单的公式算出。

巴耳末公式不是基于理论的，而是计算观察到的谱线的波长的数值方法。当在光谱的近紫外部分发现其他谱线时，巴耳末公式也能正确地描述它们。

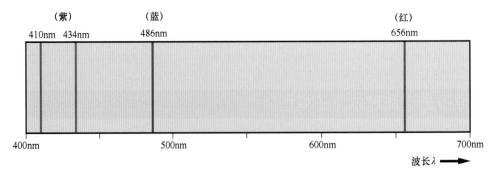

图18.17　氢气放电光谱的可见光部分有4条谱线：一条红线、一条蓝线和两条紫线

后来，在红外和紫外区域发现了氢的其他谱线。所有这些谱线都可由里德伯和里兹于 1908 年发表的巴耳末公式的广义形式预测：

$$\frac{1}{\lambda} = R\left(\frac{1}{n^2} - \frac{1}{m^2}\right)$$

式中，n 和 m 为整数，$R = 1.097 \times 10^7 \mathrm{m}^{-1}$ 是里德伯常数。

当 $n = 2$ 时，得到可见光和近紫外区域的巴耳末系。当 $n = 1$ 时，我们得到光谱紫外区域的谱线，它们的波长比可见光的短。当 $n = 3$ 或 4 时，得到红外区域的谱线（见例题 18.2），其波长比可见光的长。对于给定的谱系，整数 m 总大于 n。对于巴耳末系，$n = 2$，m 可以是 3、4、5 等。不同的整数 m 在谱系中生成不同的谱线。

例题 18.2　使用里德伯公式

当 $m = 6$ 和 $n = 3$ 时，氢原子光谱红外区域中光子的波长是多少？使用里德伯公式计算。

$m = 6, n = 3, \lambda = ?$

$$\frac{1}{\lambda} = R\left(\frac{1}{n^2} - \frac{1}{m^2}\right) = 1.097 \times 10^7 \mathrm{m}^{-1}\left(\frac{1}{3^2} - \frac{1}{6^2}\right)$$

$$\lambda = 10.94 \times 10^{-7} \mathrm{m}$$

注意，这个结果位于电磁波谱的红外区域，因为波长大于 $7.5 \times 10^{-7}\mathrm{m}$，详细讨论见第 16 章。还要注意，里德伯公式中的 m 是一个整数，它与单位 m^{-1} 无关，后者表示米的倒数。

里德伯和里兹得到的公式给出了氢光谱的一个简单规律，这个规律亟需加以解释。汤姆逊在构建葡萄干布丁原子模型时曾试图解释这个规律，但是没有成功。玻尔采用卢瑟福提出的原子核观点，对这个问题采取了全新的解决方法。

18.4.2　光能量子化

虽然原子核的发现和氢光谱的规律对玻尔模型至关重要，但是另一个新思想也同样重要。1900 年，马克斯·普朗克（1858—1947）试探性地引入了这一思想，后来阿尔伯特·爱因斯坦（1879—1955）强化了它；这一思想还源自人们对光谱的研究，不过这里的光谱是由被加热的黑体产生的。

典型的黑体是在金属或陶瓷材料上凿出的可加热至高温的小孔或空腔（见图 18.18）。这样的空腔在室温下是黑色的。被加热后，它发出的光谱仅取决于温度，而与从中凿出空腔的材料无关。这种光谱是连续的（没有分立的谱线），但是随着温度的升高，发射的电磁波的平均波长会变得更短。在高温下，波长会短到电磁波可被我们看到：空腔首先变得"红热"，然后在更高温度下变得"白热"，表明这种电磁波的平均波长接近可见光谱的中间。

普朗克和其他理论物理学家试图解释被加热黑体产生的波长分布。普朗克得出的公式成功地预测了波长的正常分布情况及其对温度的依赖性。然而，在对他的公式进行解释时，普朗克被迫得出了一个激进的结论：显然，黑体表面不能以连续变化的能量形式吸收或发出光，而只能以分立的形式或量子形式吸收或发出光，量子的能量取决于频率或波长。

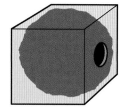

图 18.18　体辐射器由在材料上凿出的小洞构成，它可被加热到高温状态。被加热时，它发出连续的电磁辐射

确切地说，频率一定时，唯一允许的能量是下式所示能量的整数倍：

$$E = hf$$

式中，f 是频率，h 是一个常数，我们称其为普朗克常数。这个常数的值很小，公制单位下的这个值为

$$h = 6.626 \times 10^{-34} \mathrm{J \cdot s}$$

根据普朗克的理论，对于频率 f，光按照能量值 $hf, 2hf, 3hf, \cdots$ 发射，但是不能以这些值之间的

任何值发射。

这个想法让普朗克自己及当时的其他物理学家感到不安。以前，人们没有理由认为光波不能以持续变化的能量发射，因为这仅取决于可用的能量有多少。这个想法确实是激进的：能量发射的过程是量子化的，这意味着只能以分立的能量发射。1905 年，爱因斯坦证明光能量子化可用来解释许多其他现象。自此，物理学领域就有了光量子的概念，当时也称其光粒子，即我们今天所称的光子，每个光量子的能量都是 $E= hf$。当玻尔着手构建新原子模型时，人们已经开始使用光量子的概念，尽管未必完全接受这个概念。

18.4.3 玻尔原子模型有哪些特征？

玻尔的成就是，在一个新原子模型中组合了所有这些事实、规律和新认识：关于原子核的发现、电子的知识、氢光谱的规律，以及普朗克和爱因斯坦关于光能量子化的观点。玻尔根据前面提及的小型太阳系模型，认为氢原子中的电子围绕原子核运动，其中静电力提供了基本的向心加速度。

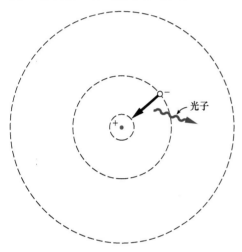

图 18.19 玻尔认为电子在某些准稳定轨道上围绕原子核运动。电子从高能级轨道跃迁到低能级轨道时，就会发光

玻尔迈出了脱离经典物理学的第一步：他认为某些稳定的轨道不会像经典物理学预期的那样持续地辐射电磁波。相反，他认为，当电子从一个稳定轨道跃迁到另一个稳定轨道时，原子就发光（见图 18.19）。按照普朗克和爱因斯坦的光子说，光量子（光子）的能量是 $E = hf$，而发射的光子的能量等于两个稳定（或几乎稳定）轨道上的能量差，用符号表示为

$$E = hf = E_{初} - E_{末}$$

式中，$E_{初}$ 是电子在初态轨道上的能量，$E_{末}$ 是电子在末态轨道上的能量。对于特定的轨道半径，电子的能量可用普通的牛顿力学公式算出。

这个能量差可以用来计算发射光子的频率或波长。将这个结果与里德伯的氢光谱谱线公式相比较，就会发现稳定轨道的能量都由一个常数除以一个整数的平方给出，即 $E = E_0/n^2$。要得到这个关系，就需要为轨道设置一个条件，即只有角动量 L 等于下式的那些轨道才是被允许的轨道：

$$L = n\left(\frac{h}{2\pi}\right)$$

式中，n 是整数，h 是普朗克常数。玻尔模型的基本特征如下：

1. 电子在由条件 $L = n(h/2\pi)$ 限定的准稳定轨道上围绕原子核运动。

2. 电子从高能级轨道跃迁到低能级轨道时就会发光。

3. 所发的光的频率和波长可由两个轨道的能量差算出，进而得到氢光谱的波长。

图 18.20 中显示了由玻尔的氢模型算出的能级图。例题 18.3 使用能级图中的这些值计算了氢光谱巴耳末系中的谱线对应的波长。能级图和例题中能量

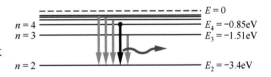

图 18.20 能级图中不同轨道的能量。巴耳末系中的谱线由图中指出的跃迁产生。产生蓝色谱线的跃迁已被突出显示

值的单位都是电子伏特而不是焦耳。电子伏特（eV）是电子通过 1V 电压加速得到的动能，其值为 $1eV = 1.6 \times 10^{-19}J$。就像玻尔模型预测的那样，图 18.20 中的能级都能由基态能级（-13.6eV）除以 n^2 求出。能量值是负值，因为与负电荷相关的势能是负的。

例题 18.3　氢原子能级

使用图 18.20 中玻尔氢原子模型的能量值，计算电子从能级 $n = 4$ 跃迁到能级 $n = 2$ 时所发射的光子的波长。

$E_2 = -3.4eV$，$E_4 = -0.85eV$

能量差为

$$\Delta E = E_4 - E_2 = -0.85 - (-3.4) = 2.55eV$$

光子的频率可以由式 $E = hf$ 求出，其中

$$h = 6.626 \times 10^{-34}J \cdot s = 4.14 \times 10^{-15}eV \cdot s$$

由 $\Delta E = hf$ 得

$$f = \frac{\Delta E}{h} = \frac{2.55}{4.14 \times 10^{-15}} = 6.16 \times 10^{14} Hz$$

于是有 $\lambda = c/f = 4.87 \times 10^{-7}m = 487nm$。

玻尔模型最成功的地方是，它可以根据电子的质量、电荷量、普朗克常数和光速等物理量预测里德伯常数的准确值。于是，玻尔理论立即在物理学领域引发了争议，它的提出强烈地刺激了实验物理学和理论物理学。许多实验工作集中在对不同元素的原子光谱进行更准确的测量方面。理论工作则试图将玻尔模型扩展到氢原子之外的原子，并试图理解在元素周期表中观察到的规律。

尽管玻尔模型取得了令人瞩目的成功，但是它仍然留下了许多未解之谜。最棘手的问题是，为什么只有玻尔条件描述的那些轨道是稳定的，而其他轨道是不稳定的？将玻尔模型推广到除氢外的其他元素的尝试，只取得有限的成功。物理学家现在认识到，玻尔模型的许多细节是不准确的。但是，玻尔模型的历史意义在于，它打开了新的研究之门，最终使得现代原子理论诞生。

氢的原子光谱具有简单且有规律的特点；测量的波长由里德伯公式准确地描述。玻尔利用这些结果，加上卢瑟福对原子核的发现，以及普朗克和爱因斯坦关于光能量子化的观点，构建了一个氢原子模型。玻尔假设电子在原子核的周围只有几个稳定的轨道。当电子从高能级轨道跃迁到低能级轨道时，就会发光。玻尔模型准确地描述了氢光谱的波长，并且根据一些基本量预测了里德伯常数的值。

18.5　粒子波和量子力学

玻尔原子模型引发的未解之谜和异常活跃的原子物理学领域，吸引了大量年轻物理学家。显然，人们需要更全面的原子模型来解释只有某些轨道稳定的原因。1925 年，量子力学的发展填补了这一需求。量子力学实际上是由两种独立的方法发展而来的，并且这两种方法在结构和预测方面很快就被证明是基本相同的。

通常所说的方法源于德布罗意（1882—1987）和薛定谔（1887—1961）的工作。德布罗意通过提出一个简单但激进的观点，点燃了思想的火花：像普朗克和爱因斯坦提出的那样，如果光波有时表现得像粒子，那么粒子有时会表现得像波吗？这个问题引发了人们对基本物理原理的颠覆性思考。

18.5.1　什么是德布罗意波？

德布罗意的问题是在受到普朗克和爱因斯坦提出的光子概念的启发下提出的。1865 年，麦克斯韦证明光可以描述为电磁波。另一方面，光有时会表现得像是由分立的、局域化的粒子组成的，而这些粒子就像是能量包（今天我们称其为光子）。某些涉及光与电子相互作用的实验，将光简单地解释为粒子。

爱因斯坦最先指出了光的粒子性。他在 1905 年发表的论文中讨论了许多可以用光的粒子性来解释的现象，其中最简单的现象是光电效应：光照射真空管中的电极时，有电流流过真空管。这种效应常用于电眼设备中——当有人打断光束时，电眼设备就会开门。

爱因斯坦认为，光电效应可以用一个假设来解释：一个光子（按照普朗克的假设，光子的能量为 $E = hf$）击中电极时，打出一个电子。这个简单的模型预测了光电效应的频率依赖性及它的其他特征。对光子赋予能量 $E = hf$ 和动量 $p = h/\lambda$，也可解释其他效应。

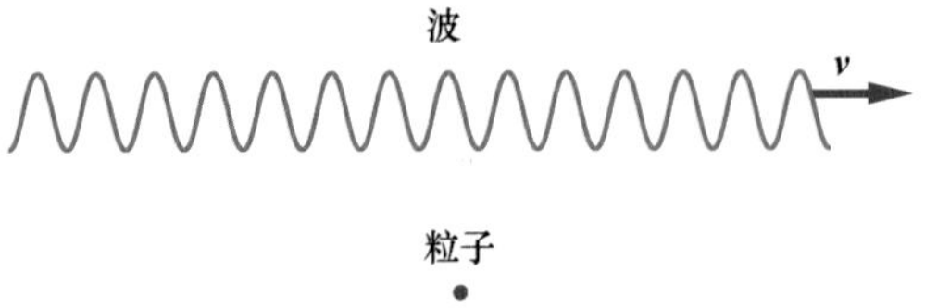

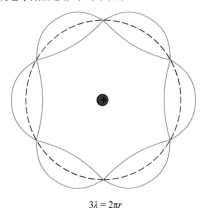

图 18.21 理想的波会无限延伸，但是理想的粒子只是一点，它既没有体积又不在空间中延伸

虽然这种想法很简单，但是物理学家接受它的速度很慢，因为物理学家认为粒子和波完全不同。物理学家很难理解光是如何在某些方面表现为粒子而在另一些方面表现为波的。理论上，波在空间中无限延伸，但是粒子是完全局域化的，即它只是空间中的一点（见图 18.21）。当然，真实的波的长度是有限的，真实的粒子在空间中也有一定的延伸；但是，这两个概念仍然是非常不同的。

德布罗意提出，某些传统上被人们视为粒子的东西，比如电子，有时候可能会像波一样运动。他特别指出，颠倒描述光子能量和动量的关系式，可以求出与粒子相关的频率和波长。颠倒能量关系式后，得到粒子的频率公式 $f = E/h$。光子的动量是 $p = h/\lambda$，颠倒这一关系式，得到德布罗意波长公式为

$$\lambda = h/p$$

式中，p 是动量，h 是普朗克常数。例题 18.4 中计算了棒球的极小德布罗意波长。知道电子的能量和动量，就可以根据这些关系式算出它的频率和波长。

如果不是因为得到的结果惊人，德布罗意的建议就不会引起人们的注意。他在将电子当作围绕氢原子核运动的波状实体后，解释了玻尔原子模型中的准稳定轨道的条件。实际上，他描述的是围绕圆形轨道形成驻波的电子波，如图 18.22 所示。

$$3\lambda = 2\pi r$$

图 18.22 将电子描述为围绕圆形轨道运动的驻波后，德布罗意证明了电子的波长只能取某些值，而由这些值可以推导出玻尔预测的准稳定轨道

例题 18.4 求棒球的波长

质量为 145g、速度为 80mph 的棒球的德布罗意波长是多少？

$m = 145g$，$v = 80mph = 35.7m/s$

$h = 6.626 \times 10^{-34} J \cdot s$，$\lambda = ?$

$\lambda = h/p = h/(mv) = 6.626 \times 10^{-34}/(0.145 \times 35.7) = 1.28 \times 10^{-34} m$

注意这个波长有多么小！即使使用最先进的技术，我们也无法检测到普通物体的波动性。

为了形成圆形驻波，波长必须限定为某个值，以使得波长的某个整数倍恰好是圆的周长。使用电子的德布罗意波长，德布罗意推出了角动量允许值的玻尔条件，即 $L = n(h/2\pi)$。换句话说，通过假设粒子具有波动性并可视化围绕圆形轨道运动的驻波粒子，德布罗意能够解释只有某些轨道稳定的原因。他回答了玻尔理论中的一个基本问题。

我们不能按字面意思理解德布罗意所绘圆形轨道上的驻波。事实上，玻尔模型和驻波解释对氢原子中各个稳定状态的角动量的预测是错误的。基本困难是圆形轨道是二维的，而原子本身是三维的，因此我们需要更复杂的分析来正确地描述驻波。粒子的波动性很快就被实验证实。众所

周知，X 射线是电磁波，它能被晶格衍射，形成晶体结构特有的衍射图样。人们很快就证明了电子束也可以被衍射，电子束形成的衍射图样看上去就像 X 射线形成的那样，而解释这些图样所需的波长与德布罗意关系式 $\lambda = h/p$ 预测的完全相同。

18.5.2　量子力学与玻尔模型有何不同？

埃尔温·薛定谔职业生涯的大部分时间都在研究二维和三维驻波的数学理论。他为探究原子中电子驻波的含义做了充分的准备。在德布罗意给出建议的第二年，薛定谔提出了一种原子理论，这种理论使用三维驻波来描述电子围绕原子核运动的轨道。

在接下来的五年里，薛定谔和其他科学家采用不同的方法研究了相同的问题，给出了我们今天称为量子力学理论的一些细节。这个新理论给出了一个比玻尔模型更完整、更令人满意的关于氢原子的观点。量子力学预测了与玻尔模型相同的氢原子的几个主要能级，尽管我们今天知道玻尔模型的其他几个特征是不正确的。

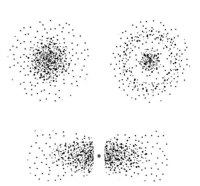

在量子力学中，轨道不是玻尔模型中的简单曲线。相反，它们是以原子核为中心的三维概率分布，这些分布将电子作为驻波来处理。这些驻波描述了在离原子核一定距离和方向上找到电子的概率。氢原子的基态和两个激发态的概率分布如图 18.23 所示。较暗或密集区域是最有可能发现电子的位置。对于不同的准稳定轨道，电子到原子核的平均距离与玻尔模型给出的轨道半径是一致的。

图 18.23　氢原子的基态（左上）和两个激发态的概率密度图，给出了在离原子核不同距离的位置找到电子的概率

18.5.3　什么是海森堡不确定性原理？

讨论概率分布而非定义明确的轨道路径，是量子力学的基本特征。与电子和其他粒子有关的波，预测了在不同位置找到电子的概率，但是它们无法告诉我们粒子的确切位置。同样，电磁波为我们提供了在不同位置找到光子的概率。当波动性占主导地位时，我们会丢失关于粒子确切位置的信息。

我们知道粒子的位置具有不确定性，而海森堡（1901—1976）以著名的海森堡不确定性原理总结了这个不确定性。海森保不确定性原理说，我们不可能同时准确地知道粒子的位置和动量。位置的不确定性取决于我们对动量进行判断的准确性，反之亦然。如果用符号表示，那么这个限制就是

$$\Delta p \Delta x \geqslant h/2\pi$$

式中，h 是普朗克常数，Δp 是粒子动量的不确定性，Δx 是位置的不确定性。当位置的不确定性很小时，动量的不确定性必定很大，反之亦然。

因为动量 p 与粒子的波长由德布罗意关系式 $\lambda = h/p$ 关联，因此海森堡不确定性原理也可以表述如下：如果能够准确地知道波长，就不能准确地知道粒子的位置；如果能够准确地知道位置，就不能准确地知道波长。一些实验倾向于揭示光子或电子的粒子性（位置信息），另一些实验则倾向于揭示电子的波动性（波长信息）。

海森堡不确定性原理是对我们所能观察的东西的基本限制，而不表示我们缺乏实验能力。这种限制是波脉冲的基本特征。如果试图创建一个短暂的脉冲来确定波，那么无法准确地确定波长。另一方面，允许精确确定波长的延伸波，却无法提供关于位置的准确信息。

18.5.4　量子力学如何解释元素周期表？

量子力学为回答玻尔模型提出的关于原子结构和光谱的大多数问题提供了一种方法。量子力学在预测含有许多电子的原子的结构和光谱方面非常成功，但是计算起来较为困难。量子力学还

澄清了光谱的其他无法使用玻尔模型来解释的特征。

当我们解释元素周期表的规律时，就会部分地呈现量子力学定义的原子结构图景。量子力学为我们提供了描述各种可能的稳定轨道的量子数。其中的一个量子数是主量子数 n，它会在计算玻尔模型中的能量时用到。然而，量子力学还为我们提供了另外三个量子数，它们与角动量的大小和方向以及电子的自旋有关（实验证据表明电子表现得像磁偶极子，这说明它一定会旋转而形成微小的电流环）。

一个原子中的两个电子不可能有相同的量子数。一旦一个轨道被填满，其他电子就必须接受至少一个新的，通常较高的量子数的值。可能的组合数随主量子数 n 的增大而迅速增加。当 $n=1$ 时，只有两种可能的组合，它们对应于两个不同方向的电子自旋轴；当 $n=2$ 时，有 8 种可能的组合；当 $n=3$ 时，有 18 种可能的组合；以此类推。当 $n=1$ 壳层的两个可能的状态被填满时，下一个电子只能进入 $n=2$ 壳层。

根据这个概念，可以解释元素周期表的某些规律。前两种元素氢（H）和氦（He）分别有一个电子和两个电子。两个电子填充 $n=1$ 壳层。下一个元素锂（Li）有三个电子，第三个电子必须进入 $n=2$ 壳层。锂有一个电子超出已填满的 $n=1$ 壳层，因此它的化学性质与只有一个电子的氢更为相似。同样，元素周期表中该列的下一个元素钠（Na）有一个电子超出已填满的 $n=2$ 壳层，因为它的其他 10 个电子已经填满 $n=1$ 和 $n=2$ 壳层，2 个电子在 $n=1$ 壳层，8 个电子在 $n=2$ 壳层。图 18.24 所示为氢、锂和钠的壳层结构示意图。

在元素周期表中，钠元素之前的元素是氖（Ne），它有 10 个电子，2 个电子在 $n=1$ 壳层，8 个电子在 $n=2$ 壳层。因此，类似于氦，氖也有封闭的壳层结构，不容易与其他元素发生反应。氦和氖都是惰性气体，化学上是不活泼的。

然而，氟（F）有 9 个电子，存在一个还差一个电子就能填满的壳层，因此非常活泼。它与氢或钠等元素形成化合物，因为氢或钠等元素可以提供一个电子来关闭一个壳层。

用来解释整个元素周期表的原理与上述原理是相同的，只是当电子数增加时，细节变得更加复杂。这个理论解释了元素周期表的规律，成功地预测了不同元素结合形成化合物的方式。量子力学已经成为化学、原子物理学、核物理学和凝聚态物理的基础理论。

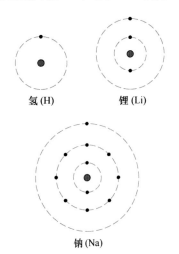

图 18.24　氢、锂和钠的壳层结构示意图

德布罗意认为类似于电子的粒子具有波动性。利用这个想法，他解释了氢原子稳定轨道的玻尔条件。粒子具有波动性的想法直接导致了海森堡不确定性原理，这个原理告诉我们，无法同时准确地知道粒子的位置和动量。量子力学将原子中与电子有关的驻波视为三维概率分布。这个理论成功地预测了带有许多电子的原子的光谱与化学性质。壳层解释了元素周期表的规律。今天，量子力学已成为物理学和化学的基础理论。

小结

在不到 50 年的时间里，人们从对原子结构的一无所知发展到了对原子结构有了详细的了解。本章讨论了导致这种认识的一些重要发现，这个讨论始于原子存在的化学证据，终于解释原子结构的量子力学理论。

1. **原子的存在：化学证据**。对称量化学反应物和生成物的重要性的认识，导致了定比定律和原子质量的概念。如果每种元素都由质量相同的原子组成，我们就可以解释在化学反应中观察到的质量比。元素周期表显示了不同元素按原子量递增顺序排列的规律。

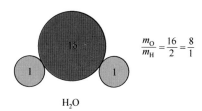

$$\frac{m_O}{m_H} = \frac{16}{2} = \frac{8}{1}$$

H_2O

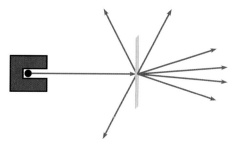

2. **阴极射线、电子和 X 射线**。在真空管的两个电极上施加高电压会产生的阴极射线的研究，导致人们发现了电子和 X 射线。电子是带负电荷的粒子，其质量比最小原子的质量也要小得多，因此是首个已知的可以用来构建原子模型的亚原子粒子。

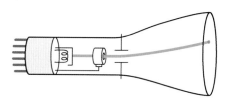

3. **放射性和原子核的发现**。人们发现 X 射线后，又发现了有三种组分的天然放射性：α（氦离子）、β（电子）和 γ（短波长 X 射线）。在散射实验中，α 射线被用来探测原子的结构，而这导致了原子核的发现。

4. **原子光谱和玻尔原子模型**。玻尔用一个包含了普朗克和爱因斯坦新量子理论的模型，解释了观察到的氢原子光谱（被激发的氢原子发出的色光）中的规律。玻尔认为，当一个电子从一个准稳定轨道跃迁到一个低能量轨道时，就会发光。两个轨道的能量差解释了发射光子的频率和波长。

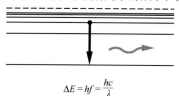

$$\Delta E = hf = \frac{hc}{\lambda}$$

5. **粒子波和量子力学**。德布罗意认为，粒子（如电子）具有类似于波的性质，这个性质由波长与粒子的动量关系 $\lambda = h/p$ 表征。这一思想导致了量子力学的发展。在量子力学理论中，原子中电子的准稳定轨道可以用三维驻波来描述。得到的概率分布可以解释多电子原子的原子光谱和化学性质。

关键术语

Element　元素

Atom　原子

Combustion　燃烧

Dalton's law of definite proportions
　道尔顿定比定律

Molecule　分子

Atomic mass　原子质量

Periodic table of the elements　元素周期表

Cathode rays　阴极射线

Electron　电子

X-rays　X 射线

Natural radioactivity　天然放射性

Nucleus　原子核

Atomic spectrum　原子光谱

Rydberg constant　里德伯常数

Blackbody　黑体

Planck's constant　普朗克常数

Quantized　量子化

Photon　光子

Quantum mechanics　量子力学

Heisenberg uncertainty principle
　海森堡不确定性原理

Quantum number　量子数

Noble gas　惰性气体

概念题

Q1 化学元素和化学化合物一样吗？

Q2 元素铁（Fe）被加热到足够高的温度后，会变

成元素金（Au）吗？

Q3 当一种物质燃烧时，生成物是否都是易于称量

的固体物质？

Q4 燃料电池中的氢和氧是从大气中以单质形式获得，还是必须从化合物中提取？

Q5 使用氢燃料电池的汽车的行驶里程，与使用汽油的汽车的行驶里程大体相同吗？

Q6 在化学反应中，质量守恒吗？

Q7 化学反应涉及的元素会随反应的进行变成不同的元素吗？

Q8 一个碳原子（C）的质量和一个氧原子（O）的质量一样吗？

Q9 任意数量的氢原子都能和一个氧原子结合吗？

Q10 定比定律能用相同元素的不同原子具有不同质量的模型来解释吗？

Q11 阴极射线是电磁波吗？

Q12 X射线是电磁波吗？

Q13 假设阴极射线是一束带电粒子，如何证明这些粒子是带负电荷的？

Q14 构成阴极射线的带负电荷的粒子的什么特性让汤姆逊认为它们可能是原子的组分？

Q15 电视机的阴极射线管会产生X射线吗？

Q16 既然电子束一次只打到电视机屏幕上的一点，我们是如何得到图像的全貌的？

Q17 阴极射线管产生黑白图像的过程与产生彩色图像的过程有何不同？

Q18 在伦琴发现X射线后，贝克勒尔发现了一种由含有铀或钍的磷光材料发出的类似辐射。这种新辐射与X射线一样吗？

Q19 贝克勒尔的磷光材料必须暴露在阳光下才能表现出天然放射性吗？

Q20 当粒子通过磁场时，区别 α 粒子和 β 粒子的两个重要不同点是什么？

Q21 当 α 粒子从薄金箔上散射时，为何大多数粒子

的偏转很小？

Q22 原子的大部分质量是在原子核内部还是在原子核外部？

Q23 卢瑟福的散射实验对我们理解原子结构有何作用？

Q24 电子能有效地偏转 α 粒子束吗？

Q25 氢或其他气态元素的原子光谱在实验中是如何产生的？如何测量它们的波长？

Q26 氢光谱的波长间隔是随机的还是有规律的？

Q27 根据普朗克的理论，已知波长或频率时，黑体辐射器能够以连续变化的能量发光吗？

Q28 根据玻尔的氢原子理论，电子有可能以任意能量围绕原子核旋转吗？

Q29 氢原子中的电子从高能量轨道跃迁到低能量轨道时，多余的能量会发生什么？

Q30 电子有波长吗？

Q31 为什么无法观察到普通物体（如以普通速度飞行的小球）的波的特性？

Q32 随着技术的改进，我们能够突破海森堡不确定性原理的限制，准确地同时测量粒子的动量和位置吗？

Q33 根据量子力学理论，我们有可能准确地指出原子中电子的位置吗？

Q34 玻尔模型预测了电子围绕原子核运动的圆形轨道，量子力学理论预测了寻找电子的三维概率分布。哪种观点提供了更真实的氢原子图像？

Q35 带有11个电子的钠（Na）的化学性质与带有3个电子的锂（Li）相似，如何解释这个事实？

Q36 与氢相比，带有2个电子的氦与其他物质发生化学反应时，是更容易还是更不容易？

Q37 为什么元素周期表中第二行的元素要比含有氢和氦的第一行的元素多？

练习题

E1 如果原子量为32的硫（S）与原子量为19的氟（F）结合，生成化合物 SF_6，那么硫和氟的质量比是多少才能让该化学反应完全进行？

E2 如果原子量为31的磷（P）与原子量为1的氢（H）结合生成 PH_3，那么要有多少克磷与15g氢发生反应？

E3 如果112g硅（Si）与64g氧（O）完全反应生成二氧化硅（SiO_2），那么硅的原子量是多少？

E4 如果原子量为27的铝（Al）和原子量为16的

氧（O）反应生成氧化铝（Al_2O_3），那么需要多少克铝才能与72g氧完全反应？

E5 氢原子的质量是 $1.67×10^{-27}kg$，电子的质量是 $9.1×10^{-31}kg$，多少个电子的质量相当于一个氢原子的质量？

E6 产生 $12×10^{-6}C$ 负电荷需要多少个电子（$e = -1.6×10^{-19}C$）？

E7 X射线的波长为 $6.0×10^{-9}m$，其频率是多少？

E8 使用里德伯公式求氢光谱巴耳末系中 $m = 5$ 的

谱线的波长（巴耳末系 $n = 2$）。

E9 使用里德伯公式求 $m = 7$ 和 $n = 3$ 的谱线的波长。肉眼能看到这一谱线吗？

E10 一个光子的波长为 520nm（绿色）。**a.** 光子的频率是多少？**b.** 光子的能量是多少焦耳？

E11 假设一个光子的能量是 $3.06×10^{-19}$J。**a.** 光子的频率是多少？**b.** 光子的波长是多少？**c.** 光是什么颜色的？

E12 假设一个光子的频率为 $7.50×10^{-14}$Hz。光子的能量

是多少（$h = 6.626×10^{-34}$J·s）？它是什么颜色的？

E13 氢原子中的电子从高能级轨道跃迁到低能级轨道，两个轨道的能量差为 2.86eV。**a.** 该跃迁发射的光子的频率是多少？$h = 4.14×10^{-15}$eVs。**b.** 所发射光子的波长是多少？

E14 布加迪威龙跑车是全球速度最快的跑车之一，它的质量约为 1888kg，最高时速可达 267mph（123m/s）。当跑车以最高速度行驶时，其德布罗意波长是多少米？$h = 6.626×10^{-34}$J·s。

综合题

SP1 如题图所示，阴极射线管中的电子束从电压为 500V、相距 4cm 的两块平行板间穿过。**a.** 当电子束通过两板之间时，它向哪个方向偏转？**b.** 使用匀强电场表达式 $V = Ed$ 求电场在两板之间区域的值。**c.** 电场对单个电子施加的力的大小是多少（$F = qE$，$q = 1.6×10^{-19}$C）？**d.** 电子加速度的大小和方向是什么（$m = 9.1×10^{-31}$kg）？**e.** 当电子通过两板之间的区域时，它走什么样的路径？

题 SP1 图

SP2 观察图 18.20 所示的能级图。巴耳末系的谱线全都涉及至 $n = 2$ 能级的跃迁，紫外线莱曼系的谱线全都涉及至 $n = 1$ 能级的跃迁。由于两个符号相反的电荷的势能是负的，因此能量都是负的。**a.** 巴耳末系中

哪个跃迁产生的光子频率最小（波长最大）？**b.** **a** 问中跃迁的两个能级的能量差是多少？**c.** 跃迁所发射的光子的频率和波长是多少？**d.** 求出赖曼系中波长最长的光子的频率和波长。

SP3 当一个电子完全从一个原子中剥离时，我们就说这个原子被电离了。一个电离的原子由于去掉了一个电子而带净正电荷。**a.** 根据图 18.20 所示的能级图，当一个氢原子处于最低能级时，需要多少能量才能电离它？**b.** 当原子位于比最低能级高的第一激发态时，需要多少能量才能使其电离？**c.** 如果一个动能为零的电子被一个电离的氢原子"俘获"，并且立即进入能量最低的能级，那么在跃迁过程中观察到的光子的波长是多少？

SP4 假设一个电子（$m = 9.1×10^{-31}$kg）的运动速度为 1800m/s。**a.** 电子的动量是多少？**b.** 电子的德布罗意波长是多少？**c.** 这个波长与可见光的波长相比如何？参见图 16.5。

家庭实验与观察

HE1 从厨房或杂货店找到一些红色或蓝色的液体食用色素。准备两个玻璃杯或者透明塑料杯，让它们盛等量的水，但是一个杯中的水来自冷水龙头，另一个杯中的水来自热水龙头。在每个杯子中都滴一滴食用色素，观察发生的情况（加入食用色素后不要搅拌）。**a.** 描述几分钟内发生的变化，直到食用色素在两个杯中均匀扩散。冷水杯和热水杯中的现象有何不同？**b.** 对你

的观察做出解释。它们是否表明存在微小的粒子，如分子或原子？

HE2 如果身旁有旧式阴极射线管彩色电视机，关掉电视机后，使用放大镜仔细观察彩色电视机的屏幕。**a.** 描述你观察到的线条图案，并画图显示线条的排列方式。大概有多少条线？**b.** 如果身旁有一台黑白电视机，比较其屏幕图案和彩色电视机屏幕图案的不同。

第 19 章 原子核和核能

本章概述

本章讲述物理学家探索原子核及其结构的故事，包括第二次世界大战之前核裂变的发现及战时发明原子弹的努力。战后和平利用原子能的愿望促进了商业核电站的发展，但是同期也发明了（涉及核聚变的）氢弹，而世界上的主要大国则迅速积累了核武库。本章的目的是介绍这些问题背后的科学。

本章大纲

1. **原子核的结构**。原子核由什么组成？这些组分是如何结合在一起的？同种元素的同位素的区别是什么？

2. **放射性衰变**。什么是放射性衰变？它与原子核的变化有何关系？为什么放射性有危险？

3. **核反应和核裂变**。什么是核反应？它们与化学反应有何不同？人们是如何发现核裂变的？裂变是如何产生链式反应的？

4. **核反应堆**。核反应堆是如何工作的？慢化剂、控制棒、冷却剂和其他反应堆组件的功能是什么？核废料由什么组成？

5. **核武器和核聚变**。核弹的原理是什么？什么是核聚变？核聚变是如何释放能量的？

2011 年，新闻媒体充斥着对日本福岛第一核电站发生的严重核事故的报道与评论，这起事故是由地震和海啸引起的（见日常现象专栏 19.2）。虽然没有人直接因辐射而死亡（约有 18500 人死于地震和海啸），但是公众对核能的恐惧却戏剧性地被再次唤醒。

美国约有 60 座核电厂、多艘核潜艇，以及许多用于研究和其他目的的小型核反应堆。这些核反应堆中的大多数基本上都运行正常，对周围环境的影响很小。然而，核能对环境的影响及经济价值在过去几十年里一直是极具争议的话题。

核反应堆内部发生了什么？我们是如何从铀获得能量的？核反应堆会产生哪些核废料？我们需要担心冷却塔上方翻腾的"云雾"吗（见图 19.1）？核反应堆会像核弹一样爆炸吗？核裂变和核聚变有何区别？如果你知道这些问题的答案，就不易受到观点简单但误导性强的极端分子的影响。

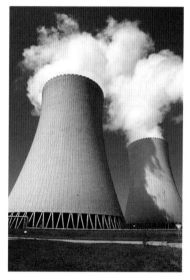

图 19.1　大型冷却塔通常是现代核电厂的显著特征。核电厂的能源是什么？

我们对原子核的认识过程是 20 世纪科学界引人入胜的故事之一。核武器和核能的政治影响是这个话题的关键。这些话题比任何其他话题更能将科学和物理学推入国家政治和国际政策的旋涡。核话题基本上已成为所有公民关心的内容。

19.1　原子核的结构

直到 20 世纪，科学家才开始了解原子核的结构。从 1909 年到 1911 年，卢瑟福做了著名的 α 粒子散射实验，此后人们才基本相信原子核是存在的（见 18.3 节）。这个微小的原子中心具有我们能够破译的结构，这个想法看起来非常神奇。

原子核是由什么构成的？发现原子核的卢瑟福在回答这个问题时也发挥了重要作用。证据来自更多的散射实验，这些散射实验是探测原子核和其他亚原子粒子的主要手段。

19.1.1　质子是如何被发现的？

卢瑟福在 1919 年做的实验中首次发现了原子核的"构成要素"。当时，他再次使用了 α 粒子作为探针。图 19.2 所示为这次散射实验的示意图。他使用一束 α 粒子来轰击装有氮气的容器。不出所料，有些 α 粒子穿过了样品，未击中任何东西，其他粒子则被氮原子的原子核偏转（散射）。使用闪烁探测器，可以观察到偏转的粒子（见 18.3 节）。

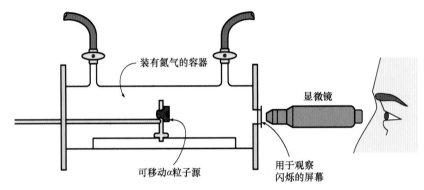

图 19.2 卢瑟福的散射实验示意图，这个实验发现了质子。氮气是 α 粒子的目标

这个实验得到的意外结果是，在原本只装有氮气的容器中出现了其他粒子。这些新粒子像 α 粒子一样带正电荷，但是可以根据粒子在空气中移动的距离和其他特征来加以区分。事实上，这些新粒子的表现就像卢瑟福在早期的实验中观察到的氢原子的原子核，当时他用 α 粒子轰击了氢气。如第 18 章所述，氢原子的质量约为 α 粒子的 1/4，而 α 粒子是氦原子的原子核。

在不含氢气的容器中发现了氢原子核，表明氢原子核可能是其他元素的基本组成部分。那时，人们已经知道许多元素的原子质量基本上是氢的整数倍。例如，氮的原子量约为氢的 14 倍，而碳的原子量约为氢的 12 倍，氧的原子量约为氢的 16 倍。如果这些元素的原子核分别由 12 个、14 个和 16 个氢原子核组成，那么人们就可以解释这些质量。

卢瑟福和他人的进一步实验表明，使用 α 粒子轰击钠和其他元素，也可以从它们中打出氢原子核。今天，我们称这种粒子为质子——它是氢原子的原子核，也是其他原子核的组成部分。质子的电荷量为 $e = 1.6 \times 10^{-19}$C，与电子 e 的电荷量大小相同、符号相反。然而，它的质量要比电子的质量大得多，约等于氢原子的质量，是电子质量的 1835 倍。

19.1.2 中子是如何被发现的？

不同元素的原子核是由质子构成的这个假设，存在一些严重的问题，最明显的问题是原子核所带的电荷量。根据氮在元素周期表中的位置和其他证据，人们知道氮原子核的电荷量是 $7e$ 而不是 $14e$。如果氮原子的原子核中有 14 个质子，那么原子核的电荷就太大了。同样，碳和氧的原子核的电荷量分别是 $6e$ 和 $8e$，而不是 $12e$ 和 $16e$。

有的物理学家甚至认为原子核中也存在电子，并且这些电子部分地中和了质子的额外电荷。然而，根据量子力学理论，这种观点存在一些严重的缺陷。只能解释为位于原子核这个非常小的区域内的电子的能量，要比放射性衰变中作为射线出现的电子的观测能量大得多。但是，实际测量结果并未发现这一情况。因此，原子核中不太可能存在电子。

科学家花了多年的时间才解开了这个谜。1930 年，瓦尔特·博特和威廉·贝克尔在德国进行的另一个散射实验取得了突破。博特和贝克尔用 α 粒子轰击铍箔样品，发现了一种穿透力很强的辐射。由于 γ 射线是已知的唯一具有如此穿透性的辐射，因此博特和贝克尔最初认为 γ 射线与此有关。然而，其他实验表明，与 γ 射线相比，这种新辐射穿透铅的能力更强，且它具有与 γ 射线完全不同的其他特性。

1932 年，英国物理学家詹姆斯·查德威克（1891—1974）指出，铍的这种新辐射可能是质量与质子大致相同的中性带电粒子。查德威克在实验中使用铍在 α 粒子轰击下产生的辐射，轰击了石蜡薄片（见图 19.3）。石蜡是碳和氢的化合物，当查德威克将氢原子核（质子）放到来自铍的辐射的路径上时，氢原子核（质子）就会从石蜡中射出。如果一个质量等于质子的新中性粒子与石蜡中的质子碰撞，就能很好地解释质子从石蜡中射出时的能量。这种新粒子被称为中子——它不带电荷，而且质量非常接近质子的质量。

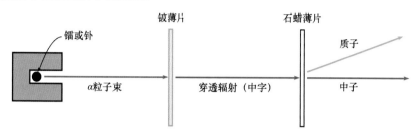

图 19.3　查德威克实验示意图。来自铍靶的辐射被用来轰击石蜡

查德威克发现的中子回答了原子核的基本组成问题（见图 19.4）：如果原子核是由中子和质子组成的，那么就可以同时解释原子核的电荷量和质量。例如，如果氮的原子核由 7 个质子和 7 个中子组成，氮的质量是氢的 14 倍，氮原子核的电荷量是氢的 7 倍，那么我们就可以很容易地推出碳和氧所需的质子数和中子数。图 19.5 中显示了几种元素的原子核中的质子数和中子数。

图 19.4　原子核的基本组成是质子和中子

同位素	符号	质子数	中子数	相对大小
氦-4	$_2\mathrm{He}^4$	2	2	
铍-9	$_4\mathrm{Be}^9$	4	5	
氮-14	$_7\mathrm{N}^{14}$	7	7	
氯-37	$_{17}\mathrm{Cl}^{37}$	17	20	
铁-56	$_{26}\mathrm{Fe}^{56}$	26	30	
铀-238	$_{92}\mathrm{U}^{238}$	92	146	

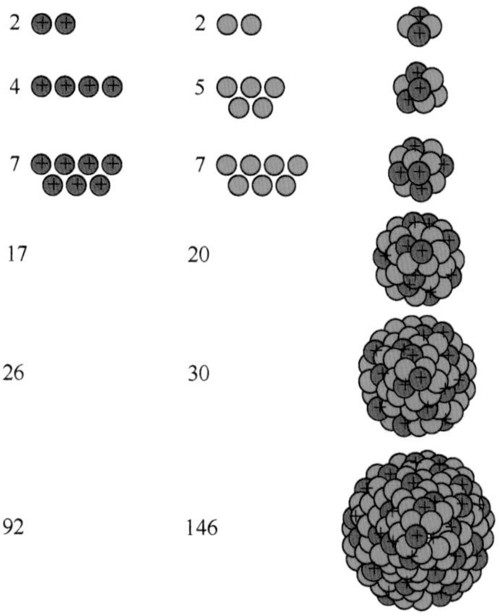

图 19.5　几种元素的常见同位素的质子数和中子数。原子核随质子数和中子数的增加而变大

19.1.3　什么是同位素？

中子的发现还回答了另一个难题。那时，人们已经知道同种元素的不同原子的原子核可能具有不同的质量。通过让速度已知的原子核通过磁场，并且观察带正电荷的原子核的路径在磁场作用下的弯曲程度，可以准确地测量原子核的质量。例如，根据化学知识，我们知道氯的平均原子

质量是氢的 35.5 倍。当氯离子通过磁场时，出现两种质量不同的物质：一种物质的质量是氢的 35 倍，另一种物质的质量是氢的 37 倍。然而，它们的化学性质是相同的，表现得都像氯。

今天，我们称同种元素的不同质量的原子为同位素。不同同位素的原子核中的质子数相同，但是中子数不同。例如，氯的两种常见同位素的原子核中都有 17 个质子，但是其中一种同位素的原子核中有 18 个中子，总质量数（质子数和中子数之和）为 35，另一种同位素的原子核中有 20 个中子，总质量数为 37。表 19.1 中给出了其他一些例子。

如第 18 章所述，元素的化学性质是由原子核外的电子数和电子排布决定的。对于净电荷为零的中性原子，原子核外的电子数必须等于原子核内的质子数，即原子序数。例如，氮的原子序数是 7：原子核中有 7 个质子，7 个电子围绕原子核运动。原子核中恰好也有 7 个中子，但是，一般来说，中

表 19.1

同种元素的不同同位素中的质子数和中子数

名　称	符　号	质子数	中子数
H-1	$_1H^1$	1	0
H-2（氘）	$_1H^2$	1	1
H-3（氚）	$_1H^3$	1	2
C-12	$_6C^{12}$	6	6
C-14	$_6C^{14}$	6	8
Cl-35	$_{17}Cl^{35}$	17	18
Cl-37	$_{17}Cl^{37}$	17	20
U-235	$_{92}U^{235}$	92	143
U-238	$_{92}U^{238}$	92	146

子数不等于原子序数。除了最轻的几种元素，中子数一般都大于原子序数。

当科学家于 1932 年发现中子后，原子核的组成之谜终于有了一些头绪——原子质量及原子的化学性质可以得到解释。物理学家开始提出各种原子核模型，并且设计了新的实验来验证这些模型。也许最重要的是，中子为探索原子核的结构提供了强大的新探针。中子不带电荷，可以穿透原子核并且开始重新排布。另一方面，质子和 α 粒子都带正电荷，因此会被原子核的正电荷排斥。由此，科学家开展了一系列新实验，其中的一些实验为我们带来了很大的惊喜。

卢瑟福和其他物理学家所做的一系列散射实验，为人们了解原子核的组成提供了线索。质子，即氢原子的原子核，在其他原子核中也被人们发现。散射实验也可产生质量几乎与质子相等但电荷量为零的中子。质子和中子共同解释了不同原子核的质量和电荷，以及存在同种元素的不同同位素的原因。

日常现象专栏 19.1　烟雾报警器

现象与问题　烟雾探测器在我们的生活中无处不在。每年，烟雾警报器都会拯救很多生命。大多数家庭、公寓和办公室的过道上方都装有烟雾探测器（见附图 1）。大多数人经历过晚餐被烧焦后烟雾报警器鸣响的经历。

烟雾探测器是如何工作的？辐射是如何在烟雾探测器中发挥作用的？许多常见设备的原理都是辐射。医学领域存在许多这样的例子——医学成像、癌症的化放射性治疗等。然而，许多人并未意识到烟雾探测器的设计巧妙地利用了 α 粒子的特性。

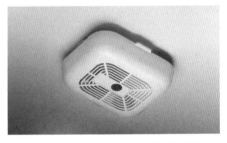

附图 1　安装在天花板上的典型烟雾报警器

分析　什么是 α 粒子？简单地说，α 粒子就是氦原子核，它由两个中子和两个质子组成。中子和质子的质量远大于 β 粒子（电子）和 γ 射线。由于质量相对较大，α 粒子在空气中的运动距离不长。氮分子和氧分子占空气总量的 89%。α 粒子撞击空气中的氮分子和氧分子后，失去能量。当空气中充满烟雾颗粒时，α 粒子损失能量的速度会快得多——几乎寸步难行！α 粒子的这种性质有助于人们制造敏感的烟雾探测器。

烟雾探测器中有一个 α 粒子源，我们称之为 Am-241。镅（Am）没有稳定的同位素，在自然界中极为罕见。镅最初是科学家在芝加哥大学的核反应堆中使用中子轰击钚时发现的。参与"曼哈顿计划"并与他人共

同发现 10 种元素的格伦·西博格将这种新元素命名为锔。所有用于烟雾探测器的锔都是在核反应堆中产生的。

当 α 粒子撞击氮分子和氧分子时，会剥离这些分子的电子，使得分子电离。电离后的分子（也称离子）是不再呈电中性的分子。原子核中的质子数现在大于电子数，因为一个或多个电子已在与 α 粒子的相互作用中被剥离。这就产生了带负电荷的电子，以及带正电荷的氮离子或氧离子。

烟雾探测器中有两个极板，一个极板带正电荷，另一个极板带负电荷（见附图 2）。由于异种电荷相吸，电子向带正电荷的极板运动，带正电荷的氮离子或氧离子向带负电荷的极板运动，产生电流。这就是要定期更换烟雾探测器中的电池的原因，因为是电池在两个极板上分别产生正电荷和负电荷的。

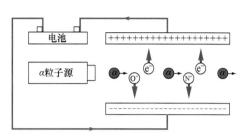

附图 2　烟雾探测器基本原理示意图。还需要一些额外的电路（未显示）来检测触发警报器的电流减小

存在电流时，一切安好。然而，如果空气中出现烟雾颗粒，电流就会减小，进而触发警报器。电流减小的原因有二：一是 α 粒子被烟雾颗粒吸收，无法产生许多离子；二是烟雾颗粒与已有的离子相互作用，烟雾颗粒贡献出电子，这些离子再次变为电中性的。

α 粒子很容易被阻止。人体皮肤上的死皮足以阻止任何 α 粒子。纸张或衣服也可以阻止 α 粒子。因此，探测器本身通常可以吸收烟雾探测器中产生的所有 α 粒子。从探测器逃逸到空气中的 α 粒子会在几厘米的距离内被空气吸收（因此不必担心 α 粒子造成的辐射）。事实上，不少人因为巧妙地利用了 α 粒子的性质而得到拯救。

19.2　放射性衰变

如第 18 章所述，贝克勒尔于 1896 年发现了天然放射性。1910 年，卢瑟福和其他人证明，在放射性衰变过程中，一种元素实际上正在变成另一种元素。发生衰变时，原子本身的原子核出现变化。那么，科学家对原子核结构的新认识是如何帮助我们说明这种现象的呢？

19.2.1　α 衰变中发生了什么？

镭（Ra）是由玛丽·居里和皮埃尔·居里在 19 世纪与 20 世纪之交分离与鉴别出来的，是最早被人们广泛研究的放射性元素之一。人们在铀矿石（沥青铀矿）中发现镭后，很快就证明镭比铀更具放射性。被卢瑟福视为氦原子的原子核的 α 粒子，是镭在衰变过程中释放的主要辐射。

人们在沥青铀矿中发现的镭的主要同位素的原子核共有 226 个核子（中子数与质子数之和）。我们称这种同位素为 Ra-226，写为 $_{88}Ra^{226}$，其中 Ra 是镭的化学符号，下标 88 是原子序数，上标 226 是质量数（中子数和质子数之和）。由于原子序数是 88，所以在镭的这种同位素的原子核中有 88 个质子和 138（226－88＝138）个中子。

如果知道 Ra-226 能够释放 α 粒子，那么我们就能够知道它衰变时会产生什么元素。这个过程很简单：我们知道镭（Ra）和 α 粒子（氦原子核）中含有多少质子和中子，因此知道衰变生成物或子元素中剩余多少质子和中子。为了跟踪各个数字的变化，并简单地描述这个核反应，我们常用如下反应方程：

$$_{88}Ra^{226} \Rightarrow _{86}?^{222} + _{2}He^{4}$$

在这个反应方程中，我们用 Ra-88 的原子序数 88 减去氦的原子序数 2，得到了未知元素的原子序数（86）。类似地，我们也得到了质量数：226－4＝222。反应方程两边的原子序数之和必须相同，质量数之和也必须相同。然后，查看元素周期表，找到原子序数为 86 的元素，就可以确定未知元素是什么。它是惰性气体氡（Rn），因此由问号表示的子核是 Rn-222（$_{86}Rn^{222}$）。

Ra-226 的 α 衰变如图 19.6 所示。由图可知，根据动量守恒定律，α 粒子飞出时，速度大于氡

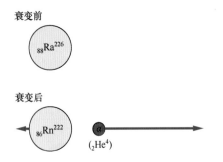

衰变前

衰变后

$(_2He^4)$

图 19.6　Ra-226 的 α 衰变。子同位素是 Rn-222

核的反冲速度（见第 7 章）。如果系统的初始动量是零，那么 α 粒子和氡原子核衰变后的动量必须大小相等、方向相反。由于 α 粒子的质量远小于氡原子核的质量，因此其速度必须大于氡原子核的速度，才能满足动量（$p = mv$）大小相等的要求。

由此发现，即使得到的不是黄金，炼金术士将一种元素转化为另一种元素的梦想在放射性衰变和其他核反应中确实是能够实现的。子同位素 Rn-222 本身具有放射性，经过 α 衰变后产生 Po-218，Po-218 经过 α 衰变后产生 Pb-214。虽然 Pb-214 不是稳定的同位素，但是 Pb（铅）通常是重元素放射性衰变的最终生成物。关于 α 衰变的应用，请参阅日常现象专栏 19.1。

19.2.2　β 衰变和 λ 衰变中会发生什么？

Pb-214 经历 β 衰变——衰变释放的粒子要么是电子，要么是正电子（电子的反粒子，带正电荷）。Pb-214 的 β 衰变发射一个普通的电子（带负电荷）。相对于原子核的质量，电子的质量小到可以忽略不计——质量数实际上是零。由于电子带负电荷，电荷数或原子序数是-1，所以反应方程为

$$_{82}Pb^{214} \Rightarrow \ _{83}?^{214} + \ _{-1}e^0 + \ _0\bar{v}^0$$

β 衰变反应方程右侧的第三个粒子被称为反中微子，中微子用希腊字母 v 代表，$\bar{v}$ 表示中微子的反粒子，即反中微子。所有的基本粒子都存在反粒子。反粒子的质量相同，如果它们带有电荷，那么所带的电荷相反。例如，正电子是电子的反粒子。反粒子相互作用时会一起湮灭，并以其他的形式释放能量。

那时，科学家在衰变过程中并未直接观察到反中微子，但是根据能量守恒定律，需要将它计入。由于 β 衰变中的电子有一定的能量范围，因此物理学家认为必须有其他物质才能解释剩余的能量。实际上，中微子直到 1957 年才被物理学家探测到，物理学家由于相信能量守恒定律，在多年前就相信中微子是存在的。中微子（和反中微子）的质量极小并且不带电荷，因此它们不会影响反应方程中的电荷数和质量数。

下面我们再次观察反应方程两边的质量数之和及电荷数之和。得到的新元素的原子序数是 83，因为 $83-1=82$，而 82 恰好是原来的铅（Pb）同位素的原子序数。查找元素周期表中的原子序数 83，发现 Bi-214 是这个衰变的子元素（见图 19.7）。Pb-214 的原子核内的一个中子变成了一个质子，产生了原子序数更高的原子核。因此，我们可将反应方程中的问号替换为 Bi。

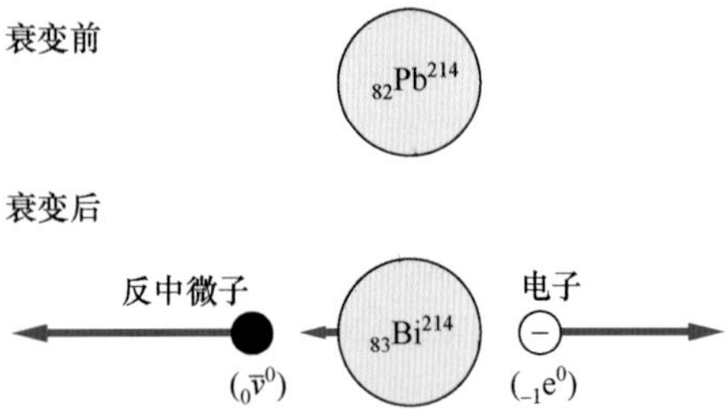

衰变前

$_{82}Pb^{214}$

衰变后

反中微子　　　　　　　　电子

$(_0\bar{v}^0)$　　$_{83}Bi^{214}$　　$(_{-1}e^0)$

图 19.7　Pb-214 的衰变。子同位素 Bi-214 的原子序数比 Pb-214 的大

经过进一步的 β 衰变和 α 衰变，Bi-214 最终衰变成铅的稳定同位素——Pb-206。这个衰变链的一些同位素也会释放 γ 射线（高能光子）。这种情况下发射的粒子是光子，它没有电荷或质量，因此无论是质量数还是电荷数在 γ 衰变过程中都不改变。这时，得到的仍然是同一种同位素，只是它会变得更稳定（见图 19.8）。

发射 γ 射线的同位素被人们广泛用于医学领域。γ 射线没有电荷或质量，不与物质发生太多的相互作用，与 α 粒子或 β 粒子相比具有更强的穿透能力。γ 射线给生物造成的伤害也大大降低。许多核医学诊断的原理是让放射性同位素进入人体，然后对放射性浓度成像。此外，这种技术可

以让医生在不进行侵入性手术的情况下，判断某些器官的工作是否正常、是否存在癌症，或者判断人体的某些部位是否正在修复之中，参见例题 19.1。

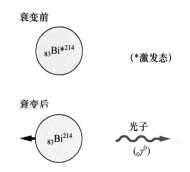

图 19.8　Bi-214 的 γ 衰变。结果是同一种同位素，但是它要比最初的 Bi-214 稳定（能量更低）

19.2.3　如何描述衰变的快慢？

不同衰变的发生需要多长时间？不同放射性衰变都是自发的随机事件，我们无法准确地预测一个特定的不稳定原子核何时发射粒子并转换为另一种元素的同位素。

不同的放射性同位素在衰变之前，都会经历不同的平均时间或特征时间。我们使用半衰期来描述这个特征时间：半衰期是指原始原子数量的一半完成衰变所需的时间。例如，Rn-222 的半衰期约为 3.8 天。如果我们最初有 20000 个原子，那么 3.8 天后就只剩下 10000 个原子，另一半原子则衰变为 Po-218（$_{84}Po^{218}$）。经过 2 个半衰期即 7.6 天后，剩余原子的一半完成衰变，只剩下 5000 个 Rn-222 原子。经过 3 个半衰期后，只剩下 2500 个原子，经过 4 个半衰期后，只剩下 1250 个原子，以此类推。

每过 3.8 天，Rn-222 原子的数量就减少一半，因此，一种同位素的剩余原子数量减少到原有数量的一小部分并不需要太多的半衰期。经过 10 个半衰期即 38 天后，原来的 20000 个原子就只剩下 20 个原子（注：这里的数据要纯粹从数值计算角度来理解。事实上，半衰期是大量放射性元素原子的统计结果）。

图 19.9 中显示了这个衰变过程，图中的曲线被称为指数衰减曲线，原因是在数学上可用指数函数来表示它。事实上，当衰减量或递增量与待衰减量或递增量成正比时，就会出现指数衰减或指数增长的情况。这种情况同样适用于许多随机过程。

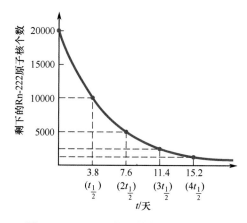

图 19.9　Rn-222 的指数衰减曲线。剩下的原子数量每过 3.8 天（半衰期）就减少一半

不同放射性同位素的半衰期差别很大。例如，Ra-226 的半衰期为 1620 年，铀的常见同位素 U-238 的半衰期为 45 亿年，Po-214 的半衰期仅为 0.000164 秒。

半衰期越长，同位素就越稳定。

另一方面，半衰期越短，放射性衰变就越快。半衰期中等的同位素对环境的影响最大。半衰期很短的同位素在衰变活跃期间的放射性很强，但是其衰变很快就会结束，衰变结束后就不再有危险性。类似于 U-238 的半衰期极长的同位素的放射性不强，但是在同位素足够多时，也会造成危害。同位素 Sr-90 的半衰期是 28.8 年，其放射性要比 U-238 的强很多，在环境中停留的时间足以造成严重问题。Sr-90 有时会出现在核炸弹试验或核事故的放射性尘降中。

例题 19.1　医用同位素

Tc-99 是半衰期为 6 小时的同位素，它在骨骼扫描和其他医学诊断中发射 γ 射线。**a.** 如果在使用前半天（12 小时）就准备好 Tc-99 的样品，那么使用时还剩余该同位素原始含量的多少？**b.** 准备后一天（24 小时）又还剩多少？

a. $t_{1/2} = 6.0h$，$t = 12h$，$t/t_{1/2} = 2$
剩余比例 $= 1/2 \times 1/2 = 1/4$

b. $t_{1/2} = 6.0h$，$t = 24h$，$t/t_{1/2} = 24/6 = 4$
剩余比例 $= 1/2 \times 1/2 \times 1/2 \times 1/2 = 1/16$

19.2.4 放射性辐射为何对人体健康有害？

放射性很危险，因为发射的粒子 [α 粒子、β 粒子（电子）和 γ 射线] 能够改变组成人体细胞的化合物，导致癌症或其他伤害。当放射性剂量很大时，甚至会导致辐射疾病与人体死亡。极低的放射性剂量对人体的影响仍在争论之中。有些科学家认为任何剂量的放射性对人体都是有害的，但是另一些科学家认为剂量很小的放射性会对人体产生有益的影响，进而抵消其负面影响。

由于 U-238 和 Th-232 的半衰期与地球的估计年龄差不多，因此它们还未完全衰变，仍然天然地存在于环境中。在岩石和土壤中，它们都是微量的，但是在铀矿中的含量很高。U-238 衰变产生的元素之一是气体氡，它是表 19.2 中最大的本底辐射源。无嗅无味的气体氡是 α 粒子"发射器"。α 粒子甚至无法穿透人体皮肤的死皮层。然而，如果人体吸入了 α 粒子（很容易吸入，因为 α 粒子是以气体形式存在的），α 粒子就会在人体内累积能量，进而造成某些生物性损伤。注意，氡的数量会因地点、季节、建筑物类型和其他因素的不同而不同。

表 19.2	
本底辐射源	
辐射源	**mrem/年**
天然辐射源	
吸入的氡气	200
宇宙射线	27
地面放射性	28
地球内部放射性	40
	—
	295
人为辐射源	
医学	53
消费产品	10
其他	1
	—
	64

度量电离辐射及其对人体组织的影响的单位很多，但是最常用于比较不同类型电离辐射（X 射线、天然放射性等）的吸收剂量的单位是雷姆（rem），它表示人体伦琴当量，其中的伦琴是描述由辐射产生的电离量的单位。单位"雷姆"考虑了不同类型的辐射对人体组织的不同影响，度量的是单位质量组织所吸收的辐射能量。

600rem 的全身剂量通常是致命的。然而，小得多的剂量也能造成伤害，这类小剂量常用毫雷姆（mrem）表示，1mrem 是 1rem 的千分之一。美国人平均每年天然获得的辐射剂量是 295mrem，人为获得的辐射剂量是 64mrem（记忆方法是，两种来源的辐射总剂量接近 365mre，即每天获得的剂量约为 1mrem）。如表 19.2 所示，最大的人为辐射来源是医疗过程，如 X 光诊断和核医学中使用的放射性同位素。

无论是天然辐射源还是人为辐射源，都存在较大的差异，具体取决于个人所处的环境和经历的医疗过程。美国人因核电站导致的辐射剂量并不大，但是从事核工业的个体会受到更大剂量的辐射。美国目前的标准规定，核工作人员、X 射线技术员或其他暴露于辐射下的人员，每年的辐射剂量不得超过 5rem（5000mrem/年）。

人类一直暴露在极低水平的放射性排放物中，这些排放物来自微量的 Th-232 和 U-238 的同位素及其衰变生成物，以及撞击地球的宇宙射线。自人类诞生以来，就一直暴露在这种低剂量的本底辐射中，人体甚至进化出了一定的自我修复能力。仅当辐射剂量远超自然本底辐射时，才会引发人们的担忧。

> 在放射性衰变中，放射性原子的原子核发生变化，因为它会释放不同类型的粒子。在 α 衰变中，释放氦原子核，留下原子数和质量数较小的子原子核。在 β 衰变中，发射电子或正电子，因此原子序数变化，但是质量数不变。在 γ 衰变中，释放的高能 γ 射线不改变原同位素的原子数或质量数。不稳定同位素就像等待爆炸的定时炸弹，它们具有特定的衰变时间，我们常用半衰期来描述衰变时间。

19.3 核反应和核裂变

前面说过，在放射性衰变过程中，原子核将自发地变化，即从一种元素变为另一种元素。那么我们有可能通过实验来引发这种变化而不必等待自发变化吗？

1932 年，中子的发现为人们重新排布原子核提供了新的手段。由于这一发现，核物理学在 20 纪 30 年代成了一个活跃的研究领域。研究工作产生了一些意想不到的结果，对科学和人类的发展产生了巨大的影响。

19.3.1　什么是核反应？

前面介绍了人为导致的原了核的变化：卢瑟福发现，当氮原子核被 α 粒子轰击时，会释放质子。我们可将卢瑟福实验的反应方程写为

$$_2He^4 + _7N^{14} \Rightarrow _8O^{17} + _1H^1$$

如反应方程所示，α 粒子是氦原子核，发射的质子是氢原子核。反应的另一种生成物是原子序数为 8 的元素，即氧（见图 19.10）。O-17 不是氧的最常见的同位素（最常见的同位素是 O-16），但它是氧在自然界中的稳定同位素。

这是核反应的一个例子。注意，反应方程一侧的总电荷数等于另一侧的总电荷数（质量数同样如此）：每侧的总电荷数或原子序数都是 9，总质量数都是 18（19.2 节中的放射性衰变方程同样如此）。根据质量和原子序数可以

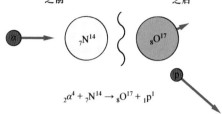

图 19.10　一个 α 粒子和一个氮原子核碰撞，释放一个质子，并且产生一个新原子核 O-17

确定另一种生成物是 O-17，但是，也可以分析实验后留在容器中的气体来验证这个结果。尽管在实验开始时没有氧气，但是实验后会出现氧气。核反应涉及元素本身的变化，而化学反应只涉及围绕原子核运动的电子的重新排布。

在 α 粒子的轰击下，铍样品释放中子，这是核反应的另一个例子。这时的反应方程是

$$_2He^4 + _4Be^9 \Rightarrow _6C^{12} + _0n^1$$

中子不带电荷，因此其原子序数或电荷数是 0，像质子那样，它的质量数是 1。另一种生成物 C-12 可以通过在元素周期表中查找原子序数为 6 的元素来确定。这样产生的碳同位素是最常见的碳同位素。实验完成后，我们发现在最初的纯铍靶中存在少量的碳。

19.3.2　能量和质量如何参与核反应？

放射性最初的奥秘之一是能量来自何处这个问题。即使贝克勒尔的铀样本在黑暗的抽屉中保存了数周，射出的 α 粒子、β 射线或者 γ 射线仍然具有巨大的能量。这种能量来自何处？

答案可在爱因斯坦的著名质能关系式 $E = mc^2$ 中找到。这个关系式作为爱因斯坦相对论的一部分，约在放射性物质被发现后的第十年提出。这个关系式的意思是说，质量和能量是等效的：质量就是能量，能量就是质量（详见第 20 章中的说明）。常数 c^2，即光速的平方，是单位转换因子，它可以让我们将质量单位转换为能量单位，反之亦然。如果生成物的质量小于反应物的质量，那么由质量亏损表示的能量就以其他形式出现，通常是粒子的动能。

例题 19.2 所示的铍反应计算说明了这个设想。所涉及的同位素和粒子的质量是以原子质量单位（也称统一原子质量单位，符号为 u）给出的，它是基于 C-12 原子的质量的一种质量单位。根据原子质量单位的定义，C-12 的质量恰好是 12.00000u（1 原子质量单位等于 1.661×10^{-27} kg）。首先将质量亏损转换为千克，然后乘以 c^2，就得到释放的能量（单位为焦耳）。反应完成后，这种能量以中子和反冲的 C-12 原子核的动能的形式出现。

例题 19.2　将静止能量转换为动能

核反应 $_2He^4 + _4Be^9 \Rightarrow _6C^{12} + _0n^1$ 的反应物和生成物的原子核的质量如下所示。用这些值和爱因斯坦的质能关系式 $E = mc^2$ 计算反应释放的能量。

反应物		生成物	
Be^9	9.012186u	中子	1.008665u
He^4	4.002603u	C^{12}	12.000000u
	13.014789u		13.008665u

质量亏损是

13.014789u

13.008665u

$\Delta m = 0.006124u = 1.017×10^{-29}kg$

$E = \Delta mc^2 = 1.017×10^{-29}kg ×(3×10^8m/s)^2 = 9.15×10^{-13}J$

虽然单个核反应释放的能量很小，但是它要比单个化学反应（每个原子）释放的典型能量约大 100 万倍。这种质量上的变化是放射性衰变和其他核反应所涉及的粒子能量的来源。根据 20 世纪初的这些认识，物理学家开始认识到了核反应释放大量能量的可能性。

19.3.3 核裂变是如何被发现的？

1932 年以前，α 粒子或质子是科学家试图重新排布原子核的主要手段。中子的发现立即为科学家提供了一种强大的新方法，因为中子的零电荷量意味着它不会被原子核的正电荷排斥。因为 α 粒子和质子都是带正电荷的，受原子核的电荷的排斥，因此它们需要很高的初始能量和正面碰撞才能产生反应。然而，中子能够以低能量直接"溜"进原子核。

意大利物理学家恩里科·费米（1901—1954）是最早探索由中子产生的核反应潜力的人之一。在从 1932 年到 1934 年的一系列实验中，他试图制造新的重元素。当时已知质量和原子序数最大的元素是铀，费米决定用铍反应产生的中子轰击铀样品（见图 19.11）。然后，他分析了这些样品，以便了解是否能够检测到原子序数高于 92 的元素。

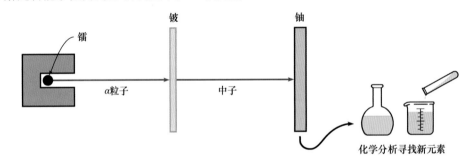

图 19.11　费米的实验示意图。在实验中他试图用中子轰击铀来产生新元素

起初，结果既令人困惑又令人失望。费米和他的化学家同事知道接下来在元素周期表中会出现什么元素，由此也就能够预测他们所寻找的元素的化学性质，但是在这些早期实验中试图分离这些元素的尝试并未取得成功。由于预期的量很小，也不清楚确切的化学性质，因此缺乏明确的结果并不令人惊讶。

其他人也开始努力。该研究领域的首次真正突破出现在 1938 年。当时，德国科学家奥托·哈恩和弗里茨·斯特拉斯曼从被低能量中子撞击的铀样本中分离出了钡元素。在宣布发现之前，哈恩和斯特拉斯曼仔细地复核了这个惊人的结果。这个结果是出人意料的，因为在元素周期表中，钡元素的原子序数是 56，只比铀的一半多一点。

什么样的反应由铀生成了钡？另外两位德国科学家给出了一个可能的答案。他们当时分别在丹麦和瑞典工作，原因是德国对犹太人的迫害日益严重。

丽斯·迈特纳和她的侄子奥托·罗伯特·弗里希推测铀原子核可能分裂成了两个更小的原子

核，我们现在称这个过程为核裂变。如果其中的一个原子核是原子序数为 56 的钡，那么另一个原子核的原子序数应该是 36，只有这样，它们的和才能是 92（铀的原子序数）。这种元素恰好是氪，它是一种惰性气体（见图 19.12）。因此，反应方程可能是

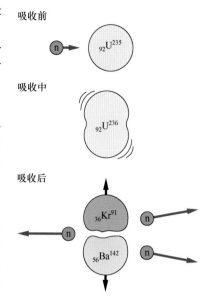

吸收中

吸收后

$$_0n^1 + {}_{92}U^{235} \Rightarrow {}_{56}Ba^{142} + {}_{36}Kr^{91} + 3\,{}_0n^1$$

书写这个反应方程时，考虑了被额外释放的中子。将一个大原子核分成两个小原子核时，确实能够得到多余的中子，因为随着元素周期表中较重元素的原子序数的增加，中子数与质子数的比值越来越大（见图 19.5）。

在反应方程中，钡和氪的同位素也含有多余的中子。因此，它们是不稳定的，会出现 β 衰变，这意味着生成物是放射性的。

在上述低能量中子撞击铀的实验的反应方程中，我们将涉及的铀同位素记为 U-235。实际上，天然铀主要是 U-238，只有 0.7% 的铀是 U-235。然而，U-235 最易发生核裂变。与 U-238 相比，U-235 更易吸收低能量中子，中子被吸收后，U-235 与 U-238 相比更易发生裂变。

图 19.12　当一个中子被 U-235 吸收时，就产生裂变反应。Ba-142 和 Kr-91 是两种可能的裂变碎片

裂变反应产生的这两种元素被称为裂变碎片，这里的裂变碎片是钡和氪。然而，靠近已知元素清单中间位置的许多其他元素（原子序数在 30 和 60 之间）也可能在裂变中产生。由于中子过多，这些裂变碎片通常是具有放射性的，并且构成核裂变应用产生的大量核废料。

例题 19.3　求放射性衰变中的额外中子数

在核反应中，U-235 裂变产生多种生成物。一种情况是，U-235 裂变产生 Xe-140 和 Sr-94。如果发生这种反应，会释放多少额外的中子？

由元素周期表可知，铀、氙和锶的质子数分别为 92、54 和 38。于是，反应方程变成（发射的中子数由问号表示）

$$_0n^1 + {}_{92}U^{235} \Rightarrow {}_{54}Xe^{140} + {}_{38}Sr^{94} + ?\,{}_0n^1$$

反应方程两边的质子数（下标）如下：

$$0 + 92 = 54 + 38 + 0$$

即两边各有 92 个质子。

反应方程两边的质子数和中子数（上标）如下：

$$1 + 235 = 140 + 94 + ?$$

上式要成立，还要有两个核子，它们要么都是中子，要么都是质子，要么是一个中子和一个质子。然而，这里不能是质子，否则下标（质子数）就不平衡，因此这里只能加两个中子。于是，完整的反应方程为

$$_0n^1 + {}_{92}U^{235} \Rightarrow {}_{54}Xe^{140} + {}_{38}Sr^{94} + 2\,{}_0n^1$$

这些发现和猜测引发了科学家的极大关注，并且影响深远。1939 年，丹麦物理学家尼尔斯·玻尔、梅特纳与弗里希讨论了这些猜测，他们认为反应中的铀是 U-235。随后，玻尔前往美国，向一个不断壮大的核科学家群体（这些科学家中的许多人是逃离欧洲以躲避纳粹迫害的犹太人）报告了这个猜测。

这个消息引发了科学家的关注与忧虑。部分原因是他们立即认识到这可能会产生涉及核裂变的链式反应。链式反应可以产生，因为裂变反应是由一个中子引发的，但是各个反应会释放大量的中子，进而导致反应的数量迅速增加（见图 19.13）。如爱因斯坦的质能关系式预测的那样，链式反应将释放大量的能量。

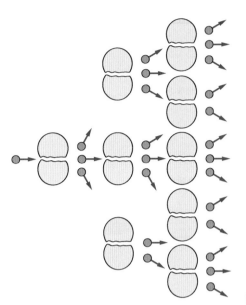

1939 年，在美国工作的欧裔科学家有恩里科·费米、爱德华·特勒和阿尔伯特·爱因斯坦等人。爱因斯坦的主要兴趣不是核物理学，但是他被世界公认为杰出理论物理学家。公众非常熟悉他的名字，因此爱因斯坦的一些同事说服他给美国时任总统富兰克林·罗斯福写了一封信，信的内容是建议开展探索核裂变的军事意义的应急研究计划。美国此后不久开始实施的"曼哈顿计划"推动了核反应堆和核武器的发展。

> 核反应涉及原子核的变化，常常使得一种元素变成另一种元素。放射性衰变，以及发现质子和中子所涉及的反应都是这样的例子。释放或吸收的能量可用爱因斯坦的著名质能关系式，由反应物和生成物的质量之差预测。中子的发现为引发核反应提供了新手段。20 世纪 30 年代末，使用中子进行的实验导致科学家发现了核裂变。链式反应的可能性刺激了核反应堆和核武器的研究。

图 19.13　涉及核裂变的链式反应。U-235 原子核的每次裂变都产生多个中子，进而引发更多的裂变反应

19.4　核反应堆

1940 年，欧洲和美国的物理学家完全了解了通过核裂变产生链式反应的可能性。既然裂变反应由中子引发，并且每次反应都产生额外的中子，那么链式反应在铀样本中为何不一直发生呢？发生链式反应需要什么条件？美国的科学家需要给出这些问题的答案，因为当时战争正在亚洲和欧洲肆虐，美国及其盟国担心德国可能正在研制核弹。

19.4.1　如何实现链式反应？

了解链式反应的必要条件是了解核反应堆和核弹工作原理的重要一步。关键是追踪裂变反应中产生的中子发生了什么。当其他 U-235 原子核捕获足够数量的中子时，就发生新的裂变，反应持续进行。当产生的大多数中子被其他元素吸收时，或者逸出反应堆或炸弹而未与其他 U-235 原子核碰撞时，反应就终止。

记住，天然铀主要由 U-238（99.3%）组成，只有 0.7%是 U-235。U-238 也吸收中子，但是通常不会导致裂变。天然铀不发生链式反应的主要原因是，一次裂变反应产生的中子更可能被 U-238 原子核而非 U-235 原子核吸收。增大链式反应可能性的方法之一是，增大样品中 U-235 的比例。

然而，分离 U-235 和 U-238 极其困难。同种元素的不同同位素具有相同的化学性质，因此无法采用化学技术进行分离。分离元素的基础是不同同位素之间存在极小的质量差。第二次世界大战期间，人们测试了各种技术，最有潜力的技术是在美国田纳西州橡树岭一家工厂中使用的气体扩散技术。然而，即使付出了巨大的努力且费用不菲，到第二次世界大战结束时，科学家们成功分离的 U-235（仅几千克）也只够制造一枚核弹。

在天然铀或更高浓度 U-235 的核反应堆中，人们使用了另一种实现链式反应的策略。关键是在裂变反应之间降低中子的速度。慢中子与 U-235 原子核碰撞时被吸收的可能性，要比与 U-238 原子核碰撞时被吸收的可能性大得多。裂变反应会释放更快的中子，当它们遇到这两种同位素时，被吸收的概率几乎相同。因此，如果中子在遇到更多的铀核之前能够降低速度，就能产生更多的裂变反应。

根据这一想法，芝加哥大学的恩里科·费米及其同事于 1942 年首次实现了受控的链式反应。费米使用纯石墨砖建造核反应堆，石墨砖之间穿插有小块天然铀（见图 19.14）。石墨是碳元素的

一种固体形式，其质量数 12 相对较小。由于碳原子不易吸收中子，于是与 C-12 原子核碰撞的中子只能被反弹。每次碰撞时，中子都失去能量，而碳原子核则获得动能。于是，石墨在不吸收中子的情况下就降低了中子的速度。我们称这种材料为慢化剂。

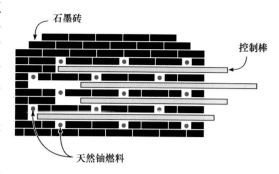

图 19.14　费米的"反应堆"示意图，这是人类制造的首个核反应堆。小块天然铀穿插在石墨砖之间

除了慢化剂和铀燃料，反应堆还需要一个特殊的装置。当条件合适时，链式反应发展得很快，因此我们需要一些方法来控制反应的速度。将含有吸收中子的物质的控制棒推入或抽出反应堆，可以保持正常所需的反应速度。在费米的反应堆中，控制棒由镉制成，但是目前常用的材料是硼。

1942 年 12 月 2 日，费米及其同事慢慢地从他们精心建造的反应堆中抽出了一些控制棒。通过监测反应堆中不同位置的中子流量，他们确定发生了自持链式反应。反应堆处于临界状态；也就是说，每个裂变反应产生的一个新中子继续被另一个 U-235 原子核吸收，产生另一个裂变反应。如果每个初始反应都产生一个以上的新裂变反应，我们就称这种反应堆为超临界反应堆。如果产生的裂变反应少于一个，那么我们就称这种反应器是次临界反应堆。

启动反应堆时，首先要让反应堆稍微超过超临界状态，直到达到预期的反应水平。然后，重新推入控制棒，让反应堆保持临界状态或稳定水平。推入控制棒可以进一步降低反应水平——控制棒就像汽车的油门。频繁地调整一些控制棒的位置，就可以微调核反应水平。快速推入设计的其他控制棒，可以关闭反应堆。

19.4.2　为什么反应堆中会产生钚？

到目前为止，我们还未考虑 U-238 吸收一个中子时发生的情况，只是说这通常不会导致裂变。费米最初的目标是制造比铀重的新元素，这个目标的确实现了：一系列核反应产生了钚，而钚是裂变炸弹的主要原料。

表 19.3
产生钚的核反应
1. U-238 吸收一个中子
$_0n^1 + _{92}U^{238} \Rightarrow _{92}U^{239}$
2. U-239 发生 β 衰变
$_{92}U^{239} \Rightarrow _{93}Np^{239} + _{-1}e^0 + _0\bar{\nu}^0$
3. Np-239 发生 β 衰变
$_{92}Np^{239} \Rightarrow _{94}Pu^{239} + _{-1}e^0 + _0\bar{\nu}^0$

由 U-238 生成 Pu-239 的反应见表 19.3 和图 19.15。首先，U-238 原子核吸收中子，产生 U-239。接着，U-239 发生 β 衰变（半衰期 23.5 分钟）生成 Np-239，Np（镎）是一种原子序数为 93 的新元素，是原子序数比铀大 1 的元素。Np-239 也会发生 β 衰变（半衰期为 2.35 天），产生原子序数为 94 的另一种新元素——Pu-239。Pu-239 相对稳定，半衰期约为 24000 年。就像 U-235 一样，当 Pu-239 吸收一个中子后，也容易发生核裂变。

由于核反应堆要么使用天然铀，要么使用 U-235 含量稍高的铀，因此 Pu-239 是反应堆运行的天然生成物。此外，由于 Pu-239 是一种不同的元素，其化学性质与铀的不同，因此可以采用化学技术从铀中分离出它。也就是说，核反应堆可以用来生产制造核武器裂变材料的 Pu-239。在第二次世界大战的最后几年中，美国在华盛顿州的汉福德镇开展了专为生产裂变材料 Pu-239 而建造核反应堆的应急计划。

19.4.3　现代反应堆有何设计特征？

大多数针对发电目的的设计的现代反应堆并不使用石墨作为慢化剂，而使用普通水（轻水）作

吸收中子

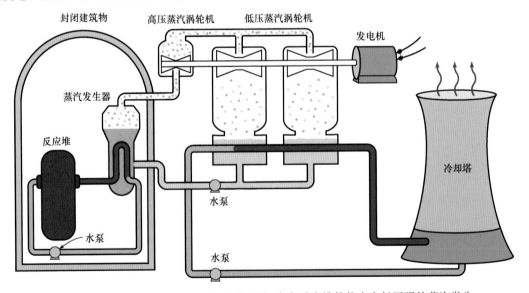

$_0n^1$ 中的 n + $_{92}U^{238}$ ⟹ $_{92}U^{239}$

β 衰变

$_{92}U^{239}$ ⟹ $_{93}Np^{239}$ + $_{-1}e^0$ + $_0\bar{\nu}^0$

第二次 β 衰变

$_{93}Np^{239}$ ⟹ $_{94}Pu^{239}$ + $_{-1}e^0$ + $_0\bar{\nu}^0$

图 19.15　U-238 吸收一个中子后，发生两次衰变反应，产生能够作为裂变燃料的 Pu-239

为慢化剂。水（H_2O）含有氢（H）原子核和氧（O）原子核，氢原子核能够有效地降低中子的速度。遗憾的是，氢还会吸收中子，形成较重的同位素氘（H^2）和氚（H^3）。重水是用氘代替氢的水的普通同位素，它吸收中子的能力不如轻水，所以有时被用作慢化剂。

由于被普通氢吸收的中子不再参与循环，因此使用天然铀作为燃料时，普通水就不能有效地充当慢化剂。但是，如果将 U-235 的浓度从天然铀的 0.7% 浓缩到约 3%，就能弥补因被氢吸收而失去的中子，进而实现链式反应。轻水反应堆必须使用浓度稍大的铀作为燃料，但是使用重水作为慢化剂的反应堆可以使用天然铀作为燃料。

使用水作为慢化剂的优点是，水还可以作为冷却剂，带走反应堆堆芯中的热量。裂变反应释放的中子和裂变碎片的动能，在与其他原子的碰撞中，能量的分布无序化，以热能的形式出现。任何大型反应堆都要有冷却堆芯的方法，否则温度会上升到熔化某些反应堆部件的程度。在反应堆中循环的冷却剂将裂变反应产生的能量带给蒸汽涡轮机，进而转动发电机发电。涡轮机本身必须冷却后才能有效地运行。冷却涡轮机的水因热交换而携带的热量，通过冷却塔释放到大气中。这些水不通过反应堆本身，因此没有放射性。

图 19.16 是现代核电站的反应堆示意图。反应堆的堆芯位于钢制厚壁反应堆容器中，冷却剂在该容器中循环。反应堆容器放在加固的混凝土安全外壳内，旨在承受强大的压强变化，保护反应堆不受外部的影响，遏制事故造成的辐射。冷却剂通过蒸汽发生器，蒸汽推动涡轮机，驱动发电机发电。注意，核电站中的管道很多。

图 19.16　现代核电站的反应堆原理图。来自反应堆的热水在低压强的蒸汽发生器内部变成蒸汽，蒸汽推动涡轮机发电

在核电站内部的安全外壳外面，有一间控制室，它负责监控运行反应堆的各个水泵、控制棒和其他设备。控制室中还有温度和辐射测量仪及其他监测设备，它们的作用是告诉操作人员反应堆内部发生的情况。大多数反应堆都设计有安全冗余设备，且反应堆的操作人员都经过培训，以便应对许多突发事件。然而，由于核反应堆的操作非常复杂，操作失误引发的核电站事故的比例也不低。日常现象专栏 19.2 中介绍了福岛核反应堆事故。

19.4.4　围绕核能的环境问题

任何像氢这样在反应堆中吸收中子的物质，都被称为中子吸收剂。慢化剂或燃料元件中的杂质，甚至裂变生成物本身，都可以作为减缓反应的吸收剂。反应堆运行的时间越长，燃料元件中积累的吸收剂就越多，燃料 U-235 的消耗也就越大。因此，必须不时地更换燃料棒（见图 19.17）。我们必须以某种方式来存储或处理含有铀、钚和放射性裂变碎片的废燃料棒。废燃料棒中的放射性元素构成核反应堆产生的大部分核废料。

美国联邦政府制定的关于核废料处理的政策，建议将放射性废料深埋到固态岩石中，而不从中提取钚和剩余的铀，以避免昂贵的化学分离过程对环境造成危害。这种政策的缺点是会浪费以钚和铀形式存在的可裂变物

图 19.17　在美国埃克斯龙公司的利默里克核电站中，工作人员正在将核燃料棒放到二号反应堆的燃料棒存储池中

质。另外，钚和铀的半衰期要比大多数裂变碎片长得多，这就要求核废料处理场在几千年内都要保持稳定。Pu-239 的半衰期是 24000 年，但是大多数裂变碎片的半衰期是数年或更短，它们衰变得很快，不需要隔离那么久。

当美国 20 世纪 50 年代后期引入核能时，人们认为它是清洁且廉价的能源。对反应堆安全性和核废料处理的关切，让许多人改变了观点。与燃烧化石燃料如煤或石油的发电厂相比，核电厂不增加大气中的温室气体，对大气的污染要小得多。然而，核废料的处理成了政治问题，反应堆的安全性和经济性也成了人们争论的焦点。

出于经济上的考虑，当前美国核能的发展实际上处于停滞状态。建设核电站所需的高成本和长时间，以及对公众接受程度的担忧，使得公用事业公司不再订购新的反应堆。在欧洲和其他化石燃料匮乏的地区，核能的使用仍在扩张。美国核能的未来是不确定的。在不久的将来，发展新的、稳定的小型反应堆可能会给该行业带来新的活力。

除了用于发电，核反应堆还有许多其他用途。一种重要的用途是生产用于核医学的放射性同位素，进而在诊断和癌症治疗过程中使用。核反应堆产生的放射性同位素也被用作工业过程和环境研究的示踪剂。

为了维持链式反应，平均而言，每次裂变释放出的中子必须至少有一个被 U-235 核吸收，才能产生新的裂变反应。如果一个以上的中子被吸收，反应就是超临界的，此时反应加快。如果被吸收的中子数不到 1 个，反应就是亚临界的，此时反应逐步中止。在核反应堆中，中子被慢化剂减速，以便增大它们被其他 U-235 原子核吸收的可能性。控制棒吸收中子来调整反应速度。费米的原始反应堆使用石墨作为慢化剂，但是现代反应堆使用水作为慢化剂和冷却剂。反应堆中的裂变碎片和钚在燃料棒中积累，因此最终需要更换废燃料棒。

19.4.5　问题讨论

法国 75% 以上的电能来自核能，号称实现了能源自给，电价在欧洲几乎是最低的，发电导致的人均二氧化碳排放量也是极低的。既然核能有这么多优点，其他欧洲国家和美国为何不广泛地采用核能呢？

19.5　核武器和核聚变

核反应堆的目标是，让裂变反应可控地释放能量，而绝不能让链式反应失去控制。另一方面，核弹的目标是快速地释放能量，即实现超临界链式反应。如何实现这种状态？核爆炸的必要条件是什么？核裂变武器和核聚变武器有何不同？

19.5.1　什么是临界质量？

生产核武器的最初方法是将 U-235 与 U-238 分离，生产高浓缩的 U-235。如果去除大部分 U-238，那么在最初的裂变反应中释放的中子更可能被其他 U-235 原子核吸收，进而加速链式反应。铀质量的大小也很重要：质量太小时，中子会在遇到其他 U-235 原子核前从铀表面逃逸。

U-235 的临界质量是指刚好大到足以进行自持链式反应的质量。对于质量小于临界质量的铀，最初的裂变反应产生的许多中子会从铀表面逃逸，而不被其他原子核吸收。

当质量大于临界质量时，在每个裂变反应产生的中子中，至少有一个以上的中子会被其他 U-235 原子核吸收，进而产生额外的裂变反应。不同反应的间隔时间很短，因此链式反应发展得很快。这就是爆炸必需的超临界状态。

怎样才能制造不会过早爆炸的超临界质量的铀块呢？裂变链式反应释放的能量会导致温度迅速升高和膨胀。如果超临界质量的铀块由亚临界的多个铀块组成，那么一旦达到超临界状态，铀块就会崩溃，导致核弹失效。解决这个问题的方法之一是，快速地让两块亚临界状态的 U-235 碎片结合到一起，产生很大的超临界质量。图 19.18 所示为首枚铀弹的枪式设计。亚临界 U-235 圆柱体被发射到带有圆柱形孔的 U-235 亚临界球体中，迅速达到超临界质量。当然，启动反应还要有中子源。

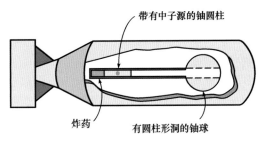

带有中子源的铀圆柱

炸药　　有圆柱形洞的铀球

图 19.18　"小男孩"铀弹的枪式设计。亚临界 U-235 圆柱体被发射到带有圆柱形孔的 U-235 亚临界球体中，迅速达到超临界质量

日常现象专栏 19.2　福岛核电厂事故

现象与问题　2011 年 3 月 11 日，日本东海岸发生 9 级地震，地震引发的海啸在沿岸各地掀起了高达十五六米的大浪，极大地破坏了日本北部的海岸，福岛第一核电厂的核反应堆也被毁坏。这家核电厂共有 6 座反应堆，其中的 3 座反应堆被熔毁，将放射性物质释放到了周围环境中（见附图）。为什么会发生熔毁？怎样才能避免它？

分析　福岛第一核电厂由 6 座沸水反应堆组成，它们是在 20 世纪 70 年代的不同时间投入运行的。反应堆由美国通用电气公司修建，它们的设计与美国的一些反应堆相似。

当设计和建造核反应堆时，工程师会考虑各种可能导致反应堆受损的场景，地震和海啸都在这些场景之列。设计要求是，反应堆要能够经受最强烈的假想事件。具有讽刺意味的是，福岛地震时，正在运行的三座反应堆都在地震的强烈晃动之下安全地关闭了。

核电厂的损毁不是由地震本身造成的，而是由地震引发的海啸造成的。原来用来保护核电厂的海堤的高度不到 7 米，而地震引发的海啸的浪高高达十五六米，轻易地漫过了海堤。这些海浪是在地震后 50 分钟开始到达的，它们要比 40 年前建设这座发电厂时设计师预料的高得多。

在核反应堆关闭且核裂变停止后，反应堆内部在几天时间内仍然产生热量。核裂变的许多衰变生成物本身是不稳定的，因此在裂变停止后继续释放热量。这意味着必须继续让水流过反应堆，带走来自衰变的热量。

然而，反应堆关闭后就不能再提供动力，因此必须用辅助动力设备驱动水泵来冷却反应堆。由于紧急情况下不能依靠供电线路，核电厂准备了一些柴油发电机来运行水泵。福岛第一核电厂备有这些柴油发电机，但是它们位于反应堆的地下室中，而地下室已被海水淹没。

在这张由东京电力公司于 2011 年 3 月 15 日发布的照片中，浓烟正从严重受损的 3 号反应堆升起（左），邻近的 4 号反应堆被一堵外墙隔开。福岛第一核电厂位于日本东北部福岛县的大熊町

工厂被海水淹没后，柴油发电机被海水浸泡而无法工作。于是，开始变得过热的反应堆带来了两个严重的后果。在约 500℃ 的温度下，蒸汽与燃料棒的锆镀层之间的反应造成氢气泄漏，而氢气很容易发生爆炸。当温度更高时，燃料棒熔化并沉淀到反应堆容器的底部。福岛地震发生时，在运行的三座反应堆中，这两种情况都发生了。

反应堆操作人员受到了人们的指责：为什么当时不用消防车上的水泵抽取海水来冷却反应堆？操作人员之所以犹豫，是因为他们知道海水的腐蚀作用会损毁反应堆。但是，操作人员最终还是使用海水冷却了反应堆，只是这时氢气爆炸损坏了反应堆所在的封闭建筑物。如果早用海水的话，也许能够阻止氢气爆炸和随之而来的熔毁。虽然反应堆仍然会被毁坏，但是泄漏到环境中的核辐射要少得多。

福岛核事故摧毁了核电站六个反应堆中的三个，且氢气爆炸严重损坏了第四个反应堆。此外，对地下水源和周围乡村释放的辐射，使得大面积区域在多年内不适合人类居住。2018 年，日本政府声称，一名核反应堆的工作人员死于癌症，这是唯一一例与事故直接相关的死亡。似乎不存在因为辐射影响而增加周围人群患癌症的风险。这些最低限度的健康影响可归因于该地区居民的迅速疏散，以及对反应堆工作人员接触情况的仔细监测和管理。

如果东京电力公司和管理当局能够更加积极地估计海啸的高度，那么这次事故也许能够避免。日本和其他地方的现行标准要求细心放置和保护用来冷却发生紧急事态时的反应堆的柴油发电机。对于老式的反应堆，这些标准只是推荐标准而非强制标准。鉴于福岛核事故的发生，这种情况应该会得到改变。

制造核弹的主要问题是，将 U-235 从含量高得多的同位素 U-238 中分离出来是极其困难的。在战争年代，田纳西州橡树岭的气体扩散工厂只能生产制造一枚核弹的纯 U-235，因此以这样的速度建造核武库是非常缓慢而昂贵的。显然，Pu-239 可能是比 U-235 更好的核燃料。

19.5.2　钚弹是如何设计的？

Pu-239 是用铀作为燃料的核反应堆的天然副生成物。如 19.4 节所述，第二次世界大战期间，在华盛顿州汉福德镇建造的反应堆是为生产武器所需的钚设计的。然而，Pu-239 的裂变反应不同于 U-235，因此用于铀弹的枪式设计不适用于钚。Pu-239 比 U-235 更易吸收快速的中子，因此链式反应的增长速度要比铀的快。如果仍使用枪式设计，那么两个亚临界的钚块将因不能很快地结合而过早地解体，进而导致失败。

钚弹的设计依赖于内爆：炸药放在亚临界质量的钚的周围，一旦点火爆炸，就对钚产生巨大的向内压力。这种压力将使得钚样品的密度增大到足以使质量达到超临界的状态（见图 19.19）。同样数量的原子现在被限定在更小的体积中，因此增大了中子被其他钚原子核吸收的可能性。

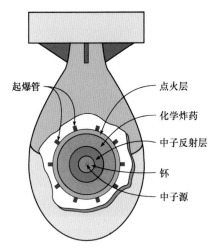

图 19.19 钚弹"胖子"所用的化学炸药围绕在亚临界质量的 Pu-239 周围。发生内爆时，增大的密度使得质量超临界

当第二次世界大战结束时，生产的武器级核燃料只够制造三枚核弹，其中的两枚是钚弹，因体型较大而被称为"胖子"。第三枚核弹是铀弹，因细长而被称为"小男孩"。在一次历史性的试验中，其中一枚钚弹于 1945 年夏天在新墨西哥州的白沙爆炸，产生了可怕的蘑菇云。此后不久，另外两枚核弹分别被投到了日本的广岛市和长崎市。

在战争年代，制造和试验核弹的努力被视为与纳粹德国的竞赛。参与"曼哈顿计划"的许多科学家都是来自欧洲的难民。德国可能领先获得原子弹的可能性令人恐惧。随着战争临近结束，美国离成功制造核弹越来越近。显然，当时的德国已经没有足够的资源来制造核弹。于是，科学家就如何使用原子弹的项目展开了辩论，许多科学家赞成在不实际对军事目标使用核弹的情况下展示核弹的威力。

但是，威力展示会引发严重的问题，尤其是钚弹试验后只有两枚可用的核弹。其中的一枚核弹是铀弹，铀弹只制造了一枚，因此无法事先进行试验。向日本投放原子弹的决定是由包括美国总统哈里·杜鲁门在内的最高军事当局做出的。尽管直到今天仍然存在争议，但是这一决定可能加速了战争的结束。

第二次世界大战后，汉福德镇的反应堆生产了更多的钚。不久，苏联具备了制造裂变炸弹的能力，美国的压力随之增大，双方进入竞赛的下一个阶段——氢弹的研制。1952 年，氢弹首次试验成功。氢弹的原理是核聚变而不是核裂变。

19.5.3 什么是核聚变？

氢弹的原理是什么？核聚变是另一种核反应，它也会释放大量的能量。核聚变是太阳和其他恒星的能量来源，也是热核炸弹的能量来源。核聚变与核裂变有何不同？如何才能产生涉及聚变的链式反应？

核聚变将非常小的原子核结合在一起，形成稍大一些的原子核。从某种意义上说，核聚变与核裂变相反，核裂变将大原子核分裂成更小的裂变碎片。核聚变燃料由非常轻的元素组成，这些元素通常是氢、氦和锂的同位素（锂的原子序数是 3）。生成物通常是特别稳定的原子核——He-4，即前面介绍过的 α 粒子。

只要 He-4 的原子核和其他生成物的质量之和略小于反应前各同位素的质量之和，那么根据爱因斯坦的质能关系式 $E = mc^2$ 可知，质量亏损将转换为动能。可能的反应是两个氢同位素氘（H^2）与氚（H^3）合并生成 He-4 和一个中子：

$$_1H^2 + _1H^3 \Rightarrow _2He^4 + _0n^1$$

如图 19.20 所示，反应方程右侧两个粒子的质量之和小于方程左侧两个粒子的质量之和。α 粒子和中子的总动能大于最初两个粒子的总动能。

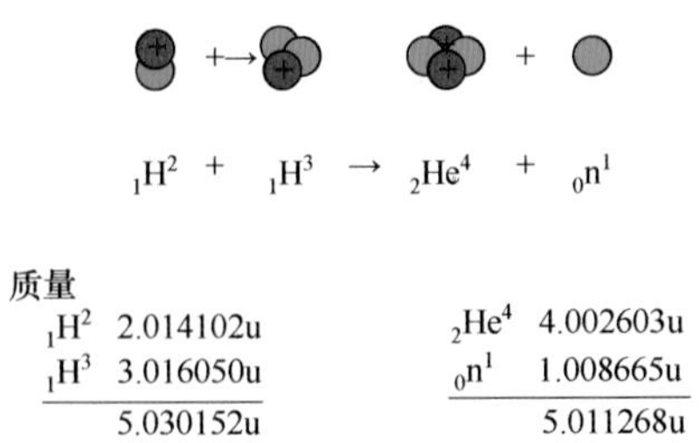

难以产生这种反应的原因是，所有的原子核都带正电荷，彼此排斥。只有大初始动能克服彼此排斥的静电力后，两个原子核才能结合。保证大动能的一种方法是，将反应物加热到非常高的温度。要增大发生反应的概率，参与反应的原子就必须是高密度的。另外，反应物在高温下必须被限定在非常小的空间内。这两个要求很难同时达到。

$$_1H^2 + _1H^3 \rightarrow _2He^4 + _0n^1$$

质量
$_1H^2$ 2.014102u	$_2He^4$ 4.002603u
$_1H^3$ 3.016050u	$_0n^1$ 1.008665u
5.030152u	5.011268u

图 19.20 一个氘原子核和一个氚原子核结合形成一个 He-4 原子核和一个中子。质量亏损转换为新粒子的动能

在这种条件下发生的链式反应被称为**热链式反应**。启动反应需要很高的温度，而反应释放的能量会使得温度升得更高。核热链式反应所需的温度通常是100万摄氏度或者更高。化学爆炸也是热链式反应，但是化学反应所需的温度要低得多，也更容易达到。

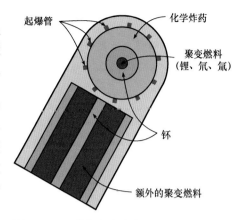

获得聚变链式反应所需高温和高密度的最简单的方法是，引爆裂变炸弹来启动核聚变反应。裂变炸弹导致的高温产生聚变所需的高动能。裂变爆炸瞬间压缩聚变燃料，虽然时间很短，但是聚变反应仍然会释放大量的额外能量（见图19.21）。以上就是氢弹（也称热核弹）的工作原理。

氢弹可以制成不同的大小，而裂变弹的大小取决于裂变材料的临界质量。与裂变弹相比，聚变弹可以产生更大的能量。尽管聚变反应中的每个反应所释放的能量

图19.21 裂变弹在聚变燃料周围爆炸，产生热核弹聚变链式反应所需的高温和高密度

要比典型裂变反应的小，但对相同质量的反应物来说，聚变反应爆炸的威力更大，因为聚变燃料由很轻的元素组成。氢弹爆炸的威力相当于2000万吨或更多的TNT炸药（TNT吨数是比较炸弹当量的标准）。今天，裂变弹和聚变弹构成了核大国的军火库。

19.5.4 能用受控的核聚变发电吗？

用于商业发电的聚变反应尚未实现。将高温燃料长时间地约束在非常小的空间中来释放大量的能量，是非常困难的。由于任何固体都在远低于聚变反应所要求的温度下熔化，因此必须使用磁场或其他方法来约束燃料。另一种方法是使用激光束（或粒子束）从多个方向轰击核聚变燃料小球，以便加热和压缩它。

20世纪70年代，科学家乐观地预测20世纪90年代将出现实用的核聚变反应堆。现在看来，这一目标可能要到21世纪才会实现。我们不知道是否可以建造经济上可行的反应堆，但是我们已

图19.22 位于英国牛津郡卡勒姆中心的托卡马克反应堆

为此投入了大量资金，估计这个目标总有一天会实现。实验反应堆，如托卡马克反应堆（见图19.22），已由聚变产生了能量，但是它们还没有实现盈亏平衡，盈亏平衡是指反应释放的能量与启动反应所消耗的能量相当。因此，我们需要提高能量输出，使得这个过程在商业上是可行的。

多年前（1988—1989），美国犹他州的科学家宣称在电池内实现了不需要特别高的温度或密度的冷聚变，引发了轰动。他们将电池的一个钯电极浸入装有重水的烧杯（在重水中，氘取代了氢的普通同位素）。电流通过电池时，氘原子被拉到钯电极的原子之间的空间中。犹他大学的研究小组称，他们观察到了电池内的余热（输出能量与输入能量之差），并且推测它是由聚变产生的。然而，这种余热无法用电池内发生的其他化学过程或物理过程解释。

虽然在这些情况下偶尔会发生聚变反应，但是没有足够的聚变来产生可用的能量。然而，如果这是可行的，那么商业潜力将是巨大的。犹他大学研究小组的报告引起了媒体和公众的极大兴趣。许多工作人员试图重复他们的实验，但是到目前为止结果都是令人失望的。大多数物理学家不相信核聚变会产生可用的聚变能量。

到目前为止，我们还不知道从核聚变中获得能源的最佳方式。科学家仍在研究磁密封、粒子束和激光束技术。有些科学家仍在探索冷聚变。估计在不久的将来会出现技术突破，今天的一些理工科学生有机会参与到核能应用的发展中。

要利用裂变产生核爆炸，超临界质量的 U-235 或 Pu-239 燃料块就必须迅速地由亚临界质量的燃料块结合起来。在铀弹中，将一个亚临界的铀圆柱体发射到一个带有圆柱形孔的亚临界球体中，就能达到临界质量。在钚弹中，这是在钚的亚临界球体周围引爆化学炸药，将其压缩到超临界状态来实现的。核聚变通过结合小原子核形成大原子核来释放能量。核聚变是太阳、氢弹或热核弹的能量来源。由受控核聚变产生能量的尝试在商业上仍不可行，但是通过不断探索，终有一天会实现这个目标。

小结

本章介绍了发现核子（质子和中子）的历程，学习了同位素的概念，了解了在放射性衰变中发生的事情。中子的发现为我们提供了探测和改变原子核的新工具，并导致科学家发现了核裂变。核裂变和核聚变是能够释放大量能量的核反应。

1. **原子核的结构**。α 粒子从不同原子核中散射的实验，发现了作为原子核组成部分的质子和中子。原子核中的质子数就是元素的原子序数。质子和中子（核子）的总数是同位素的质量数。同种元素可以有不同质量的同位素。

Li-7 ($_3$Li^7)

3	质子
4	中子
7	核子

2. **放射性衰变**。放射性衰变是一种自持核反应，反应释放粒子（α 或 β 粒子）或 γ 射线，原子核的结构或能量状态发生变化。一种元素在 α 或 β 衰变过程中变成另一元素。半衰期是指现有放射性原子核的数量的一半发生衰变所需要的时间。

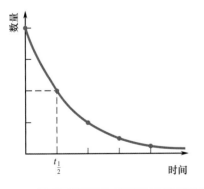

3. **核反应和核裂变**。在任何核反应中，一种元素都可以变成另一种元素，但是总电荷数（原子序数）和总质量数（核子数）是守恒的。核裂变是用中子轰击铀样本发现的，而这使得 U-235 原子核分裂成裂变碎片，释放额外的中子。

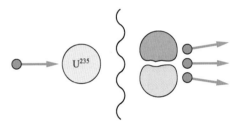

4. **核反应堆**。核反应堆通过受控的核裂变链式反应产生能量。慢化剂减慢中子，增大 U-235（铀的可裂变同位素）吸收中子的概率。控制棒吸收中子，控制反应水平，冷却剂带走产生的能量。废燃料棒中含有放射性裂变碎片和剩余的铀与钚。

5. **核武器和核聚变**。核弹可用铀或钚来制造。当中子被 U-238 的原子核吸收后，反应堆就产生钚。在核聚变过程中，小原子核结合形成大原子核，同时释放能量。氢弹使用裂变弹来触发聚变所需的高温和高密度。

$$_1H^2 + {}_1H^3 \rightarrow {}_2He^4 + {}_0n^1$$

关键术语

Proton　质子

Neutron　中子

Isotope　同位素

Atomic number　原子序数

Radioactive decay 放射性衰变	Nuclear fission 核裂变
Nucleon 核子	Chain reaction 链式反应
Mass number 质量数	Moderator 慢化剂
Antiparticle 反粒子	Control rods 控制棒
Ionized 电离	Enrichment 浓缩
Half-life 半衰期	Coolant 冷却剂
Exponential decay 指数衰减	Critical mass 临界质量
Nuclear reaction 核反应	Nuclear fusion 核聚变

概念题

Q1 1919 年，卢瑟福用一束 α 粒子轰击了氮气样本。**a**. 除了 α 粒子，这个实验的氮气中还产生了什么粒子？**b**. 卢瑟福由这个实验得出了什么结论？

Q2 当铍被 α 粒子轰击时，铍样品发射一种穿透性很强的辐射。这种辐射是由 X 射线构成的吗？

Q3 同种化学元素的不同原子有不同的质量吗？

Q4 同种化学元素的不同原子有不同的化学性质吗？

Q5 质量数和原子序数中的哪一个决定元素的化学性质？

Q6 为什么由化学实验确定的氯的原子量不是氢原子量的整数倍？

Q7 在核反应中，生成物的总质量是否小于反应物的总质量？

Q8 在 α 衰变中，我们可以预测子核的原子序数等于、大于或小于正在衰变的同位素的原子序数吗？

Q9 在 β 衰变中，我们可以预测子核的原子序数等于、大于或小于正在衰变的同位素的原子序数吗？

Q10 什么是中微子？为什么科学家在发现它之前就相信它是存在的？

Q11 在 γ 衰变中，我们可以预测子核的原子数等于、大于或小于衰变同位素的原子数吗？

Q12 烟雾检测器中使用了哪类放射性粒子？

Q13 空气中存在烟雾颗粒时，烟雾检测器的报警器中的电流因两个原因而减小，它们是什么？

Q14 烟雾报警器中极板上的电荷是怎么产生的？

Q15 所有放射性物质都以相同的速度衰变吗？

Q16 在放射性同位素的两个半衰期内，所有同位素都衰变了吗？

Q17 在化学反应中，反应物中所含的元素与生成物中所含的元素相同。在核反应中也是这样吗？

Q18 化学反应和核反应都能够释放能量。平均而言，化学反应中单位质量释放的能量是大于、等于还是小于核反应中释放的能量？

Q19 我们认为裂变碎片要比同种元素的稳定同位素具有更多的中子数，因此具有放射性，为什么？

Q20 假设你用一根火柴点燃了氧和氢的混合物，混合物然后发生爆炸，反应生成水。这是化学反应还是核反应？

Q21 铀的最常见的同位素是 U-238，它是最有可能发生裂变的同位素吗？

Q22 裂变反应的什么性质可能导致链式反应？

Q23 核反应堆中的慢化剂的作用是什么？为什么需要使用慢化剂来实现天然铀中的链式反应。

Q24 核反应堆中的控制棒是吸收还是释放中子？

Q25 如果要减缓核反应堆中的链式反应，是抽出还是推入控制棒？

Q26 使用普通水作为慢化剂的反应堆是否能够使用非浓缩铀作为燃料？

Q27 反应堆进入亚临界状态后，链式反应加速吗？

Q28 如果从核反应堆的废料中去除钚和铀，剩下的核废料是否需要存储数千年才会变得无放射性？

Q29 费米最初使用中子轰击铀样本来产生比铀重的新元素。这有可能吗？

Q30 沿海的强烈地震直接破坏了福岛核电厂的核反应堆吗？

Q31 建设核电厂的目的是发电，那么核电厂为何还需要柴油发电机？

Q32 福岛核事故期间发生了多次爆炸，这些爆炸是由核裂变链式反应导致的，还是由某些其他原因导致的？

Q33 第二次世界大战期间，在美国华盛顿州的汉福德镇建立核反应堆的目的是什么？

Q34 核聚变与核裂变有何不同？

Q35 太阳产生能量的主要方式是核裂变吗？

Q36 目前有用核聚变发电的商用核反应堆吗？

Q37 裂变武器和聚变武器中哪种产生的能量更多？

练习题

E1 氩（Ar）的原子序数是 18，原子量约为 40，在最常见的氩同位素的原子核中有多少个中子？

E2 $_{53}I^{131}$（I-131）广泛用于甲状腺癌的诊断与治疗。**a.** 该同位素的原子核中有多少个质子？**b.** 该同位素的原子核中有多少个中子？

E3 某同位素的原子核中有 22 个质子和 26 个中子，写出其标准元素符号，包括原子序数和质量数。

E4 某工业应用的 λ 射线照相技术使用放射性同位素 Ir-192 来查找金属部件的缺陷。Ir 的原子序数是 77。该同位素的原子核中有多少个质子和多少个中子？

E5 Rn-222 发生 α 衰变，完成这一衰变的反应方程并且确定子核：

$$_{86}Rn^{232} \Rightarrow ? + \alpha$$

E6 Pb-214 发生 β 衰变，完成这一反应的反应方程并且确定子核：

$$_{82}Pb^{225} \Rightarrow ? + _{-1}e^0 + _0\nu^0$$

E7 O-15 是氧的一种放射性同位素，它发生 β 衰变，并且在衰变过程中释放一个正电子。完成下面的反应方程并且确定子核：

$$_8O^{15} \Rightarrow ? + _{+1}e^0 + _0\bar{\nu}^0$$

E8 假设我们有 102400 个半衰期为 12 分钟的放射性元素原子。**a.** 48 分钟后，这种元素剩下的原子数是多少？**b.** 48 分钟内产生多少个子元素的原子？**c.** 1 小时 24 分钟后，这种元素剩下多少个原子？

E9 初步测量某种同位素的放射率 28 天后，我们再次测量其放射率，发现它已下降为初值的 1/16。这种同位素的半衰期是多少？

E10 某同位素的放射性经历多少个半衰期后，其放射率为：**a.** 初值的 1/8？**b.** 初值的 1/32？

E11 假设 U^{235} 的某种裂变反应的裂变碎片之一是 Ba^{144}，并且该反应发射 2 个中子。完成下面的反应方程并且确定另一个裂变碎片：

$$_0n^1 + _{92}U^{235} \Rightarrow ? + _{56}Ba^{144} + 2_0n^1$$

E12 假设两个氘核（$_1H^2$）在聚变反应中结合，反应过程发射一个中子。完成下面的反应方程并且确定生成的原子核：

$$_1H^2 + _1H^2 \Rightarrow ? + _0n^1$$

综合题

SP1 根据元素周期表，我们知道随着原子序数的增加，中子数相对于质子数是如何增加的。将相对原子量四舍五入为最接近的整数，可以估计核子（中子和质子）的总数。**a.** 碳（C）、氮（N）和氧（O）的中子数与质子数之和是多少？**b.** 在这三种元素的稳定同位素中，中子数与质子数之比（N_n/N_p）是多少？**c.** 在元素周期表中间的位置取三种元素——银（Ag）、镉（Cd）和铟（In），使用同样的方法求出它们的中子数和质子数。**d.** 求 **c** 问中各元素的中子数与质子数之比，并求出平均比值。**e.** 对钍（Th）、镤（Pa）和铀（U），重做 **c** 问和 **d** 问。**f.** 比较 **b** 问、**d** 问和 **e** 问中的比值。你知道铀或钍发生裂变时为何发射额外的中子吗？

SP2 铀和钍是地壳中储量丰富的放射性元素。当这些元素的同位素衰变时，产生半衰期比铀或钍短得多的新放射性元素。发生一系列 α 和 β 衰变后，最终产生铅的稳定同位素（Pb）。其中一个始于同位素 Th-232 的系列是 Th $\Rightarrow$ Ra $\Rightarrow$ Ac $\Rightarrow$ Th $\Rightarrow$ Ra $\Rightarrow$ Rn $\Rightarrow$ Po $\Rightarrow$ Pb $\Rightarrow$ Bi $\Rightarrow$ Po $\Rightarrow$ Pb。**a.** 利用元素周期表，找出这些元素的原子序数。**b.** 在这个系列反应中，哪些反应涉及 α 衰变，哪些反应涉及 β 衰变（原子序数的变化提供了所需的信息）？**c.** 写出该系列反应中前三种 β 衰变的反应方程。**d.** 将所有同位素的质量数填入该衰变系列。

SP3 考虑聚变反应 $_1H^2 + _1H^2 \Rightarrow _2He^3 + _0n^1$。根据核质量表，我们发现这个反应中的反应物和生成物的质量如下：H^2, 2.014102u；He^3, 3.016029u；n, 1.008665u。**a.** 求该反应中反应物和生成物

的质量差 Δm。**b.** 按照例题 19.2 中的步骤，将质量差转换为能量。**c.** 这个反应释放能量吗？能量去了哪儿？

SP4 在过去几十年里，核能一直是人们争议的焦点。尽管核能的使用在这段时间里有所增长，但是仍有一半以上的电能来自化石燃料。这些能源对环境和经济的影响是不同的。**a.** 化石燃料产生的二氧化碳是一种天然副产品。如第 10 章所述，二氧化碳是造成温室效应和全球变暖的主要气体之一。核能也存在这种问题吗？**b.** 哪些与核能相关的环境问题在化石燃料的燃烧中不存在？**c.** 哪些与化石燃料有关的环境问题在核能中不存在？**d.** 总体而言，如果没有其他的替代能源，你会选择发展哪种能源？

家庭实验与观察

HE1 使用一堆硬币来表示原子，可以更好地理解半衰期的概念和相关的指数衰减曲线。**a.** 收集 50～100 枚硬币。**b.** 将这些硬币均分为并排放置的两堆，左侧的一堆硬币表示最初的原子数量。**c.** 将右侧的一堆硬币均分为两堆，并将这两堆硬币中的一堆硬币放到左侧最初那堆硬币的旁边，表示经过一个半衰期后剩下的原子数。**d.** 继续这个过程，均分剩余的右堆硬币，并将均分后的一堆硬币放到左侧硬币堆的右侧。最后得到多堆硬币（每堆硬币都要比前一堆硬币小），形成一条指数衰减曲线。需要多少个半衰期才能使得一堆硬币中只有一枚硬币？

HE2 使用题 HE1 中的硬币，同样可以更好地理解链式反应，其中的每堆硬币都表示链式反应持续产生的中子数。**a.** 假设每次裂变产生 3 个中子，如图 19.13 所示。在第一堆放一枚硬币表示引发裂变的一个中子。**b.** 在下一堆放 3×1 或 3 枚硬币，表示裂变产生的 3 个中子。**c.** 在下一堆放 3×3 或 9 枚硬币，因为第一次反应产生 3 个中子，而每个中子都在接下来的反应中产生额外的 3 个中子。**d.** 下一堆需要多少枚硬币？接下来的几堆呢？**e.** 要堆多少堆才能使得每堆的硬币数超过 100 枚？**f.** 如果每堆硬币都超过 1000 枚硬币，那么需要多少堆硬币？按照这种模式计算即可，因为你不太可能找到那么多的硬币。

第6单元　相对论和现代物理学

为了帮助你理解物理概念，在本书中我们一直在强调物理概念的起源及其在日常现象中的应用。当然，我们有时会偏离日常现象，特别是在讨论原子和原子核的结构时。然而，这些概念也源于简单的实验，它们在我们熟悉的技术中也有许多应用。

现代物理学中一些非常吸引人的思想很难与日常经验联系起来，如阿尔伯特·爱因斯坦在20世纪早期提出的狭义相对论和广义相对论。不过，探索相对论很有趣，因为它会让我们重新思考诸如空间和时间这样的基本概念。爱因斯坦的思想可以拓展你的思维。

量子力学的发展及其在核物理学中的应用，还导致了偏离日常经验的研究领域。例如，在我们所说的高能物理学领域，就发现了新的粒子。我们从来没有见过这些粒子，它们有着不同寻常的名称，如奇异夸克和魅夸克，但是，它们对于解释宇宙的本质很重要。与相对论一起，高能物理学的量子理论可让我们回溯时间的起源和宇宙大爆炸。

本书最后两章简要探讨相对论理论（第20章）和现代物理学的最新发展（第21章）。第21章讨论粒子家族和宇宙学，以及凝聚态物理学的发展，这些发展引发了微电子学和计算机的革命。

核裂变和核聚变发现于20世纪三四十年代。取得这些突破后，发生了什么？未来我们能从物理学中听到些什么进展？

第 20 章　相　对　论

本章概述

本章首先回顾经典物理学处理相对运动的方式；然后介绍爱因斯坦的狭义相对论假设，讨论它们对我们的空间观和时间观的影响；接着考虑如何修改牛顿运动定律以适用于高速情形，讨论质能等效的思想；最后简要讨论广义相对论。

本章大纲

1. **经典物理学中的相对运动。** 伽利略和牛顿是如何描述相对运动的？当参照系运动时，速度是如何合成的？

2. **光速和爱因斯坦的假设。** 测量光速的合适参照系是什么？实验证据是如何使得爱因斯坦提出狭义相对论假设的？

3. **时间膨胀和长度收缩。** 爱因斯坦的假设是如何得到关于时间和空间的惊人结论的？时间膨胀和长度收缩的影响是什么？

4. **牛顿运动定律和质能等效。** 如何修改牛顿第二运动定律才能使其适用于高速情形？质能等效的概念是如何产生的？

5. **广义相对论。** 广义相对论与狭义相对论有何不同？由广义相对论能得到什么样的新结论？

图 20.1 相邻公共汽车向前运动给你所乘公共汽车正向后运动的感觉

你是否有过这样的经历：坐在一辆静止不动的公共汽车上，你凝视着窗外旁边停着的另一辆公共汽车，这辆公共汽车突然向前开动，但是你感觉到自己乘坐的公共汽车正在向后运动（见图 20.1）？这种感觉一直持续到那辆公共汽车离开你的视线，那时你才意识到你并未移动。

由于参照系的运动，你的感官欺骗了你。我们通常相对于静止不动的那些物体来测量自己的运动。如果这些物体在地面上是固定的，那么我们的参照系就是地球：位置、速度和加速度都是相对于地球测量的。然而，如果参照系固定的物体突然移动，那么我们就会觉得自己正在移动。

所有运动都要相对于某个参照系来测量，而且这个参照系也可能是运动的。地球既围绕地轴自转，又围绕太阳公转，而太阳也会相对于其他恒星运动，以此类推。在某个参照系中静止的物体，可能会相对于另一个参照系运动，因此我们必须定义自己的参照系才能完整地描述运动。

伽利略和牛顿讨论过定义参照系的问题，以及在不同参照系中如何看待相同运动的问题。当相对运动的速度不大时，这个问题很简单。这种意义上的相对运动是人们日常经验的一部分。例如，我们中的很多人都熟悉的小船相对于水流的运动。

然而，如果我们想象自己相对于一束光运动，就像爱因斯坦小时候想象的那样，就会出现一些非常有趣的问题。为了回答其中的一些问题，爱因斯坦于 1905 年提出了狭义相对论。这个理论主要涉及不同参照系彼此相对恒速运动的情况。爱因斯坦约在 10 年后发表的广义相对论讨论了引力与加速参照系之间的关系。这些理论彻底改变了人们看待宇宙的方式。

20.1 经典物理学中的相对运动

假设你将一根树枝扔到小河中，观察它在水流中的运动（见图 20.2）。树枝相对于河岸（或地球）的速度是多少？树枝相对于水的速度是多少？这两个速度有何关系？如果考虑行驶在河流上的小船，这种图景会发生什么变化？这些问题可以在由伽利略和牛顿提出的经典力学框架内求解。

20.1.1 速度是如何合成的？

将一根树枝扔到小河中后，树枝的速度很快就会达到小河中水的流速。此时，树枝相对于河岸的速度等于水相对于河岸的速度，而树枝相对于水的速度是零。如果从随水漂流的小船上观察树枝，那么树枝似乎是不动的。

如果小船借助于桨、发动机或航帆相对于水运动，就会出现更有趣的情况。这时，小船相对于水的速度不是零。小船相对于水运动，水相对于河岸（地球）运动（见图 20.3）。如果小船的运动方向与水的流向相同，那么我们猜测小船相对于水的速度加上水相对于河岸的速度，就是小船相对于河岸的合速度，就像我们在运动的自动扶梯上行走那样。

图 20.2 漂浮的树枝随水流运动。树枝相对于河岸的速度是多少？

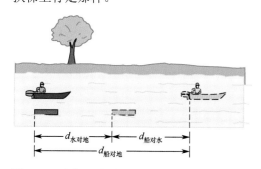

图 20.3 小船和木头顺流而下。木头相对于地球运动的距离为 $d_{水对地}$，小船相对于地球运动的距离是 $d_{船对地}$

如果使用符号表示上述想法，那么有

$$v_{船对地} = v_{船对水} + v_{水对地}$$

式中，$v_{船对地}$ 是小船相对于地球的速度，$v_{船对水}$ 是小船相对于水的速度，$v_{水对地}$ 是水相对于地球的速度。小船相对于地球的速度是小船相对于水的速度和水相对于地球的速度的矢量和。

如图 20.3 所示，可以通过考虑水和小船在固定时段内行驶的距离来证明我们对速度合成的猜测是合理的。在这段时间内，漂流在河面上的木头运动了距离 $d_{水对地}$，这是水相对于地球运动的距离。然而，在同一时段内，小船相对于水运动了距离 $d_{船对水}$，所以小船现在远远领先于木头。这段时间内小船相对于地球移动的总距离 $d_{船对地}$ 是另外两段距离之和。由于速度大小（速率）是距离除以时间，因此速度也以同样的方式相加。

虽然我们已用三个相同方向的速度的简单情况说明了这个想法，但是这种速度合成的方法在更一般的情况下也是成立的。例如，将船头指向上游（见图 20.4），那么这时船速和流速的不同方向可用不同的符号表示。

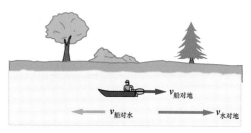

图 20.4 驶向上游的小船若不能以足够快的相对于水的速度（$v_{船对水}$）行驶，就会被水冲向下游

例题 20.1　顺水行舟和逆水行舟

德里克划船的速度是 6km/h，特蕾莎划船的速度是 7.5km/h。河水相对于河岸的速度 $v_{水对地}$ 是 6.5km/h，求如下情况下小船相对于地球（河岸）的速度 $v_{船对地}$：**a.** 德里克逆水行舟；**b.** 特蕾莎逆水行舟；**c.** 德里克顺水行舟。

假设指向下游的方向为负。此时，如果速度为正，那么小船驶向上游（逆水行舟）；如果速度为负，那么小船驶向下游（顺水行舟）。

a. 对于德里克，$v_{船对水} = 6\text{km/h}$

$v_{水对地} = -6.5\text{km/h}$，$v_{船对地} = ?$

$v_{船对地} = v_{船对水} + v_{水对地} = 6 - 6.5 = -0.5\text{km/h}$

小船向下游运动。

b. 对于特蕾莎，$v_{船对水} = 7.5\text{km/h}$

$v_{船对地} = 7.5 - 6.5 = 1.0\text{km/h}$

小船向上游运动。

c. $v_{船对地} = -6 - 6.5 = -12.5\text{km/h}$

小船向下游运动。

20.1.2 二维情形如何合成速度？

速度合成也可推广到二维或三维情形。例如，假设你想横穿小河到达对岸，如图 20.5 所示。如果让船头对准河流对面的一个位置，小船会到达那个位置吗？只要水在流动，小船就不会到达那个位置。

垂直横穿小河时，小船相对于水运动，同时水相对于地球向下游运动。小船垂直横穿河流时，被顺流而下的水推动。因此，我们照常将这两个速度相加（见图 20.5）。注意，这时小船相对于地球的速度的大小（速率）不等于其他两个速度的简单代数和。因为这个速度是矢量图中直角三角形的斜边，所以它等于其他两条边的平方和的平方根。

如果想从出发地点直接到达正对岸的位置，就要将船头指向上游，让船头方向与垂直于河流的直线成某个角度（见图 20.6）。这时，当两个速度合成时，就产生小船相对于地球的速度，这个速度是垂直于河流的。然而，我们从矢量图中可以看到，这个速度小于小船相对于水的速度。

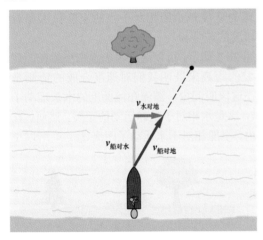

图 20.5 小船垂直横穿河流时，最后到达正对岸下游的某个位置

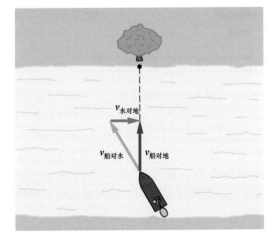

图 20.6 要垂直横穿河流，小船就要指向正对岸上游的某个位置

对空中飞行的飞机，可以采用同样的方法进行分析。飞机相对于空气的速度与空气相对于地球的速度（风速）相加，就是飞机相对于地球的速度，即 $v_{机对地} = v_{机对气} + v_{气对地}$。

顺风和逆风对飞机的影响是不同的，这些情况类似于顺水行舟和逆水行舟。

20.1.3 相对性原理

速度合成的方法也适用于运动的车辆。例如，假设你正在一架大型飞机机舱内的过道上走动，而飞机以恒定的速度相对于地面飞行。这时，你相对于飞机的速度加上飞机相对于地面的速度，才是你相对于地面的速度。实际上，你通常只知道自己相对于飞机的速度，而不知道自己相对于地面的速度，因为这时飞机是你的参照系。

只要飞机匀速飞行，你就能够非常容易地在客机上走动而不必关注飞机的运动。事实上，你可以在飞机上来回扔球，甚至做物理实验，得到的结果与在静止建筑物中得到的结果是相同的（因为地球本身围绕地轴自转，并且围绕太阳公转，所以建筑物也不是真正静止不动的）。

飞机实际上是以近似恒定的速度运动的，但是我们时常有运动的感觉，因为空气湍流会让飞机颠簸。当我们看向舷窗之外时，就会看到云层或地面从旁边经过。然而，在气流平稳的情况下，如果关上飞机的舷窗，我们就会失去运动的感觉。在匀速向上或向下运动的电梯中，失去运动的感觉更令人震撼。电梯通常不带窗户，运动得非常平稳，因此很难判断电梯是否正在运动。

伽利略和牛顿讨论了这些情形，并在相对性原理中总结了它们：

物理定律在任何惯性参照系中都是相同的。

这个原理表明，无法通过物理实验来判断我们的参照系是否正在运动。只要参照系相对于其他惯性参照系做匀速运动，实验结果就是相同的。

20.1.4　惯性参照系

什么是惯性参照系？这时，就像牛顿感知的那样出现逻辑上的困难。牛顿第二运动定律只在惯性参照系中才是成立的，也就是说，牛顿第二运动定律只在遵循牛顿第一运动定律的参照系中才是成立的。如果作用在某个静止物体上的合力为零，那么我们就说这个物体就处在惯性参照系中。相对于某个有效惯性参照系匀速运动的任何参照系，也是惯性参照系。

如果一个参照系相对于某个有效的惯性系加速，那么这个加速的参照系就不是惯性参照系。例如，当飞机因空气湍流产生的加速度而上下颠簸时，实验结果（及你沿直线行走的能力）就会发生变化。同样，当电梯加速上升或下降时，你的视重会发生变化。如第 4 章所述，如果这时站在体重计上，体重计的读数会显示体重的变化。其他实验结果也因这种加速而发生变化。

如果要在这些情况下应用牛顿第二运动定律，就要修改这个定律，加入因参照系的加速度产生的虚构力——惯性力。我们有时谈到的在旋转参照系中感受到的离心力，就是这样的一个虚构力。旋转参照系具有向心加速度，因此不是有效的惯性系。我们感觉到好像有一个离心力正在向外拉自己，但是从有效惯性系来看，我们发现这个惯性力实际上是由我们自身的惯性导致的，也就是说，当我们的参照系转动时，我们具有继续沿直线运动的趋势。

这种存在于旋转参照系中的离心力对牛顿力学来说不是有效的力，因为它不是由受到影响的物体与任何其他物体的相互作用产生的。换句话说，离心力不遵守牛顿第三运动定律，牛顿第三运动定律是牛顿关于力的定义的一部分。出现离心力完全是因为参照系的加速度，就像在加速电梯中观察到的视重增大或减小那样。

定义惯性参照系似乎很容易：它是不加速的参照系。然而，这是参照什么来说的？对于许多目的，我们可以将地面作为惯性参照系，因为地面的加速度很小。然而，地球会自转和公转（公转轨道是曲线），因此相对于太阳是加速的。太阳本身相对于其他恒星也是加速的，所以太阳也不是完全有效的惯性参照系。

因此，我们的问题就是不可能建立绝对静止的参照系，或者是不可能建立任何意义上都没有加速度的参照系。麦克斯韦对电磁波的预测和描述，使得这个问题在 19 世纪下半叶得到了人们的再次关注。测量光速有助于建立绝对惯性参照系，这是令人兴奋的想法。关于测量光速的合适参照系的问题，最终导致了爱因斯坦的狭义相对论的诞生。

任何物体的速度都要相对于某个参照系来测量。对于普通运动，这个参照系通常是地面。如果我们的参照系相对于其他一些参照系是运动的，如同河流上的小船，那么小船相对于水的速度加上水相对于地面的速度，就是小船相对于地面的速度。这种说法在二维或三维情形下同样是成立的。伽利略和牛顿认识到，物理定律在任何惯性参照系中的形式都是相同的。难点在于建立绝对惯性参照系。

20.2 光速和爱因斯坦的假设

光是电磁波，它最初是由麦克斯韦的电磁理论预测的，详见第 16 章。电磁波由振荡的电场和磁场产生，通过真空、空气、玻璃和其他透明材料传播。光可以在真空中传播。

是否有种介质能让光波穿过真空？大多数波都通过某种介质传播。例如，声波通过空气（和其他介质）传播，水波通过水传播，绳索上的波通过绳索本身传播等。光也通过介质传播吗？19 世纪末（甚至现在），这是物理学的基本问题之一。

20.2.1 什么是光以太？

麦克斯韦在提出电场和磁场的概念时，使用力学模型形象化了这些概念。电场可以存在于其他真空中：将一个电荷放到存在电场的空间中的某个位置，这个位置的电场就可以由单位电荷所受的力来度量。然而，不放入电荷（或其他东西）也可以定义场，因为场是空间的属性。

场的存在必然以某种方式改变或扭曲空间，进而影响带电粒子。麦克斯韦认为空间具有弹性。

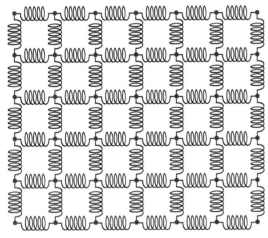

图 20.7　麦克斯韦认为空间具有弹性。无质量的、相互连接的微小弹簧是这个想法的粗糙模型

可以将真空视为由无数无质量的、相互连接的微小弹簧组成的无限阵列（见图 20.7）。电磁波的电场和磁场的变化可视为弹簧阵列的变形。尽管麦克斯韦不相信这是对真空的准确描述，但是这样的模型有助于他思考场和波的传播过程。

虽然这个模型不能按照字面含义来理解，但是为了解释波在空间中的传播，认为真空具有弹性是有必要的。否则，当波经过时，没有任何东西振动似乎是说不过去的。这种不可见的、具有弹性的、没有质量的、能够存在于真空中的介质，被麦克斯韦称为"光以太"，即被假想成光波和其他电磁波穿过的介质。是否要用光以太来解释电磁波的传播是个争议不断的问题，麦克斯韦本人也不完全相信光以太。

20.2.2 以太能够作为绝对参照系吗？

假想的以太使得人们有可能解决 20.1 节中提到的惯性参照系问题。也许，以太可以作为绝对参照系或通用参照系来测量任何运动。任何其他有效的惯性参照系都以恒定的速度相对于以太运动。我们可以认为真空中嵌入和固定了以太本身。

如何测量相对于以太的运动？答案是测量光速后，就可以测量相对于以太的运动。如果地球相对于以太运动，那么光速就会受到该运动的影响，这时就要用到 20.1 节中介绍的速度合成公式。如果考虑河流上的水波，那么这个想法就更形象化，如图 20.8 所示。

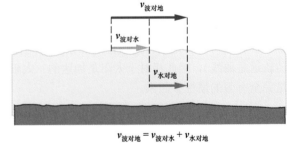

$$v_{波对地} = v_{波对水} + v_{水对地}$$

图 20.8　水波相对于水的速度加上水相对于地球的速度，就是水波相对于地球的速度

如果水波相对于水的速度是 $v_{波对水}$，水相对于地球的速度是 $v_{水对地}$，那么水波相对于地球的速度

就是 $v_{波对地} = v_{波对水} + v_{水对地}$，就像顺水行舟那样。波在介质（这时为河水）中的速度加上介质相对于地球的速度，就是波相对于地球的合速度。

将这些想法推广到在以太中传播的光波并不困难。如果地球在以太中运动，那么以太也流过地球。我们测量的光速应是光相对于以太的速度和以太相对于地球的速度的矢量和。准确测量光在一年内不同时间相对于地球的速度，可确定地球相对于以太是否存在特定方向的运动。

20.2.3　迈克尔逊-莫雷实验

19 世纪 80 年代，阿尔伯特·迈克尔逊（1852—1931）和爱德华·莫雷（1838—1923）在美国克利夫兰的凯斯西储大学做了探测地球相对于以太运动的著名实验。为了检测光速的微小差异，他们使用了由迈克尔逊设计的一台特殊仪器（现在我们称其为迈克尔逊干涉仪）。顾名思义，这台仪器利用干涉现象来检测光的传播速度或传播距离的微小差异（见 16.3 节）。

图 20.9 所示为迈克尔逊干涉仪示意图。左侧光源的出射光被部分镀银的镜子或分光镜分成两束。入射到镜子上的光约有一半通过镜子、一半被反射，因此产生了强度相同的两束光。如图所示，两束光沿相互垂直的路径运动，并且被完全镀银的镜子反射，经由分光镜返回。这时，光束再次被部分透射、部分反射。

示意图下方的观察者垂直于纸面观察光源的像。观察者看到的光来自同一个光源，但是经过的路径不同，因此对光源的像上的不同点来说，光可能是同相的，也可能是不同相的。如果两端的镜子中有一面镜子微倾，导致它不完全垂直于光束，那么也会导致相位差，进而产生暗条纹和亮条纹图样，如图 20.9 所示。暗条纹由相消干涉产生，亮条纹由相长干涉产生。

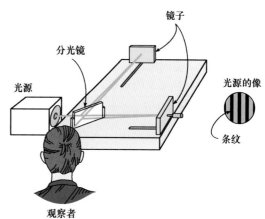

图 20.9　迈克尔逊干涉仪示意图。沿两条相互垂直的路径传播的光波相互干涉，形成亮条纹和暗条纹

如果某些情况改变了一束光到达末端反射镜并返回所需的时间，那么相位差就会变化，条纹图样就会移动。迈克尔逊和莫雷推断：如果以太沿平行于一条路径的方向运动，那么平行于以太流的光束运动的时间间隔，将与垂直于以太流的光束运动的时间间隔稍有不同。这些时间差可以通过计算光沿每条路径传播的有效波速算出。这种计算类似于平行于水流或垂直于水流运动的小船的速度的计算。

要看到条纹的预期移动，就要将干涉仪相对于观察者旋转 90°，使得原本平行于以太流的路径现在垂直于以太流，反之亦然。迈克尔逊和莫雷首先将干涉仪安装到岩板上，然后将岩板放到一桶汞上，以便让干涉仪能够平稳地转动（当时，汞是唯一一种密度大到足以让石块漂浮的液体）。

迈克尔逊和莫雷的计算基于如下假设：地球相对于以太的速度要部分地归因于地球围绕太阳的公转。由于不能假设以太相对于太阳是不动的，因此他们要在一年内的不同时间进行实验。在某个时刻，地球的运动应平行于以太运动的一个分量，6 个月后，地球的运动应反向平行于以太运动的一个分量（见图 20.10）。他们假设地球相对于以太的最小速度等于地球的公转速度。如果以太相对于太阳不动，那么地球相对于以太的速度就是地球的公转速度。如果以太相对于太阳运动，那么以太相对于地球的速度在一年内的某些时间会更大。

迈克尔逊-莫雷的实验结果令人失望：在一年内的任何时间旋转干涉仪时，都未观察到条纹的移动。虽然预计的位移很小（约为条纹宽度的一半），但是根据实验所基于的假设，这种位移应是

可能的以太速度

地球轨道

图 20.10　不管以太相对于太阳的运动方向是什么，在一年内的某些时间，地球应是相对于以太运动的

可以观察到的。这个实验未能探测到地球相对于以太的任何运动。然而，在科学领域，无法获得预期的东西往往是重要的结果。

20.2.4　爱因斯坦的狭义相对论假设

迈克尔逊-莫雷实验没有探测到地球相对于以太的任何运动，这就为以太提出了新的问题。为什么我们不能探测到地球相对于以太的运动？也许以太和地球都被拖着运动，就像大气层那样，因此在地面上做的实验无法探测到运动。然而，这个假设似乎已被其他观察（涉及一年内不同时刻恒星视位置变化的观察）推翻。

当迈克尔逊和莫雷在做这个实验时，爱因斯坦还是个孩子。在爱因斯坦研究相对论的最初阶段，他并不熟悉实验的结果。然而，他注意到了关于以太是否存在的争论。他解决这个问题的方法既简单又激进：将似乎是实验结果的东西当作基本假设，即光速不受光源或参照系的运动的影响。

事实上，爱因斯坦在 1905 年发表的关于狭义相对论的介绍性论文中提出了两个假设。第一个假设是对相对性原理的重申。早在 200 多年前，伽利略和牛顿就提出了类似的表述，详见 20.1 节。

> **假设 1**　物理定律在任何惯性参照系中都是相同的。

第二个假设涉及光速。

> **假设 2**　无论光源和观察者的相对运动如何，在任何惯性参照系中，真空中的光速都是相同的。

虽然这两个假设对爱因斯坦的理论都很重要，但是第二个假设要求我们彻底改变思维方式。本质上，爱因斯坦说的是光（或任何电磁波）的行为不像大多数波或运动物体那样。如果我们在一架飞行的飞机上扔一个小球，那么小球相对于地球的速度是小球相对于飞机的速度与飞机相对于地球的速度的矢量和。如果飞行员通过音响系统说话，声波相对于地球的传播速度就是声音在机舱内部空气中的速度与飞机相对于地球的速度的矢量和（见图 20.11）。

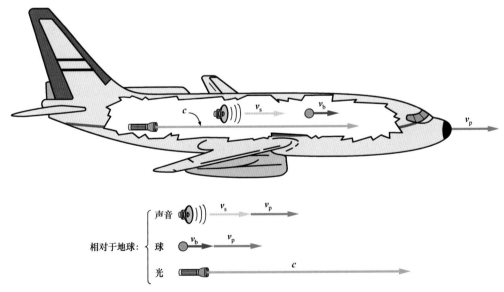

图 20.11　与声波或小球相比，要产生相对于地球的光速，飞机的速度不必加到手电筒光束的速度上。光速对所有观察者来说都是一样的（速度矢量未按比例画出）

然而，如果我们在飞机上用手电筒的光束照射飞机前部，那么根据爱因斯坦的第二个假设，在飞机上测量得到的光速必须与地面上静止观察者使用同一手电筒的光束测量得到的光速相同。也就是说，经典的速度合成公式对光是不适用的——这对 1905 年的物理学家来说是个不易接受的观点。事实上，仔细地考察第二个假设，就会发现它要求我们重新思考空间和时间本身。相对论的这个方面确实对我们的思想提出了挑战。我们将在 20.3 节中探讨其中的一些结论。

> 以太被人们假设是电磁波的传播介质。由于电磁波可以在真空中传播，因此人们认为真空中也存在以太。如果地球在以太中运动，那么也许可以建立一个与以太相关的绝对参照系。迈克尔逊-莫雷实验就是为此目的而设计的，但是实验未能探测到地球相对于以太的任何运动。作为对该实验和其他实验的回应，爱因斯坦假设光速在任何惯性参照系中都是一样的，由此否认了以太的存在。这个假设从根本上影响了我们对空间和时间的观念。

20.3 时间膨胀和长度收缩

速度的单位是距离（空间的量度）与时间之比，例如米/秒。速度合成规则依据的假设是，无论观察者是否相对运动，空间和时间都可以由不同观察者以相同的方式和相同的结果来测量。这个假设与我们的日常经验是一致的。

既然光速不能像普通速度那样合成，那么不同观察者如何测量空间或时间就存在一些问题。如果我们接受爱因斯坦的第二个假设，即光速对所有观察者来说都是一样的，那么我们就必须放弃对所有观察者来说时间和空间都一样的观点。而接受这个观点就违背了我们的直觉或常识，并且要求我们抛弃那些看似正确的想法。

为了解决这些问题，爱因斯坦设计了思维实验，这些实验由于速度惊人而无法实际进行，但是很容易通过想象来探究结果。思维实验可以让我们了解空间和时间的概念必须如何改变才能适应爱因斯坦的第二个假设。任何人都可以做思维实验，思维实验不需要物理设备。

20.3.1 不同观察者测量的时间相同吗？

假设你希望使用光速作为测量标准来测量时间，并且假设你正在一艘飞船中，飞船相对于地球的速度很大。此外，还假设飞船的一侧有一个较大的玻璃窗，站在地球上的另一名观察者可以看到你的实验并能够进行测量。

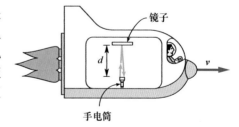

如何使用光速作为时间测量的标准呢？一种方法是将一束光直接发送到头顶的镜子，并将光束到达镜子和返回所需要的时间作为基本的时间单位。这种安排是一个光钟——它用光速建立一个时间标准。如果光源到镜子的距离为 d（见图 20.12），那么光束到达镜子并返回光源（距离为 $2d$）所需的时间为

$$t_0 = \frac{2d}{c}$$

图 20.12 在光钟中，光束到达头顶的镜子并返回光源（距离为 $2d$）所需的时间是时间的基本度量 t_0

式中，c 是光速。当你在飞船中进行测量时，这个量将是时间的基本度量或时间单位。

当你在带有玻璃窗的飞船中发出闪光时，地球上的观察者也会看到光束到达镜子并返回光源。不过，她对这些事件的看法稍有不同。如果飞船相对于地球的速度是 v，那么镜子也以这个速度运动。为了让光束从镜子反射回光源（光源同时也在运动），光束必须沿图 20.13 所示的斜线运动。

如果地球上的观察者使用同样的光钟来测量时间，那么她的基本测量值 t 将大于 t_0。她看到光束以同样的速度传播了一段距离，这段距离要比飞船上的观察者（你）测量的距离更长。我们假设她测量垂直距离 d 的方式与你的方式相同，因为这个距离垂直于相对运动的方向，不受运动的

影响。光束传播的距离越长，所需的时间就越长。

考虑图 20.13 中的几何关系和距离，可以求出两名观察者测量的时间之差（见题 SP5）。地球上的观察者测量得到的时间 t 可用在飞船上测量得到的时间 t_0 表示为

$$t = \frac{t_0}{\sqrt{1 - v^2/c^2}}$$

这就是时间膨胀公式。式中，t 总大于 t_0，因为分母的值总小于 1。地球上的观察者用光钟测量的是膨胀后的时间，它要更长。

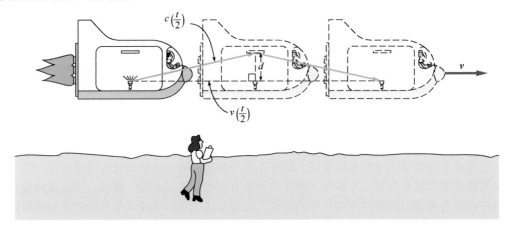

图 20.13　对于地球上的观察者来说，光束经由斜线到达镜子后返回光源，使得光钟测量的时间更长

时间 t_0 常被称为固有时，也就是说，它是光束在飞船内起止于空间中同一点的旅程所需要的时间。

固有时是指在某个参照系中测量的两个事件的运行时间，这两个事件位于该参照系中的相同位置。

对飞船上的人来说，这是正确的，但是对地球上的观察者来说就不正确了。地球上的观察者看到光束在空间中的一点离开光源，在空间中的另一点返回光源，测量的是与光束从发出到返回所需要的时间相对应的膨胀时间。

下面回顾我们在这个思维实验中到底做了些什么。我们使用光速作为光钟测量时间的标准。通过让两名相对运动的观察者使用的光速 c 相等，我们发现他们使用相同的时钟得到了不同的时间测量值。如果他们使用的光速 c 相同，那么他们的光束传播时间就不同。也就是说，在不同的参照系中，时间是以不同的速度流逝的。

对于普通的相对运动速度，这两个时间的差非常小。例如，当速度为光速的百分之一（$0.01c$，约为 300 万米/秒，这仍然是极快的速度）时，时间膨胀公式中 v/c 的值是 0.01。这时，膨胀时间 t 仅为 t_0 的 1.00005 倍，所以 t 和 t_0 的差非常小。只有当两名观察者的相对速度 v 几乎与光速一样大时，才能观察到这两个时间的差。

时间膨胀公式中包含平方根的量涉及许多相对论表达，常用希腊字母 γ 表示，即

$$\gamma = \frac{1}{\sqrt{1 - v^2/c^2}}$$

表 20.1 显示了不同相对速度 v 对应的 γ 值。当 v 的值较小时，γ 值非常接近 1；当 v 的值接近 c 时，γ 迅速增加（这里用光速 c 的小数表示相对速度）。使用符号 γ 后，时间膨胀公式就变成 $t = \gamma t_0$，也就是说，使用固有时 t_0 乘以因子 γ 就得到了膨胀时间 t。

表 20.1	
不同相对速度 v 对应的 γ 值	
$v = 0.01c$	$\gamma = 1.00005$
$v = 0.1c$	$\gamma = 1.005$
$v = 0.5c$	$\gamma = 1.155$
$v = 0.6c$	$\gamma = 1.250$
$v = 0.8c$	$\gamma = 1.667$
$v = 0.9c$	$\gamma = 2.294$
$v = 0.99c$	$\gamma = 7.088$

20.3.2 不同观察者测量的长度如何变化?

两名观察者测量得到的光束飞行时间不同,并且测量得到的飞船和镜子的行进距离也不同。通过扩展思维实验,我们可以测量飞船在光束往返所需要的时间内行进的距离。

地面上的观察者最易测出这个距离。沿着飞船的运动路线,在两名分开的助手的帮助下,地面上的观察者在光束发出的时刻和返回到光源的时刻标记飞船的位置。然后,她可以在闲暇时测量这两个位置之间的距离,因为这个距离固定在地面上(见图20.14)。

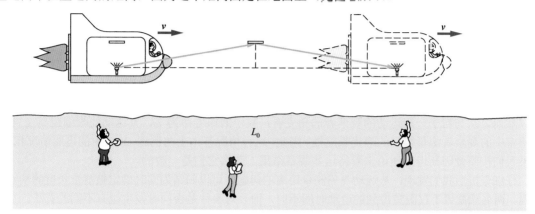

图 20.14 在助手的帮助下,地球上的观察者可以在光束的发射时刻和返回时刻标记飞船的位置。两个位置之间的距离 L_0 很容易测量

对飞船上的观察者来说,当他看到地球从身边经过时,要测量这个距离,就要以某种方式同时找到这段距离的起点和终点,而这是有难度的。如果他能够在不依赖于这个距离的情况下测量得到飞船的速度,那么他就能将速度 v 乘以光束飞行的时间来算出距离。这个飞行时间就是固有时 t_0,因为这是宇航员测量得到的时间。采用这种方法,他测得光束飞行期间飞船行进的距离为 $L = vt_0$。

同理,地球上的观察者也可以算出这个距离。她的结果是 $L_0 = vt$,其中 t 是膨胀时间,即她测量得到的光束飞行时间。这里之所以使用符号 L_0,是因为它是静止长度,是由相对于被测距离静止的观察者测量得到的长度。因为 t 大于 t_0,因此静止长度 L_0 一定大于飞船上的观察者测量得到的长度 L。飞船上的观察者测量得到的长度要比静止长度短。

由 $t = \gamma t_0$,可以将收缩长度表示为

$$L = \left(\frac{1}{\gamma}\right) L_0$$

这就是长度收缩公式。因为 γ 总大于1,所以 L 总小于静止长度 L_0。同样,为了让效应更明显,v 必须非常大,如例题20.2所示。在这道例题中,飞船的速度是 $0.6c$。飞船驾驶员测量得到的收缩长度为720km,地球上的观察者测量得到的行进距离为900km。驾驶员测量得到的飞行时间为4ms(固有时),比地球上的观察者测量得到的5ms膨胀时间短。

例题 20.2   长度收缩

一艘飞船的速度是 1.8×10^8m/s($0.6c$),地球上的观察者测量得到的飞行距离是900km。**a.** 在这段时间内,飞船驾驶员测量得到的飞行距离是多少?**b.** 按照地球上的观察者和驾驶员的测量结果,飞行这段距离需要多少时间?

a. $v = 0.6c$,$c = 3 \times 10^8$m/s,$L_0 = 900$km,$L = ?$

查表20.1得 $\gamma = 1.25$,于是有

$\frac{1}{\gamma} = \frac{1}{1.25} = 0.8$

$$L = \left(\frac{1}{\gamma}\right)L_0 = \left(\frac{1}{1.25}\right) \times 900 = 720 \, \text{km}$$

b. $t = ?$，$t_0 = ?$

地球上的观察者测量得到的结果：

因为 $L_0 = vt$，所以

$$t = L_0/v = 9 \times 10^5/(1.8 \times 10^8) = 5 \times 10^{-3} \, \text{s} = 5 \text{ms}$$

驾驶员测量得到的结果：

因为 $L = vt_0$，所以

$$t_0 = L/v = 7.2 \times 10^5/(1.8 \times 10^8) = 4 \times 10^{-3} \, \text{s} = 4 \text{ms}$$

尽管这些结果看起来很奇怪，但是它们已在各种条件下被人们观察到。虽然普通大小的物体很少以这么大的速度运动，无法显示出明显的效应，但是亚原子粒子通常以这么大的速度运动。在实验室中，静止的粒子是有一定寿命的，当粒子以接近于光速的速度运动时，它似乎有更长的（膨胀）寿命。从静止于实验室中的观察者的角度看，粒子在衰变之前会运动得更远。

然而，从与粒子一起运动的观察者的角度看，粒子的原寿命为 t_0，且运动的收缩距离 L 要比实验室中的观察者测量得到的静止长度短。因此，这种情况基本上与例题 20.2 中的飞船情况相同。如果我们按照爱因斯坦的理论来看待这些观察结果，那么它们是一致的。

仔细分析后我们发现，从运动飞船测量距离的问题，可以归结为同时确定被测量长度的端点的问题。两名观察者不仅测量得到的运动时间不同，而且对事件是否同时发生也有不同的看法。一名观察者认为空间中分立的两个事件是同时发生的，但是另一名观察者认为它们不是同时发生的。

日常现象专栏 20.1 中使用著名的双生子佯谬深入探讨了这些时空效应。双生子佯谬涉及同卵双生子的衰老速度的差异，其中一名进入太空旅行并返回地球，另一名则一直留在地球上。旅行结束后的孪生姐妹的年龄，小于留在地球上的孪生姐妹的年龄，我们可以使用时间膨胀的概念来理解这一点。

> 如果我们接受爱因斯坦的第二个假设——无论不同观察者的相对运动是什么，光速的值对观察者来说都是相同的，那么我们就要放弃一些关于空间和时间的原有观念。使用光速作为时间测量标准，我们发现对不认为两个事件发生在空间中的同一地点的观察者来说，测量得到的两个事件之间的时间要更长，即时间膨胀了。同时，相对于被测距离运动的观察者会测量得到收缩的长度或更短的长度。不同的观察者甚至无法就两个事件是否同时发生达成一致。

日常现象专栏 20.1　双生子佯谬

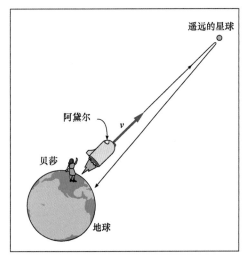

附图 1　阿黛尔飞向一颗遥远的星球后返回地球，贝莎一直留在家中

现象与问题　相对论中被人们讨论得最多的一种现象是双生子佯谬。同卵双生子之一的阿黛尔以非常大的速度驶向一颗遥远的星球，然后返回地球；另一个同卵双生子贝莎在阿黛尔旅行期间一直留在地球上（见附图 1）。

阿黛尔正以接近光速的速度运动，由于时间膨胀，阿黛尔和贝莎应以不同的时间流逝速度来测量时间。当阿黛尔返回地球时，她会发现自己比留在地球上的贝莎年轻吗？既然阿黛尔和贝莎都认为对方正在运动，自己站着不动（只要速度恒定），难道对方不应该认为自己更年轻吗？这是双生子佯谬的核心。

分析　假设阿黛尔的速度是 $v = 0.6c$。查表 20.1 得到时间膨胀公式中的因子 $\gamma = 1.25$。如果阿黛尔认为这次旅行需要 12 年，那么在其参照系即飞船中，这就是固有时。她活了 12 年，在旅途中经历了一定次数的心跳（或其他合适的生物时间度量）。换句话说，就她而言，她要比离开时大了 12 岁。

另一方面，贝莎在同一时间经历了一段膨胀的时间。她在阿黛尔旅行期间经历的时间是 $t = \gamma t_0 = 15$ 年（1.25×12 年）。也就是说，贝莎在等待阿黛尔回来的这段时间大了 15 岁。由于阿黛尔在旅途中只大了 12 岁，因此在旅行结束时她要比贝莎年轻 3 岁！

然而，如果我们将飞船视为静止的，将地球视为运动的，那么做同样的分析会得出与此前相反的结论吗？也就是说，分析结果是否意味着贝莎应比阿黛尔小 3 岁？当然，我们不能认为这两个结果都是真的。这就是双生子佯谬的核心问题。

出现这个问题的原因是，我们忽略了加速度及加速度在参照系中引起的变化。要进行这样的太空旅行，阿黛尔的飞船必须加速离开地球，直到达到我们假设的巨大速度 0.6c。当飞船到达那颗遥远的星球时，就必须掉头，而掉头涉及反向减速和加速（进入另一个参照系）。当飞船接近地球时，必须再次减速。因此，我们遇到的情形不是完全对称的：飞船存在于两个不同的参照系中，每个参照系相对于地球的速度都是 v，但是方向相反。

尽管加速度可用广义相对论来处理，但是对我们的目的来说没有必要。如果加速发生的时间与总飞行时间相比很小，那么上面根据狭义相对论进行的计算就会得出正确的结果——阿黛尔的年龄确实比贝莎的小。这可以用狭义相对论的基本假设做思维实验来证实，只是要小心地处理两个参照系中的时钟。当然，我们必须假设改变了参照系的是飞船而不是地球。

时间流逝的差异及由此导致的双生子的衰老差异是真正的效应，使用高精度时钟和慢速喷气式飞机的实验证实了这一点。如果速度能够达到 0.995c，那么双生子的年龄差将会非常惊人。当速度为 0.995c 时，时间膨胀系数约为 10 而非 1.25。阿黛尔旅行花了 10 年，对贝莎来说花了 100 年。100 年后，当阿黛尔回到地球时，她只变老了 10 岁（见附图 2）。

附图 2　当飞船的速度为 0.995c 时，阿黛尔和贝莎的年龄差相当惊人

20.4　牛顿运动定律和质能等效

要接受爱因斯坦的假设，我们就要改变思考空间和时间的方式。由于时间测量和空间测量涉及速度与加速度，而加速度在牛顿运动定律中起重要作用，因此猜测牛顿运动定律也要加以修改才能符合爱因斯坦的假设。当物体以非常大的速度运动时，牛顿第二运动定律还适用吗？

当回答这些问题时，爱因斯坦发现需要修改牛顿第二运动定律，重新定义动量的概念。在早期关于相对论的论文中，爱因斯坦探讨了这种新方法对动力学的影响，并且推出了质量和能量之间的惊人关系，即著名的质能方程 $E = mc^2$。

20.4.1　牛顿第二运动定律要如何修改？

当爱因斯坦根据光速不变的假设检验牛顿第二运动定律时，发现了一个问题：在一个参照系中测量得到的加速度与在另一个参照系中测量得到的同一个物体的加速度是不一样的。如果飞船上的宇航员发射了具有一定加速度的弹体，地球上的观察者就会测量得到一个不同的加速度。

在普通速度下，不同观察者测量得到的加速度是没有差别的。在任何惯性参照系中，我们都可以应用牛顿第二运动定律，即 $F_合 = ma$，使用相同的力来解释物体的加速度。显然，牛顿第二运动定律在速度非常大的情况下是不成立的，因为加速度在不同的参照系中不再相等。于是，我们就违反了爱因斯坦的第一个假设：牛顿第二运动定律在不同的惯性参照系中似乎不取相同的形式。

第 7 章中说过，牛顿第二运动定律的一般形式是用动量而非加速度表示的，即 $F_合 = \Delta p/\Delta t$——

合力等于动量的变化率。动量定义为质量与速度的乘积，即 $p = mv$。当我们试着使用这种形式的牛顿第二运动定律时，同样发现了速度很大时的问题。在不同参照系中的观察者看来，动量守恒定律甚至也不再成立。

为了拯救相对论速度（高速度）下的动量守恒定律，爱因斯坦不得不将动量重新定义为

$$p = \gamma mv$$

式中，v 是物体相对于给定参照系的速度，γ 是 20.3 节中定义的相对论性因子，这个因子还取决于速度的大小。使用新定义的动量，爱因斯坦证明了对不同观察者来说，碰撞中的动量是守恒的，尽管不同观察者测量得到的速度和动量是不同的。在低速情形下，修正后的动量变成了普通的动量，即 $p = mv$，因为相对论性因子 γ 约等于 1。

由于动量守恒定律是直接由牛顿第二运动定律推出的，因此在牛顿第二运动定律中也要使用修正后的动量。换句话说，爱因斯坦发现，在牛顿第二运动定律的一般形式（$F_合 = \Delta p/\Delta t$）中使用新动量，可以使得牛顿第二运动定律符合他的假设。在普通速度情形下，牛顿第二运动定律可以照常使用，因为这时的相对论动量已过渡为它的经典定义。在非常高的速度下，就要使用动量的相对论定义。由此可见，爱因斯坦的狭义相对论是对牛顿力学理论的重大修正。

20.4.2 质能等效思想是如何提出的？

当爱因斯坦修改牛顿第二运动定律时，他发现机械能也有新的含义。在经典物理学中，物体的动能是通过计算使物体加速到给定速度所做的功求得的，结果是我们熟悉的表达式 $E_k = 1/2 mv^2$（见第 6 章和图 20.15）。同理，我们可以计算加速到高速的物体的动能。然而，这时我们要使用经相对论修正后的牛顿第二运动定律来描述加速过程。

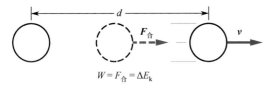

$$W = F_合 = \Delta E_k$$

图 20.15 加速物体的合力所做的功，等于物体的动能增量

当爱因斯坦使用经相对论修正的牛顿第二运动定律计算动能时，得到的结果是

$$E_k = \gamma mc^2 - mc^2$$

注意，上式中只有第一项取决于物体的速度，因为因子 γ 中包含速度，而第二项与物体的速度无关。

对爱因斯坦来说，得到这个结果的过程非常简单（对于熟悉微积分的人来说，这一计算并不困难）。然而，解释这个结果就要困难得多。动能的新表达式是如下两项之差：一项与速度有关，另一项与速度无关。显然，加速一个物体时，会在物体因质量而具有的能量 mc^2 的基础上，增加物体的能量。

mc^2 通常被称为静能，其专用符号是 E_0，$E_0 = mc^2$。变形爱因斯坦的动能表达式，将静能放到表达式的另一边，并与动能相加，就可以得到 $E_k + E_0 = \gamma mc^2$。γmc^2 是总能量，即动能和静能之和。当物体加速时，总能量和动能都增加，因为因子 γ 随着速度的增加而增大。

20.4.3 如何解释静能？

当爱因斯坦计算动能时，静能项是最有趣的部分。物体的质量乘以 c^2 后，得到的是能量值（mc^2），由于 c 是一个自然常数，因此我们只是将质量乘以了另一个常数。这似乎表明质量等效于能量。增加物体或系统的质量，就会增加它的能量——增加系统的能量，就会增加它的质量。这就是质能方程 $E_0 = mc^2$ 的本质。

图 20.16 中显示了质能等效的情形：本生灯正在加热烧杯中的水。热流是一种能流，我们通过加热水来增加水的内能。由此，我们也会增加水的质量，因为能量等效于质量。在这个例子中，质量的增量很小，并且极难测量。如例题 20.3 所示，如果加入 1000J 热量，质量就增加 $1.1×10^{-14}$ kg。因为烧杯中水的质量通常为零点几千克，因此增量 10^{-14} kg 完全可以忽略不计。

例题 20.3　通过增加能量来增加质量

本生灯为烧杯中的水增加了 1000J 热量。水的质量增加了多少？

$E = 1000\text{J}$, $c = 3 \times 10^8 \text{m/s}$, $\Delta m = ?$

由 $E = \Delta mc^2$ 有

$\Delta m = E/c^2 = 1000/(3 \times 10^8)^2 = 1.11 \times 10^{-14} \text{ kg}$

人们通常认为质量和能量是不同的，因此质量等效于能量的观点令人难以接受。质能等效理论本身已经被彻底证实，因为它正确地预测了聚变、裂变等核反应释放的能量，详见第 19 章。有时，对于这些反应，人们会说质量转换成了能量，但是说静能转换成了动能可能更好一些。换句话说，质量无法转换为能量，因为它本身就是能量——我们只是将一种能量转换成了另一种能量。

如前面描述的其他观点那样，质能等效不过是在力学领域应用爱因斯坦的假设后得到的结果。然而，这个惊人的结果从根本上修正了能量和质量以及空间和时间的概念。

图 20.16　本生灯通过增加水的内能来增加水的质量。能量和质量是等效的

爱因斯坦的假设表明，不同观察者测量得到的加速度值是不同的，甚至动量也不守恒。因此，我们需要修正牛顿第二运动定律，即在牛顿第二运动定律的普遍形式中改变动量的定义。使用牛顿第二运动定律的修正形式时，将改变动能的表示式。在动能的新表示式中，有一项与物体的速度无关，它就是与物体质量相关联的静能。质能等效后来在核反应中得到了证实。

20.5　广义相对论

到目前为止，我们只讨论了涉及惯性参照系的情况，也就是说，不同参照系之间是以恒定速度相对运动的。如果参照系加速，那么会发生什么？我们能将狭义相对论中使用的思维方式扩展到参照系加速的情况吗？

在提出狭义相对论后不久，爱因斯坦就提出了上述问题，但是他花了一些时间来完善他的想法。直到 1915 年，他才发表了他的广义相对论，这比他的第一篇关于狭义相对论的论文晚了约十年。爱因斯坦的观点再次从根本上改变了我们对宇宙的看法。

20.5.1　什么是等效原理？

本章的序言和第 4 章在考虑物体位于加速电梯中的情形时，讨论过加速参照系。爱因斯坦的第一个假设（相对性原理）告诉我们，如果电梯恒速运动，那么物理定律的表现与电梯静止时的表现完全一样。换句话说，我们在电梯中做的任何实验都无法确定我们是否正相对于地球运动。

然而，如果电梯正在加速，那么我们猜测我们看到的情形不同于电梯静止或匀速运动时看到的情形。如第 4 章中讨论的那样，当电梯加速上升时，站在体重计上的人感受到的重量要比电梯未加速时的大（见图 20.17）。根据牛顿第二运动定律，这个更大的视重的成因是体重计对脚施加了更大的向上的力（支持力），它大于人的实际重量。向上的合力使得人和电梯共同向上加速。

体重计读数的这种变化表示电梯正在加速。如果电梯加速上升，那么读数高于正常读数；如果电梯加速下降，那么读数低于正常读数；如果电梯缆绳崩断，那么电梯就以加速度 g 加速下降（自由落体运动），体重计的读数为零——完全失重。这时，人漂浮在电梯中，就像在轨飞船上的宇航员那样。

其他加速实验的结果也不同于电梯未加速时的结果。例如，下落的小球会以明显不同于 $g =$ 9.8m/s^2 的加速度接近电梯地板。如果电梯向上加速，那么小球的视加速度大于 g：视加速度是电梯加速度 a 和重力加速度 g 的大小之和。如果电梯向下加速，那么小球的加速度明显小于 g，如图 20.18 所示。摆的周期也与电梯不加速时的周期不同。

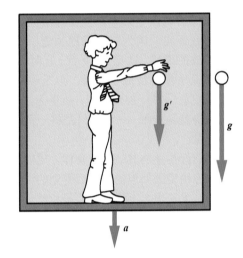

图 20.17　如果电梯加速上升，那么体重计的读数 N 要比人的正常体重 W 大

图 20.18　在向下加速的电梯中，小球落向地板时的视重力加速度 g' 小于 g

这些实验有一个共同点：都能由不同于 $g =$ 9.8m/s^2 的视重力加速度解释。由于重量等于质量乘以重力加速度（mg），因此视重的变化可归因于视重力加速度的变化。采用同样的方法（视重力加速度的变化），我们可以解释小球加速度的变化或摆的周期的变化。虽然我们能够在电梯内检测到视重力加速度，但是我们无法区分这些效应与重力加速度以某种方式增加或减少而发生的情况。

我们无法区分这些加速情况就是爱因斯坦广义相对论的基本假设，即等效原理：

　参照系的加速度与重力效应是无法区分的。

在电梯内部，我们弄不清是电梯在加速，还是重力加速度 g 在变化。因为我们通常不认为重力加速度发生了变化，所以我们通常认为参照系的加速导致了这些效应。

假设电梯现在位于太空中。此时，与接近地面时相比，重力效应要小得多。如果电梯未加速，那么我们就没有重量。然而，如果电梯正在向上加速，那么在电梯中做的任何实验都会表现得像是有一个向下作用的重力加速度。

如果在电梯中水平抛出一个小球（见图 20.19），那么小球的轨迹会和在地面上水平抛出的小球的轨迹一样。在电梯中的人看来，他/她的参照系的向上加速度等效于向下的重力加速度，并且这个重力加速度与电梯加速度的大小相同（等效原理）。小球"落"向电梯地板，我们可以使用第 3 章中描述抛体运动的同样方法来预测它的运动。

如果电梯的加速度等于 9.8m/s^2，那么在电梯中与在地面上做的力学实验的结果是相同的。经常有人建议让空间站具有恒定加速度，以便模拟重力效应。我们知道，直线加速度会使得空间站脱离轨道，因此空间站的加速度就是与恒定转速相关的向心加速度。向心加速度的方向指向旋转中心，这时我们将该方向视为向上（见图 20.20）。

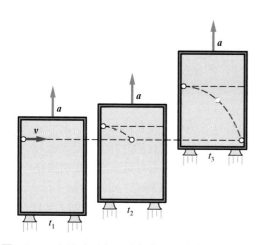

图 20.19　在地球引力可以忽略不计的太空中，从加速电梯内水平抛出的小球，会以与从地面附近抛出的小球的相同方式落向电梯地板

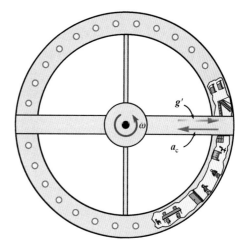

图 20.20　轮式空间站的向心加速度 a_c 可为宇航员产生人工重力加速度 g'

20.5.2　光束在强引力场中弯曲吗？

　　等效原理对光的传播也有影响。想象一个与图 20.19 相似的实验，但是使用的是光速而不是小球。如果电梯不加速，光束就沿一条水平直线穿过电梯。根据狭义相对论，我们知道无论电梯是否以恒定速度相对于其他惯性参照系运动，这都是成立的。

　　然而，如果电梯正在向上加速，那么我们会得到不同的结果。如果加速度足够大，那么光束的路径会像图 20.19 所示从电梯中看到的小球路径那样弯曲。类似于小球的情形，通过将加速电梯的位置叠加到从电梯外面观察到的直线光束上，我们就可以看到光束的弯曲。如图 20.21 所示，光束相对于电梯的轨迹是弯曲的。

　　然而，根据等效原理，我们是无法区分参照系的加速度和引力加速度的。因此，我们预计光束通过强引力场时路径是弯曲的。光速非常大，因此需要一个非常大的参照系加速度或引力加速度来产生明显的弯曲。然而，地球相对较小的引力场不足以产生很大的影响。

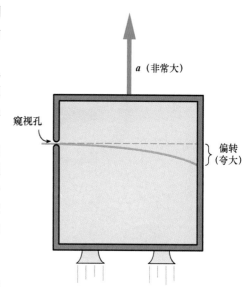

图 20.21　由于电梯的运动,光束的路径相对于加速上升的电梯是弯曲的

　　然而，当来自遥远恒星的光束经过太阳附近时，太阳的引力场会大到足以产生可测量的效应。爱因斯坦预测了太阳引力场产生的弯曲，还预测了当这些恒星的光束经过太阳附近时，恒星的真实位置是如何被扭曲的。这个效应虽然很小，但是可以观察到。

　　遗憾的是，白天从地面上观察星星很困难。阳光被散射到地球的大气层中，完全冲淡了来自恒星的微弱光束。这样的观察只在发生日全食时才能进行，因为这时月球挡住了阳光。因此，爱因斯坦建议在日全食期间进行这样的测量，此后几乎每次出现日全食时都这样做。这些测量证实了爱因斯坦的预测。

20.5.3　广义相对论有哪些时空效应？

狭义相对论告诉我们，相对运动的不同观察者测量的时间是不同的。在时间膨胀效应中，参照系中观察者测量得到的始于和终于同一个位置的事件的时间间隔（固有时），比相对于该参照系运动的观察者测量得到的时间间隔短。在双生子佯谬中，阿黛尔在其参照系中测量得到的事件的固有时，比贝莎的测量得到的膨胀时间短。阿黛尔的时钟比贝莎的时钟慢，因此阿黛尔测量得到的时间更短。

在广义相对论中，我们还发现加速时钟比非加速时钟运行得慢。根据等效原理，我们还预测时钟在强引力场中的运行速度比在弱引力场中的慢。广义相对论预测的这种时间效应通常被称为引力红移。如果光波的周期增加，那么频率就会降低。频率降低使得光束向可见光谱的红端偏移。

广义相对论主要是关于引力的本质的理论。引力影响光束的直线路径，同时影响时间——对我们如何测量空间和时间都有影响。为了给出处理这些效应的数学框架，爱因斯坦借助了非欧氏（弯曲）时空几何。

简单地说，在欧氏几何或普通几何中，两条平行线永远不相交，而在非欧氏几何中，两条平行线可以相交。这样的一个例子是画在球面上的平行线，如地球仪上的经线。垂直于赤道的平行线在两极相交，因为它们所在的表面是一个球面（见图 20.22）。因此，这完全是我们如何定义几何规则的问题。

爱因斯坦的狭义相对论表明，时间的测量取决于空间的测量，而长度的测量取决于时间的测量。因此，我们不再认为空间和时间是相互独立的。为了充分利用几何学来表达这些思想，我们必须使用四维空间或坐标系：三个互相垂直的空间坐标轴和一个表示时间的坐标轴。要描述运动或事件，就需要找到它在时空连续统中的路径。

尽管时空连续统是四维的，且想象起来有些困难，但是类似于图 20.23 的图形仍然说明了空间在强引力场附近是如何弯曲的。这幅图形只显示了曲面的两个维度，但是它确实说明了物体是如何被拉到场的中心的。由于光束被强引力场弯曲，因此像有质量的粒子一样，它们可以被拉到场的中心。

图 20.22　地球仪上的平行经线在两极相交

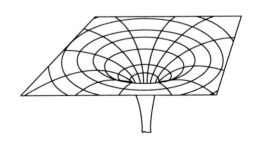

图 20.23　黑洞的引力效应可以使用黑洞附近的强曲率空间表示

20.5.4　什么是黑洞？

图 20.23 是黑洞的二维表示。黑洞是质量非常大的坍缩恒星，它们会产生极强的引力场，因此，它们的附近存在强曲率空间。这个引力场非常强，以一定角度入射的光线会弯曲到中心而不再出现。也就是说，光进得去，但是出不来。黑洞是光的完美吸收者，因此看起来是黑色的。

黑洞既不发射光，又不反射光，因此我们无法直接观察到黑洞，但是根据引力场对附近恒星和其他物质的影响，我们可以推断是否存在黑洞。例如，假设一个双星系统由两颗恒星组成，一颗恒星是可见的，另一颗恒星是黑洞，那么可见恒星的运动就表明它存在伴星。天文学家发现了很多这样的疑似黑洞。其他观察也表明可能存在黑洞。

20.5.5 引力波的发现

2016 年 2 月 12 日，《物理评论快报》上发表的一篇文章宣布发现了引力波。早在 100 年前，作为广义相对论的一部分，爱因斯坦就预言了引力波的存在，但是当时人们认为引力波微弱到难以探测。从那时起，物理学家就一直在探测引力波。

探测引力波的实验始于 1993 年。实验设备包括两台迈克尔逊干涉仪（见图 20.9），一台位于华盛顿州的汉福德镇，另一台位于路易斯安那州的利文斯顿。两台干涉仪都由两个正交的长臂（4 千米）组成，激光束在臂上的镜子之间反射，然后重新合成为干涉图样（光的干涉见 16.3 节）。

2015 年 9 月，位于华盛顿州和路易斯安那州的两台干涉仪探测到了几乎相同的干涉图样，表明引力波来自外太空（需要在相距较远的位置安装两台干涉仪，以便有效地排除其他局部效应导致的信号干扰）。实际上，观察发现，到达路易斯安那州的信号要比到达华盛顿州的信号早 7ms（0.007s），表明从地球上观察到的引力波来自南天球中的天体。

数据分析表明，这些引力波是由一个非常遥远的星系中的两个黑洞合并产生的。据估计，这些黑洞到地球的距离约为 13 亿光年，也就是说，事件发生后，以光速传播的黑洞波需要约 13 亿年才能到达地球。引力波的发现极大地鼓舞了天体物理学界，因为引力波为研究宇宙深处的天文事件提供了一种新方法。

爱因斯坦的狭义相对论和广义相对论对现代物理学产生了巨大的影响。从核反应释放的能量到天文效应（如星光弯曲），预测的效应都得到了证实。我们关于空间和时间的基本概念已被这些概念修正或融合。尽管远离日常经验，但这些想法肯定会激发人们的想象力。

爱因斯坦的狭义相对论主要涉及惯性参照系，广义相对论则处理加速参照系问题。广义相对论的额外基本假设是等效原理，它指出我们无法区分参照系的加速度和引力场效应。广义相对论预言了光在强引力场中的弯曲，加速参照系或引力场中的时钟变慢，以及引力效应产生的时空弯曲。黑洞的概念就是根据这些想法产生的。广义相对论和引力性质的研究仍然非常活跃。

小结

不同于经典力学的情形，光速不受光源速度或参照系速度的影响。根据这一设想，爱因斯坦采用全新的方式指出了空间和时间的本质。本章介绍了爱因斯坦的狭义相对论和广义相对论的基本假设，探讨了接受这些假设所带来的一些成果。

1. **经典物理学中的相对运动。**如果物体相对于运动的参照系（如河流）运动，那么经典力学要求这些运动的速度以矢量的方式相加。牛顿运动定律在任何相对于其他惯性参照系不加速的惯性参照系中都成立。

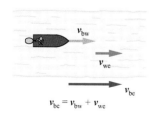

2. **光速和爱因斯坦的假设。**实验未发现任何以太相对于地球的运动。这一结果开启的讨论最终导致了爱因斯坦的狭义相对论的两个基本假设：第一，物理定律在任何惯性参照系中的形式都相同（相对性原理）；第二，不管光源是否运动，光速在任何惯性参照系中都是一样的。

3. **时间膨胀和长度收缩。**爱因斯坦的两个假设在时间和长度测量中的应用表明，不同参照系中的观察者的测量结果是不同的。观察移动时钟的人看到的时间，要比观察静止时钟的人看到的时间长（膨胀）。测量移动长度的观察者测量得到的长度，要比静止长度短（收缩）。

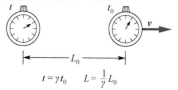

4. **牛顿运动定律和质能等效**。将想法推广到动力学后，爱因斯坦发现只有重新定义动量并使用动量表示牛顿第二运动定律的一般形式，牛顿第二运动定律才能继续成立。动能的计算让我们认识到质量等效于能量。

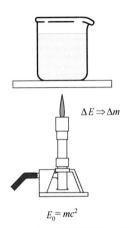

$\Delta E \Rightarrow \Delta m$

$E_0 = mc^2$

5. **广义相对论**。狭义相对论主要涉及惯性参照系。广义相对论处理加速参照系和引力。广义相对论的额外基本假设是等效原理：我们无法区分参照系的加速度与引力场效应。这个额外的假设导致了光束弯曲及引力场改变时间的新效应。它还要求使用非欧氏几何（弯曲空间几何）来描述时空连续统。

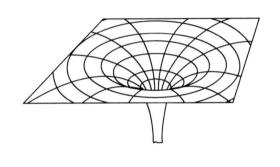

关键术语

Frame of reference　参照系

Special theory of relativity　狭义相对论

General theory of relativity　广义相对论

Principle of relativity　相对性原理

Light clock　光钟

Proper time　固有时

Rest length　静止长度

Rest energy　静能

Principle of equivalence　等效原理

Gravitational red shift　重力红移

Space-time continuum　时空连续统

Black hole　黑洞

概念题

Q1 如果小船顺流而下，那么小船相对于水的速度会大于小船相对于河岸的速度吗？

Q2 如果小船逆流而上，那么小船相对于河岸的速度会大于小船相对于水的速度吗？

Q3 一架飞机顺风飞行，飞机相对于地面的速度是大于、小于还是等于飞机相对于空气的速度？

Q4 划艇上的人不能逆流而上吗？

Q5 如果一条小船正在横穿河流，小船相对于河岸的速度是否等于小船相对于水的速度和水相对于河岸的速度的代数和？

Q6 飞机在与航向成 90°的侧风中飞行，飞机相对地面的速度小于飞机相对于空气的速度吗？

Q7 飞机的速度和风速合成时，要求使用相对论？

Q8 从狭义相对论的观点看，相对于地球的光速加上地球相对于太阳的速度，是相对于太阳的光速吗？

Q9 真空中存在以太吗？

Q10 迈克尔逊-莫雷实验的目的是探测什么？为什么他们认为光速会在一年内的不同时间发生变化？

Q11 迈克尔逊-莫雷实验成功测量了以太相对于地球的速度吗？

Q12 爱因斯坦的假设是否与关于相对速度如何合成的经典假设矛盾？

Q13 爱因斯坦的哪个假设直接处理了未能探测到地球相对于以太的运动？

Q14 两名不同的观察者就光束从镜子反射回光源的时间无法达成一致，这可能吗？

Q15 观察者 A 乘坐飞船经过地球时，看到了地面上的象棋比赛。观察者 B 站在地面上，从棋手身后观看比赛。哪名观察者测量的比赛时间较长？

Q16 具有一定半衰期的放射性同位素在粒子加速器中高速运动。实验室中静止的观察者能够测量该同位素的半衰期的固有时吗？

Q17 一艘飞船正高速经过地面上的观察者 A。观察者 B 位于飞船中。哪名观察者测量的飞船的长度更长？

Q18 父亲在衰老程度上比儿子或女儿更年轻，理论上有可能吗？

Q19 阿黛尔是否有可能在贝莎出生的前一年开始太空旅行并返回地球？

Q20 当物体以接近光速的速度运动时，以 $F_{合} = ma$ 表述的牛顿第二运动定律还适用吗？

Q21 当物体运动的速度很小时，可以使用相对论动量表达式 $p = \gamma mv$ 吗？

Q22 压缩弹簧并固定压缩后的形状，会改变弹簧的质量吗？

Q23 对于高速运动的物体，物体动能的增加是否等于加速物体所做的功？

Q24 说质量在核反应（如裂变反应）中转换为能量完全正确吗？

Q25 物体的速度降至零后，其所有能量消失了吗？

Q26 电梯向下加速，视重比电梯不加速时测量的重量大吗？

Q27 假设你位于密闭的太空飞行器中，你是否能够知道飞行器正在加速？你是否可能正位于某个大质量的天体（如太阳或地球）附近？

Q28 你在自由下落电梯中的体验，与在离任何行星或恒星很远的匀速飞船中的体验，有何相似之处？

Q29 光在真空中总沿直线运动吗？

Q30 黑洞是空间中不含质量的洞吗？

练习题

E1 小船在静水中的速度是 12m/s，河水相对于河岸的流速是 5m/s。现在小船以最大速度逆流而上。小船相对于河岸的速度是多少？

E2 静止空气速度为 550mph 的飞机正在速度为 40mph 的顺风中飞行。飞机相对于地球飞行 1700 英里需要多长时间？

E3 泳者以相对于水的速度 2.8m/s 逆流而上。水速是 1.5m/s。泳者相对于河岸的速度是多少？

E4 一个小球以速度 35mph 沿飞机过道向飞机尾部扔出。飞机相对于地面的速度是 400mph。小球相对于地面的速度是多少？

E5 宇航员将手电筒对准飞船的尾部，飞船正以相对于地球的速度 0.5c 的飞行。手电筒的光束相对于地球的速度是多少？

E6 因子 $\gamma = 1/\sqrt{1 - (v^2/c^2)}$ 出现在许多狭义相对论的表达式中，说明当 $v = 0.7c$ 时 $\gamma = 1.40$。

E7 宇航员在以速度 0.8c 掠过地球的飞船中将鸡蛋煮了 3 分钟。地球上的观察者测量得到的煮鸡蛋时间是多少（参见表 20.1）？

E8 地球上的一名观察者发现，飞船上的一名宇航员要轮流操纵飞船 5 小时。如果飞船相对于地球以 0.9c 的速度运动，宇航员自己测量的这个时间是多长（参见表 20.1）？哪名观察者测量的是固有时？

E9 飞船上的人测量得到的飞船长度为 70m，飞船相对地球的飞行速度为 0.3c。根据休斯敦任务控制中心的测量，这艘飞船的长度是多少（见表 20.1）？

E10 一艘飞船以相对于地球的速度 0.6c 飞行，飞船上的宇航员测量得到地球上两个城市之间的距离（沿平行于它们的运动的方向）是 700km。地球上的人来测量得到的这两个城市之间的距离是多少（见表 20.1）？哪名观察者测量的是静止长度？

E11 一艘飞船正以相对于地球的速度 0.5c 飞行。飞船的质量是 8000kg，它的动量是多少？$p = \gamma mv$，$c = 3 \times 10^8$m/s。

E12 某个物体的静能是 900J。**a.** 当它以 0.8c 的速度运动时，总能量是多少？$E = \gamma E_0$，参见表 20.1。**b.** 物体在该速度下的动能是多少？$E_k = E - E_0$。

综合题

SP1 以速度 7m/s 相对于水行驶的小船垂直指向流速为 3m/s 的小河的正对岸。小河的宽度为 28m。**a.** 画出矢量图，说明如何将河水流速与小船相对于水的速度相加，才能得到小船相对于河岸的速度。**b.** 使用勾股定理来求出小船相对于河岸的速度。**c.** 小船横渡小河需要多长时间？提示：如果用小河的宽度表示距离，那么只需要考虑小船垂直于小河的速度分量。**d.** 小船到达对岸时的位置，在小船起点对岸下游多远的位置？**e.** 小船到达对岸实际航行了多远？

SP2 假设一束 π 介子相对于实验室的运动速度是 0.96c。π 介子静止时，半衰期为 $1.77×10^{-8}$ s。
a. 计算 π 介子相对于实验室的速度的相对论性因子 γ。**b.** 实验室中的观察者看到的运动 π 介子的半衰期是多少？**c.** 按照实验室的测量，π 介子要走多远才会衰变一半？**d.** 在与 π 介子一起运动的参照系中测量时，π 介子衰减一半时走了多远？

SP3 假设一名宇航员要到一颗遥远的星球旅行，然后返回地球。除了短暂的加速或减速时间，飞船以令人难以置信的速度 $v = 0.995c$ 相对于地球运动。这颗星球到地球的距离是 46 光年（1 光年是指光走 1 年的距离）。**a.** 确认与这个速度相关的相对论性因子 γ 约为 10。**b.** 按照地球上的观察者的观察，往返于这颗星球需要多长时间？**c.** 按照宇航员的测量，这次旅行要多长时间？**d.** 宇航员测量的飞行距离是多少？**e.** 如果宇航员旅行时在地球上留下了一名孪生兄弟，那么宇航员返回时比其孪生兄弟年轻多少？

SP4 假设烧杯中含有2.5kg的水。现在加热水，使水温从0℃提高到100℃。**a.** 要提高水温，必须给水加入多少焦耳热能？$c_水 = 1cal/g·℃$，$1cal = 4.186J$。**b.** 在这个过程中，水的质量增加了多少？$E_0 = mc^2$。**c.** 比较增加的质量与水的原始质量。质量的增加可以测量出来吗？**d.** 如果能够将这杯水的质量全部转换为动能，那么可以产生多少焦耳的动能？

SP5 根据图 20.13，推导时间膨胀公式。步骤如下：**a.** 根据图形的对称性，假设地球上的观察者测量得到的总时间是光线到达镜面所需要的时间的 2 倍。**b.** 利用图中的直角三角形和勾股定理，写出公式 $c^2(t/2)^2 = d^2 + v^2(t/2)^2$。**c.** 将包含 t 的代数项放到公式的同一边后，两边开根号，就可求出地球上的观察者测量的时间 t 的表达式。**d.** 由于 2d/c 是飞船驾驶员测量的时间 t_0，因此这个表达式可以简化成 20.3 节中引入的时间膨胀公式。

家庭实验与观察

HE1 如果附近有一条水流平稳的小河，那么你可以验证 20.1 节中介绍的速度合成方法。你需要到玩具店或杂货铺购买电动小船或发条驱动小船。**a.** 在浴缸或池塘中测试小船，估计它在静水中的运动速度。**b.** 找到水流平缓的河段（没有漩涡），将一根树枝扔到小河中，使用手表估计水流的速度。**c.** 将小船放到水流中，让小船的电动机转动，并让小船的方向指向下游。估测小船相对于河岸的速度。这个结果与你通过速度合成估计的速度相同吗？**d.** 小船能够逆流而上吗？**e.** 让小船划到水流均匀的位置。要让小船渡过小河，你需要做些什么？

第 21 章　现代物理简介

本章概述

在日常生活中，人们通常不会注意周围发生的许多事情。学习物理学的好处之一是，可以深入认识我们与各种事物之间的联系，我们看不见这些事物，但是如果没有这些事物，日常生活便无法继续。本章探讨物理学的几个研究领域，这些研究领域拓展了我们对微观物体和宏观物体的认识。讨论的概念包括基本粒子、宇宙的总体结构和历史、半导体电子学和超导体，以及其他新材料。选择这些研究领域的原因是，它们能够激发大众的想象，或者对正在发展的各种技术有较大的影响。对这些研究领域的描述很简单，因为我们的目标是强调基本观点和问题，为读者奠定进一步学习相关主题的基础。

本章大纲

1. **夸克和其他基本粒子。** 宇宙的基本组成是什么？目前的理论是如何对基本粒子进行组织与分类的？
2. **宇宙学：眺望宇宙星辰。** 宇宙是如何形成和演化的？针对基本粒子的研究是如何解释宇宙的起源的？
3. **半导体和微电子学。** 晶体管是什么？其工作原理是什么？半导体是如何推动电子工业发展的？
4. **超导体和其他新材料。** 超导体是什么？固体物理研究发现了哪些新材料？

科学最有趣的一面是，我们永远不知道它会将我们引向何方，就像线索分明的优秀推理小说那样，结局总是让人难以捉摸。与推理小说不同的是，科学是没有结局的。科学研究既能增进我们对自然界的理解，推动技术的进步，又总是提出新的问题。

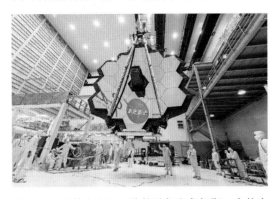

图 21.1　哈勃太空望远镜的继任者詹姆斯·韦伯太空望远镜，当时预计于 2021 年 11 月发射

物理学领域确实会不时地制造新闻。花费数十亿美元建造新粒子加速器或空间站会引发民众的质疑。建造超导超级对撞机（粒子加速器）的提议多年来一直是一个政治问题，直到 1993 年该项目才被美国国会取消（见图 21.1）。

物理学的进步对民众日常生活的影响远多于我们认识到的影响。我们中的大多数人都会使用个人计算机和内置有微型计算机的电子设备（如录像机）。计算机给人们的生活、工作和娱乐方式带来了巨大的变化。使得现代计算机成为现实的晶体管的发明，就得益于固体物理学的进步及我们对半导体的了解。

现代物理学的多个研究领域都很活跃。有些研究领域是由改进技术的需要驱动的，有些研究领域则只是为了更好地理解宇宙。虽然我们无法谈及所有这些领域，但是可以描述一些已经引发公众注意且可能继续引发公众注意的领域。那些与今天的共识毫不相干的想法，也许有一天会成为日常现象的一部分。

21.1　夸克和其他基本粒子

科学领域最持久的探索之一是寻找构成自然界的基本要素，即构成一切事物的粒子或实体。直到 20 世纪，人们还认为原子是构成物质的基石，因为这个观点已被 19 世纪的化学进步所强化（见第 18 章）。事实上，"原子"一词源自希腊语 atomos，意思是不可分的。

第 18 章说过，19 世纪末开始的实验表明原子还能被进一步分割。1897 年，约瑟夫·约翰·汤姆逊发现了电子，即明显存在于所有原子中的第一个亚原子粒子。在这个成果之后，1911 年人们又发现了原子核，并且后来人们认识到原子核是由质子和中子组成的。我们现在知道质子和中子还有一个亚结构——它们是由夸克组成的（见图 21.2）。

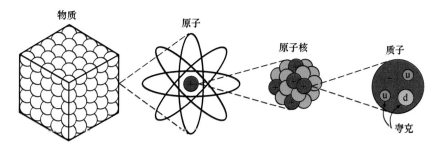

图 21.2 原子曾被认为是所有物质的基本组成，后来人们发现它是由电子、质子和中子组成的。中子和质子也存在由夸克组成的亚结构

这一切到哪里才会结束？什么是夸克？我们为什么要相信它们是存在的？有一天我们会发现夸克也存在亚结构吗？虽然最后一个问题的答案是不确定的，但是我们对高能物理的理论认识的最新进展，厘清了这些令人困惑的基本粒子。下面只考虑这个通常被称为标准模型的新理论的几个特征。

21.1.1 新粒子是如何被发现的？

原子的基本组成——电子、质子和中子，只是 20 世纪被人们发现的众多亚原子粒子中的第一批。例如，英国物理学家保罗·狄拉克（1902—1984）提出存在正电子不久，1932 年人们就发现了正电子。在这一发现之后，人们又发现了 μ 介子和 π 介子。20 世纪五六十年代，随着高能物理学领域的研究取得进展，亚原子粒子的清单迅速变长。

这些发现是如何产生的？其中大多数发现都涉及散射实验——类似于卢瑟福及其同事所做的那种实验。快速运动的粒子轰击标靶，并且使用粒子探测器来研究碰撞导致的结果。新出现的粒子在照相乳剂、云室和气泡室中留下痕迹。这些手段常用于早期的实验中，今天的精密探测器中也经常用到。在云室和气泡室中，快速移动的带电粒子在过饱和的蒸汽或过热的流体中成为水滴或气泡的核（见图 21.3）。

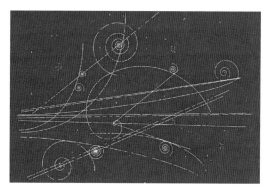

图 21.3　气泡室（或现代电子探测器）中的粒子轨迹，提供了在碰撞或衰变过程中产生的新粒子的信息

通过分析这些轨迹和其他测量，我们可以推断碰撞产生的粒子的质量、动能和电荷量。例如，带正电荷的粒子在磁场中向一个方向弯曲，而带负电荷的粒子反向弯曲。路径的曲率与质点的质量有关。质量尤其重要——它是识别粒子的主要特征之一。

在这些散射实验中，高能粒子通常来自粒子加速器。卢瑟福使用了来自放射性物质的 α 粒子，但是 α 粒子的能量是有限的。早期的其他研究人员还用到了来自外太空的宇宙射线中的高能粒子。粒子加速器能够产生高能量和高密度的粒子束，这就使得有趣的碰撞更可能发生。

现代粒子加速器使用电磁场来加速与约束粒子束。粒子束本身被限制在长长的真空管内，真空管既可以是直管（如直线加速器），又可以是弯管。在我们研究反应的位置，可以让两束粒子正面碰撞，产生比静止标靶更大的碰撞能量。粒子束的能量常用电子伏特（eV）表示。由于质量等效于能量，要产生质量比质子或中子大得多的粒子，就需要非常高的碰撞能量，而这要求科学家建造更大的粒子加速器。现代加速器能够产生高达 1000GeV 或更大的碰撞能量（1GeV 相当于10 亿电子伏特）。目前正在运行的最大现代加速器包括位于美国加利福尼亚州的斯坦福直线加速器中心（SLAC）、芝加哥费米实验室的质子-反质子对撞机，以及瑞士-法国边界欧洲原子核研究中心（CERN）的大型强子对撞机（LHC），LHC 于 2010 年年初的最高能量记录超过了 1000GeV。

21.1.2 粒子家族的成员

随着越来越多的粒子被发现，科学家试图在理论分析的指导下对它们进行分类。尽管这些模型通常是不完整的，但是它们有时仍然能够成功地预测后来在实验中发现的新粒子。最初的分类依据主要是粒子的质量。

这些粒子主要分为三族：轻子、介子和重子。轻子是最轻的粒子，包括电子、正电子和参与衰变的中微子。介子的质量中等，包括 π 介子和 k 介子。重子最重，包括中子、质子和许多质量较大的粒子。表 21.1 中列出了部分粒子的参数。

每种粒子都有反粒子，反粒子的质量与粒子的质量相同，但是其他属性（如电荷）的值相反。例如，正电子是电子的反粒子，它带正电荷而非负电荷。当一个粒子与其反粒子碰撞时，两者同时湮灭，产生高能量的光子或其他粒子。表 21.1 中未列出反粒子。

表 21.1

三代基本粒子

第一代	第二代	第三代
电子	μ 介子	τ 粒子
电子中微子	μ 中微子	τ 中微子
上夸克	魅夸克	顶夸克
下夸克	奇异夸克	底夸克

21.1.3 什么是夸克？

根据量子力学和相对论发展而来的量子电动力学、量子色动力学，是描述粒子之间相互作用的理论。20 世纪 70 年代早期，这些理论的发展为所有粒子提出了一种基本分类方案，这个方案中出现了夸克。介子和重子（共称强子）都由夸克组成，即夸克是该理论提出的新粒子。每个介子都由两个夸克（一个夸克和一个反夸克）组成，重子则是由三个夸克组成的复合粒子。

随着理论的发展，要解释所有的重子和介子，就要有六类夸克（不包括反粒子）。这些夸克分别被称为上夸克、下夸克、魅夸克、奇异夸克、顶夸克和底夸克。这六类夸克（及其反粒子）的不同组合，解释了在所有介子族和重子族中观察到的粒子。

质子由三个夸克组成：两个都带 $+\frac{2}{3}e$ 电荷量的上夸克，一个带 $-\frac{1}{3}e$ 电荷量的下夸克。中子由两个下夸克和一个上夸克组成，总电荷量为零（见图 21.4）。高能电子与质子碰撞的散射实验，为这种亚结构提供了强有力的证据。这些实验表明，在质子内部存在硬散射中心，这些中心带有两个上夸克和一个下夸克的相应电荷量。这种分析方法与卢瑟福发现原子核时采用的方法相似（见第 18 章）。

轻子和夸克也有相似之处。今天，我们将这些粒子分为性质相似的三代，每代都由两个轻子和两个夸克组成，每代中的一个轻子都是中微

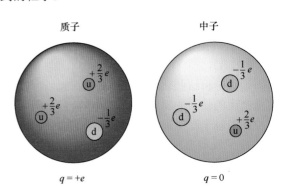

图 21.4　质子由两个上夸克和一个下夸克组成。中子由两个下夸克和一个上夸克组成

子。表 21.1 中显示了三代基本粒子。在这个方案中，只有 12 种基本粒子（4 种粒子各有三代），计入反粒子后，共有 24 种基本粒子。

随着科学家于 2005 年 7 月 21 日宣布探测到 τ 中微子，所有 12 种粒子就都被实验所证实。伊利诺伊州费米实验室的 54 位物理学家对直接来自 τ 中微子实验的观测数据进行三年的分析后，发现了 τ 中微子。

夸克从来都不是单独存在的，而是与其他夸克结合在一起的。因此，我们在粒子探测器中无

法直接观察到它们。然而，通过散射实验并且观察夸克模型预测的反应，可以推断出它们是存在的。为了提高观察到这种反应的概率，需要较高的粒子能量和粒子束密度。被取消的超导超级对撞机项目原本可以为观察到这些反应提供更好的条件，但是其他加速器的改进仍然在让这项工作不断取得进步。欧洲核子研究中心的大型强子对撞机可能会在未来的几年内为新的发现提供条件。

不久前，实验证实了希格斯玻色子的存在，在物理学界产生了巨大的轰动。希格斯玻色子是科学家于 1964 年首次预测的，有了这种粒子，标准模型才会完整，作用是作为夸克和其他粒子之间相互作用的媒介，进而为这些粒子赋予质量。但是由于某些原因，捕获希格斯玻色子极为困难，因为它存在的时间很短，得到它需要很大的能量，而且我们并不知道它的质量。2012 年在瑞士大型强子对撞机上所做的实验和 2013 年在美国费米实验室所做的实验，最终得到了存在希格斯玻色子的证据，并且近似地测量了它的质量。某些正在进行的工作可能会得出希格斯玻色子的其他特征，甚至可能会存在多种玻色子。

21.1.4 有哪些基本作用力？

是什么让这些粒子聚集在一起？将夸克束缚在中子、质子、其他重子（和介子）中的主要力是强相互作用力。这种力还会约束原子核内的中子和质子，并且要比带正电荷的质子间的静电斥力强，才能防止原子核分崩离析。然而，强相互作用力的力程很短，在比核的尺度大的距离上会迅速衰减。

除了强相互作用力，物理学家还认识到了另外三种基本力——电磁力、引力和弱相互作用力。轻子之间的相互作用涉及弱相互作用力：包括电子和中微子在内的衰变过程就是一个例子。理论物理学的目标之一就是用一个理论来统一所有这些力。因为我们常用场（如电场和磁场）来描述这些力，因此称这样的理论为统一场论。

粒子物理学标准模型的主要贡献之一是，它统一了弱相互作用力和电磁力。今天，这两种力可视为同种基本力（电弱力）的不同表现形式。麦克斯韦的早期电磁理论将两种看似独立的力（电力和磁力）统一为了电磁力。今天，又加入了弱相互作用力。

我们也许应该说只有三种基本力：强作用力、电弱力和引力。这种说法可能有误导性，因为在扩展标准模型的过程中，科学家在统一强相互作用和电弱相互作用方面已经取得了实质性进展（见图 21.5）。这些理论现在被称为大统一理论，或者简称为 GUT 理论。

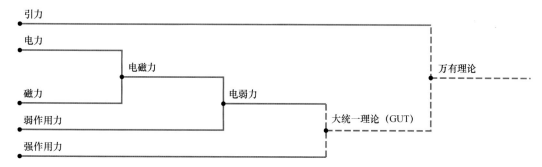

图 21.5　自然界中曾被视为独立的基本力，由于理论认识的进步，已经统一为较少的基本力。所有的基本力未来可能会统一

迄今为止，还有一种力即引力一直在抗拒加入大统一理论。引力的理论基础是爱因斯坦的广义相对论，但是广义相对论的数学框架在某些方面似乎与量子力学和标准模型不相容。因此，这项荣誉正等待着那些用终极理论成功将引力与其他基本力统一起来的人。弦理论（包含引力的多维模型）是可能的候选理论之一，但是实验还无法验证它。

在更高的能量下进行的散射实验发现了一系列新亚原子粒子。标准模型成功地将这些粒子分成了三代，每代都有两个轻子和两个夸克（以及它们的反粒子）。这个模型预测了新粒子的存在，包括顶夸克。理论物理学家仍然在为实现包括所有基本力的大统一理论而努力。

21.2 宇宙学：眺望宇宙星辰

21.1 节从微观角度介绍了普通物质的基本组成。如果转而注意宏观宇宙，会发生什么？地球是太阳系的一部分（见第 5 章），太阳是组成星系的无数颗恒星之一，而星系又组成星系团。宇宙的大尺度结构是怎样的？它是如何变化的？

宇宙学是物理学和天文学研究此类问题的分支学科。出人意料的是，这些关于极其庞大物体的问题的答案，竟然与我们关于极其微小的物体如原子、原子核、夸克的知识相关联。

21.2.1 宇宙正在膨胀吗？

人类始终着迷于夜空和宇宙的本源问题。不同的民族有不同的描述宇宙起源、本质和人类在宇宙中的位置的文化。1600 年，望远镜的发明为观察行星和恒星提供了新的手段。伽利略利用简单的望远镜，发现了木星的卫星和金星的相变，并且帮助日心说与地心说的争论朝有利于哥白尼日心说模型的方向发展（见第 5 章）。

随着望远镜的改进，天空观察者意识到天空中的天体数量要比肉眼可见的多得多。这些天体不都是点状的。有些天体看起来非常模糊，而随着望远镜的分辨率的提高，人们发现它们根本不是恒星，而是许多恒星的集合，即我们今天所说的星系。许多星系都有类似于图 21.6 的螺旋结构。

我们用肉眼最容易看到的星系就是我们所在的银河系。在晴朗的夜晚，我们可以看到银河是天空中的带状星云（见图 21.7）。我们看到的银河系只是一个条带，因为我们实际上位于类似如图 21.6 所示的螺旋星系的圆盘内。因此，当我们沿穿过圆盘的视线观察银河系时，看到的就是星星层叠而成的云状条带（使用望远镜观察时，可以分辨大量恒星）。太阳是构成银河系的数十亿颗恒星之一。银河系非常巨大，光从可见圆盘的一边行进到另一边大约需要 10 万年时间。然而，银河系只是可观测宇宙中的上百亿个星系之一（见图 21.8）。

图 21.6　螺旋星系，前景为离地球较近的恒星。银河系的形状与此类似

图 21.7　由于我们位于银河系的圆盘内，因此银河系看起来像是连续的星云，晴朗夜晚就像是横跨天穹的条带

对其他星系的观测始于 20 世纪初，这些观测取得了科学史上最令人惊讶的巨大发现——除了几个非常接近我们的星系，所有星系都在远离我们，而且星系离我们越远，它们远离我们的速度就越快。这一发现是美国天文学家哈勃（1889—1953）于 20 世纪 20 年代整理星系观测资料时得出的，它建立在汉丽埃塔·莱维特（1868—1921）、维斯特·施里弗（1875—1969 年）、米尔顿·哈马逊（1891—1972）等人的工作基础之上。这些天文学家曾试图确定星系的两个关键性质：它们

到地球的距离及它们相对于地球的速度。

测量到星系距离所用的方法，是我们非常熟悉的一个日常原理的推广：如果其他一切条件都相同，那么光源离你越远，在你看来它就会显得越暗。飞机着陆灯在几尺远的地方照到人脸上时，人睁不开眼睛，但是同一盏灯在高空中时却非常暗淡，人甚至可能会误将它当成星星。这个原理可让天文学家通过测量恒星和星系的亮度来估计它们到我们的距离。

难点在于我们只有知道所观察天体的原本光度后，才能使用这种方法。天上的暗淡光点可能是离我们很近的萤火虫，也可能是离我们遥远的星系。如果恒星像灯泡那样标注了瓦数（如 100W 或 60W），就好办了。

令人惊讶的是，有些恒星还真的有自己的"瓦数"，只是我们需要了解如何解读它。莱维特发现了一类重要的这种恒星——造父变星。这种恒星的亮度会随时间变化，而且人们发现这种恒星的变化周期（从亮变暗到变亮所用的时间）与其光度有关。因此，如果连续几个月观测一颗这样的恒星，就能测量得到它的周期和光度，进而求出它到我们的距离。由于造父变星非常亮，且能在其他的一些星系中看到，因此莱维特的工作成果为人们测量银河系外的星系距离奠定了基础。

图 21.8　这张哈勃太空望远镜所拍的照片只覆盖了一小片天空，宽度约为满月的 1/10，但是这片天空包含了几千个星系，并且每个星系中包含数千亿颗恒星。如果我们的眼睛足够敏锐，可以看到同样深度的整个天空，那么一定会被宇宙的浩瀚震撼

测量星系速度的先驱是维斯特·施里弗，他采用的原理是日常现象专栏 15.2 中介绍的多普勒效应及第 16 章中讨论的光的波动性。施里弗等人观察发现，在其他星系的恒星的光谱中，特定吸收光谱的波长和频率会移向光谱的红端，即红移（吸收光谱是其他恒星连续光谱的很好的参考，由恒星外层气体对特定波长的光的吸收产生）。

红移表明这些星体正在远离我们，在光频率上产生多普勒效应。由第 15 章可知，当汽车远离我们时，喇叭发出的声波频率值会逐渐降低。对光来说，频率降低意味着移向可见光谱的红端。

哈勃和哈马逊结合自身的工作和其他天文学家对距离和速度的测量结果，得出了一个惊人的结论：星系离我们越远，远离我们的速度就越快。这一结论出现在 1929 年的一篇著名论文中，今天我们称其为哈勃定律。这是一项重大发现，它让我们认识到整个宇宙正在膨胀，爱因斯坦的广义相对论也得出了这个结论（见 20.5 节）。

由爱因斯坦广义相对论中介绍的关于时空弯曲的知识可知，要观察到所有星系都离我们而去，我们并不需要处在宇宙的中心位置。如果空间本身正在膨胀（在广义相对论中这很平常），就会带着星系一起膨胀，不论你在空间中的什么位置，都会看到其他星系正在离你而去。一个常用的类比是正在膨胀的气球上的斑点。从气球表面上的任何一点看，其他斑点都像是正在随着气球膨胀而后退。离你所在的位置更远的斑点，后退的速度要比离你更近的斑点的更快（见图 21.9）。在解释观测结果的这种空间膨胀时，人们将宇宙红移想象为空间本身膨胀的相对论效应（想象画在气球上的光波，随着气球膨胀，光的波长被拉长，绿光变成红光）。

21.2.2　宇宙的起源

如果空间正在膨胀，那么在很久以前的某个时刻，可观测宇宙的物质肯定要比现在压缩得更厉害。于是由原本为了解释哈勃定律而引入的空间膨胀的观点，可以得出如下结论：在过去的某

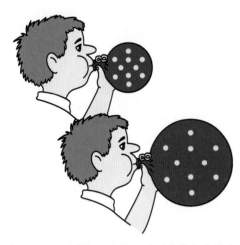

图 21.9 随着气球膨胀，表面上的斑点彼此远离。起初离给定点较远的斑点，远离给定点的速度要比邻近的斑点更快

个时刻（今天的精确估计是约 137 亿年前），我们的宇宙处于密度极高且极热的状态，自那时起它就一直在膨胀。这被称为大爆炸理论，它是描述从极热、密度极大的初始状态开始膨胀的一种说法，但是这种说法也有误导性。听起来，这像是物质在空间中的爆炸，但是实际上是空间自身的膨胀（见图 21.9）。注意，斑点会因空间膨胀而相互远离，而不沿气球移动，或者像爆炸时那样远离气球表面的某个特定区域。

就像倒放视频那样，我们可以应用物理学知识预测不同时刻的宇宙状态。在某个时刻，各个星系是紧挨着的。而在更早的时刻，这些物质和能量被压缩在狭小的空间内，不再由原子和分子组成。原子中的电子被剥离，留下的是由电子、质子和中子组成的稠密等离子体。当密度更大时，质子和电子会结合为中子。

类似的过程今天仍在宇宙中的某个小区域内发生：耗尽聚变燃料的恒星发生引力塌缩，生成体积很小但密度很大的中子星。如果这颗星体的质量足够大，那么它就会进一步坍缩为黑洞（见 20.5 节）。当密度更大时，物质存在的形式将是夸克的海洋，其中的各个夸克不再属于特定的中子或者质子。今天，物理学家已经能够使用加速器再造迷你版的高密度物质（见 21.1 节）。

在大爆炸的最初阶段（大爆炸后约 1 微秒内），宇宙中的所有物质都是由夸克组成的极热海洋。随着膨胀的进行，物质会像气体那样冷却和冷凝。夸克凝聚成介子和重子，包括中子和质子。大约 3 分钟后，质子和中子开始融合为原子核，主要是氢和氦的同位素。

很久（约 40 万年）后，宇宙应该已经冷却到足以让电子开始束缚在轨道上围绕原子核运动，形成氢和氦的中性原子。万有引力使得物质团块形成星系，星系中的物质则凝结为各颗恒星。恒星内容开始通过核聚变反应合成更大的原子核。

21.1 节中讨论的高能物理学的标准模型能够预测这些步骤是如何发生的。该模型成功地解释了某些天文观测结果，包括我们在恒星和星系中观测到的氦与氢的比例。另一个证实观测是对微波辐射均匀背景的探测，微波背景辐射被视为大爆炸本身的残余效应。许多物理学家认为背景辐射的存在和普遍均匀性是证实大爆炸假说的最有力的证据。

前面我们成功地描述了微观世界（原子核和夸克），这对我们了解宇宙起了很大的作用。这些成就中的大部分是在过去四十年取得的，但是仍然有更多的工作要做。为了检验宇宙模型，人们很快就将基本力理论的进展应用到了宇宙模型中。同样，我们对宏观事物理解的进展，也导致了粒子物理学中的新发现。例如，宇宙学家现在已有充分的证据表明，宇宙中物质的绝大部分不是组成日常世界的正常物质，而是以某种形式存在的奇异暗物质（通过引力相互作用，但是不与光相互作用，不像质子和中子那样由夸克组成）。为了证实这种奇异暗物质粒子的存在，欧洲核子研究中心和其他实验室的粒子物理学家正在进行一系列实验。

还有许多问题没有得到解答。由于我们尚未得出完全统一的场论，还不能为大爆炸的早期阶段构建模型，因此我们无法有把握地描述宇宙的初始状态。宇宙可能有多个，其中一些宇宙的演化方式可能不同于我们的宇宙。没有人知道我们的宇宙的最终命运。最近的证据表明，膨胀的速度随时间增长，且我们的宇宙将永远膨胀下去。也许某个迄今人们还不清楚的效应最终会使得膨胀放慢。这些有关宇宙起源、命运和本质的问题，对物理学家、天文学家、哲学家和普通公众都有着极大的魅力。

我们所在的太阳系是银河系的一小部分，而银河系只是众多可观测星系中的一个星系。遥远的星系似乎正在远离我们，这一发现导致了宇宙膨胀的大爆炸理论。膨胀早期阶段的模型基于 21.1 节中讨论的基本粒子和基本力。这些模型成功地解释和预测了许多天文观测结果。

21.3 半导体和微电子学

手机、手表、微波炉、计算机、汽车及我们每天使用的其他设备都采用了一些计算机技术。所有这些设备使用的都是晶体管和其他形式的固态电子器件。所有这些进步都源于 1947 年发明的晶体管。

固态电子器件是什么意思？是什么导致了当前的技术革命？虽然这些电子器件是我们日常生活的一部分，但是它们的工作却是看不见的。尽管它们对我们的经济非常重要，但是大多数人对它们的原理知之甚少。

21.3.1 什么是半导体？

第 12 章中讨论了导体和绝缘体的区别。良导电体（主要是金属）允许电子或其他载流子在材料中相对自由地流动，良绝缘体则不允许。这两种材料的电导率差别很大。导电性是材料的一种性质，它与材料的长度和宽度共同决定了材料的电阻——高电导率产生低电阻。

第 12 章中的表 12.1 列出了一些导体和绝缘体，以及被称为半导体的第三类材料。半导体的导电性要比良绝缘体高得多，但是要比良导体的导电性低得多。是什么导致了这种导电性差异？我们能预测哪种材料是良导体、良绝缘体还是半导体吗？

如果查看元素周期表，就会看到所有金属都位于周期表的左侧区域，或者位于过渡区域。这些元素的电子排布的最外层只有一个、两个或三个电子（见第 18 章）。外层的电子决定了特定元素的化学性质。与其他的电子相比，它们很少与原子核结合，因此能够相对自由地在材料内部迁移。

良绝缘体元素位于元素周期表的右侧。这些元素的电子层还差一个、两个或三个电子才能填满。当它们结合形成化合物时，很容易从其他元素吸收电子。当它们以纯态结合形成固体或液体时，没有松散束缚的电子提升导电性。

半导体元素（锗和硅）可以在元素周期表的 IVA 列中找到。这些元素的最外层有 4 个电子。当这些元素在固体中键合时，电子被邻近的原子共享，如图 21.10 所示（当然，实际的晶体结构是难以显示的三维结构）。与金属相比，这些共享的电子与相应原子核的联系更紧密，但是它们在物质中的迁移比在良绝缘体中自由。因此，这些材料的导电性介于金属和良绝缘体之间。

虽然锗和硅是半导体，但是它们在纯态时导电性并不好。半导体在电子工业中的重要性源于我们可以通过掺杂少量的杂质来改变它们的电导率。

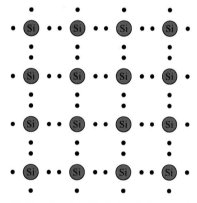

图 21.10　在固体硅中，硅原子的四个外层电子与邻近的原子共享的二维表示

例如，假设我们在硅中掺入少量的磷或砷。这些元素位于元素周期表的第 VA 列，最外层有五个电子（见图 21.11）。五个外层电子中的四个参与杂质与相邻硅原子的键合，但是这些键合不需要第五个电子，因此它可以在材料中自由地移动。因此，掺杂在材料中引入了传导电子，使得材料成为比纯硅更好的导体。

硅中掺杂磷、砷或锑后生成 n 型半导体，因为载流子是带负电荷的电子。掺入元素周期表中 IIIA 列元素的杂质原子（最常见的是硼、镓或铟），也可以产生载流子带正电荷的 p 型掺杂。由于这些元素的原子只有 3 个外层电子，因此它们在杂质原子和相邻硅原子之间的键上留下一个空穴（见图 21.11）。

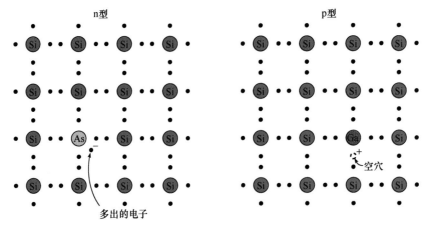

图 21.11　掺杂磷或砷后提供额外的电子，形成 n 型半导体；掺杂硼或镓后留下空穴，形成 p 型半导体

空穴指的是没有电子，但是空穴也会在材料中移动。移动的空穴表现为一个带正电荷的载体，因为它走到哪里，就在哪里留下一个多余的正电荷（与硅原子的原子核电荷相关）。来自相邻硅原子的电子移动过来填补空穴，在材料的其他位置留下多余的正电荷。

21.3.2　什么是晶体管？

掺杂除了能够提高半导体的导电性，还在制造半导体器件方面起决定性作用。p 型材料和 n 型材料之间的边界在电子学中具有一些非常有用的性质。这种边界被称为结，它们对二极管、三极管和相关器件的操作极为重要。

二极管是这样一种电子器件，它只允许电流单方向流动，而不能反向流动。二极管由一块 p 型半导体与一块 n 型半导体连接而成，彼此之间形成一个结。如果将电池的正极连接到 p 型材料，将电池的负极连接到 n 型材料，那么材料中带正电的空穴就被推向与 n 型材料形成的结，在那里空穴与电子结合。于是就会有电流流过。如果反接电池，就没有电流流过。二极管适用于多种电路。

半导体领域的革命性发展是三极管的发明。最简单的结型晶体管是将薄掺杂半导体夹到两片相反掺杂的半导体之间形成的，如图 21.12 所示，图中所示为 p-n-p 型晶体管，材料的厚度已被夸大，以显示电子和空穴。这样的三极管中有两个结。对夹层的各部分进行相反的掺杂，可以制造 n-p-n 型晶体管。

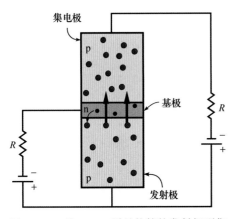

图 21.12　从 p-n-p 型晶体管的发射极到集电极的空穴流强度取决于流至晶体管的 n 型基极的电流大小

三极管的工作原理和性质如图 21.12 中的简单电路所示。三极管的工作依赖于加到夹层中间片（称为基极）上的电压。如果电池不将电子送到基极上，发射极（下面的 p 型半导体片）中的空穴就不能流过两个结，进而流入集电极（上面的 p 型半导体片）。但是，如果在基极加负电压，那么发射极中的空穴就被吸向基极，电流在发射极和集电极之间流动。于是基极电流和电压的较小变化，使得在发射极与集电极之间流动的电流发生较大的变化。

这个简单的描述漏掉了许多重要的细节，但是包含了三极管为何如此有用的基本原因。基极上电信号的较小变化使流过器件的电流发生较大的变化，因此三极管可以放大电信号。例如，三极管可以放大天线捕获的微弱信号，进而驱动收音机的扬声器。在发明三极管之前，放大是通过真空管进行的，但是真空管的体积远大于三极管，且发热量更大。半导体收音机是最早使用三极管来放大信号的产品之一。它们很小，可以随身携带，在 20 世纪 50 年代非常普及。今天，几乎所有设备中都使用三极管来放大信号，包括收音机、电视机和立体声放大器。

三极管是由美国新泽西州贝尔实验室的科学家于 1947 年至 1948 年发明的，发明者包括肖克利、巴登和布拉顿，肖克利于 1948 年发明了结型晶体管，巴登和布拉顿于 1947 年首次演示了简单但效率较低的点接触型晶体管的放大作用。这些发明是此前几十年来半导体物理学发展的结果。到 1960 年，晶体管已出现在许多电子学应用中。

21.3.3　计算机和集成电路

除放大作用外，晶体管的另一个重要应用是作为电压控制开关。将电压加到基极上可让电流流过（通），如果电压更小或者为零，就不允许电流流过（断）。这看起来没什么了不起，但它是所有数字计算机运行的关键。数字计算机使用二进制逻辑，其中信息以 0（断）和 1（通）存储与处理，因此实际上是开关的功能。最早的计算机实现这一点时，使用的是机械开关（称为继电器）或真空管，使得计算机的体积非常庞大，而且按照今天的标准来看，它们的计算能力相当弱，运行它们需要消耗大量的电能，发热也相当厉害。

晶体管改变了这一切。20 世纪 50 年代，在发展越来越强大的计算机时，晶体管迅速取代了真空管和继电器。计算机对于复杂计算变得越来越重要，最终改变了许多科学的研究方式。计算机也开始大量应用于商业和会计部门［早期开发和销售计算机的大公司之一是国际商业机器公司（IBM）］。然而，20 世纪五六十年代开发的计算机与今天的计算机相比，体积要大得多。

使得计算机的体积变小但计算能力增强的第二步，是 20 世纪 60 年代集成电路的发明和发展。集成电路由许多三极管、二极管、电阻和连接电路组成，它们全都在一小片半导体材料（通常是硅）上制成。这一进步使得生产的电路要比原来将许多晶体管和其他元件装到一块电路板上的电路小得多。原来由许多晶体管制成的计算机可以塞满整个小房间，但是现在的计算机已缩小至手持计算器大小。

集成电路的生产过程如下：首先生长掺杂了硅的大圆柱形晶体，然后将晶体切割为晶圆，晶圆的直径一般为几厘米，厚度仅为几毫米（见图 21.13）。抛光晶圆后，要首先在其上涂覆绝缘氧化层，然后用印制方法将电路图样覆盖到氧化层上。这时，某些区域会被掩蔽，未掩蔽的部分则与下面的硅基层进行相反的掺杂，形成二极管和晶体管。最后布设金属条连接各

图 21.13　集成电路的生产始于抛光的单晶硅晶圆。图中所示的晶圆已经过处理，表面上已印制了一些小电路

个电路元件。这些步骤必须在高度清洁的房间里进行，房间里不能有尘埃或者其他污物。

晶圆上通常会印制多个完全相同的电路。这一工艺结束后，就将晶圆切割为多块芯片，每块芯片上都包含一个微型集成电路。单个晶圆可切割为数百个图 21.14 所示的芯片。最后的步骤是制作芯片接头，使用塑料封装芯片（见图 21.15），并对最终的电路进行测试。生产集成电路（IC）已成为主要的产业。

由于计算机和相关应用需要体积越来越小、速度越来越快的电路，因此引发了激烈的竞争，而这些竞争不断地推动着技术的发展。将电路元件制造在越来越小、越来越拥挤的芯片上有两个好处：一是可以将更多的元件放在一块芯片上，因此可以制造出体积越来越小、质量越来越轻的机器；二是随着单个元件如晶体管之间的距离的减小，由其制成的机器的速度得以提高，因为电

信号从一个元件传播另一个元件的距离缩短了。虽然这些信号传播得非常快（接近光速），但是计算机芯片执行数量巨大的指令是需要时间的。此外，还要散去小块面积上的热量，这是工程师必须面对的另一个挑战。

图 21.14　指尖上的集成电路芯片。这样的芯片上可能包含数百万个电路元件，而由单个晶圆可生产出多个这样的芯片

图 21.15　计算机电路板上排列整齐的微芯片

目前集成电路工艺已步入纳米级，即一块芯片上的电路元件之间的距离已小至几纳米。今天生产的某些芯片中，单块芯片上可能包含了多达 10 亿个晶体管。这是一个令人吃惊的数字，表明一块面积小于 1cm^2 的计算机芯片的计算能力，要比 20 世纪五六十年代的大型计算机强得多。今天，我们能够以低成本和低功耗将微型计算机装入各种机器。

半导体电子学领域取得的进展引发了各种新产品的爆炸式增长，包括越来越智能化的手机、数码相机、音乐播放器、全球定位设备等。为了改进制造计算机芯片和有关器件的工艺，人们在研发方面付出了大量的努力，其中物理学领域和化学领域的研发起主导作用。在某些应用中，硅已被其他半导体材料如锗或砷化镓取代。半导体材料物理学的研究已成为现代物理学中的最大研究领域之一。半导体电子学的革新仍然在进行。

半导体是导电性能介于良导体和良绝缘体之间的材料。通过在半导中掺杂杂质元素，可以影响半导体的电导率，因为这些杂质元素可以提供额外的电子，或者在原子之间的化学键中留下空穴，进而制造二极管和晶体管。晶体管能够通过电流和电压的小变化产生电流和电压的大变化，因此可以起放大信号的作用。晶体管还能用作开关，而开关是数字计算机的基本功能。在单块芯片上包含大量晶体管和其他电路元件的集成电路的发展，引发了计算机技术的革命。

21.4　超导体和其他新材料

20 世纪 80 年代末的一条重大科学新闻是高温超导体的发现。新闻报道称日本在超导体竞争中取得领先地位，并且推测了超导体的奇妙应用。这条新闻引发的轰动，几乎可与一年后发现冷聚变的新闻引发的轰动媲美。

人们为什么这么兴奋？超导性是什么？温度和它有什么关系？还有什么奇异的材料正在开发之中？这些问题源于材料科学领域——冶金学、化学和凝聚态物理学的交叉领域。材料研究是已对技术和我们的生活产生重大影响的另一个物理相关学科。

21.4.1　什么是超导性？

超导性是指阻碍电流流动的电阻完全消失的现象，最初由荷兰物理学家昂尼斯于 1911 年发现。昂尼斯发现，如果将汞冷却到约 4K，汞样品的电阻就会完全消失。电流一旦启动，就会在没有持续电源的情况下无限期地流动。

大部分材料的电阻会随着温度的降低而减小，但是昂尼斯的汞样品的电阻在热力学温度为 4.2K 时完全消失，如图 21.16 所示。当温度为临界温度 T_c 时，电阻突然降至零，并且在低于临界温度的任何温度下电阻都为零。

进一步的研究表明，如果冷却到足够低的温度，许多金属就会变成超导体。在纯物质中，金属铌的临界温度最高，为 9.2K。有些合金的临界温度甚至更高。1973年，人们发现铌合金、半导体锗的临界温度为 23K。当然，这仍然是很低的温度：23K 等于-250℃。

1957 年针对超导性现象提出的理论解释，将量子力学应用到了低温金属中的电子行为。这种解释与解释超流性的理论密切相关，超流性也是在极低温度下观察到的一种现象。液氦在临界温度下会变成超流体，失去黏性（即流体流动的阻力），就像超导体失去电阻一样。超导性和超流性都是宏观的量子现象：量子力学解释了它们的特征，但是它们在普通尺度而非微观尺度上是可以被观测到的。

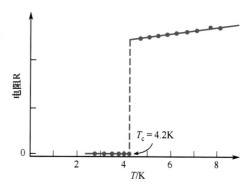

图 21.16　汞的电阻随着温度的降低而减小，但是在临界温度 4.2K 下电阻突然降为零

21.4.2　什么是高温超导体？

1986 年，人们发现了一种新型的超导化合物——超导陶瓷材料，一种含有其他元素的金属氧化物。当时发现的陶瓷超导体的临界温度是 28K，这不比金属合金的临界温度高多少。然而，这一发现引发了人们尝试组合其他元素以找到临界温度更高的材料的一系列实验活动。到 1987 年，陶瓷超导体的临界温度先后达到了 57K 和 90K。1988 年，报道称有些材料的临界温度超过 100K，甚至可能高达 125K。

这些新型陶瓷超导体是高温超导体，但是这些临界温度仍然不是我们通常认为的高温。例如，100K 是-173℃，按照大多数标准仍然是相当低的温度。然而，开发出临界温度约为 90K 的材料是一个突破，因为使用液氮可以达到这一温度。工业和科学用液氮很容易获得，其沸点是 77K（-196℃）。只需要一盆液态氮就能将样品冷却到临界温度。

陶瓷超导体由各种材料组合而成，但是大部分都含有氧化铜。最常见的超导陶瓷材料是由钇（Y）、钡（Ba）、铜（Cu）和氧（O）按不同比例组成的化合物，例如 $Y_1Ba_2Cu_3O_7$（化学式中氧原子的数量因材料制备方式的不同而不同）。这种材料可在大学本科生实验室里制备，其临界温度约为 90K。

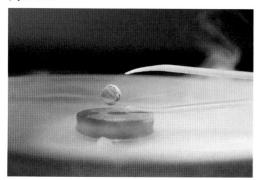

图 21.17　小磁体悬浮在使用液氮冷却的超导盘上方。这个简单的测试证实存在超导性

超导体的显著特征之一（迈斯纳效应）是，能够完全排斥由外部磁体或电流产生的磁场。靠近超导体的磁体会被排斥。让小磁体悬浮在超导盘上方，就可以演示这种特征。泡沫杯中的少量液氮足以冷却超导盘（见图 21.17）。

在纯材料中成功解释超导性的理论，不足以解释新型陶瓷材料的超导性。这些材料的共同特征是，在其他元素的原子之间包含多层铜原子或氧化铜原子（见图 21.18）。人们怀疑超导性是由这些层导致的，而理论物理学家已在理解超导性方面取得了进展。理论和实验进展可为设计具有更高临界温度的材料指明方向。

高温超导体的潜在应用很多，尤其是在电磁体的应用方面。强大的电磁体需要在线圈中流过大电流。在普通导体中，大电流会产生大量热量，因此限制了电流的大小（以及由此产生的电磁体的强度）。目前出现了使用超导线圈的磁体，但是它们的温度必须低于其临界温度。当超导材料的临界温度接近室温时，电磁体的应用将更加广泛。

已被取消的超导超级对撞机（SSC）项目曾经计划使用超导磁体来控制用于观察基本粒子之间的反应的粒子束。这种磁体现在正在其他加速器中使用。超导磁体也用于磁共振成像（MRI）设备中，磁共振成像设备是医学领域的重要诊断工具（见图 21.19）。其他可能的应用包括磁悬浮列车和其他交通工具，此时应用超导体的目的是减小摩擦，获得更高的速度。超导电缆可用于电力传输，减少电阻造成的损失。如果拥有临界温度为室温的超导材料，而不需要冷却系统来保持其低温，就会大大降低大多数应用的运营成本。

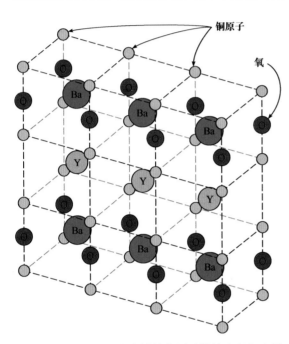

图 21.18 许多超导陶瓷材料的原子结构中都包含铜原子层，它们夹在其他元素如氧、钇和钡之间

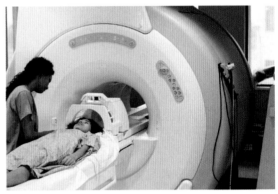

图 21.19 病人正被送入磁共振成像（MRI）仪的超导磁体密封舱

这些应用中的大多数都要使用超导材料，超导材料要能够很容易地制成电缆，同时要求临界温度甚至比现有材料的还高。许多陶瓷超导体很脆，不适合制成电缆或线圈。发明更有用的超导材料正在等待新一代科学家、工程师和梦想家。

21.4.3 其他新材料

针对陶瓷金属氧化物的研究，导致人们发现了许多新型超导体。我们知道这些氧化物具有很多有趣的电学性质。例如，钛酸钡（$BaTiO_3$）是钡、钛和氧的化合物，多年来一直用于将压力变化转换为电信号，或将电信号转换为压力变化。这种特性使得钛酸钡晶体可以用作微型麦克风或扬声器。其他金属氧化物在集成电路加工中也很重要。

随着对原子在固体或液体状态下如何相互作用的认识不断加深，我们对新材料的探索不断取得进展。今天，我们已有能力设计满足特定需求的材料，它们可能满足电信领域的特殊光学性质或电子特性，或者可能是用于飞机的高强度轻便材料。不同的元素能够按无限的方式组合在一起，形成新材料，但是结果不总是可以预期的。

液晶是一种应用广泛的新材料。液晶在某个方向上具有晶体一样的有序性，但是在其他方向上是无序的、能够自由流动的。也就是说，液晶同时具有液体和固体的特性。电场能够影响光通过液晶的比例，这一特性导致液晶常用作手持计算器的显示屏和平板电视的屏幕。

液晶通常由层状结构的长有机（碳基）分子组成，如图 21.20 所示。各层之间相互滑动，因此液晶可以沿平行于层的方向流动。垂直于层的规则间距导致了类晶体的性质。本书的作者对另一类称为塑料晶体的物质进行了研究。塑料晶体的分子呈球状，在固体晶体中部分可以自由旋转。塑料晶体具有许多有趣的特性，但是到目前为止，它们还没有像液晶那样得到广泛应用。

图 21.20　某些液晶中的长分子排列成层，允许液体沿平行于这些层的方向流动，但是不能沿垂直方向流动

我们不知道这项研究会将我们引向何方，但是可以肯定的是，有些新材料将具有意想不到的、令人兴奋的性能，有些材料将用于制造新产品。

日常现象专栏 21.1 中讨论了来自光学研究领域的另一项新进展。我们正在探索利用全息技术在计算机中存储数据，因此需要开发特殊的光学材料。

超导体是在临界温度下对电流失去所有电阻的材料。纯金属的临界温度仅比热力学零度高几度。最近，人们发现了临界温度为 100K 或以上的超导化合物。这些高温超导未来可能会在电力传输或超导磁体中得到广泛应用。近年来，材料科学发明了许多其他的新材料，包括用于计算器和计算机显示屏幕的液晶。随着人们对原子在固体和液体状态下如何相互作用的了解越来越多，肯定可以设计出适用于具体应用的材料，但是它们的奇异特性仍然会让人感到惊讶。

日常现象专栏 21.1　全息图

附图1　从两个不同的角度观看吊坠上的全息图。三维图形是如何产生的？

现象与问题　我们中的大多数人都见过玩具、信用卡甚至珠宝上的全息图，如附图 1 中的吊坠所示。虽然信用卡和其他表面是二维的，但是全息图中的图形是三维的。当你移动头部从不同角度观看这些图形时，会看到真正的三维物体。这些三维图形是如何产生的？

全息摄影对很多人来说就像是科幻小说——全息摄影到底能够实现什么？全息图是什么？如何制作全息图？全息图能用于开发三维电视或电影吗？

分析　虽然这个想法早已出现，但是第一张全息图是在 20 世纪 60 年代初发明激光之后才出现的。全息图是物体反射的光波与来自激光的光波结合产生的干涉图样。激光是高度相干的光源，其产生的波列要比普通光源的长得多，普通光源产生的光脉冲短且不相干。激光的高相干性是产生普通大小物体散射光的干涉图样的必要条件。

制作全息图的常见装置如附图 2 所示。来自激光光源的光被部分镀银的镜子或分光器分成两束，一束称为物体光束，另一束称为参考光束。物体光束被物体散射或反射回感光板。参考光束与物体光束成一定的角度被引向感光板，然后结合在一起在感光板上产生干涉图案。

当感光板显影时，干涉图样的记录就成为全息图。如果类似于原始激光的光通过全息图，就会被干涉图样改变，使得部分透射光与被物体反射的原光波相同。当我们看全息图时，我们看到的就是这个相同的光波，它来自原物体的像——我们正在观察一个三维虚像（见第 17 章）。

最常见的全息图是反射全息图，它是通过全息图反射的光来观看的，而不是通过全息图透射的光来观看的。反射全息图有一个额外的优势，即不需要用激光或其他单色光源来观察它们。反射过程只选择特定波长的光。在食品包装盒或信用卡上的反射全息图中，代表全息图的干涉图样压印在薄反射膜上。信用卡上使用了全息图，这使得制造仿冒信用卡极其困难。

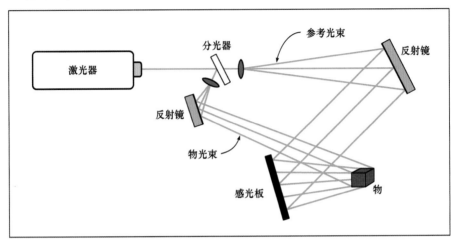

附图2　激光器发出的光分成两束，一束被物体反射后与另一束（参考光束）发生干涉，形成全息图

　　最初，制作全息图时要求物体完全静止不动，不能有振动，只有这样才能产生精确的干涉图样。今天，更强的激光和更好的胶片已使得曝光时间更短，因此物体不需要保持完全静止。在计算机上，可以通过数学计算产生干涉图样，因此可以设计非实物的全息图。全息图中包含了大量的信息，通过电视信号传输活动全息图的技术还不成熟。

　　1960年，激光器的发明使得光学领域爆炸式成长，全息术只是这种神奇光源的应用之一。今天，全息术已在许多技术应用、艺术、展览和新产品中得到了应用。

小结

　　本章介绍了物理学领域的一些令人兴奋的发现，内容包括夸克和其他基本粒子、宇宙学和大爆炸、集成电路、超导体和其他新材料。

1. **夸克和其他基本粒子**。今天，高能物理学的标准模型可以用24种基本粒子（6种轻子、6种夸克及它们的反粒子）的组合来描述所有已知的粒子。在将基本力纳入单个统一场论方面，取得了进展。

2. **宇宙学：眺望宇宙星辰**。天文观测表明，太阳只是银河系中的一颗恒星，而在宇宙中存在许多星系。所有恒星和星系在膨胀的宇宙中都在彼此远离。夸克的知识对建立宇宙大爆炸后的早期模型

是必要的，大爆炸后的宇宙至今仍然在膨胀之中。

3. **半导体和微电子学**。人们对半导体的了解及通过掺杂杂质原子来改变半导体电导率的方法，导致了20世纪40年代末晶体管的发明。此后，通过将众多的晶体管和其他元件组合到微型硅芯片上，发展了集成电路。电子电路和计算机电路的小型化已成为一个巨大的产业。

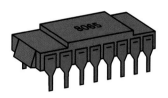

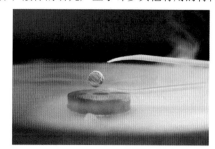

体和液体的研究产生了许多其他有用的材料。

4. **超导体和其他新材料。** 超导体是指在临界温度下失去所有电阻的材料。最近，人们发现了临界温度约为 100K 的陶瓷超导体，这个温度要比此前的临界温度高得多，但是仍远低于室温。针对固

关键术语

Standard model 标准模型	Galaxy 星系
Lepton 轻子	Luminosity 光度
Meson 介子	Big Bang 大爆炸
Baryon 重子	Conductivity 导电性
Quark 夸克	Diode 二极管
Hadron 强子	Transistor 晶体管
Weak nuclear force 弱核力	Integrated circuit 集成电路
Unified field theory 统一场论	Superconductivity 超导性
Electroweak force 电弱力	Critical temperature 临界温度
Grand unified theories 大统一理论	Superfluid 超流体
Cosmology 宇宙学	Hologram 全息图

概念题

Q1 轻子比质子或中子重吗？

Q2 质子是没有任何基本结构的基本粒子吗？

Q3 夸克是电子的基本组成吗？

Q4 重子和介子由相同数量的夸克组成吗？

Q5 产生比质子或中子的质量更大的粒子时，为什么需要高能量？

Q6 哪种基本力最难纳入完全统一场论？

Q7 物理学家为什么要花大量费用建造新粒子加速器？如何证明这些开支是合理的？

Q8 我们是如何知道宇宙正在膨胀的？

Q9 太阳是银河系的一部分吗？

Q10 银河系是星际气体云吗？

Q11 是什么力将原子核和电子组成原子的？是什么力将原子凝聚成恒星的？

Q12 在夜空中看到的亮星总比暗星离我们近吗？

Q13 支持宇宙正在膨胀的两个天文发现是什么？

Q14 什么是造父变星？它们为何对天文学重要？

Q15 术语"大爆炸"是指单颗恒星的爆炸吗？

Q16 建立大尺度宇宙现象（如宇宙的诞生）的模型时，需要了解小尺度物质（如夸克）吗？

Q17 当我们向硅中掺入砷时，硅的电阻会增大吗？

Q18 用镓掺杂硅后，得到的是 n 型半导体还是 p 型半导体？

Q19 电池与二极管的连接方向是否会影响流经二极管的电流大小？

Q20 二极管能够由只掺杂一种杂质原子的材料制成吗？

Q21 晶体管的什么特性使得它能够放大电信号？

Q22 在制造极小的电子设备时，集成电路与单个晶体管和二极管相比有哪些优点？

Q23 超导体只在临界温度以上时才有零电阻吗？

Q24 使用目前的高温超导体，能否制出在室温下以超导模式运行的超导磁体？

Q25 超流体与超导体相同吗？

Q26 液晶是流体还是固体？

Q27 在日常现象专栏 21.1 中，关于吊坠的两幅全息图的视角是相同的还是不同的？

Q28 使用普通光源而非激光能够生成全息图吗？

E1 太阳到金星的平均距离约为 1.1×10^8km，光从太阳到达金星的时间是多少秒？假设 $c = 3\times10^8$m/s。

E2 在过去的某个时刻，某遥远星系中的一颗恒星发出了波长为 380nm 的紫光。在紫光到达地球期间，宇宙膨胀了 1.6 倍（即所有距离都乘以 1.6）。今天地球上接收到的这种光的波长和颜色是什么？

综合题

SP1 离太阳最近的恒星约在 4.25 光年之外——光年是光 1 年行进的距离。**a.** 1 年有多少秒？**b.** 光速为 3×10^8m/s，1 光年有多少米？**c.** 太阳到最近恒星的距离有多少米？**d.** 如果我们能够以 1/10 的光速旅行，那么到最近的恒星需要多长时间？

家庭实验与观察

HE1 在晴朗的夜晚（最好远离城市灯光）观察夜空。**a.** 你能看到银河吗？银河通常是模糊的星云，在天空呈不规则的带状。画出银河的方位示意图。**b.** 除月球外，夜空中最亮的星体是什么？这些星体中的一些是行星吗？有些行星会发出看起来比恒星更稳定的光，并且相当明亮。**c.** 你能认出北斗七星（大熊座的一部分）和其他星座吗？画出观察到的恒星群的草图。

HE2 找到信用卡上的全息图，并且仔细观察它。**a.** 左右移动头部时，你能看到物体的不同特征吗？你看到的图形是三维的吗？**b.** 上下移动头部时，全息图的颜色变化吗？观察到的颜色顺序是什么？全息图在竖直方向上是否具有三维特征？

HE3 自己搭建一个太阳系模型，以便更好地了解宇宙中的距离。使用一个物体（如篮球）代表太阳，查找地球和太阳的真实半径，以及地球到太阳的真实距离。在太阳系模型中，地球的半径是多少？在太阳系模型中，地球到太阳的距离是多少？比邻星到太阳的距离是多少？仙女座到太阳的距离是多少？

HE4 将一些硬币贴到充气的气球表面上，硬币表示星系且可以区分。持续吹大气球，分别在吹 3、6、9 口气后，测量三个或更多可区分"星系"间的距离，如图 21.9 所示。你能验证离某点更远的点与离该点更近的点相比，在该过程中退行得更快吗？

附录 A 简单代数运算

第 1 章说过，数学是物理语言的一部分。数学是一种表达物理量之间的关系的简洁方式，精通数学的人在解释和使用这些关系时非常自如。

许多人不习惯使用简单的数学，因此本书中很少使用高深的数学（大部分内容是基础代数）。然而，这样往往不能让学生牢固地掌握代数运算的基本原理，还容易让学生对代数运算的使用缺乏信心。本附录介绍简单代数运算的基本概念，并且举例说明了它们的应用。

A.1 基本概念

以下三个简单但基本的概念构成了大多数代数运算的基础。

概念 1：代数中使用字母代表数字。对数字进行的任何运算（加、减、乘和除）也可以使用这些符号执行。

在数学课程中，字母 x 和 y 常被用来表示未知的数字，其他字母则被用来表示常数或已知数字。在物理学中，用特定的字母表示特定的量：t 表示时间，m 表示质量，d 表示距离，s 表示速率，等等。它们都代表数值，但有些可能是已知的，有些可能是未知的。例如，$s = d/t$ 告诉我们，我们可以使用距离的数值除以时间的数值来求得速率的数值。这种关系适用于任何可能的距离值和时间值。

概念 2：如果对等式两边做同样的运算，那么方程表示的等式仍然成立。

这个概念是所有以不同形式表示的关系的代数运算的基础。例如，如果方程 $s = d/t$ 两边同时乘以 t，那么等式仍然成立。这个运算产生

$$st = d\frac{t}{t} = d$$

因为 t/t 等于 1。执行这个运算后，可将原来的方程用新的形式表达出来：

$$d = st$$

上式告诉我们，距离等于速率乘以时间。等式两边同时乘以相同的量，两边同时除以相同的量，两边同时加减相同的量，等式仍然成立。我们还可以对等式的两边平方，或者执行其他运算，但是刚才列出的运算是最常用的。

概念 3：当我们解一个代数方程时，只是按照刚才所述的方法重新排列这个方程，将想求的量放在方程的一边，而将其他的量放在方程的另一边。

在说明概念 2 的段落中，我们求解了量 d 的方程 $s = d/t$，从而用另外两个量（速率和时间）表示了距离。若我们要用速率和距离来表示旅行的时间，则可以在等式 $d = st$ 两边同时除以量 s：

$$\frac{d}{s} = \frac{st}{s} = t\left(\frac{s}{s}\right) = t$$

即 $t = d/s$，距离除以速度。我们看到，原来的方程 $s = d/t$ 可以用另外两种形式表示：$d = st$ 和 $t = d/s$，这两种形式对原来的等式进行了变形，适用于计算某个特定的量。当其他两个量已知时，这种方法是非常有用的。

因为字母代表数字（概念 1），因此我们总是可以利用数字来检查我们所执行的运算的有效性，并且检查等式的新形式是否仍然成立。例如，在原方程中，$d = 6\text{cm}$，$t = 2\text{s}$，则

$$s = \frac{d}{t} = \frac{6\,\text{cm}}{2\,\text{s}} = 3\text{cm/s}$$

如果将同样的数代入最后的方程 $t = d/s$，那么我们有

$$t = \frac{d}{s} = \frac{6\,\text{cm}}{3\,\text{cm/s}} = 2\,\text{s}$$

这显然是一致的。

这些概念很简单，一旦掌握这些基本思路，应用起来也就不难。通过下面给出的其他例子和本附录末尾的练习，进行一些训练，应有助于建立使用它们的信心。对大多数数学知识较差的人来说，缺乏自信是最根本的问题。通常，他们从来没有完全接受字母可以代表数字的想法，因此代数的运算和规则似乎是任意的和神秘的。

A.2 其他例子

1. 解方程 $a = b + c$，求出 c。

解：我们要找到一个表达式，其中 c 单独在方程的一边，其他两个量在方程另一边。这可以通过在方程两边同时减去 b 来实现，因为这样做会将 c 单独留在右边：

$$a - b = b + c - b = c$$

因此，我们看到 $c = a - b$（无论先写方程的哪一边，等式的意义都是相同的）。通过在原方程的右边减去 b，c 现在独立了，所以我们得到了想要的结果。

2. 解方程 $v = v_0 + at$，求出 t。

解：最好分两步完成。第一步是方程两边同时减去 v_0，分离出乘积 at：

$$v - v_0 = v_0 + at - v_0 = at$$

$$at = v - v_0$$

然后，方程两边同时除以 a，得到 t：

$$at/a = (v - v_0)/a = t$$

$$t = (v - v_0)/a$$

如果你能够理解为什么要执行这些操作，你就能很好地适应本书中使用的代数。

3. 解方程 $b = c + d/t$，求出 t。

解：同样，我们首先从方程两边减去 c，分离出包含 t 的项：

$$b - c = c + d/t - c = d/t$$

但是，量 t 在分母上，所以方程两边同时乘以 t 得

$$(b - c)t = (d/t)t = d$$

接下来，等式两边同时除以 $(b - c)$，等式左边得到 t 本身：

$$(b - c)t/(b - c) = d/(b - c)$$

$$t = d/(b - c)$$

虽然这是一个更复杂的例子，但是每个步骤都有自己的特定目标：第一步是分离出 d/t；第二步是将 t 从分母上去掉，以便能够更容易地解出 t；最后一步是留下 t 本身，使 t 单独位于方程的一边。必须认识到这些目标，才能获得执行这些运算的信心。

奇数序号习题的答案见附录 D。

01. 解方程 $F = ma$，求出 a。

02. 解方程 $PV = nRT$，求出 P。

03. 解方程 $b = c + d$，求出 d。

04. 解方程 $h = g - f$，求出 g。

05. 解方程 $a = bc + d$，求出 d。

06. 解习题 05 中的方程，求出 b。

07. 解方程 $a = b(c - d)$，求出 b。

08. 解习题 07 中的方程，求出 c。提示：先将方程改写为 $a = bc - bd$，括号内的两项都乘以 b 不会改变方程。

09. 解方程 $a + b = c - d$，求出 b。

10. 解习题 09 中的方程，求出 c。

11. 解方程 $b(a + c) = dt$，求出 b

12. 解习题 11 中的方程，求出 c。

13. 解方程 $x = v_0 t + \frac{1}{2} a t^2$，求 v_0。

14. 解习题 13 中的方程，求出 a。

附录 B 小数、百分数和科学记数法

在物理学和数字很重要的其他学科领域中，我们通常用小数表示分数，并且经常使用百分数来表示分数或比例。由于有时需要处理非常大的数字和非常小的数字，为了避免写出很多个 0，我们也使用一种特殊方法来表示这些数字，这种方法称为 10 的指数幂或科学记数法。本书中很少使用科学记数法，但是在合适的场景下会用到它。因此，理解科学记数法的含义很重要，因为它是科学语言的一部分。

B.1 什么是小数？

虽然大多数学生都熟悉小数和百分数，但是并不完全理解它们的含义。分数涉及比例或百分比，很多人对它并不了解。选学物理课程的好处之一是，它能够加强你以比例或百分比的方式来思考问题的能力，并理解它们的含义。

小数是指数字 10,100,1000,… 的倒数的某个倍数，倍数用在小数点后的适当位置上。例如，如果我们考虑分数 1/2，按照分数的意义，将 1 除以 2，计算器上的显示结果是 0.5。5 前面的小数点是表示分数 1/10 的速记符号。数字 5 是 10 的一半，所以分数 5/10 和分数 1/2 是一样的。换句话说，5 与 10 之比等于 1 与 2 之比。

如果在计算器上用 3 除以 4 来计算分数 3/4，那么计算器上的显示结果 0.75，它相当于分数 75/100。因此，小数点后的第一位数字表示十分位，第二位数字表示百分位，第三位数字表示千分位，以此类推。例如，分数 346/1000 表示为 0.346。可以写成 3/10 + 4/100 + 6/1000。

小数的使用非常普遍，尽管我们不可能总是停下来思考它们的含义。例如，在棒球中，用小数表示击球手的击球效率。如果一名击球手在 100 次正式击球中打出 35 个安打，那么我们就说他的击球效率是 35。这实际上是 35/100 或 0.35，但是小数点常被省略。这里，用小数形式表示了分数 35/100，并且只用了小数点后面的两位数字。

B.2 什么是百分数？

另一种表示小数的常用方法是将它们写成百分数。百分数就是分母是 100 的分数。例如，分数 1/2 是 5/10 或 50/100，可以表示为 50%。分数 3/4 是 0.75，可以表示为 75%，分数 346/1000 是 0.346，可以表示为 34.6%。因此，小数点右移两位后将小数转换为百分数，就相当于将小数乘以 100%。

使用百分数要比直接使用小数常见。例如，利率和税率通常用百分比表示，所以我们应该了解它们的含义。7% 的利率意味着你每借出或借入 100 美元，每年就会获得或支出 7 美元：7/100 的总金额（这里忽略复利的影响）。28% 的税率意味着我们每赚 100 美元（去除可扣除款项后）就要赋税 28 美元。根据定义，百分数总以 100 为计算基础。

虽然百分数的计算很容易（先计算小数，然后乘以 100%），但是对不同百分数代表的比例感觉良好又是另一回事。图 B.1 所示的饼状图常用来可视化比例。饼的切片面积应与所表示的百分

数或分数成比例。如果图形设计者不理解这一点，那么得出的饼状图就可能误导读者。

图 B.1 中的饼状图表示某人每月的平均支出是 2000 美元。如果每月的房租是 500 美元，那么房租占总支出的比例就是 500/2000，相当于总支出的 0.25（1/4）。因为 0.25 等于 25%，因此在饼图上显示为 25%，它占整个饼或圆的四分之一。切片的面积与百分数成比例。同样，每月的食物支出是 800 美元，占总支出的比例是 800/2000 或 0.40，即 40%。百分数较小的切片具有较小的面积。

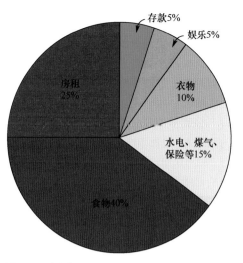

图 B.1　饼状图显示了不同类别支出占实际支出总额的比例。饼的切片面积与所代表的百分数成比例

B.3　什么是科学记数法？

当我们需要表示非常大的数字或非常小的小数时，就需要很多零来正确地定位小数点。例如，5 万亿（世界上最快的相机每秒可以拍摄 5 万亿帧相片）可以写为

$$5\ 000\ 000\ 000\ 000$$

其中的 0 用于定位小数点——5 右边的零并不是没有意义的。如果数一下 5 右边的数字，就会发现有 12 个 0。

这个数字的另一种表达方式是 5 乘以 1 万亿，1 万亿是数字 1 后面跟 12 个 0。1 万亿也是将 1 乘以 10 十二次后得到的数字：

$$1\ 000\ 000\ 000\ 000 = 1\times10\times10\times10\times10\times10\times10\times10\times10\times10\times10\times10\times10$$

12 个 10 相乘的简写就是 10 的 12 次方，我们写成 10^{12}。上标代表指数，表示有 12 个 10 相乘。因此，我们可以将 5 万亿写成

$$5.0\times10^{12}$$

将一个数写为某个数乘以 10 的指数形式的记数法称为科学记数法。指数只是告诉我们，如果将所有 0 都写出来，小数点将向右移动多少位。科学记数法有几个优点：节省空间，能够恰当地表明所表示数字的准确性或精度；通过省略 0 的书写，可以使得涉及非常大的数字或非常小的数字的计算更为容易。

一些涉及较小数字的例子可能有助于使概念更清楚。例如，一个比 1.2 万亿小得多的数字 586，可以表示为 5.86 乘以 100 或 5.86×10^2，因为 $10\times10 = 100 = 10^2$（10 的平方）。数字 6180 可以表示为 6.18×10^3，因为 10^3（10 的立方）等于 1000。数字 540 万可以表示为 5.4×10^6，因为 10 的 6 次方是 100 万。表 B.1 提供了其他几个例子。在 10 的正指数幂下列出的最后一个数字是地球的近似质量，单位是千克。

表 B.1 中还显示了几个科学记数法表示的小数。如果一个数的值小于 1，那么这个数的指数总是负数。例如，小数 0.0000000000054 是一个非常小的分数，即 5.4 万亿分之一。它可以表示为 5.4×10^{-12}，这相当于 5.4 除以 10^{12}。上标 −12

表 B.1

科学记数法实例

10 的正指数幂		
5460	= 5.46 乘以 1 千	= 5.46×10^3
23 4000	= 23.4 乘以 1 万	= 2.34×10^4
6 700 000	= 6.7 乘以 1 百万	= 6.7×10^6
9 400 000 000	= 9.4 乘以 10 亿	= 9.4×10^9
5 980 000 000 000 000 000 000 000		= 5.98×10^{24}
10 的负指数幂		
0.62	= 6.2 乘以十分之一	= 6.2×10^{-1}
0.0523	= 5.23 乘以百分之一	= 5.23×10^{-2}
0.0082	= 8.2 乘以千分之一	= 8.2×10^{-3}
0.0000024	= 2.4 乘以百万分之一	= 2.4×10^{-6}
0.0000000079	= 7.9 乘以十亿分之一	= 7.9×10^{-9}
0.00000000000000000016		= 1.6×10^{-19}

表示如果用普通的小数形式表示这个数字，就必须将小数点左移 12 位。

在一个更简单的示例中，小数 0.0346 是 3.46×10^{-2}，或 3.46 的百分之一。对于数字 3.46×10^{-2}，我们只要将小数点左移两位，去掉 10^{-2}，就可得到原来的小数。0.0079 是 7.9 的千分之一，或 7.9×10^{-3}。了解表 B.1 中的其他例子可以使这种方法变得清晰。表 B.1 中的最后一个数字是以库仑为单位的电子电荷值，库仑是现代物理学中经常出现的一个量。

公制单位中使用的前缀（在第 1 章中讨论）是表示非常大或非常小的数字的另一种方法。因为前缀 M 代表 100 万，所以 1.35Mg 就相当于 $1.35 \times 10^6 g$（10^6 等于 100 万）。同样，780 nm（纳米）与 $780 \times 10^{-9} m$ 相同，因为前缀 n 意味着十亿分之一或 10^{-9}。常用的度量前缀见表 1.3。这些公制单位的前缀和科学记数法都是用来以更简洁的形式表示数字的科学速记方式。

B.4　10 的指数幂的乘除运算

如果你能理解 10 的指数幂符号的含义，那么乘法或除法的过程就很简单。如果你有一个处理科学符号的计算器，那么就会更容易——只需要输入数字，然后按下相应的功能键。当然，对它们的含义有一定的理解有助于检查结果。

例如，假设我们将 3.4×10^3（3400）乘以 100（10^2）。乘以 100 要在原始数据上加两个零，得到 340 000，你可以在计算器上或者直接相乘来快速检查运算结果。因此，

$$(3.4 \times 10^3) \times (10^2) = 3.4 \times 10^5$$

换句话说，将指数相加即可（$3 + 2 = 5$）。如果将这个问题改为除以 100，那么就要去掉两个零：

$$\frac{3 \times 10^3}{10^2} = 3.4 \times 10^1 = 34$$

这个问题中被除数的指数减去除数的指数，就得到了结果（$3 - 2 = 1$）。

这些运算的规则如下：

1. 同底数幂相乘，指数相加。

2. 同底数幂相除，指数相减。

无论指数是正的还是负的，这些规则都成立。因此，

$$(3 \times 10^6) \times (2 \times 10^{-4}) = 6 \times 10^2 = 600$$

因为 $6 + (-4) = 2$。对你来说，这应不会奇怪，因为乘以一个小数（10 的负指数幂）后得到的数字，肯定要比被乘数小。

B.5　练习

如果你不熟悉这些想法，或者虽然了解但对它们的使用已有些生疏，那么做下面这些练习有助于树立信心。奇数序号习题的答案见附录 D。

01．用小数表示如下数字：**a**. 6/10；**b**. 52/100；**c**. 874/1000；**d**. 5/10000。

02．用小数表示如下数字：**a**. 72/100；**b**. 7/10；**c**. 83/10000；**d**. 45/1000。

03．用小数表示如下数字：**a**. 1/4；**b**. 5/8；**c**. 16/32；**d**. 312/914。

04．用小数表示如下数字：**a**. 3/7；**b**. 11/15；**c**. 147/654；**d**. 65/150。

05．将练习 3 中的小数表示为百分数。

06．将练习 4 中的小数表示为百分数。

07．求：**a**. 105 的 50%；**b**. 48 的 75%；**c**. 180 的 60%；**d**. 100 的 85.2%。

08．求：**a**. 120 的 40%；**b**. 400 的 90%；**c**. 90 的 33.3%；**d**. 540 的 70%。

09．用科学记数法表示下列数字：**a**. 5475；**b**. 200 000；**c**. 67 000；**d**. 35 000 000 000。

10．用科学记数法表示下列数字：**a**. 3560；**b**. 78 500；**c**. 622 000；**d**. 9 100 000。

11. 用科学记数法表示下列数字：**a.** 0.0065；**b.** 0.000333；**c.** 0.0000015；**d.** 0.000000065。

12. 用科学记数法表示下列数字：**a.** 0.075；**b.** 0.00045；**c.** 0.0000032；**d.** 0.00089。

13. 用小数表示下列数字：**a.** 6.7×10^{-3}；**b.** 1.8×10^{-4}；**c.** 5.77×10^{-6}；**d.** 3.25×10^{-5}。

14. 计算：**a.** $(3.0 \times 10^2) \times (4.3 \times 10^5)$；**b.** $(7.5 \times 10^3) \times (5.0 \times 10^6)$；
c. $(4.0 \times 10^8) \times (5.4 \times 10^{-5})$；**d.** $(6.0 \times 10^8)/(2.0 \times 10^3)$。

15. 计算：**a.** $(3.0 \times 10^5) \times (2.0 \times 10^4)$；**b.** $(4.0 \times 10^7) \times (6.0 \times 10^{-3})$；**c.** $(3.6 \times 10^8)/(2.5 \times 10^5)$；
d. $(3.6 \times 10^{12})/(2.0 \times 10^{-6})$。

附录 C　矢量和矢量合成

我们在学习物理的过程中遇到的很多量都是矢量，也就是说，除了它们的大小（模），它们的方向也很重要。矢量的例子包括速度和加速度（见第 2 章），以及后续章节中介绍的力、动量、电场和其他量。方向是这些量的一个基本特征：以 20m/s 的速率向北移动的结果与以 20m/s 的速率向东移动的结果是非常不同的。

方向不是一个基本特征（或方向没有任何意义）的量，被称为标量。质量、体积和温度是标量的例子——讨论体积或质量的方向是没有意义的。指定标量的大小（具有适当单位的数值）就已足够，而不需要其他信息。另一方面，矢量至少需要两条信息来描述它们的大小和方向。

C.1　如何描述矢量？

假设我们要描述一架飞机以速率 400km/h 沿正东偏北方向飞行的速度。飞机的速度方向可以用多种方法确定，但是最简单的方法是确定它与某个参考方向的角度，如东偏北 20°。这两个数字，即 400km/h 和东偏北 20°，足以描述飞机的速度，只要它的运动是二维的（在一个水平面内，没有上升或下降）。如果飞机正在上升或下降，就还要指定第二个角度，即上升或下降的角度。

图解通常是描述矢量的一种更生动的方式。图 C.1 以箭头的形式显示了飞机的速度，方向为东偏北 20°。如果在作图时选择合适的比例，那么速度的大小可以用箭头的长度表示。例如，如果选择 2cm 代表 100km/h，那么就会画一个长度为 8cm（4×2cm）的箭头来代表 400km/h 的速度。速度越小，箭头越短，速度越大，箭头越长。

箭头是在图上表示矢量的通用符号。箭头可以清楚地指示方向，也可以画出不同的长度来表示大小。我们常用黑斜体字母来表示矢量：符号 v 告诉我们，我们处理的是速度矢量。另一方面，符号 v 通常表示标量速率。

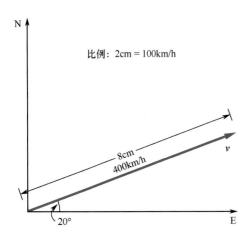

图 C.1　用适当比例（2cm = 100km/h）和适当角度（20°）的箭头表示速度大小为 400km/h、方向东偏北 20°的速度矢量

如何合成矢量呢？我们经常感兴趣的是两个或以上的矢量组合的最终结果。例如，在第 4 章中，合力决定了物体的加速度。合力是作用在物体上的任何力的矢量和，这可能包含几个力。又如，飞机相对于地面的速度是由飞机相对于空气的速度和空气相对于地面的速度（风速）的矢量和决定的，详见第 20 章。

矢量合成最直观的一个例子是运动物体的位移。例如，假设一名学生想要去缅因街上的公寓，公寓在校园西北面，隔了几个街区。她可能首先沿着太平洋大道向西走 3 个街区，然后沿着主街向北走 6 个街区，如图 C.2 所示。这两次位移的结果可以用位移矢量来表示；第一次她位移到了正西 3 个街区的地方，第二次她位移到了正北 6 个街区的地方。

　　刚才描述的两个位移按比例和方向绘制在图 C.2 中（图形的比例是 1cm = 1 个街区）。这些组合运动的结果用位移 **C** 来表示，这是从起点到终点的矢量。因此矢量 **C** 是矢量 **A** 和矢量 **B** 的和：

$$C = A + B$$

　　这个和将它们各自的影响合并为一个合位移。矢量 **C** 的长度约为 6.7cm，按照绘制图表时使用的比例，这代表 6.7 个街区的距离。用量角器测量角度，位移矢量 **C** 的角度约为北偏西 27°。

　　上述矢量合成过程适用于任何矢量，并且常被称为矢量合成图解法，步骤如下：

　　1．用直尺和量角器在适当的方向画出第一个矢量。

　　2．将第二个矢量的尾部放到第一个矢量的头部，按相同的比例在适当的方向绘制第二个矢量。

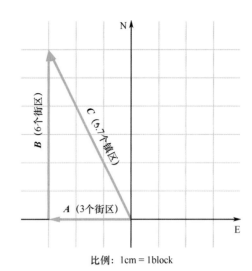

图 C.2　位移 **A**（正西 3 个街区）和位移 **B**（正北 6 个街区）合成得到的结果是位移 **C**，它是通过绘制从起点到终点的矢量得到的

　　3．如果涉及两个以上的矢量，按照比例和适当的方向画出后续矢量，每个矢量的尾部都从前一个矢量的头部开始。

　　4．为了得到矢量和，从第一个矢量的尾部到最后一个矢量的头部画出一个矢量。用量角器测量这个矢量与参考方向的夹角，用直尺测量它的长度。这两个测量值表示矢量和的方向与大小（测量的长度必须乘以绘制原始矢量时所用的比例因子，才能得到相应单位下的矢量大小）。

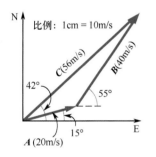

图 C.3　将速度矢量 **A** 和 **B** 合成为矢量 **C**。图中使用的比例因子为 1cm = 10m/s，矢量 **B** 的尾部位于矢量 **A** 的头部

　　另一个例子也可以说明这个过程。我们在图 C.3 中合成两个速度矢量。第一个速度矢量是 **A**：大小为 20m/s，方向为东偏北 15°。第二个速度矢量为 **B**：方向为东偏北 55°，大小为 40m/s。绘图比例都是 1cm = 10m/s，所以矢量 **A** 的长度为 2cm，矢量 **B** 的长度是 4cm。矢量 **B** 的尾部放在矢量 **A** 的头部，以使两个矢量相加。合成的结果是矢量 **C**，用直尺测量的结果约为 5.6cm。使用比例因子 1cm = 10m/s，我们有

$$5.6cm \times ((10m/s)/cm) = 56m/s$$

　　测量 **C** 与水平轴（东）的夹角，我们发现 **C** 大约在东偏北 42° 的方向上。因此，矢量 **A** 和矢量 **B** 的矢量和的大小等于 56m/s，方向为东偏北 42°。

　　注意，在（涉及速度的）这个例子和前面（涉及位移）的例子中，矢量和的大小不等于两个矢量的大小之和。在涉及位移的例子中，矢量和 **C** 的大小为 6.7 个街区，小于学生实际行走的 9 个街区（3 + 6）。在涉及速度的例子中，矢量和的大小为 56m/s，小于矢量 **A** 和 **B** 的大小相加得到的 60m/s。这是矢量相加过程的一般特征。只有当这些矢量的方向相同时，矢量和的大小才等于相加的矢量的大小之和（**A** + **B**）。

C.2　如何求矢量的差？

　　一旦掌握了矢量加法的概念，减法就是这些概念的直接延伸。减法总是可以表示为原有量加上被减量的负数的过程。例如，6 减 2 的过程，与 6 加 −2 的过程是一样的。要从矢量 **B** 中减去矢

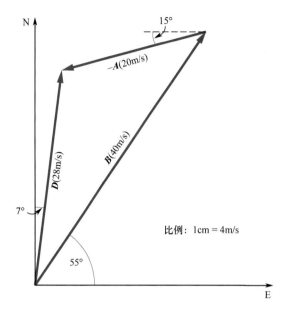

图 C.4　速度矢量 *A* 与速度矢量 *B* 相减得到差矢量 *D*，比例因子为 1cm = 4m/s

量 *A*，得到矢量差 *B* − *A*，可将−*A* 加到 *B* 上。而要得到一个矢量的负值，我们只需反转它的方向。

为了说明这个过程，在图 C.4 中从速度 *B* 减去速度 *A*，使用的是我们在图 C.3 中合成的两个矢量，不过使用了一个不同的比例因子：1cm = 4m/s。因此，矢量 *B* 的长度为 10cm［(40m/s)/((4m/s)/cm) = 10cm］，矢量 *A* 的长度为 5cm。首先按照比例画出矢量 *B*，然后加上矢量 *A* 的负数。注意，我们颠倒了矢量 *A* 的方向，得到−*A*。−*A* 的方向是西偏南 15°，而不是东偏北 15°。然后从第一个矢量（*B*）的尾部到第二个矢量（−*A*）的头部绘制矢量来得到矢量差 *D*。矢量差 *D* 的长度约为 7.0cm，它与竖直轴（正北）的夹角约为 7°。长度 7.0cm 表示速度为 28m/s（7.0cm×(4m/s)/1cm），因为这是图 C.4 中使用的比例因子。

C.3　如何求矢量的分量？

我们经常发现用水平分量和竖直分量来描述矢量比直接处理整个矢量更有用。在讨论抛体运动时，尤其如此（见第 3 章），但是它在计算功（见第 6 章）和许多其他应用中也很有用。

矢量的分量是任意两个或以上的矢量，当这些矢量相加，就得到我们正在讨论的那个矢量。

一般来说，最有效的方法是将这些分量规定为相互垂直的，一般是在水平方向上和竖直方向上。

可以使用图解法来求矢量的分量，这与对矢量进行加、减运算时的方法一样。图 C.5 用一个力矢量说明了这个过程。力矢量 *A* 的大小是 8N，方向是水平上方 30°。要求出这个矢量的水平分量和竖直分量，第一步是像前面那样使用直尺和量角器，按照比例（1cm = 1N）在适当的方向（水平上方 30°）绘制矢量。

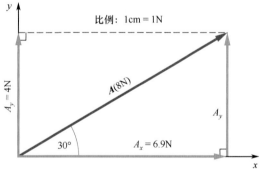

图 C.5　力矢量 *A* 的分量是通过按比例画出矢量，然后从矢量头部到 *x* 轴和 *y* 轴作垂线得到的

然后，从 *A* 的头部作到水平（*x*）轴的垂线，求出矢量 *A* 的水平分量。沿着 *x* 轴从 *A* 的尾部（原点）到垂线与 *x* 轴相交点的距离，就是 A_x 的大小，即 *A* 的水平分量。

类似地，可以得到 A_y，即 *A* 的竖直分量。在本例中，从 *A* 的头部到竖直（*y*）轴绘制一条与竖直轴垂直的虚线，由虚线和竖直轴的交点确定竖直分量的大小。用直尺测量这些分量的长度，得到 A_x 和 A_y 的大小分别为 6.9N（图中为 6.9cm）和 4N（图中为 4cm）。

将 *A* 的这两个分量当作矢量，并按照通常的尾对头的方式将它们相加，就得到原矢量 *A*，如图 C.5 所示。因此，可以用这两个分量来表示这个矢量，因为它们相加后等于原矢量。然而，通常情况下，我们只对矢量的水平效应或竖直效应感兴趣，并且只使用其中的一个分量。例如，在力矢量的情况下，力在水平方向上移动物体的效果由力矢量的水平分量决定，而不由总矢量决定。在抛体运动中，速度的水平分量决定了物体在给定时间内水平移动的距离。

在矢量的加法或减法中也可以使用矢量的分量，当然，矢量的分量还有许多其他的用途。然而，在本书中，主要使用矢量分量的概念来将矢量分解为水平部分和竖直部分，以便分别分析水平运动和竖直运动。理解这一点是理解抛体运动和许多其他物理过程的关键。

C.4　练习

奇数序号习题的答案见附录 D。

使用图解法求练习 1 到练习 4 中所示矢量的和。

01. 矢量 A = 向东位移 20m；矢量 B = 向北位移 30m。

02. 矢量 A = 方向东偏北 30°，大小 20m/s 的速度；矢量 B = 方向东偏北 45°，大小 50m/s 的速度。

03. 矢量 A = 正东方向，大小 4m/s^2 的加速度；矢量 B = 东偏北方向 40°，大小 3m/s^2 的加速度。

04. 矢量 A = 水平轴偏上方 45°的 20N 大小的力；矢量 B = 竖直轴偏左侧 20°的 30N 大小的力。

05. 求练习 1 中的矢量差 $B - A$ 的大小和方向。

06. 求练习 1 中的矢量差 $A - B$ 的大小和方向。

07. 求练习 2 中的矢量差 $A - B$ 的大小和方向。

08. 求练习 3 中的矢量差 $A - B$ 的大小和方向。

09. 求练习 2 中矢量 A 的正东方向分量（A_x）和正北方向分量（A_y）。

10. 求练习 4 中矢量 A 的水平和竖直分量。

11. 求练习 4 中矢量 B 的水平和竖直分量。

附录 D　部分习题答案

第1章

Q3 不。木头燃烧使用的是不久前才从大气中吸收了碳的植物，因此，就对大气中二氧化碳的影响来说，燃烧木头的净效应很小或几乎没有影响。

Q9 不能。以物理实验的方式无法重复或控制历史观测的条件。

Q15 光学，它解释了彩虹的形成方式。力学解释了橡果的下落。

Q21 继续使用英制单位的优点是，除人们熟悉外，可避免对工人重新进行培训或修订标准与出版物。

E1 124g。

E3 5。

E5 105in 或 8.75ft。

E7 8300g，8.3kg。

E9 1610m 或 1.61km。

E11 52800cm^2，10000cm^2。

E13 4.54 美元/加仑。

E15 4。

SP3 **a**. 1750h；**b**. 175kWh；**c**. 38.5kWh；**d**. 26.25 美元；**e**. 5.78 美元；**f**. 20.48 美元/年；**g**. 409.50 美元/年。

第2章

Q9 汽车密度是指每英里的车辆数量，它与车的重量无关。

Q15 不。当小球下落时，在重力加速度的作用下，小球方向不变，速度大小（速率）增大。

Q21 **a**. 不，仅在从 $t = 0$ 到 $t = 2$s 的时段做匀速运动。从 $t = 0$ 到 $t = 2$s 的水平线表示速度不变。**b**. 2s 和 4s 之间的加速度最大，斜率最大。

Q27 不能。仅当加速度不变时该式才成立。

Q33 第二名运动员。如果两名运动员在相同的时间内所跑的距离相同，那么他们的平均速度必定相同，因此速度-时间曲线下方的面积也相同。如果第一名运动员更快达到最大速率，那么面积相等的唯一方法是第二名运动员有更高的最大速率。

E1 59mph。

E3 0.37cm/天。

E5 360s，6min。

E7 7.02km。

E9 104.6km/h。

E11 -2m/s^2。

E13 10.8m/s。

E15 **a**. 2.7m/s；**b**. 3.8m。

E17 **a**. 0.8m/s；**b**. 4.8m。

E19 45.8s。

E21 **a**. 68m/s，46m/s，24m/s，2m/s；**b**. 158m，272m，342m，368m。

SP1 **a**. 22s。

SP5 **a**. 汽车 A：2.1m，8.4m，18.9m，33.6m；汽车 B：7m，14m，21m，28m；**b**. 3.3s。

第3章

Q3 都加速，因为它们的速度都在变化。小球 A 的速度正在增大，小球 B 的速度正在减小（负加速度）。

Q9 不是。加速度随时间增大，因为速度曲线的斜率正在增大。

Q15 该图是斜率为-10m/s^{2}的直线，它以正速度值开始，然后持续下降，保持相同的负斜率不变。速度会在其轨迹的顶部改变方向，在这一位置的瞬时速度为零。在速度—时间图像上，这一时刻的速度为零，并且在此处与时间轴相交。

Q21 从桌上滚出的小球有较大的速度。除竖直分量外，它还有一个水平分量，而下落小球没有这个分量。

Q27 由于水平分量总不为零，因此小球的速度总不为零。

Q33 如果篮球接近篮筐时与水平面的夹角较小，篮筐在垂直于篮球的轨迹方向上的投影也较小，降低篮球通过的机会。高抛投篮则相反，当篮球接近时，篮筐在垂直于篮球的轨迹方向上的投影更大。所以，高抛投篮时，投篮获得成功对应的抛投角度有更大的灵活性。

E1 **a**. 7m/s；**b**. 14m/s。

E3 **a**. 2.45m，**b**.9.8m。

E5 44m/s。

E7 **a**. +3m/s（向上）；**b**. -7m/s（向下）。

E9 1.3s。

E11 **a**. 0.25s；**b**. 31.25cm。

E13 1.01m。

E15 **a**. 0.77s；**b**. 3.87m。

SP1 **a**. 0；**b**. 1.8s；**c**. 16.2m；**d**. 9m；**e**. 向下。

SP3 **a**. 0.37s；**b**.球 A：1.5m，球 B：2.2m；**c**. 不能。

SP5 **a**. 44.7m/s；**b**. 18.3m；**c**. 0.409s；**d**. 0.84m。

第4章

Q3 亚里士多德认为，当小球向前运动时，空气会在小球的周围流过，填充小球先前位置留下的空位，这些空气会从后面推动小球。

Q9 是的。当合力为 0 时，小球可以做匀速直线运动，但是它没有加速度。

Q15 不同。质量是物质的一种属性，它与物体的位置无关。重力是一种力，它取决于重力加速度 **g** 在该位置的值。

Q21 推动汽车前进的外力是道路施加在轮胎上的摩擦力，按照牛顿第三运动定律，这是轮胎施加在道路上的力的反作用力。

Q27 能。骡子的拉力的水平分量将克服阻碍货车车轮运动的水平摩擦力，因此能够加速。

Q33 **a**. 它们不以恒定速度运动，速度恒定增大。所受的力不变，表明是恒定加速。恒定加速会导致速度恒定增大。**b**. 细绳的拉力小于 **F**。两个物块有相同的加速度。力 **F** 加速总质量为 2m 的两个物块，细绳中的力加速质量为 m 的一个物块，因此它是 **F** 的一半。

Q39 所有的小车都以相同的速度和加速度运动，所以移动小车所需的力与它们的质量成正比。

E1 7m/s^2。

E3 8.0kg。

E5 9.0m/s^2。

E7 8kg。

E9 **a**. 3.6N；**b**. 0.40m/s^2。

E11 75kg。

E13 **a**. 67.3kg；**b**. 148.3lb。

E15 **a**. 58.8N；**b**. 46.8N；**c**. 7.8m/s^2，向下。

E17 **a**. 合力为0；**b**. 7.84N；**c**. 19.84N。

E19 **a**. +45N；**b**. -735N；**c**. +780N。

SP1 **a**. 2.75m/s^2；**b**. 8.25m/s；**c**. 12.4m。

SP3 **a**. 0.60m/s^2；**b**. 0.120m/s；**c**. 1.2cm。

SP5 **a**. 32N；**b**. 3.2m/s^2；**c**. 15.6N；**d**. 22.4N，3.2m/s^2。

SP7 **a**. 550N；**b**. 6.34.57m/s^2；**c**. 85m/s。

第5章

Q3 更快的汽车有更大的速度变化。从最终的速度矢量中减去初速度矢量时，更快汽车的更长速度矢量产生更大的 Δ**v**。

Q9 **b**. 合力方向必须指向曲率中心，以产生向心加速度。

Q15 不存在。根据牛顿第一运动定律，运动物体将一直匀速运动，除非受到一个合力作用。在迎面相撞中，驾驶员在不受力的情况下继续向前运动（直到与方向盘相撞）。汽车确实受到了两辆汽车碰撞的撞击力的作用，因此会停止，但是驾驶员会继续向前运动。

Q21 拴细绳的两点合在一起时可画圆，它是椭圆的特例。

Q27 不正确。恒星或行星在月面看不见，因为与任何恒星或行星相比，月球更靠近地球，会挡住来自恒星或行星的光。

Q33 适用。开普勒第三定律适用于月球，但是用于卫星的定律中的常数与用于行星的定律中的常数不同。

E1 20.0m/s^2。

E3 1.8m。

E5 1.75N。

E7 **a**. 11.4m/s^2；**b**. 14.8kN。

E9 1/365。

E11 0.60N。

E13 1.12N。

E15 383lb。

SP1 **a**. 20.0m/s^2；**b**. 5.00N；**c**. 2.45N；**d**. 5.6N。

SP3 **a**. 12.5m/s^2；**b**. 13.75kN；**c**. 10.8kN；**d**. 11kN；**e**. 否，因为 2.3kN < 13.75kN。

SP5 $3.53 \times 10^{22} \text{N}$；**b**. $2.01 \times 10^{20} \text{N}$；**c**. 175/1，否；**d**. $4.34 \times 10^{20} \text{N}$，是。

第6章

Q3 **a**. 做功。在这个力的作用下，木块移动的距离为 d，因此该力做功。注意，由于物体不在加速，因此必定有另一个力，它很可能是摩擦力。**b**. 只有该力的水平分力对木块做功。

Q9 人所做的功不可能小于杠杆对岩石所做的功。如果没有耗散力，它们将相等。这是能量守恒的结果。

Q15 有。所做的功使得势能增大。

Q21 下巴很有可能受到球的撞击。推力产生的动能会增大系统的总能量，因此会回摆得更远。

Q27 **a**. 守恒，燃烧石油产生的能量会加热空气和手，无能量损失；**b**. 只用来加热空气和暖手会浪费大量来自高品质能源的热量，还会污染空气。

Q33 弹簧枪拉开扳机时系统增加弹性势能。飞镖被释放，因此弹性势能转换为飞镖和弹簧的动能。然后，飞镖的动能转换为重力势能，飞镖减速。此外，由于空气的摩擦力，还有部分动能转换为热量。

E1 60J。

E3 4m。

E5 **a**. 200J；**b**. 0；**c**. 200J。

E7 **a**. 60J；**b**. 60J。

E9 0.17kJ。

E11 **a**. 88.2J；**b**. 90J；**c**. 加速石块。

E13 90J。

E15 470kJ。

E17 **a**. 52.9J；**b**. 52.9J。

E19 0.0625s。

SP1 **a**. 10.2J；**b**. 6.8J；**c**. 6.8J。合力（4N）做总功。物体动能的增量等于合力对物体所做的功；**d**. 五分之三会转换为动能，剩下的转换为热能。都可以说明。考虑所有形式的能量时，它们总是守恒的；**e**. 6.8J，5.98m/s。

SP3 **a**. 31.5J；**b**. 31.5J；**c**. 39.7m/s；**d**. 石块不会达到这个最大值。橡皮筋也在运动，也有动能。

SP5 **a**. 能。第一点和第二点之间的势能差是6860J，因摩擦损失的能量仅为3600J；**b**. 34.7m。

第7章

Q3 有可能。由于动量是质量和速度之积，因此较大速度棒球的动量可与较小速度保龄球的动量相等。

Q9 安全气囊增加了改变乘客动量的时间。因为冲量是力和时间的乘积，所以施加在乘客身上的

一个较小的力就产生了改变动量所需的冲量。较小的力造成较小的伤害。

Q15 不守恒。因为有一个合力作用于小球，这个力是重量沿斜面的分量。

Q21 自由运动时，两把枪后退的动量相同，较轻的

枪后退得更快，两把枪作用在射手肩上的冲量相同。

Q27 速度减小。滑板运动员的质量加到滑板上后，系统的总质量增大。根据动量守恒原理，质量增大时，速度必定降低。

Q33 该碰撞是弹性碰撞，系统的动能不变。

E1 a. 14.4N·s；b. 14.4kg·m/s。

E3 保龄球。

E5 5.6N·s。

E7 a. 1725N·s；b. 5750N。

E9 a. −9.4kg·m/s；b. −9.4N·s。

E11 a. 0；b. 6.5m/s。

E13 27000kg·m/s。

E15 a. 810kJ；b. 162kJ；c. 否。

E19 a. 3.33m/s；b. 本题的末速度要比例题7.2迎面相撞的末速度大。

SP1 a. 14.9kg·m/s；b. 是；c. 14.9N·s；d. 2982N。

SP3 a. 情形B；b. 情形B；c. 单独看小球动量不守恒，将小球和墙以及相连的地球作为一个系统时，动量守恒。

SP5 a. 24000kg·m/s，向西；b. 3.75m/s，向西；c. 1260kJ；d. 45kJ；e. 否，因为动能不守恒。

第8章

Q3 是的。当硬币沿斜面向下滚动时得到线速度，也得到角速度。由于角速度增加，因此有一个角加速度。

Q9 施加在手柄末端的力产生更大的力矩，因为它的力臂比施加在手柄中部的力臂更大。

Q15 不。铅笔的重心必须位于支点才能使铅笔保持平衡。因此，铅笔的重心位于距离铅笔末端三分之二的铅笔长度位置。

Q21 是的。转动惯量取决于质量相对于转轴的分布情况，因此相同的质量如果分布情况不同，就会产生不同的转动惯量。

Q27 角速度减小。新增的儿童的质量增加系统的转动惯量。为了使角动量守恒，转动惯量增大，角速度减小。

Q33 按照定义，从上看时，逆时针方向导致角速度矢量指向上方。角动量矢量和角速度方向一致，

也指向上方。

E1 a. 0.133rev/s；b. 0.84rad/s。

E3 a. 50.3rad；b. 10.05rad/s。

E5 a. 0.3rad/s²。

E7 a. 2.4rev/s；b. 7.2rev。

E9 12.8cm。

E11 a. 117N·m；b. −52N·m；c. 65N·m。

E13 33.2N·m。

E15 0.294kg·m²。

E17 a. 0.56kg·m²；b. 8.4kg·m²/s。

SP1 a. 124N·m；b. 0.155rad/s²；c. 2.48rad/s；d. −0.0175rad/s²，141.7s

SP3 a. 435.6kg·m²，1535.6kg·m²；b. 1157.6kg·m²；c. 1.72rad/s；d. 是的，因为角速度改变了。在孩子们移动时，他们的脚和旋转木马之间的摩擦产生了加速力矩。

第9章

Q3 活塞面积较小的气缸内的压强更大。压强是指单位面积上所受的力，在力的大小相同时，较小的面积产生较大的压强。

Q9 可以使用水代替，但是此时气压计的尺寸远大于使用汞的气压计，因为水的密度要小得多。小的气压变化会使水柱移动很大的距离，因此可得到更为准确的测量值。

Q15 气压降低。体积缓慢增大，温度不变，根据波义耳定律，气压降低。

Q21 水位上升。落到小船上的大鸟增大船的总重量，要浮起，船就要多排开与鸟等重的水。

Q27 否。低黏度流体流得更快，黏度是指阻止流动的一种摩擦效应。

E1 150Pa。

E3 1.50lb/in²。

E5 a. 270kPa；b. 81kN。

E7 2125Pa。

E9 36.0kPa。

E11 250kg/m³。

E13 2.94×10³N。

E15 1/3。

SP1 a. 7.07cm²，452.4cm²；b. 64/1；

c. 16660N；**d.** 260.3N。

SP3 **a.** $6.4×10^{-5}m^3$；**b.** 0.57kg；**c.** 5.62N；

d. 0.627N；**e.** 4.99N。

SP5 **a.** $63.6cm^2$，$21.2cm^2$；**b.** 4.79m/s；**c.** 小于。

第10章

Q3 能。特性随温度变化的任何系统原则上都能用作温度计。

Q9 如果不涉及其他效应（如对系统做功），就不会。热量会从高温物体流向低温物体，最后温度会是两个物体初始温度之间的某个温度。

Q15 液体过冷但未凝固时，温度低于凝固点。要开始凝固过程，就需要有一个籽晶。

Q21 不能。根据热力学第一定律，不管是对系统做功还是加热来提供能量，内能均发生变化。

Q27 不能。在体积不变的过程中，没有做功，添加到气体中的所有热量会使其内能增大，因此温度升高。

Q33 传导。玻璃是性能中等的导热体，化学实验室和一些咖啡店会使用玻璃器皿。

E1 **a.** 71.6℉；**b.** 295.2K。

E3 **a.** 43.3℃；**b.** 316.5K。

E5 **a.** 12℃；**b.** 64.6℉；**c.** 86℉；**d.** 21.6℉；**e.** ℉

和℃之间的转换公式还涉及一个常数项 32。对两个不同的温度相减求差值时，这个 32 会抵消，只剩下 $\Delta T(℉)/\Delta T(℃) = 9/5$。

E7 7.74kcal。

E9 30℃。

E11 1257J。

E13 **a.** 减小；**b.** 增加；**c.** 增加了 375J。

E15 3000K。

E17 **a.** 1676J；**b.** 1276J；**c.** 304.5cal；**d.** 增加。

SP1 **a.** 106.2℉；**b.** 59K；**c.** 不同。

SP3 **a.** 1.54kcal；**b.** 11.2kcal；**c.** 3.78kcal；**d.** 16.53kcal；**e.** 融化冰需要最多的热量；**f.** 不能，因为冰和水具有不同的比热容。

SP5 **a.** 3976J；**b.** 948.9cal；**c.** 1.6℃；**d.** 是的，卡和焦耳的单位不相等，在第二种情况下温度升高得更多。

第11章

Q3 因为热机循环运行，在每次循环后假设回到初始状态，因此内能不变。

Q9 不，这是不可能的。这样的热机会将所有的热量转换为功，因此违反了热力学第二定律。

Q15 运行在 400K 和 300K 之间的热机比在 400℃ 和 300℃之间运行的热机有更高的效率。

Q21 能。这就是冰箱的工作原理，它并不违反热力学第二定律，因为外界做了功。

Q27 没有。因为它要求某些其他来源的能量冻结物质。这一来源的熵的增加总是大于冷却物质的熵的丧失。

Q33 不是。起动后的永动机不需要额外的能量来保持运行。汽车发动机要求持续供应汽油，通过

燃烧汽油来使发动机运行。

E1 37%。

E3 **a.** 328J；**b.** 41%。

E5 **a.** 1800J；**b.** 38.9%。

E7 41.4%。

E9 650J。

E11 300W。

E13 达不到，工厂的效率是 3.7%。

SP1 **a.** 22.8MJ；**b.** 97.2MJ；**c.** 功被用来克服摩擦和空气阻力；**d.** 冷天。

SP3 **a.** 5.1%；**b.** 12.7J；**c.** 237.3J；**d.** 18.7。

SP5 **a.** 35.5%；**b.** 28.4%；**c.** 125000kW·h；**d.** 440000kW·h；**e.** 259 桶。

第12章

Q3 由于玻璃棒在摩擦过程中失去带负电的电子，尼龙布获得从玻璃棒转移过来的电子。

Q9 不。玻璃是绝缘体，它不允许电荷从验电器流向人体。验电器不会放电。

Q15 静电除尘器本身不能。它们可与干式洗涤器结合使用。干式洗涤器中的微粒吸附污物，此时可用静电除尘器去除微粒。静电除尘器能有效地从工业烟雾中除去微粒。

Q21 两个电荷之间的力为原来的 4 倍。电荷之间的静电力随两个电荷的乘积变化，每个电荷加倍将导致静电力为原来的 4 倍。

Q27 不是。源于电荷的电场线随距离的增大而发散，表明电场强度随着距离的增大而减小。

Q33 点 B 的电势高。画出过 B、C 两点的直线上的电场线，就容易判断。

Q39 干燥天气下梳头时，头发和梳子之间的摩擦使得电子从梳子转移到头发上。梳过的头发现在具有相同的电荷，因此各头发之间互斥。梳子蘸水后，从头发上带走过量的电荷，这些电荷很可能转移到手上。

E1 $7.0×10^{+14}$ 个电子。

E3 $+11\mu C$。

E5 8N。

E7 **a.** 4.3N。

E9 180N，向下。

E11 $3.53×10^6$N/C，正西。

E13 5.4J。

E15 50000V。

SP1 **a.** $1.21×10^7$N；**b.** $2.16×10^7$N；**c.** $9.5×10^7$N，向左；**d.** $1.58×10^8$N/C，向左；**e.** $2.69×10^7$N，向右。

SP5 **a.** -0.30J；**b.** 向上；**c.** 向上；**d.** $3.85×10^4$N/C。

第 13 章

Q3 不。流过单回路的电流在回路中的每点都是相同的。除非电荷漏出或在某处堆积，电流是守恒的。

Q9 图 B 可点亮灯泡，因为闭合电路让来自电池的电流通过灯泡。这里开关的通断无关紧要，因为它与另一个导电体是并联的。图 A 所示闭合电路中无电位差，因为所有元件都连到了正极。

Q15 **a.** 两个电阻中的电流相同，因为电路是串联的。**b.** 加到电阻 R_2 上的电压差更大，根据欧姆定律 $V = IR$，电流相同时，电阻越大，两端的电势差就越大。

Q21 这些说法中唯一正确的是 **c**。**a.** 电流表的位置不正确。电流表应串联到电路中，就像流量计与管道串联那样。图中电流表这种接法不能正确地测量流过电阻的电流。**b.** 大量电流流过电流表，事实上，由于接法不正确，电流表可能会损坏。**c.** 是的，因为电流表是低阻设备，所以电流表会从电池中吸取大电流。大部分来自电池的电流可能会流过电流表而非电阻（取决于相对值）。

Q27 否。电池是通过化学反应来产生电势差的，所有反应物完成反应后，不再产生足够的电能。

Q33 加热时两种金属有着不同的膨胀率。由于两种金属焊接在一起，因此更长的金属条必须弯曲来适应两者的不同长度。

E1 4A。

E3 0.170A。

E5 220Ω。

E7 **a.** 0.16A；**b.** 4.48V；**c.** 7.52V。

E9 **a.** 60Ω；**b.** 0.20A；**c.** 0.20A；**d.** 电流相同，因为是串联电路；**e.** 4V。

E11 3.83Ω。

E13 13.5W。

E15 **a.** 0.682A = 682mA；**b.** 161Ω。

E17 30A。

SP1 **a.** 10Ω；**b.** 273mA；**c.** 3.27V；**d.** 2.73V；**e.** 182mA；**f.** 0.891W；**g.** 更大，因为所有电流都通过 12Ω 电阻，而只有部分电流通过 15Ω 电阻。

SP3 **a.** 57.1mA；**b.** 1.143V；**c.** 0.686W；**d.** 充电。

SP5 **a.** 7.39A（烤面包机），10.44A（熨斗），8.70A（咖啡机）；**b.** 是的，总电流超过保险丝的熔断电流，所以会熔断；**c.** 11Ω。

第 14 章

Q3 两种力遵循相似的吸引和排斥规则（同极或同种电荷相斥，异极或异种电荷相吸）。当距离增加时，两种力都与距离的平方的倒数成比例地减小。

Q9 磁针不会偏转太多，因为通电导线上方的磁场向北，而指南针已经大致指向那个方向。

Q15 当带电粒子没有垂直于磁场的速度分量时，没有磁场力作用在粒子上。

Q21 是的，合力矩使得导线框旋转，直到线圈平面和磁场相垂直，此时合力矩为零。

Q27 不。磁通量是磁场的磁感应强度与垂直于磁场方向的面积的乘积。磁通量可以形象地理解为垂直穿过某个平面的磁场线条数。

Q33 是的。虽然磁场是恒定的，但是由于线圈在旋转，因此通过线圈的磁通量是不断变化的。磁通量是面积与垂直于其磁场磁感应强度分量的乘积。用磁感线来表示比较容易理解。磁感线是恒定的，当发电机线圈旋转时，穿过线圈的磁感线的数量从零到最大，再减小，周而复始。

E1 2N。

E3 初始值的一半。

E5 48C。

E7 0.42N。

E9 $1.8T \cdot m^2$。

E11 18V。

E13 **a**. 升压变压器，因为次级线圈的匝数更多；**b**. 600V。

E15 43 匝。

SP1 **a**. 4.8×10^{-4}N/m；**b**. 排斥；**c**. 1.44×10^{-4}N；**d**. 4×10^{-5}T；**e**. 垂直指向页面。

SP3 **a**. $0.0032m^2$；**b**. $0.1120T \cdot m^2$；**c**. 0；**d**. 0.25s；**e**. 0.448V。

第 15 章

Q3 磁体是固定的，但是浮标和线圈会因波浪运动而运动，根据法拉第定律会产生感应电动势。

Q9 能，弹簧可作为粗绳来显示横波运动。

Q15 频率不变时，增大绳子的拉力将使得横波的波长增大。因为频率不变时，波长与波速成正比，而波速与拉力的平方根成正比。

Q21 不等于。驻波的相邻的两个波腹之间的距离等于干涉波的半个波长。

Q27 升高风琴管中的温度将增大驻波的频率。假设管长不变，驻波的波长不变，因此升高温度来增大波速时，将增大频率。

Q33 所拨弦的位置可能与二次谐波的波腹更接近。

E1 0.38Hz。

E3 0.25m。

E5 **a**. 5.0Hz；**b**. 2.3m。

E7 **a**. 1.5m；**b**. 86.7Hz。

E9 77.3cm。

E11 **a**. 2.4m；**b**. 141.7Hz。

E13 261Hz。

E15 69Hz。

E17 $\Delta f = 90$Hz；拍频的 4 次谐波是 360Hz；拍频的 5 次谐波是 450Hz。

SP1 **a**. 0.267kg/m；**b**. 13.5m/s；**c**. 3.0m；**d**. 4 个周期；**e**. 0.89s（4 个周期）。

SP3 **b**. 120cm；**c**. 283.3Hz；**d**. 15Hz，增加；**e**. 60cm，566.6Hz。

SP5 **a**. 396Hz；**b**. 352Hz；**c**. 330Hz；**d**. 495Hz；**e**. 297Hz；**f**. 440Hz。

第 16 章

Q3 能。电场和磁场能在真空中存在，因此由变化的电场和磁场组成的电磁波能在真空中传播。与机械波不同的是，电磁波传播时不需要介质。

Q9 表面是紫色还是洋红色取决于反射的蓝光量和红光量。

Q15 相位差为 180°。

Q21 增透膜对可见光谱中的中间波长最有效。在光谱的红端或蓝端，不满足相消干涉的条件，这些光会被反射，因此透镜呈紫色。

Q27 是的。它是横波，可被偏振。

E1 2.5GHz（2.5×10^9Hz）。

E3 6.38×10^{14}Hz。

E5 3.5mm。

E7 6.8cm。

E9 **a**. 1/2 个波长；**b**. 相消干涉。

E11 0.109mm。

E13 **a**. 9.34cm；**b**. 18.68cm。

SP1 **a**. 7.9×10^{14}Hz，4.0×10^{14}Hz；**b**. 2×10^8m/s；**c**. 253nm，500nm。

SP3 **a**. 150nm；**b**. 300nm；**c**. 不容易，条纹过于密集，无法分辨。

第17章

Q3 镜面反射光时，光看起来就像是在镜后的某点发散的。我们看到的虚像就位于这一点。

Q9 光弯向表面法线，因为玻璃（第二种介质）的折射率大于水的折射率。光波在玻璃中要比在水中传播得慢。

Q15 折射形成彩虹的各种颜色。虽然雨滴中同时发生反射和折射，但是色散（折射率随波长的变化）来自折射而非反射。

Q21 不会。会聚入射凹透镜远侧焦点的光线，从透镜射出时是平行的，既不发散又不会聚。

Q27 像位于凸面侧视镜后的不远处。与平面镜所成的像不同，这些像的尺寸要小于实际物体的尺寸。对于已知尺寸的物体，人脑会部分基于像的较小尺寸来判断距离，使得像看起来更远。

Q33 不会。望远镜看的物体较远，物镜产生的实像尺寸变小，目镜确实能够放大物镜所成的缩小的像。望远镜的关键是，较小的实像更靠近人眼，因此望远镜可以放大视网膜上的像。

E1 像高为1.7m，像距为5m。

E3 22.6cm。

E5 **a.** 9cm；**b.** 实像，倒立；**c.** 见图17.16。

E7 4.43cm。

E9 **a.** −6cm；**b.** 3X。

E11 **a.** +30cm；**b.** 实像，倒立；**c.** 见图17.22。

E13 **a.** −51.7cm；**b.** 28cm。

E15 **a.** 1.85m；**b.** −0.23。

E17 45cm。

SP1 **a.** 6.02cm；**b.** 6.32cm；**c.** 3.76cm。

SP3 **a.** 24cm；**b.** −2.0；**c.** 见图17.16；**d.** 18cm，−2；**e.** 4X。

SP5 **a.** 3.6cm；**b.** −3X；**c.** −7.2cm；**d.** 4X；**e.** −12X。

第18章

Q3 包含碳化合物的物质燃烧时，空气中的氧气会与化合物反应生成二氧化碳、固体灰烬和水蒸气，而气体很能捕获和称重。

Q9 不能。氢和氧结合生成水（H_2O）和过氧化氢（H_2O_2）。

Q15 是的。带电粒子轰击靶核时产生X射线，电视显像管中的电子就是这样的。

Q21 金原子核与整个原子的大小相比很小，阿尔法粒子束中只有少数粒子通过离原子核足够近的地方，受到库仑力而产生明显偏转。卢瑟福发现几乎整个原子都是空的。

Q27 不能。为解释观测到的黑体辐射，普朗克不得不假设黑体发射或吸收能量以取决于频率的离散量进行。

Q33 根据测不准原理，不可能准确地同时确定物体的运动和位置。准确确定轨道的简单玻尔模型不完全正确。

E1 32:114 = 0.28/1。

E3 28。

E5 1835。

E7 5×10^{16}Hz。

E9 1005nm。不能，红外区域。

E11 **a.** 4.62×10^{14}Hz；**b.** 650nm；**c.** 红色。

E13 **a.** 6.9×10^{14}Hz；**b.** 435nm。

SP1 **a.** 向上；**b.** 12500N/C；**c.** 2.0×10^{-15}N；**d.** 2.2×10^{15}m/s^2，向上；**e.** 上弯抛物线。

SP3 **a.** 13.6eV；**b.** 3.4eV；**c.** 91.3nm。

第19章

Q3 能有不同的质量。同种元素的不同同位素有不同的质量，因为原子核中的中子数不同。

Q9 对于发射负电子的普通β衰变，子元素的原子序数大于原始同位素的原子序数。原子核中的一个中子变为质子，原子序数增1。发射一个正电子时，原子序数减1。

Q15 不。放射性物质的衰变速率取决于当前放射性核的数量及涉及的特定元素。

Q21 不是。最可能发生裂变的铀同位素是U^{235}。有些U^{238}捕获一个中子时也发生裂变。

Q27 不会加速。当核反应处于亚临界状态时，可能引发裂变反应，也可能不引发新裂变反应。因此，

附录 D　部分习题答案　**467**

任何给定时刻的反应就较少，从而有效地降低了整个反应的速度。

Q33 在第二次世界大战期间，汉福德的核反应堆用于生产核弹所需的钚。

E1 22。

E3 钛，$_{22}Ti^{49}$。

E5 $_{84}Po^{218}$。

E7 $_7N^{15}$。

E9 7 天。

E11 $_{36}Kr^{90}$。

SP1 **a.** 6，6；7，7；8，8。**b.** 1.0/1。**c.** 61，47；64，48；66，49。**d.** 1.30，1.33，1.35；平均为 1.33/1。**e.** 142，90；140，91；146，92；1.58，1.54，1.59；平均为 1.57/1。

SP3 **a.** 0.00351u；**b.** $5.25×10^{-13}$J；**c.** 是。

第 20 章

Q3 飞机相对于地面的速度大于飞机相对于空气的速度，因为气流的方向与飞机的方向相同，因此气流的速度可以直接与飞机相对于气流的速度相加。

Q9 能。光波可在真空中传播，因此可以假设真空中存在以太。

Q15 观测者 A 测量的时间更长，观测者 B 测量的是比赛的固有时，因为在其参考系中这是在同一点发生的。观测者 A 测量的是膨胀时间。

Q21 动量的相对论性表达式对任何速度都适用。然而，低速情形下因子 γ 非常接近于 1，因此经典表达式和相对论性表达式在普通速度下基本上是相同的。

Q27 不能。根据爱因斯坦的等效原理，不可能区分自身参考系的加速度和引力效应。

E1 7 m/s，逆流而上。

E3 1.3m/s。

E5 $c = 3×10^8$m/s。

E7 5.0min。

E9 66.79m。

E11 $1.39×10^{12}$kg·m/s。

SP1 **b.** 7.62m/s；**c.** 4s；**d.** 12m；**e.** 30.5m。

SP3 **b.** 92.5 年；**c.** 9.25年；**d.** 9.25 光年；**e.** 83.21 年。

第 21 章

Q3 不由电子组成。夸克是介子和重子的组成部分，而后者包含质子和中子。电子是轻子，目前我们只知轻子没有亚粒子或更基本的组成部分。

Q9 是的，太阳是银河系的一部分，银河系中还包含大量的其他恒星。在晴朗的夜空，我们只能看到银河系的一部分，即横跨天空的白色条带。

Q15 大爆炸是指宇宙最初的爆炸过程。在宇宙之初，恒星和我们所了解的物质并不存在——物质和能量不以分离的形式存在（光子的碰撞会产生亚原子粒子——物质）。

Q21 晶体管是一个三端器件——基极、发射极和集电极，可以作为电信号的放大器，因为基极和发射极之间的电流的较小变化可以控制集电极和发射极之间的电流的较大变化。

Q27 由于是从不同的角度观看的，立方体的前角相对于后角会有不同的移位。

E1 366.7s = 6.1min。

SP1 **a.** $3.15×10^7$s；**b.** $9.45×10^{15}$m；**c.** $4.02×10^{16}$m；**d.** 42.5 年。

附录 A

01. $a = F/m$。

03. $d = b - c$。

05. $d = a - bc$。

07. $b = a / (c - d)$。

09. $b = c - d - a$。

11. $b = dt / (a + c)$。

13. $v_0 = x/t - \frac{1}{2}at$。

附录 B

01. **a.** 0.6；**b.** 0.52；**c.** 0.874；**d.** 0.0005。

03. **a.** 0.25；**b.** 0.625；**c.** 0.308；**d.** 0.341。

05. **a.** 25%；**b.** 62.5%；**c.** 30.8%；**d.** 34.1%。

07. **a.** 52.5；**b.** 36；**c.** 108；**d.** 85.2。

09. **a.** $5.475×10^3$；**b.** $2×10^5$；**c.** $6.7×10^4$；**d.** $3.5×10^{10}$。

11. **a.** $6.5×10^{-3}$；**b.** $3.33×10^{-4}$；**c.** $1.5×10^{-6}$；**d.** $6.5×10^{-8}$。

13. **a.** 0.006 7；**b.** 0.000 18；**c.** 0.000 005 77；**d.** 0.000 032 5。

15. **a.** $6×10^9$；**b.** $2.4×10^5$；**c.** $1.8×10^3$；**d.** $1.8×10^{18}$。

附录 C

01. 36m，东偏北 56°。

03. $6.6m/s^2$，东偏北 17°。

05. 36m，西偏北 56°。

07. 31m/s，西偏南 55°。

09. 17.3m/s，10m/s。

11. −10.3N，28.2N。

附录 E　转换因子和元素周期表

转换因子

长度

1 in = 2.54 cm

1 cm = 0.394 in

1 ft = 30.5 cm

1 m = 39.4 in = 3.281 ft

1 km = 0.621 mi

1 mi = 5280 ft = 1.609 km

1 光年 = $9.461×10^{15}$ m

质量和重量

1 lb = 0.4536 kg（g = 9.80 m/s^2）

1 kg = 2.205 lb（g = 9.80 m/s^2）

1 原子质量单位（u）= $1.66061×10^{-27}$ kg

体积

1 升 = 1.057 夸脱 = 0.264172 美制加仑

1 in^3 = 16.4 cm^3

1 加仑 = 3.785412 升

1 ft^3 = $2.832×10^{-2}$ m^3

能量和功率

1 cal = 4.186 J

1 J = 0.239 cal

1 kWh = $3.60×10^6$ J = 860 kcal

1 hp = 746 W

1 J = $6.24×10^{18}$ eV

1 eV = $1.6022×10^{-19}$ J

温度

热力学零度（0K）= −273.2℃

速度

1 km/h = 0.278 m/s = 0.621 MPH

1 m/s = 3.60 km/h = 2.237 MPH = 3.281 ft/s

1 MPH = 1.609 km/h = 0.447 m/s = 1.47 ft/s

1 ft/s = 0.305 m/s = 0.682 MPH

力

1 N = 0.2248 lb

1 lb = 4.448 N

压强

1 atm = 1.013 bar = $1.013×10^5$ N/m^2 = 14.7 lb/in^2

1 lb/in^2 = $6.90×10^3$ N/m^2

1 Pa = 1 N/m^2

角度

1 rad = 57.30°

1° = 0.01745 rad

1 rev = 360° = 2π rad

公制前缀

前缀	符号	含义
吉	G	1 000 000 000 倍单位
兆	M	1 000 000 倍单位
千	k	1 000 倍单位
百	h	100 倍单位
十	da	10 倍单位

基本单位

分	d	0.1 倍单位
厘	c	0.01 倍单位
毫	m	0.001 倍单位

| 微 | μ | 0.000 001 倍单位 |
| 纳 | n | 0.000 000 001 倍单位 |

物理常数与数据

量	近似值
重力加速度（靠近地面）	
	$g = 9.80 \text{ m/s}^2$
引力常量	
	$G = 6.67 \times 10^{-11} \text{ N·m}^2/\text{kg}^2$
地球的半径（平均）	$6.38 \times 10^6 \text{ m}$
地球的质量	$5.98 \times 10^{24} \text{ kg}$
地日距离（平均）	$1.50 \times 10^{11} \text{ m}$
地月距离（平均）	$3.84 \times 10^8 \text{ m}$
基本电荷	$e = 1.60 \times 10^{-19} \text{ C}$
库仑常量	$k = 9.00 \times 10^9 \text{ N·m}^2/\text{C}^2$

电子静止质量	$9.11 \times 10^{-31} \text{ kg}$
质子静止质量	$1.6726 \times 10^{-27} \text{ kg}$
中子静止质量	$1.6750 \times 10^{-27} \text{ kg}$
玻尔半径	$5.29 \times 10^{-11} \text{ m}$
阿伏伽德罗常数	$6.02 \times 10^{23} \text{ /mole}$
玻尔兹曼常数	$1.38 \times 10^{23} \text{ J/K}$
普朗克常数	$6.626 \times 10^{-34} \text{ J·s}$
光速（真空）	$3.00 \times 10^8 \text{ m/s}$

数学常数与公式

圆周率	3.1416
圆的面积	πr^2
圆的周长	$2\pi r$
球体的面积	$4\pi r^2$
球的体积	$\frac{4}{3}\pi r^3$

元 素 周 期 表

24 —— 原子序数
Cr
52.00 —— 原子质量

1 1A																		18 8A
1 H 1.008	2 2A											13 3A	14 4A	15 5A	16 6A	17 7A		2 He 4.003
3 Li 6.941	4 Be 9.012											5 B 10.81	6 C 12.01	7 N 14.01	8 O 16.00	9 F 19.00	10 Ne 20.18
11 Na 22.99	12 Mg 24.31	3 3B	4 4B	5 5B	6 6B	7 7B	8	9 8B	10	11 1B	12 2B	13 Al 26.98	14 Si 28.09	15 P 30.97	16 S 32.07	17 Cl 35.45	18 Ar 39.95
19 K 39.10	20 Ca 40.08	21 Sc 44.96	22 Ti 47.88	23 V 50.94	24 Cr 52.00	25 Mn 54.94	26 Fe 55.85	27 Co 58.93	28 Ni 58.69	29 Cu 63.55	30 Zn 65.39	31 Ga 69.72	32 Ge 72.59	33 As 74.92	34 Se 78.96	35 Br 79.90	36 Kr 83.80
37 Rb 85.47	38 Sr 87.62	39 Y 88.91	40 Zr 91.22	41 Nb 92.91	42 Mo 95.94	43 Tc (98)	44 Ru 101.1	45 Rh 102.9	46 Pd 106.4	47 Ag 107.9	48 Cd 112.4	49 In 114.8	50 Sn 118.7	51 Sb 121.8	52 Te 127.6	53 I 126.9	54 Xe 131.3
55 Cs 132.9	56 Ba 137.3	57 La 138.9	72 Hf 178.5	73 Ta 180.9	74 W 183.9	75 Re 186.2	76 Os 190.2	77 Ir 192.2	78 Pt 195.1	79 Au 197.0	80 Hg 200.6	81 Tl 204.4	82 Pb 207.2	83 Bi 209.0	84 Po (210)	85 At (210)	86 Rn (222)
87 Fr (223)	88 Ra (226)	89 Ac (227)	104 Rf (257)	105 Db (260)	106 Sg (263)	107 Bh (262)	108 Hs (265)	109 Mt (266)	110 Ds (269)	111 Rg (272)	112 Cn (277)	113 Nh (284)	114 Fl (289)	115 Mc (289)	116 Lv (293)	117 Ts (294)	118 Og (294)

57 La 138.9	58 Ce 140.1	59 Pr 140.9	60 Nd 144.2	61 Pm (147)	62 Sm 150.4	63 Eu 152.0	64 Gd 157.3	65 Tb 158.9	66 Dy 162.5	67 Ho 164.9	68 Er 167.3	69 Tm 168.9	70 Yb 173.0	71 Lu 175.0
89 Ac 232.0	90 Th 232.0	91 Pa (231)	92 U 238.0	93 Np (237)	94 Pu (242)	95 Am (243)	96 Cm (247)	97 Bk (247)	98 Cf (249)	99 Es (254)	100 Fm (253)	101 Md (256)	102 No (254)	103 Lr (257)

金属

准金属*

非金属

*准金属（包括半导体）的性质介于金属和非金属之间。